한 번에 배우는

무선통신과 레이다

Wireless Communications and Radar | 장병준 지음

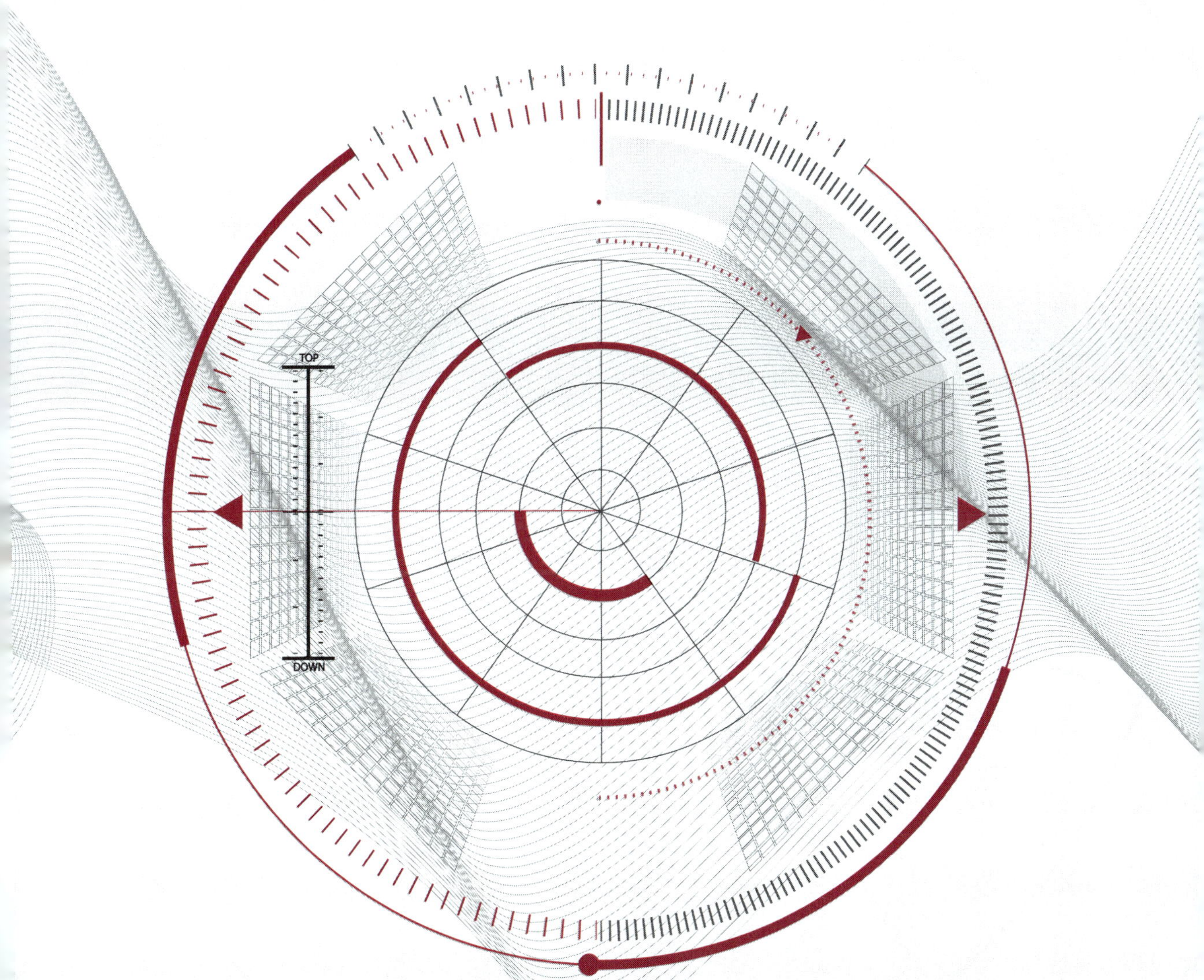

도서출판 홍릉

저자소개

장병준 bjjang@kookmin.ac.kr

1990년 연세대학교 전자공학과 학사
1992년 연세대학교 전자공학과 석사
1997년 연세대학교 전자공학과 박사
1995년 ~ 1999년 LG전자 선임연구원
1999년 ~ 2003년 한국전자통신연구원(ETRI) 선임연구원
2003년 ~ 2005년 정보통신연구진흥원(IITA) 선임연구원
2013년 ~ 2015년 미래창조과학부 민간전문가(CP)
2005년 ~ 국민대학교 전자공학부 교수

한 번에 배우는
무선통신과 레이다

인 쇄 : 2025년 5월 23일 초판 1쇄
발 행 : 2025년 5월 30일 초판 1쇄

저 자 : 장병준
발행인 : 송 준
발행처 : 도서출판 홍릉
주 소 : 01093 서울시 강북구 인수봉로 50길 10
등 록 : 1976년 10월 21일 제5-66호

전 화 : 02-999-2274~5, 903-7037
팩 스 : 02-905-6729
e-mail : hongpub@hongpub.co.kr
http://www.hongpub.co.kr
ISBN : 979-11-5600-293-2(93560)

정 가 : 39,000원

머리말

'MATLAB/Simulink와 SDR로 배우는 무선통신과 레이다'라는 책이 나온 지 4년 정도의 시간이 흘렀다. 그동안 무선통신과 레이다가 융합되는 미래 시대를 대비하여 무선통신과 레이다가 별도의 기술이 아니라 매우 밀접하게 연관된 기술이라는 시각을 제공할 수 있었던 교재라는 세간의 좋은 평가가 있었다. 하지만 이런 기분 좋은 덕담, 태어나서 처음 책을 쓴다는 개인적인 자부심, 책이 처음 나올 때의 기쁨도 잠시뿐이었다. 내가 쓴 책을 가지고 강의하는데 책이 별로 마음에 안 들었다. 먼저 책에 오류가 엄청나게 많음을 발견하게 되었고 그림의 크기나 배치 등 편집상의 아쉬움도 많았다. 다음으로 처음으로 내 책을 세상에 빨리 내보내고 싶은 욕심에 무선통신과 레이다라는 책에 걸맞게 포함되어야 할 내용이 많이 빠져있음을 실제 강의하는 과정에서 느끼게 되었다. 솔직히 내가 쓴 책이지만 정이 가지 않았다. 이후 '한 번에 배우는 전자기학'과 '오디오로 배우는 전자기학'이라는 2권의 책을 더 저술하면서 '무선통신과 레이다'는 못 미더운 장남 신세가 되고 말았다. 더 이상 그대로 둘 수 없다는 생각이 들었고, 그동안 3권의 책을 쓰면서 얻은 노하우를 적극 활용하여 새롭게 책을 쓰게 되었다. 이번 책은 책을 새로 쓴다는 마음으로 쓰게 되었고 이 책을 통해 무선통신과 레이다 분야 종사자들이 두 분야가 매우 밀접한 관련을 맺고 있다는 것을 이해할 수 있도록 저술하였다. 본 교재를 만들 때 고려한 사항들을 요약하면 다음과 같다.

1) 교재의 구성을 1장 서론, 2장에서 8장까지 기본 이론, 9장에서 10장까지 실제 적용 사례로 나누어 구성하였다. 1장에서는 무선통신과 레이다의 기초 개념을 소개하고, 2장과 8장까지는 무선통신과 레이다에서 핵심이 되는 이론을 학습하도록 하였고, 9장과 10장은 무선통신과 레이다의 적용 사례를 중심으로 살펴볼 수 있도록 하였다.

2) 초판에서 이론과 실습이 섞여 있는 구성을 탈피하여 이론을 중심을 기술하였다. 대신 연습문제 등을 많이 포함하여 이론에 대한 이해를 연습문제를 통해서 이루어지도록 하였다. 연습문제 중에는 꼭 필요한 경우 MATLAB을 이용한 실습도 포함하였다.

3) 초판에서는 이론의 예제풀이 과정을 제외하였는데 개정판에서는 예제풀이 과정까지 포함하여 독자들이 스스로 학습할 수 있도록 하였다.

4) 마지막으로 무선통신과 레이다를 이해하는데 불필요한 내용 들을 제거하여 꼭 알아야 하는 내용 위주로 간략화하였다.

그동안 책을 쓰는 요령도 늘었고, 처음에 했던 실수를 두 번 다시 하지 않으려고 큰 노력을 기울였지만 책이 나오게 되면 또 오류를 발견하고 실망할지 모른다. 하지만 처음과 같은 큰 실망은 아니길 기원하며 이 책이 활발하게 연구될 미래의 무선통신과 레이다 융합 기술에 대한 선구적인 역할을 할 수 있기를 기대해 본다.

2024. 12. 31

장 병 준 씀

제 1 장 서 론

제 2 장 전파와 신호: 공간축에서의 해석

제 3 장 전송선로, 안테나, 방향탐지

제 4 장 전파와 신호: 시간과 주파수축에서의 해석

제 5 장 디지털 무선통신과 레이다 신호처리

제 6 장 배열 안테나와 공간신호처리

제 7 장 주파수 변환과 RF

제 8 장 SDR과 스펙트럼 센싱

제 9 장 무선통신 기술 사례

제 10 장 레이다 기술 및 무선통신과의 융합 사례

제1장

서 론

무선통신과 레이다 학습을 시작한 것을 환영합니다. 1장에서는 앞으로 학습하게 될 무선통신과 레이다가 무엇인지를 소개하고, 무선통신 기술과 레이다 기술의 기초 개념에 대해 살펴본다. 특히, 무선통신과 레이다는 전파를 사용하므로 전파의 핵심 개념인 주파수(Frequency)와 전력(Power)에 대해 살펴본다. 또한, 무선통신과 레이다 성능을 높이는 것이 모두 주파수 및 전력과 관련이 깊다는 것을 학습한다. 마지막으로 미래에는 무선통신과 레이다 융합기술이 지속적으로 출현할 것임을 전망하고 본 교재에서 사용하는 무선통신과 레이다의 학습 방법에 대해 설명한다.

1.1 들어가며

무선통신과 레이다는 안테나를 통해 자유공간으로 주파수가 높은 전파(전자파)[1]를 방사한다는 측면에서 유사하다. 이때, 주파수가 낮은 기저대역 신호를 주파수가 높은 전파로 변환하기 위해 주파수를 상향 변환하는 송신기(Transmitter)와 반대로 주파수가 높은 전파를 기저대역 신호로 하향 변환하는 수신기(Receiver)가 하드웨어(Hardware)로 구성되어 있으므로 하드웨어 구조 측면에서도 유사하다. 또한, 기저대역에서 아날로그 신호를 디지털 신호로 변환하여 처리하게 되는데 이때 유사한 신호처리 기법을 사용하므로 신호처리 측면에서도 매우 유사하다. 여기에 추가하여 안테나(Antenna)에서 방사되는 전파의 주파수와 전력을 국가가 관리한다는 측면에서도 많은 유사점을 갖고 있다. 따라서 무선통신과 레이다를 동시에 학습하게 되면, 두 시스템을 비교하면서 이해할 수 있으므로 상호 이해가 쉬울 뿐만 아니라 무선통신 기술을 레이다에 접목하거나, 레이다 기술을 무선통신에 접목함으로써 두 기술이 함께 발전할 수 있을 것이다. 그럼에도 불구하고, 무선통신과 레이다를 동시에 다루는 책이나 교재는 전 세계적으로 매우 드문 상황이다. 그 이유는 아마도 무선통신은 상업적인 응용이 강하고, 레이다는 군사적인 응용이 강하기 때문이 아닐까 저자는 생각한다. 하지만 무선통신은 상업용 이외에도 군사용으로도 광범위하게 사용되고 있으며, 최근 레이다를 장착한 자율주행차 사례에서처럼 레이다 기술의 상업적인 응용도 점점 많아지고 있다. 또한, RFID(Radio Frequency IDentification)나 UWB(Ultra Wide-Band)와 같이 무선통신과 레이다 기술이 융합된 융합기술도 지속적으로 출현하고 있어 무선통신과 레이다는 점점 가까워지고 있다. 따라서 이제는 대학교에서도 무선통신과 레이다를 동시에 학습하는 것이 필요한 시점이라고 저자는 판단하고 있다.

한편, 무선통신과 레이다를 동시에 학습할 때는 전체 시스템 관점에서 학습할 필요가 있다. 무선통신과 레이다는 안테나부터 시작하여 신호처리까지 다양한 요소기술이 혼합된 복잡한 시스템이다. 복잡한 시스템을 학습할 때 특정 요소기술에 한정되어 학습하게 되면, 실제 시스템 전체를 보지 못하고, 특정 기술의 시각에서만 무선통신과 레이다를 바라보는 오류를 범할 수 있다. 즉, 나무만 보고 숲을 보지 못하는 단점이 발생할 수 있다. 숲이 나무의 단순한 합이 아니듯이 시스템을 이해할 때는 시스템을 구성하는 요소기술의 이해도 필요하지만 요소기술들이

1) 전파는 전자기파(Electro-magnetic wave)를 의미하며, 전기장과 자기장이 상호작용하여 파동의 형태로 공간상에 빛의 속도로 퍼져나가는 파동을 의미한다. 전자파는 Maxwell에 의해 수식으로 정리된 후 Hertz에 의해 실제로 존재함이 증명되었고, Marconi가 무선전신으로 상용화한 이래 현재 다양한 분야에서 사용되고 있다.

어떻게 결합되어 시스템을 구성하는지 이해하는 것이 더욱 중요하다. 이러한 관점에서 본 교재는 안테나에서부터 신호처리 알고리즘까지 무선통신과 레이다 전체를 한 번에 살펴볼 수 있도록 하였다.

1.2 무선통신 개요

무선통신과 레이다 중 우리에게 좀 더 친숙한 무선통신부터 시작하자. 무선통신을 이해하기 위해서는 먼저 통신이 무엇인지 그 개념부터 이해해야 한다. 통신(Telecommunication)이란 어떤 지역(송신기)에서 멀리 떨어진 다른 지역(수신기)로 의미 있는 정보를 전달하는 것이다[2]. 과거에는 통신 수단으로 봉화를 이용하거나 사람이 말을 타고 정보를 전달하였으나, Maxwell과 Hertz에 의해 전파(Electro-magnetic wave)가 발견되면서 정보를 전파로 표현하는 것이 가능해진 이후에 통신은 전파를 기반으로 하는 전기통신을 의미하게 되었다. 통신은 전파가 전달되는 방식에 따라 통신케이블(전선 혹은 광케이블)을 이용한 유선통신(Wired Communication)과 안테나를 이용하여 자유공간으로 전달되는 무선통신(Wireless Communication)으로 크게 분류된다. 또한 통신은 정보를 전달하는 것뿐만 아니라 정보를 송신하고 수신하기 위해 필요한 모든 통신기기(하드웨어와 소프트웨어를 포함)와 관련된 제조업을 포함한다. 여기서 통신기기는 한두 개의 전자회로로 구성되기에는 너무나도 큰 시스템이기 때문에 통신회로라고 부르기보다는 일반적으로 **통신시스템**(Telecommunication System)이라고 부른다.

【그림 1.1】은 통신시스템의 기본 구성을 보여준다. 먼저, **정보**(message, 메세지)는 시간에 따라 변화하는 전압의 형태인 **정보신호**(message signal, $m(t)$)로 변환된다. 다음으로 정보신호는 **송신기**(Transmitter)를 통해 유선이나 무선채널에 적합한 형태의 전파신호 $s(t)$로 변환된 후 채널을 통과하게 된다. 이때 채널에서는 다양한 잡음이나 간섭신호가 추가될 수 있다. 이제 **수신기**에서는 수신된 전파신호 $r(t)$로부터 원래 보낸 메시지 신호가 복원($\hat{m}(t)$)되며, 복원된 전기신호는 다른 사람이 인지할 수 있는 정보의 형태로 바뀌게 된다. 보통 음성이나, 영상과 같은 정보 신호 $m(t)$는 주파수 성분이 $f=0$ [Hz] (DC, 정보의 변화가 없는 상수 신호) 근처에 집중되어 있기 때문에 **기저대역**(baseband) 신호라 부른다. 유선통신의 경우 보통 기저대역 신

2) 통신(Telecommunication)이란 용어의 어원은 원격으로(tele-) 정보를 전달(communication)하는 것을 의미한다.

호를 바로 전송하기도 하지만 무선통신의 경우 기저대역 신호를 그대로 전송하면 안테나 크기가 너무 커져 비효율적이 된다[3]. 또한 여러 기저대역 신호를 동시에 전송할 때 신호 간의 혼신(crosstalk)이 발생하게 된다[4]. 이러한 문제를 해결하기 위하여 무선통신 송신기는 기저대역 신호를 주파수 변환하여 전송에 유리한 RF (Radio Frequency) 주파수로 옮기게 되는데, 이를 **통과대역**(passband) 신호라고 부른다. 다음으로 채널은 송신기에서부터 수신기까지 전파가 도달하기 위하여 통과하는 매체로서 꼬인 이중나선 전선(twisted two-wire), 동축 케이블(coaxial cable), 도파관(waveguide), 광섬유(optical fiber) 등의 **유선채널**이나 자유공간(free space)과 같은 **무선채널**이 있다. 채널에서는 신호의 크기가 감쇄하고 잡음(noise)이 더해져서 수신기에 입력된다. 마지막으로 수신기는 채널에 의하여 손상된 신호를 원래의 기저대역 신호와 근사하도록 복원하는 역할을 수행한다. 한편 송신기와 수신기는 전자회로로 구성되므로 전자회로의 비선형성에 의해 다양한 비선형왜곡(nonlinear distortion)이 발생한다. 따라서 통신을 학습한다는 것은【그림 1.1】의 통신시스템을 구성하는 각각의 블록의 역할과 기능, 각각의 블록에 입력되거나 출력되는 신호들의 특성을 이해하는 과정이라 할 수 있다.

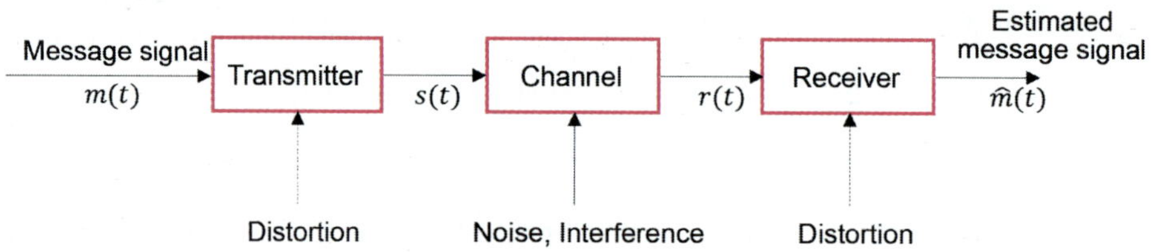

【그림 1.1】 통신시스템의 기본 구성

앞에서 대략적으로 살펴본 통신은 다양하게 분류할 수 있다. 먼저 전송선로(transmission line)의 유무에 따라 유선통신과 무선통신으로, 정보가 아날로그인지 디지털인지에 따라 아날로그통신(analog communication)과 디지털통신(digital communication)으로, 초당 보낼 수 있는 정보의 양에 따라 협대역통신(narrowband communication)과 광대역통신(wideband communication)으로 구분할 수 있다.

- **유선통신과 무선통신**: 과거에는 전화기로 대변되는 음성기반의 유선통신이 통신의 큰 부분이었으나, 유선통신은 통신선로의 설치 및 유지보수가 필요하며 이동에 제한이 있어 현재

3) 유선통신은 케이블 TV와 같이 통과대역 신호를 전송하는 통과대역 유선통신과 인터넷선과 같이 기저대역 신호를 전송하는 기저대역 유선통신으로 분류된다.

4) 혼신(crosstalk)이란 용어는 전화기가 통신의 중심이었던 시기에 만들어진 용어로 사람의 소리가 겹쳐 들리는 것을 의미한다. 현재는 간섭(Interference)이라는 용어가 더 자주 쓰인다.

는 유선통신과 무선통신이 혼합된 통신방식이 주류를 이루고 있다. 예를 들어 이동통신을 들 수 있는데 이동통신 코어 시스템에서 기지국까지의 이동통신 인프라는 광통신과 인터넷 기반의 유선통신이 사용되고 기지국과 사람들이 휴대하는 스마트폰 사이에는 이동성이 보장되는 무선통신이 사용된다[5]. 유선통신에 비해 통신기기를 구속하는 선로로부터 해방될 수 있는 무선통신은 그 편리성에 의해 유선통신을 제치고 현대 통신기술 및 서비스의 대부분을 차지하고 있다. 대표적인 무선통신으로는 이동통신 (CDMA, LTE, 5G 등), Wi-Fi라 부르는 무선 LAN (Local Area Network), 무선키보드나 무선마우스, 무선스피커 등에서 사용되는 블루투스 (Bluetooth), 위성방송 (DBS : Direct Broadcasting System), 통신기기의 위치를 알려주는 GPS (Global Positioning System), 사물의 추적관리나 현금 대신 쓸 수 있는 신용카드에 사용되는 RFID (Radio Frequency IDentification)와 NFC(Near Field Communication) 기술 등이 있다. 이렇게 수많은 무선통신이 존재하는 이유는 하나의 통신으로 인간이 요구하는 모든 서비스를 만족시킬 수 없기 때문이다. 따라서 무선통신은 통신반경의 크기, 송신하는 정보의 양, 사용하는 주파수와 송신기의 전력 등에 따라 그 종류가 매우 다양하고, 각각의 무선통신 기술은 고유한 특성과 설계원리가 존재하게 된다.

- **아날로그통신과 디지털통신**: 컴퓨터의 등장과 함께 정보를 아날로그 파형이 아니라 '0'과 '1'의 두 개의 값만을 갖는 이진수(binary number) 기반의 디지털 형태로 정보를 표현하고 저장하는 것이 일반화됨에 따라 통신에서는 아날로그 파형 자체를 직접 전송하는 대신 이진수의 전송이라는 디지털통신이 등장하게 되었다. 즉, 오디오(Audio), 비디오(Video), 데이터(Data)와 같은 어떤 형태의 정보도 '0'과 '1'의 디지털 비트(bit)로 변환 (부호화: 코딩)되어 전송되며, 수신측에서는 원래의 정보 형태로 역변환(복호화: 디코딩)된다. 이때 코딩(Coding)과 디코딩(Decoding)을 합쳐 코덱(Codec)이라 부른다. 코덱으로 가공된 디지털 신호를 원거리로 전달하기 위해서는 디지털 변조(Modulation)와 디지털 복조(Demodulation) 과정이 필요하며, 변조와 복조를 합쳐 디지털 모뎀(Modem)이라 부른다. 또한, 여러개의 디지털 정보를 합쳐서 한 번에 송신하기 위해 다중화(Multiplexing)와 그 반대과정인 역다중화(Demultiplexing)가 필요하다[6].

- **협대역통신과 광대역통신**: 정보는 시간에 따라 변하는 신호와 관계가 있을 뿐 아니라 이런

5) 하지만 일반 사용자의 경우 단말인 스마트폰을 소유하고 있고, 주변에 이동통신 기지국을 쉽게 볼 수 있으므로 이동통신이 바로 무선통신이라고 착각하곤 한다.

6) 아날로그 통신에서는 코덱은 필요 없지만 모뎀은 필요하다. 하지만 디지털 통신과 같이 다양한 모뎀 방식은 존재할 수 없어 간단한 모뎀인 AM과 FM 방식만을 사용한다.

변화는 예상할 수 없는 방식으로 이루어져야 한다. 예를 들어 DC 전압은 시간에 따른 변화가 없이 일정하므로 정보가 없고, 60Hz 정현파(sine) 형태의 전압신호는 시간에 따라 진폭이나 위상이 변하지만 그 변화를 예측하는 것이 가능하기 때문에 정보는 거의 없다고 볼 수 있다[7]. 이와 같이 정보는 시간에 따른 전압의 크기나 위상의 변화로 볼 수 있다. 이러한 시간에 따른 변화의 정도는 대역폭으로 표현될 수 있으므로 대역폭에 따라 통신을 구분할 수 있다. 통신에서는 단위시간(초)당 보낼 수 있는 정보의 양 (디지털통신에서는 메시지 비트 수)을 데이터율 (data rate, 단위는 bps(bit/second))이라고 한다. 이러한 데이터율을 높이기 위해서 즉, 고속통신을 위해서는 채널의 대역폭이 넓어야 하는데 이를 광대역통신이라 한다. 반면 저속통신은 협대역통신이라 한다. 하지만 엄밀한 의미에서 협대역통신과 광대역통신의 절대적인 기준은 없으며, 통신속도가 빨라짐에 따라 그 기준이 상향되고 있다. 예를 들어 2000년대 초까지만 해도 Mbps 속도를 광대역통신이라고 불렀으나, 지금은 그 1,000배인 Gbps 속도 이상을 광대역통신이라 부른다[8].

예제 1-1 **이동통신, Wi-Fi, GPS, T-money 시스템을 살펴보고 각각의 시스템을 주파수, 통신반경, 정보의 양, 정부의 허가 여부에 따라 어떤 차이가 있는지 살펴보자.**

	주파수	통신반경	정보의 양	허가여부
5G 이동통신	3.5GHz/28GHz	중간	많음(광대역)	허가필요
Wi-Fi	2.4GHz/5GHz	좁음	많음(광대역)	불필요
GPS 수신기	1.57542GHz	-	적음(협대역)	불필요
T-money	13.56MHz	매우 좁음	적음(협대역)	불필요

* 통신반경은 송신기와 관련이 있는 항목으로 수신기만 있는 경우는 송신기와 다르게 통신반경을 알 수 없다.

7) 정보이론에서 정보가 많다는 것은 엔트로피 즉, 예측불가능성이 높다는 것을 의미하며, 미래의 파형을 예측할 수 있다면 정보가 없다는 것이다. 예를 들어 "개가 사람을 물었다"라는 정보와 "사람이 개를 물었다"라는 정보가 있을 때 정보가 많은 것은 후자가 된다.

8) 시간과 주파수는 역수의 관계가 있으며, 1bit를 1초에 보낼 수 있으면 1Hz의 주파수가 필요하다고 말 할 수 있다.

1.2.1 유선과 무선: 안테나 유무

유선통신은 전송선로를 이용하여 정보를 보내는 것을 의미하고, 전송선로가 없이 자유공간(free space) 상에 안테나를 이용하여 정보를 보내는 것을 무선통신이라 한다. 선의 유무에 따라 정보를 보내는 방식에 큰 차이가 있을 것 같지만 유선이든 무선이든 Maxwell 방정식에 의한 전기장과 자기장의 상호 작용에 의하여 전파가 전달된다는 측면에서는 큰 차이가 없다. 따라서 전기장과 자기장의 크기의 비인 임피던스(Impedance)는 유선통신과 무선통신에서 모두 일정하게 유지되어 최대전력전달(Maximum Power Transfer) 조건이 유지되도록 한다. 보통 유선통신에서는 전송선로의 임피던스로 50Ω의 임피던스가 사용되며, 무선통신에서는 자유공간의 고유임피던스인 377Ω이 사용되는 차이가 있을 뿐이다.

실제 유선통신과 무선통신의 가장 큰 차이는 안테나의 유무이다. 즉, 유선통신에서는 존재하지 않았던 안테나가 무선통신에서는 존재하게 된다. 이러한 안테나는 전송선로에 존재하는 전파를 자유공간으로 퍼져나가는 전파로 만들거나 그 반대로 자유공간 상의 전파를 전송선로 상의 전파로 변환시킬 때 사용하게 된다. 이때 안테나의 크기는 전송하는 신호의 파장(wavelength, 그리스 문자 λ로 표현)에 따라 결정된다. 일반적으로 사용되는 반파장($\lambda/2$) 다이폴(dipole) 안테나의 경우 안테나의 길이가 송신되거나 수신되는 전파의 파장의 절반의 길이가 된다.

예를 들어 사람의 소리에 해당하는 주파수를 전파로 변환하여 안테나를 통해 전송한다고 가정해 보자. 일반적인 사람이 귀로 들을 수 있는 주파수는 4kHz 이내인데, 이 주파수를 반파장 안테나로 전송하는 경우를 생각해보자. 안테나의 크기는 식 (1.1)에 의해 37.5 km가 되어야 하므로 이러한 안테나는 너무나 커서 현실적으로 구현이 불가능하다.

$$L = \lambda/2 = c/2f = \frac{3\times 10^8}{2\times 4000} = 37.5\,km \tag{1.1}$$

따라서 안테나의 크기를 작게 하려면 주파수를 높게 해주는 것이 바람직하다. 예를 들어 주파수를 2GHz로 옮겨 전송한다면 안테나 크기는 2GHz의 파장인 15cm의 1/2인 7.5cm가 되어 휴대할 수 있는 정도로 크기가 되므로 적당하다. 즉, 무선통신은 안테나의 크기 때문에 유선통신보다는 높은 주파수를 사용하게 된다[9].

또한, 유선과 무선의 또 다른 차이로는 유선은 통신하는 주체끼리 별도로 전송선로를 사용한다

9) 유선통신 중 광통신은 전파가 아닌 광을 사용하여 주파수가 THz로 훨씬 더 높으므로 유선통신이 무선통신보다 더 높은 주파수를 사용하는 예외도 존재한다.

면 서로 간에 간섭이 발생하지 않지만 무선은 누구에게나 똑같이 주어지는 자유공간을 같이 사용해야 하므로, 여러 사용자가 동시에 같은 주파수를 같은 시간, 같은 공간에서 사용한다면 다른 사용자의 전파와 간섭이 발생할 수 있는 문제가 있다. 따라서 주파수 상에서 사용자 별로 다른 주파수대역을 할당하여 신호를 전송하도록 하는데 이를 **스펙트럼 할당**(spectrum allocation)이라 한다.[10)]

1.2.2 아날로그와 디지털

앞에서 유선통신과 무선통신의 차이를 살펴보았다. 이번에는 무선통신에서 전송되는 정보의 형태에 따라 분류해보자. 정보는 아날로그와 디지털의 두 종류가 있어서 각각 아날로그 메시지와 디지털 메시지를 발생시킨다. 아날로그 메시지는 연속적인 범위에서 값을 가질 수 있는 파형으로 구성된다. 예를 들어 마이크는 음성신호를 아날로그 전압신호로 변환하는데 이 전압 파형이 아날로그 정보 신호의 좋은 예라 할 수 있으며, 음성을 표현하는 아날로그 전압은 연속적인 범위의 값을 가질 수 있다. 이러한 아날로그 메시지를 주고 받는 것을 아날로그 통신이라 부른다.

【그림 1.2】는 아날로그 무선통신의 일반적인 블록도를 나타낸다. 먼저 송신기에서는 아날로그 신호를 통신에 적합하도록 변환하는 모뎀과 RF 송수신기가 필요하다[11)]. 안테나를 통해 전송되는 신호는 주파수가 높은 신호이며 이를 반송파 또는 캐리어 주파수(carrier frequency)라고 부른다. 예를 들어 FM 주파수 중 KBS 제1라디오가 사용하는 93.1MHz가 캐리어 주파수의 대표적인 예라 할 수 있다. 캐리어 주파수에는 정보가 없으므로 주파수가 낮은 정보신호는 캐리어 주파수의 진폭, 주파수, 또는 위상을 변화시켜 표현할 수 있다. 이때 정보가 캐리어 주파수의 진폭을 변조하면 AM(Amplitude Modulation), 주파수를 변조하면 FM(Frequency Modulation), 위상을 변조하면 PM(Phase Modulation)이라 부른다. 다음으로 수신기는 캐리어 주파수 신호에서 정보신호를 추출하는 역할을 하는데 RF 수신기와 복조기로 구성된다. 이때 송신기의 주파수와 위상을 알 필요가 있는데, 수신기에서 송신기가 사용한 반송파의 주파수와 위상을 알아내는 과정을 **동기(Synchronization)**라고 부른다. 동기를 하지 않는 경우를 비동기식 수신기, 동기를 하는 수신기를 동기식 수신기라 부른다.

10) 국가기관에서 이러한 역할을 수행하며, 미국에서는 FCC, 국내에서는 과학기술정보통신부가 이 역할을 담당하고 있다.

11) 최근 반도체 기술의 발달로 모뎀과 RF 송신기는 별도의 회로로 구성되거나 하나의 회로로 구성할 수도 있다.

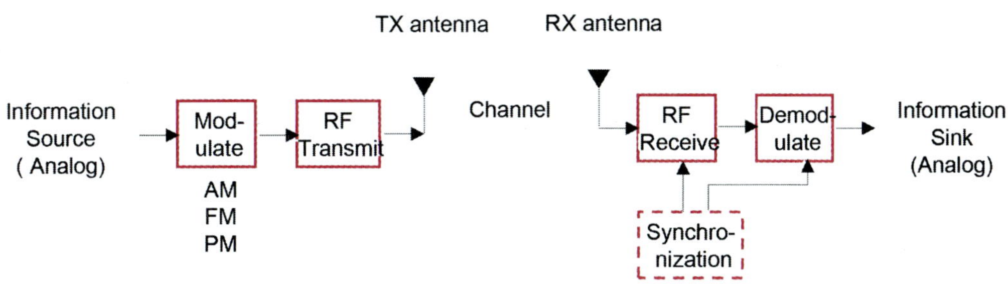

▌그림 1.2▌ 아날로그 무선통신의 구성도

다음으로 디지털 무선통신을 살펴보자. 아날로그 신호를 디지털 신호로 변환하기 위해서는 ADC(Analog-to-Digital Converter)가 필요하다. 그 반대로 디지털 신호를 아날로그 신호로 변환하기 위해서는 DAC(Digital-to-Analog Converter)가 필요하다. ADC에 의해 디지털화된 신호는 변조과정을 거치기 전에 디지털 메시지를 가공하는 코덱 과정이 추가된다. 코덱에는 데이터의 수를 줄이기 위한 소스코딩(Source coding), 통신 중 발생하는 에러를 정정하기 위한 채널 코딩(Channel coding), 전송하려는 데이터에 다른 정보를 포함시키는 멀티플렉싱(Multiplexing) 과정이 포함된다. 이후 디지털 정보를 송신하기 위한 디지털 모뎀과 그에 걸맞는 RF 송수신기가 포함된다. 디지털 통신에서도 안테나를 통해 전송되는 신호는 주파수가 높은 신호이다. 아날로그 통신과 마찬가지로 캐리어 주파수에는 정보가 없으므로 주파수가 낮은 정보신호는 캐리어 주파수의 진폭, 주파수, 또는 위상을 변화시켜 표현할 수 있다. 이때 정보가 캐리어 주파수의 진폭을 변조하면 ASK(Amplitude Shift Keying), 주파수를 변조하면 FSK

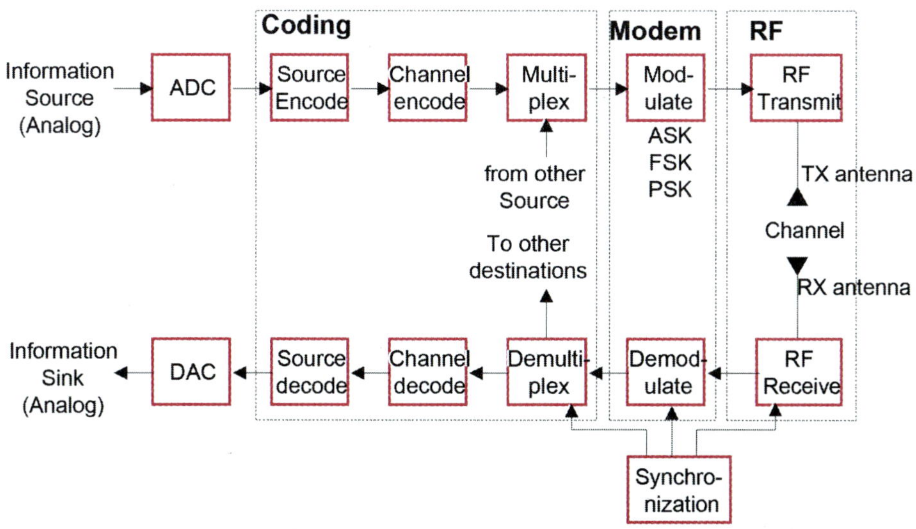

▌그림 1.3▌ 디지털 무선통신의 구성도

(Frequency Shift Keying), 위상을 변조하면 PSK(Phase Shift Keying)이라 부른다. 【그림 1.3】은 디지털 무선통신의 일반적인 블록도를 나타낸다[12). 【그림 1.2】의 아날로그 무선통신의 구성도에 비해 코딩과정이 추가되어 아날로그 무선통신보다 복잡한 구성을 가지고 있다.

1.2.3 정보와 대역폭

정보란 시간에 따른 물리량의 변화를 의미한다. 통신에서는 정보를 전압이나 전파와 같은 물리량으로 표현하는데 신호를 가공하거나 처리할 때는 전압으로, 신호를 안테나를 통해 전송할 때는 전파로 표현하게 된다. 【그림 1.4】와 같이 신호를 전압으로 표현하는 2개의 전압 파형이 있다고 하자. 그림에서 알 수 있듯이 두 전압 파형에서 표현하려는 정보는 '10001101110101'로 14개의 비트로 동일하다. 하지만 두 개의 전압 파형 중 아래쪽에 있는 전압 파형은 1초에 1개의 비트('1' 또는 '0')를 표현한 경우로 1bps(bit per second)의 전송속도를 갖는다. 반면 위의 파형은 1초에 2개의 비트를 보내므로 2bps가 된다. 즉 1초에 표현할 수 있는 정보의 양이 2배가 된다. 이와 같이 만약 초당 1000bit를 전송하는 시스템은 1000bps 또는 1kbps의 속도를 갖는다고 말하고 초당 백만개의 비트를 전송하는 시스템은 1Mbps의 전송속도를 갖는다고 말한다. 이와 같이 초당 몇 개의 비트를 보낼 수 있느냐에 따라 고속(high speed) 통신인지 저속(low speed) 통신인지가 구분된다.

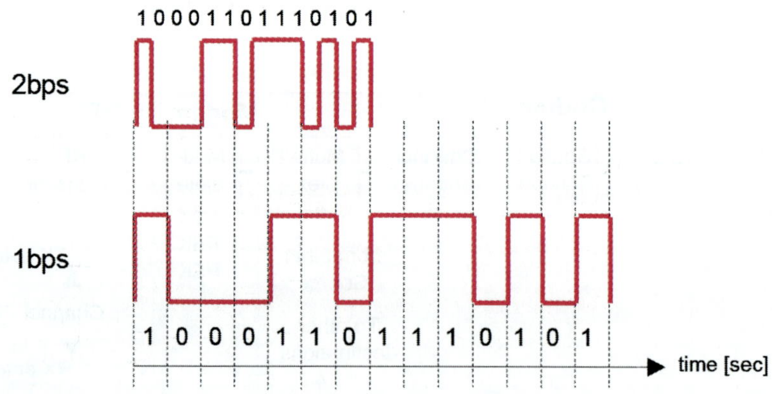

【그림 1.4】 저속신호와 고속신호

12) 과거 아날로그 통신 수신기는 비동기가 많았으나 디지털 무선통신은 대부분 동기방식을 사용하므로 그림에서 동기화 블록을 실선으로 표시하였다.

통신에서 저속과 고속은 시간영역 측면에서 살펴본 것으로 이를 주파수 측면에서 살펴보자. 주파수는 속도의 역수이므로 초당 1000비트 전송한다는 것은 1비트 전송에 1msec 시간이 필요하다는 의미이며, 이는 주파수로는 1000Hz에 해당한다. 만약 초당 1Mbit를 전송한다면 1 비트 전송에 1usec 시간이 소요된다는 것이며 이를 역수로 취하면 1MHz가 된다. 이를 대역폭(bandwidth)이라고 부르며 약자로 BW 또는 B로 쓴다. 대역폭은 무선통신과 레이다에서 중요한 개념으로 대역폭이 좁은 것을 협대역(Narrowband), 대역폭이 넓은 것을 광대역(Wideband)이라 부른다[13]. 협대역과 광대역은 저속과 고속처럼 상대적인 개념이라 정의하기가 쉽지 않다. 일반적으로 신호를 분류할 때【그림 1.6】과 같이 그 신호가 차지하는 대역폭이 송신에 사용되는 반송파 주파수 (carrier frequency)에 비해 훨씬 작은 경우를 협대역신호라고 하고, 그 신호가 차지하는 대역폭(BW)이 협대역 신호보타 넓은 경우를 광대역신호라고 한다. 원래는 과거 FM 통신에서 협대역 FM과 광대역 FM을 구분할 때 사용된 정의에서 나온 것으로 보인다. 보통 협대역 FM의 경우 25kHz, 12.5kHz 정도의 대역폭을 사용한 반면 광대역 FM방송은 10배 이상인 200kHz를 하나의 대역폭으로 사용하였다. 하지만 최근에는 LTE 등에서 하나의 대역폭이 20MHz인데 이를 2~3개 묶어서 40MHz, 50MHz로 사용하는 경우에 광대역 LTE라고 광고하고 있으므로 정확한 기준이 있는 것은 아님을 알 수 있다. 5G 이동통신에서는 기가급 전송을 목표로 하므로 광대역의 의미는 더욱 더 확대되고 있다.【그림 1.5】에서 중심주파수가 0인 기저대역 신호와 특정주파수 f_c로 옮겨진 신호인 통과대역 신호를 보여준다. 보통 신호의 스펙트럼 형태는 시간에 따라 데이터가 변화하듯이 변할 수 있으나 통과대역 신호의 경우 타 신호와의 간섭을 막기 위해 정해진 기준인 스펙트럼 마스크 (Spectrum Mask)를 넘어가지 못하도록 관리된다.

정보의 양 측면에서는 협대역통신보다 광대역통신이 우수한 것으로 보이지만 협대역만의 장점도 많다. 협대역통신은 사용주파수 대역이 광대역통신에 비해 좁으므로 인접 채널에 영향을 주지 않아 주파수 간섭 측면에서 유리하다. 또한, 잡음은 대역폭에 비례하는데 협대역통신은 잡음전력이 작으므로 신호대잡음비(Signal to Noise Ratio, S/N) 측면에서 우수하여 통신반경이 넓다. 따라서 저속으로 원거리를 전송하는 통신에 적합하다. 최근 사물인터넷(IoT: Internet of Things) 분야에서 각광을 받고 있는 LRWAN(Low Rate Wide Area Network)는 협대역통신의 장점을 활용하여 원거리로 사물의 정보를 전송하는데 사용한다. 대표적인 LRWAN 방식으로 SigFox, LoRa, NB-IoT, LTE-M 등의 방식이 있다.

13) 최근 AI 기술의 발달로 메모리 반도체의 전송속도가 빨라지고 있다. 이를 고대역폭 메모리(High Bandwidth Memory, HBM)라고 하는데 이는 메모리에서 정보의 전송속도가 매우 빠르다는 것을 의미한다.

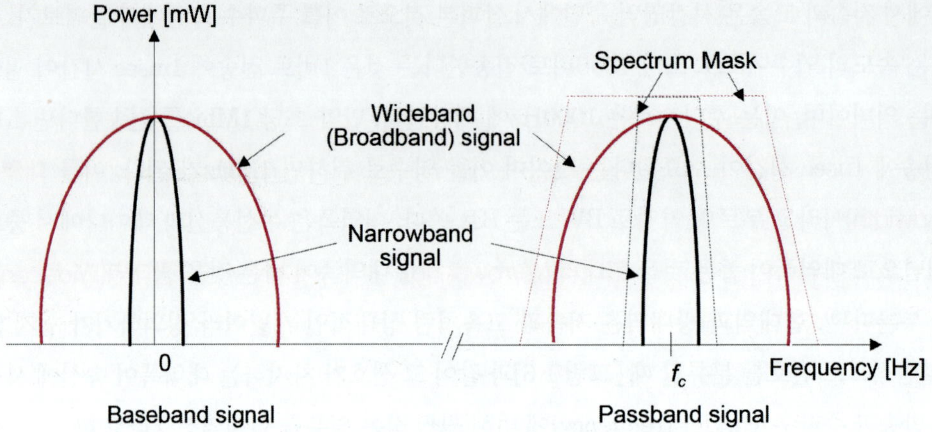

그림 1.5 협대역신호와 광대역신호

요약

무선의 편리함으로 통신이 무선통신화되고 있으며, 디지털기술의 발전으로 무선통신기술은 디지털화되었다. 현재는 디지털 무선통신이 더욱 발전하여 Gbps의 광대역 데이터를 무선으로 전송하는 것이 가능하게 되었다. 또한, 스마트폰의 등장으로 수많은 무선통신(LTE, 5G, WiFi, Bluetooth, NFC, UWB, GPS 등)을 모든 사람이 매일 사용하게 되었다. 따라서 전통적인 개별 통신기술의 학습보다는 무선통신을 시스템 관점에서 이해하고, 현재 사용되고 있는 대표적인 무선통신 시스템을 활용할 줄 아는 것이 중요하게 되었다.

1.2.4 무선통신 구현 및 응용

앞에서 살펴본 디지털 무선통신을 구성하는 코덱, 모뎀, RF 부분은 모두 전문적인 지식을 요구하는 분야이므로 하나의 디지털 무선통신 시스템을 설계할 때는 여러 엔지니어가 협력하여 일할 필요가 있다. 따라서 보통 삼성전자나 퀄컴(Qualcomm)과 같이 디지털 무선통신 시스템을 전문적으로 제조하는 회사는 코딩, 모뎀, RF 전문가들이 협력하여 디지털 무선통신 시스템을 설계 제조한다. 이러한 회사에서 무선통신 설계자가 되기 위해서는 각각의 분야에서 석사과정 이상의 전문지식을 가질 필요가 있다. 또한, 최근에는 코덱 칩이나 모뎀 칩, 그리고 RF 송수신기 칩이 SoC (System on Chip)화 되어 출시되므로 디지털 무선통신 설계 엔지니어는 반도체 회로설계 능력도 가질 필요가 있다. 하지만 모든 엔지니어가 이러한 능력을 가질 필요는 없다. 그렇다고 디지털 무선통신에 대한 지식이 필요없다는 말은 아니다. 최근 디지털통신 기능이 모든 전자기기에 필수적으로 포함됨에 따라 개발된 디지털 무선통신 IC를 이해하고 응용하는 능력이 보통의 엔지니어에게 전반적으로 필요하게 되었다[14]. 예를 들어【그림 1.6】은 IoT 제품

14) 예전에는 세탁기, 냉장고, TV 등 가전기기 엔지니어나 자동차 엔지니어들에게는 무선통신에 대한 지식이

에 사용되는 Wi-Fi와 Bluetooth가 하나의 모듈로 완성된 제품이다. 해당 제품은 통신할 메시지를 데이터로 받아서 Wi-Fi와 Bluetooth 신호를 생성하여 송수신하는 모듈이다. 알루미늄 케이스 안에 모든 디지털통신 기능이 SoC화 되어 있으며, 사용자는 안테나 입출력, 전원 공급, 데이터 입출력만 하면 된다. 이러한 통신모듈을 응용해야 하는 엔지니어에게 디지털통신 전문 설계자처럼 코딩과 모뎀을 직접 설계하는 능력은 필요하지 않다. 대신 그 동작 원리를 이해하고 있어야 최적의 디지털통신 시스템을 구성할 수 있다. 특히, IC의 출력단과 안테나를 연결할 때 필요한 임피던스 정합(Impedance matching) 기법, 제작 후 성능 측정, 전파인증 등의 과정에서 디지털통신에 대한 기본적인 지식이 반드시 필요하다.

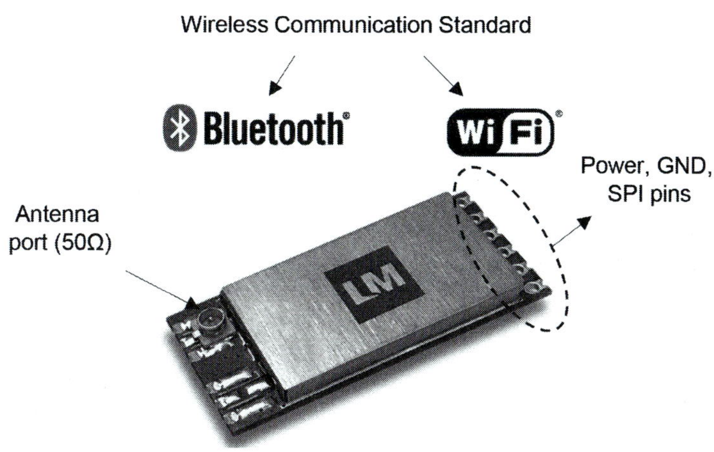

▮그림 1.6▮ WiFi+Bluetooth 모듈의 구성(Realtech™)

예를 들어 모뎀의 성능을 확인하는 방법을 이해하는 것이 중요하다. 모뎀의 특성은 BER (Bit Error Rate), 스펙트럼 효율(spectrum efficiency) 및 전력 효율(power efficiency)로 대변되는데 각각 통신속도, 차지하는 주파수 대역폭. 송신 전력과 연결되므로 이에 대한 연관성을 아는 것이 필요하다. 또한, 사용한 무선통신 기능이 있는 제품을 판매하기 위해서는 전파인증을 받아야 한다. 즉, 본인이 설계한 송신기의 출력신호가 전파법에 정해진 스펙트럼 마스크(spectrum mask)를 만족하는지 판단하여야 한다. 이러한 성능은 모뎀뿐만 아니라 송신기의 RF회로에 영향을 받으므로 모뎀 및 RF회로의 상호 영향에 대한 정확한 이해가 있어야 하며, 제작한 시스템의 구현 시 전력효율 특성은 배터리 구동시 시스템 동작시간과 밀접하게 관계되므로 이 또한 정확히 이해해야 한다.

필요가 없었지만 이제는 모든 가전기기기나 자동차가 인터넷에 연결되는 IoT 세상이므로 무선통신을 응용할 수 있는 기초지식이 업무에 필요하게 되었다.

마지막으로 현대 정보화 사회에서는 과거와 달리 무수히 많은 무선통신 송신기가 존재하므로 이에 대한 관리는 매우 중요한 이슈이다. 국내에서는 전파법 등의 법률과 국립전파연구원 등의 연구기관, 중앙전파관리소 및 각 지역 전파관리소 등의 관리기관을 두고 공무원이 관리하게 하거나, 방송통신전파진흥원(KCA)과 같은 진흥기관을 두고 일반인이 공공업무를 위탁받아 전파관리 업무를 담당하게 하고 있다. 어떠한 전자기기라도 무선통신 기능이 포함되어 있다면 그 제품을 다루기 위해서는 무선통신 측면에서 해당 제품이 어떻게 관리되는지 알아야 한다.

중요

디지털통신의 특징

1) 디지털 메시지는 유한한 개수의 심볼(symbol)로 구성된다. 디지털 메시지가 이진수와 같이 두 가지의 심볼로 구성된 메시지를 이진(binary) 메시지라 하며, 알파벳과 같이 M개의 심볼로 구성된 메시지를 M진(M–ary, (예) 4–ary, 8–ary)) 메시지라 한다.
2) 디지털통신은 디지털 메시지를 목적지로 전송하는 시스템을 의미하는데, 디지털통신 메시지를 채널에 실어서 전송할 때 디지털 파형을 사용하는 통신으로만 제한하지는 않는다. 즉, 디지털 메시지를 전송하는 디지털통신이지만 통신채널을 통해 직접 전송되는 신호는 아날로그 신호일 수 있다[15].
3) 디지털통신에서 신호는 파형 자체가 중요한 것이 아니라 신호로부터 디지털 메시지를 다시 복원할 수 있는지가 중요하다. 이진 메시지를 전송하는 경우 채널을 통해 왜곡이 발생하고 잡음이 더해져서 파형에 심한 변형이 발생했더라도 수신된 신호가 1을 나타낸 신호인지 0을 나타낸 신호인지 구별할 수만 있다면 채널의 왜곡이나 간섭은 메시지의 복원에 직접적으로 영향을 주지 않는다. 이에 반하여 아날로그 통신에서는 신호의 파형 자체가 중요하기 때문에 채널을 통과하면서 발생한 왜곡이나 간섭은 수신기의 품질에 영향을 주게 된다. 이러한 디지털통신의 특징으로 인해 디지털통신은 재생중계기(regenerative repeater)를 사용하여 통신의 신뢰도를 높일 수 있다는 장점이 있다[16].

1.3 레이다 개요

레이다(Radar)는 'RAdio Detection And Ranging'의 약자로 주파수가 높은 전파를 목표물에 향해서 송신하고 목표물에 의해 반사되는 반사파를 수신한 후 이를 송신파와 비교하여 목표물

15) 예를 들어 이진 데이터를 0과 1을 송신할 때 0은 주파수 1MHz의 정현파로 1은 주파수 1.1MHz의 정현파로 전송한다면, 실제 전송되는 파형은 1MHz와 1.1MHz의 정현파 아날로그 신호가 된다.

16) 중계기(repeater)란 송신기와 수신기 사이의 거리가 멀리 떨어진 경우 감쇄된 신호를 중간에 다시 크게 만들어 재송신하는 장치를 말하며, 아날로그 중계기의 경우 신호와 함께 잡음도 같이 커지게 되어 중계기를 거칠수록 신호의 품질이 나빠지게 된다. 반면에, 디지털 중계기는 작아진 신호에서 다시 0과 1을 복조한 후 다시 송신하므로 잡음의 영향이 작아 중계기를 거치더라도 신호의 품질이 나빠지지 않는다.

을 인식하고 목표물까지의 거리, 방향, 및 속도를 측정하는 장치이다[17]. 레이다의 기본 구성을 통신의 기본 구성인【그림 1.1】과 비교하여 나타내면【그림 1.7】과 같다. 먼저, 시간과 공간에 따라 변화하는 신호(signal)의 형태인 기준신호(reference signal)가 송신기(Transmitter)를 통해 자유공간으로 전파되어 채널을 통과하게 된다. 레이다에서 채널은 무선통신과 달리 목표물이 존재하는 자유공간이 되며 목표물에 의해 역산란된 신호가 수신기로 입력된다. 이제 수신기(Receiver)는 송신한 신호와 수신된 신호를 비교하여 목표물까지의 거리, 목표물의 속도, 목표물의 방향 정보를 제공하게 된다.【그림 1.7】을【그림 1.1】과 비교하면 수신기에서 송신기의 신호를 참조한다는 것 이외에는 무선통신과 레이다의 구성이 매우 유사함을 알 수 있다. 레이다 기술과 무선통신 기술의 가장 큰 차이는 기준신호와 수신신호의 차이에 의해 결정된다. 펄스 레이다에 의한 거리 측정은 송신된 신호와 수신된 신호의 시간차이, 도플러 레이다에 의한 속도 측정은 송신된 신호의 주파수와 수신된 신호의 주파수 차이, 방향탐지는 보통 2개 이상의 안테나에 수신되는 신호의 위상차이를 이용한다. 레이다에서는 이 두 신호 간의 시간 차이, 주파수 차이, 위상 차이 등을 추출하기 위하여 두 신호의 정확한 비교 과정이 필요하다.

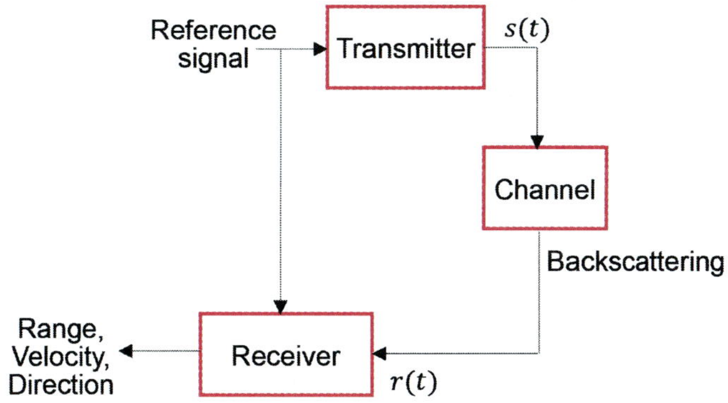

▌그림 1.7▌ 레이다의 기본 구성

1.3.1 레이다의 역사와 응용

역사적으로 레이다는 2차 세계대전 기간 동안 군사적인 목적으로 개발이 시작되었고, 최근까지도 국방 분야에서 가장 중요한 센서로써 원거리에서 표적을 탐지, 추적, 식별하기 위해 사용되고 있다. 군사용 레이다는 그 종류가 매우 많다. 예를 들어 조기경보레이다(Early Warning

17) 보통 '레이다'와 '레이더'라는 용어가 혼용되어 사용되는데 공식적으로는 '레이다' 라는 명칭을 사용해야 한다.

Radar)[18], 전투기용 AESA(Active Electronically Scanned Array) 레이다[19], 함대공 레이다, 지대공 레이더, 대포병 레이다, 미사일 유도를 위한 사격통제용 레이다(Fire Control Radar)[20], 해안 감시 레이다 등 다양한 군사용 레이다가 있다. 이러한 국방 분야의 레이다 시스템의 경우 수십 km 이상의 표적을 탐지하기 위해 고출력 전력을 생성하는 송신기와 빔조절이 가능한 고이득 안테나를 포함하기 때문에 하드웨어가 매우 크고 중요한 역할을 한다는 특징을 갖는다. 또한 레이다에서 방향탐지는 레이다 기술이 아니라 안테나 기술을 이용하므로 안테나 기술의 중요성이 매우 크며, 수 kW의 고출력이 필요하므로 RF 전력증폭기 설계기술 역시 중요한 역할을 한다[21].

최근 레이다는 국방분야를 넘어 민수분야로 레이다의 응용범위가 확대되고 있다. 이는 저출력/초소형 레이다 하드웨어의 등장과 레이다 신호처리 기술의 발달에 기인한다. 특히 최근 급격히 발전한 **차량용 레이다**(Car Radar) 기술이 이러한 변화를 촉진하고 있다. 차량용 레이다는 기존의 ACC(Adaptive Cruise Control), BSD(Blind Spot Detection), LCA(Lane Change Assistance) 등의 주행보조 센서에서 운전자 도움 없이 스스로 운전하는 자율주행(Autonomous Driving)을 위한 고성능 센서로 그 역할이 변화하고 있으며, 이를 위한 기술개발이 매우 빠르게 진행되고 있다. 최근에는 차량 내에서 탑승자의 존재 유무나 어린이를 차에 두고 내리지 않도록 어린이가 있는지 파악하기 위해서 차 내부에 레이다를 설치하기도 한다. 이와 같이 차량용 레이다 개발이 촉발한 레이다의 대중화를 통해 다양한 민수 분야에서 레이다의 응용 분야가 급격히 확대되고 있다. 국방 분야를 제외한 레이다가 사용될 수 있는 분야는 다음【표 1.1】과 같다. 한편 드론과 무인기, UAM(Urban Air Mobility) 분야 역시 현재는 GPS와 카메라를 이용한 비전 기술을 사용하지만 향후 UAM이 확대되면 날씨 등의 영향을 받지 않는 레이다 기술의 도입이 필요한 분야이다.

마지막으로 레이다가 사용하는 주파수에 대해 알아보자. 레이다에 파장이 긴 저주파를 사용하면 전파의 감쇄가 작고 먼 곳까지 탐지할 수가 있지만 정밀한 측정이 어려워 해상도가 나빠진

18) 조기경보레이다는 탄도미사일(Ballistic missile) 등 원거리에서부터 근접해오는 적을 포획 축적하는 레이다로 지상, 함정, 비행기에 탑재되어 사용된다.

19) AESA 레이다는 전투기, 폭격기, 공격헬기 등 전투용 비행기에 탑재되어 있으며, 과거 기계식 레이다에서 현재 전자식 레이다로 진화되고 있다.

20) 사격통제용 레이다는 일루미네이터(illuminator)라고도 하며 미사일 등 무기가 목표물에 명중할 수 있도록 무선통신을 통하여 표적의 방위각, 고도, 범위, 거리 등을 제공하는 레이다이다. 대표적으로 이지스 전투체계에서 표적 요격을 위한 SM-2 미사일이 있다.

21) 우리나라에서 국방용 레이다를 개발하는 국가기관은 국방과학연구소(ADD), 대기업으로는 한화시스템, LIG넥스원 등이 있다.

제1장
제2장
제3장
제4장
제5장
제6장
제7장
제8장
제9장
제10장

다. 반대로 파장이 짧은 고주파는 공기 중에 포함되는 수증기, 눈, 비 등에 흡수 또는 반사되기 쉽기 때문에 감쇄가 커서 먼 곳까지 탐지하지 못하지만 높은 해상도를 얻을 수가 있다. 따라서 목표물까지의 거리와 해상도에 따라 레이다의 중심 주파수가 결정되는데 보통 마이크로파 이상의 주파수가 사용된다.

표 1.1 미래 레이다의 활용 사례

응용분야	내용
통신	레이다 정보를 활용한 5G 통신 성능 향상, 차량 간 통신(V2V), 기지국용 빔포밍 기술
IoT	실내/근거리 사람의 탐지, 추적, 인식 (사람의 분포, 활동량 분석, 제스처 인식, 감정 인식 등)
바이오/의료	인간 생체 활동 모니터링, 호흡/심박수 측정, 유방암 진단 등 전자파 영상 획득, MRI 등
환경모니터링, 보안 및 재난 감시	도로 모니터링, 지질측정, 지표면 측정, 농작물 관리, 실종자 탐색, 인명 구조 등

1.3.2 레이다 원리: 거리 측정

레이다의 이름에 'Ranging'이라는 말이 포함되어 있듯이 레이다의 핵심 기능은 목표물까지의 거리를 측정하는 것이다. 거리를 무선으로 측정하기 위해서 사용한 기준신호가 펄스인지 연속파 신호인지에 따라서 레이다의 종류가 구분된다. 먼저, 【그림 1.8】은 기준신호로 펄스를 사용하는 **펄스 레이다(pulse radar)**의 블록도를 보여준다.

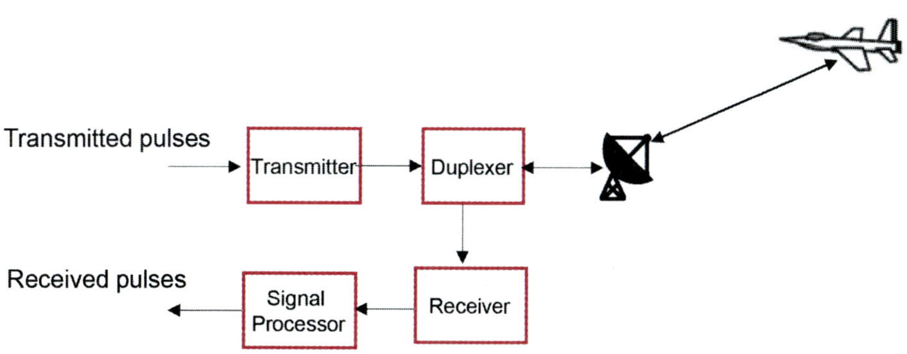

그림 1.8 레이더의 원리(펄스 레이다의 경우)

【그림 1.8】에서 송신기(Transmitter)는 변조된 펄스 신호를 만들어 송신한다. 듀플렉서(duplexer)를 통해 송신신호는 안테나로 입력되고 안테나에서 송신된 신호는 거리 R만큼 떨어진 목표물에 맞고 반사된다. 이 반사된 신호는 안테나로 입력되는데 듀플렉서(duplexer)에 의해 수신기(Receiver) 블록으로 입력된다. 수신기를 거쳐 기저대역으로 주파수 하향변환된 신호는 신호처리(Signal Processor)기로 들어가는데 신호처리기는 송신신호의 펄스와 수신신호의 펄스 간 시간차 Δt 를 구하게 된다. 이제 목표물까지의 거리는 식 (1.2)로 주어진다.

$$R = \frac{c\Delta t}{2} \tag{1.2}$$

여기서 c 는 전파의 속도를 의미하고 2로 나누어진 것은 전파가 거리 R을 왕복하기 때문에 추가되었다. 펄스 레이다가 송신하는 송신신호와 수신신호의 모양이【그림 1.9】에 나타나 있다. 이때 펄스간의 간격을 펄스간 주기(Inter Pulse Period: IPP) T라 하고 펄스폭을 τ라 한다. IPP는 펄스 반복주기 (Pulse Repetition Interval: PRI)라고도 부른다. PRI의 역수는 **펄스반복주파수**(Pulse Repetition Frequency: PRF) f_r 이라 하며 식 (1.3)으로 주어진다.

$$f_r = \frac{1}{PRI} = \frac{1}{T} \tag{1.3}$$

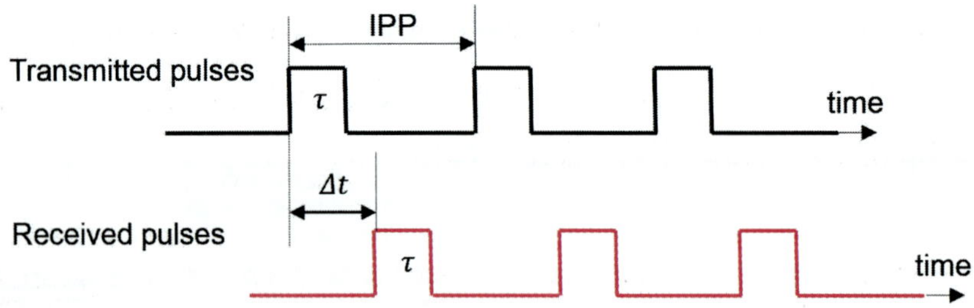

❚그림 1.9❚ 펄스 레이다의 송신펄스열과 수신펄스열

각각의 PRI 구간에서 레이다는 τ초 동안 에너지를 방사한 후 너머지 PRI 구간은 수신 상태에 있게 된다. 레이다가 동작 중 송신하는 시간의 정도를 듀티 사이클 (Duty Cycle: DC)이라 하는데 $d_t = \tau / T$로 주어진다. 이제 레이다의 평균송신전력은 식 (1.4)와 같이 듀티 사이클에 비례한다.

$$P_{av} = P_t \times d_t \tag{1.4}$$

여기서 P_t는 레이다의 피크전송전력이며 펄스에너지는 식 (1.5)와 같다.

$$E_p = P_t \tau = P_{av} T = P_{av} / f_r \tag{1.5}$$

예제 1-2 **항공기용 레이다의 피크전력이 $P_t = 10\ [kW]$이고 10 [kHz]의 PRF를 갖는다고 하자. 송신평균출력이 1.5kW가 되기 위해서는 펄스폭이 얼마이어야 하는가?**

풀이 $P_{av} = P_t \times d_t$ → 1500W = 10,000W × 0.15 (duty는 0.15)

10kHz PRF이므로 주기는 100usec

100usec × 0.15 = 15usec

(피크(peak)전력과 평균(average) 전력을 구분할 수 있을 것)

만약 목표물이 너무 멀리 있어 첫 번째 펄스에 의해 반사된 펄스가 두 번째 펄스 이후에 도달한다면 이 반사펄스는 어떤 펄스에 의해 반사된 것인지 알 수 없다. 따라서 레이다가 목표까지의 거리(range)를 정확히 계산할 수 있는 거리는 펄스 간 간격에 의해 결정된다. 따라서 펄스레이다가 정확히 목표물까지의 거리를 계산할 수 있는 거리 R_{max}는 식 (1.6)에 의해 주어진다.

$$R_{max} = c\frac{T}{2} \tag{1.6}$$

식 (1.5)에 의해 펄스에너지가 일정할 때 평균송신전력은 펄스간 주기에 반비례하는 반면, 목표물까지의 최대거리는 식 (1.6)에 의해 펄스간 주기에 비례한다. 따라서 펄스간 주기는 펄스레이다의 성능에서 중요한 역할을 하게 된다.

펄스레이다의 거리 분해능 (Range resolution)

거리분해능(ΔR)은 레이다가 인접한 목표물을 어디까지 구별할 수 있는지를 나타내는 지표이다. 레이다가 최소탐지거리 R_{min}과 최대탐지거리 R_{max}사이를 ΔR의 거리 분해능(range resolution)을 갖는다고 하자. 이때 거리가 같은 두 개의 타겟은 동일한 거리에 있으므로 레이다가 구별할 수 없다. 반면에 거리가 거리분해능 이상 떨어져 있는 두 개의 목표물은 레이다에서 구별할 수 있다. 이를 식 (1.7)과 같이 레이다가 M개의 range bin을 갖는다고 말하고 이는 적어도 ΔR 이상의 거리가 떨어져 있는 목표물을 구분할 수 있다는 것을 의미한다.

$$M = \frac{R_{max} - R_{min}}{\Delta R} \tag{1.7}$$

이제 ΔR은 펄스폭에 의해 결정되므로 식 (1.8)로 주어진다. 펄스폭과 대역폭은 반비례한다고 볼 수 있으므로 대역폭이 커질수록, 즉, 펄스폭이 작을수록 거리 분해능은 좋아진다.

$$\Delta R = \frac{c\tau}{2} = \frac{c}{2BW} \tag{1.8}$$

예제 1-3 펄스 레이다의 펄스반복주기가 100nsec이고 펄스폭이 1nsec일 때 출력이 허용하는 경우 최대 탐지 거리와 거리 분해능, 대역폭, range bin의 수를 구하시오.

풀이 식 (1.6)에 의해 펄스레이다의 최대탐지거리는 15m가 된다.

$$R_{\max} = c\frac{T}{2} = (3E8)\frac{100E-9}{2} = 15m$$

대역폭은 1GHz이고 거리분해능은 15cm가 되므로 0~15m 거리를 100개의 range bin으로 구별하게 된다.

중요

펄스 레이다의 최대탐지거리를 늘리고, 거리 분해능을 정밀하게 하려면 펄스폭이 좁고 펄스 간 간격이 커야 한다. 하지만 이 경우 펄스레이다의 평균송신전력이 작아지는 문제가 있다. 따라서 송신전력이 작아지지 않으면서도 레이다의 거리분해능이 높은 FMCW 레이다가 사용된다.

1.3.3 도플러 주파수: 속도 측정

레이다의 가장 큰 특징 중의 하나가【그림 1.10】과 같이 움직이는 물체의 **도플러 주파수**를 추출하여 목표물의 움직임 유무를 파악하고 목표물의 방사 방향의 속도를 추출할 수 있다는 것이다. 도플러 현상이란 목표물의 움직임에 따라 반사파의 중심주파수가 변하는 것을 의미한다[22]. 목표물이 레이다 쪽으로 다가오느냐 혹은 멀어지느냐에 따라 도플러 주파수의 부호와 크기가 결정된다. 즉, 목표물이 다가오면 송신주파수보다 더 높아지고, 목표물이 멀어지면 송신주파수보다 더 낮아진다.

도플러 주파수는 목표물의 속도는 v, 송신신호의 송신주파수는 f_c, 파장은 λ, 목표물과 레이다 사이의 각도를 θ라고 할 때 식 (1.9)와 같이 주어진다. 이때 속도는 레이다와 목표물의 상대속도임에 주의해야 한다.

22) 도플러 효과는 음파에서 쉽게 관찰할 수 있으며, 다가오는 물체가 내는 소리는 원래 소리의 주파수보다 높게 들리고, 멀어지는 물체가 내는 소리는 원래 소리의 주파수보다 낮게 들린다. 우리 주변에 앰뷸런스나 소방차의 싸이렌 소리에서 이 도플러 효과를 쉽게 알 수 있다.

$$f_d = \pm \frac{2v}{\lambda}\cos\theta = \pm \frac{2f_c}{c} v \cos\theta \tag{1.9}$$

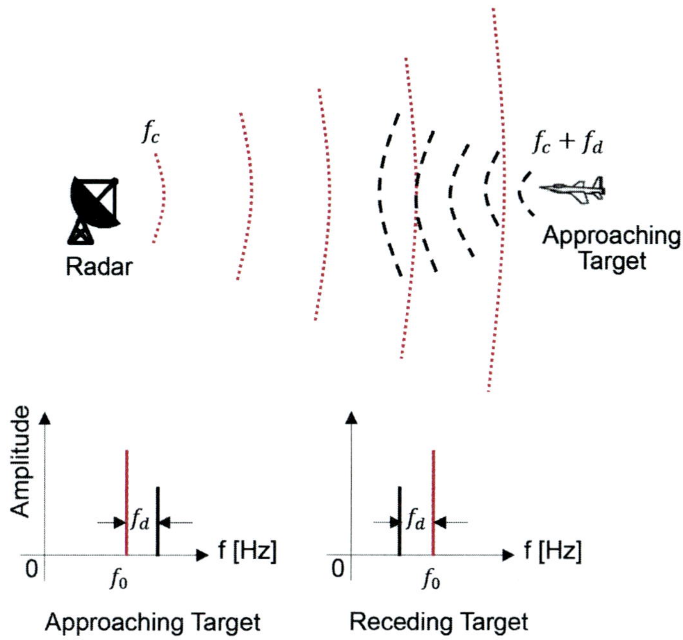

그림 1.10 목표물의 움직임에 따른 반사파의 도플러 주파수

예제 1-4 **항공기가 250m/sec로 진행하고 있고, 송신주파수가 10GHz (파장 3cm)일 때 목표물이 항공기를 향해 175m/sec로 진행하고 있다. 항공기 레이다에서 관측되는 도플러 주파수는 얼마인가? 또 목표물이 같은 속도로 멀어진다면 도플러 주파수는 얼마인가?**

풀이 $f_d = \pm \frac{2v}{\lambda} cos\,\theta = \pm \frac{2f_c}{c} v\cos\theta$ (각도는 0도인 경우이므로)

$$f_d = \pm \frac{2f_c}{c} v = \frac{20\times 10^9}{3\times 10^8}(250 \pm 175)$$

답 28.3kHz와 5kHz

예제 1-5 **(예제 1-4)에서 항공기가 레이다에 수직한 방향으로 움직일 때의 도플러 주파수는 얼마인가.**

풀이 (식 1.9)에서 각도가 90도인 경우이므로 도플러 주파수는 0Hz가 된다.

참고 레이다는 거리, 각도, 속도 모두를 측정해야 정확한 목표물의 움직임을 파악할 수 있다.

예제 1-6 **사람은 호흡할 때 가슴이 0.02m/sec로 앞뒤로 움직인다. 송신주파수가 10GHz (파장 3cm)인 바이오 레이다가 사람의 앞쪽에 고정되어 있을 때 바이오 레이더에서 관측되는 도플러 주파수는 얼마인가?**

풀이 $f_d = \pm \frac{2v}{\lambda} cos\,\theta = \pm \frac{2f_c}{c} v \cos\theta$ (각도는 0도인 경우이므로)

$$f_d = \frac{2f_c}{c} v = \frac{20E9}{3E8} (\pm 0.02)$$

답 ±1.3Hz

(예제 1-4)와 (예제 1-6)에서 살펴본 바와 같이 도플러 레이다는 움직이는 물체의 상대속도에 따라 도플러 주파수의 범위가 다양하므로 이를 정확히 추출하는 것이 매우 중요하다. 특히 송신주파수와의 수신주파수와의 차이가 크지 않을 때는 이의 미세한 차이를 추출할 수 있도록 정밀한 하드웨어와 정확한 신호처리가 필요한 기술이다.

1.3.4 안테나 기술: 방향탐지

앞에서 살펴본 레이다 기술로는 목표물의 거리와 목표물의 속도를 추정할 수 있지만 두 개의 목표물이 동일한 거리와 속도를 갖지만 방향이 다른 경우에는 구별할 수 없다. 따라서 레이다에 방향을 탐지할 수 있는 기술이 포함될 필요가 있다. 목표물의 방향을 탐지하는 것은 기본적으로 안테나 기술을 기반으로 하는 **방향탐지(Direction Finding)** 기술이다. 안테나는 과거에는 단순히 신호를 송신하고 수신하는 역할만을 수행하였으나 최근에는 여러 개의 안테나를 일정한 간격으로 배열한 배열 안테나를 이용하여 전자식으로 **빔포밍(beamforming)**하는 등 안테나가 점점 더 복잡해지고 있다. 레이다에서는 원래 안테나 기술이 중요하였으나, 최근 5G 이상의 이동통신에서도 빔포밍이 사용됨으로써 이동통신에서도 안테나 기술의 중요성이 높아지고 있다[23]. 또한, 6G 이상의 미래 이동통신에서는 저궤도 위성을 이용하여 스마트폰에 직접 연결하는 서비스를 제공하고 있는데 이 경우 안테나의 중요성은 더욱 더 높아지고 있다. 마지막으로, 안테나를 이용한 방향탐지 기술은【표 1.2】와 같이 레이다 기술 이외에도 불법 무선기기 감시 등 전파감시 분야에서 다양하게 사용되고 있다[24].

23) 5G 이동통신에서 기지국 안테나는 여러개의 안테나 빔을 이용하여 사용자에게 최적의 빔을 제공하게 되는데 이를 스마트 안테나(Smart Antenna)라고 한다.

24) 최근, 전파를 사용하는 무선기기가 급증하고 있어 이를 관리하기 위해서 국가에서는 중앙전파관리소와 각 지역 전파관리소를 기반으로 국가공무원이 관련 업무를 수행 중에 있다.

표 1.2 방향탐지 기술의 활용 사례

응용분야	내용
전파감시	– 불법전파신호(몰래카메라 등) 탐지 – 간섭신호 탐지
국방	– 적군의 전파탐지를 통한 위치 파악 – 레이다 탐지, 항공전자
IT	– 물류 asset 트래킹 – ITS(Intelligent Transportation System), 실내 내비게이션
연구	– 전파천문학 – 원격탐사

> **참고** 전자공학과 반도체 기술의 발달로 레이다의 거리, 속도 측정 성능은 과거에 비해 엄청난 개선이 이루어졌다. 하지만 안테나는 물리적인 크기를 가지고 있기 때문에 성능 개선에는 한계가 있었다. 최근 들어 안테나 기술에 대한 관심이 증대하고 있기는 하지만 앞으로도 안테나 기술을 이해하고 성능을 개선하는데 좀 더 많은 관심을 가질 필요가 있다.

각도 분해능(Angle Resolution)

앞에서 살펴본 펄스 레이다는 거리를 측정할 수 있지만 거리방향에 수직으로 떨어져 있는 목표물은 거리가 같으므로 구분할 수 없다. 이 경우 각도 분해능 이상 떨어진 두 개의 목표물은 안테나 기술로 구분하게 된다. 보통 펄스 레이다의 경우 레이다의 펄스폭에 의해 거리방향의 분해능(range resolution)이 결정되고, 안테나의 빔폭에 의해 각도방향의 분해능이 결정된다. 거리방향에 수직인 목표물을 분해하는 능력을 **각도 분해능(angular resolution)**이라 부르며 레이다 안테나의 빔폭(beamwidth)이 좁은 경우 구분할 수 있다. 주의할 것은 각도분해능은 앙각 방향(수직 방향)과 방위각 방향(수평 방향)의 2개의 방향이 있으므로 레이다의 종류는 수평 또는 수직방향 중 하나만 구별할 수 있는지 수직방향과 수평방향 모두를 구분할 수 있는지로 나누어진다. 예를 들어 자동차나 선박은 2차원에서 운행되므로 수평방향의 분해능이 중요하므로 보통 수평방향으로만 각도 분해능을 요구한다. 반면 항공기 레이다 등은 목표물이 수직과 수평 모두 움직일 수 있으므로 수직과 수평 방향 모두에서 각도 분해능을 요구한다[25].

25) 자동차에서는 거리, 속도, 수평 방향 분해능이 있는 레이다를 3D 레이다, 여기에 수직방향 분해능까지 있는 레이다를 4D 레이다라고 부른다.

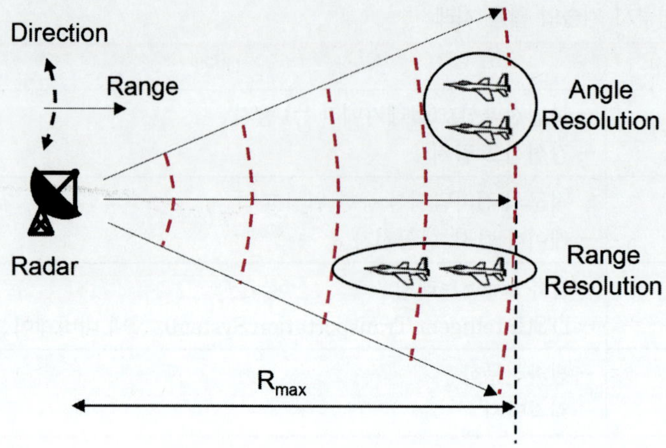

▌그림 1.11▌ 거리방향 및 거리에 수직인 방향에서 레이다 분해능

1.3.5 레이다의 구현 및 응용

앞에서 살펴본 레이다를 구성하는 안테나, 송신기와 수신기 하드웨어, 거리/속도/방향을 계산하는 신호처리부는 모두 각각의 전문적인 기초지식을 요구하는 전문분야이므로 하나의 레이다를 설계할 때는 여러 엔지니어가 협력하여 일할 필요가 있다. 따라서 국내의 경우 한화시스템이나 LIG넥스원과 같이 레이다 시스템을 전문적으로 제조하는 회사에서는 신호처리, 회로, 안테나 전문가들이 협력하여 레이다 시스템을 설계 제조한다. 이러한 회사에서 레이다 설계자가 되기 위해서는 각각의 분야에서 석사과정 이상의 전문지식을 가질 필요가 있다. 또한, 최근에는 레이다 기능의 많은 부분이 SoC (System on Chip)화 되어 출시되므로 레이다 설계 엔지니어는 반도체 회로설계 능력도 가질 필요가 있다. 하지만 모든 엔지니어가 이러한 능력을 가질 필요는 없다. 그렇다고 레이다에 대한 지식이 필요 없다는 말은 아니다. 최근 레이다 기능이 자율주행 자동차 등 민수용으로 사용됨에 따라 개발된 레이다 IC를 이해하고 응용하는 능력이 보통의 엔지니어에게 전반적으로 필요하게 되었다[26]. 예를 들어【그림 1.12】는 초광대역 펄스를 이용하여 호흡수를 측정하거나 모션을 인식하는 레이다가 하나의 모듈로 완성된 제품이다. 해당 제품은 펄스 신호를 생성하여 송신안테나로 송신하고 목표물에 맞고 오는 신호를 수신안테나로 수신하는 모듈이다. 안테나를 제외하고는 2개의 반도체 칩으로 레이다 기능이 SoC화

26) 예전에는 세탁기, 냉장고, TV 등 가전기기 엔지니어나 자동차 엔지니어들에게는 무선통신에 대한 지식이 필요가 없었지만 이제는 모든 가전기기기나 자동차가 인터넷에 연결되는 IoT 세상이므로 무선통신을 응용할 수 있는 기초지식이 업무에 필요하게 되었듯이 앞으로는 누구나 레이다를 응용할 수 있는 능력을 가질 필요가 있다.

되어 있으며, 사용자는 필요시 안테나 교체, 전원 공급, 데이터 입출력만 하면 된다. 이러한 레이다 모듈을 응용해야 하는 엔지니어에게 레이다 전문 설계자처럼 레이다를 직접 설계하는 능력은 필요하지 않다. 대신 그 동작 원리를 이해하고 있어야 최적의 레이다 시스템을 구성할 수 있다. 특히, IC의 출력단과 안테나를 연결할 때 필요한 임피던스 정합(Impedance matching) 기법, 제작 후 성능 측정, 전파인증 등의 과정에서 레이다에 대한 기본적인 지식이 반드시 필요하다.

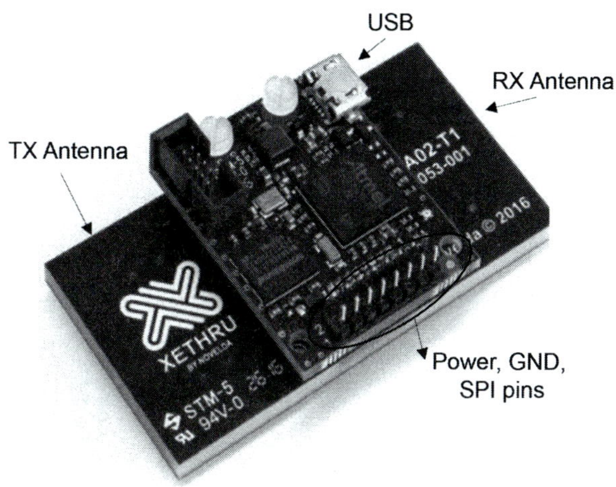

▌그림 1.12▐ UWB 레이다 모듈의 구성(Xethru™)

예를 들어 레이다의 성능을 확인하는 방법을 이해하는 것이 중요하다. 레이다의 특성은 최대 동작거리, 거리 정확도로 대변되는데 이에 대한 상호 연관성을 아는 것이 필요하다. 또한, 제작한 레이다 기능이 있는 제품을 판매하기 위해서는 전파인증을 받아야 한다. 즉, 본인이 설계한 레이다 송신기의 출력신호가 전파법에 정해진 스펙트럼 마스크(spectrum mask)를 만족하는지 판단하여야 한다. 이러한 성능은 송신신호의 특성 뿐만 아니라 송신기의 RF회로에 영향을 받으므로 송신기와 RF회로의 상호 영향에 대한 정확한 이해가 있어야 하며, 제작한 시스템의 구현 시 전력효율 특성은 배터리 구동 시 시스템 동작시간과 밀접하게 관계되므로 이 또한 정확히 이해해야 한다.

1.4 주파수와 전력

앞에서 무선통신과 레이다의 전반적인 개요를 살펴보았다. 이러한 무선통신과 레이다는 전자파(줄여서 전파)를 사용한다는 공통점이 있다. 전자기학에서 학습하는 물리량은 보통 정전기장 (Static electric field), 정자기장 (Steady magnetic field), 시변전자기장 (Time varying electro−magnetic field)이 있는데 이 중 시간과 공간에 따라 변하는 시변전자기장이 바로 전파에 해당한다.

전파는 주파수와 파장에 따라 0.1[Hz]부터 10^{23}[Hz] (파장에서는 10^{9}[m]부터 10^{-15}[m]의 범위)를 갖는다. 이를 log 스케일로 그리면 그 관계는【그림 1.13】과 같다. 이렇게 전파를 주파수에 따라 표시한 그림을 보통 주파수 스펙트럼(spectrum)이라 부른다. 일반적으로 300 GHz 이하의 주파수에서는 전파를 주파수의 함수로 나타내는 것이 편리하고, 300 GHz 이상의 주파수 또는 파장이 1mm 이하인 주파수 대역에서는 파장에 의해 표현하는게 편리하다.

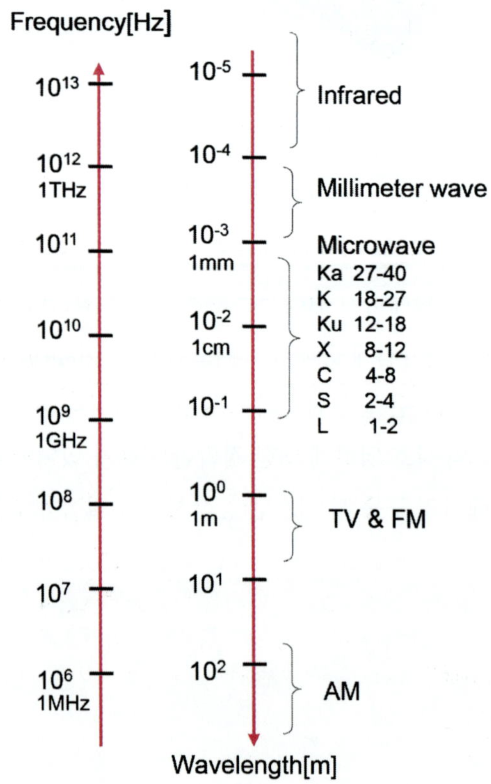

【그림 1.13】 전파 스펙트럼(Electromagnetic wave Spectrum)

전파는 자유공간에서 주파수가 높아질수록 빛을 닮아가기 때문에 직진성이 강해지고, 주파수가 낮아질수록 회절성이 강해진다[27]. 따라서 지구 반대편에 대한 무선통신, 복잡한 지형에서의 무선통신 등에는 낮은 주파수의 전파를 이용하는 것이 좋다. 반면에 주파수가 높아질수록 변조를 통해 전송할 수 있는 신호 (대역폭)가 더 증가한다. 예를 들어 1MHz의 주파수를 이용한 통신보다 1GHz의 주파수를 이용한 통신에서 단위시간 당 주고받을 수 있는 데이터의 양이 훨씬 더 많다[28]. 주파수가 1~60GHz인 영역 (SHF, EHF)의 경우 주파수가 높으므로 단위시간 당 많은 데이터를 송수신 할 수 있어 통신 시스템에서 매우 중요한 주파수 대역이다. 특별히 1GHz에서 30GHz까지는 마이크로파 대역[29]이라고 부르는데 통신이나 레이다에서 가장 많이 쓰는 주파수 대역이다[30]. 30GHz이상인 K, Ka, U 밴드 등의 주파수 영역에서는 주파수가 높으므로 단위시간 당 송수신할 수 있는 데이터의 양이 많으며, 전파의 직진성이 매우 강하므로 송수신 안테나가 서로 마주보는 조건 (Line of sight)에서 주로 통신이 이루어진다. 이 주파수 대역은 주로 위성-지상기지국 간의 통신, 기지국 간의 통신 중계 등에 주로 활용된다. 최근에는 직진성 문제에도 불구하고 5G 이동통신 등에 사용되고 있다.

주파수와 파장의 관계를 이해하기 위해 전자기파와 같이 파동의 한 종류이지만 특성이 전혀 다른 음파를 살펴보자. 【그림 1.14】는 음파의 스펙트럼을 보여준다. 음파의 주파수 중에서 20Hz부터 20kHz까지를 가청주파수라 하고, 20Hz 이하는 초저주파음(Infrasound), 20kHz 이상은 초음파(ultrasound)라 부른다. 초음파는 무선통신이나 레이다에 사용하는 전파에 비해 주파수는 낮지만 음파의 속도가 대략 10^6배 정도 작으므로 이에 비례하여 파장이 10^6배 작다[31]. 이에 따라 1MHz 음파의 파장이 1THz의 전자기파의 파장과 같다. 따라서 초음파 연구자들은 주파수 보다는 파장의 개념으로 음파를 해석하는데 익숙하다. 전파는 수십 GHz 이상으로 주

27) 전파가 공기 중으로 전달할 때 발생하는 다양한 특성으로 반사, 굴절, 회절, 산란 등의 특성을 전파(Electromagnetic wave)의 전파(propagation) 특성이라 한다. 무선통신과 레이다는 이러한 전파의 전파 특성을 적절히 이용한다.

28) 스마트폰에 처음 사용된 3G 이동통신 (2 GHz)의 경우 2G 이동통신 (0.8 GHz)에 비해 단위시간당 송수신 할 수 있는 데이터의 양이 많다는 장점이 있으나, 전파의 직진성이 강하므로 지하실이나 복잡한 지형에서 통신이 불리하다는 단점이 있다.

29) 마이크로파 대역은 파장 단위로 보면 cm파가 되어야 하지만 오랫동안 마이크로파(초고주파)라는 명칭으로 불리고 있다.

30) 마이크로파 주파수 대역의 이름은 유래가 다양하다. L 대역은 안테나 길이가 길다는 의미로 Long의 약자이고, S 대역은 안테나 길이가 작다는 의미로 Short의 약자이다. K는 'Kurz라고 읽고 Ku 대역은 under K, Ka 대역은 above K라는 의미이다. X 대역은 2차 세계대전에서 군사용으로 많이 사용되어 X 대역이라 부른다.

31) 초음파는 공기 중에서는 340m/sec의 속도이지만 물로 구성된 인체조직에서는 1400~1600m/sec의 속도를 갖는다.

파수가 높아져야 파장이 작아져 해상도가 좋아지는데 반해 초음파는 수십 kHz 만으로도 해상도가 좋다. 따라서 초음파는 정보전송보다는 초음파 센싱에 유리하여 사람의 몸 내부를 진단하는 초음파 진단기 등이 의료분야에서 일찍부터 개발되었다.

예제 1-7 **음파도 파동이므로 파동의 기본식인 $c = f\lambda$가 적용된다. 하지만 속도는 자유공간에서 340m/sec이다. 이에 따라 1kHz 음파의 경우 파장은 얼마인가?**

풀이 파동의 기본식 $v = f\lambda$에 의해

340[m/sec]=1000 x 파장 → 파장은 0.34m

1kHz 전파의 파장에 비해 약 10^6배 파장이 작다.

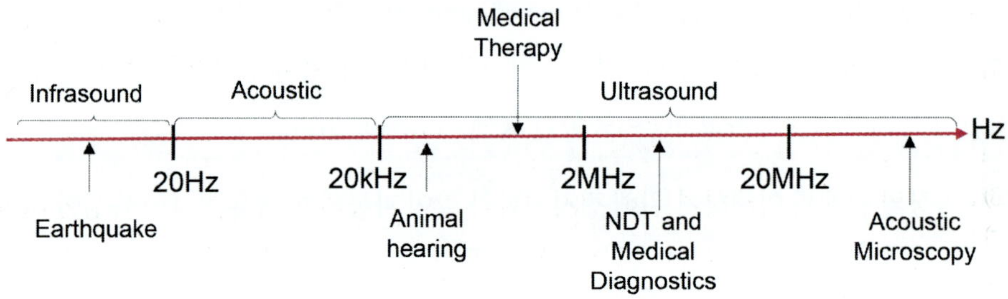

그림 1.14 음파 스펙트럼(Acoustic wave Spectrum)

1.4.1 스펙트럼 할당

주파수는 유한한 자원이므로 각국에서는 주파수별로 사용 용도를 지정하여 배타적으로 사용하도록 규정한다. 때로는 사용 용도를 지원하지 않는 예외적인 경우도 있는데 대표적으로 **ISM (Industrial, Scientific and Medical) 대역**이 있다. ISM 주파수 대역으로는 6.8/13.56 MHz, 2.4/5.8 GHz, 24/60/122/244 GHz 대역 등이 있으며, 제조 공장, 가전기기, 의료용 등 무선통신이나 레이다 외의 용도로 다양하게 사용되고 있으며 우리나라에서는 전파응용설비라고 부른다. 이 중 2.4/5.8 GHz 주파수 대역은 마이크로웨이브 오븐 등 가정용 요리기구로 광범위하게 사용하고 있어 주파수 간섭이 많은 단점이 있다.

또한 주파수 대역은 **면허대역(Licensed band)**과 **비면허대역(Unlicensed band)**으로 나눌 수 있는데, 면허대역은 주파수 경매 등의 과정을 거쳐 통신사업자가 취득하여 특정 기간 동안 배타적으로 사용할 수 있는 대역을 의미한다. 이동통신 주파수대역이 대표적인 면허대역이다. 비면허대역은 별도의 면허가 필요없는 주파수대역으로 전파인증만 받게 되면 자유롭게 사용할 수 있으며 무선 LAN 주파수대역이 대표적인 비면허대역이다[32]. 비면허 대역은 별도의 주파수를 지정하거나 ISM 대역을 비면허 대역으로 사용하며 대표적인 기술 사례로 Wi-Fi나 Bluetooth 등이 있다.

주파수별로 사용되는 주요 서비스를 살펴보면 【표 1.3】과 같다.[33] 모든 주파수대역에 특정 용도가 할당된 것을 알 수 있다. 이때 주의할 것은 주파수 할당이 고정된 것이 아니라는 것이다. 기술이 발전하고 수요가 변하면 주파수 할당도 바뀌게 되는데 예를 들어 3.5GHz 대역은 예전에 고정통신으로 사용되었으나, 현재는 5G 이동통신용으로 할당되어 사용되고 있다.

표 1.3 주파수 할당 사례

(1) 100MHz 이하 : CB(Citezen's Band) 라디오, 페이저, 아날로그 코드리스 전화
(2) 100-700MHz : Radio 방송, TV 방송
(3) 400-500MHz : TRS(Trunking radio system)
(4) 700-1,000MHz : 이동통신, RFID/USN, IoT, 무선마이크
(5) 1.8-1.9GHz : 이동통신, 코드리스 전화기
(6) 2.4-2.5GHz : ISM 대역, 코드리스 전화기, 무선 LAN, 무선 PAN
(7) 3.3-3.8GHz : 고정통신(현재는 5G 이동통신도 사용)
(8) 4.8-5.8GHz : 무선 LAN
(9) 11-15GHz : 위성TV (uplink : 14.0-14.5GHz, downlink : 11.7-12.2GHz)
(10) 57-66GHz : 용도미지정 주파수
(11) 76-81GHz : 차량충돌방지 레이다

주파수할당은 우리나라의 문제만이 아니고, 전 세계적인 문제이다. 즉, 전파는 국경이 없으므로 국경이 인접한 국가들 간에 주파수 할당을 협의하지 않고 임의로 정하면 국경지역에서는 주파수 간섭이 이슈가 될 것이다. 이를 위하여 국제 단체인 ITU-R(International Telecommunication Union - Radiocommunication Sector)에서는 전 세계를 【그림 1.15】와 같이 3개의 지역으로 구분하였다. 유럽 및 아시아는 Region 1, 아메리카 대륙은 Region 2, 아시아와 오세아니아 지역은 Region 3에 해당한다. 우리나라를 포함한 한국, 중국, 일본은 당연히 Region 3에 해당한다. 각각의 Region은 공통된 주파수 할당 규칙을 갖지만 나라별로는 조금씩 다른 주파수 할당을 할 수 있다. 예를 들어 주파수가 낮거나 통신반경이 매우 넓어 국가 간 경계를 넘어가는 통신인 경우 공통된 전파 규칙을 따르도록 하고, 통신반경이 좁아 국가 간 경계를 넘어가는 경우가 없을 경우에는

32) Wi-Fi와 같은 무선LAN 장치는 비면허기기이면서 2.4GHz ISM 대역을 사용하고 있다. ISM 대역을 사용한다고 ISM 기기(우리나라에서는 전파응용설비)는 아님에 주의해야 한다.

33) 아래의 예는 각각의 주파수별 대표적인 서비스의 사례를 보여주며, 나라마다 주파수 정책이 다르므로 지역별, 국가별로 차이가 많다

별도로 지정하게 된다. 예를 들어 AM 라디오, 위성통신 등은 국가 간 주파수 할당에 협의가 필요한 통신방식이고, 이동통신 등은 통신반경이 작으므로 국가별로 지정하게 된다[34].

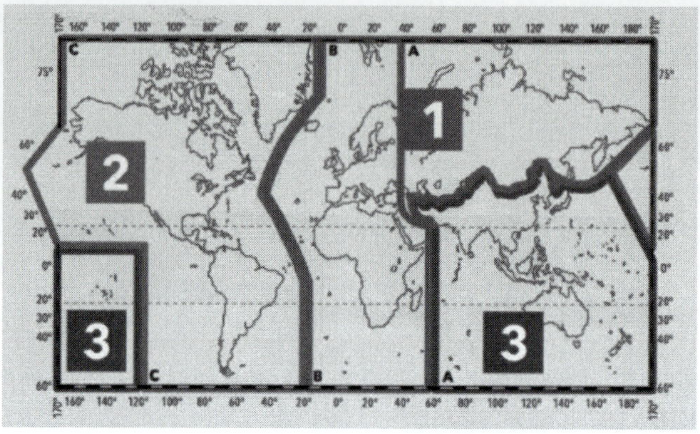

그림 1.15 전 세계의 주파수 할당 지역 구분

예제 1-8 전 세계적으로 ISM 대역으로 할당된 주파수를 확인하고 ISM 대역으로 지정된 이유와 ISM 대역의 주파수별 특징을 살펴보자.

구분	ISM 주파수	중심주파수	대역폭
유도가열	6.765~6.795 MHz	6.78MHz	30kHz
	13.553~13.567MHz	13.56MHz	14kHz
	26.957~27.283MHz	27.12MHz	326kHz
	40.66~40.7MHz	40.68MHz	40kHz
유전가열	433.05~434.79MHz	433.92MHz	1.84MHz
	902~928MHz	915MHz	26MHz
	2.4~2.5GHz	2.45GHz	100MHz
	5.725~5.875GHz	5.8GHz	150MHz
흡수대역	24~24.25GHz	24.125GHz	250MHz
	61~61.5GHz	61.25GHz	500MHz
	122~123GHz	122.5GHz	1GHz
	244~246GHz	245GHz	2GHz

* 단, 지역마다 ISM 대역 지정 주파수가 다르다. 예를 들어 국내와 유럽에서는 433MHz와 900MHz 대역은 ISM 대역이 아니다.

34) 이동통신의 경우 국가별로 주파수가 다르므로 다른 나라로 옮겨갈 때 주파수를 변경하는 절차가 필요하며 이를 로밍(roaming)이라 한다.

1.4.2 전력(Power) 특성

전파는 자유공간에서 거리의 제곱에 반비례하여 전력이 작아진다. 따라서 무선통신의 경우 송신기와 수신기 사이가 멀어질수록 수신신호의 크기가 거리의 제곱에 반비례하여 작아진다. 레이다의 경우에는 송수신기와 목표물 사이를 전파가 왕복해야 하므로 거리가 2배가 되어 전파의 전력은 거리의 4제곱에 반비례하게 된다. 따라서 송신기의 출력전력과 수신기의 입사전력은 차이가 매우 크다.【그림 1.16】은 Log 스케일로 표시된 전력을 주요 응용사례 별로 보여주고 있다.【그림 1.16】에서 보는 바와 같이 우리가 무선통신에서 사용하는 전력은 가전기기에서 사용되는 전력에 비해 상대적으로 낮기는 하지만 수신기의 경우보다 약 10^{12}배 이상으로 크다. 전력이 큰 송신기는 전자회로를 구성할 때 RF회로의 특성이나 전력소자의 비선형 특성 등에 의해 신호의 일부가 인접대역이나 타 대역으로 누설될 수 있으며, 이러한 누설전력은 인접대역 수신기에 나쁜 영향을 줄 수 있다. 따라서 송신기의 경우 송신 출력에 대한 철저한 관리가 필요하다[35].

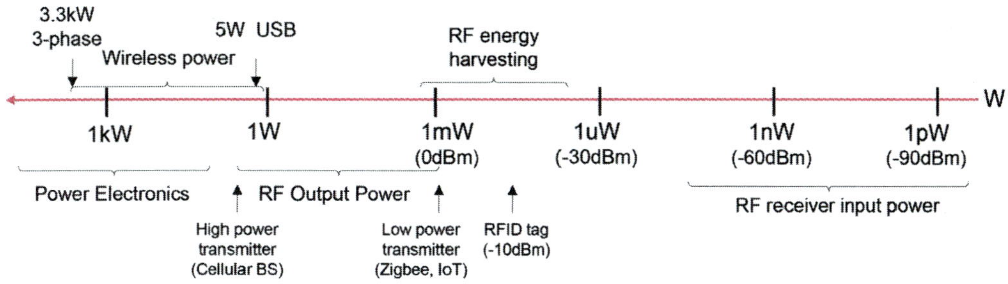

【그림 1.16】 Log 스케일의 전력 및 주요 응용

무선통신과 레이다에 사용되는 주파수와 전력은 국가가 관리한다. 이에 우리나라에서는 1961년부터 과거 무선전신법을 확대하여 전파법을 공포하여 시행하고 있다. 또한 전파법의 하위법령으로 다양한 전파법시행령, 전파법 시행규칙, 무선설비규칙, 관련 고시 등이 있다. 예를 들어 국내 전파인증을 받지 않은 해외제품은 국내에서 판매할 수 없는데 그 근거가 전파법 제58조의2이며, 관련 법령은 '방송통신기자재 등의 적합성평가에 관한 고시(국립전파연구원고시 제2018-17호)이다[36].

35) 휴대폰 단말기의 송신 전력레벨은 보통 5[dBm] 정도, 수신가능한 전력레벨은 -90[dBm] 정도이다. 따라서 송신기의 신호는 수신기에 영향을 주므로 반드시 분리해야 한다.

36) 해외에서 전파인증을 이미 통과한 물건도 국내에 반입하려면 또 다시 전파인증을 받아야 한다. 단, 구매자가 직접 사용하기 위해 해외에서 반입하는 기기 1대에 한해서는 전파인증이 면제된다.

예제 1-9 **이동통신, Wi-Fi, Bluetooth 등의 무선통신 기술의 송신전력은 얼마인가? 송신전력이 클수록 통신반경이 넓어짐을 보이시오.**

풀이 송신전력은 이동통신〉Wi-Fi〉Bluetooth 순으로 차이가 있다 우리는 이동통신의 경우 수백 m 이상의 반경을, Wi-Fi는 10m 내외의 반경을 가짐을 경험적으로 알 수 있다.

【표 1.4】는 레이다가 차량의 전면에 설치되어 앞 차와의 거리와 상대속도를 측정하는 차량충돌방지용 레이다에 대해 국가가 정한 **기술기준(local regulation)**의 사례를 보여준다. 당연히 기술기준은 보통 출력이 높은 송신기에 대해서만 정의되며, 입력되는 전력이 작은 수신기는 타 무선기기에 직접적인 영향을 주지 않기 때문에 관리가 필요 없다. 【표 1.4】의 기술기준 내용을 보면 송신기의 중심주파수와 주파수 대역폭은 얼마인지, 송신기가 송신하는 전력은 얼마인지, 인접대역이나 대역 외에 부수적인 전파가 발사될 경우 그 전력이 어느 정도 기준을 넘으면 안 되는지 등을 규정하고 있는 것을 볼 수 있다. 이때 전력의 개념도 안테나 공급전력, 총복사전력(평균전력과 첨두전력), 불요발사 전력 등 다양한 전력 개념이 존재하며, 전력의 단위도 mW, dBm, dBm/MHz 등의 다양한 단위를 사용함을 알 수 있다. 따라서 무선통신과 레이다를 학습하는 것은 할당된 주파수에 대한 정보 뿐만 아니라 전력과 관계되는 다양한 개념과 친숙해진다는 것을 의미한다.

표 1.4 차량 충돌방지용 레이다의 기술기준

차량 충돌방지용 레이다(76–77GHz) 특정소출력무선기기의 기술기준

1. 주파수, 안테나공급전력 등
   - 안테나공급전력 : 20mW 이하
   - 안테나 절대이득을 포함한 총복사전력
   - 평균전력 50dBm 이하, 첨두전력 55dBm 이하
2. 점유주파수대역폭: 1GHz
3. 주파수허용편차 : 제2호의 점유주파수대역폭 이내일 것
5. 불요발사
   - 대역외영역 : 1MHz 기준 대역폭에 0dBm(평균값) 이하
   - 스퓨리어스영역 : 1MHz 기준 대역폭에 −30dBm(평균값) 이하
6. 간섭회피기능을 갖출 것
7. 수신 또는 송신 대기 상태의 부차적 전파발사
   - 1GHz 미만 : 100kHz 기준대역폭에 −54dBm(평균값) 이하
   - 1GHz 이상 : 1MHz 기준대역폭에 −47dBm(평균값) 이하

【표 1.4】의 차량 충돌방지용 레이다의 기술기준에서 알 수 있듯이 무선통신과 레이다에서는 전력의 단위인 Watt 이외에도 매우 큰 전력과 매우 작은 전력을 표기하기 위하여 로그(log) 단위로 표현하는 것을 알 수 있다. log 스케일로 전력을 표현할 경우 기준이 필요한데 1mW를 기준으로 할 경우 0dBm이 되고 1W를 기준으로 할 경우 0dBW가 된다. 통신에서 전력은 수 W에서 수 pW까지의 값을 가지므로 이를 표기하기에 적합한 dBm을 많이 사용한다.

> **참고**
>
> 전력의 단위는 Watt와 dBm
>
> 무선전력은 송신기와 수신기에서 다루는 전력의 값의 차이가 매우 크므로 [Watt]로 표기하기 보다는 [dBm] 표기를 많이 사용한다.
>
> [dBm] = 10×log [mW] 로 계산된다.
>
> ex) 10[mW] → 10[dBm],
> 20[mW] → 13[dBm], 50[mW] → 17[dBm]
>
> ex) 1[mW] → 0[dBm]
>
> ex) 0.1[mW] → −10[dBm]
>
> ex) 0.01[mW]→ −20[dBm]
>
> ex) 0.001[mW] = 1[uW] → −30[dBm]
>
> ex) 1[nW] = −60[dBm]

한편, 전파법에 의해 무선설비를 조작하거나 설치공사를 하는 자를 무선국종사자 또는 무선종사자라 하는데 무선종사자는 무선종사자자격을 갖추어야 한다. 예를 들어 회사나 기관에서 해안국, 지구국, 선박국, 방송국, 항공기국 등을 운용하기 위해서는 무선종사자를 배치해야 한다. 무선종사자가 필수적으로 갖추어야 할 자격 중에서 대표적인 자격증이 **무선설비기사**이다. 무선설비기사 자격증을 취득하기 위해서는 4년제 졸업 및 예정자이거나 2년제 졸업 후 2년이 실무 경력이 필요하다. 무선설비기사가 되기 위해서는 시험을 치르게 되는데 필기과목으로 디지털전자회로, 무선통신기기, 안테나공학, 무선통신시스템, 전자계산기 일반 및 무선설비기준 등의 시험을 통과하여야 하며, 실기로는 Smith 차트, 회로설계, 회로조립, 스펙트럼 분석기 등 초고주파공학에 대한 전반적인 지식이 필요하다.

예제 1-10 전파관리 관련 공무원이나 전파 관련 공기업과 기관에 대해 알아보고 해당 기관에 취업을 목표로 하기 위해서는 어떤 준비를 해야 하는지 알아보자.

풀이 중앙/지방 통신직 공무원, 방송통신전파진흥원(KCA), 한국전파진흥협회(RAPA) 등 다양한 기관이 있으며 무선통신 및 RF 관련 학습이 필요하며, 관련 자격증으로 무선설비기사 자격증이 있다.

요약

무선통신과 레이다의 학습에서 주파수와 파장, 그리고 전력에 대한 정확한 이해는 매우 중요하다. 무선통신과 레이다의 특성은 주파수와 전력에 따라 통신거리(센싱거리), 통신속도, 및 거리/각도 분해능이 결정된다.

1.4.3 주파수와 전자회로

무선통신과 레이다에서 주파수 변환을 위한 송신기와 수신기를 구성하는 전자회로는 통과대역 반송파 주파수에 따라 그 특성이 결정된다. 이렇게 수 GHz 이상에서 동작하는 회로를 RF회로라 부른다. 특히 30GHz 이상의 높은 밀리미터파 주파수가 되면 트랜지스터, 다이오드, IC 등의 능동 전자소자가 작동하기 어렵게 된다. 예를 들어【그림 1.17】과 같은 PNP 트랜지스터의 경우 다수캐리어인 전자와 소수캐리어인 홀이 에미터, 베이스, 컬렉터 사이에 형성되어 있는 공핍층 (depletion region)을 지나서 주입 (injection)되어야 증폭 동작이 이루어지게 된다. 이때 전자 및 홀은 물질이므로 이동속도를 가지고 있으며, 수십 GHz 이상의 높은 교류신호가 인가되면, 캐리어들이 공핍층을 넘어가기도 전에 신호의 주기가 완료되어 트랜지스터의 동작이 이루어지지 못한다. 예를 들어 100GHz의 신호가 인가되었다면 한주기의 시간은 10 [pico 초] (10^{-11} [sec])가 되는데, 이 짧은 시간 동안 전자와 홀 등의 캐리어들의 이동속도로는 수십 [um]에 달하는 공핍층을 넘어갈 수가 없다. 그러므로 아래에 나타낸 트랜지스터의 동작이 멈추어지게 된다[37]. 한편 GaAs 등의 반도체를 사용하면 전자/홀의 이동속도가 Si 반도체에 비해 조금 더 빠르므로 Si 반도체보다는 높은 주파수에 사용이 가능하다.

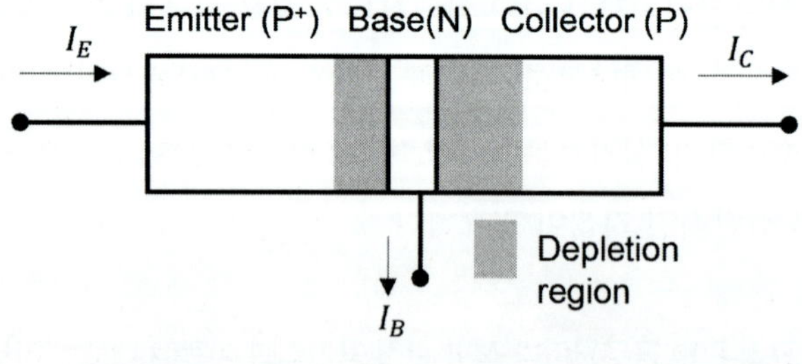

【그림 1.17】 트랜지스터 내부에서 전자파의 변화에 따른 전류의 흐름

37) 보통 트랜지스터에는 차단주파수(cutoff frequency) 가 정의되는데 이는 주파수가 올라감에 따라 증폭기의 이득이 작아지게 되며 이득이 1이 되는 주파수를 의미한다. BJT보다는 FET가 차단주파수가 높다.

반도체 소자는 주파수뿐만 아니라 반도체 소자가 처리할 수 있는 전력의 양도 차이가 난다. 일반적으로 반도체 소자인 트랜지스터는 높은 주파수에서 동작할수록 소자의 출력은 작아진다. 그 이유는 주파수가 높다는 것은 전자소자의 크기가 작아져야 한다는 것을 의미하기 때문이다. 전자소자의 크기가 작으면 전자의 이동이 빠르게 됨을 의미하는데 반도체 소자의 크기가 작다면 소자에 존재하는 전자의 양도 작아지므로 출력이 작아지게 된다.【그림 1.18】에 현재 사용되는 다양한 반도체 소자의 주파수와 전력의 관계를 보여준다. 현재 반도체의 주류인 Si CMOS 소자의 경우 반도체 미세공정의 발달로 주파수는 수십 GHz까지 동작이 가능해 졌으나 다룰 수 있는 전력이 낮으므로 이동통신 기지국의 전력증폭기와 같이 출력이 높은 소자에는 사용할 수 없다. 이 경우 Gallium Nitride (GaN)과 같은 별도의 화합물 기반의 반도체 소자를 사용하여야 한다[38]. 여기서 기준으로 삼을 필요가 있는 전력 레벨은 대략 10mW로 볼 수 있다. 대량생산이 가능한 Si-CMOS 반도체 공정으로 전력증폭기를 만들면 10mW 정도가 최대이므로 10mW 이상의 출력을 요구하는 경우 별도의 화합물 기반의 IC가 필요하다고 생각하면 된다[39].

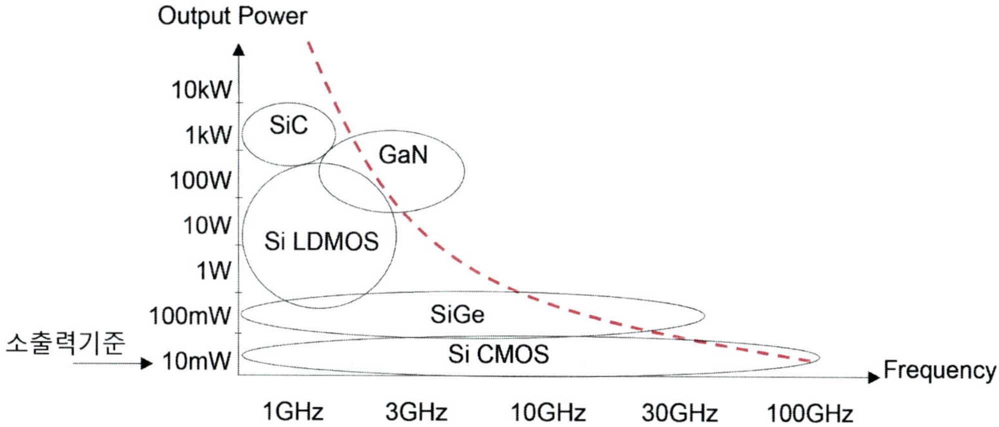

▌그림 1.18▌ 반도체 소자의 주파수와 전력의 상관관계

최근 무선기술은 발전을 거듭하여 개별 회로로 구성되지 않고 모든 시스템이 하나의 IC에 집적화된 SoC (System on Chip) 개념으로 설계된다. 따라서 10mW 이하의 송신기, 출력이 낮은

38) GaN와 같은 화합물 반도체는 high bandgap 특성을 가져 출력이 높다. 이와 같이 주파수가 높으면서 출력이 큰 무선통신과 레이다의 경우 제작단가가 올라가 민수용으로 사용되기 어렵다. 보통 X-대역 국방용 레이다는 주파수도 높고 출력도 크므로 군사용으로만 사용된다.

39) 전파법에서는 10mW 이하의 무선송신기를 소출력기기라 하여 인증만 받으면 허가없이 사용할 수 있다. 미국에서는 이를 비면허기기라고 부른다. 대표적인 비면허기기로 Bluetooth, Wi-Fi 등이 있다.

수신기, 디지털 신호처리 회로, 마이컴 회로 등 대부분의 무선통신과 레이다와 관련된 회로는 한 개의 IC로 구현될 수 있다. 하지만 10mW 이상 출력을 내는 송신기의 전력증폭기만은 별도의 IC로 구성해야 한다. 예를 들어【그림 1.19】는 디지털 IC와 RFIC의 사진을 보여준다. 왼편의 IC는 ADC (Analog-to-Digital Converter) 회로로 주파수가 낮기 때문에 Layout만 봐서는 어떤 기능을 하는지 알기 어렵고, 소자 간의 Layout이 매우 복잡하다. 반면 오른쪽 RFIC (Radio Frequency Integrated Circuit)는 주파수가 높으므로 회로 구성이 마이크로스트립 선로로 되어 있는 것을 알 수 있고, Layout만 봐서도 어떤 회로인지를 알 수 있다[40].

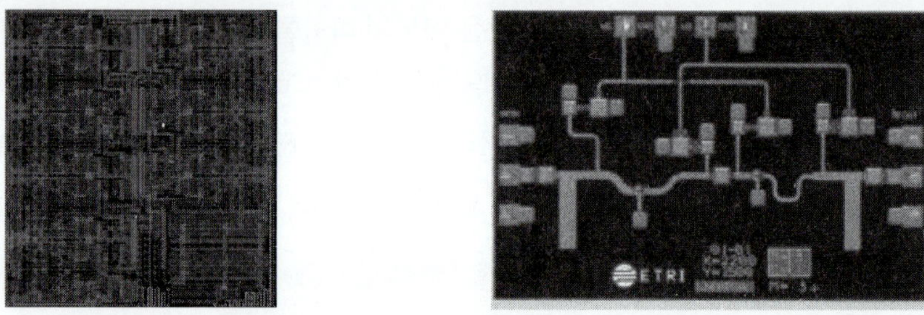

그림 1.19 아날로그 IC (ADC)와 RFIC (밀리미터파 증폭기)의 비교

1.5 채널용량과 분해능

본 절에서는 무선통신과 레이다의 성능을 나타내는 대표적인 기준으로 채널용량과 분해능에 대해 살펴보고 둘 사이의 관계를 살펴본다. 채널용량은 무선통신에서 주어진 조건(전력, 주파수, 안테나 수)에서 얼마나 많은 정보를 송신할 수 있는지를 알려준다. 이와 유사하게 레이다에서 분해능은 주어진 조건 (주파수와 안테나 크기)에 따른 레이다 영상의 해상도를 나타낸다.

무선통신의 채널용량

일반적으로 유무선 통신의 구분 없이 통신의 채널대역폭이 주어진 경우 이 채널을 통해 단위 시간 당 오류 없이 전송할 수 있는 데이터 양의 최대값이 얼마가 되는지 보여주는 지표가 **채널용량**(channel capacity)이라 한다. 채널용량은 보통 Shannon[41]의 방정식으로 표현된다.

---

40) 무선통신과 레이다의 학습에서 하드웨어에 대한 학습은 전자회로, 안테나, RF회로 등의 아날로그 회로에 대한 학습이 필요하며, 자세한 사항은 관련 과목에서 학습하기 바란다.

$$C = BW \times \log_2(1 + S/N) \tag{1.10}$$

여기서 S/N은 디지털 수신기의 신호 대 잡음비(SNR)로 S는 수신기의 평균수신전력으로 단위는 [W]이고, N은 1Hz당 정규화된 잡음으로 단위는 [W/Hz]이다. 대역폭은 BW[Hz]이다. 식 (1.10)에서 알 수 있듯이 채널용량은 채널의 대역폭에 비례한다. 또한 각 비트 구간 별로 두 가지 크기를 갖는 한 개의 펄스를 전송하는 대신 k비트 구간 동안 2^k 가지 종류 중에 한 개의 심볼을 전송하면 대역폭을 $1/k$로 줄일 수 있다. 바꾸어 말하면 대역폭을 유지하면서 데이터율을 k배로 증가시킬 수 있다. 하지만 데이터율을 높이기 위하여 k를 증가시키는 경우 잡음 전력에 비해 신호의 크기를 크게 하지 않으면 오류가 발생할 확률이 커지게 된다. 이것은 채널용량이 SNR의 함수라는 것을 의미한다. Shannon의 방정식은 통신시스템에서 최대 데이터 전송률이 대역폭과 잡음대비 신호의 크기와 상관이 있다는 것을 말하며, 실제 구현과 관련된 이슈를 다루지는 않는다.

예제 1-11 대역폭이 일정할 경우 Shannon의 Capacity 곡선을 그리시오.

풀이 SNR이 충분히 큰 경우【그림 1.20】과 같이 SNR에 비례하여 Channel Capctity가 증가함을 알 수 있다.

```
SNR_dB = -20:.1:30;
B = 1; % BW (Hz)
C = B * log2(1 + 10.^(SNR_dB/10));
plot(SNR_dB, C, 'LineWidth', 1);
xlabel('SNR (dB)');
ylabel('Channel Capacity (bit/s)');
```

식 (1.10)의 식에서 안테나를 고려하면 식 (1.11)이 된다. 이때 M은 송수신 안테나의 수로서, 송신안테나와 수신안테나 수가 다를 경우에 적은 수가 M이 된다. 단, 식 (1.11)의 MIMO 공간다중화에 의한 채널 용량 개선이 적용되려면 안테나 간에 신호가 독립적으로 전송되어야 한다. 이를 위해서는 2가지 조건이 필요하다. 먼저, 안테나 간의 상관 특성이 없어야 한다. 이를 위해서는 안테나 간의 상호간섭 (mutual coupling)이 없어야 하는데 이를 위해서 안테나 간격을 반파장 이상으로 벌려야 한다. 이는 기지국에서는 가능할지 모르지만

41) Claude Elwood Shannon(1961~2001)은 미국의 수학자이자 전기공학자로 정보이론의 아버지라고 불리운다. Shannon이 발표한 《통신의 수학적 이론》이라는 논문은 정보 엔트로피의 개념을 창안하여, 정보통신 이론의 기반이 되었다. 또한 Shannon은 샘플링 이론을 창안하여, 당시까지 아날로그로만 이루어지던 통신을 디지털 정보통신으로 변화시키는 데 기여했다.

스마트폰 내부에서 가장 크기가 큰 부품이 안테나이고, 스마트폰의 크기가 제한되어 있으므로 불가능하다. 따라서 MIMO 코딩에서 안테나의 한계는 스마트폰에 의해 주어지므로 2x2 MIMO기술이 현실적인 한계가 되었다. 다음으로 전파환경에 의해 각각의 안테나에 들어오는 신호의 상관특성이 없어야 한다. 예를 들어 이동통신의 경우 스마트폰과 기지국이 서로 마주 보이는 LOS (Line of Sight) 환경에서는 전파의 특성이 구별되지 않으므로 MIMO 코딩이 적용되지 않는다. 기지국이 보이지 않는 비가시선 환경, 즉 Rayleigh 특성을 갖는 경우에만 가능하다. 이에 따라 실제 기지국 안테나에 MIMO 기술이 적용될 경우에는 기지국에 가깝지만 기지국이 보이지 않는 협소한 영역에만 적용이 가능하다. 단말기가 기지국으로부터 멀리 떨어진 경우에는 MIMO 코딩에 의해 속도를 높이기 보다는 송신다이버시티에 의해 S/N비를 높이거나 빔포밍기술을 적용하여 신호의 크기를 키워야 한다. 따라서 현재 이동통신 기지국은 채널 환경에 따라 다양한 빔포밍, 다이버시티, MIMO 공간다중화 기술을 섞어서 사용한다[42].

$$C = BW \times M \times \log_2(1 + S/N) \tag{1.11}$$

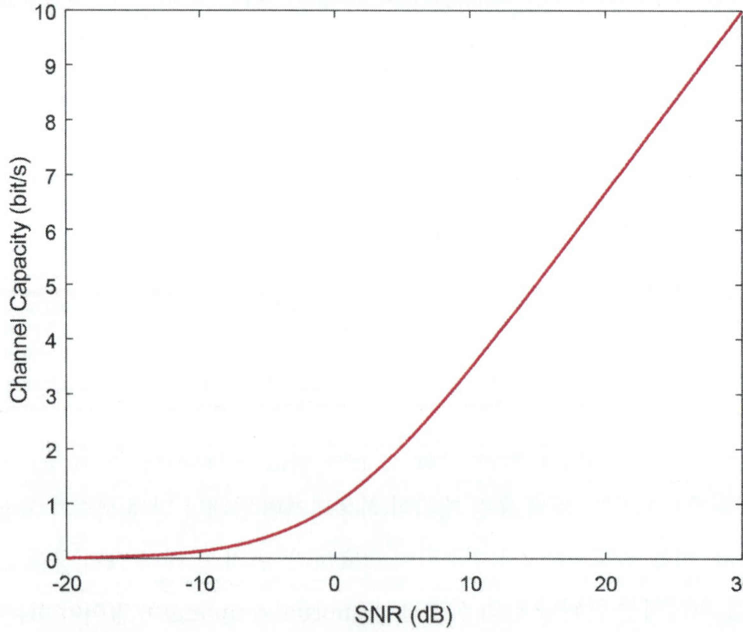

▌그림 1.20▌ Shannon의 Capacity 사례 (예제 1-11의 경우)

42) 다이버시티와 공간다중화는 안테나간의 간격이 넓어 상관 특성이 없어야 하고 빔포밍중 RF 빔포밍은 안테나 간격이 반파장이어야 하므로 실제 3가지 MIMO 기법을 하나의 안테나로 사용하기는 어려워 적당한 trade-off가 필요하다.

레이다의 거리 분해능

무선통신과는 다르게 레이다는 거리를 측정하는 센서이므로 레이다가 만들어내는 거리 측정의 정확도와 정밀도가 중요하다. 또한 레이다로 이미지를 만들게 되면 이미지의 해상도가 얼마나 선명한지 기준이 필요하다. 이러한 것을 레이다에서는 분해능(resolution)이라고 부른다. 분해능이란 서로 떨어져 있는 두 물체를 구별할 수 있는 능력을 의미한다. 30cm 줄자가 있는데 1cm 마다 눈금이 있다면 이 줄자의 분해능은 1cm가 될 것이다. 즉 1cm 간격으로 길이를 잴 수 있다. 만약 눈금이 1mm마다 있다면 이 줄자의 분해능은 1mm가 될 것이다. 따라서 레이다에서 분해능은 작을수록 좋다. 레이다는 거리, 속도, 방향을 측정하므로 거리, 속도, 방향에서의 분해능이 각각 정의된다. 이 중에서 정밀한 분해능을 얻기가 가장 어려운 것이 방향에서의 각도 분해능이다. 각도 분해능은 range 분해능에 수직방향이므로 Cross-range 분해능이라고도 부른다. 【그림 1.21(a)】와 같이 비행기를 탐지하는 레이다 앞에 3개의 비행기가 있다. 거리 방향으로 2개의 비행기가 레이다의 거리분해능 이상 떨어져 있다면 이 두 비행기는 구분할 수 있다. 예를 들어 첫 번째 비행기는 Ragne bin 1에 놓여 있다고 판별하고, 두 번째 비행기는 Range bin 2에 놓여 있다고 구분할 수 있다. 만약 Range bin 1과 Range bin 2 사이에 놓여 있는 비행기는 Range bin 1에 있는지 Ragne bin 2에 있는지 구분할 수 없다. 마찬가지로 Cross Range를 분해능으로 구분하고 이를 기준으로 어떤 Cross Range bin에 있는지 구분하게 된다.

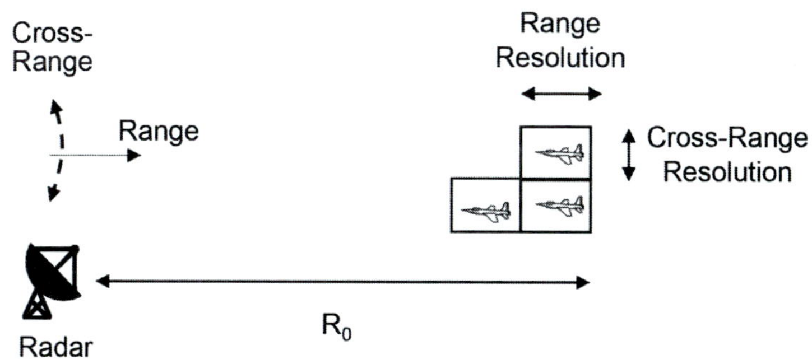

(a)

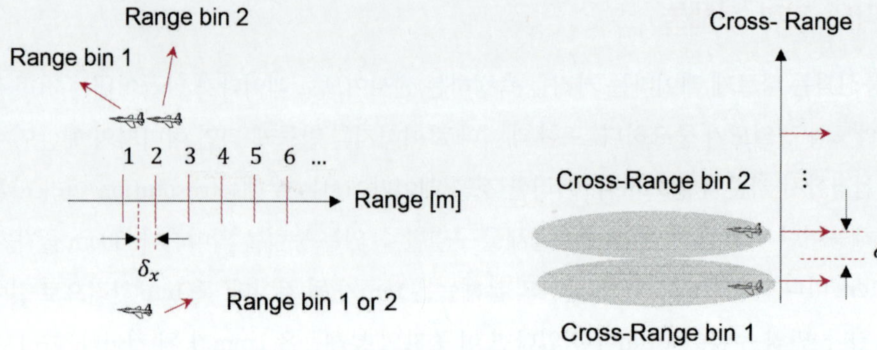

(b)

그림 1.21 레이다에서 분해능 개념

2차원 이미지를 생성하는 이미징 레이다의 경우 거리방향의 분해능은 사용하는 레이다 신호의 대역폭과 관계되고, 거리방향에 수직인 방향의 분해능은 안테나의 크기와 관련이 된다. 레이다에서 사용되는 신호가 실수라면 거리방향의 분해능 δ_x은 식 (1.12)로 주어진다.

$$\delta_x = \frac{c}{2BW} \tag{1.12}$$

여기서 c는 빛의 속도를 의미하며 BW는 레이다가 송신하는 파형의 대역폭을 의미한다. 주의할 것은 식 (1.12)는 이론적인 값이고, 샘플링 주파수, 양자화, 윈도우잉을 어떻게 했는지에 따라 달라진다[43]. 식 (1.12)는 대역폭만의 함수이므로 SNR까지 고려하는 거리 분해능을 적용할 수 있다. 이를 거리 분해능의 CRLB(Cramer Lao Lower Bound)라고 부르며 측정된 거리값의 RMS (Root Mean Square) 값은 식 (1.13)과 같이 대역폭과 SNR의 함수로 주어진다[44].

$$RMS(d) \geq \sqrt{CRLB} = \frac{c}{2\sqrt{2}\pi BW\sqrt{SNR}} \tag{1.13}$$

여기서, SNR은 신호대잡음비 (Signal to Noise Ratio)를 의미한다. 식 (1.13)을 바탕으로 500MHz 대역폭을 갖는 UWB무선통신 TWR거리측정과 1.5GHz의 대역폭을 갖는 UWB 펄스레이다에 적용하면【그림 1.22】와 같이 주어진다. 그림에서 알 수 있듯이 SNR이 높을수록 대역폭이 넓을수록 거리 분해능이 좋아짐을 알 수 있다.

43) 예를 들어 Hanning window를 사용할 경우 1.6배 정도 분해능이 나빠진다.

44) 거리 분해능에 대한 CRLB 수식의 증명은 관련 서적을 참고하기 바란다.

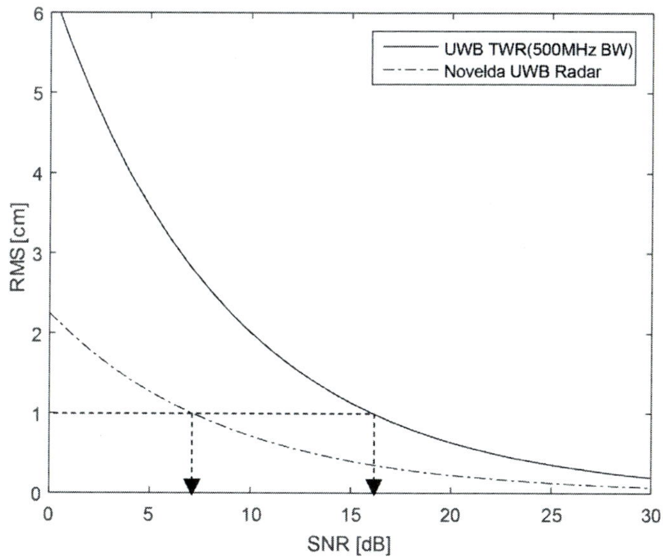

【그림 1.22】 거리 분해능에 대한 CRLB 기준

예제 1-12 레이다의 거리 분해능을 대역폭과 SNR의 함수로 【그림 1.22】를 그리시오.

풀이 아래 MATLAB 프로그램을 이용하여 그릴 수 있다.

```
SNR=[0:1:30];          c=3E8;          W=533E6;          W_r=1500E6
RMS1=c./(2*sqrt(2)*pi*W*sqrt(10.^(SNR/10)))
RMS2=c./(2*sqrt(2)*pi*W_r*sqrt(10.^(SNR/10)));
plot(SNR,RMS1*100,'k-', SNR, RMS2*100, 'k-.')
xlabel('SNR [dB]');                ylabel('RMS [cm]');
axis([0,30,0,6]);
legend('UWB TWR(500MHz BW)', 'Novelda UWB Radar');
```

레이다의 각도 분해능

앞에서 설명한 거리 분해능과는 달리 거리 방향에 수직인 레이다의 각도 분해능 또는 Cross Range 분해능 δ_y은 식 (1.14)와 같이 반송파 주파수의 파장과 안테나, 그리고 물체와의 거리의 함수로 주어진다.

$$\delta_y = R\frac{\lambda}{D_a} \tag{1.14}$$

여기서 D_a는 안테나의 직경, λ는 전파의 파장, R은 목표물까지의 거리이다. 즉 거리가 가까울수록, 파장이 작거나 주파수가 높을수록, 안테나의 직경이 클수록 각도분해능 또는 Cross Range 분해능이 작게 된다. 각도가 거리의 함수인 것은 가까운 거리에서 각도의 작은 오차가 먼 거리에서는 큰 오차가 되기 때문이다[45].

> **요약**
> 무선통신의 채널용량은 대역폭, SNR, 독립적인 안테나의 수에 비례하는 반면, 레이다의 거리 분해능은 대역폭과 SNR의 함수로 주어지며, 거리방향에 수직인 각도 분해능의 경우 안테나의 크기와 주파수에 의해 결정된다. 이를 통해 채널용량과 레이다의 분해능이 밀접한 관련을 갖는다는 것을 알 수 있다.

광학에서의 Rayleigh 분해능

분해능 중 각도 분해능(또는 Cross Range 분해능)의 개념은 광학(Optics) 분야에서 주로 연구가 되어왔는데 광학에서 사용되는 대표적인 개념인 고전적인 **Rayleigh 분해능**에 대해 살펴보자. 망원경으로 별을 관측할 때 두 개의 별이 선명하게 분리해서 볼 수 있는 것을 망원경의 분해능이 좋다고 말한다. 즉 망원경의 구경이 크면 클수록 분해능이 작아져서 선명한 이미지를 볼 수가 있다.【그림 1.23】에서 왼쪽의 이미지는 2개의 물체가 분리가 가능한데 좀 더 가까워지면 분해되기 어려운 상태가 되고 더 가까우면 두 물체가 겹쳐서 분해가 불가능하게 된다. 분해가 어렵기 직전의 기준을 Rayleigh 분해능이라고 부르며 식으로 표현하면 식 (1.15)와 같다.

$$\theta_{\min} = 1.22\frac{\lambda}{D} \tag{1.15}$$

여기서 λ는 전파의 파장을 D는 렌즈의 직경이 된다. 식 (1.14)에 의해 분해능을 높이려면 렌즈의 직경을 증가하거나 파장이 작아야 한다.

45) 직각좌표계와 달리 극좌표계에서 같은 각도라도 거리가 길어지면 각도 오차가 커지므로 이를 보상하는 거리인자 R을 metric coefficient라고 부른다.

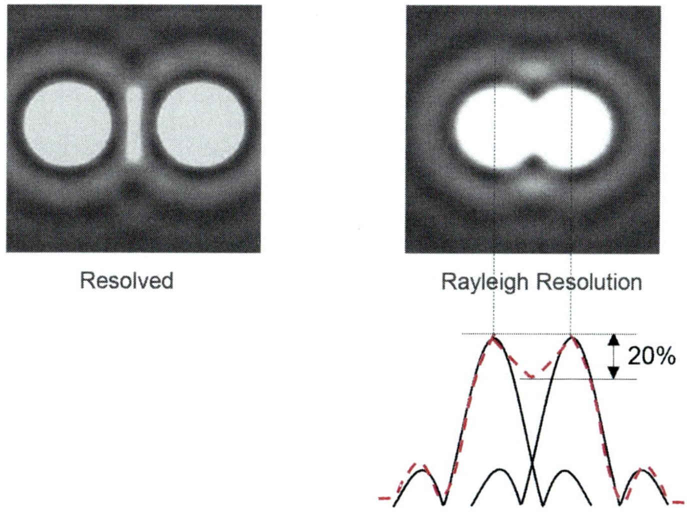

그림 1.23 고전적인 Rayleigh 분해능 개념

예제 1-13 **사람의 눈의 분해능을 살펴보자. 동공의 직경을 2mm라고 하고 눈으로 들어오는 전파의 파장을 500nm라고 했을 때, 눈의 최소 분해능은 얼마인가?**

풀이 $\theta_{\min} = 1.22\frac{\lambda}{D} = 1.22\frac{500\times 10^{-9}}{2\times 10^{-3}} = 3\times 10^{-4}$ 라디안이 되므로 각도로 변환하면 1/60도를 분해할 수 있다.

예제 1-14 **레이다의 각도 분해능을 살펴보자. 안테나의 직경을 1m라고 하고 레이다에 들어오는 전파의 파장을 3cm(=주파수 10GHz)라고 했을 때, 레이다의 최소 분해능은 얼마인가?**

풀이 $\theta_{\min} = 1.22\frac{\lambda}{D} = 1.22\frac{0.03}{1} = 0.0366$ 라디안이 되므로 각도로 변환하면 2.1도 떨어진 물체를 분해할 수 있다.

이제 물체가 거리 R만큼 떨어진 경우 분해능은 거리에 따라 변하게 되므로 분해능은 식 (1.16)과 같다.

$$\theta_{\min} = 1.22R\frac{\lambda}{D} \tag{1.16}$$

1.5.1 SAR 이미징 레이다

앞에서 레이다는 거리방향과 각도 방향으로 대상물에 대한 위치 정보를 얻을 수 있으므로 이를 이미지화하면 사진과 같은 영상을 얻을 수 있다. 이때 거리방향의 경우 대역폭만 충분히 넓으면 정밀한 분해능을 얻을 수 있으나 각도 분해능은 안테나 크기와 거리의 함수이므로 선명한 각도 분해능을 갖는 이미지를 얻으려면 주파수를 높이거나 안테나를 크게 하여야 한다. 따라서 차량용 레이다의 경우에는 주파수를 77GHz 이상으로 높여 각도분해능을 개선한다. 하지만 주파수가 높을수록 같은 출력의 경우 전파의 도달거리가 짧아지므로 가까운 거리에서만 각도 분해능이 가능하다.

주파수가 수 GHz로 낮은 경우 안테나 크기를 높이는 것은 현실적으로 불가능하므로 안테나의 직경을 크게 하지 않으면서도 높은 방위해상도를 얻을 수 있도록 개발한 것이 **합성개구레이다**인 SAR(Synthetic Apertutre Radar)이다. SAR에서 사용하는 전파 빔은 안테나 직경이 작아서 빔의 각도 범위는 넓지만【그림 1.24】와 같이 레이더를 비행기나 인공위성에 싣고서 빠르게 이동을 하면서 레이더 반사파를 연속적으로 수신한다. 이렇게 하면 전파가 반사되어 돌아오는 동안 이동한 거리만큼 마치 레이더 안테나의 직경이 길어지는 효과가 나타나므로 보다 좁은 방위 각도에서 반사파를 수신할 수 있는 효과를 만들 수 있다. 따라서 공중에서 지상의 넓은 범위를 고해상도의 영상을 획득하는데 아주 효과적이다.

SAR 레이다는 고속으로 이동하면서 위상 정보를 알고 있는 전파를 방사하면 전파를 방사한 안테나의 위치와 반사되어 돌아온 반사파를 수신하는 안테나의 위치에 상당한 차이가 나고, 이러한 위치의 차이가 수신된 전파에서 도플러 주파수 천이로 나타난다. 이 도플러 주파수의 상대적인 차이 특성을 이용해서 대상물과 레이더 안테나 사이의 거리 차에 대한 위상을 보정하거나 수신지점은 다르지만 위상이 같은 신호를 더하여 합성된 안테나 신호를 획득한다. 즉 레이더가 이동한다는 것을 이용하여 구경(aperture)이 작은 안테나로 수신된 연속적인 여러 개의 레이더 신호들을 합성하여 구경이 큰 안테나를 수학적 방법으로 합성한다. 그래서 합성개구레이다라는 이름이 붙여진 것이다. 실제로는 빠르게 이동하면서 수신한 여러 신호들을 정지한 레이더의 영상처럼 선명하게 보이게 하려면 복잡한 신호처리가 필요하다.

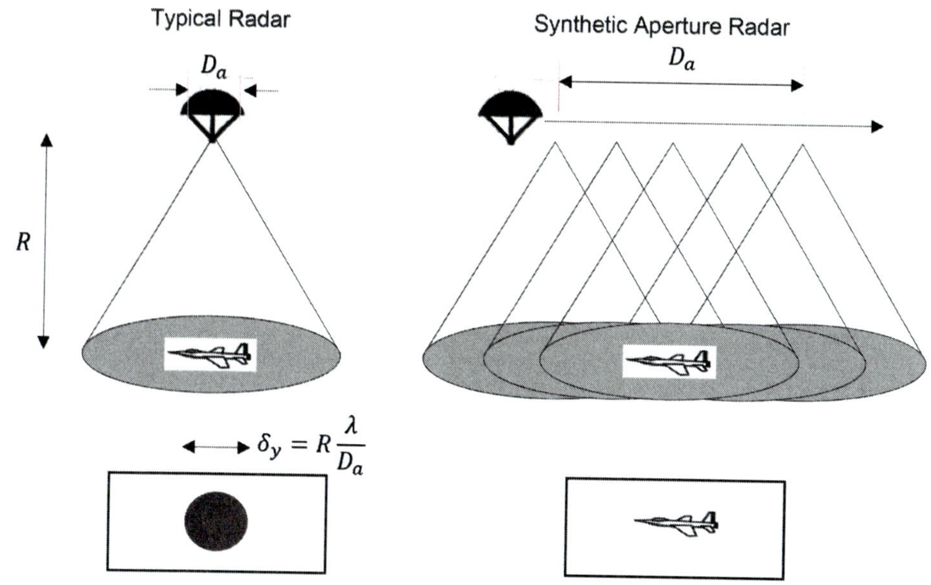

▌그림 1.24▌ 기존 레이다와 SAR 레이다 비교

【표 1.5】에 대표적인 SAR 이미징 레이다의 특성에 대해 나와 있다. 최초의 위성용 SAR 레이다는 1978년 원격탐사용 인공위성 SEASAT에 실렸던 SAR로 이후 다양한 위성용 SAR가 개발되어 운영되고 있다. 우리나라에서는 2012년 X밴드를 사용하는 다목적 실용위성(Korea Multi-Purpose Satellite, KOMPSAT) 5호를 발사하였으며, 이름은 아리랑5호로 알려져 있다[46].

참고

(1) 전파는 구름, 눈, 연기, 안개 등을 투과하므로 기상조건의 영향을 받지 않고 영상획득이 가능하다.
(2) 전파를 대상물에 송신하고 역산란된 전파를 수신하는 능동센서이므로 낮과 밤 모두 관측이 가능하다. 반면 광학센서는 태양빛의 산란을 이용하는 수동센서이므로 낮에만 관측이 가능하다.
(3) 진폭뿐만 아니라 위상 정보도 추출할 수 있어 대상 물체의 특성을 추출할 수 있다.
(4) 광학센서와 달리 지형의 구조 뿐만 아니라 표면의 거칠기, 토지에 함유된 수분량 등의 정보 취득이 가능하다.

46) 아리랑5호 SAR 위성은 정밀모드에서는 1m 해상도, 표준 모드에서는 3m 해상도, 일반모드에서는 20m 해상도로 구분되며, 수명은 5년, 고도는 550㎞, 탑재체 질량은 880㎏의 저궤도 위성으로 반복주기는 28일이다.

표 1.5 SAR 이미징 레이다의 종류 및 특성

종류	주파수 (GHz)	편파	해상도 (m)	관측폭 (km)	비고
SEASAT(1978)	1.275	HH	25	100	NASA/JPL 최초의 SAR
SIR-A(1981)	1.278	HH	40	50	-
RADARSAT-1 (1995)	5.3	HH	9~100	45~510	캐나다, 극지방 빙하탐사
ERS-1(1991)	5.3	VV	30	100	EU, 해양연구
KOMPSAT-5 (2012)	X-band	-	~1	-	대한민국 (아리랑5호)

1.6 무선통신과 레이다의 학습법

앞에서 무선통신과 레이다에 대한 개괄적인 내용과 주요 개념들을 소개하였다. 실제 무선통신과 레이다를 이해하려면 이보다 심화된 내용의 체계적인 학습이 필요하며, 본 교재에서는 이를 어떻게 학습하도록 하고 있는지 살펴 보자. 무선통신과 레이다를 학습하는 다양한 방법이 있을 수 있겠지만 본 교재에서는【그림 1.25】와 같이 무선통신과 레이다의 핵심 개념을 안테나와 전파부터 시작하여 주파수 상하향 변환기를 거쳐 기저대역 신호를 해석하는 3단계로 구분하여 학습하는 방식을 사용한다[47]. 그 이유는 각각의 분야에서 요구하는 기초지식이 상이하며, 한 분야만 강조하면 무선통신과 레이다라는 큰 그림을 놓칠 수 있기 때문이다. 숲이 나무의 합이 아니듯이 무선통신과 레이다를 학습하려면 관련 요소기술을 전체적인 시각에서 살펴볼 필요가 있다.

먼저, 2장과 3장에서는 무선통신과 레이다를 공간의 함수로 해석한다. 시간과 공간의 함수인 전파를 공간의 함수로만 해석한다는 의미는 주파수를 고정한다는 의미이며, 각각의 주파수 별

47) 시중에서 구할 수 있는 무선통신이나 레이다 교재를 살펴보면 대부분 특정 분야 중심으로 학습을 진행한다. 예를 들어 무선통신 관련 교재는 유무선 통신의 기본적인 기저대역 신호처리 이론만을 강조하며, 무선통신에서 중요한 안테나, 전파전파, RF에 대한 내용은 빠져 있다.

로 독립적으로 해석한다는 의미이다. 무선통신과 레이다에서 공간의 함수로 해석해야 하는 부분은 안테나와 관련된 부분과 안테나와 안테나 사이의 자유공간에 해당하며 2장과 3장의 학습을 통해 안테나의 원리 이해, 통신반경과 레이다 센싱 반경의 해석 방법, 안테나 빔의 특성, 레이다 이미징의 해상도 등을 알 수 있다. 다음으로 4장과 5에서는 무선통신과 레이다를 기저대역에서 해석한다. 시간과 공간의 함수인 전파를 기저대역에서 해석한다는 의미는 기저대역은 파장이 커서 공간의 변화에 따른 위상의 변화가 크게 고려할 필요가 없다는 의미가 되고, 이를 기저대역 신호처리라고 부른다. 하지만 안테나가 배열안테나인 경우나 송신기나 수신기가 움직이는 경우에는 공간의 위치정보가 기저대역으로 변환되어 기저대역 신호의 값에 영향을 미치게 된다. 이러한 경우는 특별히 공간신호처리로 분리하여 6장에서 다루도록 한다. 마지막으로 7장과 8장에서는 시간의 함수와 공간의 함수의 두 부분을 연결하는 신호변환 부분에 대해 학습하게 된다. 이 부분은 주로 하드웨어로 구성되며 이론해석에서는 보통 고려하지 않는다. 하지만 송신전력이 커서 비선형성이 생기는 송신기나 입력전력이 아주 약하여 잡음 전력에 가까울 경우인 수신기에서는 이를 고려해야 하므로 이에 대해 학습한다. 최근 신호변환 부분은 SDR(Software Defined Radio)로 구성되어 동작주파수를 변경할 수 있도록 하고 있으므로 8장에서는 SDR을 학습한다. 또한, SDR로 전파특성을 관찰하는 스펙트럼 센싱을 특별히 다루게 된다. 최근 스펙트럼 센싱은 AI와 결합되어 다양한 전파 빅데이터를 구성하는데 사용된다. 마지막으로 9장과 10장에서는 무선통신과 레이다에 대한 구체적인 기술들을 중심으로 사례 별로 학습하도록 하였다. 특히, 무선통신과 레이다 융합기술은 최근 들어 관심이 집중되는 분야이므로 이러한 무선통신과 레이다 융합기술의 최신 동향을 포함하여 설명하고 있다.

본 교재를 읽는 독자들이 무선통신과 레이다라는 두 마리의 토끼를 한 번에 잡을 수 있기를 기대하며 독자들의 건투를 빈다.

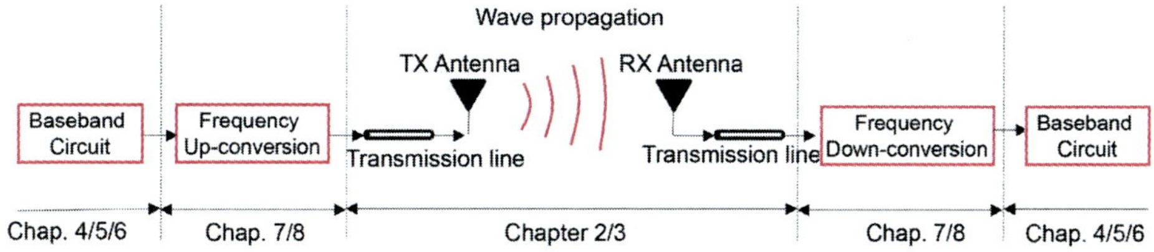

▌그림 1.25▌ 본 교재의 무선통신과 레이다 학습방법

제2장

전파와 신호: 공간축에서의 해석

1장에서 무선통신과 레이다는 전파를 사용하므로 주파수와 전력이 중요하고, 전파의 주파수와 전력은 정량적인 수치에 의해 철저한 관리가 된다는 것을 알았다. 전파의 주파수와 전력을 정량적으로 관리하기 위해서는 전파를 수학적으로 표시할 수 있어야 한다. 이를 위해서 2장에서는 전파를 수학적인 함수로 표현하는 방법에 대해 학습하게 된다. 하지만 전파는 시간과 공간의 함수이므로 시간과 공간을 모두 고려하여 수학적으로 표현하는 것은 매우 복잡하다. 따라서 제2장에서는 시간축을 제외하고 공간축에서만 전파를 해석하는 것부터 시작한다. 전파를 공간축에서 해석하게 되면 전파의 공간적인 특징인 반사, 굴절, 산란, 회절 등의 전파특성, 무선통신의 통신반경(송신기와 수신기 사이의 통신이 가능한 거리), 레이다가 목표물을 센싱할 수 있는 센싱반경 등을 분석하는 것이 가능해진다. 단, 전파의 시간축에서의 해석이라 할 수 있는 정보를 이해하는 것은 불가능하므로 이는 4장과 5장에서 다루도록 한다. 본 장의 학습을 통해서 알 수 있는 부분은 안테나와 안테나 사이의 자유 공간에 해당되는 부분으로【그림 2.1】에 해당한다. 이는 송신안테나와 수신안테나 사이의 링크(link)라 부르며 자유공간에 의한 경로손실(path loss)에 의해 신호가 작아지므로 수신기에서는 잡음(noise)의 영향을 받는다. 또한, 같은 주파수 대역을 사용하는 다른 무선기기에 의한 주파수 간섭(frequency interference)의 영향을 받을 수 있다. 다행히 주파수간섭의 경우에도 잡음과 같이 취급하게 되면 송신기와 수신기간의 링크버젯을 계산할 수 있고, 통신반경(레이다의 경우 센싱 반경)을 결정할 수 있다. 무선통신과 레이다에서는 경로손실 외에도 다양한 효과 (다중경로 페이딩, 새도우잉 등)가 발생하므로 이 또한 살펴본다. 레이다의 경우에는 무선통신보다 링크의 해석이 더욱 중요하며, 이때 고려되는 레이다 개구면, 레이다의 편파 특성에 대해 살펴본다.

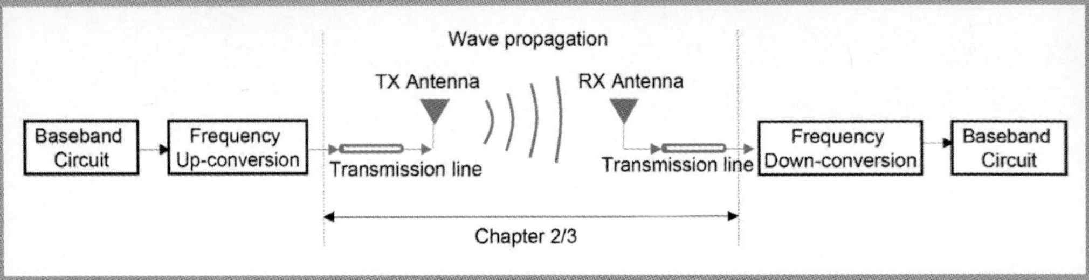

▌그림 2.1▐ 2장과 3장의 주요 학습 내용

2.1 무선통신과 레이다에서 신호란?

무선통신과 레이다에서는【그림 2.2】와 같이 다양한 형태의 신호가 존재한다. 먼저, 무선통신에서 정보(음성, 사진, 영상 등)와 레이다에서의 기준 파형(펄스 등)은 주파수가 0인 DC를 중심으로 하는 **기저대역신호(Baseband signal)**로 표현할 수 있다. 이러한 신호는 보통 시간의 함수로 표현된다[1]. 다음으로 송신안테나(Tx ANT)와 수신안테나(Rx ANT)[2] 사이에 존재하는 전파는 주파수가 높아 시간과 공간에 따라 변화하는 물리량으로 **통과대역신호(Passband signal)**가 된다. 이때 전파는 3차원 공간에서 존재하므로 통과대역신호는 시간을 포함하는 4변수 함수로 표현된다[3]. 이제 기저대역신호와 통과대역신호의 두 개의 신호를 상호 변환하는 장치가 필요한데 이를 송신기(Transmitter)와 수신기(Receiver)라 부른다. 여기서 송신기는 기저대역신호를 통과대역신호로 변환하고, 수신기는 통과대역신호를 기저대역신호로 변환하는 역할을 한다.

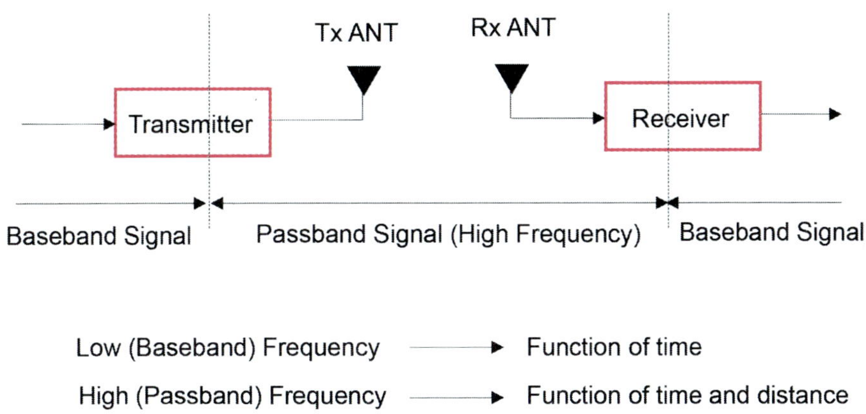

▌그림 2.2▌ 주파수가 높은 전파는 시간과 거리의 함수로 표현

무선통신과 레이다에서 기저대역신호와 통과대역신호의 두 신호가 존재하는 이유는 각각의 신호가 고유의 특성을 갖기 때문이다. 기저대역신호인 정보신호는 정보는 가지고 있지만 안테나 문제로 원격으로 전송하기는 매우 어렵다. 반면 주파수가 높은 전파는 안테나 구성이 쉽고 빛의 속도로 움직이므로 멀리까지 전달될 수 있다. 하지만 주파수가 높지만 주파수 성분이 하나밖에 없는 정현파 신호는 정보가 없다. 따라서 무선통신과 레이다는 정보신호나 기준신호를

1) 시간에 따라 변하는 함수란 함수의 정의역이 시간이 된다는 의미이다.

2) 송신기(Transmitter)는 약자로 TX, 수신기(Receiver)는 약자로 RX, 안테나(Antenna)는 약자로 ANT라고 쓴다. 라라서 Tx ANT는 송신기 안테나, Rx ANT는 수신기 안테나를 가리킨다.

3) 3차원 공간을 직각좌표계로 표현하면 x, y, z의 3변수 함수이고, 시간 t의 함수를 합하면 4변수 함수가 된다.

전파에 실어서, 즉 통과대역신호로 만들어 전송하여야 하고, 전송이 끝나면 통과대역신호에서 기저대역신호로 변환하여 정보신호나 목표물의 정보를 추출할 필요가 있다. 기저대역신호 신호와 통과대역 신호는 중심주파수에 의해 구분이 될 수 있다. 즉, 주파수가 높은 신호는 통과대역신호로, 주파수가 낮은 신호는 기저대역 신호로 구분할 수 있다. 먼저, 주파수가 낮은 신호를 다룰 때는【그림 2.2】와 같이 보통 공간은 고려하지 않고 시간에 따라 변화한다고 가정하고 해석한다. 하지만, 주파수가 높은 통과대역 신호를 다룰 때는 시간과 공간을 모두 고려하여야 한다[4]. 하지만 시간과 공간을 모두 고려하는 것은 복잡한 수식이 필요하므로 매우 어렵다. 대신 반송파주파수(f_c)의 단일 주파수를 갖는 정현파로만 간략화하면, 시간에 따른 변화를 고려할 필요 없이 공간에 따른 변화만으로 전파를 표현할 수 있다.

주파수가 낮은 신호의 경우 공간을 고려하지 않아도 되는 이유는 전자파의 파장(wavelength)과 주파수(frequency)의 관계에 기인한다. 전자파는 진공 속에서 빛의 속도인 2.998 × 10^8 [m/s]의 속도로 진행하는데 이 속도는 주파수 f와 파장 λ 사이에 다음의 관계식을 갖는다. 여기서 파장의 단위는 meter[m]이고 주파수의 단위인 Hertz[Hz]는 초당 진동수로 주기 T의 역수가 된다.

$$c[m/\sec] = \frac{\lambda[m]}{T[\sec]} = f\lambda[Hz\,m] \tag{2.1}$$

식 (2.1)로부터 f가 1MHz인 경우를 계산해보자. 시간 측면에서 보면 1초 당 10^6의 변화가 있으므로 한 주기(위상으로 360° 변화)의 파형 변화에 해당하는 시간은 1usec인 반면에 공간에서는 1파장(마찬가지로 위상으로 360° 변화)의 파형 변화에 해당되는 공간은 3km가 된다. 따라서 수 MHz 이하의 낮은 주파수의 경우에는 우리가 체감할 수 있는 공간상의 위상 변화는 거의 없다고 볼 수 있다. 따라서 주파수가 낮은 기저대역 신호는 공간상의 변화가 없다고 가정하고 시간의 변화만 고려하면 된다. 반면 f가 1GHz인 경우에는 한파장의 길이가 30cm이므로 시간 뿐만 아니라 공간에 따른 파동의 변화를 고려해야 한다[5].

4) 시간에 대한 고려가 없다는 것은 시간에 대한 변화가 예측가능하다는 것을 의미한다. 정현파 형태의 변화가 대표적인 예이며, 이러한 신호를 time-harmonic 신호라고 부른다.

5) 보통 회로에서 회로의 크기가 회로의 성능에 영향을 주는 기준을 $\lambda/10$로 하는데, 회로의 크기가 이 값보다 크면 회로의 위치에 따라 파동, 즉 위상이 변하므로 회로 설계 시 공간상의 배치에 주의가 필요하다. 이러한 회로를 보통 초고주파 회로 또는 RF(Radio Frequency) 회로라고 부르고 회로 위치에 따른 위상의 변화가 없는 저주파 회로와는 다른 해석방법을 사용한다.

> **중요** 무선통신과 레이다 신호를 해석하는 핵심 개념은 시간과 공간에 따라 변하는 통과대역신호를 직접 다루지 않고 시간의 함수인 기저대역신호와 공간의 함수인 정현파 전파로 구분하는 것이다. 즉, 정보를 다룰 때는 반송파를 고려하지 않고 시간의 함수인 기저대역 신호로 해석하고, 공간상에 전파되는 전파를 다룰 때는 반송파 주파수라는 하나의 주파수를 갖는 정현파 신호로 분리하여 공간의 함수로 해석하는 것이다.

2.1.1 원운동: 시간의 함수

앞에서 무선통신과 레이다에서 사용되는 통과대역신호인 전파는 주파수가 높으므로 시간과 공간의 함수로 표현되어야 함을 알았다. 이제 시간과 공간의 함수 중 가장 간단한 신호로부터 시작해 보자. 우리가 흔히 볼 수 있는 원운동은 자연계에 존재하는 가장 보편적이고 기본적인 운동으로 원운동하는 물체는 시간의 함수로 표현될 수 있다. 예를 들어 원운동 중에서 태양의 운동은 지구의 자전에 의해 마치 동쪽에서 서쪽으로 원을 그리는 모양으로 보인다.【그림 2.3】은 태양의 원운동에 따른 고도의 변화를 시간의 함수로 표현한 것이다. 즉, 각도 θ가 0도에서 시작하여 90도에서 최대가 되고 180도에서 0이 된다. 270도에서는 최소가 되었다가 360도가 되면 다시 동일한 파형이 되풀이된다.

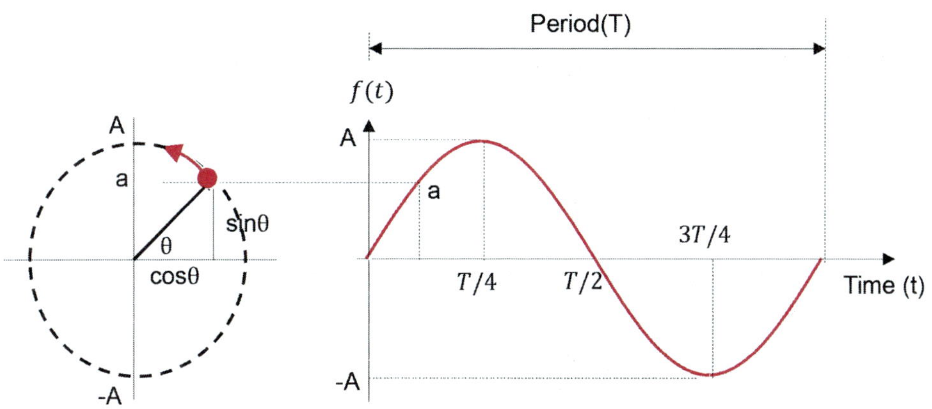

【그림 2.3】 원운동을 시간의 함수로 표현

【그림 2.3】에서 좌측의 원운동을 우측과 같이 시간의 함수로 표현한 것을 '정현파(sinusoidal wave)'라고 부른다. 태양의 운동 외에 교류신호, 수정진동자, 용수철 진동 등에서 정현파를 관찰할 수 있다. 이러한 정현파의 특성은 다음 4가지로 정리할 수 있다. 이중 주기와 주파수는 반비례 관계에 있으므로 정현파는 **진폭(Amplitude)**, **위상(Phase)**, **주파수(Frequency)**의 3개로 표현할 수 있다.

> **용어**
> - 진폭 (Amplitude) : 원운동의 회전반경, 정현파의 최고점 또는 최저점의 크기
> - 위상 (phase) : 원운동에서 태양의 위치, 1번 회전하면 2π[rad], 즉 360° 변함
> - 주기 (Period) : 태양이 한 바퀴(cycle) 도는데 걸리는 시간[sec]
> - 주파수 (Frequency) : 1초 동안 도는 횟수[Hz], 주기와 주파수는 반비례 관계

진폭은 크기는 스칼라값으로 최대크기는 A가 된다. 다음으로 시간에 따라 위상이 변하는데 $t=0$에서 위상이 0이라면 시간의 함수로 표현되는 위상은 식 (2.2)와 같다.

$$\theta(t) = 2\pi f t = \frac{2\pi}{T}t \tag{2.2}$$

이러한 위상은 각도 0에서 360°까지 변하는 것으로 표현할 수도 있지만 공학적으로는 **라디안(radian)**을 주로 사용한다. 위상을 radian으로 표기하게 되면, 1초에 1바퀴 회전(~주파수가 1Hz)하는 경우 2π radian이 변하게 된다. 이제 식 (2.2)에서 주파수에 2π가 곱해진 **각주파수(angular frequency)** ω를 사용하게 되면 2π가 사라지므로 수식이 간단해진다. 또한, $t=0$에서 위상이 0이 아니라 초기위상 θ_0를 갖는다면 신호는 식 (2.3)과 같이 표현될 수 있다. 이때 ω의 단위는 rad/sec가 된다.

$$A\sin\theta(t) = A\sin(2\pi f t + \theta_0) = A\sin(\omega t + \theta_0) \tag{2.3}$$

만약 원주 위를 일정한 각속도, 즉 상수인 ω_0로 회전한다면 각도는 시간에 비례하여 위상과 주파수의 식 (2.4)와 같이 선형함수로 주어진다.

$$\theta(t) = \omega_0 t + \theta_0 \tag{2.4}$$

이제 각속도 또는 주파수는 식 (2.5)처럼 위상을 미분하여 구한다.

$$\omega_0 = \frac{d\theta(t)}{dt}, \ f_0 = \frac{1}{2\pi}\frac{d\theta(t)}{dt} \tag{2.5}$$

한편【그림 2.3】에서 태양의 고도가 최대점일 때를 시작으로 곡선을 그릴 수도 있는데 이러한 곡선을 여현파(cosine wave)라 부른다. 여현파는 정현파를 90° 만큼 위상을 당겨놓은 것과 동일한 모양이다. 정현파와 여현파는 90° 위상차만 있으므로 식 (2.6) 및 식 (2.7)과 같이 주어진다.

$$\sin\left(\theta \pm \frac{\pi}{2}\right) = \pm\cos\theta \tag{2.6}$$

$$\cos\left(\theta \pm \frac{\pi}{2}\right) = \mp \sin\theta \tag{2.7}$$

일반적으로 정현파, 여현파라는 용어를 사용하기보다는 사인파와 코사인파라는 용어를 더 많이 사용한다[6]. 통신에서는 코사인파를 더욱 많이 사용하는데 그 이유는 코사인파가 시간원점을 중심으로 우함수 (even function)이므로 앞으로 나올 신호의 연산과정에서 더 편리하기 때문이다. 원운동을 표현하는 사인함수와 코사인함수를 합쳐 '삼각함수(trigonometric function)'라고 부르는데 이는【그림 2.4】와 같이 원운동의 반지름을 단위길이 1로 정규화(normalization)하고, 반지름을 빗변으로 하는 직각삼각형을 그렸을 때 세로변이 그 위상에 해당하는 사인함수 값, 가로변이 코사인함수 값을 나타내기 때문이다. 따라서 피타코라스 정리로부터 식 (2.8)이 성립되는 것을 쉽게 알 수 있다.

$$\cos^2\theta + \sin^2\theta = 1 \tag{2.8}$$

삼각함수의 장점은 미분에서 들어난다. 사인함수를 미분하면 코사인함수가 되기 때문이다. 즉, 크기는 변하지 않고 위상만 지연되는 특성이 있다. 따라서 시간에 따른 변화를 구할 때 삼각함수를 이용하면 편리하다.

$$\frac{d}{dt}\sin at = a\cos at \tag{2.9}$$

$$\frac{d}{dt}\cos at = -a\sin at \tag{2.10}$$

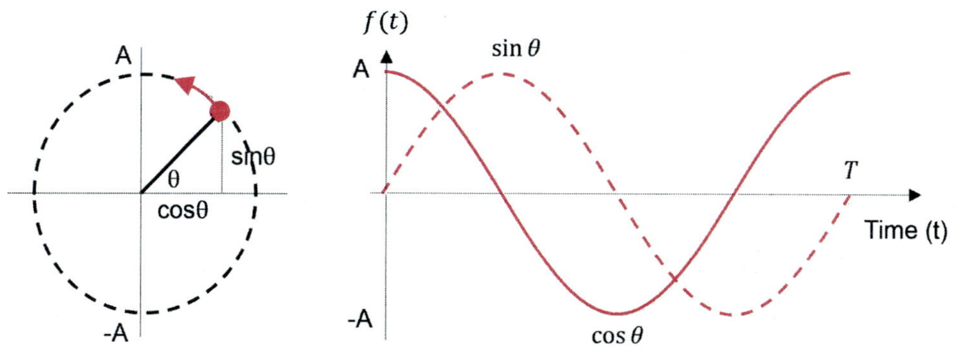

▌그림 2.4▌ 삼각함수(사인함수와 코사인함수)의 유래

6) 책에 따라서는 정현파라고 하면 사인파와 코사인파를 포함하는 용어로 사용되기도 한다.

2.1.2 소리의 전달: 시간과 공간의 함수

이제까지 원운동을 시간의 함수로 표현하는 법을 학습하였다. 다음으로 시간과 공간의 함수로 표현되는 물리현상을 함수로 표현해보자. 【그림 2.5】는 소리가 퍼져나가는 현상을 그린 것이다. 소리는 【그림 2.5】와 같이 음원(sound source)으로부터 방사 방향으로 공기분자들의 주기적인 압축(Compression)과 팽창(Rarefaction)을 반복하면서 그 영향력이 파동의 형태로 퍼져나가는 것으로 표현할 수 있다. 이러한 분자들의 압축과 팽창이 반복, 즉 진동하여 음파가 퍼져나가게 된다. 이 때 주의할 것은 실제 공기분자는 제자리에서 진동만 하는 것이지 공기분자가 음파의 속도인 340m/sec의 속도로 퍼져나가는 것은 아니라는 것이다[7].

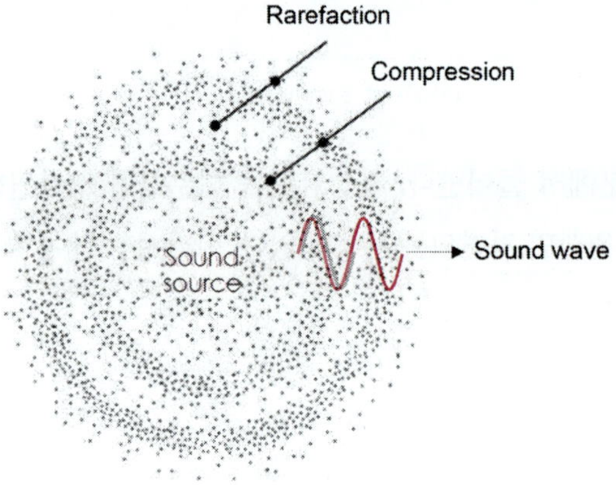

▌그림 2.5▐ 음파의 발생과 전달

【그림 2.5】의 현상은 3차원이므로 간단히 표현하기 위하여 1차원으로 표현하면 【그림 2.6】과 같이 나타낼 수 있다. 즉, 공기 분자가 압축되어 밀도가 높은 부분을 양(+)으로, 분자가 팽창되어 밀도가 낮은 부분을 음(−)으로 표현하면 【그림 2.6】과 같이 여현파(cosine wave) 형태로 표시할 수 있다. 이때 분자의 진동의 폭이 큰 것을 음파의 진폭이 크다고 말하고, 진동이 빠르게 이루어지는 것을 주파수가 높다고 말한다. 진동의 한 점(예를 들어 분자의 압축이 가장 큰 점)에서 다음 진동의 같은 점까지의 거리를 **파장(wavelength)**이라 하고 그리스문자 λ(lambda)로 표시한다. 음파의 진동은 시간에 따라서도 변하므로 하나의 완전한 진동을 만드는 시간을 주기라고 하고 주기의 역수를 주파수라고 한다.

7) 음파(acoustic wave)는 진행방향(종 방향이라 하여 음파를 종파(longitudinal sound wave)라 부름)으로 진동하는 진동파로 고체, 액체 및 기체 속에서 전달될 수 있다. 따라서 음파는 전자기파와는 다르게 매질의 진동이 필요하므로 진공 중에서는 전달될 수 없다. 또한, 같은 진동이라도 대기의 성분이 다른 지구와 화성에서의 소리는 다르게 들린다.

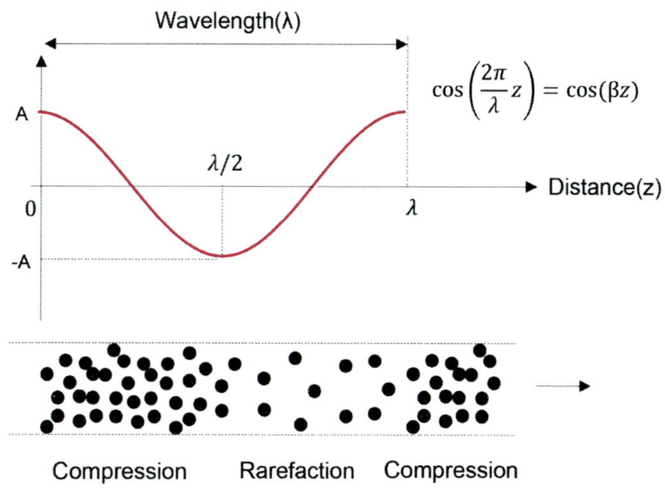

【그림 2.6】 왼쪽에 있는 음원으로부터 오른쪽으로 진행하는 종파인 음파

【그림 2.6】에서 음파를 공간에 대한 함수로 표현하였지만, 실제 음파는 시간과 공간의 함수가 되므로 그림으로 표현하기가 쉽지 않다. 예를 들어【그림 2.7】은 시간과 1차원 공간에 따라 변하는 음파의 예를 보여준다. 아마도 정현파는 자연계에 존재하는 가장 간단한 파동임에도 불구하고 시간과 공간에 따라 변하므로 이를 표현하기 위해서는 시간과 공간의 각 시점에서 여러 파형을 보여주어야 한다[8]. 예를 들어 시간을 고정하면 고정된 파동을 볼 수 있는데【그림 2.7】에서는 t_1, t_2, t_3의 3개의 고정된 시간에서의 파동의 변화를 보여주고 있다. 이제 시간에 따른 파동의 변화를 보기 위해서는 공간을 고정하여야 한다. 즉, $z=0$ 지점에서 시간에 따른 파동의 변화를 살피면 시간의 함수로 파동을 볼 수 있다. 즉, 시공간에 대해 변화를 가진 파동은 공간의 변화를 보기 위해서는 시간을 고정할 필요가 있고, 시간의 변화를 보기 위해서는 공간을 고정할 필요가 있다.

이제 이러한 시간과 공간의 함수인 음파를 수식으로 표현해 보자.【그림 2.7】과 같이 시공간에서 동시에 변하는 음파를 표현하기 위하여 분자의 운동이 하나의 주파수를 갖는 경우를 가정하자[9]. 이렇게 되면 식 (2.11)과 같이 진폭 A, 각속도 ω[rad/sec], 위상상수 β[rad/m], 초기위상 θ_0[rad]인 삼각함수로 표현할 수 있다. 단, 실제 음파는 파동이 진행하면서 크기도 감소하지만 여기서는 크기는 감소하지 않는다고 가정하였다.

---

8) 예를 들어 잔잔한 호수에 돌을 던진 후 물결의 변화를 보자. 물결의 파동은 돌이 떨어진 지점에서 방사방향으로 퍼져 나가는 공간의 변화를 볼 수 있다. 하지만 한 지점의 물의 진동은 시간에 따라 위아래로 출렁일 것이다. 이러한 파동은 시간과 공간 모두에 대해 변화가 있다고 볼 수 있다.

9) 하나의 주파수를 갖는 경우를 '단일 톤(single tone)'이라고 하며 대표적인 예가 전자기기 등에서 '삐'하고 울리는 경보음으로 사용되는 버저(buzzer 또는 beeper)가 있다.

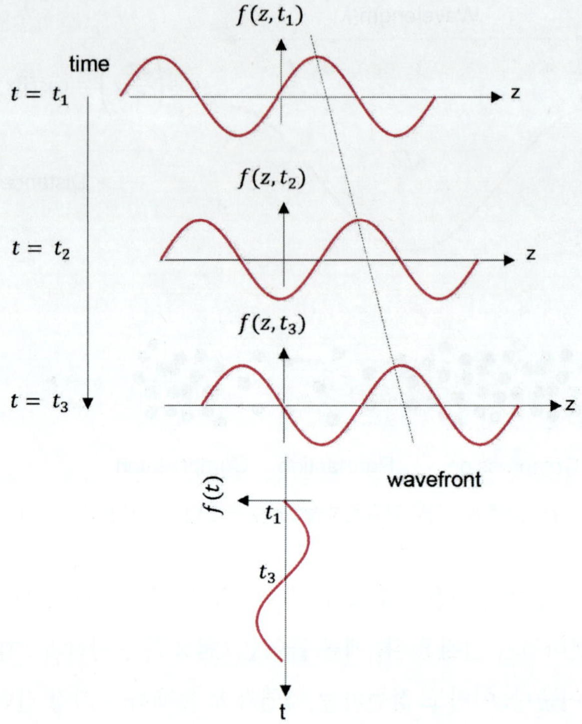

▌그림 2.7▐ 시간과 1차원 공간에서의 음파의 파동

$$f(t,z) = A\cos(\omega t - \beta z + \theta_0)$$
$$\omega = \frac{d\theta(t,z)}{dt} = \frac{2\pi}{T},\ \beta = \frac{d\theta(t,z)}{dz} = \frac{2\pi}{\lambda} \tag{2.11}$$

식 (2.11)에서 ωt항은 시간이 흐름에 따라 파형이 진행되면서 위상이 0에서 360°(2π)까지 변하는 것을 의미하고 βz항은 파동이 +z방향으로 진행되면서 위상이 0에서 360°(2π)까지 변하는 것을 의미한다. 마지막으로 θ_0는 $t=0$과 $z=0$일 때의 초기위상(initial phase)이 된다.

이제 식 (2.11)에서 초가위상이 영일 때 각속도 ω[rad/sec]와 위상상수 β[rad/m]의 관계는 $\beta = \omega/u$를 이용하여 표현하면 식 (2.12)와 같다,

$$f(t,z) = A\cos\left(\omega\left(t - \frac{z}{u}\right)\right) \tag{2.12}$$

여기서 u는 자유공간에서 음파의 속도가 된다. 즉 임의의 거리 z에서의 음파는 $z=0$에서의 음파보다 지연되었다(retarded)고 말할 수 있고 $z=0$에서 z까지의 시간지연 z/u이 발생한다. 이를 정현파 관점에서는 βz만큼 위상에서 지연이 있다고 말한다.

중요

식 (2.11)은 시간이 과거에서 미래로, 거리는 +z 방향으로 움직이는 파동에 대한 식이다. 만약 거리가 -z 방향으로 움직이는 파동은 다음과 같이 식이 바뀌게 된다.

$$f(t,z) = A\cos(\omega t + \beta z + \theta_0)$$

2.1.3 정현파 함수와 지수함수

앞에서 시간과 공간의 함수를 삼각함수로 표현하는 법을 학습하였다. 삼각함수에는 정현파함수(sine function)와 여현파함수(cosine function)의 2개가 있으며 미분하면 상호 변환된다. 따라서 이 둘을 하나로 표현할 수 있고, 미분이나 적분해도 변하지 않는 함수가 있다면 수식을 좀 더 간단히 표현할 수 있다. 이때 사용하는 것이 오일러공식(Euler's formula)으로 이는 실수축과 허수축을 각각 수평축과 수직축으로 표현한 복소평면에서 sine함수와 consine함수가 결합된 지수함수(exponential function)로 표현하는 것이다. 【그림 2.8】은 복소평면과 오일러 공식을 보여준다. 복소평면(complex plane)이란 2차원 좌표계에서 가로축을 실수(real number)축, 세로축을 허수(imaginary number)축으로 표현하는 평면을 의미한다. 복소평면은 복소수와 원운동을 연계하여 편리하게 표현한 것으로 실제 물리적인 의미를 찾을 필요는 없고 수학적인 의미만을 갖는다. 이제 원운동하는 물체를 각각 x축과 y축에 투영하면 y축은 허수축이므로 식 (2.13)과 식 (2.14)와 같이 표현할 수 있다. 즉, sine 함수는 지수함수의 허수축 표현, cosine 함수는 지수함수의 실수축 표현이라 볼 수 있다.

$$e^{j\theta} = \cos\theta + j\sin\theta \tag{2.13}$$

$$\cos\theta = Re\left[e^{j\theta}\right] \tag{2.14a}$$

$$\sin\theta = Im\left[e^{j\theta}\right] \tag{2.14b}$$

중요

식 (2.13)은 반시계 방향으로 회전하는 원운동을 의미한다. 만약 시계방향으로 회전하는 원운동을 오일러 공식으로 표현하면 다음과 같다.

$$e^{-j\theta} = \cos\theta - j\sin\theta$$

반시계 방향으로 회전하는 경우 positive frequency(양의 주파수)를 갖는다고 하고, 시계 방향으로 회전하는 경우 negative frequency(음의 주파수)를 갖는다고 말한다.

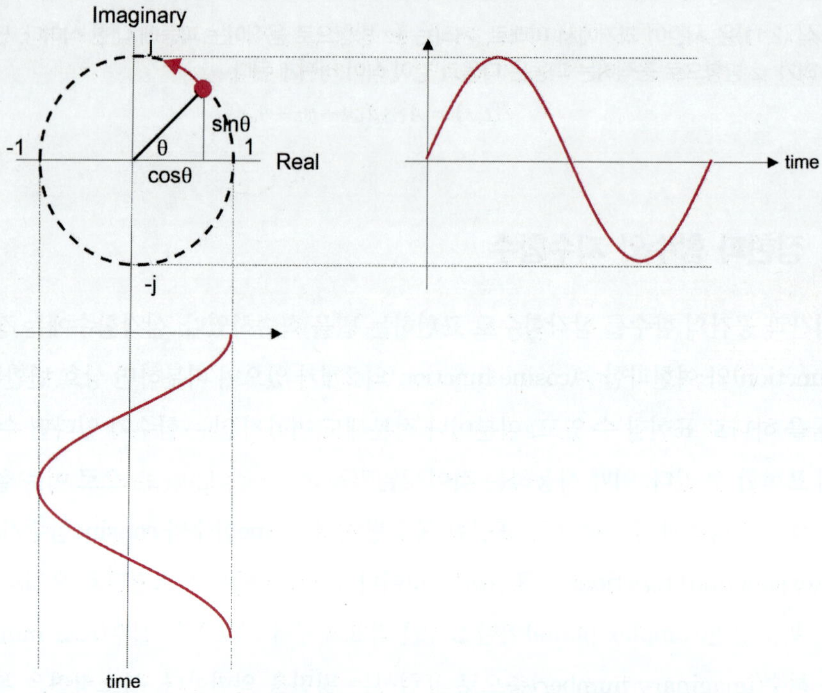

【그림 2.8】 복소평면과 오일러 공식 (반시계방향 회전의 경우)

예제 2-1 **【그림 2.8】을 참고하여 시계방향으로 회전하는 오일러 공식을 그리시오.**

풀이 【그림 2.8】에서 허수축의 sine 파형만 부호가 반대인 형태의 그림으로 표현된다.

이제 식 (2.13)을 이용하여 식 (2.15)와 같이 cosine함수를 복소평면에서 복소지수함수의 실수축으로 표현할 수 있다[10].

$$f(t,z) = A\cos(\omega t - \beta z + \theta_0) = Re\left[Ae^{j(\omega t - \beta z + \theta_0)}\right] \tag{2.15}$$

마지막으로 오일러공식과 관련하여 앞으로 자주 사용하게 될 중요한 수식은 아래와 같다. 지수함수는 미분해도 지수함수이므로 삼각함수보다 더욱 편리하게 신호의 전달과정을 표현할 수 있다[11].

$$\frac{d}{d\theta}e^{j\theta} = je^{j\theta} \tag{2.16}$$

10) 복수수의 실수 성분만을 표현할 때는 $Re[\,]$로 허수 성분만을 표현할 때는 $Im[\,]$ 연산자를 사용한다.
11) 오일러 공식은 수학에서 가장 아름다운 정리라고 부르며 수학에서 중요한 다섯 개의 상수(0, 1, j, π, e)와 세 개의 연산(더하기, 곱하기, 거듭제곱)이 함께 등장한다.

제1장
제2장
제3장
제4장
제5장
제6장
제7장
제8장
제9장
제10장

$$\cos\theta = \frac{e^{j\theta} + e^{-j\theta}}{2} \tag{2.17}$$

$$\sin\theta = \frac{e^{j\theta} - e^{-j\theta}}{2j} \tag{2.18}$$

예제 2-2 **식 (2.13)으로부터 식 (2.17)과 식 (2.18)을 증명하시오.**

$$\cos\theta = \frac{e^{j\theta} + e^{-j\theta}}{2},\ \sin\theta = \frac{e^{j\theta} - e^{-j\theta}}{2j}$$

풀이 $e^{j\theta} = \cos\theta + j\sin\theta$와 $e^{-j\theta} = \cos\theta - j\sin\theta$를 더하고 2로 나누면 $\cos\theta$를 구할 수 있다.

$e^{j\theta} = \cos\theta + j\sin\theta$와 $e^{-j\theta} = \cos\theta - j\sin\theta$를 빼고 $2j$로 나누면 $\sin\theta$를 구할 수 있다.

예제 2-3 $e^{j\pi} + 1 = 0$ **임을 보이시오.**

풀이 $e^{j\theta} = \cos\theta + j\sin\theta$에서 $\theta = \pi$를 대입하면

$e^{j\pi} = \cos\pi + j\sin\pi = -1$이므로 $e^{j\pi} + 1 = 0$이 된다.

참고 Euler공식을 응용한 다양한 문제가 가능하다.

예를 들어 $e^{j\pi/2} - j = 0$으로 바꾼 문제도 가능하다.

요약 원운동의 경우 삼각함수는 원운동하는 물체를 각각 수평방향과 수직 방향에서 바라본 결과이므로 원운동의 전체를 한 번에 보려면 삼각함수보다는 지수함수가 유용하다[12].

12) 최신 무선통신과 레이다 시스템에서는 신호를 정확히 파악하기 위하여 실수신호와 허수신호 2개를 이용한다. 반면 영상신호처리 등에서는 일반적으로 실수신호만을 이용하므로 무선통신과 레이다 신호해석과 큰 차이가 있다.

2.2 공간에의 함수로만 전파를 표현

2.1절에서 시간과 공간의 함수를 삼각함수나 지수함수 형태로 표현하는 방법을 학습하였다. 이를 기반으로 무선통신과 레이다에서 사용하는 신호인 시간과 공간에 따라 변하는 시변전자기파 (time varying electro-magnetic wave)를 해석해보자[13]. 그런데 앞에서 살펴본 바와 같이 시간과 공간을 모두 고려하여 표현하는 것은 쉽지 않다. 따라서 공간에 대한 전자파의 변화를 보기 위해서는 시간을 고정할 필요가 있다[14]. 전자공학에서 시간을 고정하는 대표적인 방법으로 페이저(phasor)를 사용하는 방법이 있다. 페이저란 시간에 따라 변하는 정현파 신호를 나타내기 위해서는 진폭, 주파수, 초기위상의 3가지 파라미터가 필요한데, 이 중 주파수가 변하지 않는다고 가정하고 진폭과 초기위상만으로 표현하는 것이다. 즉, 페이저란 시간과 공간의 함수인 신호를 복소지수 형식으로 표현하는 경우 시간에 따라 변하는 항인 $e^{j\omega t}$ 항을 제외하는 것이다. 따라서 페이저 표현은 시간항이 사라지고 진폭, 위상, 및 거리 정보만을 갖게 된다. 그렇다고 시간항이 완전히 없어지는 것이 아니라 나중에 필요한 경우 포함시키면 된다.

진폭 A, 각주파수 ω, 전파상수 β, 초기위상 θ_0인 정현파 전압 $V(t,z)$를 페이저로 표현하면 식 (2.19)와 같다.

$$V(t,z) = Acos(\omega t - \beta z + \theta_0) = Re\{Ae^{j\omega t}e^{-j\beta z}e^{j\theta_0}\} = Re\{V_s(z)e^{j\omega t}\} \tag{2.19}$$

where $V_s(z) = Ae^{-j\beta z}e^{j\theta_0}$

무선통신과 레이다 해석에서 페이저의 개념이 중요한 이유는 무엇일까? 그 이유는 무선통신과 레이다의 반송파 주파수는 고정되어 변하지 않기 때문이다[15]. 즉, 시간을 고려하지 않아도 되기 때문이다. 전파는 페이저로 표현하면 시간변수가 제외되어 공간의 함수만으로 표현될 수 있다. 보통 페이저는 아래첨자 s를 이용하여 표기한다. 즉, $V(t,z)$의 페이저는 더 이상 시간의

13) 예를 들어 발전소에서 생산되는 60 Hz 주파수를 갖는 전력 파형, 특정주파수를 갖는 수정발진기(crystal oscillator)의 공진신호, 무선통신 안테나에서 송출되는 협대역 전파(electro-magnetic wave) 등은 모두 주파수가 변하지 않는 정현파 특성을 가진다.

14) 당연히, 시간에 대한 전자파의 변화를 보기 위해서는 공간을 고정하여야 한다

15) 회로의 비선형성이 있는 경우는 주파수가 변할 수 있다. 또한 협대역 신호가 아닌 광대역 신호의 경우에는 정현파 해석이 어려운 경우가 있다. 하지만 대부분의 일반적인 무선통신 및 레이다에서 다루는 신호는 협대역신호이며 선형시스템을 가정하므로 페이저의 개념을 적용할 수 있다.

제1장
제2장
제3장
제4장
제5장
제6장
제7장
제8장
제9장
제10장

함수가 아니라 공간의 함수인 $V_s(z)$로 표시된다.

> **중요** FM 라디오 방송 중의 하나인 KBS1 방송은 93.1MHz의 반송파 주파수를 갖는다. 해당 방송을 청취할 때 내용이 계속 바뀌므로 정보는 시간에 따라 변하지만 반송파 주파수 93.1MHz는 언제나 일정하므로 시간의 함수가 아니다는 것을 유추하여 이해하기 바란다.

예제 2-4 **전압파형 $V(t,z) = 10\sin(100\pi t - \beta z)$의 페이저 표현을 구하시오.**

풀이 $V(t,z) = 10\sin(100\pi t - \beta z) = 10\cos(100\pi t - \beta z - \pi/2)$

$\rightarrow V(t,z) = Re\{10e^{j(100\pi t - \beta z - \pi/2)}\} = Re\{10e^{j100\pi t}e^{-j\beta z}e^{-j\pi/2}\}$

$\rightarrow V_s(z) = 10e^{-j\beta z}e^{-j\pi/2}$

참고 페이저 계산에서는 기준이 cosine 함수임에 주의해야 한다.

이제 페이저의 개념을 전파에 도입해 보자. 먼저 전기장과 자기장에 관련되는 페이저는 어떤 형태인지 살펴본다. 시변전자파 환경에서 발생하는 전기장벡터는 출발지점에서부터 일정한 방향으로 형성되지만, 그 크기는 시간 및 공간에 따라 변화한다. 【그림 2.9】에 나타낸 것처럼 평행 금속판 사이에 일정한 주파수를 갖는 AC전압이 인가되었다고 하자. 이 전압에 의해 평행판 사이에서 동일한 주파수의 시변전기장(time-varying electric field) 벡터가 연속적으로 생성될 것이다.

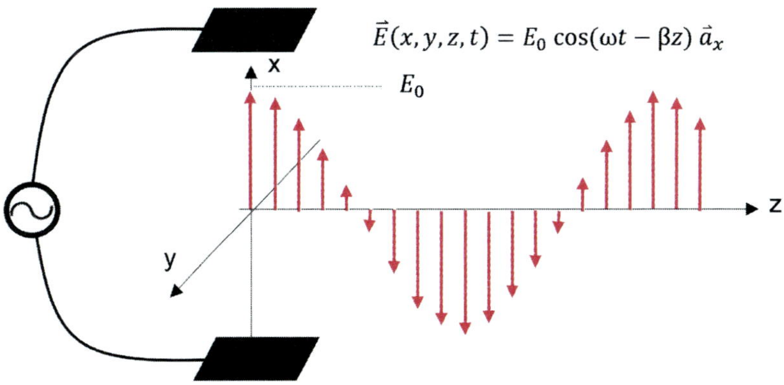

【그림 2.9】 평행 금속판 사이에서 발생하여 전파되는 전기장 벡터.

이러한 시변전자기장 벡터는 Maxwell 방정식을 이용한 파동방정식으로 계산되는데, 파동방정식을 계산하기 전에 【그림 2.9】의 전기장벡터를 식 (2.20)으로 표현될 수 있다고 가정하자.

$$\vec{E}(z,t) = E_0\cos(\omega t - \beta z)\vec{a}_x \tag{2.20}$$

식 (2.20)에서 cos함수의 위상은 시간 t와 공간 z의 함수가 되며, 시간에 대해서는 ω, 공간에 대해서는 β에 따라 위상이 변한다. βz 항은 위치에 따른 위상의 변화를 의미하며, β를 전파상수(propagation constant)라 한다[16]. 식에서 ωt항은 과거에서 미래로 시간에 따라 파형이 진행하는 것을 의미한다. 그림에서 t = 0에서 cos 파형이 시작되었다고 할 때, 시간 t가 증가하면서 파형이 우측으로 진행하게 된다.【그림 2.10】에 전자파 파동이 진행하는 상황을 보여주고 있다. 시간에서는 파형의 한 주기에서 $t = T$가 되는데, $\omega t = 2\pi$가 될 때 cos 파형이 한 주기가 완성되므로, $T = t = 2\pi/\omega$가 된다. 공간에서는 파형의 한 주기에서 $z = \lambda$가 되는데, $\beta z = 2\pi$가 될 때 cos 파형이 한 주기가 완성되므로, $\lambda = z = 2\pi/\beta$가 된다.

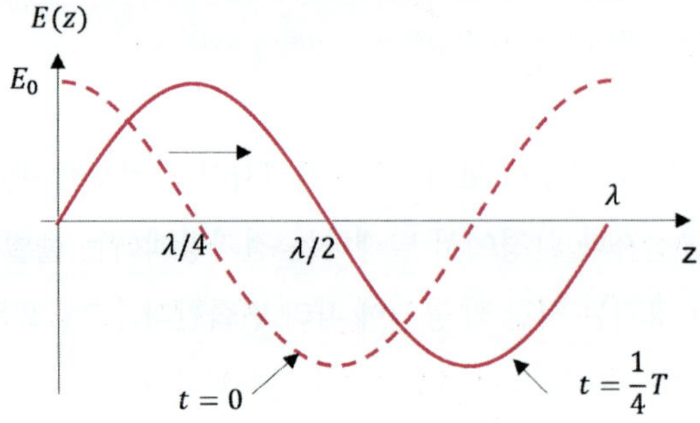

【그림 2.10】 전자기파의 진행

위상을 시간의 함수로만 표현하면 식 (2.21)과 같고, 공간의 함수로만 표현하면 식 (2.22)와 같다.

$$\theta(z) = \beta z = \frac{2\pi}{\lambda} z \tag{2.21}$$

$$\theta(t) = \omega t = \frac{2\pi}{T} t \tag{2.22}$$

【그림 2.10】에서 실선으로 표현한 파형의 최대 크기는 전기장 벡터의 크기 (E_0)를 나타내고 있으며 실제 전기장 벡터는 z축을 향해 전파된다. 전파는 빛의 속도(c)로 이동하므로 $\vec{E}(z) = E_0 \cos(\omega t - \beta z)\vec{a}_x$ 식에서 β와 ω는 식 (2.23) 및 식 (2.24)와 같이 주어진다. 즉 전기장파형의 ω값이 결정되면, β값은 $\beta = \omega / c$로 결정된다는 의미이다.

16) 전파는 시간으로도 공간으로도 표현될 수 있으며, 각속도 ω와 전파상수 β는 각각 시간에서의 각속도, 공간에서의 각속도를 의미하게 된다.

$$\lambda = \frac{c}{f} = \frac{2\pi c}{\omega} \ (\omega = 2\pi f) \tag{2.23}$$

$$\beta = \frac{2\pi}{\lambda} = 2\pi \times \frac{\omega}{2\pi c} = \frac{\omega}{c} \tag{2.24}$$

이제 식 (2.20)을 페이저로 표현해 보자. cos함수를 지수함수로 변환한 후 $e^{j\omega t}$항을 제외하면 식 (2.25)과 같다.

$$\vec{E}(z,t) = Re[E_0 e^{-j\beta z} e^{j\omega t} \vec{a_x}] = Re[\vec{E_s}(z) e^{j\omega t}] \tag{2.25}$$

$$\text{where } \vec{E_s}(z) = E_0 e^{-j\beta z} \vec{a_x}$$

식 (2.25)에서 $\vec{E_s}(z)$는 전기장 벡터 $\vec{E}(z,t)$의 페이저 값인데, 전기장 벡터의 크기(E_0), 초기 위상(현재는 0), 공간에 대한 위상변화를 포함하고 있으며 전기장의 방향정보 (방향 벡터 $\vec{a_x}$) 까지 포함하는 벡터 페이저가 된다. 즉, 전기장 벡터의 크기는 E_0이고, $z=0$ 위치에서 최대값을 가지고 있으며, 전기장 벡터의 방향은 x축을 향하고 있다.

페이저의 장점은 전기장과 자기장의 시간미분과 시간적분에서 크게 발휘된다. 시간미분의 경우 원함수의 페이저 값에 $j\omega$를 곱해주고, 시간적분의 경우 $1/j\omega$를 곱해주면서 미적분 기호를 없앨 수 있다. 페이저의 시간미분 특성을 이용하여 시변전자파에서의 맥스웰방정식을 표기하면 다음 식 (2.26)에서 식 (2.29)까지와 같이 주어지게 된다.

$$\nabla \times \vec{E} = -\frac{\partial \vec{B}}{\partial t} = -\mu \frac{\partial (\vec{H})}{\partial t} \rightarrow \nabla \times \vec{E_s} = -j\omega\mu \vec{H_s} \tag{2.26}$$

$$\nabla \times \vec{H} = \vec{J} + \frac{\partial \vec{D}}{\partial t} = \vec{J} + \epsilon \frac{\partial \vec{E}}{\partial t} \rightarrow \nabla \times \vec{H_s} = \sigma \vec{E_s} + j\omega\epsilon \vec{E_s} = (\sigma + j\omega\epsilon)\vec{E_s} \tag{2.27}$$

$$\nabla \cdot \vec{D} = \rho_v \rightarrow \nabla \cdot \vec{E_s} = \rho_v / \epsilon \tag{2.28}$$

$$\nabla \cdot \vec{B} = 0 \rightarrow \nabla \cdot \vec{B_s} = 0 \tag{2.29}$$

단, 무선통신과 레이다에서 사용되는 전파가 전파되는 매질은 자유공간 (free space)인 경우가 대부분이다. 여기서 자유공간의 의미는 전하 또는 전류가 존재하지 않는 공간을 의미한다. 그러므로 자유공간 또는 전송선로에서는 맥스웰방정식에서 도전율 (σ), 전하밀도 (ρ_v) 는 모두

zero가 된다.

2.2.1 평면파(Plane wave)

앞 절에서 살펴본 바와 같이 자유공간에서 Maxwell 방정식은 $\nabla \times \overrightarrow{E}_s = -j\omega\mu \overrightarrow{H}_s$와 $\nabla \times \overrightarrow{H}_s = j\omega\epsilon \overrightarrow{E}_s$의 두 식으로 전기장과 자기장이 표현될 수 있다. 이 두 개의 식을 연립하여 풀면 식 (2.30)과 식 (2.31)의 두 개의 2차 미분방정식을 얻을 수 있다[17]. 이 식으로부터 자유공간에서의 전기장 및 자기장에 의한 전파의 파동방정식을 유도할 수 있다.

$$\nabla^2 \overrightarrow{E}_s - \mu\epsilon \frac{\partial^2 \overrightarrow{E}_s}{\partial t^2} = \nabla^2 \overrightarrow{E}_s + \omega^2 \mu\epsilon \overrightarrow{E}_s = 0 \tag{2.30}$$

$$\nabla^2 \overrightarrow{H}_s - \mu\epsilon \frac{\partial^2 \overrightarrow{H}_s}{\partial t^2} = \nabla^2 \overrightarrow{H}_s + \omega^2 \mu\epsilon \overrightarrow{H}_s = 0 \tag{2.31}$$

위 식에서 ∇^2는 라플라시안 (Laplacian) 연산자로서 $\left(\frac{\partial^2}{\partial x^2} + \frac{\partial^2}{\partial y^2} + \frac{\partial^2}{\partial z^2}\right)$를 의미한다. 수식의 전개를 간략히 하기 위해 $\omega^2\mu\epsilon$를 β^2으로 치환하면, 식 (2.30)과 식 (2.31)은 각각 식 (2.32)와 식 (2.33)이 된다.

$$\nabla^2 \overrightarrow{E}_s + \beta^2 \overrightarrow{E}_s = 0 \tag{2.32}$$

$$\nabla^2 \overrightarrow{H}_s + \beta^2 \overrightarrow{H}_s = 0 \tag{2.33}$$

식 (2.32)와 식 (2.33)은 시간과 공간상에 퍼져나가는 전기장 벡터와 자기장 벡터의 2차 미분방정식에 대한 페이저 표현을 의미한다. 전기장 벡터와 자기장 벡터는 전하 (또는 전류)가 위치한 곳에서 3차원적으로 형성되어 퍼져나가므로 이 미분방정식을 수학적으로 푸는 것은 다변수함수가 되어 매우 복잡하다. 하지만 무선통신에서 사용되는 전자파는 원거리를 가정하므로 **평면파 근사(plane wave approximation)** 방법을 사용하면 그 해를 쉽게 구할 수 있다.

평면파 근사란 【그림 2.11】에 나타낸 것처럼 점원 (point source)에서 발생한 파형이 구(sphere)의 형상으로 공간에 퍼져나가게 되는데 충분한 거리를 진행하고 나면 2차원적인 동일

17) 벡터항등식 $\nabla \times (\nabla \times \overrightarrow{A}) = \nabla(\nabla \cdot \overrightarrow{A}) - \nabla^2 \overrightarrow{A}$을 이용하면 유도할 수 있다.

위상의 면이 평면 형태의 파동으로 해석할 수가 있다는 것이다. 이렇게 되면 3차원 구좌표계로 표현되는 파동이 3차원 직각좌표계로 표현할 수 있다. 【그림 2.11】의 오른쪽에서 송신 안테나에서 발생한 전자파는 근거리에서는 원모양의 형상을 갖지만 거리가 증가할수록 원의 반경이 커지게 되므로 충분한 거리를 진행한 후에는 거의 평면에 가까워진다. 이렇게 전자파를 평면파로 근사화 될 수 있은 영역을 보통 **원역장(Far-field)** 또는 **프라운호프(Fraunhofer) 영역**이라고 부른다.

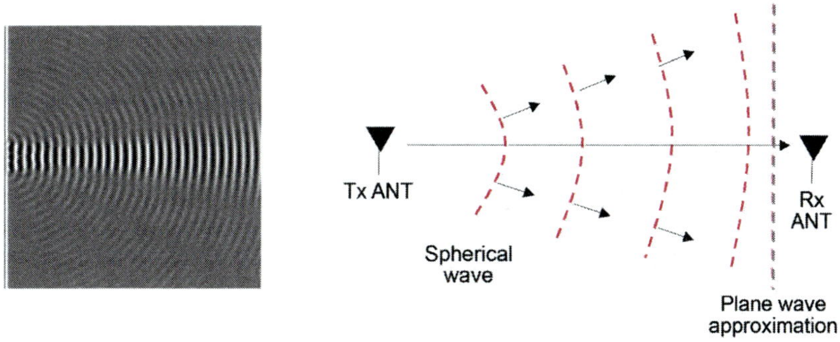

【그림 2.11】 평면파 근사

송신 안테나에서 충분히 떨어진 거리에서 전자파는 평면파 근사를 적용할 수 있으며 이러한 경우 전기장 벡터는 【그림 2.12】와 같은 모습이 된다. 축은 자유롭게 설정할 수 있지만 보통 전기장과 자기장벡터가 진행하는 방향을 z축으로 설정하고, 전기장 벡터의 방향을 x축으로 설정한다. 이렇게 하면 자기장 벡터의 방향은 맥스웰방정식에 의해 y축 방향이 된다.

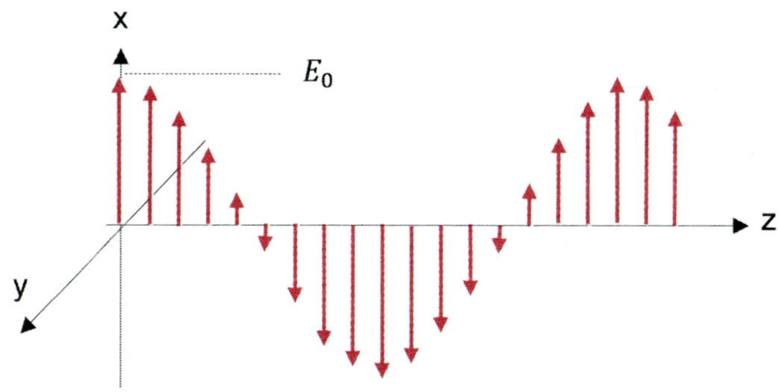

【그림 2.12】 전기장벡터가 공간상에서 형성된 모습

【그림 2.12】의 상황에서 전자기장에 관한 파동방정식을 풀어보자. 평면파 근사를 적용하면 동일한 x−y 평면에서 x, y 좌표가 변화하더라도 $\vec{E}_s$와 $\vec{H}_s$는 크기의 변화가 없다. 그러므로 ∇^2

연산자에서 $\frac{\partial^2}{\partial x^2} = \frac{\partial^2}{\partial y^2} = 0$가 되므로 식 (2.32)와 식 (2.33)의 파동방정식은 식 (2.34)와 식 (2.35)로 간략화 된다. 식에서 E_{sx}는 벡터 $\vec{E}_s$의 x축 방향의 성분을 가르치는 스칼라 페이저의 값이다. 한편 $\vec{H}_s$ 벡터의 방향은 y축이 되므로 자기장벡터의 스칼라 페이저는 H_{sy}가 된다.

$$\frac{d^2}{dz^2}E_{sx} + \beta^2 E_{sx} = 0 \tag{2.34}$$

$$\frac{d^2}{dz^2}H_{sy} + \beta^2 H_{sy} = 0 \tag{2.35}$$

위 식에서 스칼라량 E_{sx}는 파동의 진행방향인 z만의 함수가 된다. 위 방정식은 2차 상미분방정식이며, 전기장 벡터에 대해서 그 해를 구하면 식 (2.36)과 같다.

$$E_{sx}(z) = E_0^+ e^{-j\beta z} + E_0^- e^{+j\beta z} \tag{2.36}$$

위 식에서 우변의 첫 번째 항 ($E_0^+ e^{-j\beta z}$)은 전기장 벡터의 진행방향이 +z방향으로 진행되는 것을 의미하며, 보통 진행파라 부른다. 두 번째 항 ($E_0^- e^{+j\beta z}$)은 −z방향으로 진행되는 것을 의미하며, 보통 반사파라 부른다. E_0^+ 및 E_0^-는 각각 진행파와 반사파의 진폭을 의미한다. 진행파와 반사파의 의미를 다루기 전에 일단 식 (2.37)과 같이 진행파에 국한하여 수식적 의미를 더 살펴보자.

$$E_{sx}(z) = E_0 e^{-j\beta z} \tag{2.37}$$

식 (2.37)의 전기장 페이저 벡터로부터 전기장 벡터를 복원해 보자. 전기장 벡터의 방향은 x축을 향하므로 전기장 벡터의 복원식에 x축 단위벡터 $\vec{a}_x$가 포함된다.

$$\vec{E}(z,t) = Re[E_{sx}(z)e^{j\omega t}]\vec{a}_x = Re[E_0 e^{-j\beta z}e^{j\omega t}]\vec{a}_x \tag{2.38}$$

오일러 방정식 $e^{jt} = \cos(t) + \mathrm{j}\sin(t)$에 의하면 $\mathrm{Re}\{e^{jt}\} = \cos(t)$가 되므로 위 식은 다음식 (2.39)와 같이 정리된다.

$$\vec{E}(z,t) = E_0 \cos(\omega t - \beta z)\vec{a}_x \tag{2.39}$$

이제 식 (2.39)는 처음에 전자파 파동을 설명한 식 (2.20)과 동일하다.

예제 2-5 **자유공간에서 전기장 벡터가 아래 그림과 같을 때 다음을 구하시오. (a) 전기장 벡터의 식을 쓰시오. (b) β값과 주파수를 계산하시오. (b) t=0.25[usec] 이후의 전기장 벡터의 형상을 그리시오.**

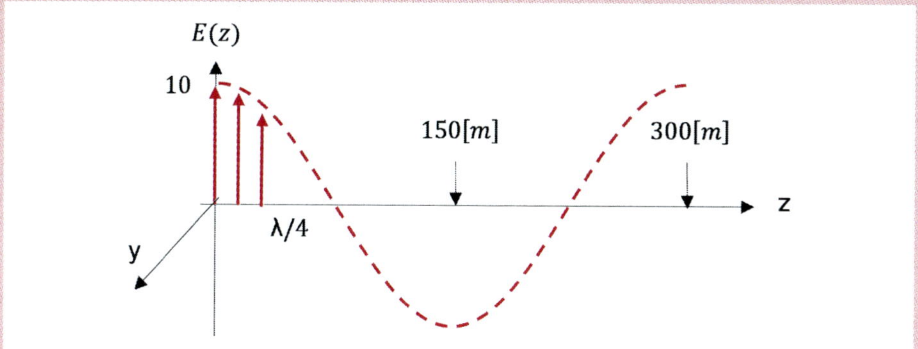

풀이 (a) $\vec{E}(t,z)=E_0\cos(\omega t-\beta z)\vec{a}_x$에서 E_0, ω, β를 구해야 한다. 그림에서 $E_0=10$, 파장은 300m이므로 $c=f\lambda$에 의해 주파수는 1MHz가 된다. $\beta=2\pi/\lambda$이고, $\omega=2\pi f$이므로

$\vec{E}(z)=E_0\cos(\omega t-\beta z)\vec{a}_x=10\cos(2\pi\times 10^6 t-\frac{2\pi}{300}z)\vec{a}_x$가 된다.

(b) $\beta=2\pi/\lambda$이므로 0.021 [rad/m]가 된다.

(c) 주기는 주파수의 역수이므로 1usec가 된다. T/4지난 시점의 파형이므로 sine 파형의 형태가 된다.

지금까지는 전기장벡터의 방정식에 대해 알아보았다. 다음으로 자기장벡터의 경우도 비슷한 요령으로 전개하면 $\vec{H}(z,t)=H_0\cos(\omega t-\beta z)\vec{a}_y$의 결과를 얻을 수 있다. 주의할 점은 자기장 벡터의 방향은 전기장과 수직으로 y축이 된다는 점이다[18].

이상의 결과를 종합하면 자유공간을 진행하는 전기장, 자기장 벡터의 방정식을 다음과 같이 정리할 수 있다. 아래 식에서 θ_0는 파형의 초기위상으로 식의 일반화를 위해 포함하였다. 초기위상은 $t=z=0$에서의 파형의 위상을 나타낸다.

$$\vec{E}(z,t)=E_0\cos(\omega t-\beta z+\theta_0)\vec{a}_x \tag{2.40}$$

$$\vec{H}(z,t)=H_0\cos(\omega t-\beta z+\theta_0)\vec{a}_y \tag{2.41}$$

18) 자기장의 curl에 대한 맥스웰방정식을 통해 전기장벡터의 회전방향이 자기장벡터의 방향이 된다는 것을 알 수 있다. 전기장벡터는 x 축을 향하기 때문에 $\nabla\times\vec{E}$ (자기장) 방향은 y 축이 된다.

자유공간에서 평면파의 경우 전기장벡터와 자기장벡터는【그림 2.13】의 형상과 같이 서로 수직을 이루면서 z 방향으로 전파되어 간다.

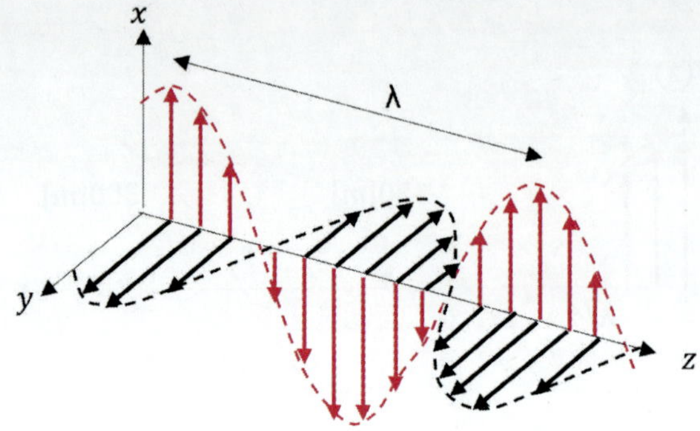

【그림 2.13】 전기장벡터와 자기장벡터의 진행

이제까지 시간과 공간의 함수인 전기장과 자기장을 살펴보았다. 마지막으로 전기장과 자기장은 동위상이므로 그 크기의 비가 일정하게 유지된다[19]. 이러한 전기장과 자기장의 크기의 비를 **고유임피던스(intrinsic impedance)**라고 부르며 Maxwell 방정식으로 유도할 수 있는데 여기서는 유도과정은 생략한다. 자유공간에서 고유임피던스는 식 (2.42)와 같이 주어진다. 즉 자유공간에서 전기장의 크기는 자기장의 크기에 비해 377배 크며 전기장의 크기가 최대일 때 자기장의 크기도 최대가 되는 동위상을 갖는다는 의미가 된다.

$$\frac{E_0}{H_0} = \sqrt{\frac{\mu_0}{\epsilon_0}} = \eta = 377\Omega \tag{2.42}$$

예제 2-6 **전기장벡터 $\vec{E} = 50\cos(2000\pi t - 2.1 \times 10^{-5} z)\vec{a}_x$ 가 자유공간을 진행하여 나아간다. 이때 자기장벡터를 구하라.**

풀이 $\vec{H} = 0.13\cos(2000\pi t - 2.1 \times 10^{-5} z)\vec{a}_y$

참고 자기장 벡터는 위상은 동일하고 크기와 방향만 차이가 있다. 자기장 벡터의 크기는 자유공간에서 전기장벡터의 크기의 1/377배이고 파동의 진행방향이 z 방향이므로 자기장 벡터의 벡터 방향은 y방향이 된다. ($E_0/H_0 = \sqrt{\mu_0/\epsilon_0} = \eta = 377\Omega$ 이므로 자기장벡터의 크기는 전기장 벡터의 크기의 1/377배가 된다.)

19) 전기장벡터와 자기장벡터가 동위상이라는 의미는 전기장 벡터의 크기가 최대일 때 자기장 벡터의 크기도 최대가 되고 전기장 벡터의 크기가 최소일 때 자기장 벡터의 크기도 최소가 되므로 그 크기의 비는 언제나 일정하다는 의미이다.

제1장
제2장
제3장
제4장
제5장
제6장
제7장
제8장
제9장
제10장

예제 2-7 **전기장벡터 $\vec{E} = 50\cos(2000\pi t - 2.1\times 10^{-5}z)\vec{a}_x$ 가 비유전율 10, 비투자율 1.0인 매질을 진행하여 나아간다. 이 때 자기장벡터를 구하라.**

풀이 $\vec{H} = 0.13\cos(2000\pi t - 2.1\times 10^{-5}z)\vec{a}_y$

참고 매질내에서는 $E_0/H_0 = \sqrt{\mu_0/(\epsilon_0\epsilon_r)} = 119.22$ 이므로 자기장벡터는 다음과 같다.

$\rightarrow \vec{H} = 0.42\cos(2000\pi t - 2.1\times 10^{-5}z)\vec{a}_y$

예제 2-8 **아래 MATLAB 프로그램을 이용하여 3차원 전파의 모양을 그리시오. (단, E_o는 1V/m, 주파수는 10MHz를 가정하시오.)**

```
Eo=1;                    f=10e6;                  c=2.998e8;
uo=pi*4e-7;              lambda=c/f;              B=2*pi/lambda;
w=2*pi*f;
z=0:1:100;
Ex=Eo*cos(-B*z);
Hy=((B*Eo)/(w*uo))*cos(-B*z);
null=0.*z;               %build a null array
plot3(z,Ex,null,'-',z,null,Hy)
grid on
view([30 30])
xlabel('z(m)')           ylabel('Ex(V/m)')        zlabel('Hy(V/m)')
```

참고 MATLAB을 실행하면 파동을 그릴 수 있다. 그림에서 파장이 30m이고, 파동이 z 방향으로 진행하고 있음을 알 수 있다.

2.2.2 포인팅벡터와 전력

일반적으로 회로이론에서의 전력(Power)은 전압과 전류의 곱이며, 단위는 [Watt]가 된다[20). 이와 유사하게 공간상의 전파의 전력은 다음과 같이 전기장과 자기장의 외적으로 정의된다. 벡터의 외적의 결과는 스칼라가 아니고 벡터가 되며 단위는 [Watt/m^2]이 된다. 즉 단위제곱미터당 전력이라는 의미가 된다. ($\vec{E}$의 단위는 V/m이며, $\vec{H}$의 단위는 A/m이므로 $\vec{P}$의 단위는 VA/m^2 = Watt/m^2)이 된다.

20) 회로이론에서 P(전력) = V(전압) × I(전류)로 표현된다. 이는 전압은 전기장을 선적분한 값이고, 전류는 자기장을 폐선적분한 결과이므로 실제 전력 개념은 회로 내에서 존재하는 전기장과 자기장의 곱이다.

$$\vec{P} = \vec{E} \times \vec{H} \tag{2.43}$$

이렇게 계산되는 전력벡터 $\vec{P}$를 포인팅벡터 (Poynting vector)라고 한다[21]. $\vec{P}$의 크기는 전자기장의 전력밀도(단위시간 및 단위 면적당 전력)을 의미하며, $\vec{P}$의 방향은 전자파가 진행하는 방향이며 전기장벡터 및 자기장 벡터와 수직의 관계를 갖는다. 한편 $\vec{P}$의 값은 순시값을 의미하므로 평균전력밀도벡터는 식 (2.44)와 같이 주기 T에 대해 시평균값을 계산하여야 한다. 보통 정현파인 경우 평균전력밀도벡터의 크기는 식 (2.45)와 같이 전기장의 크기와 자기장의 크기의 곱의 1/2로 주어진다.

$$\vec{P}_{\rm avg} = \frac{1}{T}\int_0^T \vec{P}\,dt\ [W/m^2] \tag{2.44}$$

$$|\vec{P}_{avg}| = \frac{E_0}{\sqrt{2}} \times \frac{H_0}{\sqrt{2}} = \frac{1}{2}E_0 H_0\ [W/m^2] \tag{2.45}$$

이제 스칼라값인 전력은 식 (2.46)과 같이 포인팅벡터가 통과하는 면적(S)에 대해 벡터면적분하면 계산할 수 있다.

$$P_{\rm avg} = \int_S \vec{P}_{avg} \cdot d\vec{S}\ [W] \tag{2.46}$$

벡터 면적분의 결과인 $P_{\rm avg}\,[W]$ 은 회로이론에서 전력 개념과 동일하게 된다[22].

예제 2-9 **휴대폰의 송신전력이 100[mW]라고 하자. 휴대폰에서 발생하는 전기장벡터의 크기는 얼마일까?**

풀이 $E_0 = \sqrt{0.1 \times 2 \times 377} = 8.68\ [\mathrm{V/m}]$

21) 영국의 John Henry Poynting이 1883년에 유도하였다.

22) 회로이론에서 전력의 개념은 전기장, 자기장, 전력이 한 점에 집중된다고 가정하므로 면적의 개념이 사라지게 된다.

포인팅 벡터와 전력의 관계

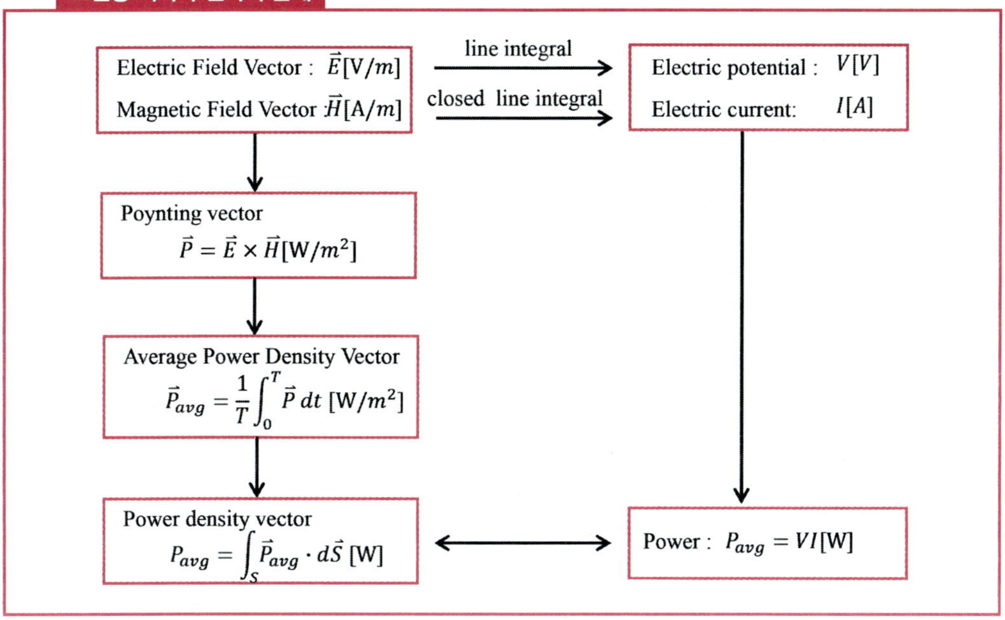

예제 2-10 **전기장벡터 $\vec{E} = 50\cos(2000\pi t - 2.1 \times 10^{-5} z)\vec{a}_x$가 자유공간으로 전파된다. 이때 다음을 계산하라.**

(a) 포인팅 벡터

(b) 포인팅벡터의 평균전력밀도벡터의 크기

풀이 a) 자기장을 계산하면 다음과 같다.

$$\vec{H} = 0.13\cos(2000\pi t - 2.1 \times 10^{-5} z)\vec{a}_y$$

$$\vec{P}_{avg} = (50 \times 0.13)\cos^2(2000\pi t - 2.1 \times 10^{-5} z)\vec{a}_z$$

b) $|\vec{P}_{avg}| = 0.5 \times 50 \times 0.13 = 3.25$ [W/m²]

참고 전기장과 자기장의 상호작용으로 인해 1평방미터(1m²)의 면적에 3.25W의 전력이 생성될 수 있다.

(예제 2-10)에서 알 수 있듯이 포인팅벡터는 전기장과 자기장이 동위상인 경우 시간과 공간에 상관없이 일정한 크기를 갖는 벡터가 된다. 이 원리를 이용하여 주파수가 높은 무선통신과 레이다에서는 전기장과 자기장을 직접 측정하기 보다는 전력밀도벡터의 크기를 측정하는 방식을 선호하게 된다[23].

23) 전력밀도 벡터는 단위면적당 전력으로 표현되며 이를 복사전력(Radiated Power)이라 한다. 무선통신과 레이다는 공기중으로 전파를 방사하므로 복사전력의 개념을 이해하는 것이 중요하며, 복사전력 측정을 위해서는 별도의 전자파차폐, 측정용 안테나 등이 필요하다.

데시벨(dB)과 dBm

무선통신과 레이다에서 통과대역 신호는 안테나, 전송선로, RF송신기, RF 수신기 등에서 존재하며, 이러한 시스템은 보통 전기장과 자기장의 비인 임피던스가 50Ω (자유공간에서는 377Ω) 인 전파이다. 전파는 전기장과 자기장의 상호작용이어서 전기징과 자기장의 시공간상의 변화를 알아야 하지만 전기장과 자기장이 동위상이면 하나만 알아도 충분하다. 게다가 (예제 2-10)과 같이 포인팅 벡터의 크기가 일정하므로 포인팅 벡터의 벡터면적분인 전력으로 표현하는 것도 가능하다. 이러한 신호를 보통 **전력신호**라 부른다. 이제 이러한 전력신호를 표현하는 방법을 살펴보자. 무선통신과 레이다에서는 송신신호와 수신신호간의 전력의 변화가 매우 크므로 보통 log 단위인 **데시벨**(Decibel[dB])로 표현된다. 데시벨, 즉 dB는 같은 주파수를 갖는 전력을 상대적으로 비교하는 것으로서 식 (2.47)과 같이 정의된다.

$$10\log(P_2/P_1)\ [dB] \tag{2.47}$$

여기서 P_1은 입력신호의 전력 P_2는 출력신호의 전력을 의미한다. 즉 출력신호의 크기가 입력신호보다 얼마나 차이가 있는지를 log 스케일로 표현한다. 식 (2.47)에서 출력신호가 입력신호보다 클 경우에는 "전력이득(Power gain)을 갖는다"라고 표현하고, 출력신호가 입력신호보다 작을 경우에는 "삽입손실(Insertion Loss)이 있다"고 표현한다. 데시벨은 상대적인 전력의 비만을 비교한 것으로 특별한 기준이 없어 **상대이득(relative gain)**이라 부른다.

만약 기준이 있다면 dB 다음에 관련 첨자를 붙이게 되는데 이를 **절대이득(absolute gain)**이라고 한다. 예를 들어, 1mW가 기준일 경우에는 **dBm**(dB−millimwat의 약자)이라 표현하고 정의식은 다음과 같다.

$$dBm = 10\log\left(\frac{P}{1m\,W}\right) \tag{2.48}$$

따라서 0 dBm의 경우 1 mW를 의미하고, 30 dBm의 경우 1 W(1000 mW)를 나타낸다.

예제 2-11 −10dBm 및 10dBm은 각각 power로는 몇 W가 되는가?

풀이 $dBm = 10\log\left(\frac{P}{1m\,W}\right)$에서

−10dBm = 10log(0.1)이므로 P는 0.1mW

+10dBm = 10log(10)이므로 P는 10mW

제1장
제2장
제3장
제4장
제5장
제6장
제7장
제8장
제9장
제10장

유사한 정의로 dBW도 자주 사용되는데, 이것은 전력을 1W와 비교한 것으로 식 (2.49)와 같다.

$$dBW = 10\log(\frac{P}{1W}) \tag{2.49}$$

데시벨은 전력신호에만 적용되는 것은 아니고 전압신호인 경우는 전력과 다르게 20log로 표시되며 다음 식 (2.50)과 같다.

$$dBuV = 20\log(\frac{V}{1uV}) \tag{2.50}$$

따라서 전압에 걸린 저항값을 알 경우 이 값을 dBm이나 dBW로 환산할 수 있다. 참고로 여기서 V 및 uV는 RMS(Root Mean Square) 값을 나타냄에 주의해야 한다[24].

표 2.1 W, dBm, 피크전압의 관계

전력[W]	전력[dBm]	50Ω 부하에서 RMS 전압
10	40	22.36 V
1	30	7.07 V
0.1	20	2.24 V
0.001	0	0.22 V
10^{-6} (1uW)	−30	7.07 uV
10^{-12} (1pW)	−90	7.07 uV

예제 2-12 **−10dBm의 전력이 50Ω의 저항 양단에 걸렸을 경우 이것을 dBuV로 나타내시오.**

풀이 −10dBm이므로 P는 0.1mW(=0.0001W)이고, V는 $\sqrt{(0.0001 \times 50)}$ 이므로 0.0707V가 된다.

$dBuV = 20\log(\frac{V}{1uV})$에 대입하면 97dBuV가 된다.

dB 단위의 연산은 곱 또는 나눗셈으로 표시된 것을 합과 차로 표시할 수 있으므로 간단히 표현된다. 삽입 손실(Insertion loss)을 예로 들어보자. 삽입손실의 정의는 입력전력을 출력전력으로 나눈 값으로 dB로 표현하면 다음과 같다[25].

24) 또한 spectrum상으로는 여러 개의 주파수 성분의 전력이 나타나게 되는데, 이를 비교하는 것도 decibel scale로 나타내기도 한다. 그러나 decibel의 경우 같은 주파수를 나타내기 때문에 이런 경우 dBc(dB compared)로 나타낸다.

$$IL = P_{inp}/P_{out}$$
$$IL[dB] = P_{inp}[dBm] - P_{out}[dBm] \tag{2.51}$$

예제 2-13 **입력전력이 50mW(17dBm)이고 출력전력이 10mW(10dBm)인 경우 삽입손실은 얼마인가?**

풀이 출력이 1/5로 감소하였으므로 이득은 -7dB 손실은 7dB가 된다.

예제 2-14 **삽입손실이 10dB인 회로와 13dB인 회로가 직렬로 연결되어 있다. 입력 전력이 30dBm인 경우 출력전력은 얼마인가?**

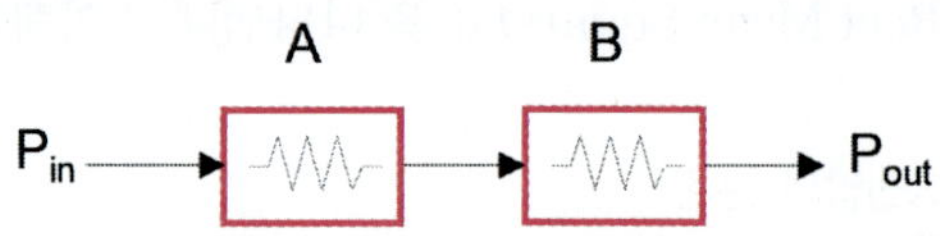

풀이 출력이 1/10로 감소하고 다시 1/20로 감소하였으므로 1/200로 감소하고 삽입손실로 표현하면 삽입손실은 23dB가 된다. 출력은 입력–삽입손실이므로 30dBm - 23dB = 7dBm(5mW)가 된다.

마찬가지로 전력이득(Power Gain)은 다음과 같이 주어지며 삽입손실과 유사하게 계산할 수 있다. 전력이득은 전력증폭기(Power Amplifier) 설계에서 사용되는 개념이다.

$$G = P_{out}/P_{inp}$$
$$G[dB] = P_{out}[dBm] - P_{inp}[dBm] \tag{2.52}$$

예제 2-15 **입력전력이 3dBm인 신호가 30dB의 증폭기와 4m의 케이블을 통과하면 신호의 크기는 얼마인가?(케이블은 0.2dB/m의 삽입손실을 가정)**

풀이 3dBm + 30dB - 0.8dB = 32.2dBm이 된다.

참고 이득이 있으면 출력전력이 입력전력보다 전력이 높아지므로 더해주고, 삽입손실은 출력전력이 입력전력보다 전력이 낮아지므로 빼주어야 한다.

25) 삽입손실이 고려되는 대표적인 예로는 전신주 등에 설치된 이동통신 기지국이나 서울 N 타워의 방송국 송신장치가 있다. 일반적으로 지상에 송신기가 있으며, 동축선로로 전신주나 타워 위에 설치된 안테나가 연결되는데 동축선로의 길이가 길어 삽입손실이 발생한다. 선로의 삽입손실이 크면 손실만큼 더 큰 전력을 생성해야 하므로 송신장치가 비싸진다.

현재까지 살펴본 무선통신과 레이다에서 사용하는 주요 데시벨 단위의 단위 환산은 다음과 같다.

〈dB 변환식〉
dBm = 10log (W) + 30
dBuV = 20log (V) + 120
dBuA = 20log (A) + 120
dBuV/m = 20log (V/m) + 120

자유공간에서는 특성임피던스가 377Ω이므로 이를 고려하여 전기장, 자기장, 전력밀도 벡터의 크기는 다음과 같이 변환된다.

〈자유공간에서 전기장, 자기장, 전력밀도 환산식〉
$W/m^2 = (V/m)^2/377$
$dBuV/m = dBmW/m^2 + 115.8$ ($10\log_{10}(377) = 25.8$이므로)
$dBuA/m = dBuV/m - 51.5$ ($20\log_{10}(377) = 51.5$이므로)

고주파 전송선로의 특성임피던스는 일반적으로 50Ω이므로 이를 고려하여 전압, 전류, 전력을 표현하면 다음과 같다.

〈50Ω의 경우 ($20\log_{10}(50) = 34$, dBuV=20log(V)+120)〉
dBuV = dBuA + 34
dBuV = dBm + 107
dBuA = dBm + 73

예제 2-16 **50Ω 시스템에서 0dBuV는 몇 dBuA인가?**

풀이 −34dBuA

2.2.3 전파의 편파 특성과 응용

앞에서 전파를 공간의 함수로 표현하였다. 전파를 공간의 함수로 표현하면 전파의 공간상의 특성을 설명할 수 있게 된다. 본 절에서는 전기장의 방향을 기준으로 안테나 특성의 하나인 편파 특성을 설명해 보자.

평면파는 전기장 벡터의 방향이 x−방향으로 일정하며, z−방향으로 진행한다. 이러한 평면파는 전기장의 방향이 직선이므로 **선형편파(Linear polarization)** 된 전파라고 부르는데 전기장의 방향이 x−방향이므로 x−축으로 편파되었다고 말한다. 만약 전파의 방향이 y방향인 선형편파라면 y−축으로 편파되었다고 말할 수 있다. 좌표계는 절대적인 것이 아니므로 보통 우리가 사는 지표면을 기준으로 수직방향을 **수직편파(Vertical polarization)**, 지표편에 평행한 방향을 **수평편파(Horizontal polarization)** 라고 부른다. 편파는 보통 안테나의 방향과 일치하므로 전파의 송수신에서 매우 중요한 역할을 한다[26).]

전기장벡터의 방향이 지표면에 대해 수직과 수평 사이의 임의의 각도를 갖는 경우는 x−축 편파와 y−축 편파를 갖는 2개의 편파가 더해진 것으로 볼 수 있다.

$$\overrightarrow{E}(z,t) = E_{x0}\cos(\omega t - kz + \theta_{0x})\overrightarrow{a}_x + E_{y0}\cos(\omega t - kz + \theta_{0y})\overrightarrow{a}_y \tag{2.53}$$

식 (2.53)에서 초기위상을 영이라 하고 z=0인 지점에서 전기장을 표시하면 식 (2.54)와 같이 벡터합으로 표현되며, 각 편파의 크기에 따라 전기장벡터의 기울어진 각도가 정해진다. 만약에 두 벡터의 크기가 갖다면 45° 기울어진 선형편파가 된다($E_{x0} = E_{y0}$).

$$\overrightarrow{E}(0,0) = E_{x0}\overrightarrow{a}_x + E_{y0}\overrightarrow{a}_y = E_{x0}(\overrightarrow{a}_x + \overrightarrow{a}_y) \tag{2.54}$$

무선통신에서는 송수신 안테나 간에 편파가 같아야 하며, 송신안테나는 수직편파 안테나인데 수신안테나는 수평편파 안테나이면 이론적으로 수신되는 신호는 없다 이를 편파의 직교성이라 하며, 이러한 특성을 무선통신 및 레이다에서 다양하게 활용한다.

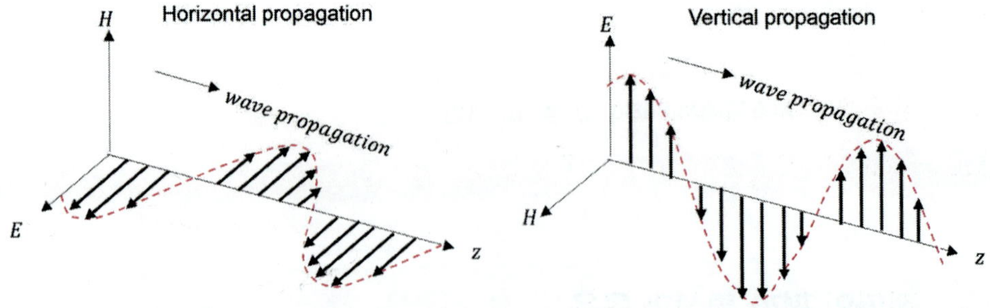

그림 2.14 수평편파와 수직편파

26) 일반적으로 주택 옥상에 설치된 지상파 TV 안테나는 수평편파안테나, 이동통신 기지국 안테나는 수직편파안테나를 기본적으로 사용한다. 단, 이동통신의 경우 차량용 전화기에서 휴대용 전화기로 흐름이 바뀌면서 데이터 속도를 2배로 하기 위하여 ±45° 기울어진 두 개의 편파를 사용하는 MIMO 안테나로 변하게 되었다.

식 (2.53)에서 두 개의 선형편파가 크기는 같지만 동위상이 아니라 위상의 차이가 90° 있을 때는 전파의 방향이 시간에 따라 회전하게 되는데, 이를 **원형편파(CP: Circular Polarization)**라 한다. 원형편파는 위상차가 $\theta_{0y}-\theta_{0x}=+90^o$ 일 경우 전기장의 회전방향은 시계방향이 되며 이런한 편파를 **좌회전편파(LHCP: Left Handed Circular Polarization)**이라하며, 위상차가 $\theta_{0y}-\theta_{0x}=-90^o$ 일 경우 전기장의 회전방향은 반시계방향이 되며 이런한 편파를 **우회전편파(RHCP: Right Handed Circular Polarization)**이라 한다.【그림 2.15】에 LHCP의 전기장방향이 전파가 진행함에 따라 시계방향으로 회전하면서 앞으로 진행해 나아가는 것을 볼 수 있다. 즉, 전파의 진행방향 정면에서 바라볼 때 회전하는 방향에 따라【그림 2.16】과 같이 LHCP와 RHCP가 구분된다. 만약 원형편파에서 두 벡터의 크기가 차이가 날 경우 타원형 궤적을 그리게 되는데 이러한 편파를 타원편파라 부른다.

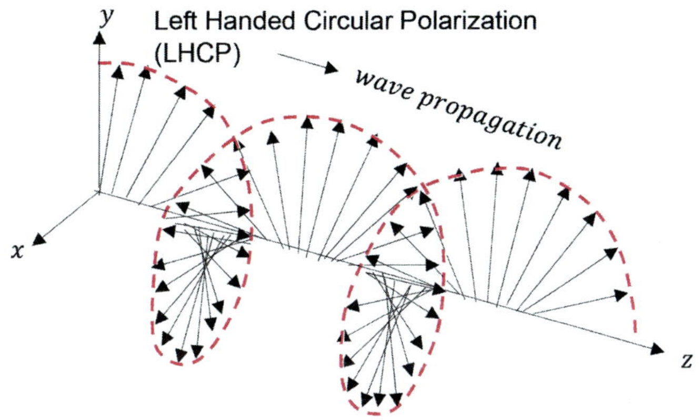

【그림 2.15】 원평편파 중 LHCP의 전기장 방향

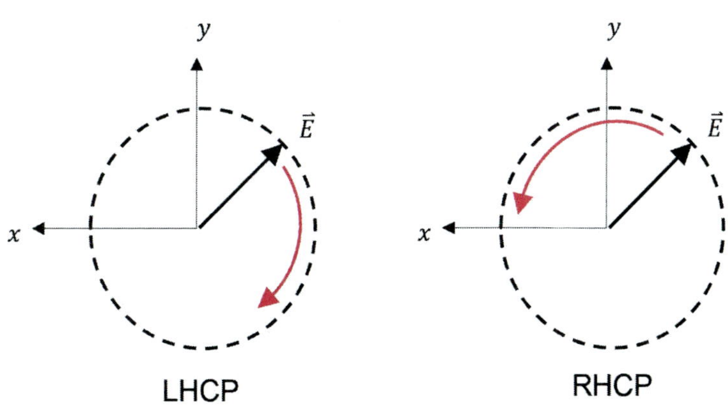

【그림 2.16】 RHCP와 LHCP의 구분

보통 두 개의 직교하는 선형편파 안테나의 입력신호에 90° 위상차를 주는 RF 회로(90° 하이브리드)를 추가하여 원형편파 안테나를 만들게 된다. 원형편파를 사용하는 대표적인 통신기술로는 인공위성이 있다. 인공위성의 경우 전리층을 통과할 때 패러데이효과에 의한 편파의 변화가 없는 원형편파를 사용하는 것이 일반적이다.

무선통신과 레이다에서 편파의 차이

수직편파와 수평편파, 좌회전편파와 우회전편파는 직교 특성을 가지고 있는데, 무선통신과 레이다에서는 이러한 특성을 이용하여 정보의 속도를 높이거나 레이다의 성능을 높일 수 있다. 편파의 직교성이란 안테나에서 방사되는 전파는 안테나의 형태에 따라 편파특성을 갖게 되는데 송신 안테나와 수신안테나끼리 서로 편파방향을 맞추어야만 신호가 수신됨을 의미한다. 만약 안테나 사이에 편파가 틀어지면 송수신 성능이 떨어지게 되고, 서로 완전히 직교하는 편파를 가지게 되면 송수신이 되지 않는다. 즉 무선통신에서는 송신안테나와 수신안테나가 동일한 편파 특성을 가져야 한다.

무선통신과는 달리 레이다에서는 물체의 반사에 따른 편파 특성의 변화에 주의해야 한다. 예를 들어【그림 2.17】과 같이 레이다 송신안테나가 LHCP로 송신한다면 물체에 맞고 반사될 때 물체의 경계조건에 의하여 편파는 RHCP로 변화하게 된다. 따라서 이 경우 수신안테나는 RHCP를 수신할 수 있는 안테나가 되어야 한다[27].

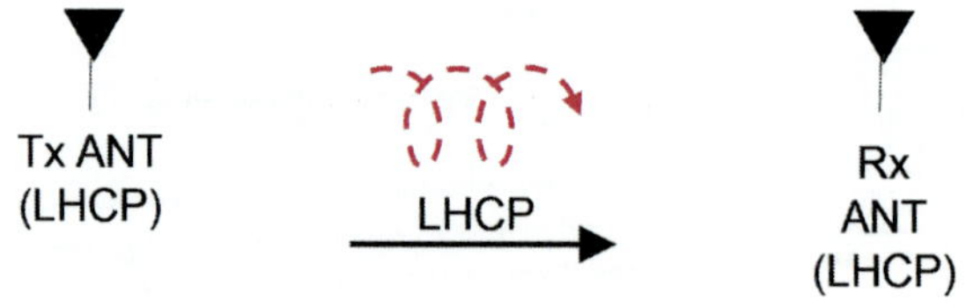

(a) Wireless Communication

27) 레이다에서는 편파의 특성을 이용하여 목표물의 탐지성능을 높이는 방법을 다양하게 사용한다. 예를 들어 송신할 때 수직편파를 사용한 후 수신할 때 수직편파와 수평편파 신호를 각각 수신하여 더한다면 탐지성능을 높일 수 있다.

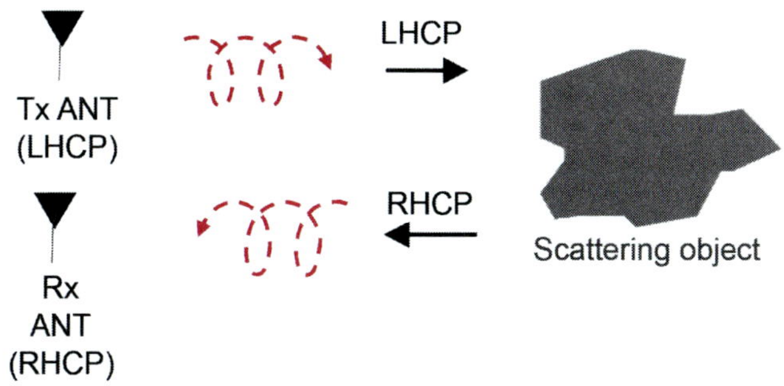

(b) Radar

그림 2.17 무선통신과 레이다에서 편파 특성

예제 2-17 **이동통신, 지상파 TV 방송, 위성방송에서 사용되는 전파의 편파에 대해 조사하고, 각각의 경우 다른 편파를 사용하는 이유는 무엇인가?**

풀이 이동통신은 수직방향에 대해 좌우로 ±45도 기울어진 선형편파, 지상파 TV는 수평편파, 위성방송은 원형편파를 사용한다.

2.2.4 공간에서의 전파의 전달

전파를 공간의 함수로 표현하면 전파의 공간상의 특성을 설명할 수 있게 된다. 본 절에서는 공간상에 전파의 전달을 간략히 설명해 보자. 무선통신의 경우 송신기와 수신기 가 멀리 떨어져 있으므로 송신기와 수신기 사이의 공간에는 벽, 마루, 천장, 가구 등이 배치되어 있으며 사람도 자유롭게 움직일 수 있다. 따라서 송신기와 수신기 사이에 직접파만 존재하는 것이 아니라 주변 환경에 따른 반사파가 생기며 이러한 파동의 중첩에 따라 전파의 변화가 발생하게 된다. 이를 전파의 **전파(propagation)** 특성이라고 부른다. 즉, 전파가 안테나를 통해 공기 중에 퍼져 나가게 되면 다양한 반사, 산란, 회절, 굴절, 간섭 등의 현상이 발생하게 된다.

전파는 장애물에 **반사(reflection)**되거나 **굴절(diffraction)**되는 등 여러 개의 전파 경로를 갖게 된다. 심지어 장애물이 없더라도 바닥(floor) 표면에 의한 **지면반사(Ground reflection)**는 언제나 있게 마련이다. 심지어 송신기와 수신기 사이에 직접 전달되는 직접파 (이러한 조건을 LoS(Line of Sight) 환경이라 부름)는 장애물에 따라 존재할 수 있거나 존재하지 않을 수도 있다. 무선통신에서는 장애물에 의해 직접파가 없어도 주변 장애물(건물의 벽이나 가구 등)에 의해 반사되는 다양한 반사파들이 존재할 수 있어 통신이 가능하다. 【그림 2.18】에서 보는 바와 같이 각각의 반사파는 송신기와 수신기 사이의 전파의 경로의 길이가 조금씩 다르기 때문에 크기와 위상에서 차이를 보인다.

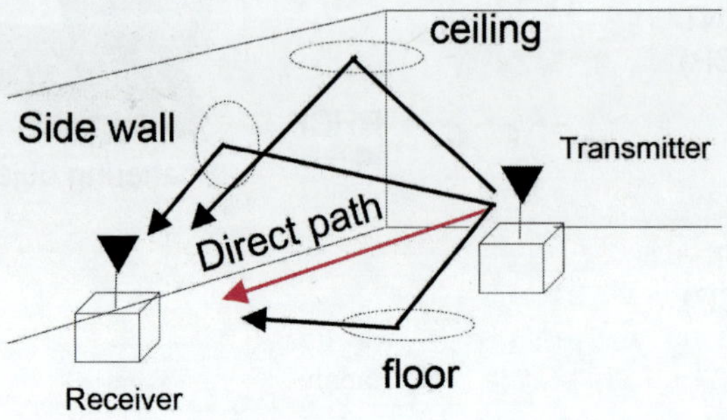

▮그림 2.18▮ 전파(EM Wave)의 전파(Propagation) 특성

이러한 전파의 전파 특성에 의해 여러 개의 경로로 들어오는 신호는 서로 간에 간섭을 일으킬 수 있으며, 【그림 2.19】와 같이 위상차에 따라 보강간섭에 의해 신호가 커질 수도 있으며 상쇄간섭에 의해 신호가 작아질 수도 있다. 이러한 신호의 변동은 다중경로 페이딩(multi path fading)이라 불린다[28].

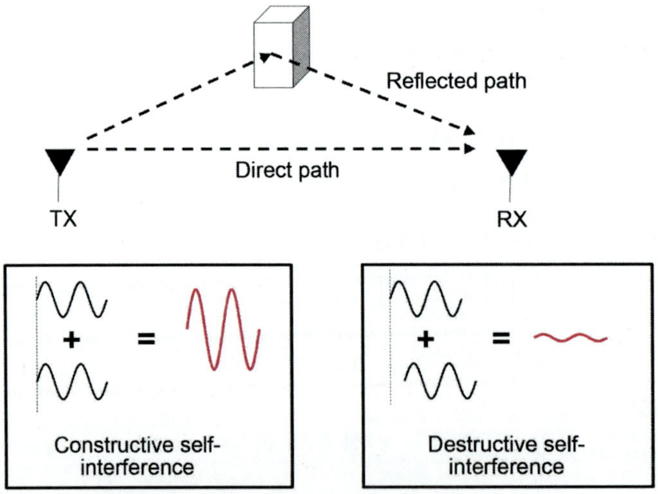

▮그림 2.19▮ 다중경로 페이딩 현상

28) 다중경로 페이딩의 예로 차량용 라디오가 들리지 않으면 자동차를 1m 정도 이동시키면 잘 들리는 것을 우리는 경험상으로 알 수 있다.

또한 전파는 벽이나 유리를 통과하면서 크기가 감소하게 된다. 전파는 주파수에 따라 벽이나 유리를 뚫고 나가는 정도가 다르며 벽의 재질이나 유리의 재질에 따라서도 크게 변한다. 이를 전파의 침투손실(penetration loss)라고 하며 몇 가지 예가【표 2.2】에 나타나 있다[29].

【표 2.2】 침투 손실의 예

물질	주파수	침투손실(dB)
콘크리트 벽	1.3GHz	8−15
바닥 면	1.3GHz	20−30
직각으로 꺽어진 복도	1.3GHz	10−15

예제 2-18 집이나 사무실에 설치된 Wi-Fi 공유기를 이용하여【표 2.2】와 같은 환경에서 침투 손실의 정도를 수신감도가 떨어지는 것을 통해 확인하시오.

풀이 집이나 사무실에서 노트북을 들고 AP과 보이는 환경, 즉 직접파가 보이는 환경에서 통신이 되는지 확인한 후 노트북을 들고 문을 나가면 벽이나 문에 의해 신호가 작아져 통신이 이루어지지 않음을 알 수 있다.

참고 공간에서의 파동의 전달 사례로서 스피커에서 나오는 음악을 듣는 것을 들 수 있다. 스피커에서 나오는 음악은 벽, 천장, 바닥을 맞고서 내 귀에 들리므로 스피커의 공간 상의 배치, 방의 크기나 가구의 배치에 따라 소리가 달라지는 것을 알 수 있다.【그림 2.18】에서 송신기를 스피커로 수신기를 내 귀로 생각하면 된다.

2.2.5 공간의 함수로 전파를 해석한다는 의미는?

앞에서 phasor의 개념을 통해 원래 시간과 공간의 함수인 전파에서 주파수가 하나인 경우에는 시간과 관련된 부분을 해석할 때 제외했다가 나중에 복원할 수 있다는 것에 대해 학습하였다. 이런 방법을 통해 무선통신과 레이다를 구성하는 회로와 시스템을 해석할 수 있다. 이때 다음의 2가지 사항이 전제되어야 한다.

첫째로 해석하려는 회로 및 시스템이 입력되지 않은 새로운 주파수를 생성하면 안된다. 입력

29)【표 2.2】의 침투손실은 주파수의 함수이다. 보통 주파수가 높을수록 침투손실이 크다. 침투손실은 이동통신에서 매우 중요한 역할을 하는데 기지국은 보통 실외에 있고, 우리는 실내에서 생활하기 때문에 전파가 콘크리트, 유리창 등을 통과하는 경우가 이동통신에서는 많기 때문이다.

된 주파수가 하나임에도 두 개 이상의 새로운 주파수가 생성되는 시스템을 비선형(Nonliner) 시스템이라 한다. 또한, 시간에 따라 변하는(Time-varying) 시스템도 새로운 주파수가 생성될 수 있다. 따라서 개개의 주파수를 독립적으로 다룰 수 있는 시스템은 선형이면서 시간 불변인 시스템으로 이를 **선형시불변(Linear Time-Invariant)** 시스템이라 부르며, 약자로 LTI 시스템이라 부른다. LTI 시스템은【그림 2.20】과 같이 입력된 주파수 성분의 시스템을 통과하면 크기와 위상은 변하지만 새로운 주파수 성분은 발생하지 않는다. 하지만 비선형시변 시스템은 입력된 주파수의 하모닉 성분들이 발생하게 된다.[30)]

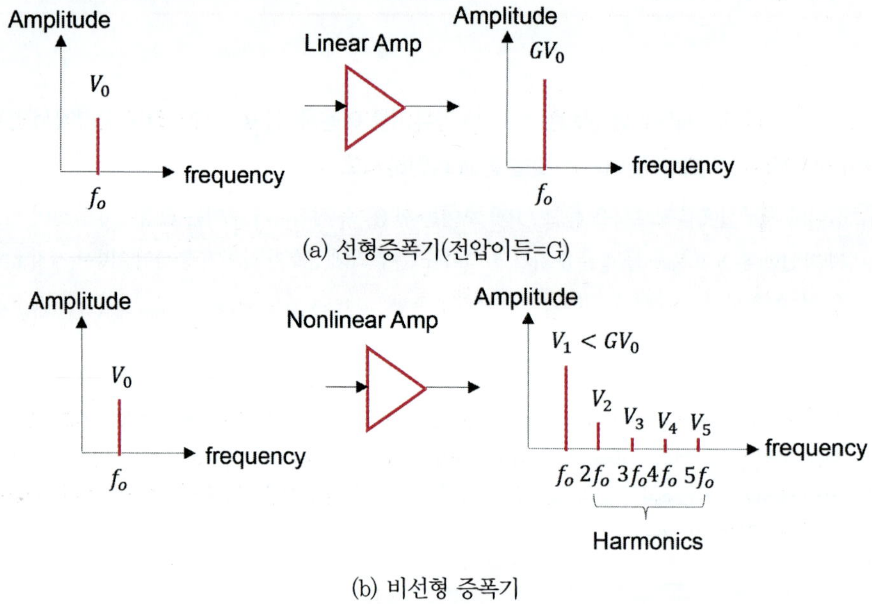

【그림 2.20】 선형시스템과 비선형 시스템의 차이

둘째로 주파수가 하나란 의미는 해석하려는 회로 및 시스템에서 꼭 하나의 주파수만 사용된다는 의미는 아니며, 여러 주파수가 사용될 수 있지만 그 주파수들 각각을 상호 관련성이 없이 독립적으로 해석할 수 있다는 의미를 갖는다.【그림 2.21】과 같이 시스템을 해석할 때 각각의 주파수를 순차적으로 입력하여 각 주파수 별로 시스템을 통과한 후의 진폭과 위상의 특성을 보게 된다. 이를 **주파수 응답(frequency response)**이라고 부른다. 이러한 방식으로 회로 및 시스템을 측정하는 대표적인 장치로【그림 2.22】에서 보여주는 네트워크 분석기가 있다. 네트워크 분석기는 주파수가 높은 RF회로나 안테나 등의 특성을 측정할 때 주로 사용된다.

30)【그림 2.20】에서 선형시스템은 전압이득 G를 갖는 증폭기이며, 비선형시스템은 선형증폭기보다 이득이 작은 대신에 하모닉 성분이 생성됨을 볼 수 있다.

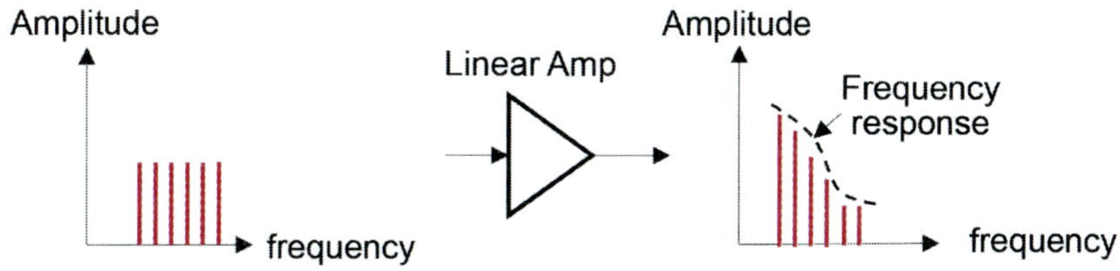

▌그림 2.21▌ 여러 주파수의 입력으로 시스템 특성 파악

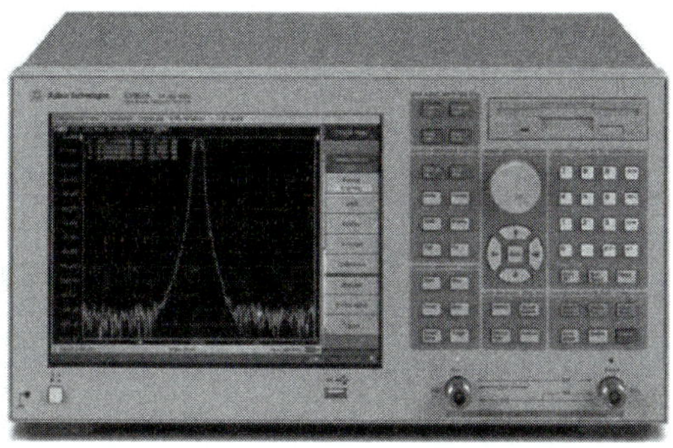

▌그림 2.22▌ 네트워크 분석기의 예(Agilent E5062A)[31)]

> **요약** 전파의 주파수가 하나라고 가정하면 전기장, 자기장을 phasor로 간단히 표시할 수 있고, 전파의 공간적 특성인 편파, 전파의 전달 방향과 전력을 표현하는 포인팅벡터, 전파의 공간상의 전파 특성 등을 시간 특성을 고려하지 않고 표현할 수 있게 된다. 이는 안테나의 배치, 송신기와 수신기 간의 통신반경, 레이다의 센싱 반경 등을 계산할 때 편리하다.

2.3 안테나와 무선채널

2.2절에서 주파수가 높은 전파의 전력, 편파, 전파의 전파 특성을 살펴보았다. 이제 무선통신과 레이다의 경우 송신기와 수신기 사이의 공간 상에서의 전파특성을 정량적으로 살펴보자. 먼저 전파를 생성하는 안테나의 방사패턴에 대해 학습한 후, 우주공간과 같이 자유공간만 존재하는 경우 거리에 따른 전파전파 특성을 설명하는 Friis 전송공식을 학습한다.

31) 네트워크 분석기를 사용하여 회로를 측정할 때는 교정(calibration) 과정을 거쳐야 한다. 교정이란 케이블 길이 등에 의한 진폭과 위상의 영향을 없애 주파수 별로 다른 공간적인 특성을 일치화하는 것을 의미한다.

2.3.1 안테나와 방사패턴

전파의 공간적 특성을 고려하기 위해서는 먼저 안테나를 알아야 한다. 고주파 전압이 도체에 걸리거나 도체에 고주파 전류가 흐르면 Maxwell 방정식에 의해 전자기파가 방사(radiate)하게 되는데, 이러한 도체 구조를 **안테나(Antenna)**라고 한다[32]. 안테나는 다양한 형태를 가질 수 있는데 보통 안테나의 형태에 따라 전파가 방사하는 방향이 결정된다. 이러한 안테나는 송신 안테나와 수신안테나로 분류할 수 있는데 안테나에 고주파 신호가 입력되어 공기 중으로 방사되는 경우를 송신 안테나라 하고, 반대로 공기 중의 전파가 안테나에 전압 또는 전류를 유도(induce)하면 수신 안테나라 한다[33]. 송신안테나의 형태가 전파의 방사방향과 크기를 결정하는 것처럼 수신 안테나의 형태에 따라 어느 방향에서 전파가 더욱 선택적으로 유도되는지가 결정된다. 하나의 안테나는 송신안테나로도 쓸 수 있고, 수신안테나로도 쓸 수 있다.

안테나에서 많이 쓰는 용어로 안테나 빔(antenna beam)이 있다[34]. 우리가 대화할 때 서로 마주 보고 대화하는 이유가 소리가 나오는 입의 위치에 따라 소리가 몸의 앞쪽으로 퍼지기 때문인데, 전파도 파동이므로 안테나의 형상에 따라 특정 방향으로 전파가 집중된다. 이를 안테나 빔(beam)이라고 부르며【그림 2.23(a)】와 같이 안테나 빔이 만드는 모양을 안테나 **빔패턴(beam pattern)** 또는 **방사패턴(radiation pattern)**이라고 부른다. 보통 안테나 종사자들은 방사패턴이라는 용어를 주로 사용한다.

안테나는 응용에 따라 다양한 형태의 빔 특성을 필요로 한다.【그림 2.23(b)】에 방송국 FM 라디오 신호를 수신하는 자동차용 FM 안테나와 인공위성과 지구국 간에 요구되는 안테나 방사

32) 최초의 안테나는 헤인리치 헤르츠(Heinrich Hertz)가 1886년에 설계하여 전자파의 존재를 예측하는데 사용하였다. 그가 설계한 안테나는 신호를 송신하기 위해서 다이폴 안테나(dipole antenna)를, 신호를 수신하기 위하여 루프(Loop) 안테나를 각각 설계하였다. 그 이후로, 안테나 기술은 발전을 거듭하여 무수히 많은 종류의 안테나가 개발되었다.

33) 안테나의 효율과 지향성은 송신 안테나인지 수신 안테나인지 여부에 따라 차이가 없이 동일하다. 이를 안테나의 가역(reciprocity) 특성이라 한다. 다시 말해 동일한 안테나가 송신안테나와 수신안테나 모두에 사용될 수 있다.

34) 레이저가 쏘는 방향으로 레이저 불빛이 나가는데 이를 레이저 빔이라는 부른다. 안테나는 레이저보다 주파수가 많이 낮으므로 빔이 퍼져가기는 하지만 주파수가 높을수록 특정 방향으로 향하게 되므로 안테나 빔과 레이저 빔을 동일한 의미로 이해하면 된다.

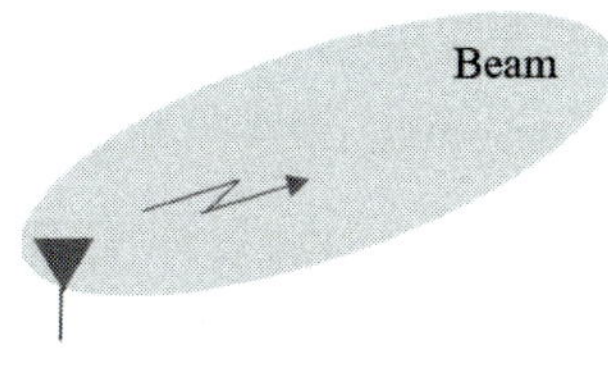

(a) 안테나 방사패턴

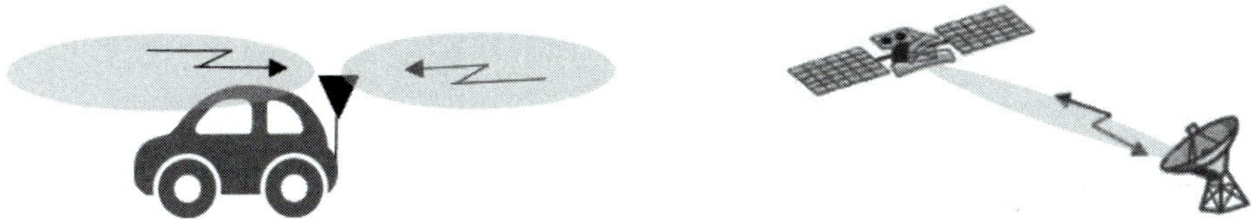

(b) 방사패턴의 응용

▌그림 2.23▐ 안테나 방사 패턴과 그 응용

패턴을 보여준다. 자동차는 자유롭게 이동하므로 이동 중에는 방송국 송신안테나가 360° 방위각(azimuth angle) 중 어느 곳에서도 신호를 받아야 한다. 반면 앙각(elevation angle)에서는 수평방향에서 주로 신호가 들어올 것이고 수직방향(하늘방향)으로는 방송국이 없으므로 신호를 받을 필요가 없다[35]. 이렇게 방위각에 상관없이 일정한 방사패턴을 갖는 안테나를 무지향성(omnidirectional) 안테나라고 한다. 다이폴 안테나가 보통 이러한 특성을 갖는다. 반면, 정지궤도 인공위성은 적도 상공 36,000 km에 위치해 있으므로 인공위성과 통신하기 위해서는 방사패턴이 연필과 같이 뾰족한 방사패턴이 필요하다. 방사패턴이 향하는 방향은 우리나라에서 적도 상공 36,000km에 위치한 정지궤도 인공위성이 바라보이는 방향인 남쪽 하늘을 향해야 한다. 이러한 안테나를 고이득 (high gain) 안테나라고 하며 송신기와 수신기 간에 거리가 멀 경우 미약한 신호를 잘 모아서 신호의 크기를 크게 하려고 사용된다[36].

안테나의 방사패턴을 이해하기 위하여 다이폴 안테나의 방사패턴을 보자. 다이폴 안테나는 다이폴에 수직한 방향의 신호는 잘 수신하지만 다이폴에 수평한 방향의 신호는 잘 수신하지 못한다. 이를 구좌표계[37] 그림으로 그리면【그림 2.24】와 같다. 이 방사패턴을 구모양의 등방성 방

35) 자동차 윗면에 상어의 지느러미를 닮은 샤크 안테나가 있는데 그 형상 안에는 다양한 안테나 (AM, FM, GPS 등)가 들어가 있다.

36) 단, 저궤도 인공위성의 경우에는 인공위성의 계속 이동하므로 빔이 pencil beam이어야 함과 아울러 빔이 인공위성을 추적(tracking)할 필요가 있다. 이러한 저궤도 인공위성 추적, 국방 레이다, 차량충돌방지를 위해 사용되는 레이다 등의 경우에는 목표물을 탐지하기 위해서 빔 추적이 매우 중요한 기능을 한다.

37) 안테나의 방사패턴은 보통 구좌표계로 표시한다. 이때 x축과 이루는 방위각 ϕ, z축과 이루는 앙각 θ를 이용한다.

사패턴과 비교하면 다이폴 안테나의 끝방향(end-fire 방향이라고 함)에서 신호를 좀 더 못 받는 대신 다이폴 안테나의 수직방향(broadside 방향이라고 함)으로 좀 더 신호를 잘 수신하거나 송신하므로 특정 방향으로 **안테나 이득(Antenna Gain)**을 갖는다고 표현한다. 등방성 안테나의 이득을 0dBi라고 하면 다이폴 안테나는【그림 2.25】와 같이 수평방향으로 약 2.19dB의 이득(등방성 안테나에 비해 1.64배)을 갖게 된다. 하지만 한쪽에 이득을 갖는다면, 다른 방향에서는 그만큼 손실을 가지므로 수직방향으로는 신호를 잘 받지 못하게 된다[38]. 이때 dBi에서 기준이 되는 것은 구모양의 방사패턴을 갖는 등방성 안테나이므로 isotropic의 첫 자를 따서 dBi라고 한다.

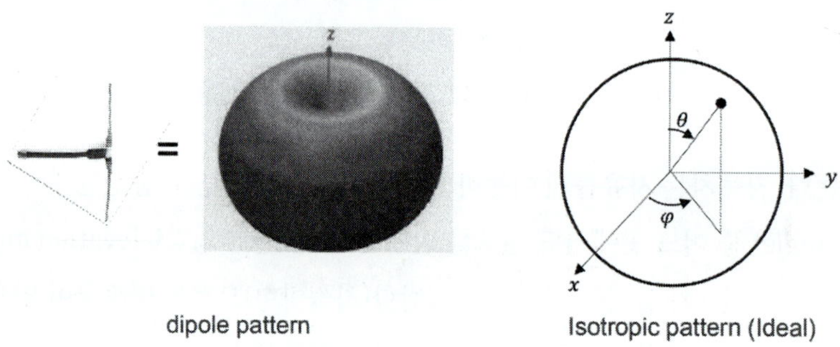

그림 2.24 다이폴 안테나의 방사패턴과 등방성 안테나의 방사패턴

예제 2-19 **다이폴 안테나와 등방성 안테나의 방사패턴을 비교하여 그려보시오.**

풀이 【그림 2.25】와 같이 방위각방향으로는 이득을 갖는 반면 z축 방향으로는 손실을 갖는다.

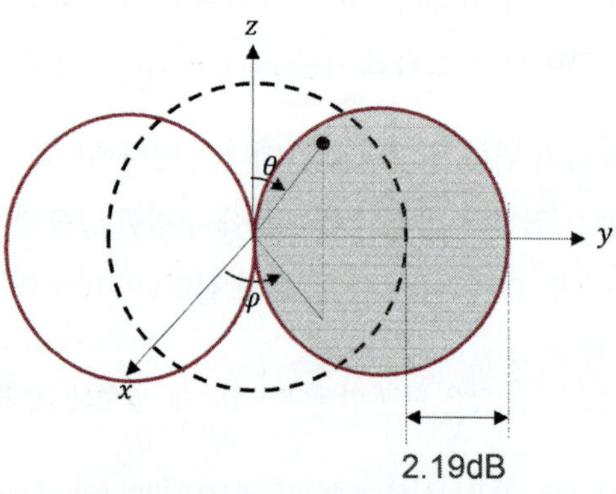

그림 2.25 (예제 2-19)의 이해

38) 안테나는 수동소자이므로 증폭기처럼 이득만을 가질 수 없다. 수신안테나의 경우 특정방향으로 신호를 잘 받는다면 다른 방향으로는 신호를 잘 수신하지 못한다는 의미이다.

2.3.2 Friis 전송공식과 역제곱의 법칙

이제 송신안테나와 수신안테나 사이의 전파가 전송될 때 신호의 크기가 얼마나 작아지는지 살펴보자. 이를 무선 **링크해석(Link Analysis)** 이라 하고, 링크 해석의 결과를 링크 버젯(Link Budget)이라 한다. 링크해석에서 송신기에서 수신기 사이에서 전파가 어떻게 전달되는지는 **프리스(Friis) 전송공식** 으로 나타낼 수 있다.

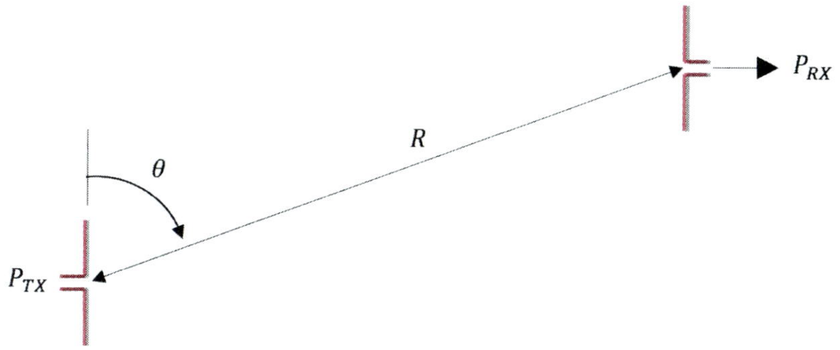

그림 2.26 Friis 공식의 유도를 위한 한 쌍의 다이폴 안테나

【그림 2.26】과 같이 안테나 사이의 거리가 R만큼 떨어진 2개의 안테나가 있다. 송신안테나의 위치를 구의 원점이라 가정하면 원점에서는 $P_{TX}[W]$의 전력이 생성된다. 거리가 R 떨어진 수신안테나가 위치한 지점에서의 구의 표면적은 $4\pi R^2$이 되며, 송신안테나가 등방성 방사패턴이라면 안테나에서 방사되는 전력은 구 모양으로 퍼져나갈 것이다. 즉, 등방성 송신안테나로부터 거리가 R 떨어진 구표면의 단위면적당 전력은 $P_{TX}/(4\pi R^2)\,[W/m^2]$이 된다. 하지만 실제 송신 안테나는 다이폴 안테나이므로 이득 $G_{TX}(\theta,\phi)$를 갖게 되는데 이는 송신안테나의 방사패턴 이득으로 수신안테나 방향으로 구 모양으로 방사할 때보다 수신안테나가 위치한 특정 방위각과 앙각에 대하여 얼마나 더 큰 지향성(또는 이득)을 갖는지를 의미한다. 이제 수신안테나 위치에서 수신되는 전력 $P_{RX}[W]$는 식 (2.55)로 주어진다.

$$P_{RX} = \frac{P_{TX}}{4\pi R^2} G_{TX}(\theta,\phi) A_{RX}(\theta,\phi) \tag{2.55}$$

여기서, $A_{RX}(\theta,\phi)$는 수신안테나가 전력을 수신할 수 있는 실효면적(effective aperture)라 부른다. 실효면적은 송신안테나를 중심으로 전파가 구 모양으로 퍼져나갈 경우 표면적이 $4\pi R^2$이 될 텐데 그 표면적 중 얼마만큼의 면적의 에너지만을 수신하는지를 의미한다[39].

식 (2.55)에서 수신전력이 거리의 제곱에 반비례하는 것을 **역제곱의 법칙**이라 한다. 역제곱의 법칙은【그림 2.27】과 같이 원점에서 구 모양으로 방사되는 파동의 경우 구의 반경이 커짐에 따라 파동의 전력이 구의 표면적에 퍼지게 되므로 같은 안테나 면적이라도 그것이 수신하는 전력은 거리의 제곱에 반비례한다는 것을 의미한다.

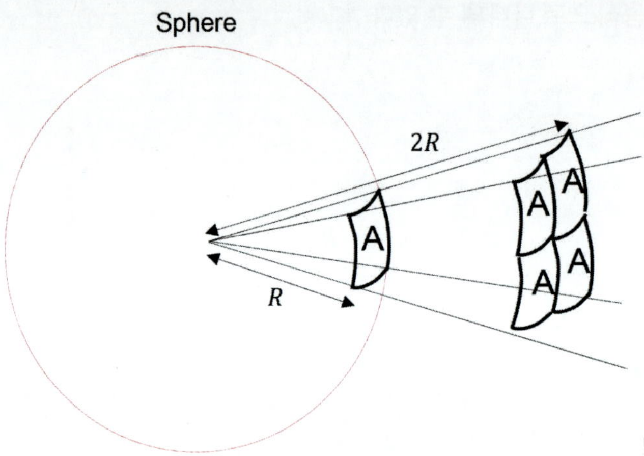

【그림 2.27】 역제곱의 법칙

이제 수신안테나의 실효면적은 유효개구면을 A_{eff}라 하며 안테나의 전기적인 크기가 되는데 안테나의 크기를 직사각형이라 하면 공진하는 긴 면을 $\lambda/2$, 짧은 면을 $\lambda/2\pi$리고 볼 수 있다[40]. 또한, 수신안테나도 특정 방위각과 앙각에 대하여 이득을 가질 수 있으므로 식 (2.56)과 같다.

$$A_{eff}(\theta,\phi) = \left(\frac{\lambda}{2}\right)\left(\frac{\lambda}{2\pi}\right)G_{RX}(\theta,\phi) \tag{2.56}$$

이제 식 (2.55)와 식 (2.56)을 합치면 식 (2.57)과 같은 Friis 전송공식을 구할 수 있다.

$$P_{RX} = P_{TX}G_{TX}(\theta,\phi)G_{RX}(\theta,\phi)\left(\frac{\lambda}{4\pi R}\right)^2 \tag{2.57}$$

39) 전파는 전기장과 자기장의 상호작용으로 전달되므로 자유공간에서 신호의 크기는 감쇄되지 않는다. 단지 거리가 멀어지면 거리의 제곱으로 구의 표면적이 넓어지듯이 파동이 구면으로 진행될 뿐이다. 따라서 수신안테나 면적이 구면적 전체는 아니므로 구면적 대비 안테나 면적의 비만큼 신호를 작게 수신하게 된다. 거리가 멀어지면 안테나 면적은 동일한데 표면적은 거리의 제곱으로 커지므로 안테나에 수신되는 신호가 작아져 보인다.

40) 도파관(waveguide)이 많이 사용되던 시절 혼 안테나의 경우 이러한 특성을 갖는다.

이 식에서 전력 전달 비 P_{out}/P_{in}는 안테나의 이득, 파장 그리고 안테나 사이의 거리와 관계된다. Friis 전송공식은 송신안테나와 수신 안테나가 동일한 편파로 안테나가 정렬되었다고 가정한다.

마지막으로 식 (2.57)에서 송신기와 관련된 파라미터는 송신안테나의 이득과 송신기의 출력 전력 두 가지이므로 이 둘을 곱한 값이 송신기의 특성을 결정한다. 이를 **유효등방성 방사전력**(EIRP: Effective Isotropic Radiated Power)로 정의한다[41].

$$EIRP = P_{in} G_t \tag{2.58}$$

예제 2-20 **송신출력이 100 W인 경우와 송신출력이 1 W인 경우 EIRP가 같으려면 안테나 이득은 몇 dB 차이가 나야 하는가?**

답 출력이 100배이므로 20 dB 차이가 나야 한다.

예제 2-21 **한쌍의 다이폴 안테나가 1km 간격으로 마주보고 있다. 송신 안테나는 1.0GHz 주파수에서 1.0kW의 송신전력을 갖는다. 안테나 효율이 100%인 경우 수신 안테나의 출력전력 P_{out}을 구해보자. 또한 거리를 2배로 했을 때의 수신 출력 전력은 얼마인가?**

$$\begin{aligned} P_{out} &= P_{in} G_t(\theta,\phi) G_r(\theta,\phi)\left(\frac{\lambda}{4\pi R}\right)^2 \\ &= (1)(1.64)(1.64)\left(\frac{0.3}{4\pi 1000}\right)^2 \end{aligned}$$

답 식 (2.57)로 수신전력을 계산할 수 있다. 이때 반파장 다이폴 안테나의 이득은 1.64이다. 수신전력은 1.5uW가 된다. 거리를 2배로 하면 전력은 1/4로 작아지므로 0.38uW가 된다.

중요

통신반경을 높이려면 송신출력을 높이거나 안테나 이득을 높이면 된다. 출력은 전파법에 허용되는 수준에서만 올릴 수 있고, 안테나 이득을 높이면 안테나가 향하지 않는 위치에서는 통신이 불가능하므로 주의해야 한다. 따라서 수신감도를 높이는 것이 중요하다. 디지털 통신이 아날로그 통신보다 우수한 것은 낮은 수신전력에서도 신호를 복원할 수 있기 때문이다.

41) EIRP는 송신기의 성능을 좌우하는 지표로 무선기기의 기술기준(local regulation)에서 사용되는 중요한 파라미터이다.

2.4 레이다 개구면

무선통신에서는 송신안테나와 수신안테나 사이에 자유공간만 있는 경우가 존재하지만 레이다에서는 목표물에 의한 전파의 반사가 있어야 하므로 송신안테나와 수신안테나 사이에 목표물이 반드시 존재하게 된다. 특정한 편파를 가진 전파는 목표물을 만나면 산란되게 되는데 이러한 산란파는 두 개의 파동으로 나눌 수 있다. 첫째는 수신안테나와 동일한 편파를 갖는 전파이고, 다른 산란파는 수신안테나와 직교하는 편파를 갖는 전파로 수신안테나가 수신할 수 없는 성분이다, 전자를 Principle Polarization (PP)라고 하고 후자를 Orthogonal Polarization (OP)라고 부른다. 레이다 수신안테나가 수신할 수 있는 전파는 산란파 중 동일한 편파를 가진 역산란파(Backscattered wave)가 되며, 얼마나 역산란되는지 정도를 **레이다 개구면(radar cross section: RCS)**으로 표현한다.

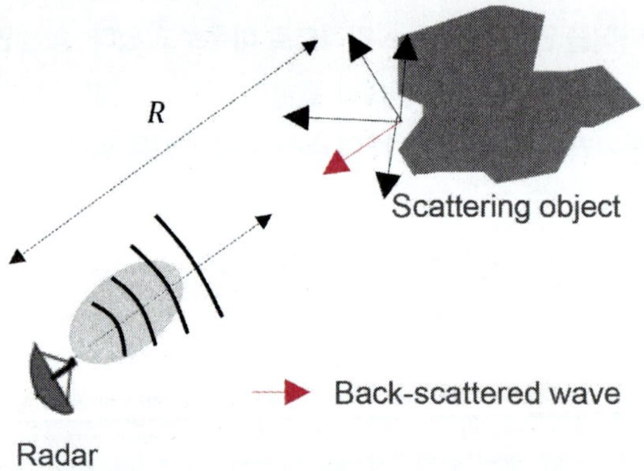

그림 2.28 거리 R에 위치한 산란체

【그림 2.28】과 같이 레이다로부터 거리 R 떨어진 목표물에 입사된 전파의 전력밀도를 P_{Di}라고 하자. 목표물로부터 반사된 전력의 양은 다음과 같다.

$$P_r = \sigma P_{Di} \tag{2.59}$$

여기서 σ는 목표물의 RCS를 의미한다. P_{Dr}을 수신안테나에서 역산란된 파의 전력밀도라고 하면 식 (2.60)과 같다.

$$P_{Dr} = P_r / (4\pi R^2) \tag{2.60}$$

식 (2.59)와 식 (2.60)을 통해 목표물의 RCS는 다음과 같이 주어진다.

$$\sigma = 4\pi R^2 \left(\frac{P_{Dr}}{P_{Di}}\right) [m^2] \tag{2.61}$$

식 (2.61)에서 RCS의 단위는 평방미터가 된다. 이제 역산란된 신호된 구형파형태로 퍼져나가다가 원역장에서는 평면파형태가 될 것이므로 원역장에서 다음과 같이 정의된다[42].

$$\sigma = 4\pi R^2 \lim_{R\to\infty} \left(\frac{P_{Dr}}{P_{Di}}\right) [m^2] \tag{2.62}$$

RCS는 보통 데시벨로 표현하는데 단위는 dBsm이다. 여기서 sm은 'square meter'의 약자로 0dBsm은 1 평방미터의 RCS 크기를 갖는다는 것을 의미한다[43].

예제 2-22 **목표물의 RCS가 −10dBsm과 −30dBsm를 평방미터 크기로 표현하면 어떻게 되는가?**

풀이 $-10\text{dBsm} \rightarrow 0.1\text{m}^2$

$-30\text{dBsm} \rightarrow 0.001\text{m}^2$

기본적으로 목표물에 의해 역산란되는 전파의 양은 목표물의 파장에 대한 상대적인 크기로 결정된다. 실제로 레이다는 파장보다 작은 목표물은 탐지할 수 없다[44]. 목표물의 크기가 전파의 파장보다 클 경우를 광학영역(optical region)이라 하고, 목표물의 크기가 파장보다 작을 때는 Rayleigh영역(Rayleigh region)이라 한다. 대부분의 레이다는 광학영역에서 동작을 시킨다. 광학영역이라고 가정한 경우 이상적인 도체구와 도체평면의 RCS는【그림 2.29】와 같이 계산된다.

예제 2-23 **1평방미터의 크기를 갖는 도체판의 RCS를 1GHz와 10GHz에서 구하시오.**

풀이 도체판의 RCS는 $\sigma = 4\pi w^2 h^2/\lambda^2$로 주어지며 1GHz에서는 140m^2의 RCS값을, 10GHz에서는 $14,000\text{m}^2$며 주파수가 10배 차이가 나므로 100배 RCS 차이를 갖는다.

42) 식 (2.61)과 식 (2.62)에 의해 정의된 RCS를 레이다의 송신안테나와 수신안테나가 같은 위치에 있으므로 monostatic RCS, backscattered RCS라고 부른다.

43) RCS가 크다는 의미는 목표물의 크기가 커 역산란된 전파의 크기가 커져 레이다가 탐지가 잘 된다는 의미이고 RCS가 작다는 의미는 목표물의 크기가 작아 역산란된 전파가 작다는 의미이다. 스텔스 전투기는 레이다로 탐지가 안될 만큼 모든 방향에서 RCS가 작다는 의미를 갖는다.

44) 예를 들어 L밴드를 사용하는 기상 레이다는 파장보다 작은 빗방울을 탐지할 수 없다. 기상레이다는 빗방울을 탐지하진 못하지만 크기가 큰 비구름은 탐지할 수 있다.

다양한 목표물의 RCS를 계산하거나, 측정하는 일, RCS를 작게 하는 일 들은 보통 전자기파 수치해석을 전공한 전공자들의 업무이며【그림 2.30】에 비행기의 RCS의 측정사례를 보여준다. RCS는 목표물을 구성하는 물질, 목표물의 실제 크기, 파장 대비 목표물의 크기, 전파의 입사각도와 반사각도, 전파의 편파 등에 의해 달라지게 된다.

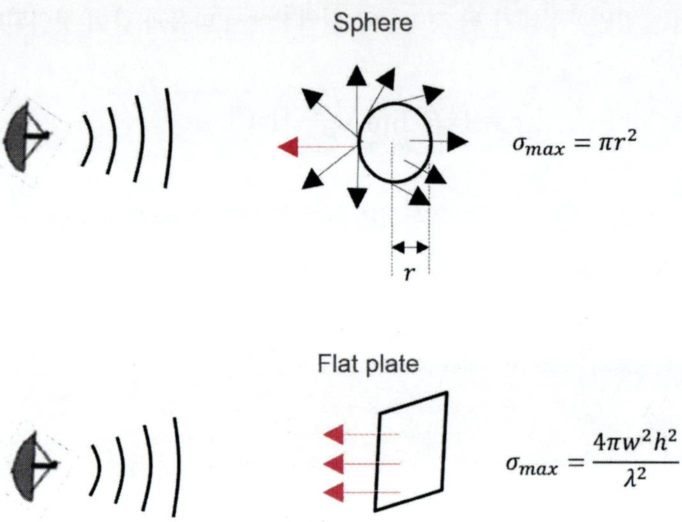

그림 2.29 이상적인 도체구와 도체판의 RCS

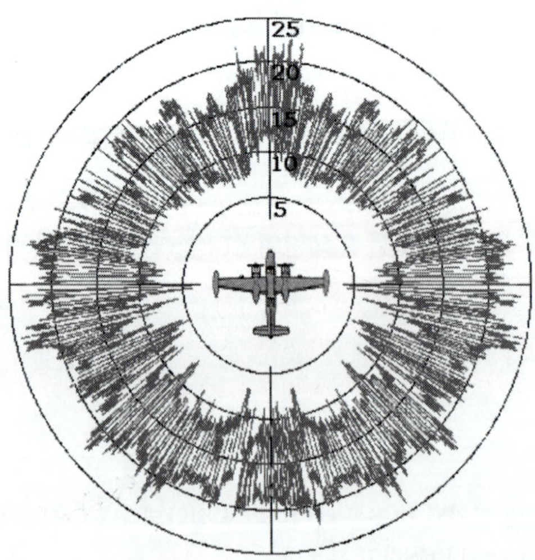

그림 2.30 B-26 폭격기의 RCS의 측정 예(출처: Wikipedia)

2.4.1 레이다 전파특성

레이다의 전파특성은 대상물의 개구면 특성외에 레이다 주파수 및 편파와도 밀접한 관련을 갖는다. 특히 SAR 레이다와 같이 레이다로 영상을 만드는 응용에서 전파특성은 중요한 역할을 한다. 먼저 레이다의 동작주파수에 따른 전파특성을 보자. 【그림 2.31】과 같이 주파수가 높을수록 파장이 작으므로 나무 표면에서 반사가 일어난다. 반면에 L−대역과 같이 주파수가 낮아 파장이 길면 전파가 나뭇잎을 뚫고 줄기까지 들어가서 반사가 일어나므로 레이다로 반사되는 Backscattering 신호의 세기가 더 커지게 된다.

【그림 2.31】 SAR 레이다의 주파수에 따른 산란 특성

다음으로 표면의 특성에 따라서도 반사특성이 달라지게 된다. 【그림 2.32】와 같이 지표면이 매끄러운 경우(Flat surface)에는 반사되는 파가 많으므로 상대적으로 역산란되는 전파는 적다. 반면에 지표면이 거칠 경우에는 반대로 역산란 전파가 크게 나타난다. 따라서 SAR 이미지에서 매끄러운 면은 역산란신호가 낮기 때문에 검은 영상으로, 거친 면은 역산란 신호가 크기 때문에 밝은 영상으로 표현된다.

【그림 2.32】 SAR 레이다의 표면재질에 따른 산란 특성

마지막으로 편파특성을 보자. 레이다에서 선형편파(Horizontal Polarization)는 수평 편파와 수직편파(Vertical Polarization)로 나눌 수 있는데 수평 편파는 문자 H로 표시되고 수직 편파는 문자 V로 표시된다. 따라서 레이다에서 수직(V)으로 전파를 송신하고 수평(H) 편파로 수신

된 전파신호는 VH로 표현되며. 수평 편파로 수신된 신호는 HH로 표시된다. 이러한 편파특성은 대상물의 존재에 따라 어떤 산란이 발생하는지에 따라 그 크기가 달라진다.【그림 2.33】은 SAR 레이다의 산란 종류에 따른 편파 특성을 보여주고 있으며【그림 2.34】는 SAR레이다의 사례로 2012년 아이슬란드의 지형을 여러 편파를 혼합하여 영상으로 만든 이미지를 보여준다.

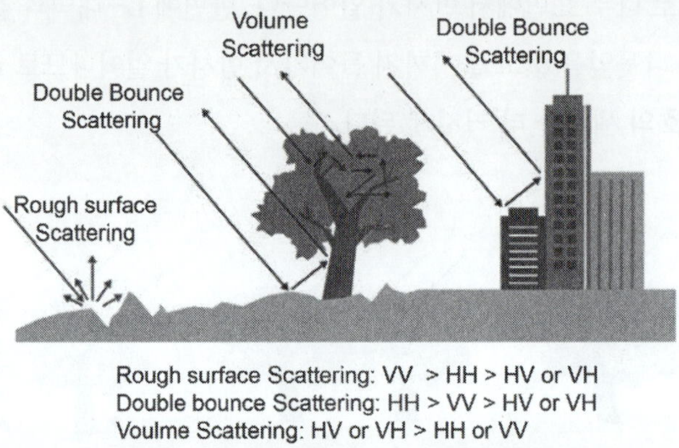

【그림 2.33】 SAR 레이다의 전파의 편파 특성

【그림 2.34】 SAR 레이다의 이미지 사례(NASA/JPL,2012)

2.5 링크 버젯(Link Budget)

이제 송신기의 출력과 안테나 이득, 수신안테나의 이득이 주어지면 식 (2.57)에 의해 송신기와 수신기 사이의 거리에 따른 수신신호의 크기를 알 수 있게 되었다. 마지막으로 수신기에서 신호를 복원하는데 필요한 최소 수신전력이 주어진다면 내가 설계한 송신기와 수신기 사이에 통신이 가능할지(다른 말로 링크(link)가 가능한지) 계산할 수 있다. 이러한 결과를 링크 해석(Link Analysis)라 하고 링크해석의 결과를 링크 버젯(Link Budget)이라 한다. 이러한 링크 해석을 통해 우리는 무선통신의 최대 통신반경과 레이다의 최대 센싱반경을 구할 수 있다.

2.5.1 무선통신 링크 버젯

먼저 무선통신 시스템의 링크 버젯을 구해보자. 무선통신 링크 버젯을 구할 때 기본이 되는 것이 수신신호 전력이 얼마나 커야 수신기가 신호를 복원될 수 있는가이다. 보통 무선통신 수신기는 1pW 이하의 전력레벨(~−90dBm 이하)도 수신할 수 있다. 이제 S_{min}을 무선통신 수신기가 수신할 수 있는 최소신호전력(Minimum Sensitivity)이라고 하고, 식 (2.57)을 거리 R에 대해 정리하면 식 (2.63)과 같이 최대 통신거리 R_{max}를 알 수 있다.

$$R_{max} = \left(\frac{P_{TX} G_{TX} G_{RX} \lambda^2}{(4\pi)^2 S_{min}} \right)^{1/2} \tag{2.63}$$

식 (2.63)으로부터 무선통신의 통신거리를 2배로 하려면 송신전력을 4배로 키워야 함을 알 수 있다.

무선통신 수신기의 최소수신전력은 pW 수준으로 매우 작기 때문에 상대적으로 잡음전력이 중요해진다. 이때, 수신전력의 절대적인 크기보다는 잡음전력 대비 수신전력이 얼마나 큰가가 중요해진다. 따라서 이를 신호대 잡음비(SNR: Signal to Noise Ratio)[45]로 표시한다. 신호대 잡음비(SNR)은 식 (2.64)로 주어진다. SNR은 신호전력과 잡음전력의 상대적인 전력비율이므로 상대이득인 dB로 보통 표시한다.

45) SNR 대신 통과대역을 강조하기 위하여 무선통신에서는 CNR (Carrier to Noise Ratio)을 쓰는 경우도 있는데 CNR과 SNR은 동일한 개념이다.

$$SNR = \frac{\text{signal power}}{\text{noise power}} \tag{2.64}$$

예제 2-24 **아래 MATLAB 프로그램을 이용하여 주파수가 1Hz인 정현파에 20dB 작은 잡음이 더해져 S/N비가 20dB인 신호를 만들어보자. S/N비를 30dB로 하려면 어떻게 하여야 하는가?**

```
t=[0.01:0.01:1];    N=length(t);    fc=1;    x=sin(2*pi*fc.*t);
signal_power=norm(x(1:N))^2/N;
noise_power=signal_power/100;
noise_std=sqrt(noise_power);
noise=noise_std*randn(1,length(x));
y=x+noise;
```

풀이 위 MATLAB 프로그램에서 S/N비가 20dB이므로 100으로 나누었다 S/N비가 30dB가 되려면 1000으로 나누면 된다.

【그림 2.35】에 신호와 잡음 전력이 100배(=20dB) 차이가 나는 2개의 신호가 더해져서 SNR이 20dB 차이가 나는 경우를 보여준다.

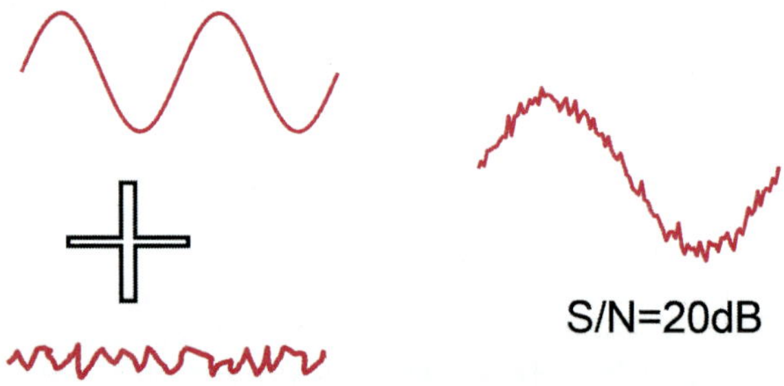

그림 2.35 SNR의 의미

무선통신에서 잡음은 보통 백색잡음으로 모델링되고 랜덤 특성을 가지므로 전력스펙트럼밀도(PSD: Power Spectral Density)로 표현할 수 있으며 식 (2.65)와 같이 주어진다.

$$N = kT_eB \tag{2.65}$$

또한 수신기 내부에 잡음지수 (NF: Noise Figure)만큼 잡음이 증가하므로 무선통신 수신기의 최소수신신호의 전력 $S_{\min}$은 식 (2.66)의 잡음 전력에 잡음지수를 곱한 값보다 커야 한다. 이는 신호대잡음비가 되며, 식 (2.66)으로 주어진다.

$$SNR = \frac{S_{min}}{kT_eB(NF)} \tag{2.66}$$

식 (2.65)를 식 (2.66)과 결합하면 식 (2.67)로 주어진다. 무선통신 통신거리를 늘리려면 송신출력을 높이거나, 송신안테나와 수신안테나의 이득을 높여야 한다. 또한, 파장이 클수록, 즉 주파수가 낮을수록 통신거리가 커지게 된다. 수신기에서는 수신기 성능이 높은 수신기 즉, SNR이 낮아도 수신되는 수신기를 사용하는 것이 좋음을 알 수 있다.

$$R_{max} = \left(\frac{P_{TX} G_{TX} G_{RX} \lambda^2}{(4\pi)^2 (kT_eB)(NF)SNR} \right)^{1/2} \tag{2.67}$$

이제 송신기와 수신기가 각각 하나씩 있을 때 무선통신의 링크 버젯을 구하는 방법은 다음【그림 2.36】과 같다. 링크 버젯에서 y축은 전력을 기준으로 송신기의 전력에서 시작하여 송신기와 안테나를 연결하는 케이블 손실, 송신 안테나 이득을 더한다. 이렇게 송신된 전력을 계산하고, 자유공간의 거리에 따라 Friis 공식에 따라 전력이 작아진다. 이제 수신안테나의 이득을 거치면 수신기에서의 수신신호전력이 계산되며 이 값으로부터 수신기의 SNR이 계산된다.

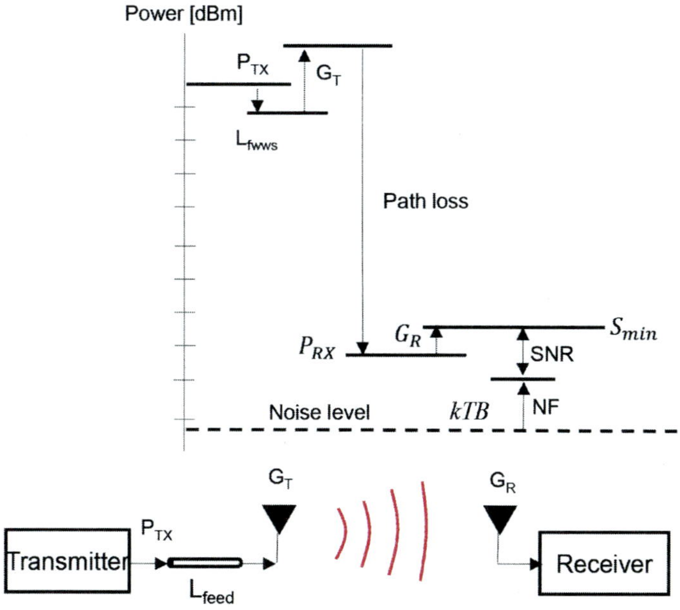

【그림 2.36】 링크 버젯의 예

예제 2-25 **집에 설치된 Wi-Fi 공유기를 이용하여 2.4GHz 신호의 최대 통신거리가 5GHz 통신거리보다 큼을 확인하시오.**

예제 2-26 **950MHz를 사용하는 통신시스템이 있고, 송신기의 출력은 1mW이고, 수신기는 −70dBm의 신호까지 신호를 복원할 수 있다고 하자. 송신안테나의 이득이 3dB, 송신케이블 손실 1dB일 때 통신반경은 얼마인가? (이때 자유공간을 가정한다.)**

풀이 송신 전력 1mW = 0dBm, 안테나 이득 3dB, 케이블 손실 -1dB

→ EIRP = 2dBm

최소수신전력 = −70dBm

허용되는 경로손실=72dB

$(\lambda/(4\pi R))^2 = 72[dB]$ 인 거리는 1km가 계산되므로 이 통신시스템은 1km까지 통신할 수 있다.

예제 2-27 **(예제 2-26)에서 다른 파라미터는 그대로이지만 주파수가 1.9GHz를 높아진다면 거리는 어떻게 되는가[46]?**

풀이 주파수가 2배로 증가함에 따라 파장은 1/2배가 되고 반경도 1/2배가 되어 500m가 된다. 물론 안테나가 작아지는 장점은 갖는다.

참고

식 (2.67)은 아날로그통신에서 주로 사용되며, 디지털 통신에서는 S/N 대신 에러 확률(Pe : Error Probability)을 사용한다[47]. 디지털통신에서 에러확률은 E_b/N_0를 사용하게 되는데, E_b/N_0는 잡음 전력밀도 스펙트럼에 대한 비트에너지를 의미한다. E_b/N_0와 S/N의 관계식은 다음과 같다.

$$\frac{S}{N} = \frac{E_b}{N_0}\frac{R}{BW}$$

여기서 R은 bit rate, BW는 통과대역 신호의 채널 대역폭에 해당한다. 디지털통신 이론에서는 송신하는 파형의 형식이 정해지고, 수신기의 구조가 결정되면 E_b/N_0의 함수를 에러확률을 구할 수 있다.

46) 무선 LAN은 2.4GHz와 5GHz를 사용하는데 2.4GHz를 사용하는 것이 5GHz를 사용하는 것보다 대역폭은 좁지만, 즉 속도는 느리지만 통신 반경은 큼을 경험적으로 알 수 있다.

47) 아날로그 통신에서는 잡음이 존재할 경우 신호품질이 나빠진다. 보통 신호전력은 잡음전력보다 10배 이상 커야 한다. 반면, 디지털 통신에서는 잡음에 의해 파형이 깨지더라도 1과 0을 복원할 수 있는 정도이면 상관이 없다. 따라서 디지털 통신이 아날로그 통신보다 같은 송신출력의 경우 더 큰 통신반경을 갖게 된다.

2.5.2 레이다 링크버젯(Link Budget)

레이다와 무선통신과의 차이는 링크버젯에서도 차이가 있다. 레이더가 얼마나 먼 목표물을 탐지할 수 있는가를 결정하는 것을 레이다 방정식(Radar Equation)이라 부르는데, 레이다 방정식은 무선통신에서의 링크버젯과 유사한 개념이며, 차이점은 전파가 왕복한다는 측면만 다르다. 먼저 송신출력이 P_{TX}[W]이고 무지향성 안테나를 갖는 레이다를 고려하자. 안테나를 무지향성 안테나라고 가정하면, 안테나는 구 모양의 방사패턴을 가지므로 공간상의 한 점에서 전력밀도 $P_D[W/m^2]$는 식 (2.68)과 같이 송신전력과 표면적의 함수로 주어진다.

$$P_D = \frac{P_{TX}}{4\pi R^2} \tag{2.68}$$

이제 안테나 이득이 있는 경우 거리 R 떨어진 지점에서의 전력밀도는 식 (2.69)로 주어진다.

$$P_D = \frac{P_{TX} G}{4\pi R^2} \tag{2.69}$$

레이다가 목표물에 도달하면 목표물에 의해 전파가 반사하게 되는데 반사의 정도는 목표물의 크기, 방향, 모양, 물질의 특성 등에 의해 좌우되며 이것을 **레이다 반사면적(Radar Cross Section: RCS)** σ로 표현한다. 레이다 반사면적에 이해 반사된 신호는 다시 거리 R을 왕복하여 유효개구면 A_{eff}를 갖는 안테나에 입력된다.

$$P_{RX} = \frac{P_{TX} G\sigma}{(4\pi R^2)^2} A_{eff} \tag{2.70}$$

이제 유효개구면에 대한 식 (2.56)과 식 (2.70)을 결합하면

$$P_{RX} = \frac{P_t G^2 \lambda^2 \sigma}{(4\pi)^3 R^4} \tag{2.71}$$

가 된다. 이제 $S_{\min}$을 레이다가 수신할 수 있는 최소신호전력이라고 하고, 식 (2.71)을 거리 R에 대해 정리하면 식 (2.72)와 같이 최대 레이다 거리 $R_{\max}$를 알 수 있다.

$$R_{\max} = \left(\frac{P_{TX} G^2 \lambda^2 \sigma}{(4\pi)^3 S_{\min}} \right)^{1/4} \tag{2.72}$$

식 (2.72)로부터 레이다의 최대탐지거리를 2배로 하려면 송신전력은 16배로 커야 함을 알 수 있다.

이제, 레이다의 수신 신호에 잡음이 첨가되는 상황을 고려하자. 잡음은 보통 백색잡음으로 모델링되고 랜덤 특성을 가지므로 전력스펙트럼밀도(PSD: Power Spectral Density)로 표현할 수 있으므로 식 (2.73)과 같이 주어진다.

$$N = kT_eB \tag{2.73}$$

또한 수신기 내부에 잡음지수 (noise figure)만큼 잡음이 증가하므로 수신기의 최소수신신호의 전력 $S_{\min}$은 식 (2.73)의 잡음 전력에 잡음지수를 곱한 값보다 커야 한다. 이는 신호대잡음비가 되며, 식 (2.74)로 주어진다. 레이다에서는 통신과 다르게 잡음지수 외에 송신기에서 수신기로 넘어가는 누설 전력(TX leakage)이 잡음에 추가되어야 한다.

$$SNR = \frac{S_{\min}}{kT_eB(NF)} \tag{2.74}$$

이제 최대 레이다 거리 $R_{\max}$는 다음과 같다.

$$R_{\max} = \left(\frac{P_t G^2 \lambda^2 \sigma}{(4\pi)^3 kT_eB(NF)SNR}\right)^{1/4} \tag{2.75}$$

예제 2-28 **5.6GHz에서 동작하는 C-대역 레이다가 다음과 같은 파라미터를 갖는다. (피크전력** P_t=1.5MW, **안테나 이득** G=45dB, **온도** T_e=290K, SNR=20dB, RCS σ=0.1m^2, **펄스폭** τ=0.2usec (B=1/τ=5MHz))

풀이 식 (2.75)의 radar equation에 의해 계산하면 86.2km가 된다.

【그림 2.37】은 레이다 방정식을 링크버젯으로 그린 예를 보여준다. 송신기의 출력(P_{TX})에 송신안테나 이득(G_T)이 더해져 안테나에 의해 방사된다. 목표물까지의 거리에 의한 경로손실에 의해 작아진 신호는 목표물의 RCS만큼 작아지고, 다시 동일한 경로손실에 의해 안테나에 수신된다. 수신기의 잡음지수, 누설전력 등의 영향으로 잡음이 증가하며 최종적으로 잡음 레벨보다 최소 SNR 이상 신호가 커야 목표물의 판별이 가능하게 된다.

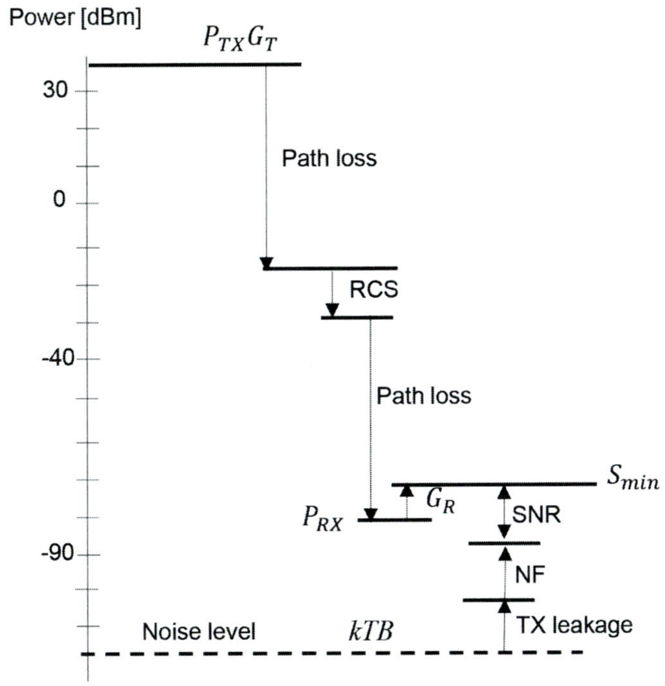

그림 2.37 레이다의 링크버젯의 예

> **요약**
>
> 레이다 링크버짓과 무선통신 링크버짓은 기본적인 개념이 동일하다. 단, 무선통신 링크 버짓을 계산할 때는 파장에 비해 먼 거리에 떨어져 있는 송신안테나와 수신안테나 사이에 자유공간이라 가정하고, 레이다는 송신안테나와 수신안테나가 같은 위치에 놓여 있고 목표물까지 신호가 왕복하며 목표물의 역산란 특성은 RCS라고 가정하는 차이가 있을 뿐이다. 즉, 레이다 링크버젯은 무선통신의 링크버짓을 2번 계산하는 것이다.

제3장

전송선로, 안테나, 방향탐지

2장에서 전파가 단일 주파수를 갖는다고 가정하면 시간적인 특성은 고려하지 않고 공간적인 특성만을 쉽게 알 수 있다고 하였다. 2장에서 학습한 내용을 3장에서는 전송선로와 안테나에 적용하여 본다. 무선통신과 레이다 학습에서 안테나는 매우 중요한 역할을 수행한다. 먼저, 안테나는 무선통신과 레이다 송신기의 신호를 공기 중으로 방사하는 송신안테나의 역할과 공기 중에 존재하는 전파의 변화를 수신하는 수신안테나 역할을 수행한다. 또한, 레이다에서 측정하는 거리, 속도, 방향 중 방향을 탐지하는 핵심 소자로서 중요한 역할을 수행한다[1]. 3장의 내용은 먼저 고주파 전송선로 개념을 학습하고 이를 통해 고주파 회로의 특성을 학습한다. 다음으로 전송선로의 개념을 확장하여 다양한 안테나의 원리를 학습한다. 안테나의 공간상으로 방사되는 형태를 보여주는 방사패턴은 당연히 공간상의 함수로 표현해야 함을 학습한다. 이러한 방사패턴을 이용한 방향탐지 기법을 설명하고 마지막으로 전송선로와 안테나 사이의 임피던스 정합 방법에 대해 학습한다[2].

1) 안테나를 인간의 눈(eye)에 비유한다. 눈을 치료하는 병원을 안과라고 부르며, 다른 진료과와 구분되듯이 안테나는 다른 기술과는 성격이 다른 고유의 특징을 가지며, 안테나 엔지니어는 안테나 분야에 특화된 연구를 진행한다.

2) 최근 반도체 기술의 발달로 무선통신과 레이다가 하나의 모듈이나 IC로 만들어지는 추세이나 안테나만큼

3.1 고주파 전송선로

시간과 공간의 함수인 통과대역 신호를 전송할 때는 주파수가 매우 높으므로 반송파 주파수에서의 정현파로만 해석하면 시간축의 변화를 생략할 수 있다. 이러한 고주파 전송선로는 특성 임피던스가 일정하게 유지되어야 한다. 전송선로에서는 길이에 따른 위상의 변화가 중요하므로 이를 고려할 수 있는 **전송선로 이론(transmission line theory)**으로 해석하는 것이 일반적이다. 먼저 대표적인 고주파 전송선로의 형태는【그림 3.1】과 같으며 각각의 선로를 간단히 설명하면 아래와 같다.

(a) **평행판 전송선로(parallel plate line)** : 균일한 두께의 유전체 물질에 의해 분리된 두 개의 평행 도체판으로 구성된다. PCB (Printed Circuit Board) 기판에서 주로 구현되며, 윗면이 공기 중으로 개방되어 있는 경우 마이크로스트립 (microstrip) 선로라고 부른다.

(b) **2선 전송선로(two-wire line)** : 일정한 거리로 이격된 한 쌍의 도선으로 이루어져 있다. 옥내배선용 전력선, TV 안테나선, 전화선 등에 주로 사용되고 있어 쉽게 볼 수 있다.

(c) **동축 전송선로(coaxial line)** : 선로의 중심부에 내부도체가 형성되고, 선로의 바깥쪽에 외부도체가 감싸고 있는 형태이다. 두 종류의 도체 사이에는 유전체 물질이 있어 두 도체를 절연시키게 된다. 동축선로는 차폐효과 특성이 우수하여 TV와 셋톱박스의 연결선, Cable TV 전송선 등에 주로 사용된다.

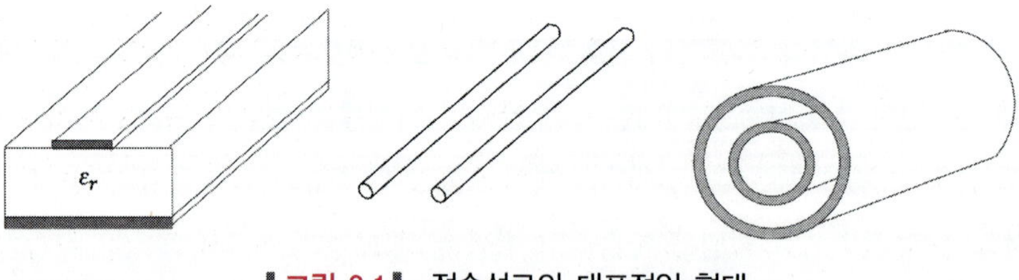

【그림 3.1】 전송선로의 대표적인 형태

이러한 전송선로를 전송선로 이론으로 해석하는 과정은 다음과 같다. 먼저, 전송선로를 주파수가 높은 경우 길이에 따라 위상이 변하므로 위상의 변화가 없는 미소길이 Δz로 나눈다. 이제 미소길이 Δz를 기준으로【그림 3.2】와 같이 각각의 미소길이 당 4가지 회로 성분으로 모델

은 파장의 함수이므로 IC로 만들 수 없다. 따라서 안테나는 별도로 만들거나 안테나를 구매하여 연결하여 한다. 따라서 안테나를 무선통신 모듈이나 레이다 모듈과 연결할 때 필요한 임피던스 정합기술을 이해하는 것의 중요성이 커지고 있다.

링한다. 4가지 성분은 선로를 구성하는 도체가 고주파 저항(R)과 인덕턴스(L) 성분을 가지며, 도체 사이에는 유전율에 의한 캐패시턴스(C)와 매우 작은 유전체 손실에 의한 컨덕턴스(G)를 갖는 것을 이용한다. 4가지 성분을 표시할 때 기준길이는 1m 단위길이로 하여 단위길이 당 얼마의 값을 갖는지를 계산한다. 참고로 4가지 성분 중 유천체 손실에 의해 발생되는 컨덕턴스(G)는 무시하는 것이 보통이다.

R : 단위길이 당 저항 (2선의 성분 합산) [Ω/m]
L : 단위길이 당 인덕턴스 (2선의 성분 합산) [H/m]
G : 단위길이 당 컨덕턴스 [S/m]
C : 단위길이 당 캐패시턴스 [F/m]

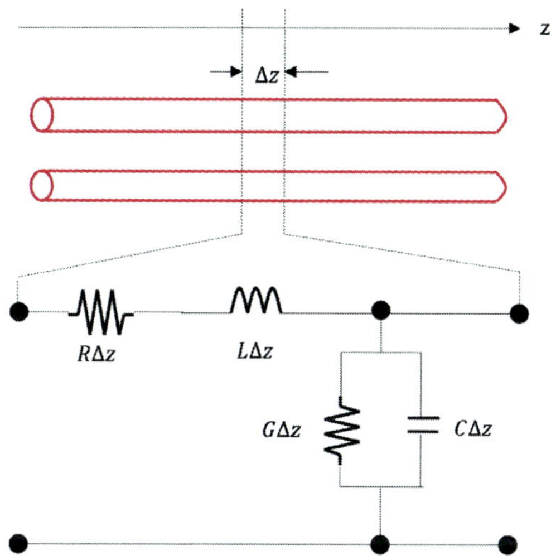

▌그림 3.2▌ 전송선로의 등가회로 모델

▌표 3.1▌ 전송선로의 종류에 따른 R, L, G, C값

Parameter	parallel plate	two-wire line	coaxial line	Unit
R	$\frac{2}{w\delta\sigma_c}$	$\frac{1}{\pi a\delta\sigma_c}$	$\frac{1}{2\pi\delta\sigma_c}\left(\frac{1}{a}+\frac{1}{b}\right)$	Ω/m
L	$\mu\frac{d}{w}$	$\frac{\mu}{\pi}\cosh^{-1}(D/2a)$	$\frac{\mu}{2\pi}\ln(b/a)$	H/m
G	$\sigma\frac{w}{d}$	$\frac{\pi\sigma}{\cosh^{-1}(D/2a)}$	$\frac{2\pi\sigma}{\ln(b/a)}$	S/m
C	$\epsilon\frac{w}{d}$	$\frac{\pi\epsilon}{\cosh^{-1}(D/2a)}$	$\frac{2\pi\epsilon}{\ln(b/a)}$	F/m

* If $D \gg 2a$, $\cosh^{-1}(D/2a) \simeq \ln(D/2a)$

【표 3.1】에 대표적인 3가지 고주파 전송선로의 R, L, G, C의 계산식이 주어져 있다. 이 중에서 도체에서의 도전율은 매우 큰 값이어서 무한대라 가정하면 R은 0이 된다. 또한 유전체에 손실이 없다면, 즉 유전체 손실이 0이 되면 G도 영이 된다. 이러한 선로를 무손실 선로(lossless line)라고 한다. 무손실 선로의 경우 선로의 형태와 도체 사이를 채우고 있는 유전체의 유전율이 선로의 특성을 결정한다[3]. 【표 3.1】에서 단위길이당 인덕턴스와 캐패시턴스의 곱은 선로에 상관없이 유전율과 투자율의 곱과 같음을 알 수 있다.

$$LC = \mu\epsilon = \mu_r \mu_0 \epsilon_r \epsilon_0 \tag{3.1}$$

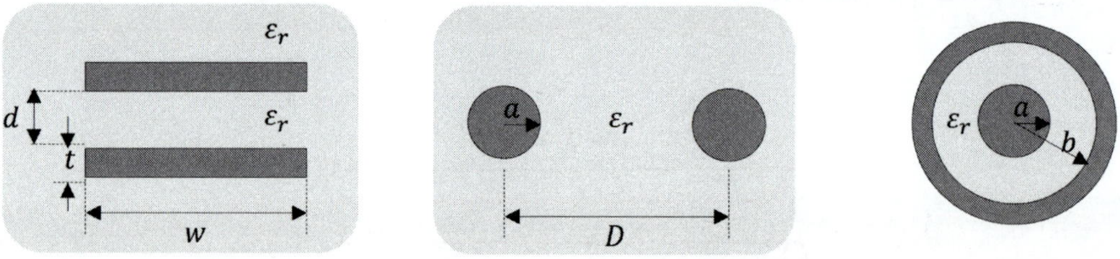

▌그림 3.3▌ 전송선로의 R, L, G, C 값을 구하기 위한 파라미터

예제 3-1 **평행판 전송선로의 등가 L, C 값이 5×10^{-6}H/m, 2×10^{-10}F/m로 각각 계산되었다. 유전체의 비투자율 (μ_r)이 1.0이라고 하자. 이때 유전체의 비유전율 (ϵ_r)은 얼마인가?**

풀이 $\epsilon_r = \dfrac{LC}{\mu_0\epsilon_0} = 90$

예제 3-2 **무한히 긴 동축선로가 있다. 내부도체의 반경은 1mm, 내부도체와 외부도체 사이의 간격은 9mm, 유전체의 특성은 ϵ_r=2.0, μ_r=1.0이라고 하자. 이때 동축선로의 단위길이 당 캐패시턴스값을 구하라.**

풀이 $\mathrm{C} = \dfrac{2\pi\epsilon}{\ln(b/a)} = \dfrac{2\pi\times2\times(8.854\times10^{-12})}{\ln(10)} = 4.8\times10^{-11}\ [\mathrm{F/m}]$

3) 통신용 전송선로와 다르게 송전선과 같은 전력선에서는 도체손실이 중요한 파라미터라서 무시하지 못한다. 따라서 도체손실에 의한 저항 R을 줄이기 위해 고압송전 방법을 사용한다.

도체의 고주파 저항과 표피 효과 (Skin Effect)

전송선로는 도체로 구성되어 있으며, 직류(DC)에서는 선의 전체 단면적을 통해서 전하가 이동하게 된다. 하지만 주파수가 증가하게 되면, 도체 중심에서는 렌츠(Lenz)의 법칙에 의해 전하의 흐름을 방해하는 자기장이 증가하게 되어 도체 중심에서의 전류밀도가 감소하게 된다. 따라서 전류밀도는 전선의 바깥 가장자리에 집중되게 된다. 이러한 현상을 **표피효과(Skin effect)**라 한다. 표피 효과는 도체가 존재하는 모든 부분에서 발생하게 된다. 표피효과는 보통 **표피깊이(skin depth)**로 나타내는데 전류밀도가 표면에서의 값보다 1/e (~37%) 작아지는 깊이를 의미한다. 표피깊이는 주파수와 투자율 및 도전율의 함수로 식 (3.2)와 같이 주어진다.

$$\delta = \frac{1}{\sqrt{\pi f \mu \sigma_{cond}}} \tag{3.2}$$

따라서 도체의 종류가 달라지거나 동작주파수가 달라지면 표피깊이 또한 달라진다. 표피효과의 결과로【그림 3.4】와 같이 도체 내의 유효단면적이 감소되는 효과가 생기는데, 이는 고주파 저항의 증가로 나타난다. 예를 들어 구리의 skin depth의 경우 60Hz에서는 8.6mm이지만, 10kHz에서는 0.66mm가 된다. 다르게 표현하면 구리선에서 10kHz의 교류신호가 흐른다면 이 신호의 63%가 선의 바깥쪽 반경으로부터 0.66 mm 이내의 영역에서만 흐른다는 것을 의미한다[4]. 표피깊이 효과를 없애려면 두꺼운 전선을 사용하는 것보다 가는 도선을 여러개 겹쳐서 사용하는 것이 좋으며 이러한 전선을 Litz wire라 한다.

예제 3-3 **구리의 도전율 (σ_{cond})은** 5.8×10^7 [S/m]**이다. 주파가** 60Hz, 100Hz, 10kHz, 100MHz**일 때의** skin depth**를 구하시오.**

풀이 60Hz인 경우 8.6mm, 100Hz의 경우 6.6mm, 10kHz의 경우 0.66mm, 100MHz의 경우 6.6um가 된다.

4) 고주파로 올라갈수록 표피효과로 두꺼운 전선은 쓸모가 없어진다. 전기선이 짧다고 안테나선을 전선으로 대체하지 못하고, 안테나선이 짧다고 전기선으로 대체하지 못하는 이유를 생각해보자.

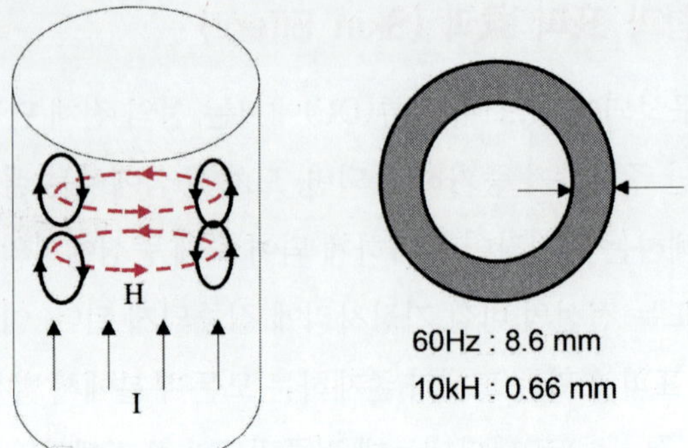

그림 3.4 표피효과와 고주파 저항의 증가

예제 3-4 **구리로 만든 동축케이블 전송선로가 a=2mm, b=6mm, t=1mm라 하자. 직류일 때 와 100MHz일 때 동축케이블의 AC저항을 구하시오.**

풀이 DC의 경우 5.587mΩ, 100MHz일 때 0.548Ω

예제 3-5 **동축 케이블 RG-58/U의 R, L, G, C를 구하시오. (내부 도체의 반경은 0.45mm, 외부 도체의 반경은 1.47mm부터 2.4mm까지이다. 유전체의 유전율은 2.26이고 유전체는 손실이 없다고 가정한다.) 이때 주파수는 1GHz라 가정한다.**

풀이 먼저 표피깊이를 구한다. 이때 구리의 도전율값을 사용한다.

$$\delta = \frac{1}{\sqrt{\pi f \mu \sigma_{cond}}} \simeq 2.0\,[\text{um}]$$

이제 【표 3.1】을 이용하여 R, L, G, C 값을 구하면 각각 R=3.8[Ω/m], L=240[nH/m], G=0[S/m], C=110[pF/m]가 계산된다.

유전체 손실이 없으므로 G는 0이 된다.

예제 3-6 **인터넷 상에 다양한 동축선로의 특성을 위한 계산기가 있다. 【그림 3.5】는 그 중에 하나의 예를 보여준다. 이러한 프로그램을 이용하여 동축선로를 설계해 보고 【표 3.1】에 의해 얻은 결과와 그 값을 비교해보자.**

(https://https://www.pasternack.com/t-calculator-coax-cutoff.aspx)

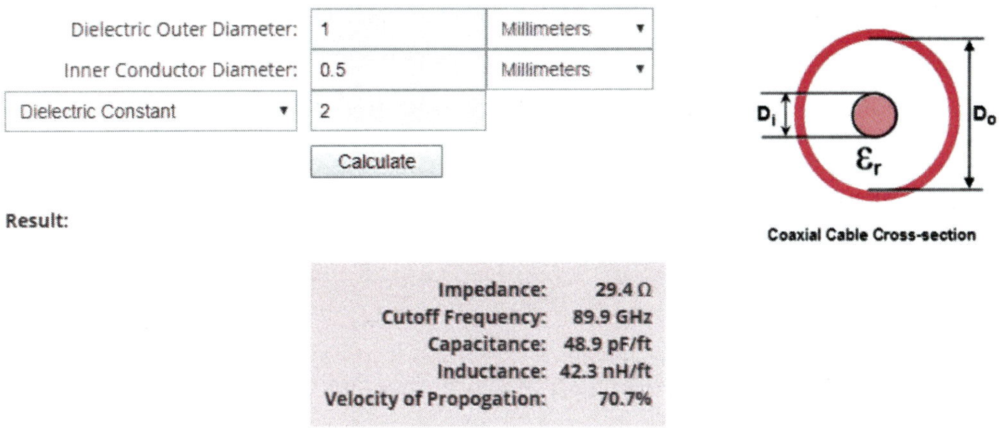

▌그림 3.5▐ 전송선로 파라미터 설계 사례 (인터넷 참조)[5)]

3.1.1 전송선로 이론

전송선로를 해석하기 위해서 복잡한 전자기이론을 사용하는 것은 매우 어렵다. 만약 전송선로에서 전기장과 자기장이 서로 직교하고, 전파의 진행방향이 전기장과 자기장이 이루는 평면에 수직이라면 전기장과 자기장은 각각 전압 V와 전류 I에 유일하게 관련되어 있어 회로이론을 적용할 수 있다[6)]. 【그림 3.2】의 전송선로 등가모델에 순간전압과 순간전류를 표시하면 【그림 3.6】과 같이 표시할 수 있다.

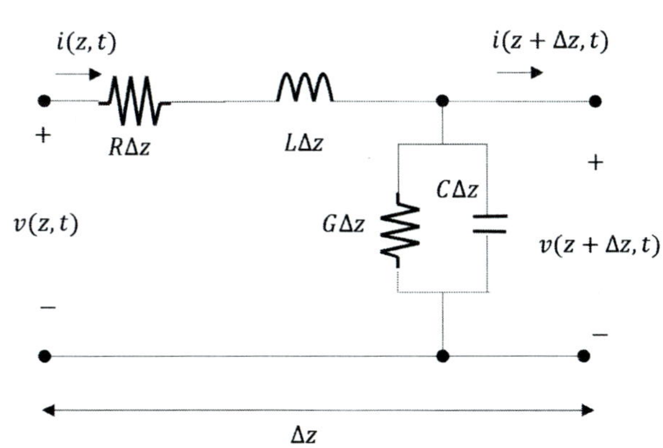

▌그림 3.6▐ 순간접압과 전류가 표시된 미소 전송선로

5) 【그림 3.5】에서 차단주파수(Cutoff frequency)는 전기장과 자기장의 방향이 진행방향에 수직으로 형성되어 전파가 동축선로를 따라 진행되는 이론이 적용 가능한 최대주파수를 의미한다.

6) 이러한 전파를 TEM (Transverse Electro−Magnetic) 전파라 부르며, 대부분의 2선식 선로가 이에 해당한다. TEM 선로가 아닌 전송선로로는 도파관(waveguide)와 광섬유(optical fibre)가 있다.

【그림 3.6】에 Kirchhoff의 전압법칙(KVL)을 적용하면 식 (3.3)과 같다.

$$v(z,t)-v(z+\Delta z,t)=R\Delta z\,i(z,t)+L\Delta z\frac{\partial i(z,t)}{\partial t} \tag{3.3}$$

식 (3.3)의 양변을 Δz로 나누고 Δz가 영에 접근하도록 극한을 취하면 다음을 얻는다.

$$-\frac{\partial v(z,t)}{\partial z}=Ri(z,t)+L\frac{\partial i(z,t)}{\partial t} \tag{3.4}$$

마찬가지로 Kirchhoff의 전류법칙(KCL)을 적용하면 식 (3.5)와 같다.

$$i(z,t)-i(z+\Delta z,t)=G\Delta z\,v(z+\Delta z,t)+C\Delta z\frac{\partial v(z+\Delta z,t)}{\partial t} \tag{3.5}$$

식 (3.3)의 양변을 Δz로 나누고, 유사하게 $\Delta z\to 0$이 되도록 극한을 취하면 식 (3.6)을 얻는다.

$$-\frac{\partial i(z,t)}{\partial z}=Gv(z,t)+C\frac{\partial v(z,t)}{\partial t} \tag{3.6}$$

이제 식 (3.4)와 식 (3.6)을 결합해보자. 이때 시간과 공간의 함수인 전압과 전류를 phasor를 표현해 공간의 함수로 만든다.

$$v(z,t)=Re\left[V_s(z)e^{j\omega t}\right],\;\; i(z,t)=Re\left[I_s(z)e^{j\omega t}\right] \tag{3.7}$$

이제 식 (3.4)와 식 (3.6)은 식 (3.8)과 식 (3.9)와 같이 phasor로 표현된다.

$$\frac{dV_s(z)}{dz}=-(R+j\omega L)I_s(z) \tag{3.8}$$

$$\frac{dI_s(z)}{dz}=-(G+j\omega C)V_s(z) \tag{3.9}$$

식 (3.7)을 한 번 더 미분을 취하면 식 (3.10)과 같다.

$$\frac{d^2V_s(z)}{dz^2}=\gamma^2V_s(z),\;\; \frac{d^2I_s(z)}{dz^2}=\gamma^2I_s(z), \tag{3.10}$$

여기서 γ는 **전파상수(propagation constant)**로 α와 β로 구성된다. α는 실수부로서 신호의 감쇄와 관련되므로 **감쇄상수(attenuation constant)**라고 하고, β는 허수부로서 신호의 위상변화

와 관계되므로 위상상수(phase constant)라고 한다.

$$\gamma = \alpha + j\beta = \sqrt{(R + j\omega L)(G + j\omega C)} \tag{3.11}$$

이제 전송선로에서의 식 (3.10)의 해는 다음과 같다.

$$V_s(z) = V_0^+ e^{-\gamma z} + V_0^- e^{+\gamma z} \tag{3.12}$$

여기서 V_0^+와 V_0^-는 각각 $z = 0$에서 $+z$방향과 $-z$방향으로 진행하는 전압파동의 크기를 나타낸다. 페이저를 시간과 공간의 함수로 다시 표현하면 전송선로에서 전압파동에 대한 파동방정식은 식 (3.13)과 같다.

$$v(z,t) = V_0^+ e^{-\alpha z} \cos(\omega t - \beta z) + V_0^- e^{+\alpha z} \cos(\omega t + \beta z) \tag{3.13}$$

마찬가지로 전송선로에서 전류파동의 해는 식 (3.14)와 식 (3.15)와 같다.

$$I_s(z) = I_0^+ e^{-\gamma z} + I_0^- e^{+\gamma z} \tag{3.14}$$

$$I(z) = I_0^+ e^{-\alpha z} \cos(\omega t - \beta z) + I_0^- e^{+\alpha z} \cos(\omega t + \beta z) \tag{3.15}$$

식 (3.13)과 식 (3.15)에서 알 수 있듯이 전송선로에서 전파의 진행 특성을 결정하는 것은 전파상수이며, 전파상수는 식 (3.11)로 표현한 바와 같이 선로의 구조에 따른 R, L, G, C 값에 의해 주어진다.

전송선로의 특성임피던스

전송선로에 흐르는 전압파형과 전류파형 중 양의 방향으로 진행하는 전압과 전류의 비를 **특성임피던스** Z_0라 한다[7].

$$Z_0 = \frac{V_0^+}{I_0^+} \tag{3.16}$$

식 (3.16)을 계산하기 위하여 식 (3.8)을 다음과 같이 표현하자.

7) 일반적으로 무선통신과 레이다가 사용하는 마이크로파 대역에서 사용되는 전송선로의 특성 임피던스는 50Ω이다.

$$\frac{d}{dz}\left(V_0^+ e^{-\gamma z} + V_0^- e^{+\gamma z}\right) = -(R + jwL)\left(I_0^+ e^{-\gamma z} + I_0^- e^{+\gamma z}\right) \tag{3.17}$$

식 (3.17)의 좌변을 미분하면 식 (3.18)이 된다.

$$-\gamma V_0^+ e^{-\gamma z} + \gamma V_0^- e^{+\gamma z} = -(R + jwL)\left(I_0^+ e^{-\gamma z} + I_0^- e^{+\gamma z}\right) \tag{3.18}$$

식 (3.18)에서 $+z$ 방향만 고려하여 특성임피던스에 대한 식 (3.16)를 구하면 특성임피던스는 식 (3.19)와 같이 주어진다.

$$Z_0 = \frac{R + j\omega L}{\gamma} = \frac{\gamma}{G + j\omega C} = \sqrt{\frac{R + j\omega L}{G + j\omega C}} \tag{3.19}$$

이제 음의 방향으로 진행하는 전파의 특성임피던스는 다음과 같이 주어진다.

$$Z_0 = \frac{-V_0^-}{I_0^-} \tag{3.20}$$

식 (3.16)과 식 (3.20)을 이용하여 전압과 전류에 대한 전송선로 방정식은 다음과 같이 주어지게 된다.

$$V(z) = V_0^+ e^{-\gamma z} + V_0^- e^{+\gamma z} \tag{3.21}$$

$$I(z) = \frac{V_0^+}{Z_0} e^{-\gamma z} - \frac{V_0^-}{Z_0} e^{+\gamma z} \tag{3.22}$$

전송선로의 특성 임피던스 (Z_0)는 선로의 길이에 무관하며 선로의 특성 (R, L, G, C)에 의해 결정된다. 또한 전송선로는 넓은 주파수 범위에서 동일한 임피던스를 갖는 것이 바람직하므로 전송선로의 특성 임피던스는 허수부가 없는 실수로만 구성되는 것이 바람직하다[8]. 이렇게 특성임피던스가 실수로만 구성된 경우 특성임피던스는 식 (3.19)에서 $R = G = 0$이므로 식 (3.23)과 같이 L과 C의 함수로 계산된다. 이러한 선로를 무손실 전송선로(lossless transmission line)이라고 부루며 그 등가모델은 【그림 3.7】과 같다.

8) 특성 임피던스는 파동에서만 존재하는 개념이다. 파동이 선로에 존재하는 경우는 전송선로가 길거나, 짧은 전송선로라도 신호의 주파수가 높은 경우이다. 거의 대부분의 전송선로는 손실이 0에 가깝기 때문에 무한히 L과 C가 연결되어 있는 모델로 볼 수 있다.

$$Z_0 = \sqrt{\frac{L}{C}} \tag{3.23}$$

또한, 식 (3.11)로부터 무손실 선로에서의 파장 및 위상속도는 다음과 같다.

$$\lambda = \frac{2\pi}{\beta} = \frac{2\pi}{\omega\sqrt{LC}} \tag{3.24}$$

$$u_p = \frac{\omega}{\beta} = \frac{1}{\sqrt{LC}} \tag{3.25}$$

참고로 손실없는 전송선로를 만들기 위해서는 구리와 같이 도전율이 높은 금속과 테플론이나 폴리에틸렌과 같이 유전체 손실이 없는 좋은 유전체로 만들어져야 한다. 예를 들어 PCB는 유전체 손실이 없는 에폭시와 같은 유전체 기판 위에 고주파 저항이 작은 얇은 구리 도체를 이용한다. 참고로 도체에 금도금을 한 PCB를 볼 수 있는데 그 이유는 도전율보다는 부식 방지의 목적이 크다.

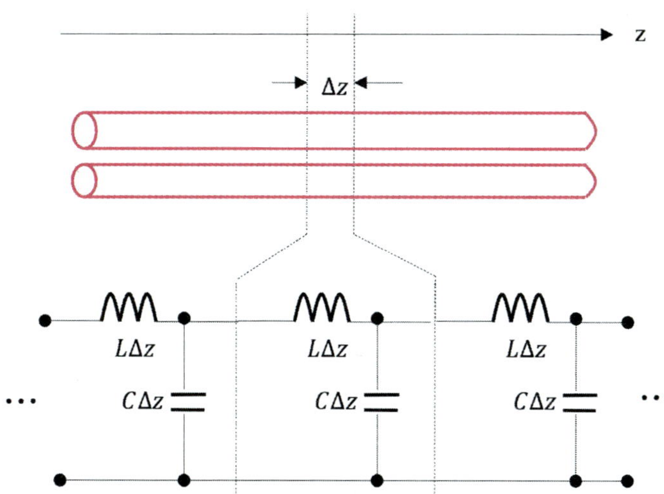

그림 3.7 무손실 전송선로의 등가모델

예제 3-7 R = 0, G = 0인 무손실(lossless) 특성을 갖는 동축선로가 있다. 동축선로의 내부도체의 반경은 1mm, 내부도체와 외부도체 사이의 간격은 9mm, 유전체의 특성은 $\varepsilon_r = 2.0$라고 하자. 사용된 절연체의 비투자율은 1.0, 비유전율은 4.0이다. 이 동축선로의 특성 임피던스는 얼마인가?

풀이 $Z_0 = \sqrt{\frac{L}{C}} = \sqrt{4700} = 69\Omega$

예제 3-8 **어떤 전송선로의 특성이 R = 50[Ω], L = 2[H/m], G = 1[S/m], C = 0[F/m]라고 하자. 이 전송선로의 특성 임피던스는 주파수 ω=100π에서 얼마가 되는가?**

풀이 $Z_0 = \sqrt{\frac{R+j\omega L}{G+j\omega C}} = \sqrt{\frac{50+j(200\pi)}{1+j0}} = \sqrt{50+628j}$

예제 3-9 **공기로 채워진 선로가 100MHz에서 특성임피던스가 70Ω 이고, 위상상수가 3 rad/m 이다. 선로의 단위길이 당 인덕턴스와 캐패시턴스를 구하라**

풀이 C=68.2 pF/m, L=334.2nH/m

3.1.2 최대전력전달조건: 임피던스 정합

앞에서 전송선로를 학습할 때 전송선로를 따라 전파되는 전파의 방향은 고려하지 않았다. 이제【그림 3.8】과 같이 하나의 특정 주파수를 갖는 교류신호원이 부하에 연결된 경우를 생각해 보자. 소스와 부하의 연결을 위해 특성임피던스 Z_0를 갖는 전송선로가 놓여 있고 오른쪽 방향을 $+z$방향이라 정의하자. 이제 소스의 순간전압 $v(z,t)$와 순간전류 $i(z,t)$의 크기의 비는 소스 임피던스(Source Impdedance) Z_s로 주어진다. 마찬가지로 부하에서의 순간접압과 순간전류의 비는 부하임피던스는 Z_L로 표현된다[9].

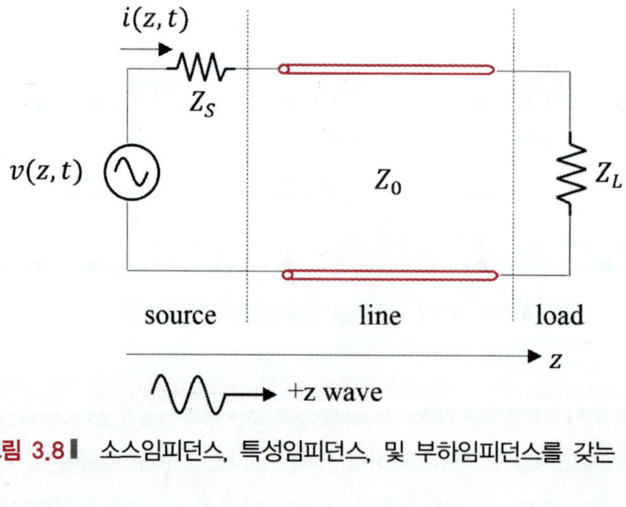

【그림 3.8】 소스임피던스, 특성임피던스, 및 부하임피던스를 갖는 회로

9) 우리가 사용하는 많은 전기 전자 회로는【그림 3.8】과 같이 모델링할 수 있다. 대표적으로 앰프와 스피커, 교류전원과 교류 모터, 교류전원과 선풍기 등이 그 예가 될 수 있다.

【그림 3.8】의 적용 예로 오디오 앰프와 스피커를 들 수 있다. 앰프의 출력은 전류원이지만 Thevenin 등가회로를 이용하여 전압원으로 모델링하게 되면 소스 임피던스를 갖는 전압원으로 모델링할 수 있고, 스피커는 부하임피던스 Z_L로 모델링할 수 있다. 이제 소스임피던스와 부하임피던스가 실수값만을 가질 때($Z_s = R_s$, $Z_L = R_L$)를 가정하고 전송선로가 매우 짧아서 없다고 가정하면 스피커의 임피던스(즉, 부하임피던스)가 변할 때 부하에 공급되는 전력은 식 (3.26)과 같다.

$$P = i^2 R = \left(\frac{V}{R_S + R_L}\right)^2 R_L \tag{3.26}$$

식 (3.26)의 부하에 공급되는 전력을 R_L의 함수로 그리면【그림 3.9】의 실선과 같다.

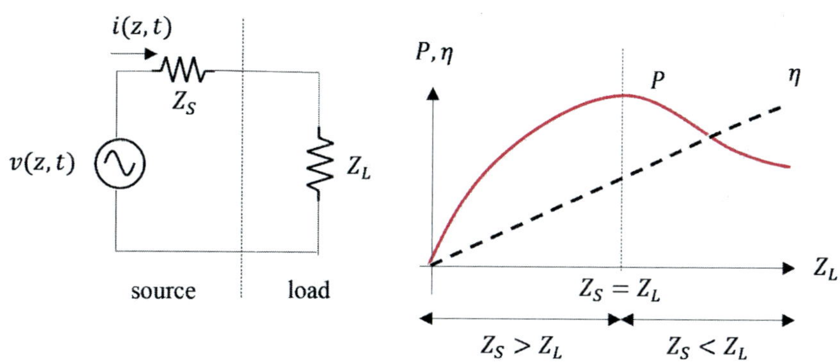

▮그림 3.9▮ 선로가 없는 경우 부하에 공급되는 전력과 효율

부하에 최대전력이 공급되는 조건은 식 (3.26)을 R_L에 대해 미분하고 이 값이 영일 때이다.

$$\frac{dP}{dR_L} = V^2 \frac{(R_S + R_L)^2 - 2R_L(R_S + R_L)}{(R_S + R_L)^4} \tag{3.27}$$

이를 계산하면 소스 임피던스와 부하 임피던스가 같을 때, 즉 식 (3.28)로 주어질 때 부하에 최대 전력이 전달된다. 이 조건일 때 식 (3,26)은 식 (3.29)로 주어진다.

$$R_L = R_S \tag{3,28}$$

$$P = i^2 R = \frac{V^2}{4R_L} \tag{3.29}$$

식 (3.28)의 의미를 전파관점에서 보면 소스에서 나온 전파가 부하를 바라볼 때 소스임피던스와 부하임피던스가 같아야 임피던스의 변화가 없으므로 $+z$방향으로만 전파가 전달된다는 의미로 볼 수 있다. 하지만 소스임피던스에도 동일한 전압강하가 걸리므로 부하와 동일한 전력이 소비된다. 부하에 공급되는 전력과 입력전력의 비는 전력효율로 정의되는데 최대전력전달이 되는 경우 전력 효율은 50%가 된다.

$$\eta = \frac{P_{load}}{P_{source}} = \frac{i^2 R_L}{iV} = \frac{R_L}{R_S + R_L} \tag{3.30}$$

즉, 소스의 출력임피던스와 부하의 임피던스가 같을 때 부하에 공급되는 전력은 최대가 되지만 효율은 낮다는 의미이다[10].

예제 3-10 **[그림 3.9]에서 교류전압의 크기가 1V이고, 부하의 임피던스가 8Ω일 때 소스임피던스가 최대전력전달조건인 경우(소스임피던스가 부하의 임피던스와 같은 경우)와 소스임피던스가 부하의 임피던스의 1/10인 경우 입력전력, 부하에 공급되는 전력과 효율을 계산하시오.**

풀이 최대전력전달의 경우 소스임피던스가 8Ω이므로, 입력전력은 0.0625W, 부하 공급전력은 0.03125W, 효율은 50%가 된다. 스피커의 임피던스의 1/10인 경우는 소스임피던스가 0.8Ω이므로, 입력전력은 0.1136W, 부하 공급전력은 0.1033W, 효율은 91%가 된다.

예제 3-11 **아래 MATLAB 프로그램을 실행하여 [그림 3.9]의 전력과 효율 곡선을 그리시오. 이때 소스임피던스 0.8Ω으로 고정하고 부하임피던스 0.1Ω에서 8Ω까지 변한다고 가정하시오.**

```
V=1;                        % input voltage
RS=0.8;                     % source impedance
RL_min=0.1;                 % lower load impedance limit
RL_max=8;                   % upper load impdenace  limit
N=100;                      % number of points in the graph
RL=RL_min*((RL_max/RL_min).^((0:N)/N)); % compute points on log scale
P=(V./(RS+RL)).^2.*RL;
eta=RL./(RS+RL);
subplot(211)
semilogx(RL,P, 'k-');
xlabel('Load Impedance, Ohm');
ylabel('Power, W');
```

10) 부하에 공급되는 전력이 최대인데 효율이 낮다는 의미는 부하에 공급되는 전력은 최대이지만 열로서 낭비되는 전력이 크다는 것이다. 오디오를 예로 들자면 오디오 소리는 크게 울리지만 앰프에서 열이 많이 난다는 의미이다. 반면, 부하 임피던스가 소스 임피던스의 10배가 된다면, 스피커에서 소리는 작게 울리지만 효율은 90%가 되어 앰프에서 열이 적게 난다는 의미를 갖는다.

```
subplot(212)
semilogx(RL,eta, 'k-');
xlabel('Load Impedance, Ohm');
ylabel('Efficiency, ');
```

이제 식 (3.30)으로 표현되는 전력효율이 최대가 되려면, 즉 효율이 100% 가까이 되려면 R_S는 작고 R_L은 커야 한다. 예를 들어 스피커의 임피던스가 앰프의 출력임피던스의 10배($R_L = 10R_S$)라면 식 (3.30)에 의해 약 91%의 효율을 갖게 된다[11].

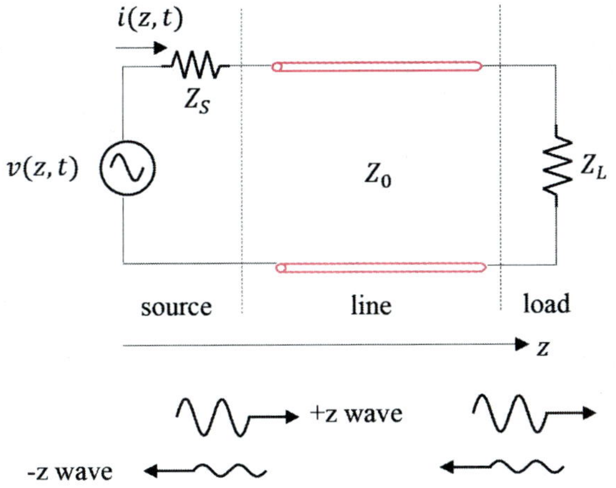

▌그림 3.10▐ 임피던스 불일치에 의한 반사파의 발생

앞에서 회로적으로 설명한 소스임피던스와 부하임피던스의 관계를 전파관점에서 설명하면 소스임피던스와 특성임피던스의 차이가 있다면 임피던스 부정합이 발생하고 이에 따라 소스에서 부하 방향인 $+z$방향이 아닌 부하에서 소스 방향인 $-z$방향으로 반사파가 발생하게 된다. 이러한 반사파는 소스임피던스와 특성임피던스 사이, 특성임피던스와 부하 임피던스 사이에서 언제나 발생하게 된다. 전파가 전달되는 경로는 소스, 전송선로, 부하로 구분되며, 최대전력전달조건을 만족하려면 소스 임피던스, 전송선로의 특성임피던스, 부하 임피던스가 모두 같아야 한다. 이때 가장 길고, 조절이 어려운 부분이 선로의 특성임피던스이므로 선로를 기준으로 임피던스를 맞추게 된다. 예를 들어【그림 3.11】과 같이 동축선로가 있을 때 외부직경이 같은 동축선로의 특성임피던스를 높이려면 내부도체가 가늘어져야 하고, 특성임피던스를 낮추려면 내부도체가 두꺼워져야 한다. 내부도체가 두꺼우면 구리의 양이 늘어나므로 선로의 비용이

11) 오디오에서는 스피커의 임피던스가 고정되어 있으므로 앰프의 임피던스를 스피커 임피던스의 1/10로 작게 만드는 것이 보통이다. 이렇게 되면 최대전력전달조건이 성립되지는 않지만 전력효율이 좋게 된다.

증가하고, 내부도체가 가늘어지면 가는 도선을 연결하기가 어렵고 제조하기가 어렵다. 따라서 50Ω의 크기를 갖는 것이 가장 적당한 특성임피던스라고 볼 수 있으므로 50Ω을 사용한다[12]. 무선통신과 레이다에서도 송신기 또는 수신기와 안테나를 연결하는 전송선로는 50Ω이므로 안테나를 바라볼 때의 임피던스와 송신기나 수신기의 임피던스는 50Ω이 되어야 한다. 만약 50Ω이 아니라면 50Ω이 되도록 조정해야 하는데 이를 **임피던스 정합(Impedance Matching)** 이라고 한다.

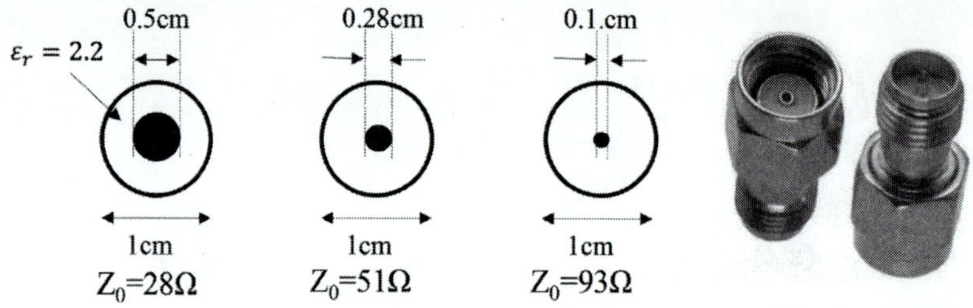

그림 3.11 동축선로의 특성임피던스

> **요약**
> 무선통신과 레이다 회로에서 사용되는 선로의 특성임피던스는 보통 50Ω이다. 최대전력전달을 위해서 소스임피던스와 부하 임피던스(예를 들어 안테나 입력 임피던스)는 모두 50Ω으로 통일하게 된다.

> **중요**
> 최대전력전달조건과 최대효율조건의 차이를 이해하는 것이 무선통신과 레이다를 구성하는 전자회로의 구성을 이해하는데 매우 중요하다. 보통 통신이나 레이다와 같이 장거리로 신호를 보내는 경우는 최대전력전달조건을, 메모리나 CPU같이 회로가 소모하는 전력을 최소로 해야 할 경우에는 최대효율조건을 사용한다. 최대효율조건을 이용하는 회로는 부하의 임피던스가 매우 높아서 'high impedance 회로'라고 부른다.

3.2 안테나 (Antenna)

최초의 안테나는 헤인리치 헤르츠(Heinrich Hertz)가 1886년에 설계하여 전자파의 존재를

12) 보통 무선통신과 레이다에서 고주파 전송선로로 50Ω을 사용하지만, 다른 응용에서는 달라질 수 있다. 발전소에서 변전소까지의 송전선로의 임피던스는 고압송전이므로 특성임피던스가 수백Ω을 사용한다.

예측하는데 사용하였다. 그가 설계한 안테나는 신호를 송신하기 위해서 다이폴 안테나(dipole antenna)를, 신호를 수신하기 위하여 루프(Loop) 안테나를 각각 설계하였다. 그 이후로, 안테나 기술은 발전을 거듭하여 무수히 많은 종류의 안테나가 개발되었다.

3.2.1 안테나의 원리

시간에 따라 전류의 방향이 변화거나 전기장의 방향이 변화함에 따라 시간에 따라 변하는 전자기파가 발생한다. 【그림 3.12】의 왼쪽 그림과 같이 시간에 따라 도선에 흐르는 전류의 방향이 변화하는 경우를 살펴보자.

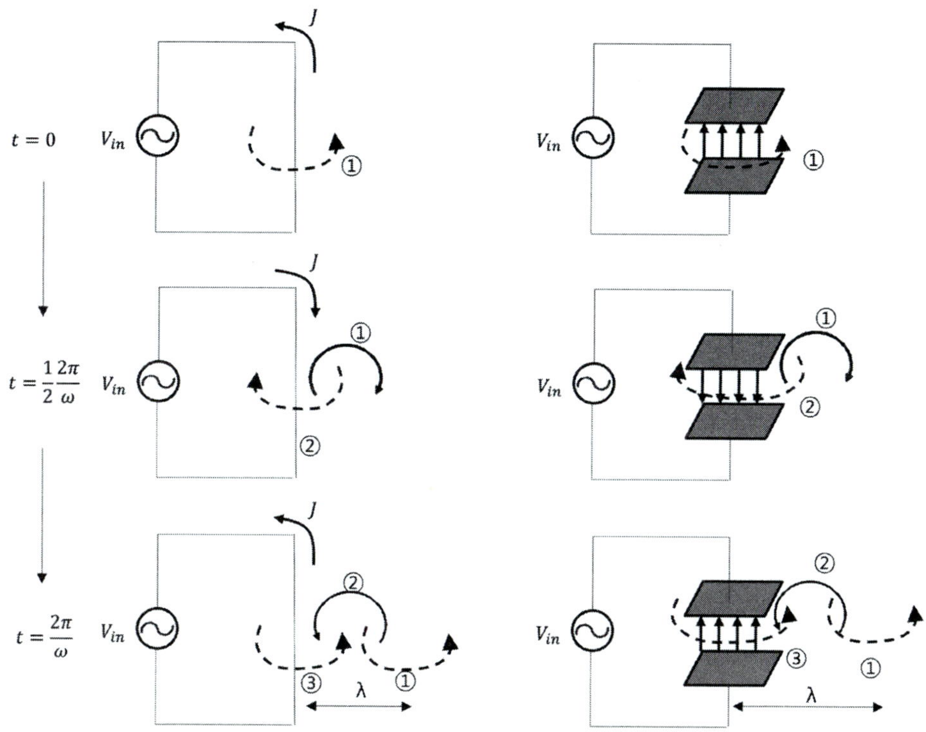

【그림 3.12】 안테나의 구동 원리 (시변전류 또는 시변전압)[13]

① 먼저 전류밀도벡터 $\vec{J}$에 의해 Ampere법칙에 의하여 회전하는 자기장 $\vec{H}$이 발생 ($\nabla \times \vec{H} = \vec{J}$)한다. 이때 전류밀도가 시간에 따라 변화하므로 자기장 역시 시간에 따라

13) 안테나가 신호를 방사할 때 공간상에 처음으로 발생하는 것은 보통 시변자기장이 된다. 시변자기장이 시변전기장을 제대로 만들지 못하는 경우, 예를 들어 주파수가 아주 낮은 저주파수에서는 자기장만을 이용하여 신호를 송수신하게 된다. 대표적인 예로 교통카드나 무선충전기를 들 수 있다.

변화하게 된다.

② Faraday법칙에 의하여 이의 반작용으로 (시간에 따라 변화하는) 회전하는 전기장이 발생($\nabla \times \vec{E} = -\partial \vec{B} / \partial t$)한다.

③ 다음으로 Maxwell의 변위전류의 개념에 의하여 전기장의 변화의 작용으로 (시간에 따라 변화하는) 회전하는 자기장이 발생($\nabla \times \vec{H} = \partial \vec{D} / \partial t$)한다.

④ 이러한 과정은 지속적으로 반복되면서 과거의 변화는 파장 단위만큼 공기 중으로 밀려가게 된다.

이것이 안테나에서 시변전류에 의해 전파가 방사되는 원리이다. 마찬가지로【그림 3.12】의 오른쪽 그림과 같이 시간에 따라 두 전극 사이에 시변전압이 인가된 경우 안테나에서 일어나는 현상은 다음과 같다.

① 두 개의 전극 주변의 공간에는 Maxwell의 변위전류의 개념에 의하여 회전하는 자기장이 발생($\nabla \times \vec{H} = \partial \vec{D} / \partial t$)한다,

② 자기장의 변화에 따라 반작용으로 Faraday 법칙에 의하여 회전하는 전기장이 발생($\nabla \times \vec{E} = -\partial \vec{B} / \partial t$)한다.

③ 다음으로 Maxwell의 변위전류의 개념에 의하여 회전하는 자기장이 발생($\nabla \times \vec{H} = \partial \vec{D} / \partial t$)한다.

④ 이러한 과정은 지속적으로 반복되면서 과거의 변화는 파장 단위만큼 공기 중으로 밀려가게 된다.

이와 같이 시간에 따라 변화하는 전류의 변화 또는 전기장의 변화에 의하여 전자기파는 자유공간으로 방사될 수 있는데, 이 전자기파를 보다 효과적으로 만들어 낼 수 있는 장치가 바로 안테나이다.

Hertzian Dipole

안테나를 이해하기 위하여 시간에 따라 극성이 변하는 매우 작은 미소전류소 Idl을 가정하자. 이 미소전류소를 전자파를 발견한 헤르츠의 이름을 따서 Hertzian diople이라 부른다[14]. Hertzian diople에 각주파수 ω, 전류의 크기 I_0인 $I(t) = I_0 \cos \omega t$의 전류가 흐른다고 가정하면 원점에 위치한 Hertzian dipole에 의해 발생하는 자기벡터포텐셜은 다음과 같다.

14) Hertzian diople은 실제 존재하지 않지만 모든 안테나 해석의 기본이 된다.

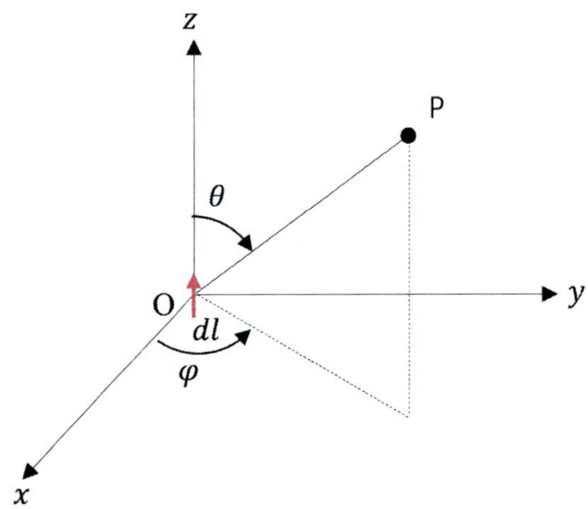

▌그림 3.13▌ 원점에 위치한 Hertzian dipole

$$\vec{A} = \frac{\mu I_0 dl}{4\pi r} cos(\omega t - \beta r)\vec{a}_z \tag{3.31}$$

여기서, 전류는 점 P에서 위상지연 βr만큼 시간지연된다. 식 (3.31)을 페이저로 표현하면 다음과 같다.

$$\vec{A}_s = \frac{\mu I_0 dl}{4\pi r} e^{-j\beta r}\vec{a}_z \tag{3.32}$$

식 (3.32)를 구좌표계로 변환하면 다음과 같다.

$$\vec{A}_s = \frac{\mu I_0 dl}{4\pi r} e^{-j\beta r}\cos\theta\vec{a}_r - \frac{\mu I_0 dl}{4\pi r} e^{-j\beta r}\sin\theta\vec{a}_\theta \tag{3.33}$$

이제 자기장은 $\vec{B}_s = \mu\vec{H}_s = \nabla \times \vec{A}_s$이므로 다음과 같이 주어진다.

$$\vec{H}_s = \frac{I_0 dl}{4\pi} sin\theta\left[\frac{j\beta}{r} + \frac{1}{r^2}\right] e^{-j\beta r}\vec{a}_\phi \tag{3.34}$$

이제 전기장은 Faraday법칙인 $\nabla \times \vec{H}_s = j\omega\epsilon\vec{E}_s$에 의해 다음과 같다.

$$\begin{aligned}\vec{E}_s = &\frac{\eta I_0 dl}{2\pi} cos\theta\left[\frac{1}{r^2} - \frac{j}{\beta r^3}\right] e^{-j\beta r}\vec{a}_r \\ &+ \frac{\eta I_0 dl}{4\pi} sin\theta\left[\frac{j\beta}{r} + \frac{1}{r^2} - \frac{j}{\beta r^3}\right] e^{-j\beta r}\vec{a}_\theta\end{aligned} \tag{3.35}$$

식 (3.34)와 식 (3.35)의 벡터에서 $1/r^3$과 $1/r^2$은 원점에서의 거리가 커지는 **원거리장 영역(far-field region)**에서는 급격히 작아지므로 전기장과 자기장은 원거리장에서 다음과 같이 쓸 수 있다,

$$\vec{H}_s \cong \frac{jI_0\beta dl}{4\pi r} sin\theta\, e^{-j\beta r}\vec{a}_\phi \tag{3.36}$$

$$\vec{E}_s \cong \frac{j\eta I_0\beta dl}{4\pi r} sin\theta\, e^{-j\beta r}\vec{a}_\theta \tag{3.37}$$

즉, 전기장과 자기장은 원거리장에서 서로 동위상이고, 서로 직교한다. 따라서 전파는 전기장과 자기장에 수직인 $\vec{a}_r$ 방향으로 방사된다. 단, $1/r^3$과 $1/r^2$이 벡터장에 영향을 주는 가까운 거리인 근거리장(Near Field) 영역 또는 프레스넬 영역(Fresnel region)에서는 식 (3.36)과 식 (3.37)이 성립되지 않는다.

따라서 원점에 있는 Hertzian dipole로부터 벡터장이 정의되는 영역부터 구분할 필요가 있다. 안테나가 사용되는 대부분의 응용에서는 수신 안테나(수신기)는 송신기와 충분히 멀리 떨어져 있어서 송신기가 점전원(point source)처럼 보인다. 이런 거리를 원거리장영역 또는 **프라운호프(Fraunhof region) 영역**이라고 한다. 원거리장 영역을 구분하기 위해서는 식 (3.38)과 같은 조건을 만족하는 거리 r (구좌표계의 중심에 안테나가 놓여 있을 때 방사거리)은 일반적으로 원거리장 영역으로 간주된다. 여기서, L은 안테나에서 가장 큰 길이이다. 즉, 안테나가 직사각형 모양이라면 직사각형의 가장 긴 면의 길이가 된다.

$$r = \frac{2L^2}{\lambda} \tag{3.38}$$

여기서 $r \gg L$, $r \gg \lambda$ 라고 가정한다.

예제 3-12 **1GHz에서 안테나 크기가 15cm라면 원거리장 영역은 얼마인가?**

풀이 식 (3.38)에 안테나 크기와 파장을 대입하면 15cm 이상 떨어져 있으면 원거리장 영역이 된다. 하지만 $r \gg L$, $r \gg \lambda$ 조건에 의해 수 m 떨어져 있어야 원거리장 영역이라고 볼 수 있다. 대부분의 무선통신과 레이다 응용은 주파수가 수 GHz 이상이고 안테나가 수 m 이상 떨어져 있으므로 원거리장 응용을 기본으로 한다.

원거리장(far-field)에서 방사되는 전파는 평면파 근사에 의해 구좌표계의 $\vec{a}_r$ 방향으로 전

달해가는 평면파와 같으며, 전기장 페이저벡터 $\overrightarrow{E_s}$를 측정할 수 있다면 자기장 페이저벡터는 평면파로 가정되므로 식 (3.39)로 주어진다[15].

$$\overrightarrow{H_s} = \frac{1}{\eta}\overrightarrow{a_r} \times \overrightarrow{E_s} \tag{3.39}$$

여기서 η는 자유공간상에서 특성임피던스를 나타내면 $\eta = 120\pi\ [\Omega]$이다. 전파의 시평균 전력밀도 벡터는 포인팅벡터로부터 식 (3.40)과 같이 주어진다.

$$\begin{aligned}\overrightarrow{P}_{avg}(r,\theta,\phi) &= \frac{1}{2}Re[\overrightarrow{E_s} \times \overrightarrow{H_s^*}] \\ &= \frac{1}{2}\eta|H_{\phi s}|^2\,\overrightarrow{a_r}\end{aligned} \tag{3.40}$$

안테나에 의해 방사되는 방사전력은 공간상에 특정 면적에서의 방사전력을 해당 각도에 해당되는 면적에 대해 벡터면적분함으로써 식 (3.41)과 같이 구할 수 있다.

$$\begin{aligned}P_{rad} &= \oint \overrightarrow{P}_{avg} \cdot d\overrightarrow{S} = \iint P_{avg}\, r^2 \sin\theta\, d\theta d\phi \\ &= \int_{\phi=0}^{2\pi}\left[\int_{\theta=0}^{\pi}\frac{I_0^2\eta\beta^2 dl^2}{32\pi^2 r^2} sin^2\theta r^2 \sin\theta\, d\theta\right]d\phi \\ &= \frac{I_0^2\pi\eta}{3}\left[\frac{dl}{\lambda}\right]^2 = 40\pi^2 I_0^2\left[\frac{dl}{\lambda}\right]^2\end{aligned} \tag{3.41}$$

식 (3.41)에서 벡터폐면적분은 구좌표계에서 수행되며, 원거리장에서 포인팅벡터는 $\overrightarrow{P}_{avg}(r,\theta,\phi) = P_{avg}(r,\theta,\phi)\overrightarrow{a_r}$로 방사방향의 성분을 갖는다.

> **참고** Hertzian dipole은 안테나 해석의 기초가 되지만 안테나 길이 dl이 매우 작으므로 방사되는 전력은 식 (3.41)에 의해 매우 작다. 따라서 안테나 길이가 파장 단위의 크기를 가져야 한다. 보통 반파장을 안테나 길이로 사용한다.

15) 안테나는 구모양으로 전파가 방사되므로 해석하기 위해서 구좌표계(Spherical coordinate system)을 사용한다. 구좌표계에서 전기장은 θ방향(앙각방향), 자기장은 ϕ방향(방위각방향), 전파의 진행방향은 r방향 (방사방향)이 된다.

예제 3-13 **자유공간에서 구좌표계의 원점에 있는 안테나에서 전파가 방사되는 경우 자기장 페이저 벡터가 다음과 같다. 이로부터 원거리장에서 (a) 전기장페이저 벡터, (b) 시평균전력밀도벡터, (c) 방사전력을 구하시오.**

$$\vec{H}_s = \frac{I_0}{r}\sin\theta\vec{a}_\phi$$

풀이 a) 평면파 가정에서 전기장과 자기장은 특성임피던스만큼 차이가 나고, 방향은 수직으로 결정된다.

$$\vec{E}_s = \frac{\eta I_0}{r}\sin\theta\vec{a}_\theta,$$

b) 식 (3.40)에 의해 크기와 방향이 결정된다.

$$\vec{P}_{avg}(r,\theta,\phi) = \frac{1}{2}\eta\frac{I_0^2}{r^2}\sin^2\theta\,\vec{a}_r$$

c) $P_{rad} = \oint_s \vec{P}_{avg}(r,\theta,\phi) \cdot d\vec{S}$

$$= \int_{\phi=0}^{2\pi}\left[\int_{\theta=0}^{\pi}\frac{\eta I_0^2}{2r^2}r^2\sin^3\theta\,d\theta\right]d\phi = \frac{\eta I_0^2}{2}2\pi\int_{\theta=0}^{\pi}\sin^3\theta\,d\theta$$

여기서 $\int_0^\pi \sin^3\theta\,d\theta = \int_0^\pi (1-\cos^2\theta)\sin\theta d\theta,$

$u=\cos\theta$로 치환하면 $du=-\sin\theta\,d\theta,$

$$\int_0^\pi(1-\cos^2\theta)\sin\theta d\theta = -\int_1^{-1}(1-u^2)du = \frac{4}{3}$$

따라서 $P_{rad} = \frac{4}{3}\pi\eta I_0^2$가 된다.

반파장 Dipole 안테나

실제 안테나는 특정한 크기를 가지므로 Herzian dipole보다 복잡하다. 안테나를 만드는 가장 간단한 방법은 3.1절의 전송선로의 부하를 개방하여 open load를 만드는 것이다. 전송선로 이론에 의하여 부하가 없이 개방(open)된 선로의 경우, 전압의 최대지점은 전송선로 종단(부하의 위치)에서 발생하며, 전류의 위상은 전압의 위상과 1/4 파장 어긋나게 된다. 개방된 전송선로에 형성되는 전압 및 전류 파형은【그림 3.14】와 같다[16].

16) open load 지점에서는 전압은 최대가 되고 전류가 흐르지 않으므로 0A가 된다. 반대로 short load에서는 전압은 0V가 되고 전류는 최대가 된다.

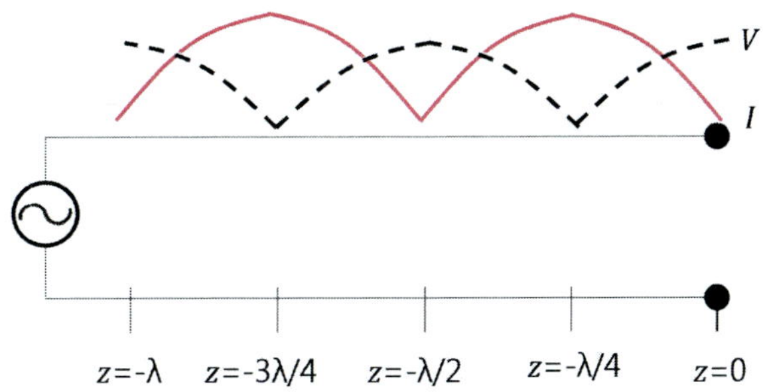

▌그림 3.14▌ 개방된 전송선로에서의 전압과 전류의 분포

이러한 개방된 종단선로를【그림 3.15】와 같이 양쪽으로 λ/4만큼 수직으로 꺾게 되면 반파장 다이폴 안테나가 된다. 다이폴 안테나는 안테나 중에서 가장 기본이 되는 안테나로 선로의 양쪽에서 전압의 극성이 반대이므로 다이폴이라고 부른다. 안테나의 안테나 끝점에서는 전류가 영이 되고 안테나 중앙에는 전류가 최대가 되며 전류의 극성은 모두 같게 된다.

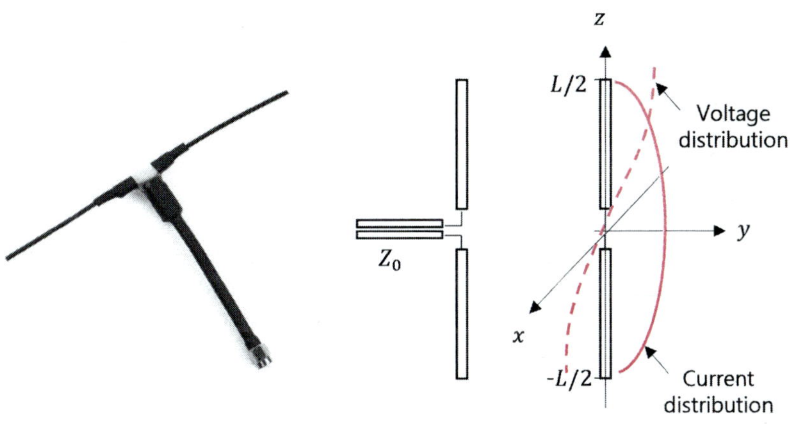

▌그림 3.15▌ 반파장 다이폴 안테나

이제 안테나가 반파장인 경우 특정한 빔특성이 만들어지는 원리를 살펴보자.【그림 3.16】과 같이 2개의 전하가 반 파장 떨어져 있다고 가정하면 각각의 전하에서 생성되는 전파는 동심원으로 퍼져나가서 파동이 간섭을 일으키게 된다. 만약 안테나가 놓인 선에 수직한 방향에서는 각 안테나의 파동이 동위상으로 중첩이 되어 보강 간섭이, 안테나에 직선인 방향에서는 반파장에 따른 180° 위상차가 발생하므로 상쇄간섭이 일어나게 된다. 즉, 특정 방향에 대해 보강간섭이 되는 지점에 빔이 집중되게 된다[17].

17) 안테나 용어로 안테나에 수직한 방향을 broadside 방향이라고 하고, 안테나 끝 방향을 endfire 방향이라고 부른다.

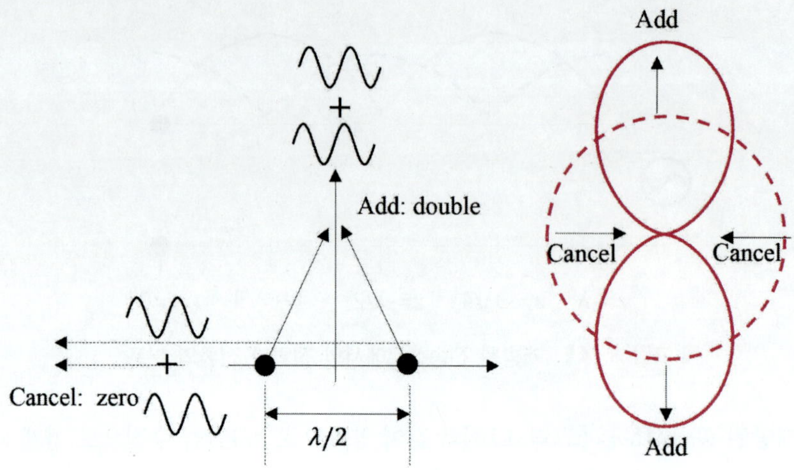

▌그림 3.16▌ 안테나에서 방사패턴이 만들어지는 원리

이러한 파동의 중첩 특성은 안테나의 길이가 반파장일 때만 가능하며, 반파장보다 크거나 작으면 중첩 특성이 달라진다. 만약【그림 3.17】과 같이 안테나의 길이가 반파장보다 커서 한파장(λ)이 된다면, 안테나 상에서 전류의 방향이 일정하지 않고 가운데를 중심으로 서로 반대가 될 것이다. 따라서 안테나에 수직한 방향에서는 비록 안테나에 분포된 전하로부터의 거리가 같다고 할지라도 역위상이 되어 상쇄간섭이 일어난다. 게다가 안테나 크기도 반파장 안테나에 비해 2배 커지게 된다. 따라서 안테나 설계를 할 때는 λ/2나 λ/4 기준으로 안테나를 설계하는 것이 일반적이다. 대신 안테나가 만드는 전파의 방사 특성을 특정한 방향으로 변화시키고 싶을 때는 여러 개의 안테나를 배열하는 **배열안테나(array antenna)**로 사용하

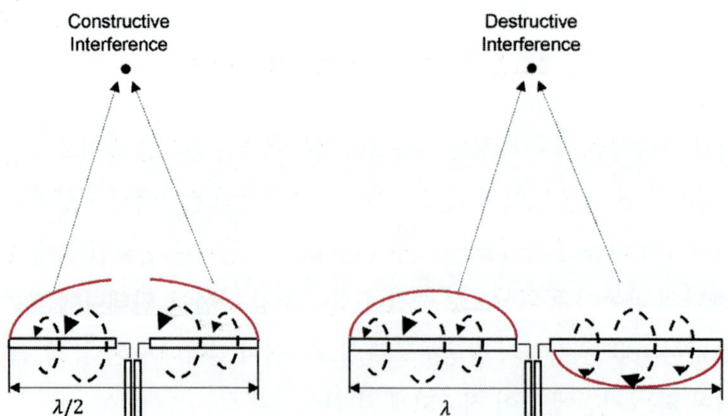

▌그림 3.17▌ 다이폴 안테나가 반파장인 이유

는 것이 일반적이다18).

3.2.2 안테나의 특성

【그림 3.18】과【표 3.2】에 시중에서 판매하는 2.4GHz Wi–Fi용 안테나의 사진과 해당 안테나의 규격이 나와 있다. 안테나의 전기적인 특성을 알려면 주파수 범위, 이득, 입력 임피던스, 방사패턴 등의 개념을 이해해야 함을 알 수 있다.

❚ 표 3.2 ❚ 상용 Wi–FI 안테나의 규격

항목	규격	단위
Frequency range	2400–2485	MHz
Gain	5.5	dBi
Return loss	<–10	dB
Impedance	50	Ω

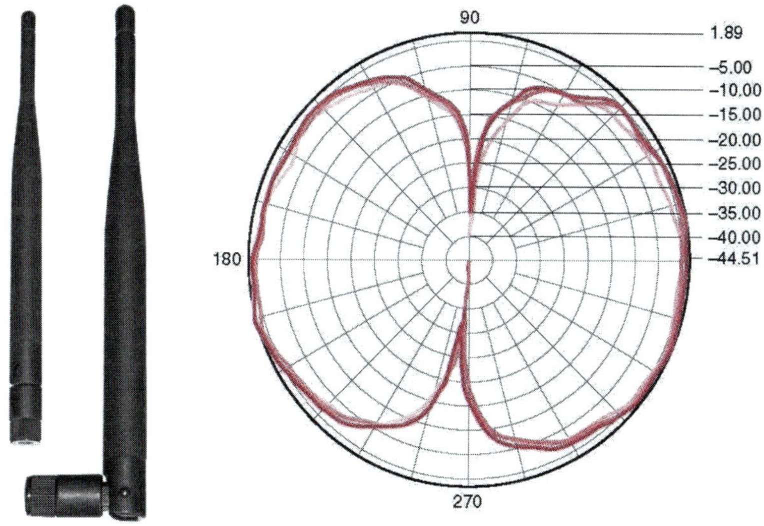

❚ 그림 3.18 ❚ 상용 Wi–FI 안테나의 사진과 방사패턴19)

18) 배열안테나의 대표적인 예로는 건물 옥상이나 전봇대에 설치되는 이동통신 기지국 안테나가 있다. 기지국 안테나는 사용자가 보통 지면에 있으므로 아래 방향으로 빔이 향하는 방사패턴을 필요로 하므로 다이폴 안테나를 수직 방향으로 배열시켜 사용한다.

19) 해당 안테나는 수평방향으로는 무지향성 특성을 가지므로 방사패턴은 수직방향인 앙각방향만 보여주고 있다.

방사 패턴(radiation pattern)

보통 예제 (3-13)에서와 같이 안테나에서 방사되는 전파의 전기장과 자기장 벡터는 크기의 비만 다르고 동위상으로 형성된다. 또한, 전기장과 자기장의 세기는 역제곱의 원리에 따라 거리에 따라 감소하지만 그 감소율이 동일하므로 방사되는 전파의 형태나 모양(패턴)은 원거리장에서는 거리와 무관하게 된다[20]. 따라서 방사패턴은 거리와 무관하게 일정하다.

따라서 방사패턴을 원거리장에서 거리의 함수가 아닌 각도의 함수로 나타내기 위하여 정규화시킬 필요가 있다. 식 (3.41)을 θ와 ϕ의 특별한 값에서 최대전력 $P_{\max}$로 나누게 되면 식 (3.42)와 같이 최대크기가 1인 정규화된 전력을 구할 수 있다.

$$P_n(\theta,\phi) = \frac{P_{rad}(r,\theta,\phi)}{P_{\max}} \tag{3.42}$$

여기서 θ와 ϕ는 구좌표계의 앙각과 방위각이며, $P(r,\theta,\phi)$는 θ와 ϕ의 특별한 값에서 최대값 $P_{\max}$에 도달한다. 따라서 함수 $P_n(\theta,\phi)$를 정규화된 방사 패턴(normalized radiation pattern)라 부른다. 만약에 안테나가 모든 방향에서 동일하게 전자기파를 방사한다면, 그 안테나는 등방성 안테나(isotropic antenna)라 한다.【그림 3.19】에서 보인 것과 같은 이상적인 등방성 안테나는 θ와 ϕ에 무관한 구형 방사 패턴을 가진다. 따라서 등방성 안테나의 $P_n(\theta,\phi) = 1$, 즉 0dBi가 된다.

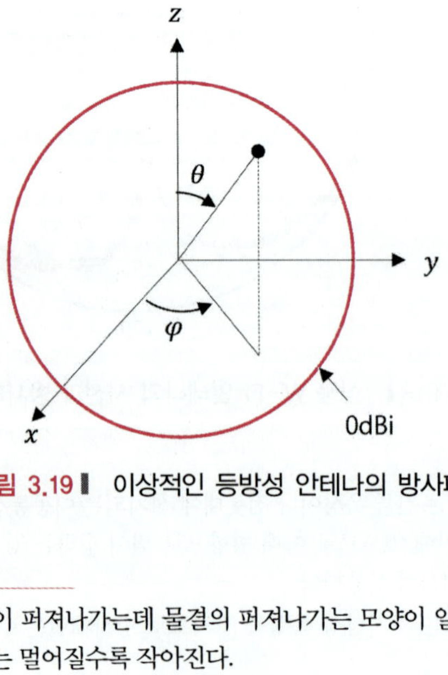

▌그림 3.19▌ 이상적인 등방성 안테나의 방사패턴

20) 수면위에 돌을 던지면 물결이 퍼져나가는데 물결의 퍼져나가는 모양이 일정한 것과 같다. 물론 물결은 물의 진동이므로 진동의 크기는 멀어질수록 작아진다.

등방성 안테나와 달리 지향성 안테나(directional antenna)는 특정 방향으로 신호의 세기를 선택적으로 방사하거나 수신할 수 있다. 【그림 3.20】은 지향성 안테나에 대한 정규화된 방사 패턴을 보여준다. 방사 패턴을 3차원 도면으로 작업하는 것이 쉽지 않으므로 일반적으로 단면으로 잘라 2차원 도면으로 표현하게 된다. 【그림 3.19】에서 $\phi = \pi/2$(도면의 오른쪽 반), $\phi = 3\pi/2$(도면의 왼쪽 반)에 대해 단면을 취해 θ의 방향에서의 수직방향의 방사패턴을 θ의 함수로서 전력 레벨(데시벨)을 보여준다. 마찬가지로 θ를 고정하고 ϕ의 함수로 수평방향의 방사패턴을 그릴 수 있다[21]. 빔의 지향성을 표현하는 하나의 척도는 **빔폭(beamwidth)**으로 반전력 빔폭(halfpower beamwidth) 혹은 3dB 빔폭(3dB beamwidth)이라 한다.【그림 3.20】에서 보인 것과 같이 전력이 최대값 대비 -3dB(전력의 크기가 1/2인 지점)에서 측정된 빔의 각도를 의미한다.

> **참고** 【그림 3.20】의 패턴에서 특정 방향으로 크기가 영인 널(null) 점이 존재하는데 이 방향으로는 방사가 전혀 되지 않음을 나타낸다. 널 사이의 돌기들을 엽(lobe)이라 하며, 최대 방사 방향에 놓여 있는 엽을 주엽(mainlobe)라 한다. 주엽 옆에 위치한 엽들을 부엽(sidelobe)라 하고 부엽 중 주엽의 반대편에 있는 엽을 특별히 후엽(back lobe)이라 한다. 이 다른 엽들은 주엽으로부터 방사되는 전력을 떨어뜨리기 때문에, 고이득 안테나의 설계에서는 부엽과 후엽들을 최소화하는 것이 중요하다.

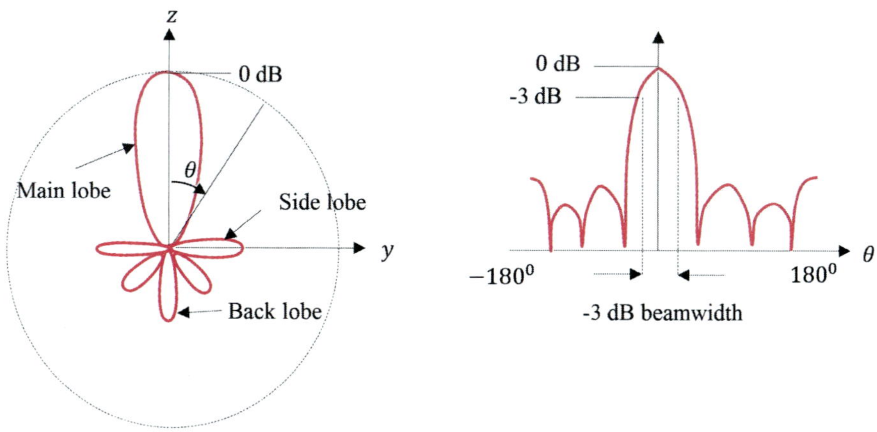

【그림 3.20】 지향성 안테나의 방사패턴

일반적으로 안테나에 급전되는 대부분의 전력은 부엽이나 후엽보다는 주엽으로 방사되는 것이 바람직하다. 안테나의 주엽으로 얼마나 잘 방사되는지를 나타내는 척도로 **지향성(Directivity)**을 사용한다. 지향성을 이해하기 위해서는 먼저 안테나의 방사패턴이 정해졌을

21) 보통 시중에 파는 안테나 규격을 보면 2개 이상의 2차원 방사패턴 그림이 포함되어 있는 것을 볼 수 있다.

때 입체각을 정의해야 한다. 안테나의 입체각 Ω_p는 임의의 방사패턴을 이상적인 콘 형태로 등가화한 것이라 볼 수 있다.

$$\Omega_p = \iint P_n(\theta,\phi)d\Omega \tag{3.43}$$

보통 안테나는 등방성 안테나에 비해 특정 방향에서 빔이 커지게 되므로 **지향성 이득**(directive gain, $D(\theta,\phi)$)을 갖는다고 말한다. 지향성 이득은 구 전체의 입체각을 안테나의 입체각으로 나눈 값이며 식 (3.44)와 같다.

$$D_{\max} = D(\theta,\phi)_{\max} = \frac{4\pi}{\Omega_p} \tag{3.44}$$

식 (3.44)에서 등방성 안테나는 입체각 Ω_p가 4π이므로 1이 된다. 지향성은 보통 dB 단위로 표현된다. 따라서 등방성 안테나의 지향성은 0dB가 된다.

$$D_{\max}(dB) = 10\log(D_{\max}) \tag{3.45}$$

【그림 3.21】은 두 개의 지향성 안테나의 방사패턴을 보여준다. 두 안테나의 주엽의 크기는 동일하지만 왼쪽의 방사패턴은 후엽과 부엽의 크기가 작아 안테나의 빔폭과 안테나의 입체각이 거의 같지만, 오른쪽 안테나는 후엽과 부엽의 크기가 커서 안테나의 주엽의 빔폭보다 입체각이 커져서 지향성이 떨어짐을 알 수 있다.

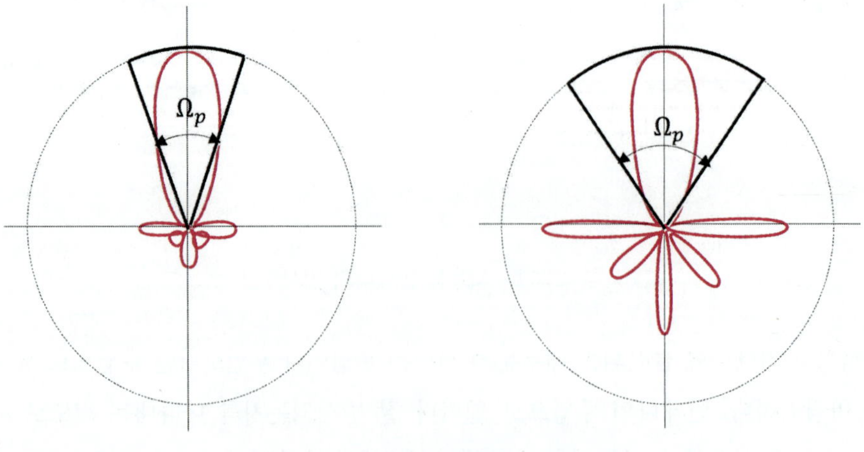

▌그림 3.21▐ 두 방사패턴의 지향성 비교

이와 같이 안테나의 방사패턴은 그 형태만이 중요하고, 실제 거리에 따른 크기의 감소는 고려하지 않는다. 이러한 안테나 방사패턴과 지향성 이득을 측정할 때는 외부의 전파환경의 영향을 없애기 위해 전자파무반향실에서 측정을 하여야 한다.

예제 3-14 **안테나가 $0 \le \theta \le \pi/3$에 대해서는 $P_n(\theta,\phi)=1$이고, 그 외의 각도에서는 0인 방사패턴을 갖는다. 이 안테나의 빔폭, 입체각, 지향성은 얼마인가?**

풀이 안테나는 방위각 방향으로는 무지향성 패턴을 가지며 앙각 방향으로는 120°의 빔폭을 가지고 수직 방향을 향하는 빔 특성을 가진다.

입체각은 다음과 같다.

$$\Omega_p = \iint P_n(\theta,\phi)d\Omega = \int_{\phi=0}^{2\pi} d\phi \int_{\theta=0}^{\pi/3} \sin\theta\, d\theta = \pi$$

지향성은 식 (3.44)와 식 (3.45)에 의해 4(6dB)의 값을 갖는다.

안테나의 입력임피던스

안테나는 회로적으로 RLC회로로 모델링된다. 다이폴 안테나의 경우 RLC 회로로 표현하면 【그림 3.21(a)】와 같다. 동작주파수보다 낮은 주파수에서 다이폴 안테나는 인덕턴스 보다는 캐패시터에 의해 영향을 받아 개방(open)된 회로로 보인다. 반면에 주파수가 높아지면 인덕턴스가 증가하고 캐패시턴스는 작아지므로 공진주파수에서는 서로 상쇄되어 저항성분만이 보이게 된다. 공진주파수보다 주파수가 더 커지게 되면 인덕턴스의 영향이 커지게 된다. 따라서 다이폴 안테나는 공진 주파수 근처에서만 공진특성을 갖는 대역통과필터와 유사한 성질을 갖는다.

공진주파수에서 다이폴 안테나에 전력이 인가되었을 때 안테나의 입력임피던스와 전송선로나 소스임피던스와 차이가 있다면 일부의 전력이 반사된다. 안테나에서 반사되는 전력만큼 안테나에 인가되는 전력이 줄게 되므로 안테나의 임피던스 정합은 매우 중요하다.【그림 3.21(b)】는 안테나의 임피던스 정합 특성을 보여준 것으로 이를 **반사손실(Return loss)**이라 한다[22]. 반사손실의 크기가 -10 dB 이하가 되는 주파수 영역이 안테나가 임피던스 정합이 이루어진 주파수 대역이라 할 수 있다[23]. 안테나 하나로 여러 주파수 대역을 송신 또는 수신하기 위해서는 -10 dB 대역폭이 넓어야 하며 이러한 안테나를 **광대역 안테나(Broadband**

22) 2단자 S-parameter로 표현하면 안테나는 1단자 회로이므로 입력반사계수를 의미하는 S_{11}으로 표현할 수 있다. 자세한 학습은 회로이론을 참고하기 바란다.

23) 반사손실이 -10dB이하라면 입력전력의 90% 이상이 안테나로 입력된다는 것을 의미하고 반사되는 전력은 10% 미만이 되어 대부분의 전력이 안테나로부터 공기중으로 방사된다고 볼 수 있다.

Antenna)라고 부른다.

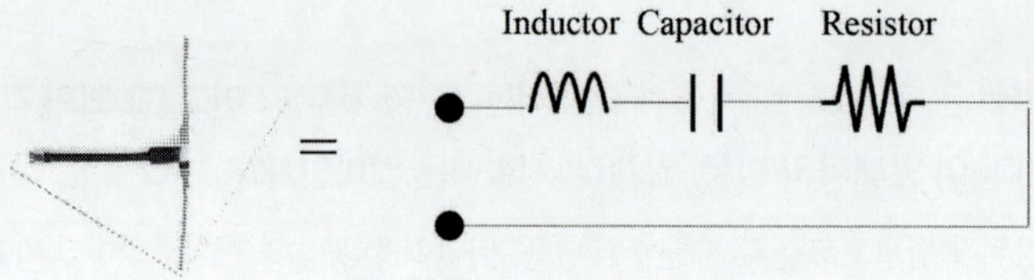

(a) 다이폴 안테나 회로 모델

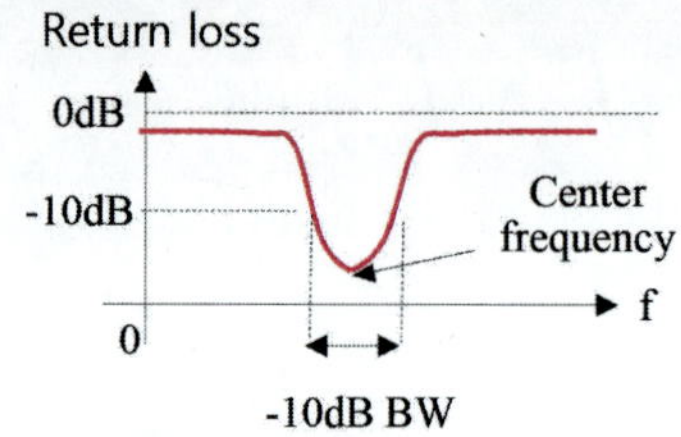

(b) 입력저항 특성

▌그림 3.22▐ 안테나의 등가모델과 대역폭

안테나의 반사손실은【그림 2.22】의 네트워크 분석기를 사용하여 안테나의 공진주파수 근처의 주파수 특성을 측정하여 구하게 된다.

안테나의 효율(Efficiency)

마지막으로 안테나는 임피던스 정합이 완벽하게 되어 반사파가 없는 경우에도 안테나 자체의 손실만큼 방사되지 않을 수 있다. 따라서 **안테나 효율(efficiency)** e는 식 (3.46)과 같이 안테나에 급전된 전체 전력에 대한 방사 전력의 비로 표현할 수 있다.

$$e = \frac{P_{rad}}{P_{rad} + P_{diss}} = \frac{R_{rad}}{R_{rad} + R_{diss}} \tag{3.46}$$

안테나의 효율을 고려한 이득을 나타내는 파라미터로 안테나의 전력 이득(power gain) $G(\theta,\phi)$이 있다. 이는 안테나의 지향성 이득과 유사하지만, 여기에 추가로 효율을 고려하여 식 (3.47)로 표현된다. 따라서 안테나 효율은 지향성보다 작게 된다.

$$G(\theta,\phi) = eD(\theta,\phi) \tag{3.47}$$

반파장 다이폴안테나와 같이 공진특성을 이용하는 대부분의 안테나는 100% 가까운 효율을 가지므로 안테나 효율이 크게 중요하지 않으나 파장에 비해 작은 안테나는 효율이 낮을 수 있으므로 이를 고려해야 한다. 예를 들어 Bluetooth나 Wi-Fi용 초소형 안테나로 사용되는 【그림 3.23】의 안테나는 동작주파수의 반파장(=6.25cm@2.4GHz)보다 작은 크기를 가지므로 소형 안테나(small antenna)라고 부르는데 지향성 이득은 4.1dBi(최대방향에서 등방성 안테나에 비해 2.23배)이지만 효율은 65%에 불가하다. 따라서 전력이득은 2.23 dB(최대방향에서 등방성 안테나에 비해 1.17배)에 불과하므로 주의할 필요가 있다[24].

【그림 3.23】 ignion사의 NN03-320 안테나

안테나의 측정

앞에서 살펴본 안테나의 다양한 특성(방사패턴, 지향성, 효율)을 측정하기 위해서는 안테나 측정장비와 시설이 필요하다. 예를 들어 안테나의 반사손실을 측정하려면 네트워크 분석기가 필요하며, 안테나의 방사패턴, 지향성, 효율을 측정하려면 안테나 측정 챔버가 필요하다. 【그림 3.24】에 안테나 측정챔버의 사진이 나와 있다. 안테나의 특성을 측정하려면 기준이 되는 안테나가 필요한데 일반적으로 이득이나 지향성을 정확히 아는 기준 안테나(Standard antenna) 를 이용한다. 보통 기준안테나로는 주파수가 낮을 경우 표준 다이폴 안테나, 주파수가 높을 경우에는 표준 혼(horn) 안테나를 사용한다. 기준안테나를 고정하고 신호발생기를 기준안테나에 연결하여 특정 전력의 전파를 방사하게 한다. 측정안테나 (DUT: Device Under Test)는 원역장 거리만큼 떨어진 위치에 설치한다. 측정안테나는 특정방향으로 360° 회전할 수 있게 하여 각도별로 전력을 측정하여 각도별 방사패턴을 그릴 수 있다. 안테나의 특성을 측정할 때 다른 전파신호가 간섭을 주면 안되므로 보통 전자파 차폐가 되는 전자파 차폐실에서 측정한다. 하지만 안테나 크기가 아주 크거나 주파수가 낮은 경우 원역장을 구성하기에는 전자파차폐실이 너무 커지므로 야외에서 측정하기도 한다. 마지막으로 효

24) 안테나 규격에서 효율에 대한 언급이 따로 없으면 100% 효율을 갖는다고 볼 수 있다. 예를 들어 【그림 3.18】과 【표 3.2】의 다이폴 안테나는 따로 효율에 대한 언급이 없고 안테나의 크기가 반파장 또는 1/4파장의 크기와 같으므로 효율이 100%라고 할 수 있다.

율을 측정할 때는 DUT 위치에 기준안테나를 설치하여 그 수신전력과 DUT 안테나의 수신전력의 차이를 측정함으로서 안테나의 효율을 측정할 수 있다. 안테나 측정시설이 가격이 매우 비싸므로 보통 전파연구소 등 전파관련 국가기관이나 전파 관련 협회 (예를 들어 전파진흥협회) 등에 설치된 장비를 측정자가 신청하여 측정하게 된다.

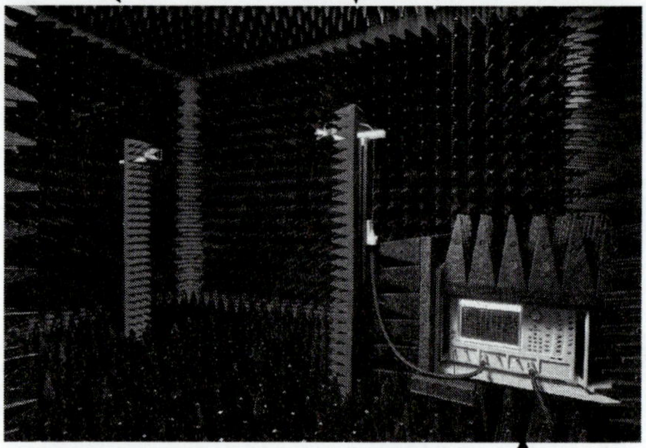

▌그림 3.24▌ 안테나의 측정

3.2.3 안테나의 종류

안테나는 과거 크기가 큰 TV 수신안테나에서부터 최근 스마트폰, 노트북, 웨어러블 기기 등 다양한 첨단 ICT 제품에 내장되는 초소형 안테나까지 하루가 다르게 빠르게 변화하고 있다.【그림 3.25】는 현재 상용화되어 있는 다양한 형태의 안테나의 몇 가지 예를 보여주고 있다. 이 중에서 가장 기본적인 안테나는 다이폴 안테나와 루프 안테나라 할 수 있다. 다이폴 안테나는 급전선(feeder)을 중심으로 직각으로 꺽어진 2개의 직선 도선으로 구성되고, 루프 안테나는 한 번 또는 여러 번 사각형이나 원형으로 감겨진 도선으로 구성된다. 또 다른 안테나인 헬리컬 안테나는 접지면 위에 나선(helix) 형태로 감긴 도선으로 구성되며, 이 3 종류의 안테나를 **와이어 안테나(wire antenna)**라고 부른다. 반면 혼(horn) 안테나는 **개구 안테나(aperture antenna)**의 일종으로 도파관(waveguide)의 단면이 점차적으로 넓어지는 구조를 갖는다[25]. 마지막으로 **파라볼라 안테나**는 전파가 급전안테나(feeder antenna)에서 나와 반사판인 도체면에서 반사

25) 음파가 나오는 스피커를 보면 둥그런 혼 모양으로 구성된 것을 볼 수 있는데 혼 앞 쪽으로 소리가 나오듯이 혼 안테나도 혼 앞으로 전파가 방사된다.

되는 특징을 이용한다.【그림 3.25】의 안테나 중에서 헬리칼, 혼(horn), 파라볼라 안테나는 특정한 방향으로 신호를 보낼 수 있어 지향성이 필요할 때 주로 사용된다. 이 중 파라볼라 안테나는 반사판(reflector 또는 dish)의 크기가 클수록 안테나 이득이 높아지므로 인공위성과의 통신 등에 주로 사용된다. 이 외에도 최근 경량, 소형, 고성능 등의 특성을 지닌 안테나가 지속적으로 개발되고 있다. 최근에 각광을 받는 안테나 기술로는 **스마트 안테나(Smart antenna)**, **능동 안테나(Active antenna)** 등이 있다. 예를 들어 5G 이동통신에서는 다양한 안테나 기술이 집적되어 우리가 움직이거나 통신하는 데이터의 양에 따라 빔특성을 능동적으로 변화시키는 능동 스마트 빔포밍 안테나(active smart beamforming antenna)를 사용한다. 이러한 안테나는 장착되는 제품의 형태 및 재질에 따라 성능이 변화하기 때문에 안테나의 최적 성능을 얻기 위해서는 정밀한 설계가 필요하다[26].

예제 3-15 **주위를 돌아다니면서 눈에 보이는 안테나의 사진을 찍고, 해당 안테나가 어떤 종류의 안테나인지 알아보자.**

풀이 보통 산의 정상, 건물의 옥상, 전신주와 같이 높은 위치에 안테나가 설치되어 있다.

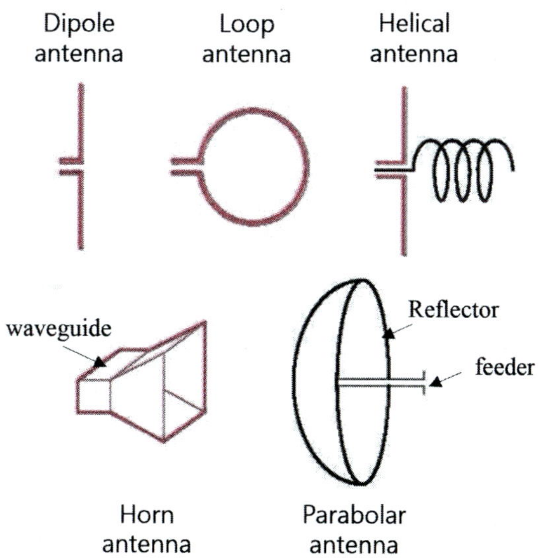

【그림 3.25】 대표적인 안테나 형태

26) 과거 휴대전화기에는 안테나가 부착되어 있어 손으로 뽑고 통신하곤 하였으나, 최근에는 내장되어 있어 안테나의 존재를 알기가 어렵다. 하지만 설계 관점에서는 스마트폰을 잡는 방향에도 영향이 있으므로 정밀한 설계가 필요하다. 안테나 설계가 잘못되면 무선통신 성능이 나빠지며, 대표적인 예로 Apple의 안테나게이트 사례가 있다.

반파장 다이폴 안테나(Dipole Antenna)

안테나 중에서 가장 기본이 되는 안테나는 전송선로의 부하를 개방(open)한 후 선로를 꺾어 그 길이가 반파장($\lambda/2$)으로 만든 반파장 다이폴 안테나이다. 다이폴 안테나가 z축을 따라 놓여 있다고 가정하면 다이폴 안테나 표면에 전류 분포 $i(z,t)$를 갖는다고 생각할 수 있다. 이러한 다이폴 안테나의 방사패턴을 안테나이론에 의해 계산하면 식 (3.48)과 같이 앙각 θ의 함수로 주어진다[27].

$$P(\theta) = \frac{\cos^2(\frac{\pi}{2}cos\theta)}{\sin^2\theta} \tag{3.48}$$

식 (3.48)의 방사패턴 함수 $P(\theta)$는 1보다 크기 때문에 일반적으로 정규화를 시킬 필요가 있다. 정규화된 방사패턴 $P_n(\theta)$은 다음과 같이 주어진다.

$$P_n(\theta) = \frac{P(\theta)}{P(\theta)_{\max}} \tag{3.49}$$

예제 3-16 **식 (3.48)과 식 (3.49)를 이용하여 반파장 다이폴 안테나의 정규화된 방사패턴을 극좌표에서 그릴 수 있는 프로그램을 작성하자.**

풀이 그림을 그릴 때 0°가 수직방향임에 주의해야 하며, dB plot으로 그려보면 방사패턴의 그림이 【그림 3.18】의 실제 판매하는 다이폴 안테나의 규격에 나와 있는 방사패턴과 유사하게 나옴을 알 수 있다.

```
N=360;
th=1:1:N;
thr=th*pi./180;
P=(cos(pi/2*cos(thr)).^2)./sin(thr).^2;
Pmax=max(P);
Pn=P./Pmax;
Log_Pn=10*log10(Pn);
figure(1)    % Linear Plot
polar(0,1);
polar(thr,Pn)
figure(2)    % Log Plot
polarplot(thr,Log_Pn)
rlim([-40  0])
```

27) 식 (3.48)의 방사패턴이 앙각 θ의 함수로만 주어진다는 것은 방위각 ϕ에 대해서는 원모양의 무지향성 방사패턴을 갖는다는 의미를 갖는다.

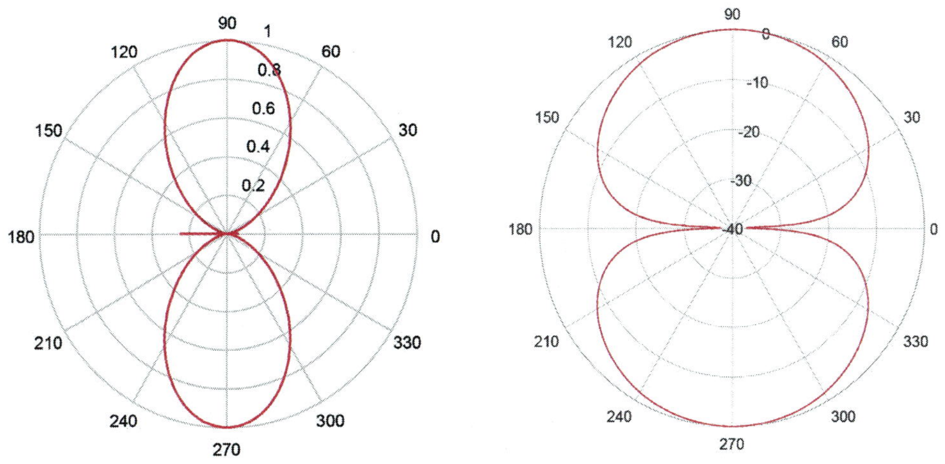

(a) Linear Plot (b) dB plot

그림 3.26 (예제 3-16)의 반파장 다이폴 안테나 방사패턴

식 (3.49)의 방사패턴은 $\theta = \pi/2$일 때 1(0dB)의 크기를 가지며 $\theta = 0$일 때 0(−40dB 이하)의 크기를 가진다. 실제 반파장 다이폴 안테나는 약간의 지향성을 가지며, 그 값은 1.64의 값이 된다. 방사저항은 74.2Ω에 해당하며, 임피던스의 허수성분인 리액티브(reactive) 성분도 존재하는데 이 값은 반파장 다이폴에 대해서는 42.5Ω에 해당한다. 따라서 안테나의 손실 저항이 없는 경우 반파장 다이폴 안테나의 임피던스는 아래와 같다.

$$Z_{ant} = 73.2 + j42.5\Omega \tag{3.50}$$

전송선로는 50Ω이므로 임피던스 정합을 위해서 안테나의 리액티브 성분을 0으로 동작시키는 것(즉, 공진상태에서)이 필요하기 때문에 실제적으로는 안테나의 길이를 약간 짧게 해서 만들게 된다. 반파장 다이폴 안테나의 정확한 길이는 안테나 전선의 반지름에 따라 다르지만, 길이가 약 0.485λ인 다이폴 안테나의 경우 리액티브 성분이 0이며 실수부분의 값은 73Ω에 근접한다. 다이폴 안테나는 VHF 대역에서 많이 사용되며, 이 주파수 대역에서는 오래전부터 75Ω 전송선로를 사용하였으므로 다이폴 안테나와의 임피던스 정합이 편리하다[28].

마지막으로 반파장 다이폴 안테나는 안테나 방향과 일치한 편파 특성을 갖는다. 다이폴 안테나를 지표면에 수평으로 위치시키면 수평편파, 지표면에 수직으로 위치시키면 수직편파

28) 과거 75Ω 선로가 많이 사용되었으나 최신 선로는 50Ω이므로 선로의 특성임피던스를 확인해야 한다. 오디오에는 보통 라디오를 잘 들을 수 있도록 FM 안테나 단자가 외부에 나와 있다. wire 2개를 라디오 주파수의 $\lambda/4$ 반파장이 되도록 잘라서 FM 안테나 단자에 각각 연결하면 반파장 다이폴 안테나를 만들 수 있고 음질이 좋은 라디오 방송을 청취할 수 있다.

가 된다.

모노폴 안테나(Monopole Antenna)

반송파 주파수가 1MHz인 중파 AM 라디오 수신을 위한 반파장 다이폴 안테나를 제작한다고 해보자. 이 주파수에서 한 파장의 길이는 300m이므로 다이폴 안테나의 크기는 150m이어야 한다. 150m 다이폴 안테나를 제작하여 설치하기에는 크기가 크고 설치 또한 매우 어렵다. 이 경우 영상 이론(image theory)을 적용해서 안테나 길이가 75m인 $\lambda/4$ **모노폴 안테나(monopole antenna)**를 도체판 위에 제작함으로써 안테나의 길이를 절반으로 줄일 수 있고, 반사판을 지표면에 설치하면 되므로 설치 비용도 절약할 수 있다[29].

모노폴 안테나의 원리는【그림 3.27】과 같다. 영상이론(image theory)에 의해 접지면 아래에 위치한 가상의 이미지 모노폴의 전류방향은 실제 모노폴 안테나의 전류의 모양과 방향이 대칭이 된다. 이러한 원리를 통해 모노폴 안테나는 다이폴 안테나와 유사한 전류분포를 가지며, 다이폴에 비해 그 길이가 절반인 모노폴 안테나의 도체면 위쪽 필드패턴은 다이폴 안테나와 동일하다.

예제 3-17 **인터넷을 검색하여 AM 라디오 송신기용 모노폴 안테나의 사진을 검색해보고 그 크기에 대해 알아보자.**

참고 우리나라는 중파 AM 라디오 방송을 사용하므로 안테나 크기가 수십 m 이상의 크기를 갖는다.

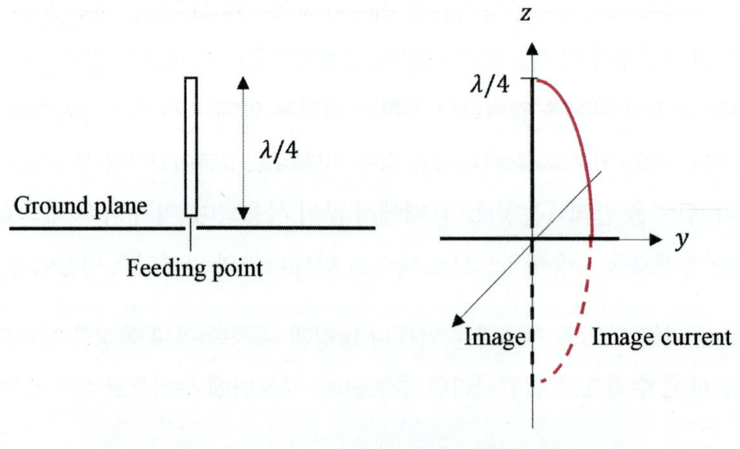

【그림 3.27】 모노폴 안테나와 영상이론(Image theory)

29) 전파송신소에 가면 커다란 원형 대지 위에 수직으로 세워져 있는 수십 m 높이의 안테나가 있는데 이것이 AM 라디오 송신용 모노폴 안테나이다.

모노폴 안테나는 지표면 보다 위인 반 구($0 \leq \theta \leq 90^0$)에서 $\lambda/2$ 다이폴 안테나의 최대 전력밀도나 정규화된 전력밀도 측면에서 동일하며 방사전력은 반이 된다. 이러한 모노폴 안테나의 설계 시 접지면을 설계하는 것이 중요하다. 보통 반경이 모노폴 안테나 크기와 같은 원형 도체판을 안테나 아래에 둔다30). 모노폴 안테나는 과거 휴대폰 등에서 널리 사용되었고, 현재는 생활형 무전기 등에서 사용되고 있다. 휴대폰의 경우에는 안테나의 크기를 줄이는 것이 바람직하지만, 안테나의 크기를 $\lambda/4$보다 작게 줄일 경우 입력 임피던스가 매우 큰 용량성(capacitive)을 가지므로 안테나 효율이 나빠진다. 이런 어려움을 해결하기 위해서 안테나의 아래 부분에【그림 3.28(a)】과 같이 유도성(inductive) 코일을 부하로 추가하는 경우도 있다. 이를 안테나 용어로 inductive loading이라 한다. 이 직렬 인덕터 코일은 모노폴의 용량성 성분을 상쇄할 수 있게 조절할 수 있다. 다른 방법으로 모노폴 안테나의 윗면에 용량성 판(plate)을【그림 3.28(b)】와 같이 두는 것이다. 이 모양은 모자를 쓴 것과 같다고 하여 top-hat 모노폴이라 부르기도 한다. 이 판은 모노폴 안테나의 용량성 리액턴스에 직렬로 연결된 캐패시턴스로 보이면서 전체 용량성 리액턴스 성분을 줄인다31).

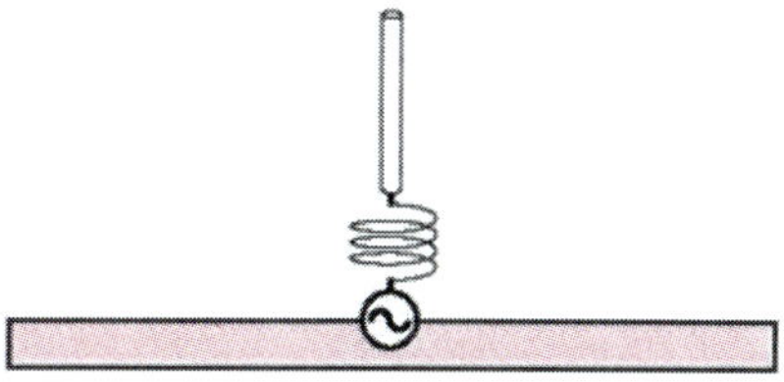

(a)

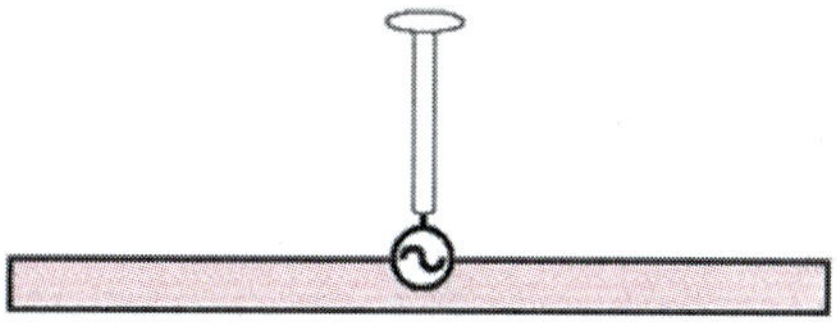

(b)

【그림 3.28】 과거 휴대폰에 응용되는 모노폴 안테나

파라볼릭 안테나(Parabolic Antenna)

【그림 3.29(a)】은 파라볼릭 반사기로 반사판이 클수록 큰 지향성을 갖기 때문에 위성 통신에 많이 사용된다. **파라볼릭 안테나**는 빛을 모으는 렌즈와 비슷한 원리를 갖는다.【그림 3.29(b)】와 같이 급전 안테나에서 방사된 전파는 파라볼릭 안테나에 의해 방사되거나, 수신안테나의 경우 반사판에 의해 모여진 전파는 초점 위치에 있는 급전 안테나로 모여 수신되게 된다. 파라볼릭 안테나의 효율적인 동작을 위해 반사기는 방사하려는 파장보다 커야 하며, 반사기로부터 빔이 모이는 급전 안테나도 지향성을 가지고 있어야 한다. 일반적으로 혼 안테

30) 자동차, 헬리콥터와 같이 차체가 철로 되어 있는 경우 차체를 Ground로 한 monopole안테나를 만들기가 쉬우므로 차량용 안테나로 monopole안테나가 많이 사용된다.

31) 회로이론에서 학습하였듯이 캐패시턴스는 직렬로 연결된 경우 크기가 줄어들게 된다.

나가 파라볼릭 반사기를 위한 급전 소자로 주로 이용된다.

약간 다른 형태의 카세그레인 반사기(Cassegrain reflector)가【그림 3.29(c)】에 나타나 있다. 여기서 급전 소자는 파라볼릭 반사기 중간의 구멍 사이에 위치하고 급전된 전력은 쌍곡선 모양(hyperbolic) 부 반사기에 의해 반사되어 주 반사기로 전파된다[32].

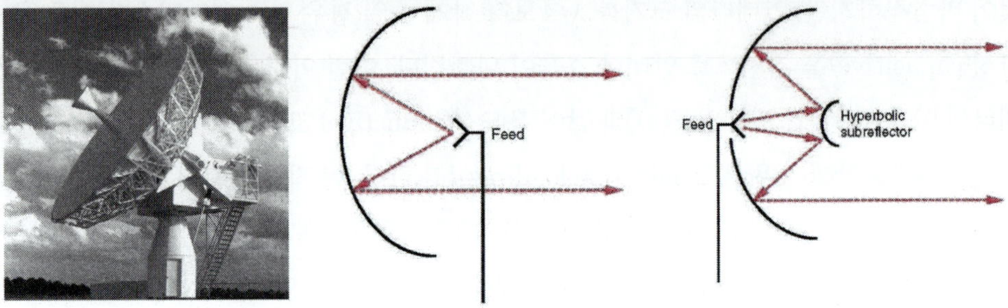

(a) (b) (c)

▌그림 3.29▐ 파라볼릭 안테나

마이크로스트립 안테나(Microstrip Antenna)

【그림 3.30】에 있는 마이크로스트립 안테나 또는 마이크로스트립 패치 안테나는 기존의 고주파 회로를 만드는 PCB 기판 위의 마이크로스트립 선로를 만드는 공정을 이용하여 쉽게 생산할 수 있다. 패치 안테나는 주로 얇고 (low profile), 낮은 손실을 갖는 유전체 위에 대략 반파장($\lambda/2$) 길이의 얇은 정사각형 금속판으로 이루어져 있다. 여기서의 λ는 PCB 기판의 유전상수를 고려하여 계산된다. 사각형 모양이 가장 대표적이지만 원형, 삼각형, 원형 고리 모양 등 다양한 형태가 사용될 수 있다. 패치 안테나는【그림 3.30】과 같이 모서리 급전(edge feed) 또는 동축선로를 이용한 프루브 급전(probe feed)을 사용한다. 프루브 급전 방식의 패치 안테나의 정확한 급전점은 동축케이블과 안테나 사이의 임피던스 정합에 의해 결정된다. 패치 안테나는 상대적으로 좁은 대역폭을 가지는데 대략 공진 주파수의 10% 정도이며, 상대적으로 낮은 방사 효율을 갖는다. 그러나 패치 안테나는 제작이 용이하고, 다른 전자회로와 집적이 가능하다는 점에서 최근 많이 사용된다. 패치 안테나는 보통 배열로 구성되는 경우가 있는데 이 경우 다른 회로(위상천이기(phase shfiter) 등의 초고주파 회로)를 안테나의 접지판의 반대 면에 배치함으로써 빔 특성에 변화를 주지 않으면서 급전회로를 구성할 수

32) 파라볼릭 안테나의 설계는 광학의 원리가 많이 사용된다. 빛도 전자기파이므로 반사판에 의해 전파가 모이는 현상은 렌즈에 의해 빛이 모이는 현상과 동일하다고 볼 수 있다.

있어 고성능 빔포밍 안테나를 만드는데 유리하다.

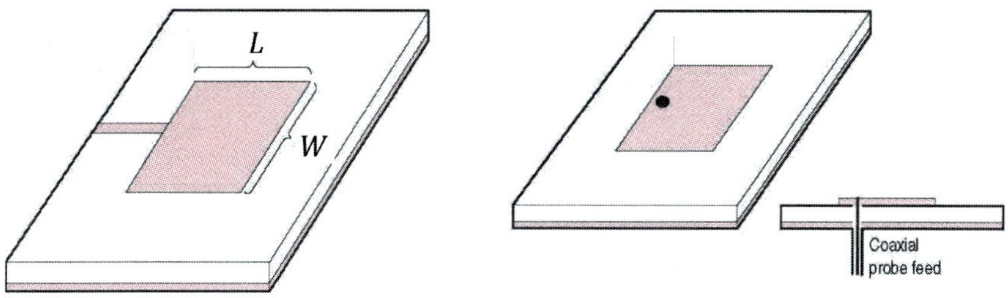

그림 3.30 마이크로스트립 패치 안테나

마이크로스트립 패치 안테나의 설계 파라미터는 다음과 같다. PCB 재질에 따라 유전율 ϵ_r, 유전체 두께 h가 주어지고, 중심주파수 f_0, 빛의 속도를 c라고 하는 경우 패치 안테나의 폭 W와 패치안테나의 길이 L은 식 (3.51)에서부터 식 (3.53)으로 주어진다. 여기서 ϵ_{eff}는 실효유전율로써 기판의 비유전율과 자유공간에서 비유전율($\epsilon_r = 1$)의 평균값에 해당한다.

$$W = \frac{c}{2f_0\sqrt{\frac{\epsilon_r + 1}{2}}} \tag{3.51}$$

$$\epsilon_{eff} = \frac{\epsilon_r + 1}{2} + \frac{\epsilon_r - 1}{2}\left[\frac{1}{\sqrt{1 + 12(h/W)}}\right] \tag{3.52}$$

$$L = \frac{c}{2f_0\sqrt{\epsilon_{eff}}} - 0.824h\left(\frac{(\epsilon_{eff} + 0.3)(W/h + 0.264)}{(\epsilon_{eff} - 0.258)(W/h + 0.8)}\right) \tag{3.53}$$

위의 식들은 마이크로스트립 패티 안테나의 초기 설계 시 사용하는 값으로 주파수가 GHz로 올라갈 경우 오차가 발생하므로 실제 안테나 설계 시에는 수칙해석 시뮬레이터를 이용하여 최종적으로 설계해야 한다.

예제 3-18 **인터넷 상에 다양한 마이크로스트립 패치 안테나 설계를 위한 계산기가 있다. [그림 3.31]은 그 중에 하나의 예를 보여준다. 이러한 프로그램을 이용하여 2.4GHz에서 동작하는 마이크로스트립 안테나를 0.8mm 두께의 FR4 PCB(비유전율 4.8인 기판)에서 설계해 보고 식 (3.51)에서부터 식 (3.53)에 의해 얻은 결과와 비교해보자**[33].

(https://www.pasternack.com/t-calculator-microstrip-ant.aspx)

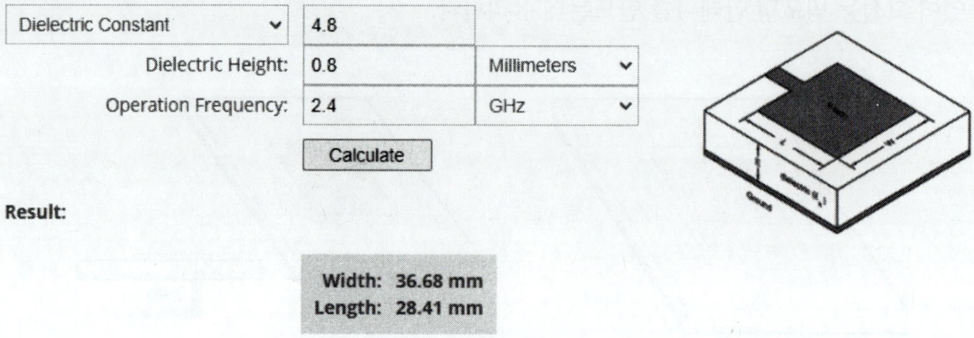

▌그림 3.31▌ 마이크로스트립 안테나 설계 결과 (인터넷 참조)

> **요약** 앞에서 대표적인 몇 가지 안테나에 대해 살펴보았다. 실제 안테나는 살펴본 것보다 종류도 많고 특성도 다양하다. 안테나 엔지니어는 이러한 안테나만을 설계하거나 다룰 줄 알아야 한다. 하지만 안테나 엔지니어가 아니어도 무선통신이나 레이다 분야에서 종사하는 엔지니어라면 안테나의 기본적인 동작 원리와 특성을 이해할 필요가 있다.

3.2.4 레이돔(Radome)

안테나는 전자회로와 달리 외부에 보여야 하므로 비나 바람과 같은 기상환경으로부터 안테나를 보호할 필요가 있다. 산 꼭대기에 있는 레이다를 보면 둥그런 시설물로 안테나를 보호하는 것을 볼 수 있는데 이를 **레이돔(Radome)**이라 한다. 레이돔은 Radar와 Dome을 합성한 말로 안테나 구조를 보호하기 위한 케이스라고 할 수 있다. 레이돔은【그림 3.32】와 같이 거대한 레이더와 같이 제자리에 고정되어 설치될 수도 있고, 차량의 외부 천장에 설치된 샤크 모양이 구조물이 될 수도 있다. 왼쪽부터 기상레이다의 레이돔, 헬리콥터의 레이돔(날개 위에 부착됨), 자동차의 레이돔의 사례를 보여준다. 어떤 구조가 되었던 레이돔은 안테나를 보호하는 역할을 하면서 안테나 성능에 영향을 주어서는 안된다. 따라서 도체성분이 없는 플라스틱 구조물로 설계되며 그 두께도 전자기해석을 통해 안테나에 영향을 주지 않도록 한다. 예를 들어 레이돔과 안테나 사이의 거리는 균일해야 한다. 보통 반파장 이격을 두고 설치하게 된다. 레이돔 두께의 경우도 반파장($\lambda/2$)이 되도록 설계한다[34].

33) 안테나 크기가 주어지면 이를 해석하여 입력임피던스, 방사패턴 특성 등을 계산하고, 임피던스 정합까지 완성해야 안테나의 최종 설계가 가능하다.

34) 레이돔의 설계에서 레이돔의 두께, 안테나에서 레이돔까지의 거리가 $\lambda/2$로 하는지 이해하기 위해서는 3.4절 임피던스 정합이론을 학습할 필요가 있다.

【그림 3.32】 다양한 레이돔의 예

3.3 안테나와 방향탐지

안테나는 방향탐지 기술과 관련이 깊다. 방향탐지 기술은 역사적으로 전파감시, 레이다, 그리고 무선통신 분야에서 중요한 주제였으며, 그동안 국방 및 민수 분야 모두에서 많은 연구가 진행되어 왔다. 일반적으로 방향탐지 기술은 송신기의 포함 여부에 따라 능동형(active) 방식과 수동형(passive) 방식으로 분류할 수 있다. 능동형 방식은 레이다의 방향탐지 기술을 의미하는 것으로 신호를 송신한 후 이 신호가 목표물에 맞고 역산란되는 신호를 수신하여 목표물의 방향을 탐지하게 된다. 반면에 무선통신에서는 송신기없이 수신기만으로 다른 송신기에서 송신된 신호를 분석하여 송신기의 방향을 탐지하는 수동형(passive) 방향탐지 기술을 사용하게 된다. 수동형 방향탐지 기술은 다시 위치기반 서비스 등의 목적으로 특정 송신기의 신호만을 찾는 협대역 방향탐지와 전파감시 등의 목적으로 불특정 무선신호의 방향탐지를 위한 광대역 방향탐지로 나눌 수 있다. 방향탐지 기술은 기본적으로 안테나 기술이므로 안테나를 사용하는 방식에 따라【표 3.3】과 같이 분류할 수 있다.

【표 3.3】 방향탐지 기술의 분류

사용 기술		기술 명
지향성 안테나 방사패턴 이용		– Maximum–signal direction finder – Monopulse direction finder
배열 안테나 이용	직접 계산	– Interferometer – Doppler direction finder
	신호처리 기법 이용	– Correlation direction finder – Adaptive direction finder – MUSIC, ESPRIT

【표 3.3】은 방향탐지 기술을 배열안테나의 특성을 이용하는지 여부에 따라 분류하였다. 안테나 지향성 기반 방향탐지는 배열안테나 사이의 위상차를 이용한 방향탐지를 이용하지 않고 안테나의 지향성 특성만을 이용한 것이다[35]. 다음으로 배열안테나 기반 방향탐지는 다시 배열안테나의 특성은 이용하되 수신기는 하드웨어의 복잡성을 피하기 위하여 싱글채널로 구성하는 방법과 안테나별 다중채널로 구성하는 것으로 분류될 수 있다. 싱글채널의 경우 하드웨어의 구성에 따라 분류되며, 다중채널의 경우에는 하드웨어는 동일하나 다양한 방향탐지 알고리즘을 구현할 수 있어 일반적으로 어떤 알고리즘을 사용하느냐에 따라 분류된다. 최근 고성능 차량용 레이다나 이동통신에서는 하드웨어 구성은 복잡하나 성능이 우수한 다중채널 기반 방향탐지 기술을 사용하는 것이 일반적이다. 3장에서는 지향성 안테나 방사패턴을 이용한 방향탐지 방법에 대해 학습하고 배열 안테나를 이용하는 방향탐지 방식은 6장에서 배열안테나를 학습한 후 학습하게 된다.

3.3.1 지향성 안테나 이용 방향탐지

가장 간단한 방향탐지 기술로 빔폭이 좁은 안테나를 기계적으로 회전시키면서 각각의 회전각도 별 신호의 크기를 측정하여 가장 큰 신호세기를 내는 각도를 찾는 방식이 있을 수 있다[36].

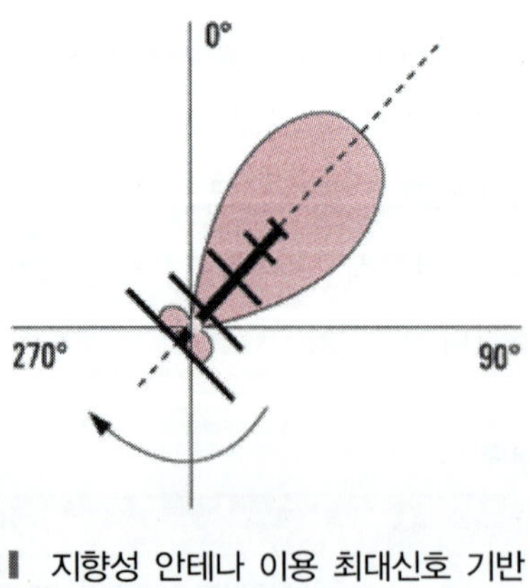

▌그림 3.33▐ 지향성 안테나 이용 최대신호 기반 방향탐지[37]

35) 물론 지향성 있는 안테나를 만들기 위해 배열안테나를 이용하기도 한다. 이때 배열안테나는 송신기나 수신기에서 빔폭을 좁히기 위해 사용한다.

36) 지리산 등에 방사한 곰의 몸에 송신기를 부착하고 지향성 안테나를 이용하여 곰이 어디에 살고 있는지 찾아다니는 다큐멘터리나 뉴스의 장면을 볼 수 있는데 이때 사용되는 시스템도 지향성 안테나를 이용한 방향탐지 시스템이다.

37) 그림에 있는 지향성 안테나를 Yagi 안테나라고 부른다. Yagi 안테나는 특정한 간격으로 배열된 다이폴 안테나의 특성을 이용하여 측정 방향으로 빔을 지향할 수 있다. 초창기 레이다나 방향탐지에서 많이 사용되

【그림 3.33】에 안테나 지향성을 이용한 방향탐지 기술을 보여준다. 이러한 방식은 기계적인 회전에 의존하므로 지향성 높은 안테나 하나와 수신기 하나만 있으면 되므로 값싸게 시스템을 구성할 수 있다. 하지만 방향탐지할 신호원이 기계적인 회전시간보다 짧은 시간간격으로 송신하는 신호라면 방향탐지가 어려운 치명적인 단점이 있다. 이러한 단점에도 불구하고 시스템이 간단하므로 지금도 방향탐지 시스템 등에 대표적으로 사용되는 시스템이다. 회전하는 기계식 레이다 시스템에도 목표물의 방향을 탐지하기 위하여 이러한 방식을 주로 사용한다.

3.3.2 모노펄스(Monopulse) 방향탐지

기계적인 회전방식의 단점을 극복하기 위해 전기적인 방향탐지 기술이 필요하다. 대표적인 방식으로 모노펄스 기반 방향탐지 방법이 있으며 이 방법의 원리는【그림 3.34】와 같다. 두 개의 안테나의 빔을 중심축을 기준으로 각각 left 빔과 right 빔으로 구성하고, 두 빔의 크기를 더한 Sum(Σ) 채널과 두 빔의 크기를 뺀 Delta(Δ) 채널의 빔을 형성한다. Σ채널은 안테나에 수직한 방향으로 최대크기를 갖는 반면, Δ채널은 최소값을 가지게 되며, 각도가 중심축에서 벗어남에 따라 Σ채널의 크기는 작아지고, Δ채널의 크기는 커지게 된다. 따라서 각도에 따른 두 빔의 차이를 이용하면 송신기가 위치한 각도를 찾을 수 있다. Σ채널과 Δ채널의 크기는 전력합성기와 180° 하이브리드를 이용하여 RF회로로 간단히 구현할 수 있어 구현이 쉽다.

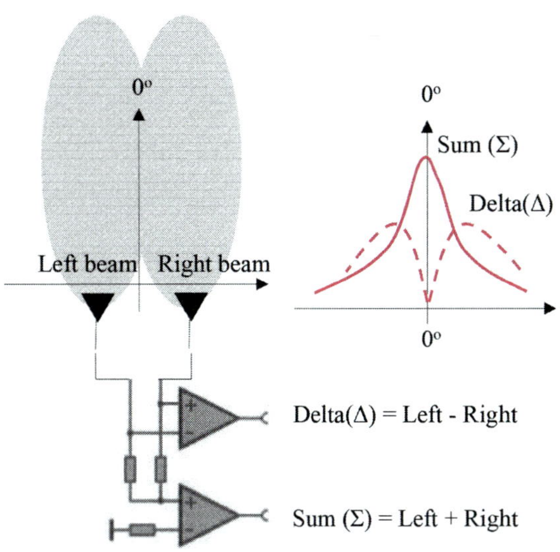

그림 3.34 모노펄스 방식의 구조 및 방향 탐지 원리

었으며 지금도 TV 수신안테나에서 사용된다.

이와 같이 모노펄스 기반 방향탐지 기술은 그 구성이 간단하다는 장점이 있지만, 방향 탐지의 정확도와 탐지각도 간의 트레이드오프(trade-off)가 있게 된다. 즉, 방향탐지의 정확도를 높이면 탐지각도가 좁아지고, 탐지각도를 넓히면 방향탐지 정확도가 낮아진다. 이를 분석하기 위하여【그림 3.25】와 같이 두 개의 이상적인 Gaussian 빔을 갖는 경우를 가정하면 빔의 방사패턴은 식 (3.54)와 같다.

$$P = \exp\left(-K\left(\frac{\theta}{\theta_0}\right)^2\right) \tag{3.54}$$

여기서 θ는 주빔에서부터 측정되는 각도, θ_0는 안테나의 3 dB 빔폭, K는 비례상수이다.

예제 3-19 **식 (3.54)를 이용하여 이상적인 30도와 45도의 빔폭을 갖는 Gaussian 빔 안테나의 방사패턴을 그려보자.**

```
K=0.69;
pi_0_1=pi*30/180;            % 30 degree 3dB beamwidth
pi_0_2=pi*45/180;            % 45 degree 3dB beamwidth
P2_center=pi*(90)/180;       % P2 beam: 90 degree center
P1_center=pi*(90)/180;       % P1 beam: 90 degree tilt
for i=1:1:361,
  theta_degree(i)=i-181;
  theta(i)=pi*(i-181)/180;
end
P1=exp(-K*((theta-P1_center)/pi_0_1).^2);
P2=exp(-K*((theta-P2_center)/pi_0_2).^2);
figure(1)
polar(theta,P1)
hold on
polar(theta,P2)
hold off
```

이제 첫 번째 빔에 수신되는 신호의 전력은 P_1, 두 번째 빔에서 수신되는 신호의 전력은 P_2라 하면 이 값은 식 (3.55) 및 식 (3.56)과 같이 주어진다.

$$P_1 = \exp\left(-K\left(\frac{\psi_S/2-\psi}{\theta_0}\right)^2\right) \tag{3.55}$$

$$P_2 = \exp\left(-K\left(\frac{\psi_S/2+\psi}{\theta_0}\right)^2\right) \tag{3.56}$$

여기서 ψ_S는 최대 빔방향 간 각도(squint angle)로【그림 3.35】의 경우 90°이다. ψ는 빔의 두 빔의 중간점에서부터 반시계방향으로 측정되는 각도이다. 이제 첫 번째 수신되는 신호의 전력과 두 번째 빔에서 수신되는 신호의 전력의 비, R은 식 (3.57)과 같이 주어진다.

$$R = 10\log\frac{P_1}{P_2} = \frac{10K\log e}{\theta_0^2}\left[\left(\frac{\psi_S}{2}+\psi\right)^2 - \left(\frac{\psi_S}{2}+\psi\right)^2\right] \tag{3.57}$$

식 (3.57)의 괄호를 정리하여 ψ를 계산하면 식 (3.58)과 같이 주어진다.

$$\psi = \frac{\theta_0^2 R}{20K\psi_S \log e} = \frac{\theta_0^2 R}{6\psi_S} \tag{3.58}$$

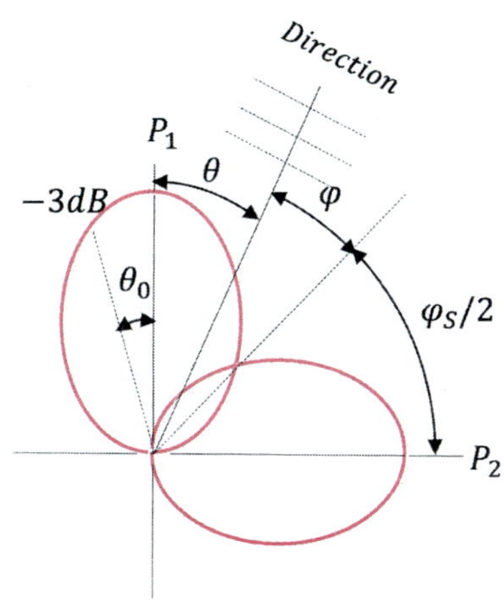

▌그림 3.35▐ 두 개의 Gaussian 빔의 진폭 비교

식 (3.58)로부터 ψ_S와 θ_0가 정해져 있을 때 R이 측정되면 방향탐지할 송신기의 각도 ψ가 선형식으로 계산된다. 실제 진폭을 비교할 빔폭이 일정하지 않다면 식 (3.58)의 도래각 계산이 선형적으로 주어지지 않으므로 식 (3.58)을 기준으로 도래각 별로 LUT(Look Up Table)을 만들고, LUT를 참조하여 도래각을 추정하게 된다.

식 (3.58)에서 모노펄스 두 빔의 각도 ψ_S와 두 빔의 3 dB 빔폭 θ_0에 따른 ψ 추정의 상대민감도(relative sensitivity)를 구하기 위하여 식 (3.58)을 ψ_S와 θ_0에 따라 각각 미분하여 계산하면 식 (3.59) 및 식 (3.60)과 같다.

$$\left|\frac{d\psi/d\psi_S}{\psi}\right| = \frac{1}{\psi_S} \tag{3.59}$$

$$\left|\frac{d\psi/d\theta_0}{\psi}\right| = \frac{2}{\theta_0} \tag{3.60}$$

식 (3.59)와 식 (3.60)으로부터 두 개의 빔 간의 진폭비교를 이용한 모노펄스 기반 방향탐지 시스템의 성능은 두 빔의 간격이 좁을수록, 각각의 빔의 3dB 빔폭이 좁을수록 민감도는 비례하여 우수함을 알 수 있다. 따라서 모노펄스 레이다에서 일반적으로 빔폭이 좁은 2개의 인접한 빔을 사용하는 이유가 여기에 있다.

좁은 빔폭을 갖는 두 개의 인접한 빔을 이용하는 모노펄스 방향탐지의 예로 미사일 등에 사용되는 추적 레이다가 있다. 미사일 등에 장착되는 군사용 추적 레이다는 미사일 정면에 있는 목표물의 정확한 방향만을 찾기 때문에 넓은 탐지 각도가 필요 없다. 단, 2차원 평면상에 빔을 추적하기 위하여 상하좌우 2개의 모노펄스 시스템, 즉 4개의 빔을 갖는 모노펄스 방향탐지 시스템을 구성해야 한다.

추적레이다에서 모노펄스 방식의 방향탐지는 방향탐지 각도가 매우 좁을 때 사용하며, 만약에 360° 전체에 대해 방향탐지 시스템을 꾸밀 경우에는【그림 3.36】과 같이 4개의 다이폴 안테나를 사용하여야 한다. 안테나 2개만 사용할 경우에는 앞/뒤의 구분이 어려우므로 안테나 4개를 사용하여 앞/뒤와 좌/우를 구분하게 된다. 이러한 방식을 Watson-Watt 방향탐지 시스템이라고 부른다.

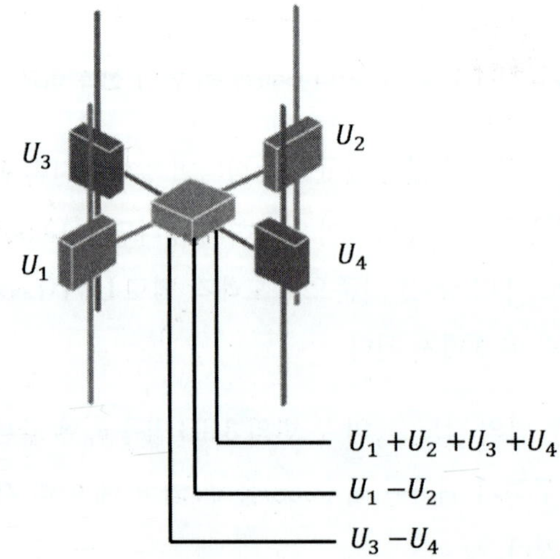

【그림 3.36】 Watson-Watt 방향탐지 시스템

참고

모노펄스 방향 탐지는 현대 레이다의 핵심기술로 사용된다. 예를 들어 최신 전투기에 사용되는 AESA(active electronically scanned array) 레이다의 목표물 추적은 기본적으로 모노펄스 방식을 사용한다. 이때 지향성 있는 좁은 빔을 생성하기 위하여 배열안테나를 이용하여 지향성 빔 패턴을 생성한다.

3.4 전송선로와 안테나의 임피던스 정합

일반적으로 무선통신과 레이다가 사용하는 마이크로파 대역에서 사용되는 전송선로의 표준 임피던스는 50Ω이다. 전송전로의 끝단에는 통상 부하(예를 들어 안테나)가 붙게 되는데 이 부하의 임피던스가 정확히 50Ω이면 전송선로 입장에서는 전송선로가 계속 연결된 것으로 보이므로 반사파가 없게 된다. 이러한 경우를 임피던스 정합(매칭)되었다고 말한다. 그러나 부하의 임피던스와 선로의 특성임피던스가 다르다면 임피던스 매칭이 되지 않아 다양한 문제가 발생한다. 어떤 문제가 발생하는지 살펴보기 위해【그림 3.37】과 같이 전송선로의 종단에 부하임피던스 Z_L이 $z=0$ 위치에 놓여있다고 가정하자. 참고로 부하의 임피던스는 임피던스 측정 장비나 네트워크 분석기(Network Analyzer)를 이용하여 측정할 수 있다[38]. 부하임피던스는 부하에서의 전압과 전류의 비이므로 $z=0$ 위치에서 파동방정식을 적용하면 식 (3.61)을 얻을 수 있다.

$$Z_L = \frac{V_0(z=0)}{I_0(z=0)} = \frac{V_0^+ e^{+\gamma(0)} + V_0^- e^{-\gamma(0)}}{I_0^+ e^{+\gamma(0)} + I_0^- e^{-\gamma(0)}} = \frac{V_0^+ + V_0^-}{I_0^+ + I_0^-} \tag{3.61}$$

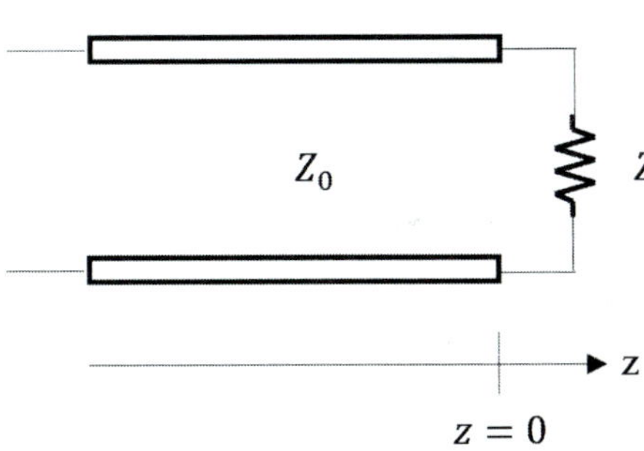

【그림 3.37】 부하임피던스 Z_L로 종단된 전송선로

38) 교류저항이라는 개념으로 임피던스라는 용어를 사용하지만 전송선로의 특성임피던스를 임피던스 측정장비(RLC 미터)나 네트워크 분석기를 이용하여 직접 측정하는 것은 불가능하다.

이제 전류파형을 전파의 진행방향을 고려하여 전압파형으로 바꾸어 식을 다시 정리하면 식 (3.62)와 같다[39].

$$Z_L = Z_0 \frac{V_0^+ + V_0^-}{V_0^+ - V_0^-} \tag{3.62}$$

식 (3.62)를 반사파 전압과 진행파 전압의 비(V_0^- / V_0^+)로 표현되도록 정리하면 식 (3.63)과 같이 되며, 이 반사파와 입력파의 비를 **반사계수(Reflection Coefficient)** Γ_L라 부른다.

$$\frac{V_0^-}{V_0^+} = \frac{Z_L - Z_0}{Z_L + Z_0} = \Gamma_L \tag{3.63}$$

예제 3-20 **단락(short)된 부하($Z_L = 0$)에서는 반사계수가 −1이고 정합된 부하($Z_L = Z_0$)에서는 반사계수가 0, 개방(open)된 부하($Z_L = \infty$)에서는 1임을 식 (3.63)으로부터 구하시오.**

풀이 단락된 부하의 반사계수: $\Gamma_L = \frac{Z_L - Z_0}{Z_L + Z_0} = \frac{0 - Z_0}{0 + Z_0} = -1$

개방된 부하의 반사계수: $\Gamma_L = \frac{Z_L - Z_0}{Z_L + Z_0} = \frac{1 - Z_0/Z_L}{1 + Z_0/Z_L} = \frac{1-0}{1+0} = 1$

정합된 부하의 반사계수: $\Gamma_L = \frac{Z_L - Z_0}{Z_L + Z_0} = \frac{0}{2Z_0} = 0$

일반적으로 전송선로를 따라 임의의 지점에서의 반사계수는 반사파와 입력파의 비로서 다음과 같이 주어진다.

$$\Gamma = \frac{V_0^- e^{+\gamma z}}{V_0^+ e^{-\gamma z}} = \Gamma_L e^{+2\gamma z} \tag{3.64}$$

이때 z의 기준을 정할 때 부하가 위치한 지점을 $z = 0$으로 놓으므로 선로에서는 마이너스가 되는 것에 주의해야 한다. 예를 들면 $z = -l$ 위치에서의 반사계수는 $\Gamma = \Gamma_L e^{-2\gamma l}$이 된다.

$$\Gamma = \Gamma_L e^{-2\gamma l}$$

반사계수가 존재하여 입사파와 반사파가 중첩되면 정재파(standing wave) 패턴이 발생하게

39) 식 (3.61)과 식 (3.62)에서 전압파형과 전류파형은 −z방향일 때 부호가 바뀜에 주의하라.

된다. 이러한 전압정재파의 최대와 최소 전압의 비를 전압정재파비(Voltage Standing Wave Ratio)라 부르며 약자로 VSWR을 사용한다. VSWR의 식은 다음과 같다.

$$VSWR = \frac{1+|\Gamma_L|}{1-|\Gamma_L|} \tag{3.65}$$

반사계수의 크기가 0(반사가 없는 경우)에서 1(최대 반사가 되는 경우) 사이에 존재하므로 VSWR은 1부터 무한대 사이의 값을 갖는다.

예제 3-21 **전송선로의 길이가 반파장($\lambda/2$) 일 때 $\Gamma = \Gamma_L$이 되어 선로의 임피던스에 상관없이 반사계수는 부하에 의해서만 결정된다.**

풀이 $\Gamma = \Gamma_L e^{-2\gamma l} = \Gamma_L e^{-j2\beta l} = \Gamma_L e^{-j2\frac{2\pi}{\lambda}\frac{\lambda}{2}} = \Gamma_L e^{-j2\pi} = \Gamma_L$

참고 (예제 3-21)에서 알 수 있듯이 반파장인 경우 반사파가 생기더라도 역위상으로 서로 상쇄되므로 반사파가 없는 것과 같은 효과가 발생하게 된다. 이러한 원리를 이용하여 레이돔의 두께를 반파장으로 만들게 된다.

3.4.1 입력임피던스와 임피던스 정합

이제【그림 3.38】과 같이 선로의 특정지점인 $z=-l$에서 임피던스를 살펴보자.

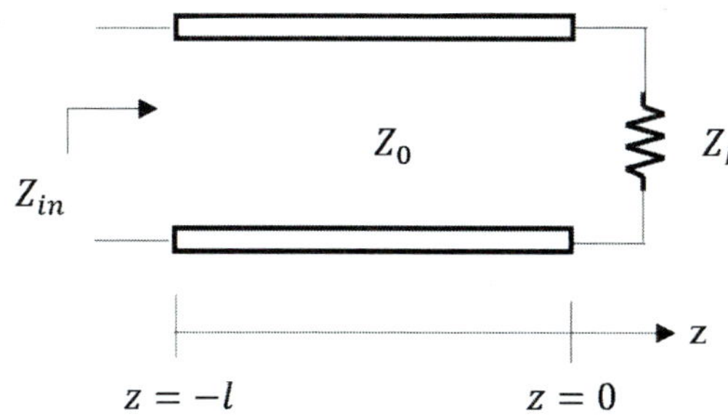

【그림 3.38】 부하가 있는 전송선로의 특성

부하로 부터 $z=-l$ 거리만큼 떨어진 위치에서 부하 쪽을 바라본 임피던스는 식 (3.66)과 같이 주어진다.

$$Z_{in} = \frac{V_0(z=-l)}{I_0(z=-l)} = Z_0 \frac{V_0^+ e^{+\gamma l} + V_0^- e^{-\gamma l}}{V_0^+ e^{+\gamma l} - V_0^- e^{-\gamma l}} \tag{3.66}$$

식 (3.66)에서 부하반사계수와 지수함수를 쌍곡선 함수에 대한 식[40]을 이용하여 다시 정리하면 식 (3.67)과 같다.

$$Z_{in} = Z_0 \frac{Z_L + Z_0 \tanh(\gamma l)}{Z_0 + Z_L \tanh(\gamma l)} \tag{3.67}$$

식 (3.67)에 의하여 전송선로의 위치별로 입력임피던스 값은 유도성값과 용량성값으로 계속 변화하게 된다. 만약 손실이 없는 선로의 경우 식 (3.67)은 식 (3.68)과 같이 쓸 수 있다.

$$Z_{in} = R_0 \frac{Z_L + jR_0 \tan(\beta l)}{R_0 + jZ_L \tan(\beta l)} \quad \text{(무손실 선로)} \tag{3.68}$$

예제 3-22 **입력임피던스가 100Ω인 마이크로스트립 패치 안테나를 50Ω 무손실전송선로에 연결하였다. 선로의 길이가 1/2 파장일 때 입력임피던스는 얼마인가?**

풀이 식 (3.68)에에서 100Ω이 된다. 선로의 임피던스가 얼마이든지 반파장이 되면 선로의 영향은 없어진다.

예제 3-23 **특성임피던스가 50Ω인 무손실 전송선로의 전파상수 β=20rad/m 라고 하자. 이 전송선로의 끝에 부하 임피던스 Z_L=100Ω이 달려 있다. 부하로부터 5cm 떨어진 지점에서 부하측을 바라본 임피던스는 얼마인가?**

풀이 $$Z_{in} = 50 \times \frac{100 + j50\tan(20 \times 0.05)}{50 + j100\tan(20 \times 0.05)} = 50 \times \frac{100 + j75}{50 + j150}$$

$$= \frac{100 + j75}{1 + j3} = \frac{1}{1^2 + 3^2}(100 + j75)(1 - j3) = 32.5 - j22.5$$

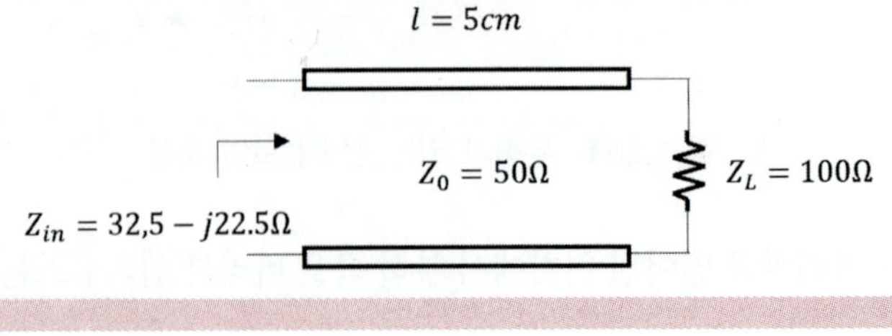

40) $\sinh x = \frac{1}{2}(e^x - e^{-x})$, $\cosh x = \frac{1}{2}(e^x + e^{-x})$, $\tanh x = \frac{\sinh x}{\cosh x}$

예제 3-24 **특성임피던스가 50Ω인 무손실 전송선로의 전파상수 β=20rad/m 라고 하자. 이 전송선로의 끝단에 부하 임피던스 Z_L=100Ω이 달려 있다. 부하로부터 10cm 떨어진 지점에서 부하측을 바라본 임피던스는?**

풀이 $Z_{in} = 50 \times \dfrac{100 + j50\tan(2)}{50 + j100\tan(2)} = 50 \times \dfrac{100 - j110}{50 - j220} = 29 - j5.2$

임피던스 정합과 최대전력전달

부하가 있는 전송선로의 입력임피던스는 부하의 크기와 선로의 길이에 따라 변한다. (예제 3-23)과 (예제 3-24)에서 보았듯이 부하의 임피던스가 동일하더라도 선로의 길이가 달라지면 입력임피던스가 변하게 된다. 특히, 부하에서는 저항성분만이 보이는 경우에도 부하 임피던스와 전송선로의 특성 임피던스가 다른 경우, 전송선로의 길이에 따라 입력 측에서 들여다보는 임피던스 (Z_{in})가 계속적으로 변화하는 복소수 값이 된다. 반면에, 전송선로의 특성 임피던스와 부하 임피던스가 동일하게 50Ω으로 일치한다면, 전송선로의 길이에 무관하게 항상 입력 임피던스 (Z_{in})가 50Ω이 되어 임피던스 정합이 바로 이루어져 편리하다. 결론적으로, 전송선로가 있는 회로에서는 전송선로의 특성 임피던스 (Z_0) 및 부하의 임피던스 (Z_L)는 항상 정합되는 것이 좋다[41].

예제 3-25 **WiFi나 BLE 모듈을 연결하려고 한다. 모듈의 RF 출력단이 50Ω이고, 안테나 임피던스가 50Ω인 안테나와 75Ω인 안테나 중에서 임피던스 정합회로가 필요한 안테나는 얼마인가?**

풀이 임피던스가 다른 경우에만 정합회로가 필요하므로 75Ω 안테나가 임피던스 정합회로가 필요하다.

임피던스 정합 회로는 다양한 회로가 존재하는데 가장 간단한 방법으로 1/4 파장 변환기를 사용하는 방법이 있다. 1/4 파장 변환기는 부하 임피던스가 리액턴스 성분이 없고 실수로만 구현될 때 사용하는 방법이다. 저항 부하 R_L로 종단된 부하에 손실없는 선로 Z_0에 연결되어 있을 경우. 만약 선로길이가 1/4 파장 길이라면 $\beta l = \pi/2$이므로 $\tan(\beta l) = \infty$가 되므로 입력임피던스는 다음과 같이 주어진다.

41) 임피던스 정합이란 서로 다른 두 회로를 연결할 때 임피던스 차이에 의한 반사를 줄이는 것을 의히마며 고주파회로에서는 가장 중요한 개념이다.

$$Z_{in} = Z_0 \frac{R_L + jZ_0 \tan(\beta l)}{Z_0 + jR_L \tan(\beta l)} = \frac{Z_0^2}{R_L}$$

이제 입력임피던스가 50Ω이 되기 위해서는 다음 식 (3.69)를 만족하면 된다. 이 방식의 단점은 부하가 실수성분만을 가지고 있어야 하며, 주파수가 낮을 경우 1/4 파장 임피던스 변환기의 크기가 커진다는 것이다.【그림 3.39】에 1/4 파장 변환기를 이용한 임피던스 정합회로의 구성을 보여준다.

$$Z_0 = \sqrt{Z_0 R_L} \tag{3.69}$$

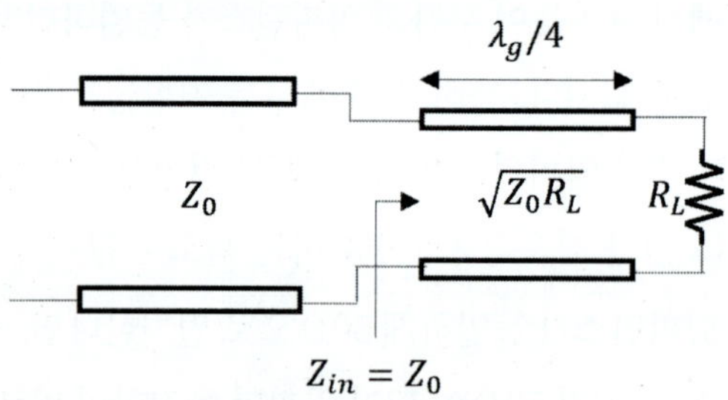

▌그림 3.39▌ 1/4 파장 변환기를 이용한 임피던스 정합회로

예제 3-26 **입력임피던스가 100Ω인 마이크로스트립 패치 안테나를 50Ω 전송선로에 연결하려고 한다. 1/4 파장 임피던스 정합회로에 요구되는 임피던스는 얼마인가?**

풀이 식 (3.65)에 의해 $Z_s = \sqrt{Z_0 R_L} = \sqrt{(50)(100)}$ 이므로 70.7Ω이 된다.

요약 사용하는 무선통신 모듈이나 레이다 모듈에 안테나를 연결할 때는 안테나의 임피던스 특성을 잘 알아서 모듈의 안테나 단자와 임피던스 정합이 되도록 해야 한다. 보통은 모듈 제조사가 관련 참고자료를 제공하므로 이를 참고하여야 하며, RF나 안테나 전문가들과 상의하는 것도 좋은 방법이다.

3.4.2 Smith 차트

이제 부하임피던스가 실수만을 가지고 있지 않고 복소수인 경우의 임피던스 정합에 대해 알아보자. 부하의 임피던스가 복소수인 경우 임피던스 정합을 수식으로만 계산하기에는 복소수 곱셈과 나눗셈 때문에 쉽지 않다. 이런 경우 개념적으로 쉽게 임피던스정합을 위한 도구로【그림 3.40】과 같은 스미스(Smith) 차트가 개발되었다[42]. **Smith 차트**는 안테나와 전송선로 간의 임피던스 정합을 개념적으로 사용하기 편리한 도구이다. Smith차트를 사용하기 위해서는 정규화 과정이 먼저 필요하다. 정규화의 기본이 되는 임피던스는 선로의 특성 임피던스로 보통 50Ω이 기준이 된다. Simuth 차트에서 부하 임피던스가 $50 + j100\Omega$이라면 스미스차트에는 50Ω으로 나누어주는 정규화 과정을 거쳐 $1 + j2\Omega$점에 해당한다.【그림 3.40】에서 실수부가 1인 점과 허수부가 2인 점이 교차하는 지점이 부하임피던스에 해당되는 지점이다.

예제 3-27 **Smith 차트에서 다음의 부하 임피던스의 위치를 찾아라.**

(a) $Z_L = 0$ (단락 (short)회로)

(b) $Z_L = \infty$ (개방 (open)회로)

(c) $Z_L = 100 + j100\Omega$

(d) $Z_L = 100 - j100\Omega$

(e) $Z_L = 50\Omega$

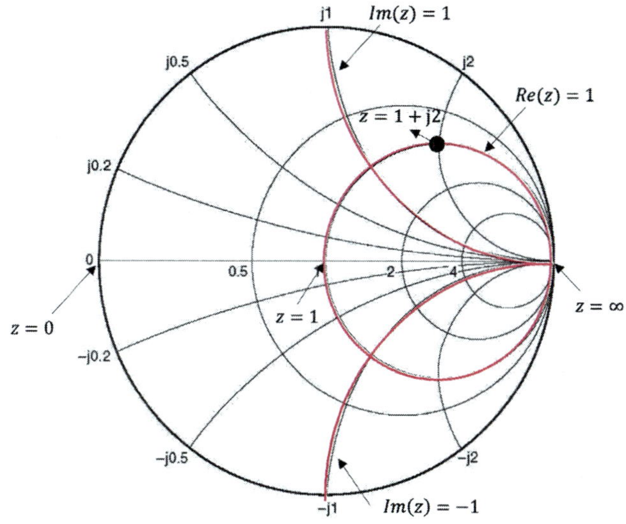

그림 3.40 스미스 차트 (Smith Chart)

이제 $1 + j2\Omega$에 위치한 부하에 50Ω 전송선로가 추가될 경우 반사계수는 다음과 같다.

$$\Gamma = \Gamma_L e^{j\beta z} = |\Gamma_L| e^{j\theta_\Gamma} \tag{3.70}$$

식 (3.70)에서 반사계수는 크기 $|\Gamma_L|$를 갖고 각도 θ_Γ을 더한 것과 같다. 스미스 도표의 정의에

42) Smith 도표는 1930년대 벨 전화연구소 연구원이 Smith에 의해 고안되었고, 2차 세계대전 중에 폭넓게 사용되었다. 복소수의 복잡한 연산없이 임피던스 정합을 그림으로 이해할 수 있다.

따라 $|\Gamma_L|$의 값은 도표의 중심으로부터 부하까지의 거리를 원 주위까지의 거리($|\Gamma_L|=1$)로 나누는 것으로 구할 수 있다. 반사계수의 각도 θ_Γ은 차트의 원 밖에 표시된 반사계수 각도로 주어지는데 실수축에서 반시계 방향으로의 각도에 해당한다. 예를 들어 $1+j2\Omega$에 위치한 부하는 원점에서 부하까지의 거리와 수평선에서 각도를 통해 $|\Gamma_L|=0.707$과 $\theta_\Gamma=45^o$에 해당되는 값을 읽을 수 있다. 이 값은 반사계수에 대한 식으로 검증할 수 있다.

$$\Gamma_L=\frac{Z_L-Z_0}{Z_L+Z_0}=\frac{50+j100-50}{50+j100+50}=0.5+j0.5=0.707e^{j45^o}$$

부하 임피던스에 따른 스미스차트 내의 점을 찾은 후에서는 반사계수가 일정한 원을 그리게 되면 전송선로의 길이에 따른 입력임피던스의 변화를 쉽게 알 수 있다. 무손실 전송선로의 경우 스미스 도표를 따라 시계방향으로 움직이게 되는데 반파장마다 한바퀴를 돌게 된다. 이제 부하에 50Ω 전송선로가 0.3λ가 연결되었을 때의 입력임피던스는【그림 3.41】과 같이 주어진다[43].

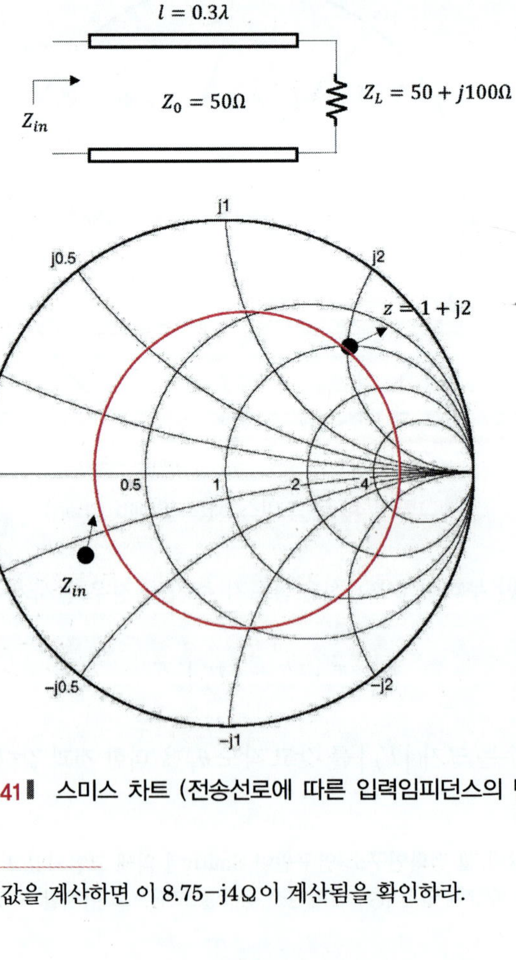

▌그림 3.41▌ 스미스 차트 (전송선로에 따른 입력임피던스의 변화)

43) 이 점은 입력임피던스의 값을 계산하면 이 8.75−j4Ω이 계산됨을 확인하라.

Smith 차트를 이용한 임피던스 정합

이제 부하 임피던스가 실수가 아닌 경우 일반적으로 사용되는 스미스 차트를 이용한 임피던스 정합방법을 살펴보자. 스미스 차트에서 임피던스 정합이란 스미스 차트 위의 임의로 선택한 점에 위치한 정규화된 부하 임피던스를 $|\Gamma_L| = 0$인 스미스차트의 중앙으로 옮기는 것이다. 예를 들어【그림 3.42】와 같이 $50 + j100\Omega$인 부하로 종단된 50Ω 전송선로를 따라 적절한 위치에 리액티브 소자를 더하는 정합회로를 살펴보자. 먼저, 정규화된 부하임피던스 $z_L = 1 + j2$를 Smith chart에 위치시키고 일정한 $|\Gamma_L|$ 원을 그린다. 소스 방향으로 시계방향으로 회전하게 되면 $z = 1$인 원을 만나게 되어 실수부가 50Ω에 정합된다. 이제 허수부를 없애기 위하여 인덕턴스를 직렬로 위치시키면 최종 입력임피던스는 $z_L = 1$, 즉 50Ω 정합이 된다. 전송선로의 길이와 인덕턴스의 값은 전송선로의 형태와 주파수가 정해질 경우 계산이 된다.

예제 3-28 1GHz에서 $Z_L = 100 + j200\Omega$인 **부하를 저항과 인덕터로 표현할 때 인덕터의 값은 얼마인가?** ($\omega L = (2\pi \times 10^9)L = 200$, L = 32 [nH])

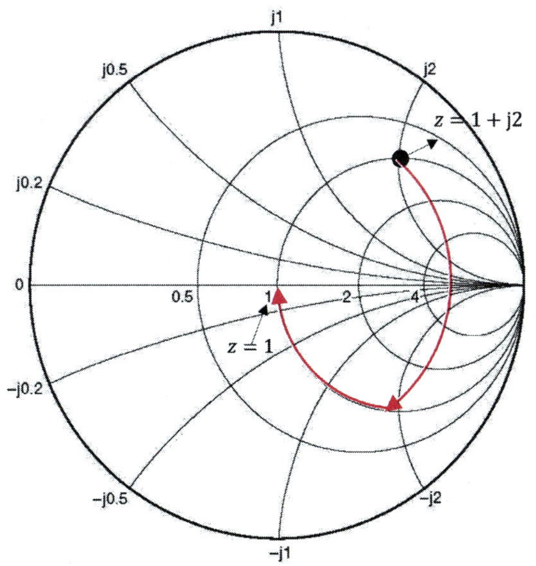

▌그림 3.42▌ 스미스차트를 이용한 임피던스 정합회로 예

정합되지 않은 경우: 반사손실

반사손실(RL)은 반사계수를 log scale로 변환한 값이다. 이때 전압의 단위이므로 dB 계산 시 20을 곱한다.

$$RL = 20\log|\Gamma| \tag{3.71}$$

반사계수가 0이면 임피던스 정합이 된 상태를 의미하며, 1이면 입사파가 100% 반사되는 상태를 의미한다. 반사손실은 반사계수가 1일 때 0dB이며, 반사계수가 0일 때 ∞가 된다.[44)]【표 3.4】는 대표적인 안테나 반사손실에 따른 특성을 나타낸다.

예제 3-29 50Ω 전송선로가 150Ω 부하로 종단되어 있다. 반사계수와 VSWR을 구하시오.

풀이 식 (3.59)과 식 (3.65)를 이용해 구할 수 있다.

반사계수는 $\Gamma_L = \dfrac{Z_L - Z_0}{Z_L + Z_0} = \dfrac{150-50}{150+50} = 0.5$(−6dB 반사손실)가 되고, VSWR은

$VSWR = \dfrac{1+|\Gamma_L|}{1-|\Gamma_L|} = \dfrac{1+0.5}{1-0.5} = 3$이 된다.

예제 3-30 【표 3.2】의 다이폴 안테나의 Return loss는 −10dB 이하로 되어 있다. 이것의 의미는 무엇인가?

풀이 임피던스 부정합에 의해 특정주파수에서는 전력의 10%까지도 반사될 수 있다는 것이다. 이때 반사계수는 0.32이고, VSWR은 1.92가 된다. 【표 3.4】에 이러한 관계가 나와 있다.

표 3.4 안테나 반사손실과 다른 파라미터와의 관계

Return loss	반사전력	방사전력	VSWR	Reflection Coefficient
0.0	100%	0%	∞	1.0
−3.0	50%	50%	5.85	0.71
−10.0	10%	90%	1.92	0.32
−20.0	1%	99%	1.22	0.10

44) 보통 반사손실이 -10dB 이하인 주파수 대역을 임피던스 정합되었다고 한다.

제4장

전파와 신호: 시간과 주파수축에서의 해석

2장과 3장에서 무선통신과 레이다 전파를 공간축에서 해석하고 이를 응용하는 방법을 학습하였다. 전파를 공간축에서 해석한다는 의미는 하나의 주파수를 갖는 정현파로 해석한다는 의미이다. 무선통신과 레이다를 공간축에서 해석하면, 전송선로, 안테나, 안테나와 안테나 사이의 자유공간에서의 전파의 특성을 이해할 수 있다. 하지만 무선통신과 레이다에서 정보는 공간축이 아니라 시간축에 포함되어 있으므로 신호를 시간축에서 해석하는 것이 필요하다. 신호를 시간축에서만 해석한다는 것은 다른 말로 공간에서의 변화를 고려할 필요가 없을 정도로 파장이 크다는 것을 의미한다. 이러한 가정이 적용되는 부분을 기저대역 회로(Baseband Circuit)라고 하며【그림 4.1】에 표시되는 부분이다[1]. 기저대역 회로를 시간축에서 학습할 때는 하나의 주파

1) 회로에서 파장이 커서 회로의 각 부분에서 위치에 따른 위상의 변화가 없는 회로를 집중정수회로(Lumped-circuit)라고 한다. 반면 회로의 각 부분에서 위치에 따른 위상의 변화가 있는 회로는 분포정수회로(distruibuted-circuit)이라 하며 RF회로가 대표적이다.

수 성분만 고려하지 않고 여러 주파수 성분을 한꺼번에 고려하게 된다. 이 기저대역 회로에 존재하는 신호들을 학습하는데 있어 핵심 개념은 컨볼루션(Convolution)과 상관(Correlation) 개념이다. 한편, 신호를 시간축에서 해석할 때는 주파수축으로 변환하여 함께 해석하므로 시간의 함수가 아닌 주파수의 함수로도 표현할 수 있어야 한다. 이를 위해 신호 및 시스템 시간에 학습하였던 Fourier 변환의 개념을 복습하게 된다. 또한, 이를 통해 시간영역과 주파수영역에서 전력을 구하는 법을 학습한다. 마지막으로 무선통신과 레이다에서 나오는 주요 신호들의 시간 및 주파수 특성에 대해 자세히 학습한다.

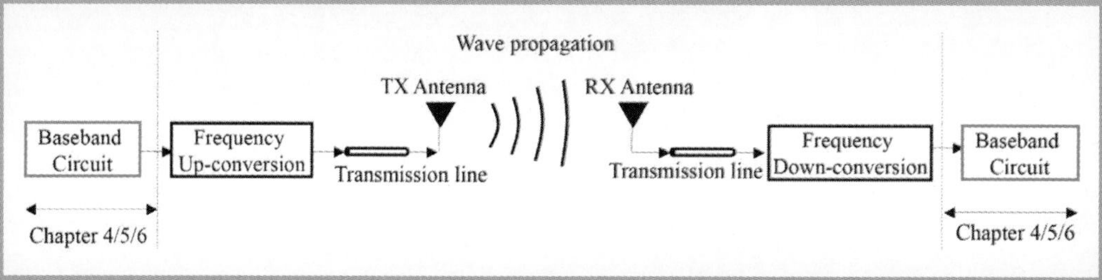

▌그림 4.1▌ 4장의 주요 학습 내용

4.1 기저대역신호의 시간영역 표현

무선통신과 레이다에서 안테나 사이에 존재하는 신호는 주파수가 높은 통과대역신호인 전파이다. 이러한 전파는 주파수가 높아 디지털로 변환하기 어려우므로 무선통신과 레이다에서 전파를 가공할 때는 직접 통과대역신호를 다루지 않고 하드웨어를 이용하여 기저대역신호로 변환한 후 다룬다고 하였다. 이제 기저대역으로 변환된 신호는 주파수가 낮아 파장이 매우 크므로 공간을 고려할 필요가 없어진다. 이 경우 전파를 시간영역에서의 함수로 표현할 수 있는데 이를 신호(Signal)라고 한다. 본 절에서는 기저대역신호를 시간영역에서 표현하고 해석하는 방법을 학습한다.

4.1.1 신호를 시간의 함수로 표현

무선통신에서 정보(음성, 사진, 영상)나 레이다에서 주파수하향 변환된 전파는 기저대역신호(Baseband Signal)로 표현할 수 있다. 기저대역 신호는 보통 DC에서 시작하여 특정 주파수에서 끝나는 주파수 성분을 가지므로 기저대역신호라 부른다. 즉 주파수가 0인 DC를 기준(Base)으로 한다는 의미이다. 음성정보를 예로 들면, DC란 시간에 따른 변화가 없음을 의미하므로 우리 귀에는 들리지 않는다. 이제 소리의 주파수가 증가하여 가청주파수(20~20,000Hz)가 되면, 우리는 다양한 소리를 들을 수 있다. 정현파로 표시할 수 있는 주파수가 하나인 소리는 귀에는 들리긴 하지만 듣기에 거북할 것이다. 이제 귀에 듣기 편한 소리 중 하나로 완전 5도[2] 화음을 살

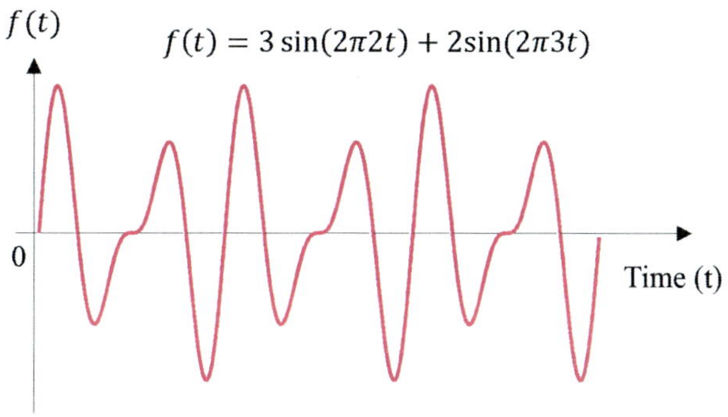

▌그림 4.2▌ 완전 5도 신호의 시간영역 변화

2) 화음(또는 코드)이란 주파수가 다른 2개 이상의 음이 동시에 울렸을 때의 합성음으로 완전5도란 주파수의 비율이 3:2인 두 음을 합성한 것을 의미하며, 예로 '도'와 '솔'의 주파수 비는 3:2이다.

펴보자. 【그림 4.2】는 완전 5도 화음의 시간영역 파형의 변화를 보여준다. 이와 같이 우리가 보통 정보로 다루는 신호는 DC 주변에 존재하는 여러 주파수가 혼합된 신호라 볼 수 있다.

보통 기저대역 신호는 파형이 복잡하여 수식 하나로는 나타낼 수 있는 함수는 없지만 주파수와 크기가 다른 여러 개의 정현파로 기저대역 신호를 만들 수 있다. 즉, 정현파들의 합성에 의해 임의의 신호들을 생성할 수 있다는 것이다. 이 사실을 뒤집어 말하면 어떤 모양의 신호파형이든 서로 다른 진폭, 주파수, 위상을 가진 정현파들로 분해될 수 있다는 의미가 된다.

예제 4-1 **아래의 MATLAB 프로그램에서 차수를 올리면서 실행시킨 결과를 확인하여 사인 함수의 조합으로 구형파 펄스열이 만들어짐을 확인하시오.**

$$f(x) = \frac{4k}{\pi}\left(\sin x + \frac{1}{3}\sin 3x + \frac{1}{5}\sin 5x + \cdots\right)$$

```
k=1;
x=[-100:1:100];
t=pi*x/100;
f=(4/pi)*sin(t);
subplot(411); plot(t,f); grid; axis([-pi, pi, -1.5, 1.5]);
f=(4/pi)*(sin(t)+1/3*sin(3*t));
subplot(412); plot(t,f); grid; axis([-pi, pi, -1.5, 1.5]);
f=(4/pi)*(sin(t)+1/3*sin(3*t)+1/5*sin(5*t));
subplot(413); plot(t,f); grid; axis([-pi, pi, -1.5, 1.5]);
f=(4/pi)*(sin(t)+1/3*sin(3*t)+1/5*sin(5*t)+1/7*sin(7*t));
subplot(414); plot(t,f); grid; axis([-pi, pi, -1.5, 1.5]);
```

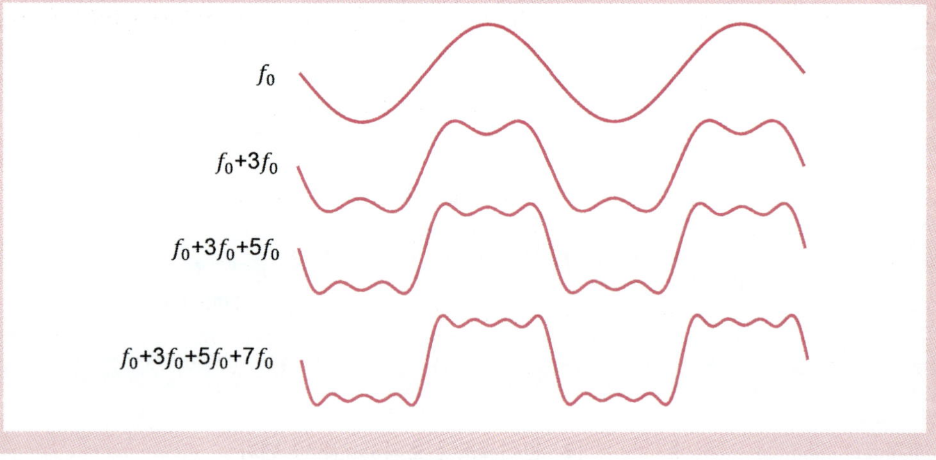

(예제 4−1)과 같이 코사인함수와 사인함수의 조합으로 임의의 파형을 생성할 수 있는데 이를 Fourier 해석(Fourier analysis)라고 한다. 특히 삼각함수를 이용한 Fourier 해석을 삼각함수

형 Fourier 해석(Trigonometric Fourier Analysis)이라 부른다[3].

4.1.2 신호의 분류

무선통신과 레이다에서 다루는 기저대역 신호는 보통 시간에 따라 변하는 전압이다[4]. 이러한 전압신호는 전압파형이 통과하는 회로나 선로의 길이가 신호의 파장에 비해 작으므로 파형의 변화는 특정 회로의 위치에 상관없으며 오로지 시간에 따른 변화만 있다고 가정할 수 있다. 또한, 특성임피던스를 1Ω이라고 가정하면 전압신호이든, 전류신호이든 상관없이 동일하므로 하나의 신호 $x(t)$로 표현할 수 있다.

이렇게 기저대역 신호를 하나의 신호 $x(t)$로 표현한 후 이 신호의 시평균(DC값)과 전력을 구하면 각각 식 (4.1)과 식 (4.2)와 같다.

$$x_{DC} = \langle x(t) \rangle = \lim_{T \to \infty} \frac{1}{T} \int_{-T/2}^{T/2} x(t) dt \tag{4.1}$$

$$P = \langle |x(t)|^2 \rangle = \lim_{T \to \infty} \frac{1}{T} \int_{-T/2}^{T/2} |x(t)|^2 dt \tag{4.2}$$

이때, 식 (4.2)에서 신호가 실수값 만을 갖는 실수함수라면 $|x(t)|^2 = x^2(t)$가 된다. 신호를 시평균과 전력의 두 개로 표현한 이유는 시평균 하나만으로는 0을 기준으로 진동하는 크기가 다른 두 개의 신호를 구분할 수 없기 때문이다[5].

다음으로 기저대역 신호를 분류해보자. 신호는 그 특성에 따라 다양하게 분류할 수 있다. 먼저 【그림 4.3】과 같이 **아날로그(Analog)신호**와 **디지털(Digital)신호**로 분류할 수 있고, **연속(Continuous)신호**와 **이산(Discrete)신호**로 분류할 수도 있다. 그림에서 왼쪽 위부터 시계방향

---

3) (예제 4-1)은 sine함수로 표현된 신호로 sine함수의 특성에 따라 기함수의 특성을 갖는다. 만약 임의의 함수가 우함수의 특성을 갖는다면 cosine함수의 조합으로 표현된다.

4) 신호는 그 구성 방법에 따라 전압신호, 전류신호, 전력신호로 구분된다. 전압신호는 보통 high impedance 회로, 전류신호는 low impedance 회로, 전력신호는 fixed impedance (high frequency) 회로에서 주로 사용된다. 통신에서는 기저대역신호의 경우 전압신호, 통과대역 신호의 경우 전력신호로 분류된다. 실제 전압신호의 임피던스는 MΩ 정도로 전기장만 존재하고 자기장은 0에 가까워 전력은 0이지만 기저대역 신호를 해석할 때는 임피던스를 1Ω이라 가정하고 전력을 계산한다.

5) 크기가 1인 정현파로 표현되는 신호와 크기가 2인 정현파로 표현되는 신호가 있을 때 시평균을 구하면 두 신호는 모두 영이다. 하지만 전력은 다르므로 신호를 표현할 때 시평균과 전력의 2개의 개념이 있어야 한다.

으로 아날로그 연속신호, 디지털 연속신호, 디지털 이산신호, 아날로그 이산신호의 대표적인 예를 보여준다. 아날로그 연속신호를 샘플링(Sampling), 즉, 이산화하면 아날로그 이산신호가 되고 이를 양자화(Quantization)하면 디지털 이산신호를 만들 수 있다.

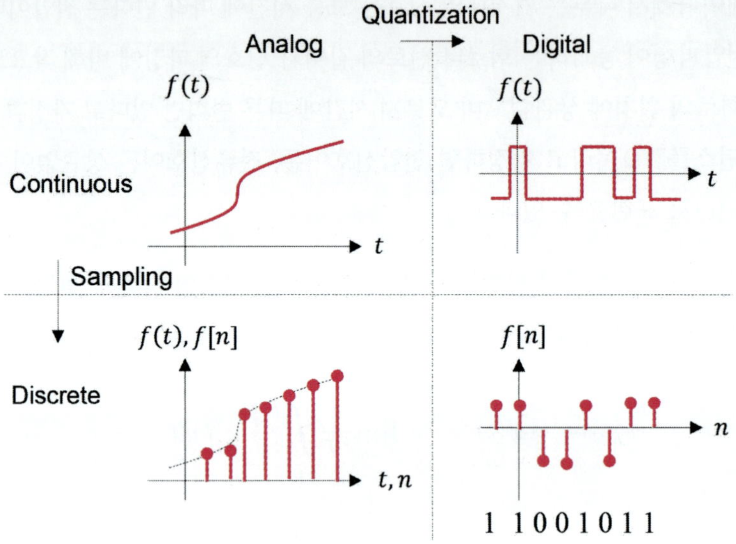

【그림 4.3】 신호의 분류

다음으로 신호는 주기신호(periodic signal)와 비주기신호(nonperiodic 또는 aperiodic signal)로 구분할 수 있다. 주기신호의 경우【그림 4.4】와 같이 일정한 시간 간격(즉, 주기)을 가지고 신호의 형태가 동일하게 반복되는 신호는 주기신호(periodic signal)라 한다. 주기신호의 대표적인 사례로 정현파신호가 있으며, 주기신호의 시평균과 전력은 주기 T_0에 대해서만 시평균과 전력을 구한 것과 같다.

> **중요**
>
> 양의 상수 T_0에 대하여 어떤 신호 x(t)가 다음과 같은 성질을 만족시키면 T_0를 주기라 하고 이 신호를 주기신호라 한다.
>
> $$x(t) = x(t + T_0)$$
>
> 어떤 신호가 주기가 T_0를 가진 주기신호라면 이 신호는 또한 주기 nT_0(n은 자연수)를 갖는 주기신호가 된다. 이때 T_0를 기본주기(fundamental period)라 한다.

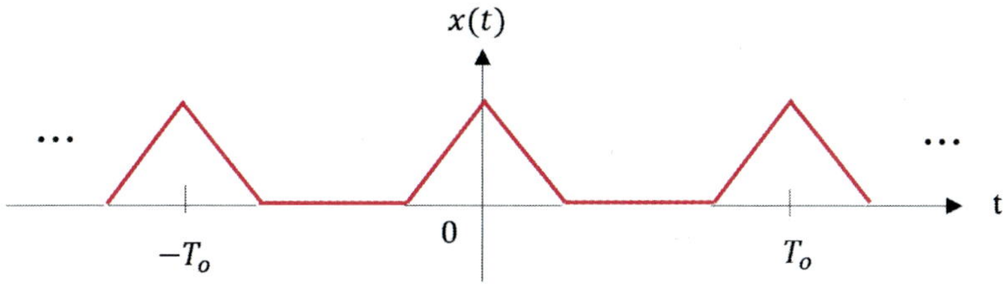

그림 4.4 주기신호의 예

신호를 분류할 때 무선통신과 레이다에서 특히 중요한 개념으로 신호를 에너지신호(Energy Signal)와 전력신호(Power Signal)를 구분할 수 있다. 신호가 0이 아닌 유한한 에너지를 갖는다면 이 신호를 에너지신호라 하며, 0이 아닌 유한한 전력을 갖는다면 이 신호를 전력신호라 한다.

에너지 신호: $0 < E = \int_{-\infty}^{\infty} |x(t)|^2 dt < \infty$

전력 신호: $0 < P = \lim_{T \to \infty} \frac{1}{T} \int_{-T/2}^{T/2} |x(t)|^2 dt < \infty$

에너지신호와 전력신호의 정의에 따라 에너지 신호의 전력은 0이며, 전력신호의 에너지는 무한대이다. 또한 주기신호는 에너지가 무한대인 전력신호이다. 보통 무선통신과 레이다의 기술기준을 정하거나 송신기를 검사할 경우 최악의 경우를 가정해야 하기 때문에 실제 통신이 간헐적으로 이루어지는 시스템이라도 전력신호라고 가정한다[6].

에너지 신호와 전력 신호는 다음의 성질이 있다.
1) 에너지 신호의 전력은 0이다.
2) 전력 신호의 에너지는 무한대 값을 갖는다.
3) 주기신호는 전력신호이다.

마지막으로 신호의 분류방법으로 결정신호와 랜덤 신호가 있다. 어떤 시간에서 신호의 값을 예측할 수 있으면 결정신호(deterministic signal)이라 부르고, 신호의 정확한 값을 예측할 수는 없으나 신호크기의 평균값, 분산 등과 같은 통계적인 특성을 알 수 있다면 이는 랜덤신호(random signal)이라고 부른다. 랜덤신호의 대표적인 예로 잡음(noise)이 있다.

6) 에너지와 전력의 관계는 전기에서도 유사하게 사용된다. 전기의 사용료를 계산할 때 전기의 사용이 간헐적이어도 전력량을 검침한다고 말하지 에너지량을 검침한다고 말하지 않는다.

예제 4-2 **[그림 4.5]는 대표적인 주기신호를 보여준다. 주기신호의 에너지와 전력을 구하고 주기신호가 에너지신호인지 전력신호인지 판단하시오.**

풀이 주기신호는 에너지가 무한대이고 전력은 값을 갖는 전력신호가 된다. 정현파의 경우 전력은 다음과 같다.

$$P=\frac{1}{T_0}\int_{-T_0/2}^{T_0/2}|x(t)|^2dt=\frac{1}{T_0}\int_{-T_0/2}^{T_0/2}A^2\sin^2\left(\frac{2\pi t}{T_0}\right)dt$$
$$=\frac{1}{T_0}\int_{-T_0/2}^{T_0/2}\frac{A^2}{2}\left(1-\cos\left(\frac{4\pi t}{T_0}\right)\right)dt=\frac{A^2}{2}$$

구형파의 경우 전력은 다음과 같다.

$$P=\frac{1}{T_0}\int_{-T_0/2}^{0}(-A)^2dt+\frac{1}{T_0}\int_{0}^{T_0/2}A^2dt=\frac{A^2}{2}+\frac{A^2}{2}=A^2$$

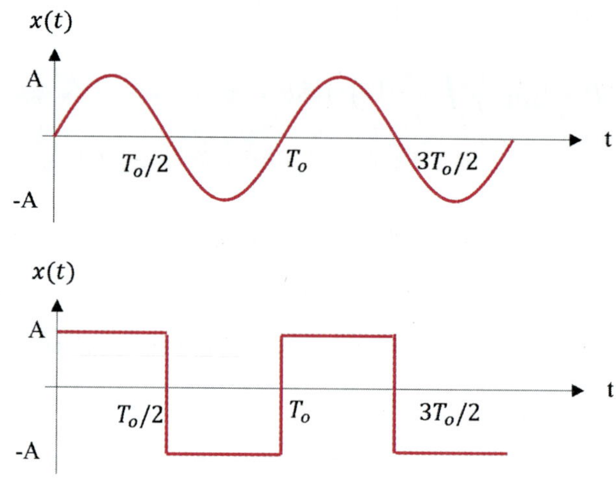

그림 4.5 (예제 4-2)의 그림

참고 진폭이 A인 정현파 신호의 전력은 $P=A^2/2$이고, RMS(Root Mean Squre)전압은 전력에 root를 취하면 $V_{rms}=A/\sqrt{2}$가 된다. 예를 들어 220V 교류전기의 경우 V_{rms}가 220V이고 최대값은 +311V가 되고 최소값은 -311V가 된다.

예제 4-3 **주파수가 2Hz인 신호와 3Hz인 신호가 더해진 다음 신호의 전력을 구하시오.**

$$f(t)=3\sin(2\pi 2t)+2\sin(2\pi 3t)$$

풀이 진폭이 A인 정현파 신호의 전력은 $P=A^2/2$이고 두 개의 신호가 더해지므로 전력도 더해진다. 따라서 전력은 $P=3^2/2+2^2/2=6.5[W]$가 된다.

4.1.3 임의의 신호를 기본신호로 표현

신호는 다양한 형태를 가지므로 시간영역에서 임의의 신호를 일일이 정의하는 것은 비합리적이다. 보통은 대표적인 기본신호 몇 가지를 함수로 정의하고 이 신호들을 각종 시간영역에서의 연산(시간천이, 시간반전, 시간압축/확장)으로 표현하는 방법을 사용한다. 일반적으로 신호 해석에서 많이 사용하는 기본함수로는【그림 4.6】과 같이 단위계단(unit step) 함수, 단위임펄스(unit impulse) 함수, 사각펄스(구형파) 등이 있다.

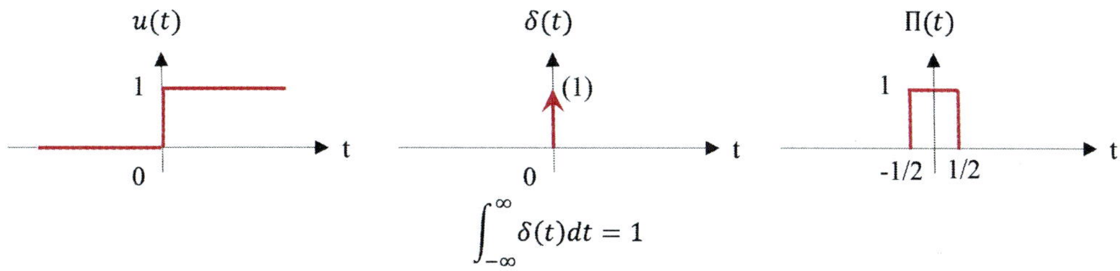

(a) (b) (c)

【그림 4.6】 기본함수의 종류; (a) 단위계단함수, (b) 임펄스함수, (c) 사각펄스(구형파)

단위계단함수는 전자회로에서 스위치 동작 등을 수학적으로 모델링하기 위해 사용되며 식(4.3)과 같이 주어진다. 임의의 신호 $x(t)$가 $t=0$에서 시작하도록 하기 원한다면 $x(t)u(t)$와 같이 단위계단함수를 곱해주면 된다.

$$u(t) = \begin{cases} 1 & t>0 \\ 0 & t<0 \end{cases} \tag{4.3}$$

예제 4-4 **$x(t)=e^{-at}$ 신호는 에너지신호도 전력신호도 아니지만 단위계단함수를 곱한 함수 $x(t)u(t)=e^{-at}u(t)$는 에너지신호임을 보이시오.**

풀이 $x(t)=e^{-at}$는 $-\infty$에서 무한히 커진다. 이와 같이 무한히 커지는 신호(예: $x(t)=t$나 $x(t)=e^{t}$)는 전력과 에너지 모두 무한대가 되므로 전력신호도 아니고 에너지 신호도 아니다. 하지만 $x(t)u(t)=e^{-at}u(t)$는 에너지신호이다. 에너지값은 다음과 같다.

$$E=\int_{0}^{\infty}|x(t)|^2dt=\int_{0}^{\infty}e^{-2at}dt=\frac{-1}{2a}(0-1)=\frac{1}{2a}$$

에너지신호이므로 전력은 0이 된다.

단위임펄스함수는 신호해석에 있어 가장 중요한 함수로 Dirac의 델타(delta)함수라 하며, 식 (4.4)를 만족시키는 함수 $\delta(t)$를 의미한다.

$$\int_{t_1}^{t_2} x(t)\delta(t)dt = x(0), \qquad t_1 < 0 < t_2 \tag{4.4}$$

임펄스함수는 단위계단함수를 미분하면 얻어지며, 반대로 임펄스함수를 적분하면 단위계단함수가 된다. 임펄스함수는 $t=0$에서는 ∞의 값을 가지지만 다른 시간구간에서는 0인 값을 갖고, 적분하면 1의 값을 갖는다. 임펄스함수의 특징을 정리하면 다음과 같다.

- $\delta(t) = 0 \qquad \text{for } t \neq 0$
- $\delta(0) = \infty$
- $\int_{-\epsilon}^{\epsilon} \delta(t)dt = 1, \qquad \text{for } any\ \epsilon > 0$
- $\delta(t) = \delta(-t)$
- $x(t)\delta(t) = x(0)\delta(t)$

예제 4-5 **다음 적분의 결과를 임펄스함수의 특성을 이용하여 구하시오.**

(a) $\int_{-\infty}^{\infty} e^{\cos t}\delta(t-\pi)dt$ (b) $\int_{1}^{\infty} e^{-x^2}\delta(x)dx$

(c) $\int_{1}^{100} e^{-x^2}\delta(x)dx$

풀이 (a) 델타함수에 의해 $t=\pi$에서만 값을 갖는다. $e^{\cos\pi} = e^{-1}$

(b), (c) 모두 0이 된다.(적분구간이 델타함수가 존재하는 x=0을 포함하지 않으므로)

참고 적분을 구하는 문제가 아니라 delta함수의 특성을 아는지 물어보는 문제이다.

크기가 1이고 펄스폭이 1인 사각펄스(rectangular pulse)는 식 (4.5)와 같이 정의되며, 0과 1의 디지털 신호를 표현할 때 유용하게 사용된다. 보통 파형의 모양이 직사각형이라서 구형파(矩形波)함수라고도 부른다.

$$\Pi(t) = \begin{cases} 1 & \text{for } -\frac{1}{2} < t < \frac{1}{2} \\ 0 & otherwise \end{cases} \tag{4.5}$$

기본신호와 그 연산

앞에서 살펴본 기본함수들로부터 좀 더 다양한 함수를 만들기 위해 **시간천이(time shift)**, **시간 반전(time reversal)**, **시간 스케일링(time scaling)**과 같은 시간영역에서의 연산이 필요하다. 먼저, 시간천이는 임의의 신호 $x(t)$가 $t = t_0$만큼 오른쪽으로 이동하는 것이고, 시간반전은 신호를 세로축을 중심으로 한 거울 영상 (mirror image)로 변환시키는 것을 나타낸다. 마지막으로 시간스케일링은 시간축 상에 압축 시킨 것으로 예를 들어 음악을 빠르게 재생시키거나 느리게 재생하는 것을 의미한다.

- 시간천이: $x(t-t_0)$
- 시간반전: $x(-t)$
- 시간스케일링: $x(at)$

【그림 4.7】부터【그림 4.9】의 그림은 각각 시간천이, 시간반전, 및 시간스케일링의 예를 보여 주고 있다.

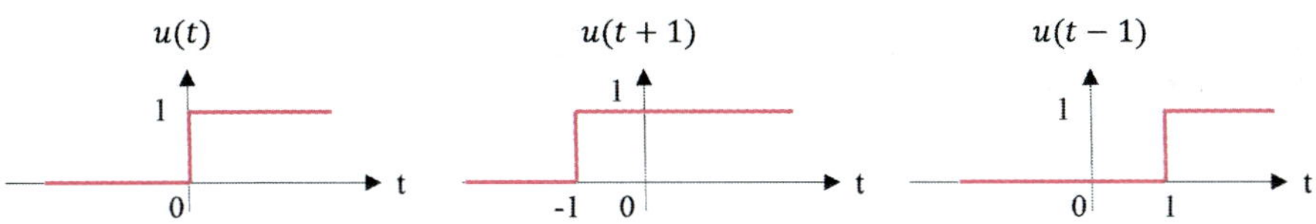

▌그림 4.7▐ 단위계단함수의 시간천이 (a) 시간앞섬 (advance), (b) 시간지연 (delay)

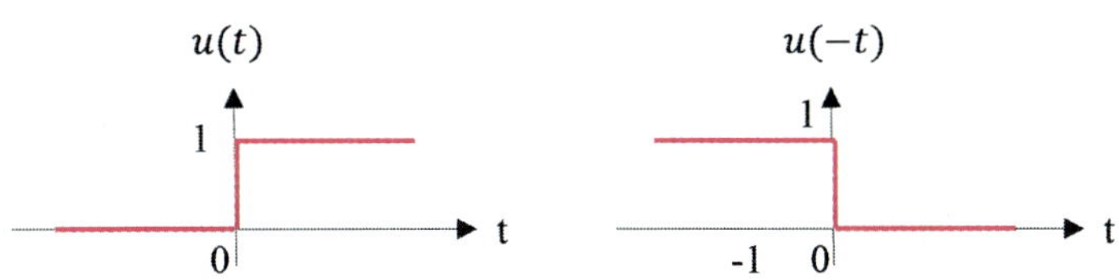

▌그림 4.8▐ 단위계단함수의 시간반전

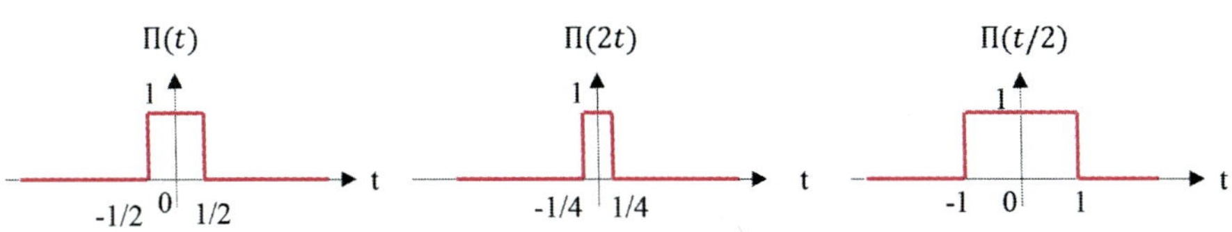

▌그림 4.9▐ (사각펄스 시간스케일링(a) 시간압축(contraction),(b) 시간확장(expansion)

예제 4-6 다음 함수를 그리시오.

(a) $x(t) = 4\Pi(2t-1)$

(b) $x(t) = u(t)u(t-2)$

풀이 (a) 시간천이, 시간압축, 스케일링을 순서대로 하면 된다.

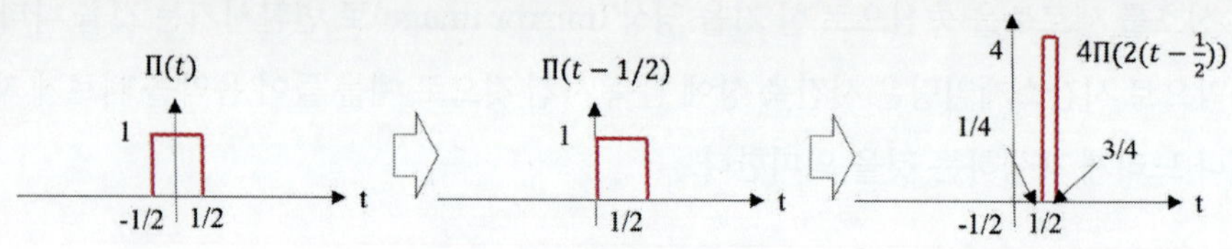

(b) 두 신호의 곱으로 동시에 값이 존재하는 경우만 값을 갖는다.

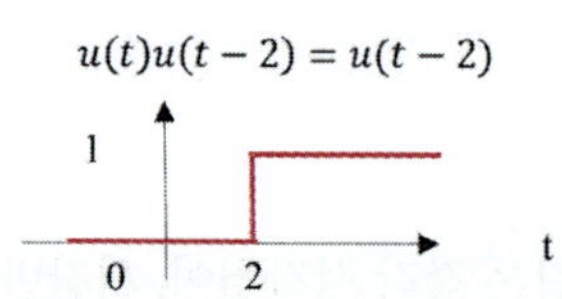

4.1.4 임펄스응답과 컨볼루션

무선통신과 레이다는 신호의 관점에서 통과대역신호인 전파와 기저대역신호가 섞여 있어 매우 복잡하다. 하지만 통과대역신호는 단순히 주파수변환만 일어난다고 가정하면 결국 기저대역에서 동작하는 시스템만으로 모델링될 수 있다. 무선통신과 레이다를 기저대역에서 신호와 시스템으로 모델링된다는 것은 해당 시스템을【그림 4.10】과 같이 블랙박스로 시스템을 표현하고 입력과 출력은 신호로 표현하는 것이다. 이와 같이 시스템을 기저대역으로 모델링하는 방법은 시간영역과 주파수영역으로 분리할 수 있는데, 본 절에서는 시간영역에서 모델링하는 방법을 살펴보고 4.2.4절에서는 주파수영역에서 모델링하는 방법을 살펴보자.

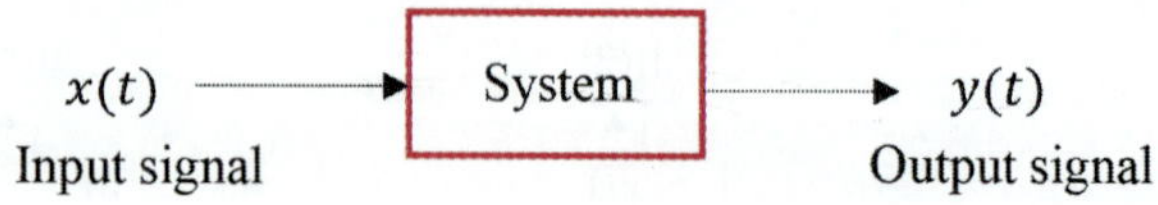

【그림 4.10】 (기저대역 시스템 모델링

먼저, 시간영역에서 기저대역 시스템을 모델링하는 대표적인 방법으로는 입력과 출력과의 관계를 미분방정식으로 표현하는 것이다. 예를 들어 기저대역 시스템의 사례로【그림 4.11】의

RC회로를 예로 들어보자. 회로이론에서 학습한 키르히호프의 전류법칙(KCL)을 적용하면 식 (4.6)과 같다.

$$i(t) = \frac{v_c(t)}{R} + C\frac{dv_c(t)}{dt} \tag{4.6}$$

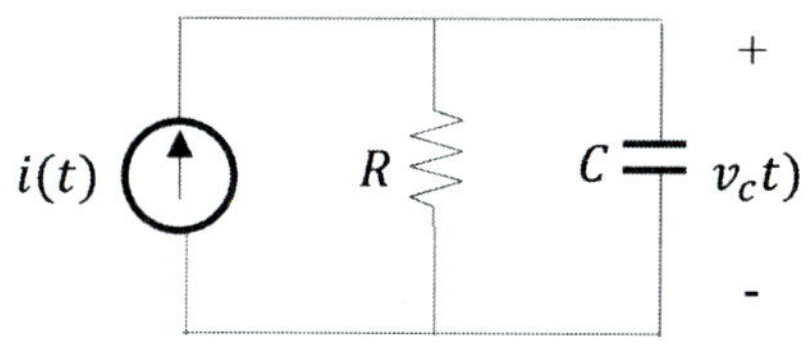

【그림 4.11】 전기회로의 예

이제 입력신호와 출력신호를 각각 $i(t) = x(t)$, $v_c(t) = y(t)$라고 정의하고 식을 정리하면 식 (4.7)의 1차 미분방정식으로 표현된다.

$$\frac{dy(t)}{dt} + \frac{1}{RC}y(t) = \frac{1}{C}x(t) \tag{4.7}$$

위의 미분방정식은 전류원 하나와 수동소자가 2개만 있어 한 줄의 식으로 표현할 수 있을 정도로 간단하지만 소자가 많아질수록 미분방정식의 차수가 올라가 해를 구하는 것이 어려워진다. 따라서 미분방정식 이외에 시스템을 간단하게 해석할 수 있는 새로운 방법이 필요하다. 이 새로운 방법이 임펄스응답과 컨볼루션을 이용하는 것이다.

먼저, 【그림 4.12】와 같이 임펄스 함수 $\delta(t)$를 시스템의 입력으로 가했을 때의 출력의 특성 $h(t)$를 구한다. 이를 **임펄스 응답(impulse response)**이라 표현하며, 임펄스 응답을 알 경우 임의의 입력신호에 대한 출력을 구하는 방법은 **컨벌루션(convolution) 적분**에 의해 식 (4.8)과 같이 주어진다. 여기서 매개변수 τ는 임의의 시간지연(time delay)를 의미한다.

$$x(t)*h(t) = \int_{-\infty}^{\infty} x(\tau)h(t-\tau)d\tau \tag{4.8}$$

기저대역 시스템의 특성을 알기 위해서는 입력에 임펄스함수를 인가하는 것은 임펄스 신호가 이상적인 신호이며 다른 신호는 임펄스 응답의 연산으로부터 구할 수 있기 때문이다[7].

7) 보통 단위계단함수도 기본함수로 사용할 수 있지만 임펄스 응답을 적분하면 단위계단함수를 구할 수 있으며, 임펄스 함수를 생성하는 다른 함수는 없으므로 임펄스 함수가 가장 기본함수가 된다.

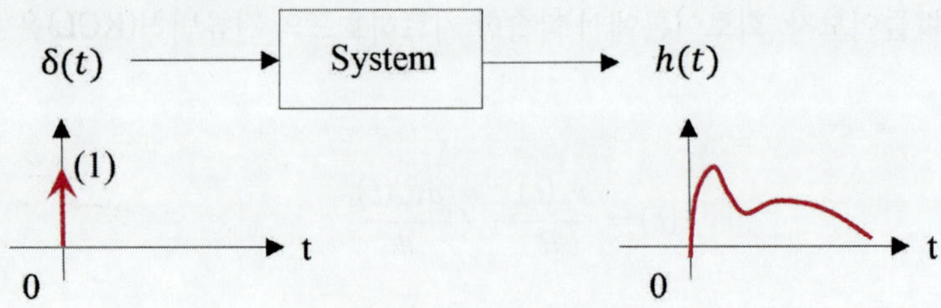

▮그림 4.12▮ 임펄스 응답

예제 4-7 **입력신호가 지수함수 $x(t)=e^{-at}u(t),\ a>0$ 이고 임펄스응답이 단위계단함수 $u(t)$일 때 두함수의 컨볼루션을 수식과 그림으로 구하시오.**

풀이 임펄스 응답 $h(t)$는 다음과 같다.

$$h(t)=T[\delta(t)]$$

이제 delta함수의 특성에 의해 다음이 주어진다.

$$\int_{-\infty}^{\infty} x(t)\delta(t-t_0)dt = x(t_0)$$

매개변수 변환을 이용하여 식을 변환하면 다음이 성립한다.

$$\int_{-\infty}^{\infty} x(\tau)\delta(\tau-t_0)d\tau = x(t_0) \rightarrow \int_{-\infty}^{\infty} x(\tau)\delta(t_0-\tau)d\tau = x(t_0)$$

$$\rightarrow \int_{-\infty}^{\infty} x(\tau)\delta(t-\tau)d\tau = x(t)$$

이제 출력 $y(t)$는 다음과 같다.

$$y(t)=T[x(t)]=T\left[\int_{-\infty}^{\infty} x(\tau)\delta(t-\tau)d\tau\right]$$

$$=\int_{-\infty}^{\infty} x(\tau)\,T[\delta(t-\tau)]d\tau=\int_{-\infty}^{\infty} x(\tau)h(t-\tau)d\tau$$

즉, 임펄스 신호는 시스템을 컨볼루션적분으로 만들기 위해 고안한 신호임을 알 수 있다.

예제 4-8 **입력신호가 지수함수 $x(t)=e^{-at}u(t),\ a>0$ 이고 임펄스응답이 단위계단함수 $u(t)$일 때 두 함수의 컨볼루션을 수식과 그림으로 구하시오.**

풀이 아래 그림과 같이 두 함수의 변수를 τ로 변환한 후 시간구간을 나누어 풀게 된다.

1) $t<0$인 경우는 $x(\tau)$와 $h(t-\tau)$가 겹치는 구간이 없으므로 $y(t)=0$이다

2) $t \geq 0$인 경우 겹치는 구간인 0에서 t까지만 적분이 되므로 출력은 다음과 같다.

$$y(t)=\int_{-\infty}^{\infty} x(\tau)\delta(t-\tau)d\tau = \int_{0}^{t} e^{-a\tau}d\tau=\frac{1}{a}(1-e^{at})$$

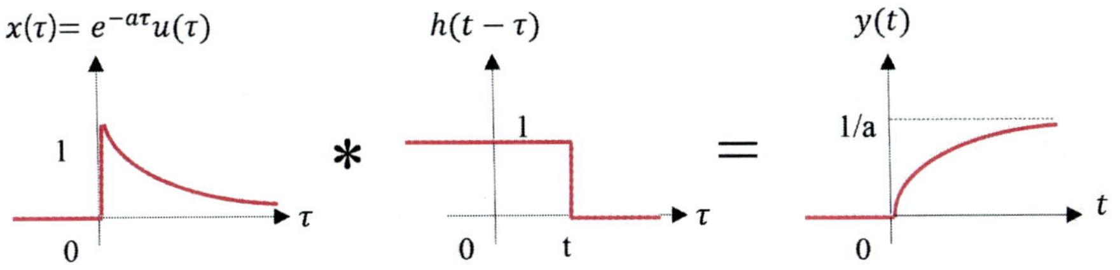

그림 4.13 (예제 4-8)의 풀이 과정

예제 4-9 **입력신호와 임펄스응답이【그림 4.14】와 같을 때 두 함수의 컨볼루션을 수식과 그림으로 구하시오.**

풀이 아래 그림과 같이 두 함수의 변수를 τ로 변환한 후 시간구간을 나누어 풀게 된다.

1) $t<0$인 경우는 $x(\tau)$와 $h(t-\tau)$가 겹치는 구간이 없으므로 $y(t)=0$이다

2) $0\le t\le a$인 경우 $x(\tau)$와 $h(t-\tau)$가 겹치는 구긴인 0에서 t까지만 적분이 되므로 출력은 다음과 같다.

$$y(t)=\int_0^t (1)d\tau = t$$

3) $a\le t\le b$인 경우 $x(\tau)$와 $h(t-\tau)$가 겹치는 구긴인 0에서 a까지만 적분이 되므로 출력은 다음과 같다.

$$y(t)=\int_0^a (1)d\tau = a$$

4) $b\le t\le b+a$인 경우 $x(\tau)$와 $h(t-\tau)$가 겹치는 구긴인 t−b에서 a까지만 적분이 되므로 출력은 다음과 같다.

$$y(t)=\int_{t-b}^a (1)d\tau = a+b-t$$

5) $t>a+b$인 경우는 겹치는 구간이 없으므로 $y(t)=0$이다

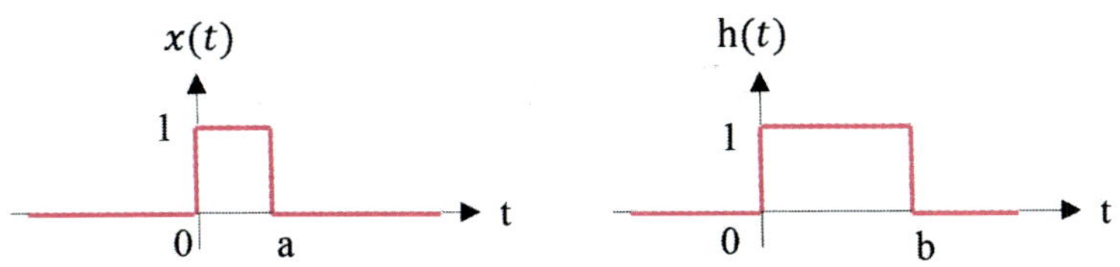

그림 4.14 (예제 4-9)의 두 함수

참고

임펄스 응답을 이해하기 위해서 우리가 교회 철탑의 종을 친다고 생각하자. 종을 한 번 치게 되면 그 소리가 치는 순간만 나는 것이 아니라 치는 순간에 소리가 크게 났다가 점점 소리가 감쇠되면 작아지게 되는데 이를 임펄스 응답이라 할 수 있다.

다음으로 종을 한번 치고 다시 치면 어떻게 될까? 처음 종을 친 소리와 두 번째 친 종 소리가 더해져서 나타나게 되는데 이를 두 개의 임펄스 응답이 시간차를 두고 더해지는(중첩되는) 형태가 될 것이고 이러한 연산을 컨벌루션 적분이라고 부른다. 즉, 컨벌루션 적분은 중첩의 원리를 이용한 것이다.

4.1.5 기준신호와의 비교는? 상관연산

앞에서 시스템을 시간영역에서 해석하는 컨볼루션 연산에 대해 학습하였다. 컨볼루션은 델타함수와 함께 무선통신과 레이다 시스템을 해석하는 기준이 된다. 본 절에서는 무선통신과 레이다에서 컨볼루션 연산만큼 중요한 연산이라 할 수 있는 **상관(Correlation)** 연산에 대해 학습하고자 한다. 먼저, 상관이 디지털 무선통신에서 사용되는 사례를 살펴보자. 디지털 무선통신 시스템에서 전송하려는 데이터과 0 또는 1일 때 0 또는 1에 해당하는 신호 중에 한 개의 신호가 전송된다. 수신기에서는 수신된 신호가 0에 해당하는 신호인지 1에 해당하는 신호인지 판별해야 하는데 이때 상관연산을 사용한다. 즉, 수신된 신호가 0에 해당하는 신호와 상관이 큰지, 1에 해당하는 신호와 상관이 큰지를 비교하여 그 결과에 따라 수신된 데이터가 1인지 0인지 판별하도록 한다. 다음으로 레이다에서는 목표물에 맞고 역산란된 신호가 송신한 신호와 시간이나 위상에서 어떤 차이가 있는지를 검출할 때 상관연산을 사용한다. 따라서 무선통신에서는 수신기의 역할을, 레이다에서는 거리, 속도, 방향 정보를 추출하기 위한 신호처리기 역할을 수행한다. 상관연산은 두 개의 서로 다른 신호 사이의 유사성 정도를 구하는 **상호상관(cross-correlation)**과 같은 신호지만 시간지연이 있는 두 개의 신호 사이의 유사성 정도를 구하는 **자기상관(auto-correlation)**의 2가지가 있다.

먼저 상호상관의 정의부터 살펴보자. 에너지 신호 $x(t)$와 $y(t)$ 간의 유사성의 척도인 상호상관함수는 다음과 같이 표현될 수 있다.

$$R_{xy}(\tau) = \int_{-\infty}^{\infty} x(t)y(t+\tau)dt \tag{4.9}$$

여기서 τ는 시간지연 (time delay)을 나타내는 것으로 식 (4.9)의 적분 연산의 결과는 시간지연 τ의 함수가 된다. 만약 신호가 복소수신호라면 두 신호 중에 하나는 공액복소수를 취해야 한다.

중요

신호의 상관은 적분으로 표현되고 적분의 형태가 컨볼루션과 유사해 보이지만 컨볼루션과는 개념적으로 큰 차이가 있으므로 주의해야 한다. 컨볼루션은 시간지연(time delay) τ을 매개변수로 사용하여 적분을 수행하여 결과적으로 시간(time) t의 함수가 되지만 상관은 시간을 매개변수로 사용하여 적분을 수행하며 결과적으로 시간지연의 함수가 된다.

신호가 전력신호라면 상호상관함수는 다음과 같이 표현될 수 있다.

$$R_{xy}(\tau) = \lim_{T\to\infty} \frac{1}{T}\int_{-\infty}^{\infty} x^*(t)y(t+\tau)dt \tag{4.10}$$

만일 신호가 주기 T_0를 갖는 주기신호라면 식 (4.10)은 식 (4.11)과 같이 계산될 수 있다.

$$R_{xy}(\tau) = \frac{1}{T_0}\int_{-T_0/2}^{T_0/2} x^*(t)y(t+\tau)dt \tag{4.11}$$

에너지신호인 복소수신호의 자기상관함수는 식 (4.9)를 변형하여 다음과 같이 주어진다.

$$R_{xx}(\tau) = R_x(\tau) = \int_{-\infty}^{\infty} x^*(t)x(t+\tau)dt \tag{4.12}$$

다음으로 전력신호의 자기상관함수는 다음과 같이 정의된다.

$$R_x(\tau) = \lim_{T\to\infty} \frac{1}{T}\int_{-\infty}^{\infty} x^*(t)x(t+\tau)dt \tag{4.13}$$

만일 신호가 주기 T_0를 갖는 주기신호라면 식 (4.13)은 식 (4.14)와 같이 계산될 수 있다.

$$R_x(\tau) = \frac{1}{T_0}\int_{-T_0/2}^{T_0/2} x^*(t)x(t+\tau)dt \tag{4.14}$$

예제 4-10 **에너지신호인 구형파 펄스가【그림 4.15】로 주어지는 경우 자기상관함수를 구하고 그리시오.**

풀이 식 (4.12)를 적용할 때 시간지연에 마이너스 기호를 붙여서 계산하면 편리하다. $-\tau$가 $-L<\tau<0$ 일 때 자기상관함수는 다음과 같다.

$$R_x(\tau)=\int_{-L}^{\tau}A^2dt=A^2(\tau+L)$$

시간지연 $-\tau$가 $0<\tau<L$ 일 때 자기상관함수는 다음과 같다.

$$R_x(\tau)=\int_{\tau}^{L}A^2dt=A^2(L-\tau)$$

최대값은 $\tau=0$일 때 A^2L이고, $-L<t<L$ 외 구간에서는 값이 영이 된다.

이를 그림으로 그리면【그림 4.15】와 같다.

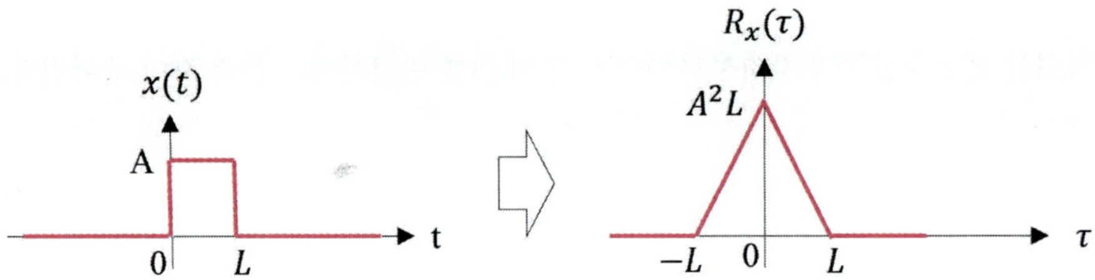

【그림 4.15】 (예제 4-10)의 자기상관함수

(예제 4-10)에서 살펴보았듯이 에너지 신호 중 실수신호의 자기상관함수는 다음과 같이 대칭성을 가지고 있다. 즉, 자기상관함수는 다음과 같은 성질을 가진다.

$$R_x(\tau)=R_x(-\tau) \tag{4.15}$$

또한, 시간차가 0인 경우 자기상관 함수는 신호의 에너지 또는 전력과 같으며 최대의 상관값을 갖게 된다.

$$\begin{aligned} R_x(0)&=\int_{-\infty}^{\infty}|x(t)|^2dt=E \\ R_x(0)&=\frac{1}{T_0}\int_{-T_0/2}^{T_0/2}|x(t)|^2dt=P \end{aligned} \tag{4.16}$$

예제 4-11 **전력신호인 정현파 신호 $x(t) = A\cos(2\pi f_0 t + \theta)$의 자기상관함수를 구하시오.**

풀이 전력신호인 주기신호이므로 자기상관함수는 다음과 같다.

$$\begin{aligned} R_x(\tau) &= \frac{1}{T_0}\int_{-T_0/2}^{T_0/2} x(t)x(t-\tau)dt \\ &= \frac{1}{T_0}\int_{-T_0/2}^{T_0/2} A\cos(2\pi f_0 t+\theta)A\cos(2\pi f_0(t-\tau)+\theta)dt \\ &= \frac{1}{T_0}\int_{-T_0/2}^{T_0/2} \frac{A^2}{2}[\cos(2\pi f_0\tau)+\cos(4\pi f_0 t-2\pi f_0\tau+2\theta)]dt \\ &= \frac{A^2}{2}\cos(2\pi f_0\tau) \end{aligned}$$

자기상관 함수는 주기 신호이며 위상차와 무관하고 시간지연의 함수이며, $R_x(0) = A^2/2$는 신호의 평균전력과 동일한 것이 특징이다.

예제 4-12 **정현파 신호 $x(t) = A\cos(2\pi f_0 t)$와 $y(t) = A\cos(2\pi f_0 t + \theta)$의 상호상관 함수를 구하시오. 두 신호는 초기위상만 다르다.**

풀이 전전력신호인 주기신호이므로 상호상관함수는 다음과 같다.

$$\begin{aligned} R_{xy}(\tau) &= \frac{1}{T_0}\int_{-T_0/2}^{T_0/2} x(t)y(t-\tau)dt \\ &= \frac{1}{T_0}\int_{-T_0/2}^{T_0/2} A\cos(2\pi f_0 t)A\cos(2\pi f_0(t-\tau)+\theta)dt \\ &= \frac{1}{T_0}\int_{-T_0/2}^{T_0/2} \frac{A^2}{2}[\cos(2\pi f_0\tau-\theta)+\cos(4\pi f_0 t-2\pi f_0\tau+\theta)]dt \\ &= \frac{A^2}{2}\cos(2\pi f_0\tau-\theta) \end{aligned}$$

상호상관 함수는 주기 신호이며 시간지연과 위상차의 함수이고, $R_x(0)$는 두 신호의 유일한 차이인 위상차의 함수로 주어진다.

$$R_{xy}(0) = \frac{A^2}{2}\cos(\theta)$$

요약

두 신호 사이의 유사성 정도를 나타낼 때 상호상관함수를 사용하고, 한 신호에 대해 시간차에 따른 유사성 정도를 나타낼 때 자기상관 함수를 사용한다. 단, 신호 사이의 유사성을 따질 때는 신호가 가진 특성도 고려해야 하는데, 예를 들어 신호가 에너지신호인지 전력신호인지에 따라 상관에 대한 정의가 달라짐에 주의해야 한다[8].

8) 신호가 결정신호인지 랜덤신호인지에 따라서도 상관의 정의가 달라지는데, 랜덤 신호에 대해서는 확률과 통계 지식이 필요함으로 본 절에서는 결정신호에 대해서만 다루고 있다.

4.2 기저대역신호의 주파수영역 해석

앞에서 기저대역신호를 시간영역에서 표현하고 해석하는 방법과 컨볼루션 적분과 상관연산의 개념을 살펴보았다. 본 절에서는 기저대역신호를 주파수영역에서 해석하는 법을 살펴보도록 한다. 이론적으로 주파수영역 신호 분석 방법은 주기 신호의 경우 **푸리에 급수(Fourier Series)**를 이용하고, 비주기 신호의 경우에는 **푸리에 변환(Fourier Transform)**을 사용한다. 비주기 신호는 주기 신호가 무한대의 주기를 갖는 것으로 볼 수 있으므로, 모든 주파수에 대해 연속적인 스펙트럼이 만들어지게 된다. Fourier Transform은 FT라고 줄여 표현하며, FT를 컴퓨터가 수행하게 되면 **이산 푸리에 변환(Discrete Fourier Transform)**, 줄여서 DFT라고 부르면, 이를 좀 더 빠르게 하는 방법을 FFT (Fast Fourier Transform)이라고 부른다.

4.2.1 신호와 주파수

오일러 공식을 이용한 복소지수함수 개념을 일정한 주파수 f_0를 갖는 원운동에 대해 적용하고 이 식의 의미를 살펴보자. 먼저 반시계방향으로 회전하는 등속원운동은 식 (4.17)과 같고, 시계방향으로 도는 원운동은 식 (4.18)과 같다. 등속원운동이므로 일정한 각속도 ω_0를 갖는다.

$$e^{j\omega_0 t} = e^{j2\pi f_0 t} = \cos(2\pi f_0 t) + j\sin(2\pi f_0 t) \tag{4.17}$$

$$e^{-j\omega_0 t} = e^{-j2\pi f_0 t} = \cos(2\pi f_0 t) - j\sin(2\pi f_0 t) \tag{4.18}$$

이에 식 (4.17)과 식 (4.18)을 통해 sine함수와 cosine함수를 복소지수함수로 표현하면 다음과 같다.

$$\cos(2\pi f_0 t) = \frac{e^{j2\pi f_0 t} + e^{-j2\pi f_0 t}}{2} \tag{4.19}$$

$$\sin(2\pi f_0 t) = \frac{e^{j2\pi f_0 t} - e^{-j2\pi f_0 t}}{2j} \tag{4.20}$$

이제 이러한 신호들 중 복소지수함수와 cosine함수를 x축을 주파수 축으로 하고, y축을 신호의 크기로 해서 그려보면【그림 4.16】과 같다. 즉 cosine함수는 우함수이고, 두 개의 지수함수(시계방향과 반시계방향으로 회전하는 지수함수)의 덧셈으로 표현된다. 주파수 영역에서 신호를 표현할 경우 양의 주파수와 음의 주파수 모두를 표현하는 것을 양측파대 **스펙트럼(two-sided spectrum)**이라 하고, 양의 주파수만으로 표현하는 것을 **단측파대 스펙트럼(one-sided spectrum)** 이라 한다.

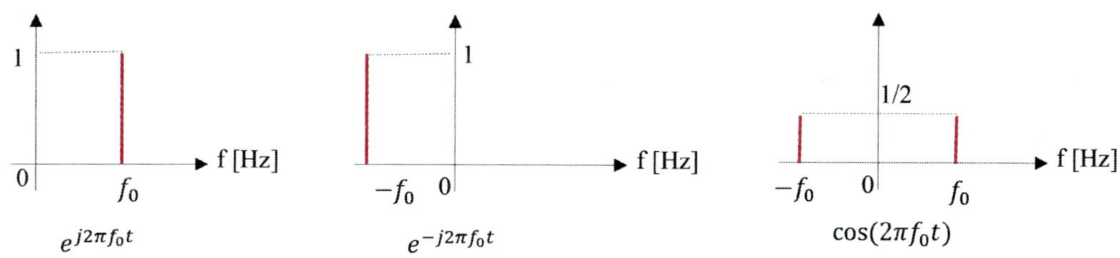

그림 4.16 복소지수함수와 cosine함수의 주파수영역 표현

이제 sine함수를 주파수영역에서 표현해 보자. 실수로 표현되는 cosine 함수와 달리 sine함수는 허수성분이 포함되므로【그림 4.17】과 같이 실수가 아닌 허수축으로 그리거나 크기와 위상을 따로 그려야 한다. 이와 같이 x축을 주파수로 y축을 실수 진폭으로 표현한 그림을 **진폭스펙트럼(Amplitude Spectrum)**, x축을 주파수로, y축을 위상으로 표현한 그림을 **위상스펙트럼(Phase Spectrum)**으로 부른다[9].

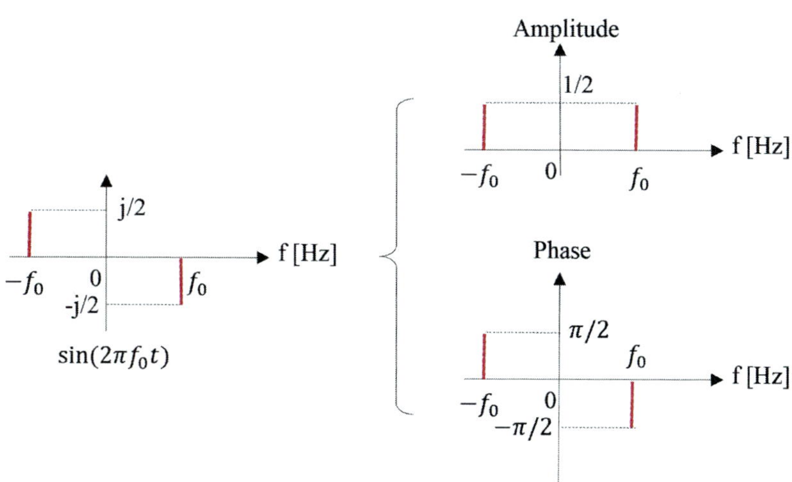

그림 4.17 sine함수의 주파수영역 표현하는 2가지 방법

9) 앞으로 나오겠지만 x축을 주파수로 y축을 전력으로 표현한 경우를 전력스펙트럼(power spectrum)이라 하고 무선통신과 레이다에서 매우 중요하게 사용된다.

$$\begin{aligned}\sin(2\pi f_0 t) &= \frac{e^{j2\pi f_0 t} - e^{-j2\pi f_0 t}}{2j} \\ &= \frac{e^{j2\pi f_0 t}}{2j} - \frac{e^{-j2\pi f_0 t}}{2j} = \frac{-je^{j2\pi f_0 t}}{2} + \frac{je^{-j2\pi f_0 t}}{2}\end{aligned} \tag{4.21}$$

예제 4-13 **주파수가 2Hz인 신호와 3Hz인 신호를 이용하여 아래 그림과 같이 완전 5도 신호의 파형을 시간영역과 주파수영역에서 각각 그려보시오. 주파수 영역에서는 진폭스펙트럼만을 그리시오.**

$$f(t) = 3\cos(2\pi 2t) + 2\cos(2\pi 3t)$$

풀이 시간영역 파일은 아래 MATLAB 코드를 이용하여 그릴 수 있다.

```
t=[0:0.05:3];
y1=3*cos(2*pi*2*t)+2*cos(2*pi*3*t);;
subplot(211); plot(t,y1)
```

풀이 진폭스펙트럼은 오일러 공식을 이용하여 그릴 수 있다. 1)번 파형의 진폭스펙트럼은 아래【그림 4.18】과 같다.

$$\begin{aligned}f(t) &= 3\cos(2\pi 2t) + 2\cos(2\pi 3t) \\ &= 3\frac{e^{j2\pi 2t} + e^{-j2\pi 2t}}{2} + 2\frac{e^{j2\pi 3t} + e^{-j2\pi 3t}}{2} \\ &= 1.5e^{j2\pi 2t} + 1.5e^{-j2\pi 2t} + e^{j2\pi 3t} + e^{-j2\pi 3t}\end{aligned}$$

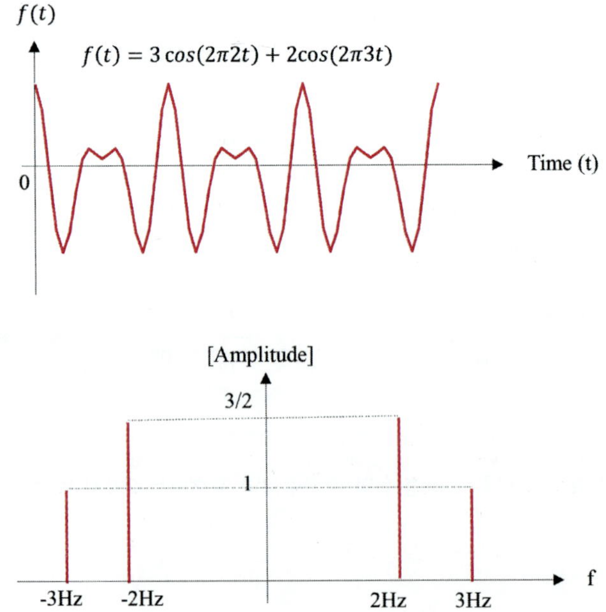

【그림 4.18】 완전 5도 신호의 시간영역과 주파수영역 표현 - 위상이 없는 경우

예제 4-14 **주파수가 2Hz인 신호와 3Hz인 신호를 이용하여 아래 그림과 같이 완전 5도 신호의 파형을 시간영역과 주파수영역에서 각각 그려보시오. 주파수 영역에서는 진폭스펙트럼과 위상스펙트럼을 그리시오.**

$$f(t) = 3\cos(2\pi 2t + \pi/2) + 2\cos(2\pi 3t + \pi)$$

풀이 시간영역 파일은 아래 MATLAB 코드를 이용하여 그릴 수 있다.

```
t=[0:0.05:3];
y1=3*cos(2*pi*2*t)+2*cos(2*pi*3*t);;
subplot(211); plot(t,y1)
y2=3*cos(2*pi*2*t+pi/2)+2*cos(2*pi*3*t+pi);;
subplot(212); plot(t,y2)
```

풀이 진폭스펙트럼은 오일러 공식을 이용하여 그릴 수 있다. 1)번 파형의 진폭스펙트럼은 아래【그림 4.19】와 같다. 신호를 주파수로 보여줄 때는 진폭스펙트럼 외에 위상스펙트럼도 필요함을 알 수 있다.

$$\begin{aligned} f(t) &= 3\cos(2\pi 2t + \pi/2) + 2\cos(2\pi 3t + \pi) \\ &= 3\frac{e^{j2\pi 2t}e^{j(\pi/2)} + e^{-j2\pi 2t}e^{-j(\pi/2)}}{2} + 2\frac{e^{j2\pi 3t}e^{j\pi} + e^{-j2\pi 3t}e^{-j\pi}}{2} \\ &= 1.5je^{j2\pi 2t} - 1.5je^{-j2\pi 2t} - e^{j2\pi 3t} - e^{-j2\pi 3t} \end{aligned}$$

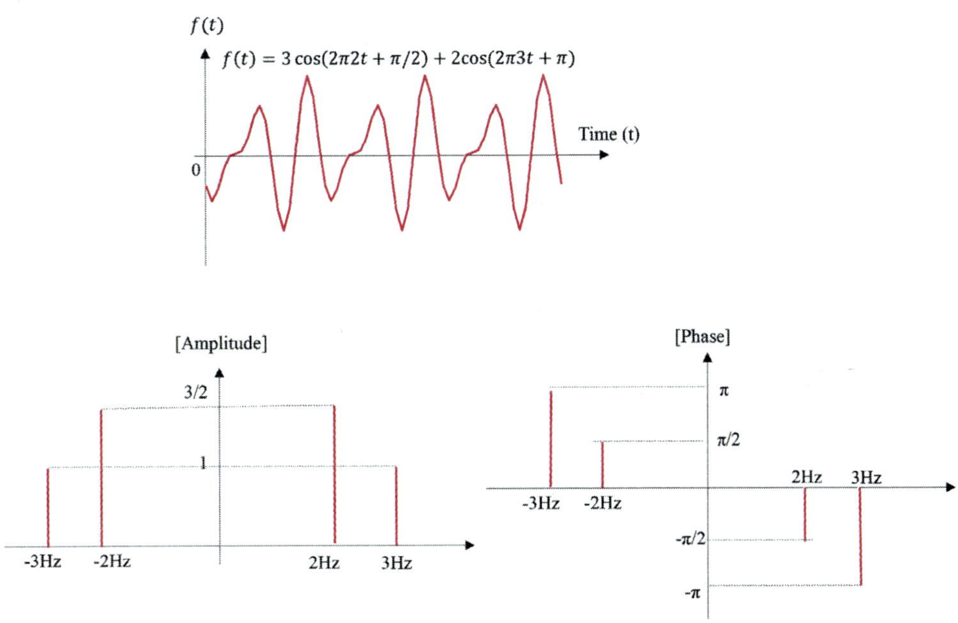

그림 4.19 완전 5도 신호의 시간영역과 주파수영역 표현 – 위상이 있는 경우[10)]

10) 진폭스펙트럼은 f=0을 기준으로 대칭인 우함수(even function), 위상 스펙트럼은 f=0을 기준으로 부호가 반대인 기함수(odd function)이 된다.

> **중요** 시간영역에서의 하나의 실수신호는 주파수 영역에서 주파수 0Hz를 중심으로 대칭으로 표현된다. 다시 말해 2개의 주파수 영역 신호가 존재한다. 반면에 복소수신호는 실수신호와 허수신호의 2개의 신호를 의미하며 주파수 영역에서 양의 주파수 또는 음의 주파수 하나만 존재한다.

4.2.2 함수공간과 신호의 직교성

4.2.1절에서 시간영역의 정현파 신호를 오일러 공식을 이용해 주파수 축에서 표현할 수 있음을 학습하였다. 본 절에서는 이를 좀 더 이론적으로 발전시키기 위해 신호의 직교성의 개념을 도입하고 시간영역 신호를 주파수 영역으로 변환하기 위한 Fourier 변환에 대해 학습하도록 하자. 먼저, 신호의 직교성을 벡터의 개념에서 시작해 보자. 임의의 벡터를 표현하기 위해서는 적당한 좌표계를 도입하고 크기가 1인 상호 직교하는 축 방향의 단위벡터를 도입한 후 이러한 단위벡터의 선형조합으로 표현하게 된다. 이를 수학적으로 표현하면 벡터공간 (vector space)에서 임의의 벡터는 직교벡터들의 선형조합으로 표현할 수 있다고 말한다. 이러한 벡터공간의 개념을 **함수공간(function space)**으로 확장할 수 있다. 즉, 함수공간에서 임의의 함수를 직교함수들의 선형조합으로 표현하는 것이 가능하다.

두 함수의 직교성을 정의하기 위해 함수공간에서 내적을 정의할 필요가 있다. 구간 $[t_1, t_2]$에서 두 함수 $f_1(t)$와 $f_2(t)$가 있을 때 두 함수 간의 내적은 다음과 같다.

$$< f_1(t), f_2(t) > \equiv \int_{t_1}^{t_2} f_1(t) f_2^*(t) dt \quad (4.22)$$

식 (4.22)에서 함수 두 개가 같다면 동일함수를 내적하는 것이 되며, 이는 그 신호의 에너지가 된다.

$$< f_1(t), f_1(t) > = \int_{t_1}^{t_2} |f_1(t)|^2 dt = E \quad (4.23)$$

구간 $[t_1, t_2]$에서 **직교함수집합(orthogonal function set)**을 다음과 같이 정의하자.

$$< \phi_i(t), \phi_j(t) > = \begin{cases} 0 & i \neq j \\ E_\phi & i = j \end{cases} \quad (4.24)$$

여기서 모든 함수들의 에너지가 1인 경우는 특별히 **정규직교함수집합(orthonormal function** set)라고 부른다. 이제 구간 $[t_1, t_2]$에서 식 (4.25)와 같이 임의의 함수를 N개의 직교함수들의 선형조합으로 표현하는 것이 가능하다.

$$\begin{aligned} x(t) &= c_1\phi_1(t) + c_2\phi_2(t) + \cdots + c_n\phi_n(t) + \cdots \\ &= \sum_{n=1}^{N} c_n\phi_n(t) \end{aligned} \tag{4.25}$$

식 (4.25)는 일반화된 Fourier 급수의 원리이다. 이제 선형조합의 계수는 함수의 내적의 특성을 이용하여 계산할 수 있다. 식 (4.25)와 임의의 직교함수 $\phi_n(t)$와의 내적을 취하면 다른 직교함수는 영이 되므로 식 (4.26)과 같이 해당 직교함수의 계수만이 남게 된다.

$$< x(t), \phi_n(t) > \; = \; < \sum_{n=1}^{N} c_n\phi_n(t), \phi_n(t) > \; = c_n E_\phi \tag{4.26}$$

$$c_n = \frac{< x(t), \phi_n(t) >}{E_\phi} = \frac{1}{E_\phi}\int_{t_1}^{t_2} x(t)\phi_n^*(t)dt, n = 1, 2, \cdots \tag{4.27}$$

예제 4-15 **다음의 함수들이 임의의 t_0에 대해 $t_0 \le t \le t_0 + T$ 구간에서 직교함수집합을 이루는 것을 보여라.**

$\{\sin(n\omega_0 t), \cos(n\omega_0 t), n = 1, 2, \ldots, \infty\}$, $\omega_0 = 2\pi/T$

풀이 $\int_{-T/2}^{T/2} \cos(m\omega_0 t)\cos(n\omega_0 t)dt$를 구하자. 삼각함수 공식을 적용하며,

$$= \frac{1}{2}\int_{-T/2}^{T/2} \cos((m-n)\omega_0 t)\,dt + \frac{1}{2}\int_{-T/2}^{T/2} \cos((m+n)\omega_0 t)\,dt$$

이 결과는 $m = n$인 경우 $T/2$가 되고 $m \ne n$인 경우 0이 되므로 cos함수는 직교함수집합을 이루게 된다.

참고 마찬가지로 sin 함수들도 임의의 t_0에 대해 $t_0 \le t \le t_0 + T$ 구간에서 직교함수집합을 이룬다.

예제 4-16 **다음의 함수들이 임의의 t_0에 대해 $t_0 \le t \le t_0 + T$ 구간에서 직교함수집합을 이루는 것을 보여라.**

$\{\exp(jn\omega_0 t), n = 0, \pm 1, \pm 2, \ldots, \pm\infty\}$, $\omega_0 = 2\pi / T$

풀이 $\int_{-T/2}^{T/2} e^{jm\omega_0 t} e^{-jn\omega_0 t} dt$를 구하자

이 결과는 $m = n$인 경우 T가 되고 $m \ne n$인 경우 0이 되므로 지수함수는 직교함수집합을 이루게 된다.

참고 정규직교함수는 직교성만 가지면 어떤 함수도 될 수 있다. 정규직교함수를 주파수가 배수인 sine함수나 지수함수로 사용하는 것이 일반적이나 영상처리나 음성처리에서는 직교함수의 수를 줄이기 위해, 즉 신호의 표현을 최소의 기저대역함수로 표현하기 위해 wavelet 함수 등을 사용하기도 한다.

예제 4-17 **【그림 4.20】과 같이 [0, 4]의 구간에서 정의된 4개의 함수를 고려하자.**

(a) 이 함수들이 [0, 4]의 구간에서 정규직교함수집합을 이루는 것을 보여라.

(b) 이 함수들을 이용하여 $x(t) = t[u(t) - u(t-4)]$ 함수를 근사화하여 $\hat{x}(t) = c_1\phi_1(t) + c_2\phi_2(t) + c_3\phi_3(t) + c_4\phi_4(t)$ 표현하고자 한다. 각 선형조합의 계수 c_1, c_2, c_3, c_4를 구하시오.

풀이 먼저 정규직교함수인지 확인한다.

$$\| \phi_1(t) \| = \int_0^4 (0.5)^2 dt = 1, \quad \| \phi_2(t) \| = \int_0^2 (0.5)^2 dt + \int_2^4 (-0.5)^2 dt = 1$$

같은 방법으로 $\| \phi_3(t) \| = \| \phi_4(t) \| = 1$ 이 된다.

직교함수 사이에는 $< \phi_1(t), \phi_2(t) > = 0$ 이 되므로 정규직교함수이다.

다음으로 각각의 계수를 구하면 다음과 같다.

$$c_1 = < x(t), \phi_1(t) > = \int_0^4 t(0.5) dt = 4$$

$$c_2 = < x(t), \phi_2(t) > = \int_0^2 t(0.5) dt + \int_2^4 t(-0.5) dt = -2$$

$$c_3 = < x(t), \phi_3(t) > = 0, \quad c_4 = < x(t), \phi_4(t) > = -1$$

함수는 다음과 같이 표현되며【그림 4.21】과 같이 근사화된다.

$$x(t) = 4\phi_1(t) - 2\phi_2(t) - \phi_4(t)$$

근사화된 함수와 실제 함수가 완벽하게 같지는 않지만 기저대역의 수가 충분히 많다면 충분히 같다고 볼 수 있다.

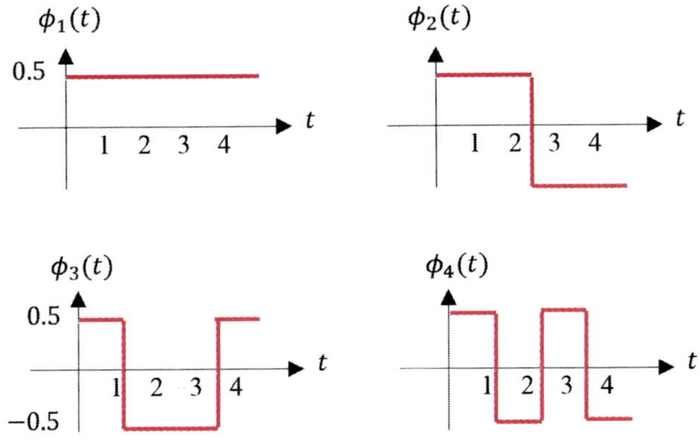

그림 4.20 (예제 4-17)의 경우

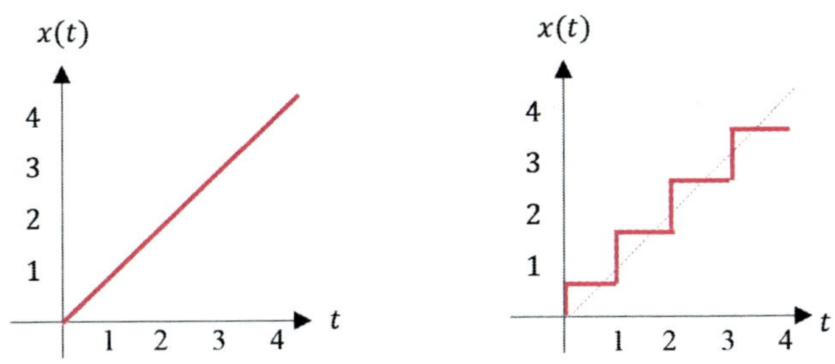

그림 4.21 실제 함수와 4개의 직교함수로 근사화된 함수

예제 4-18 **아래【그림 4.22】와 같이 $[0,4]$의 구간에서 정의된 4개의 함수가 있다. 이 함수를 이용하여 $x(t)=t[u(t)-u(t-4)]$로 표현하고자 한다. 선형조합의 계수 $c_1 \sim c_4$를 구하시오.**

풀이 먼저 정규직교함수인지 확인한다.

$$\| \phi_1(t) \| = \int_0^1 (1)^2 dt = 1, \quad \| \phi_2(t) \| = \int_1^2 (1)^2 dt = 1$$

같은 방법으로 $\| \phi_3(t) \| = \| \phi_4(t) \| = 1$ 이 된다.

직교함수 사이에는 $< \phi_1(t), \phi_2(t) > = 0$ 이 되므로 정규직교함수이다.

다음으로 각각의 계수를 구하면 다음과 같다.

$$c_1 = < x(t), \phi_1(t) > = \int_0^1 t dt = 0.5, \quad c_2 = < x(t), \phi_2(t) > = \int_1^2 t dt = 1.5$$

$$c_3 = < x(t), \phi_3(t) > = 2.5, \quad c_4 = < x(t), \phi_4(t) > = 3.5$$

함수는 다음과 같이 표현되며【그림 4.21】과 동일하게 근사화된다.

$$x(t) = 0.5\phi_1(t) + 1.5\phi_2(t) + 2.5\phi_3(t) + 3.5\phi_4(t)$$

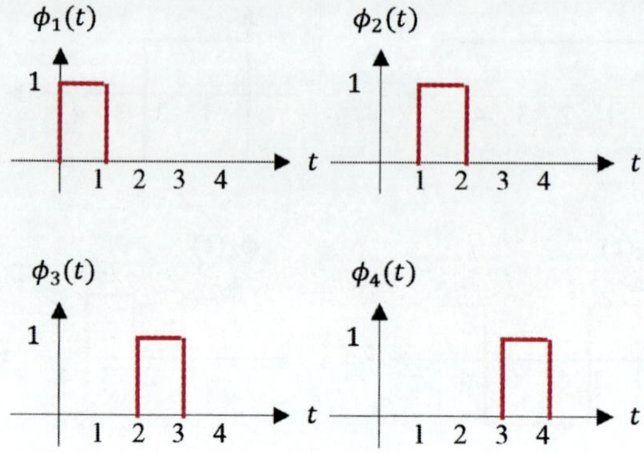

그림 4.22 (예제 4-18)의 경우 정규직교함수

4.2.3 Fourier 급수와 Fourier 변환

앞에서 함수공간과 신호의 직교성을 학습하였다. 다양한 직교함수 중에서 (예제 4-16)과 같이 복소지수함수를 직교함수로 사용하여 임의의 신호를 표현하는 것을 **복소지수형 Fourier 급수**라고 부른다. 복소평면에서의 정현파 $\exp(jn\omega_0 t) = \exp(j2\pi n f_0 t)$는 기본주파수가 f_0와 기본주파수의 배수인 $2f_0, 3f_0, \cdots$ 의 주파수 성분을 가지는 직교함수가 된다.

$$\phi_n(t) = \exp(jn\omega_0 t), n = 0, \pm 1, \pm 2, \ldots, \pm\infty, \ \omega_0 = 2\pi/T \tag{4.28}$$

$$x(t) = \sum_{n=-\infty}^{\infty} c_n \exp(jn\omega_0 t) \tag{4.29}$$

복소지수형 Fourier 급수의 계수 c_n은 식 (4.27)로부터 다음과 같이 계산될 수 있다.

$$c_n = \frac{1}{T_0}\int_t^{t+T_0} x(t)e^{-jn\omega_0 t}dt \tag{4.30}$$

식 (4.30)에서 Fourier 급수의 계수 c_n의 의미는 신호 $x(t)$를 복소지수함수들의 선형조합으로 표현할 때 n번째 고조파 (nth harmonic) 성분의 가중치를 의미한다. 따라서 c_n의 크기 분포를 보면 신호가 어떤 주파수 성분을 많이 가지고 있는지 파악할 수 있다. 특별히 c_0는 단순히 신호의 평균이 되므로 직류성분(DC 성분)의 값이 된다. c_n의 값은 보통 복소수로 주어지며 극좌표형식으로 표현하면 $|c_n|e^{j\theta_n}$의 형태로 주어진다. 따라서 주파수에 따른 $|c_n|$의 분포를 **진폭스펙트럼**

(amplitude spectrum)이라 부르며, θ_n의 분포를 **위상스펙트럼**(phase spectrum)이라 부른다.

예제 4-19 **주파수가 2Hz인 신호와 3Hz인 신호를 이용하여 아래 그림과 같이 완전 5도 신호의 파형을 Fourier 급수로 나타내보자.**

$x(t) = 3\cos(2\pi 2t) + 2\cos(2\pi 3t)$

[풀이] 기본주기 T를 1Hz라 놓으면, 위 함수는 복소지수함수 4개(c_{-3}, c_{-2}, c_2, c_3)의 선형조합으로 표현될 수 있다.

$$\begin{aligned} x(t) &= 3\cos(2\pi 2t) + 2\cos(2\pi 3t) \\ &= 1.5e^{j2\pi 2t} + 1.5e^{-j2\pi 2t} + e^{j2\pi 3t} + e^{-j2\pi 3t} \\ &= c_2 e^{j2\pi 2t} + c_{-2}e^{-j2\pi 2t} + c_3 e^{j2\pi 3t} + c_{-3}2e^{-j2\pi 3t} \end{aligned}$$

예를 들어 c_2는 다음 식으로 주어진다.

$$c_2 = \int_t^{t+1} x(t) e^{-j2\pi f_0 t} dt = 1.5$$

예제 4-20 **[그림 4.23]과 같이 신호의 주기가 T_0이고, 펄스폭 τ인 구형파 펄스열의 Fourier 급수를 구하라.**

[풀이] $$c_n = \frac{1}{T_0}\int_t^{t+T_0} x(t) e^{-jn\omega_0 t} dt = \frac{1}{T_0}\int_{-\tau/2}^{\tau/2} (1) e^{-jn\omega_0 t} dt$$

$$\begin{aligned} c_n &= \frac{1}{-jn\omega_0 T_0}\left[e^{-jn\omega_0 t}\right]_{-\tau/2}^{\tau/2} = \frac{1}{-jn\omega_0 T_0}\left[e^{-jn\omega_0 \tau/2} - e^{jn\omega_0 \tau/2}\right] \\ &= \frac{\sin(n\pi f_0 \tau)}{n\pi} = f_0 \tau\, \mathrm{sinc}(nf_0\tau) = \frac{\tau}{T_0}\mathrm{sinc}(nf_0\tau) \end{aligned}$$

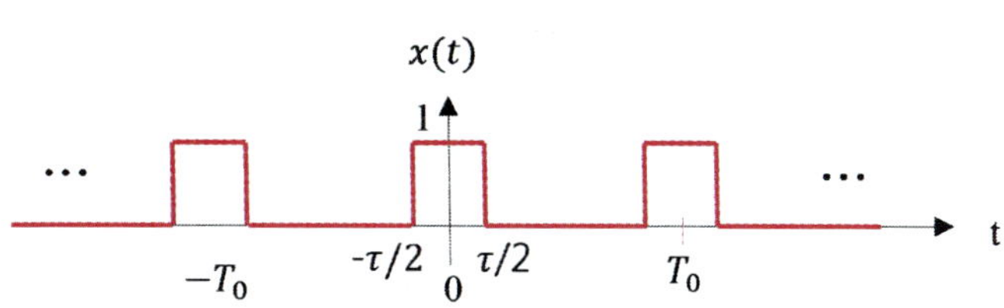

그림 4.23 (예제 4-20)의 경우

참고 주파수영역 해석에서 다음과 같은 $f=0$에서 1의 값을 가지며 주파수가 커질수록 진동하면서 0으로 작아지는 형태가 나오는데 이러한 함수를 싱크(sinc) 함수를 사용하여 표현한다.

$$\mathrm{sinc}(f) = \frac{\sin(\pi f)}{\pi f}$$

예제 4-21 **(예제 4-20)에서 펄스폭 τ가 $T_0/4$인 경우 구형파 펄스열의 Fourier 급수를 구하라.**

풀이 $c_n = \frac{\tau}{T_0}\text{sinc}(nf_0\tau) = \frac{1}{4}\text{sinc}(n/4)$ 이므로,

$c_0 = 0.25,\ c_1 = c_{-1} = 0.25\text{sinc}(0.25)$

$c_2 = c_{-2} = 0.25\text{sinc}(0.5),\ c_3 = c_{-3} = 0.25\text{sinc}(0.75)$

$c_4 = c_{-4} = 0.25\text{sinc}(1) = 0$

이를 그림으로 그리면 【그림 4.24】와 같이 주어진다.

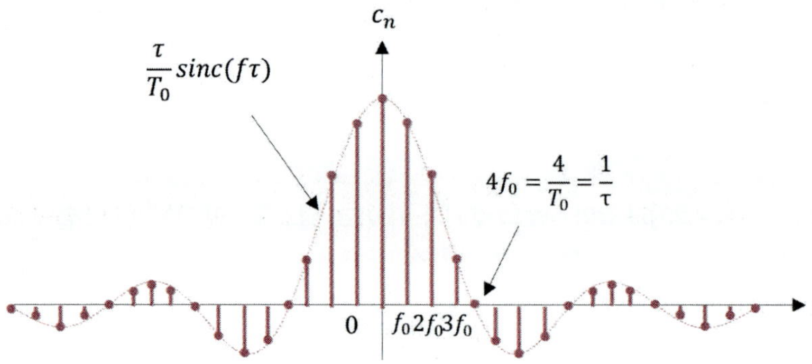

▌그림 4.24▌ (예제 4-21)의 계수로 표현된 구형파 펄스의 스펙트럼($\tau = T_0/4$인 경우)

예제 4-22 **(예제 4-21)에서 펄스폭 τ가 $T_0/8$인 경우와 $T_0/2$ 경우의 구형파 펄스열의 Fourier 급수는 어떻게 되는가?**

풀이 펄스폭 τ가 $T_0/8$인 경우 $c_n = \frac{\tau}{T_0}\text{sinc}(nf_0\tau) = \frac{1}{8}\text{sinc}(n/8)$ 이므로 $8f_0$와 그 배수의 주파수에서 영이 되는 sinc함수가 된다. 펄스폭 τ가 $T_0/2$인 경우 $c_n = \frac{\tau}{T_0}\text{sinc}(nf_0\tau) = \frac{1}{2}\text{sinc}(n/2)$ 이므로 $2f_0$와 그 배수의 주파수에서 영이 되는 sinc함수가 된다[11]. 예를 들어 펄스폭 τ가 $T_0/2$ 경우는 【그림 4.25】와 같다.

11) 펄스폭이 시간축에서 작아지면 대역폭은 넓어지고, 시간축에서 넓어지면 대역폭은 좁아진다. 음악을 들을 때 2배속으로 돌리면 소리의 주파수가 2배 높아지고 재생속도를 천천히 하면 소리의 주파수가 낮아짐을 실생활에서 직관적으로 느낄 수 수 있다.

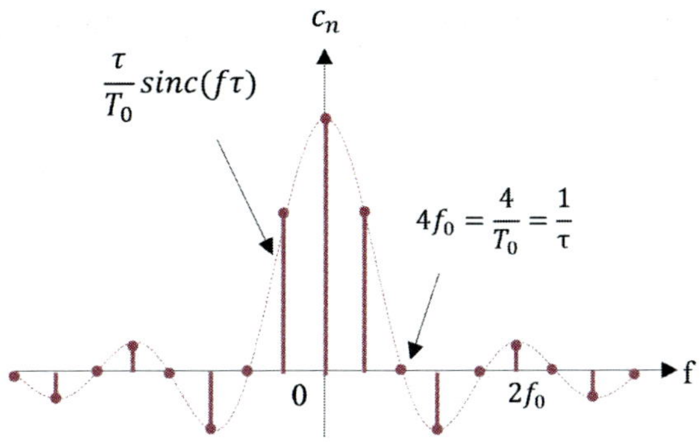

▌그림 4.25▐ (예제 4-22)의 계수로 표현된 구형파 펄스의 스펙트럼($\tau = T_0/2$인 경우)

예제 4-23 신호의 주기가 T_0인 임펄스열의 Fourier 계수를 구하라.

풀이 Fourier 급수의 계수는 다음과 같다. $c_n = \frac{1}{T_0}\int_t^{t+T_0} \delta(t) e^{-jn\omega_0 t} dt = \frac{1}{T_0}$

이를 그림으로 그리면 아래 【그림 4.26】과 같이 DC와 기본주파수(f_0)와 그 하모닉에서 균일하게 $1/T_0$인 크기를 갖는 임펄스열이 된다

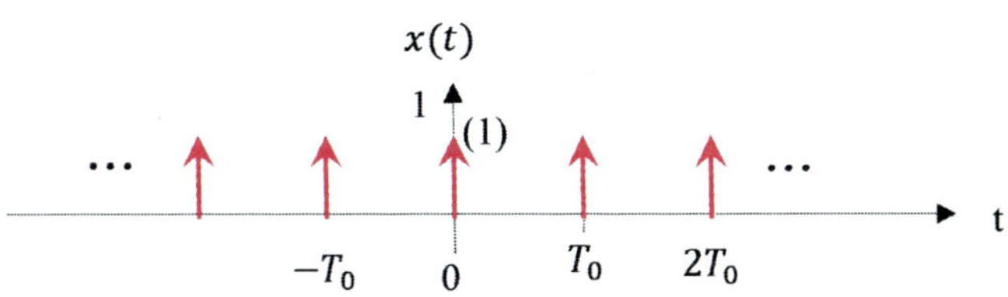

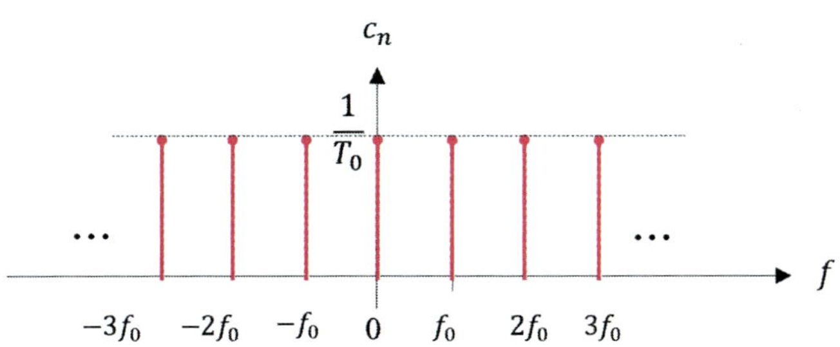

▌그림 4.26▐ (예제 4-23) 임펄스열의 스펙트럼

신호를 주파수 영역에서 표시할 수 있는 Fourier 급수는 주기함수에 대해서만 적용이 된다. 주기 신호의 Fourier 급수 표현은 주기 신호를 여러 주파수의 정현파 또는 복소 정현파 함수들의 합으로 표현한 것으로, 모든 주파수 성분이 존재하는 것이 아니라 기본 주파수의 정수 배 성분

만 존재하므로 신호의 스펙트럼은 선 스펙트럼(line spectrum)의 형태가 된다. 그러나 실제 우리가 다루어야 할 많은 신호들은 일반적으로 주기성을 갖지 않는다. 따라서 비주기 신호의 주파수 스펙트럼을 분석할 필요가 있다. 비주기 신호는 주기 신호가 무한대의 주기를 갖는 것으로 볼 수 있으므로 주기 신호에 대한 Fourier 급수로부터 주기를 무한대로 수렴시키는 과정을 통해 비주기 신호에 대한 주파수 스펙트럼을 구할 수 있는데 이를 Fourier 변환(Fourier Transform)이라 한다[12].

비주기함수를 주기가 무한대인 주기 신호라 가정하므로써 Fourier 급수로부터 Fourier 변환을 유도하기 위해【그림 4.27】과 같이 주기 T마다 구형파 펄스 $x(t)$의 파형이 반복되도록 만들어진 신호를 $x_p(t)$라 하자. $x_p(t)$를 Fourier 급수로 전개하면 다음과 같다.

$$x_p(t) = \sum_{n=-\infty}^{\infty} c_n \exp(jn\omega_0 t) \tag{4.31}$$

$$c_n = \frac{1}{T}\int_{-T/2}^{T/2} x_p(t) e^{-jn\omega_0 t} dt \quad (f_0 = 1/T) \tag{4.32}$$

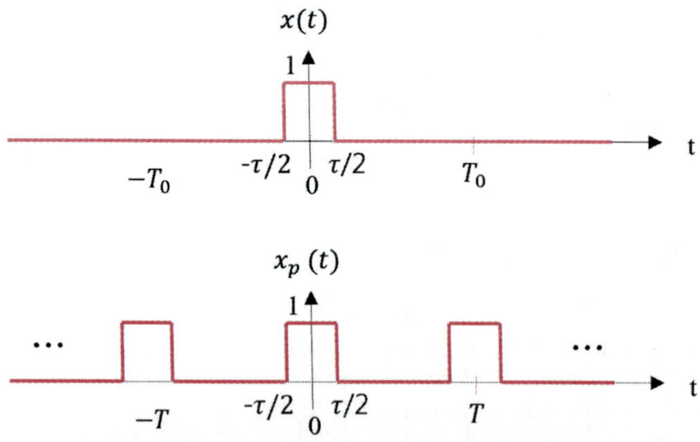

【그림 4.27】 비주기 신호를 주기 신호로 표현

사각펄스의 Fourier 급수의 계수는 다음과 같다.

12) 우리가 다루는 신호는 수식으로 표현될 수 있는 아날로그 신호이며, 이 신호는 불연속이 아니란 의미에서 연속함수라 부른다. 특별히 연속함수인 비주기 함수에 대한 Fourier변환을 연속시간 Fourier 변환(Continuous Time Fourier Transform)이라 부른다.

$$c_n = \frac{\tau}{T} sinc(nf_0\tau) \mid_{f=nf_0} = \frac{\tau}{T} sinc(f\tau) \tag{4.33}$$

식 (4.33)에서 주기 T가 커지면 Fourier의 계수의 크기는 작아지고, 스펙트럼은 조밀해진다. 그러므로 식 (4.33)에서 $T \to \infty$로 하면 크기는 0이 된다. 따라서 Fourier 계수에 주기를 곱한 Tc_n을 구하면 다음과 같이 주어진다.

$$Tc_n = \tau \mathrm{sinc}(nf_0\tau) \mid_{T\to\infty} = \tau \mathrm{sinc}(f\tau) \tag{4.34}$$

식 (4.34)를 사각 펄스의 Fourier 변환이라 한다. 이를 일반화하여 Fouirer변환 수식을 정의하면 다음과 같다.

$$X(f) = \int_{-\infty}^{\infty} x(t)e^{-j\omega t}dt = \int_{-\infty}^{\infty} x(t)e^{-j2\pi ft}dt \tag{4.35}$$

이제 식 (4.35)와 반대로 주파수영역으로부터 시간영역함수로 변환하는 식 (4.36)을 Fourier 역변환(Inverse Fourier Transform)이라고 한다.

$$x(t) = \int_{-\infty}^{\infty} X(f)e^{j2\pi ft}df \tag{4.36}$$

예제 4-24 펄스폭 τ인 구형파 신호 $x(t) = \Pi(t/\tau)$의 Fourier 변환을 구하고【그림 4.28】을 해석하시오.

풀이
$$X(f) = \int_{-\infty}^{\infty} x(t)e^{-j2\pi ft}dt = \int_{-\tau/2}^{\tau/2} e^{-j2\pi ft}dt$$
$$= \frac{\sin(\pi f\tau)}{\pi f} = \tau \mathrm{sinc}(f\tau)$$

비주기 함수의 Fourier변환은 모든 주파수의 성분을 갖는 연속스펙트럼의 형태를 갖는다.

(예제 4-24)를 간단히 하기 위해 식 (4.37)과 같이 주파수영역에서 sinc 함수를 정의한다.

$$\mathrm{sinc}(f) = \frac{\sin(\pi f)}{\pi f} \tag{4.37}$$

sinc(f) 함수를 이용하여 펄스폭 τ인 구형파 신호 $x(t) = \Pi(t/\tau)$와 Fourier변환 $X(f)$은 식 (4.38)과 같이 주어지며,【그림 4.26】과 같다. $X(f)$는 시간영역에서 펄스 폭이 좁을수록 주파수영역에서 스펙트럼이 넓어지게 된다.

$$X(f) = \tau \operatorname{sinc}(f\tau) \tag{4.38}$$

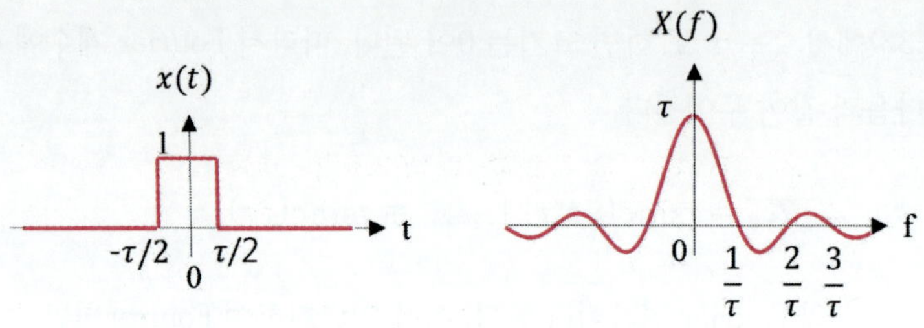

【그림 4.28】 구형파 신호의 파형과 그 스펙트럼

예제 4-25 **단위 임펄스 함수 $\delta(t)$ 의 Fourier 변환을 구하라.**

풀이 $X(f) = \int_{-\infty}^{\infty} \delta(t) e^{-j2\pi ft} dt = 1$

아래【그림 4.29】와 같이 모든 주파수에 대해 크기가 1인(모든 주파수성분이 동일한) 스펙트럼을 갖는다.

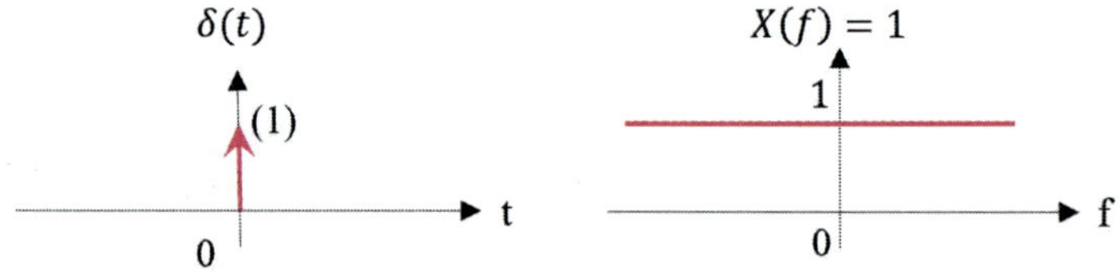

【그림 4.29】 델타 신호의 파형과 그 스펙트럼[13)]

예제 4-26 **주파수영역에서의 단위 임펄스 함수 $\delta(f)$ 로 표현되는 직류신호의 Fourier 역변환을 구하라.**

풀이 【그림 4.30】과 같이 시간영역에서 변화가 없는 직류신호는 주파수가 0Hz에서만 값을 가지므로 0Hz에서 피크값을 갖는 델타함수, 즉 DC 신호가 된다[14)].

13) 시간영역 임펄스 신호에는 직류성분에서부터 무한대 주파수까지의 모든 주파수 성분들이 균일한 크기로 포함되어 있다.

14) (예제 4-25)와 (예제 4-26)은 서로 대칭형태를 갖게 되는데 이러한 특성을 쌍대성(duality)라고 한다. 같은 delta함수라도 시간축에서는 임펄스 신호, 주파수 축에서는 DC 신호만을 갖는다는 의미를 가진다.

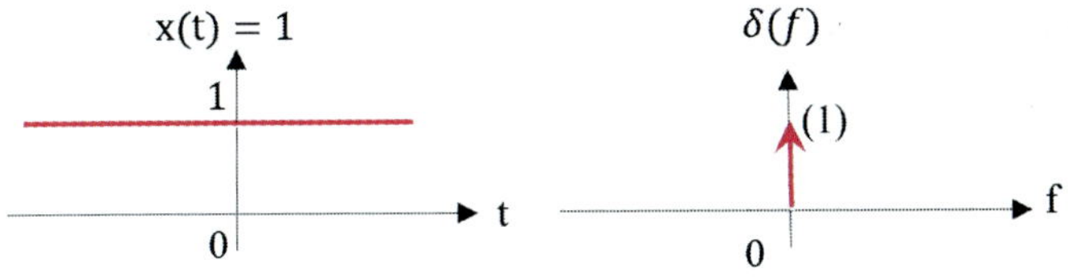

▌그림 4.30▐ DC 신호의 파형과 그 스펙트럼

이제 지수함수 $x(t)=e^{-at}u(t),\ a>0$ 의 Fourier 변환 $X(f)$를 구하면 식 (4.39)와 같다.

$$\begin{aligned} X(f) &= \int_0^{\infty} e^{-at}e^{-j2\pi ft}dt \\ &= \int_0^{\infty} e^{-(a+j2\pi f)t}dt = \frac{1}{a+j2\pi f} \end{aligned} \tag{4.39}$$

식 (4.39)는 복소수이므로 진폭스펙트럼과 위상스펙트럼을 구하면 다음과 같다.

$$|X(f)| = \frac{1}{\sqrt{a^2+4\pi^2 f^2}} = \frac{1}{a}\frac{1}{\sqrt{1+\left(\frac{2\pi f}{a}\right)^2}} \tag{4.40}$$

$$\angle X(f) = -\tan^{-1}\left(\frac{2\pi f}{a}\right) \tag{4.41}$$

식 (4.40)과 식 (4.41)을 그리면【그림 4.31】과 같다. 진폭스펙트럼은 좌우 대칭인 우함수 특성을 갖는 반면 위상스펙트럼은 기함수 특성을 가짐을 알 수 있다. 진폭스펙트럼에서 주파수가

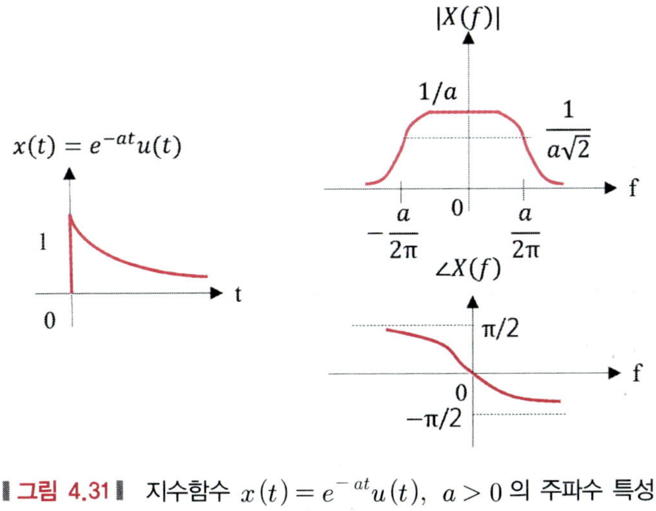

▌그림 4.31▐ 지수함수 $x(t)=e^{-at}u(t),\ a>0$ 의 주파수 특성

0Hz인 DC에서 최대값을 가지며, 주파수가 높을수록 그 주파수 성분의 크기는 감소하는 저역통과필터 특성을 갖는다. 주파수가 $f = a/(2\pi)$에서 크기가 최대값은 $1/\sqrt{2}$가 되는데 이는 전력으로 3dB 작아지는 주파수로 저역통과필터의 차단주파수(cutoff frequency)라고 부른다.

예제 4-27 **[그림 4.31]을 이용하여 지수함수 $x(t) = e^{-at}u(t), a > 0$의 3dB 대역폭은 얼마인가? 3dB 대역폭에서의 크기와 위상을 구하시오.**

풀이 $X(f) = \int_0^{\infty} e^{-at}e^{-j2\pi ft}dt = \int_0^{\infty} e^{-(a+j2\pi f)t}dt = \frac{1}{a+j2\pi f}$가 되며,

3dB 대역폭은 기준값에 비해 신호의 진력은 1/2, 진폭은 $1/\sqrt{2}$ 배로 작아지는 주파수이므로 그림에 의해 주파수가 $a/(2\pi)$인 경우가 3dB 대역폭이다.

이때 크기는 $1/(a\sqrt{2})$이 되고 위상은 -45°가 된다. 이때의 주파수가 차단주파수가 된다.

요약

신호 $x(t)$와 $X(f)$는 Fourier변환($F[\,]$)과 Fourier역변환($F^{-1}[\,]$)으로 표현되며 다음과 같이 표현된다.

$$F[x(t)] = X(f) = \int_{-\infty}^{\infty} x(t)e^{-j2\pi ft}dt$$

$$x(t) = F^{-1}[X(f)] = \int_{-\infty}^{\infty} X(f)e^{j2\pi ft}df$$

요약

신호 $x(t)$의 Fourier 변환 $X(f)$는 주파수가 f인 신호 성분의 크기의 분포를 의미한다. 따라서 주파수에 따른 $X(f)$의 분포 모양을 살펴봄으로써 신호가 가진 주파수 성분의 상대적인 크기 분포를 알 수 있다. Fourier 변환 $X(f)$는 일반적으로 복소수이므로 극좌표 형식으로 표현하면 다음과 같다.

$$X(f) = |X(f)|e^{j\theta(f)}$$

여기서 $|X(f)|$와 $\theta(f)$는 각각 진폭 스펙트럼과 위상 스펙트럼을 의미한다.

4.2.4 주파수응답과 필터

앞에서 주기신호와 비주기신호에 대한 주파수영역 해석방법을 살펴보았다. 본 절에서는 이러한 주파수 영역 해석 방법이 시스템 해석 측면에서 어떻게 적용되는지 살펴보자. 먼저, 기저대역신호를 시간영역에서 해석한다는 것은 임펄스 응답과 컨벌루션(convolution)을 통해 해석해야 한다. 하지만, 이 과정은 복잡한 수학적 적분 과정을 필요로 할 뿐만 아니라 임펄스 신호를 실제로 만들기가 매우 어려우므로 실험을 통해 임펄스 응답을 구하기가 어렵다. 따라서 좀 더

편리하게 실험할 수 있는 해석방법이 필요하다. 다행히 무선통신과 레이다에서 다루는 기저대역신호는 시간영역에서 다루는 것보다 Fourier 변환을 통해 주파수영역에서 해석하는 것이 편리할 때가 많다. 특히, 주파수 영역에서 신호를 해석하면 시간영역의 컨벌루션 연산이 주파수영역에서는 곱하기로 표현되므로 간단하다. 이를 증명해보자. 두 신호의 컨볼루션에 대한 Fourier 변환은 다음과 같다.

$$\begin{aligned} F[x(t)*h(t)] &= \int_{-\infty}^{\infty}\left[\int_{-\infty}^{\infty} x(\tau)h(t-\tau)d\tau\right]e^{-j2\pi ft}dt \\ &= \int_{-\infty}^{\infty} x(\tau)\left[\int_{-\infty}^{\infty} h(t-\tau)e^{-j2\pi ft}dt\right]d\tau \end{aligned} \tag{4.42}$$

위 식에서 대괄호 안의 식은 $h(t)$를 τ만큼 시간지연시킨 신호의 Fourier변환이므로 다음과 같이 풀어쓸 수 있고, 결국 시간영역에서 컨볼루션은 주파수 영역에서 곱셈으로 주어지게 된다.

$$\begin{aligned} F[x(t)*h(t)] &= \int_{-\infty}^{\infty} x(\tau)\left[H(f)e^{-j2\pi f\tau}\right]d\tau \\ &= H(f)\int_{-\infty}^{\infty} x(\tau)e^{-j2\pi f\tau}d\tau = H(f)X(f) \end{aligned} \tag{4.43}$$

식 (4.43)에서 $x(t)$는 시스템의 입력이고 $h(t)$는 시스템의 임펄스 응답이라면, 시간영역에서 출력 $y(t)$는 시스템의 출력이 된다. 주파수 영역에서 출력의 Fourier변환 $Y(f)$는 입력의 Fourier 변환 $X(f)$와 임펄스 응답의 Fourier변환 $H(f)$의 곱과 같게 된다. 정리하면, 시스템에서 출력신호를 입력신호 $x(t)$와 임펄스 응답 $h(t)$와 컨볼루션으로 표현하고 이를 Fourier 변환하면 식 (4.44)와 같이 주어진다.

$$y(t) = x(t)*h(t) \ \Leftrightarrow\ Y(f) = X(f)H(f) \tag{4.44}$$

여기서 임펄스응답 $h(t)$의 Fourier변환 $H(f)$를 시스템의 **전달함수(transfer function)** 또는 **주파수응답(frequency response)**라고 한다. 일반적으로 전달함수 $H(f)$는 복소수로 표현되며 다음과 같이 주어진다.

$$H(f) = |H(f)|e^{j\angle H(f)} \tag{4.45}$$

여기서 $|H(f)|$는 시스템의 진폭응답이며 $\angle H(f)$는 시스템의 위상응답으로 각각 식 (4.46)과 식 (4.47)로 주어진다.

$$|Y(f)| = |X(f)||H(f)| \tag{4.46}$$

$$\angle Y(f) = \angle X(f) + \angle H(f) \tag{4.47}$$

즉, 주파수가 f인 신호 성분이 선형 시스템을 통과하게 되면 주파수의 변화는 없이 출력신호의 진폭은 입력신호의 진폭에 $|H(f)|$가 곱해져서 증폭 또는 감쇠된다. 출력신호의 위상은 입력신호의 위상에 $\angle H(f)$의 위상이 더해져서 위상천이가 발생한다. 이와 같이 시스템을 통과하게 되면 어떤 주파수성분은 커지거나 작아지게 되고 위상은 주파수별로 지연에 차이가 발생한다.

즉, 시스템을 주파수 영역에서 표현한다는 것은 시스템의 전달함수를 이해하는 것이다. 기저대역 신호가 송신되어 채널을 통과하게 되더라도 수신 신호가 송신 신호와 동일하게 되는 것이 바람직하다. 무선통신과 레이다 시스템을【그림 4.32】와 같이 선형 시스템으로 모델링하는 경우, 출력이 입력과 동일하게 될 조건은 시스템의 임펄스 응답이 $h(y) = \delta(t)$가 되는 것이다. 따라서 주파수 응답은 $H(f) = 1$이 되어 입력의 모든 주파수 성분을 그대로 통과시키는 것이다.

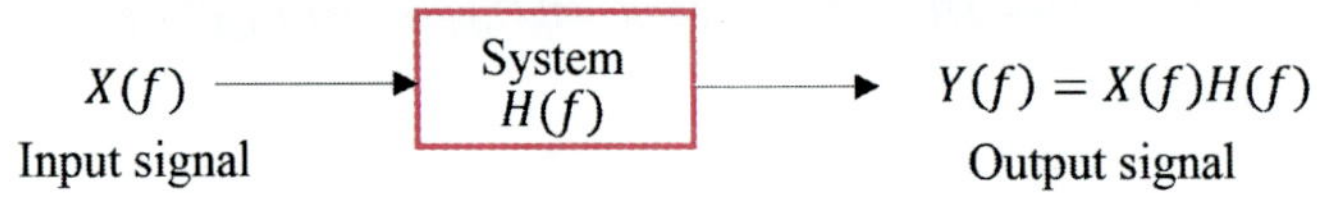

【그림 4.32】 기저대역 시스템의 주파수영역 모델링

이제 RC회로의 임펄스 응답과 주파수 응답을 구해 보자. 식 (4.6)에서 저항에 걸린 전압 $Ri(t)$를 입력 $x(t)$로 놓고, $v_c(t)$를 출력 $y(t)$라 하면 식 (4.6)은 식 (4.48)과 같다.

$$x(t) = RC\frac{dy(t)}{dt} + y(t) \tag{4.48}$$

양변에 Fourier 변환을 취하면

$$X(f) = RC(j2\pi f)Y(f) + Y(f) \tag{4.49}$$

가 된다. 이제 주파수영역에서 기저대역 시스템의 주파수 응답은 다음과 같다.

$$H(f) = \frac{Y(f)}{X(f)} = \frac{1}{1 + j2\pi fRC} \tag{4.50}$$

식 (4.50)은 복소수이므로 진폭응답과 위상응답을 구하면 다음과 같다.

$$|H(f)| = \frac{1}{\sqrt{1+(2\pi RC)^2 f^2}} = \frac{1}{\sqrt{1+\left(\frac{f}{f_0}\right)^2}} \tag{4.51}$$

$$\angle H(f) = \tan^{-1}(2\pi RCf) = \tan^{-1}\left(\frac{f}{f_0}\right) \tag{4.52}$$

여기서, $f_0 = 1/(2\pi RC)$로 3dB 대역폭이라 하며, 주파수 $f = f_0$일 때 진폭응답의 크기가 $1/\sqrt{2}$이 된다. 이렇게 저주파 대역은 통과시키지만 특정주파수 이상에서는 크기가 작아 통과가 되지 않는 시스템을 **저역통과필터(Low pass filter)**라 한다.

이제 시간영역에서 임펄스 응답을 구하기 위해 식 (4.50)을 역 Fourier 변환하면 시스템의 임펄스 응답은 식 (4.53)과 같다.

$$h(t) = \frac{1}{RC} e^{-t/RC} u(t) \tag{4.53}$$

보통 식 (4.53)에서 RC는 RC회로의 시정수(time constant)가 된다. 식 (4.53)의 임펄스 응답은 지수함수 $x(t) = e^{-at}u(t), a > 0$와 유사하다. 지수함수의 임펄스응답과 이의 주파수 응답은 앞에서 살펴본 바와 같이【그림 4.31】과 같으므로 수식을 식 (4.53)에 맞춰 수정하여 표시하면【그림 4.33】과 같이 주어진다.

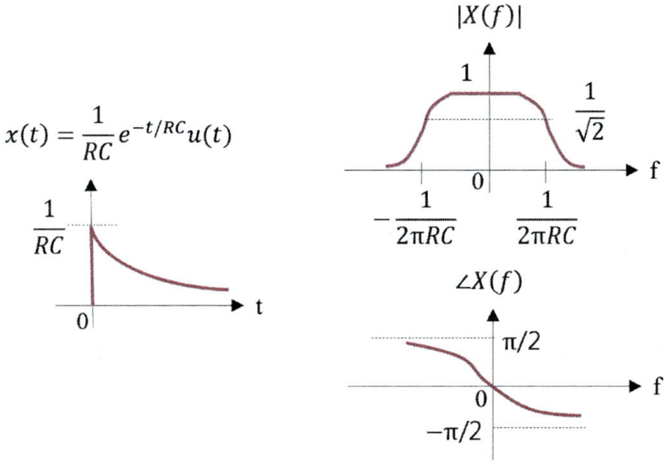

【그림 4.33】 RC회로의 주파수 특성

요약

시스템에 임펄스를 입력시킨다는 것은 0에서부터 무한대까지의 주파수 성분을 균일하게 동시에 입력시키는 것과 같다. 따라서 임펄스 응답의 Fourier 변환은 시스템에 입력된 균일한 크기의 모든 주파수 성분에 대하여 시스템이 각 주파수별로 크기와 위상을 조정하는 것으로 볼 수 있다. 이를 시스템의 주파수응답 또는 필터 특성이라 한다.

4.3 주파수영역에서 전력 구하기

시간영역에서 시간의 함수인 주기신호의 전력은 한 주기에 대한 신호의 제곱의 적분으로 표현할 수 있었다. 이제 시간영역에서 신호에 대한 수식표현을 주파수영역에서 표현하는 법을 학습하였으므로 주파수영역에서 전력을 구하는 방법을 살펴보자. 당연히 시간영역에서 구한 전력과 주파수 영역에서 구한 전력은 동일해야 한다. 단, 에너지 신호의 경우 전력은 0이므로 전력 대신 에너지값을 구하게 된다.

4.3.1 에너지신호의 경우

앞에서 에너지 신호와 전력신호를 시간영역에서 분류하였다. 에너지 신호는 에너지가 유한해서 그 전력은 0이 되며, 전력신호는 에너지는 무한대이지만 전력은 유한하다고 학습하였다. 즉, 지속기간이 유한하거나 또는 무한하더라도 점점 크기가 작아져서 소멸되는 신호들은 에너지 신호이고, 주기신호나 불규칙한 신호는 전력신호가 된다. 앞에서 에너지와 전력을 구할 때 시간영역에서 구했으나 Fourier 변환을 학습하였으므로 이제 주파수영역에서 에너지와 전력을 구하는 문제를 살펴보자.

신호의 에너지는 시간영역에서 식 (4.54)와 같이 주어진다. 식 (4.54)를 Fourier 변환을 통해 주파수영역으로 표현하면, 식 (4.55)와 같이 주어지는데 이를 **Parseval의 정리**라고 한다. Parseval의 정리에서 $|X(f)|^2$ 를 **에너지 스펙트럼 밀도(Energy Spectrum Density: ESD)**라고 한다.

$$E=\int_{-\infty}^{\infty}|x(t)|^2dt \tag{4.54}$$

$$E=\int_{-\infty}^{\infty}|X(f)|^2 df \tag{4.55}$$

식 (4.55)에서 적분 내에 있는 에너지 스펙트럼 밀도 $|X(f)|^2$은 신호의 에너지가 주파수 상에서 어떻게 분포되어 있는지를 보여주며, 기호로 $\Psi_x(f)$로 표신된다.

$$\Psi_x(f)=|X(f)|^2 \tag{4.56}$$

이렇게 에너지신호의 에너지 스펙트럼 밀도를 정의하면 총 에너지뿐만 아니라 주파수 f_1과 f_2 사이의 특정 주파수대역 내에 있는 신호의 에너지를 다음과 같이 적분으로 구할 수 있다[15).

$$E_{(f_1,f_2)}=2\int_{f_1}^{f_2}|X(f)|^2 df \tag{4.57}$$

예제 4-28 에너지 신호에 대해 Parseval 정리를 증명하시오.

풀이 (예제 4-27) 문제에서 사용된 $x(t)=e^{-at}u(t), a>0$ 함수를 예로 들어 증명해보자. 시간영역에서 에너지를 구하면 다음과 같다.

$$E=\int_{-\infty}^{\infty}|x(t)|^2 dt=\int_{0}^{\infty}e^{-2at}dt=\frac{1}{2a}$$

주파수영역에서 에너지를 구하면 다음과 같다.

$$E=\int_{-\infty}^{\infty}|x(t)|^2 dt=\int_{-\infty}^{\infty}|X(f)|^2 df$$

$$=\int_{-\infty}^{\infty}\left|\frac{1}{a+j2\pi f}\right|^2 df=\int_{-\infty}^{\infty}\frac{1}{a^2+4\pi^2 f^2}df$$

여기서 적분표 $\int\frac{1}{a^2+b^2x^2}dx=\frac{1}{ab}tan^{-1}\left(\frac{bx}{a}\right)$ 공식을 이용한다.

$$E=\frac{1}{2\pi a}(\tan^{-1}(\infty)-\tan^{-1}(-\infty))=\frac{1}{2a}$$

이 결과는 시간영역에서 구한 에너지값과 주파수영역에서 구한 에너지값은 같으므로 Parseval 정리가 간접적으로 증명된다[16).

이제 ESD와 자기상관함수와의 관계를 살펴보자. 에너지 신호 $x(t)$가 실수 함수인 경우 자기

15) 적분 앞에 2가 붙는 경우는 PSD가 양의 주파수와 음의 주파수 모두에 대해 대칭적인 분포를 갖는다는 것을 의미한다. 이를 two-sided spectrum이라 한다.

16) 에너지보전법칙에 의해 시간영역을 주파수영역으로 변환한다고 에너지값이 달라질 수는 없다. 시간영역이나 주파수영역이나 동일한 신호를 표현하는 방법의 차이가 있을 뿐이다.

상관함수는 다음과 같다.

$$R_x(\tau) = \int_{-\infty}^{\infty} x(t)x(t+\tau)dt \tag{4.58}$$

이제 자기상관함수의 Fourier변환을 구해보면 자기상관함수의 Fourier변환은 에너지스펙트럼 밀도가 됨을 알 수 있다.

$$\begin{aligned} F[R_x(\tau)] &= \int_{-\infty}^{\infty} e^{-j2\pi f\tau}\left[\int_{-\infty}^{\infty} x(t)x(t+\tau)dt\right]d\tau \\ &= \int_{-\infty}^{\infty} x(t)\left[\int_{-\infty}^{\infty} x(t+\tau)e^{-j2\pi f\tau}d\tau\right]dt \\ &= \int_{-\infty}^{\infty} x(t)\left[X(f)e^{j2\pi ft}\right]d\tau \\ &= X(f)X(-f) = |X(f)|^2 = \Psi_x(f) \end{aligned} \tag{4.59}$$

요약하면 에너지 신호의 ESD는 Fourier변환을 구한 후 이를 제곱하여 주파수축에서 적분하거나, 자기상관함수를 구한 다음 Fourier 변환을 구하는 두 가지 방법으로 구할 수 있음을 알 수 있다.

예제 4-29 **크기가 A이고 펄스폭이 τ인 구형파 펄스의 ESD를 구하라.**

풀이 (방법 1) ESD를 구하기 위해 Fourier 변환을 수행한다.

$X(f) = A\tau \mathrm{sinc}(f\tau)$

이를 제곱하여 ESD(Energy Spectral Density)를 구한다.

$|X(f)|^2 = A^2\tau^2 \mathrm{sinc}^2(f\tau)$

(방법 2) 먼저 Correlation을 구하고 다음 Fourier 변환을 수행한다.

$R_x(\tau) = \int_{-\infty}^{\infty} x(t)x(t+\tau)dt = A^2\tau\Lambda(t/\tau)$

이를 Fourier변환 $(\Lambda(t/\tau) \rightarrow \tau\mathrm{sinc}^2(f\tau))$하면 $A^2\tau^2\mathrm{sinc}^2(f\tau)$이 된다.

요약

4.1.5절에서 살펴본 바와 같이 신호의 자기상관(Autocorrelation)은 신호 $x(t)$와 τ 시간차를 갖는 $x(t+\tau)$의 값들이 얼마나 서로 유사한가, 또는 관련이 있는가를 나타낸다. 대부분의 신호의 자기상관함수의 특성은 $\tau=0$에서 최대가 되고 그 점을 중심으로 좌우대칭 특성을 갖는다. 잡음이 섞여있는 신호의 경우 자기상관을 구한 후 FFT를 하면 더 선명한 스펙트럼을 얻을 수 있어 무선통신과 레이다에서 많이 사용된다.

4.3.2 전력신호의 경우

이제, 전력신호에 대한 Parseval의 정리를 살펴보자. 전력신호의 경우 에너지가 무한대이므로 $|x(t)|^2$ 을 시간으로 평균화한 평균전력이 사용된다. 신호 $x(t)$의 시간평균전력은 식 (4.60)과 같다.

$$P = \lim_{T \to \infty} \frac{1}{T} \int_{-T/2}^{T/2} |x(t)|^2 dt \tag{4.60}$$

에너지 신호에 대해 주파수영역의 에너지를 구한 것처럼 **전력스펙트럼밀도(Power Spectral Density: PSD)**를 식 (4.51)이 성립되도록 정의한다.

$$P = \int_{-\infty}^{\infty} S_x(f) df \tag{4.61}$$

이제 PSD는 전력신호 $x(t)$를 시구간 $-T/2 \le t \le T/2$만 취하고 나머지는 절단한 신호 $x_T(t)$를 이용하여 다음과 같이 정의될 수 있다.

$$S_x(f) = \lim_{T \to \infty} \frac{|X_T(f)|^2}{T} \tag{4.62}$$

식 (4.62)를 실제 적용하여 PSD를 구할 경우 전력신호를 얼마나 절단하느냐의 문제가 발생한다. 따라서 보통은 자기상관 (autocorrelation) 함수의 Fourier 변환을 하여 PSD를 구하는 방법을 사용한다. 이렇게 전력신호의 전력 스펙트럼 밀도를 정의하면 주파수 f_1과 f_2 사이의 특정 주파수대역 내에 있는 신호의 전력은 다음과 같이 적분으로 구할 수 있다.

$$P_{(f_1, f_2)} = 2 \int_{f_1}^{f_2} S_x(f) df \tag{4.63}$$

주기신호의 경우

주기신호는 전력신호이며, 주기신호의 평균전력은 한 주기에서 신호 크기의 제곱에 대한 시평균으로 정의된다. 이를 주파수영역에서 주기신호의 평균전력은 식 (4.64)와 같이 모든 Fourier 계수의 크기의 제곱을 더한 것과 같으며 이를 주기신호에 대한 Parseval의 정리라고 한다. 주파수에 따른 $|c_n|^2$ 의 분포를 주기신호의 전력스펙트럼(power spectrum)이라 부

르며 전력이 주파수별로 어떻게 분포되는지를 보여준다.

$$P = \frac{1}{T_0}\int_{T_0} |x(t)|^2 dt = \sum_{n=-\infty}^{\infty} |c_n|^2 \quad (4.64)$$

예제 4-30 **크기가 A이고 주파수가 f_0인 정현파 신호의 평균전력을 구하라.**

풀이 정현파 신호의 스펙트럼과 PSD는 다음과 같다.

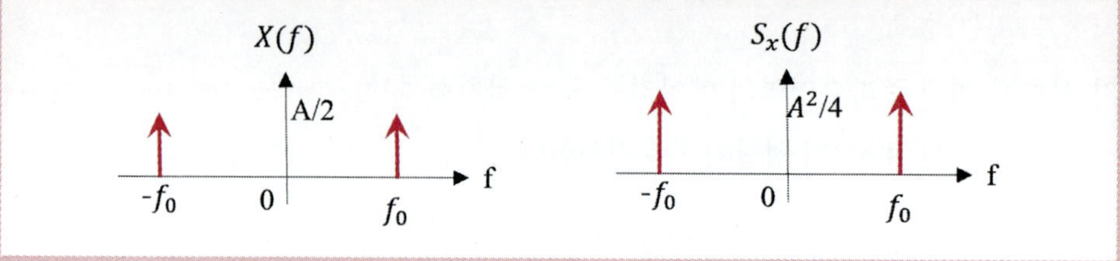

두 개의 peak를 더하면 주파수 영역에서 전력 $A^2/2$을 구할 수 있고, 이는 (예제 4-2)의 시간영역에서 구한 전력값과 동일하다.

4.3.3 dBm/Hz와 dBm

앞에서 주파수가 1개인 정현파 전력신호의 경우 전력을 dBm으로 표기하는 법을 배웠다. 이제 주파수가 다양한 주파수 성분을 포함할 경우를 살펴보자. 주파수가 2개 뿐이라면 두 개의 전력을 더하면 된다. 하지만 주파수 성분이 더 많다면 전력밀도 스펙트럼을 이용하게 된다. 즉, 전력밀도 스펙트럼인 PSD를 주파수축에서 적분하면 전력이 되므로 PSD의 단위는 W/Hz가 되어야 한다. 이를 데시벨로 표현하면 dBW/Hz가 된다. 무선통신과 레이다에서는 기준을 1mW를 많이 쓰므로 dBm/Hz 단위를 더 많이 사용하게 된다. dBm/Hz를 dBm으로 변환하기 위해서는 해당되는 주파수만큼 적분을 수행해야 한다[17].

예제 4-31 **열잡음 신호의 PSD가 –174dBm/Hz이다. 대역폭이 1MHz인 경우 전력은 얼마인가?**

풀이 –174dBm/Hz + 10log10(1MHz)이므로 전력은 –114dBm이 된다.

17) 국내 전파기기에 대한 기술기준에서는 송신출력을 보통 협대역의 경우 dBm으로 정의하고, 광대역인 경우에는 dBm/Hz로 정의한다.

제1장
제2장
제3장
제4장
제5장
제6장
제7장
제8장
제9장
제10장

예제 4-32 **스마트키에 사용되는 UWB 신호는 500MHz의 대역폭을 가지면 평균전력밀도는 –41.3dBm/MHz의 값을 갖는다. 이 경우 평균전력은 얼마인가?**

풀이 –41.3dBm/MHz + 10log10(500)이므로 평균전력은 –14.3dBm이 된다.

4.4 주요 신호들의 스펙트럼 특성

앞에서 전파와 신호를 시간영역과 주파수영역에서 해석하는 기본 이론들을 학습하였다. 마지막으로 무선통신과 레이다에서 자주 사용되는 신호들의 스펙트럼 특성을 살펴보도록 한다.

4.4.1 정현파신호와 펄스 신호

가장 먼저 살펴볼 신호는 특정 주파수 f_0를 갖는 정현파신호(Continuous Wave)가 있다. 정편파신호는 약자로 CW신호라고 부른다. CW 신호는 무선통신과 레이다의 국부발진기 신호를 모델링할 때 사용된다.

$$x_1(t) = \cos(2\pi f_0 t) \tag{4.65}$$

CW신호의 Fourier 변환은 다음과 같이 2개의 delta 함수로 표현된다.

$$X_1(f) = \frac{1}{2}\left[\delta(f - f_0) + \delta(f + f_0)\right] \tag{4.66}$$

식 (4.65)와 식 (4.66)으로 표현된 CW 신호의 특성은 【그림 4.34】와 같이 표현할 수 있다.

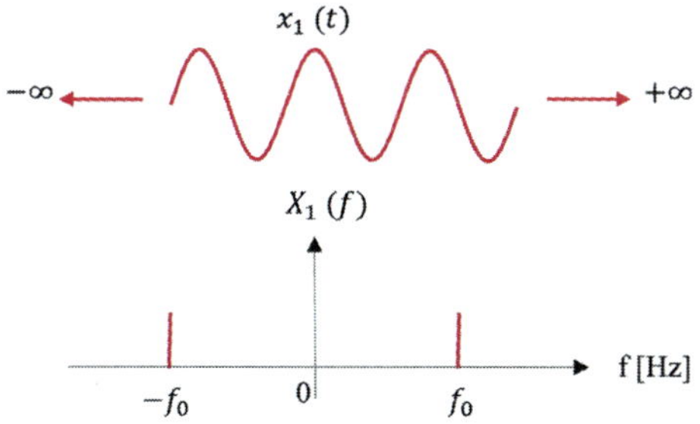

【그림 4.34】 CW신호의 주파수 특성

두 번째로 살펴볼 신호는 변조된 펄스신호로 펄스폭 τ를 갖는 구형파신호가 CW신호와 곱해진 신호이다.

$$x_2(t) = \Pi(t/\tau)\cos(2\pi f_0 t) = \Pi(t/\tau)x_1(t) \tag{4.67}$$

구형파 신호 $\Pi(t/\tau)$의 Fourier 변환은 $\tau \text{sinc}(f\tau)$이고, 시간영역의 곱셈은 주파수영역의 컨볼루션이므로 변조된 펄스신호의 스펙트럼은 다음과 같다.

$$\begin{aligned} X_2(f) &= X_1(f) * \tau \text{sinc}(f\tau) \\ &= \frac{\tau}{2}\left[\text{sinc}[(f-f_0)\tau] + \text{sinc}[(f+f_0)\tau]\right] \end{aligned} \tag{4.68}$$

이를 그림으로 그리면【그림 4.35】와 같이 주파수 f_0와 $-f_0$에서 최대값을 갖는 2개의 sinc함수가 된다.

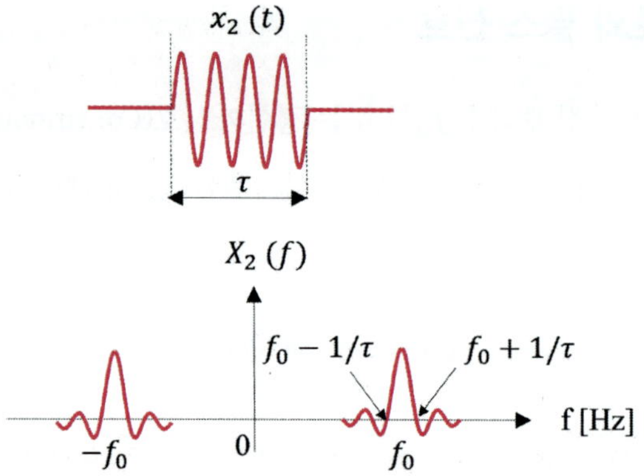

【그림 4.35】 변조된 펄스신호의 주파수 특성

세 번째로 살펴볼 신호는 펄스레이다에서 사용되는 변조된 구형파 펄스열이다.【그림 4.36】에서처럼 펄스폭 τ를 갖는 구형파 신호가 주기 T를 갖고 지속적으로 존재하고 이 신호가 CW신호와 곱해져서 만들어진 신호이다.

$$x_3(t) = \cos(2\pi f_0 t) \sum_{n=-\infty}^{\infty} \Pi\left(\frac{t-nT}{\tau}\right) \tag{4.69}$$

식 (4.69)에서 반송파신호의 주파수 f_0는 펄스의 반복 주파수 $1/T$보다 매우 커야 한다. 이러한 변조된 구형파 펄스열의 주파수 스펙트럼은 구형파 펄스열의 스펙트럼이 주파수 f_0와 $-f_0$로 이동한 형태를 가지게 된다.

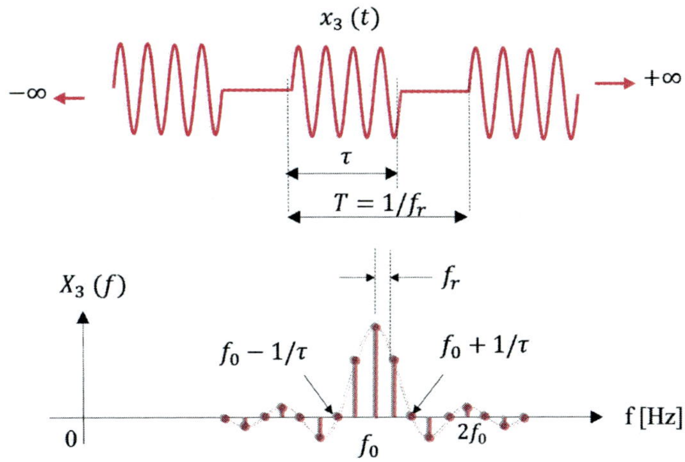

그림 4.36 변조된 펄스열의 주파수 특성

4.4.2 Chirp 신호

FMCW 레이다에서 사용되는 Chirp 신호에 대해 알아보자. Chirp 신호는 선형 FM(Linear FM: LFM) 신호라고도 하며 하나의 펄스폭에서 주파수가 선형적으로 커지거나 작아지는 형태를 갖는다. 만약 주파수가 선형적으로 커지는 경우는 up-chirp, 선형적으로 작아지는 경우는 down-chirp이라고 부른다. LFM up-chirp 신호의 위상은 다음과 같이 표현된다.

$$\phi(t) = 2\pi(f_0 t + \frac{S}{2}t^2), \quad -\frac{t_0}{2} \le t \le \frac{t_0}{2} \tag{4.70}$$

여기서 f_0는 레이다의 중심주파수, $S = \Delta f / t_0$로 LFM 계수라고 부른다. 식 (4.70)을 미분하면 순시주파수를 구할 수 있다. 순시주파수는 f_0를 중심으로 양의 기울기를 갖는 선형함수의 형태를 갖는다.

$$f(t) = \frac{1}{2\pi}\frac{d}{dt}\phi(t) = f_0 + \frac{\Delta f}{t_0}t = f_0 + St, \quad -\frac{t_0}{2} \le t \le \frac{t_0}{2} \tag{4.71}$$

마찬가지로 LFM down-chirp 신호의 위상은 다음과 같이 표현된다.

$$\phi(t) = 2\pi(f_0 t - \frac{S}{2}t^2), \quad -\frac{t_0}{2} \le t \le \frac{t_0}{2} \tag{4.72}$$

식 (4.72)를 미분하면 순시주파수를 구할 수 있다.

$$f(t) = \frac{1}{2\pi}\frac{d}{dt}\phi(t) = f_0 - St, \ -\frac{t_0}{2} \le t \le \frac{t_0}{2} \tag{4.73}$$

이제 LFM신호는 시간영역으로 다음 식과 같이 표현될 수 있다.

$$x_4(t) = \Pi(t/t_0)\cos\left[2\pi\left(f_0 t + \frac{S}{2}t^2\right)\right] \tag{4.74}$$

여기서 $\Pi(t/t_0)$는 펄스폭 t_0를 갖는 구형파이다.

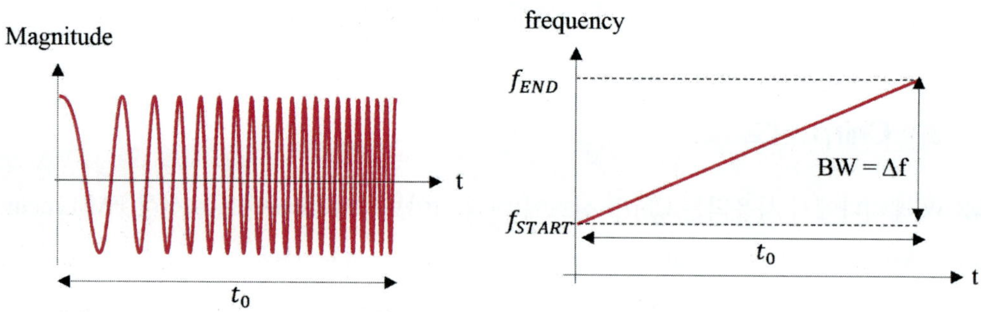

그림 4.37 Up-Chirp 신호의 주파수 특성[18)]

예제 4-33 **자동차 측면 FMCW 레이다의 시작주파수(f_{START})가 77GHz, 끝주파수(f_{END})가 81GHz이다. 주파수가 변화하는 시간(t_0)이 40usec일 때 주파수 변화의 기울기는 얼마인가?**

풀이 대역폭이 4GHz이므로 식 (4.71)에 의해 100MHz/usec가 된다.

4.5 유효 대역폭과 지속구간

신호의 대역폭은 신호가 영이 아닌 스펙트럼을 갖는 주파수의 범위를 나타낸다. 일반적으로 대부

18) 레이다에서는 오른쪽 그림을 시간-주파수 파형(또는 'f-t plot')이라고 부른다. f-t 플롯은 시간에 따른 주파수의 변화를 보여주는 것으로 레이다 송신파형의 특성을 보여주는데 매우 편리하다.

분의 신호는 시간영역에서의 **지속구간(Time duration)**과 주파수영역에서 대역폭(Bandwidth)을 사용하여 정의할 수 있다. 하나의 신호가 주파수 측면에서 유한한 대역폭을 갖는다면 대역제한 신호(band−limited signal)라고 하고 시간 측면에서 유한한 지속구간을 갖는다면 시간제한 신호(time−limited signal)라고 한다. 하지만 대역제한 신호는 무한대의 시간구간을 가지며, 시간제한 신호는 무한대의 대역폭을 갖는다[19]. 하지만 무선통신과 레이다에서 신호처리는 시간영역이나 주파수영역에서 구현될 수 있는데 시간영역에서 구현될 때에도 유한한 지속구간을 가져야 하며, 주파수영역에서 구현될 때는 유한한 대역폭을 가져야 구현될 수 있다. 당연히, 이러한 신호는 존재하지 않지만 시간제한 신호이라도 유한한 대역폭을 갖는다고 가정할 수 있고, 반대로 대역제한 신호라도 유한한 시간 지속구간을 갖는다고 가정할 수 있다.

이를 예로 들어 설명하기 위해 하나의 구형파 펄스를 가정하자. 구형파 펄스는 식 (4.75)와 같이 지속구간 τ를 갖는 시간제한된 신호이다.

$$x(t) = \Pi(t/\tau), \quad -\frac{\tau}{2} < t < \frac{\tau}{2} \tag{4.75}$$

이 신호는 지속구간 τ의 시간제한 시스템이므로 무한대의 대역폭을 가지지만 주파수가 커질수록 크기가 작아지므로 유한한 범위의 **유효대역폭(Effective Bandwidth)**를 갖는다고 정의할 수 있다. 유효 대역폭은 다음과 같이 정의된다.

$$B_e = \left(\int_{-\infty}^{\infty} |X(f)|^2 df\right)^2 \Big/ \left(\int_{-\infty}^{\infty} |X(f)|^4 df\right) \tag{4.76}$$

구형파 펄스에 대해 식 (4.76)을 계산하면 분자는 다음과 같다.

$$\left(\int_{-\infty}^{\infty} |X(f)|^2 df\right)^2 = |R_x(0)|^2 = \tau^2 \tag{4.77}$$

분모는 다음과 같다.

19) 대역제한된 CW신호를 생각하면 주파수는 하나의 주파수만을 갖지만 시간구간은 $-\infty$에서 $+\infty$의 무한대 시간구간에서 정의된다. 반대로 펄스폭이 τ인 구형파 신호는 유한대의 시간구간을 갖지만 주파수영역에서는 Sinc함수꼴로 $-\infty$에서 $+\infty$의 무한대의 대역폭을 갖는다. 물론 주파수가 커질수록 크기는 작아지게 된다.

$$\left(\int_{-\infty}^{\infty} |X(f)|^4 df\right) = \left(\int_{-\infty}^{\infty} |R_x(\tau)|^4 df\right)$$
$$= \left(\int_{-\infty}^{\infty} |\tau \operatorname{sinc}(f\tau)|^4 df\right) = \frac{2}{3}\tau^3 \tag{4.78}$$

식 (4.77)과 식 (4.78)을 식 (4.76)에 적용하면 유효 대역폭은 다음과 같이 주어진다.

$$B_e = \frac{\left(\int_{-\infty}^{\infty} |X(f)|^2 df\right)^2}{\left(\int_{-\infty}^{\infty} |X(f)|^4 df\right)} = \frac{\tau^2}{\left(\frac{2\tau^3}{3}\right)} = \frac{3}{2\tau} \tag{4.79}$$

마찬가지로 신호 $x(t)$의 유효지속시간은 다음과 같이 정의될 수 있다.

$$\tau_e = \left(\int_{-\infty}^{\infty} |x(t)|^2 dt\right)^2 / \left(\int_{-\infty}^{\infty} |x(t)|^4 dt\right) \tag{4.80}$$

구형파 펄스의 유효지속시간을 구하기 위해 식 (4.80)을 계산하면 다음과 같다.

$$\tau_e = \left(\int_{-\tau/2}^{\tau/2} (1)^2 dt\right)^2 / \left(\int_{-\tau/2}^{-\tau/2} (1)^4 dt\right) = \tau^2/\tau = \tau \tag{4.81}$$

마지막으로 유효지속구간과 유효대역폭의 곱을 구할 수 있는데 이를 **시간대역폭곱(time-bandwidth product)**라고 부른다[20]. 구형파 펄스의 시간대역폭곱은 다음과 같다.

$$B_e\tau_e = \frac{3}{2\tau}\tau = 1.5 \tag{4.82}$$

시간대역폭곱은 무선통신이나 레이다에서 사용되는 파형의 시간-주파수 특성의 기준이 된다. 만약 하나의 펄스의 시간대역폭곱인 (4.82)보다 큰 시간대역폭곱을 사용한다는 의미는 대역폭이 최소대역폭보다 크거나 지속시간이 더 큰 펄스를 사용한다는 의미이다. 이는 시간이나 대역폭의 낭비가 되나 대신 다른 효과가 있음을 의미한다. 대표적인 예로 대역확산이 있는데 실제 필요한 대역폭 이상의 신호를 사용함으로써 수신성능을 개선할 있다.

20) 전자공학에서는 대역폭을 거리, 시간, 상승시간, 지연 등과 곱하여 각각 Bandwidth-distance product, Time-Bandwidth product, Rise time Bandwidth product, Bandwidth-delay product를 정의할 수 있다. 이를 통해 사용하는 시스템의 성능을 나타낼 수 있다.

예제 4-34 펄스폭이 1msec인 구형파 신호의 유효대역폭은 얼마인가?

풀이 식 (4.79)에 의해 1.5kHz의 유효대역폭을 갖는다. 구형파 펄스의 대역폭은【그림 4.38】과 같이 전력의 크기가 처음으로 0이 되는 주파수를 기준으로 하는 first null bandwidth와 effectrive bandwidth 2가지로 정의될 수 있다.

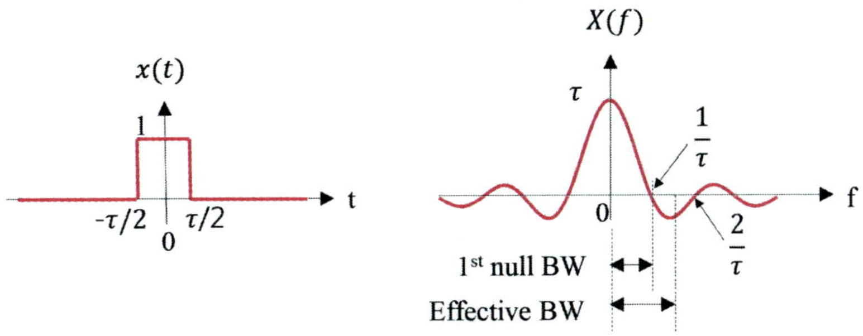

▌그림 4.38▌ 구형파 펄스의 대역폭의 정의

참고

구형파 펄스 신호의 유효 대역폭과 시간대역폭곱을 구하기 위해서는 다음 적분표를 이용하면 된다.

$$\int_{-\infty}^{\infty} \frac{\sin^2 f}{f^2} df = \pi, \int_{-\infty}^{\infty} \frac{\sin^2(\pi f)}{(\pi f)^2} df = 1, \int_{-\infty}^{\infty} \frac{\sin^2(\pi f \tau)}{(\pi f \tau)^2} df = \frac{1}{\tau},$$

$$\int_{-\infty}^{\infty} \frac{\sin^2 f}{f^2} df = \pi, \int_{-\infty}^{\infty} \frac{\sin^3 f}{f^3} df = \frac{3}{4}\pi, \int_{-\infty}^{\infty} \frac{\sin^4 f}{f^4} df = \frac{2}{3}\pi.$$

제5장

디지털 무선통신과 레이다 신호처리

4장에서 무선통신과 레이다 시스템의 기저대역 회로에 존재하는 기저대역신호의 특성을 해석하기 위한 기초적인 신호 및 시스템 이론을 학습하였다. 4장의 이론을 바탕으로 본 장에서는 무선통신과 레이다를 이해하기 위한 핵심 신호처리 방법에 대해 학습하게 된다. 먼저, 무선채널의 특성을 주파수 특성과 잡음 관점에서 살펴보고, 이를 극복하기 위한 방법에 대해 알아본다. 다음으로, 디지털 잡음 환경 내에서 무선통신 수신기의 수신 성능을 높이기 위해, 즉, 낮은 신호대잡음비(SNR) 환경에서도 신호를 수신할 수 있도록 하는 **정합필터(matched filter)** 개념을 이해해야 한다. 또한, 레이다에서도 낮은 신호대잡음비(SNR) 환경에서 센싱 정확도를 높이기 위해서 정합필터 개념이 마찬가지로 사용된다. 특별히, 레이다에서는 무선통신과 다르게 **모호성(Ambiguity) 함수**에 대한 개념을 학습할 필요가 있다. 이러한 학습을 위해 먼저 무선통신과 레이다에 대한 시스템 모델을 학습한 후 무선채널이 시스템에 어떤 영향을 주는지 학습한다. 다음으로 디지털 무선통신의 송신기와 수신기를 모델링하고 잡음환경 하에서 수신기의 성능을 분석한다. 이후 레이다 수신기를 모델링하고 정합필터와 모호성 함수를 학습한다. 마지막으로 이러한 모든 신호처리 과정은 디지털 신호로 해석이 되므로 디지털 신호를 다룰 때 필요한 사항에 대해 학습하게 된다. 마지막으로 FMCW 레이다에서 신호처리가 어떻게 진행되는지 학습한다.

5.1 LTI 시스템 모델과 주파수 특성

무선통신과 레이다 시스템은 선형시불변시스템(Linear Time-Invariant (LTI) system)으로 모델링할 수 있다. LTI 시스템으로 모델링한다는 의미는 신호가 특정 시스템을 통과할 때 신호의 크기와 시간지연만 발생하고 다른 왜곡은 발생하지 않는다는 의미를 갖는다. 전파가 송신안테나에서 방사되어 수신안테나로 입사될 때 수신신호는 보통 송신신호보다 크기가 작아지고, 시간지연이 발생하고 잡음이 추가되기는 하지만 다른 왜곡은 발생하지 않는다. 이와 같이 수신 신호가 송신 신호의 상수 배가 되거나 신호가 일정 시간만큼 지연되어도 두 개의 파형은 서로 동일한 모양을 갖게 되어 무선통신에서 메시지를 복원하거나 레이다에서 기준신호와 비교하는데 큰 어려움이 발생하지 않는다. 이를 식으로 표현하면 식 (5.1)과 같으며, 식 (5.1)의 조건이 만족되면 신호가 **무왜곡 전송(distortionless transmission)** 되었다고 한다.

$$y(t) = Kx(t - t_d) \tag{5.1}$$

위의 식 (5.1)을 Fourier 변환하면 다음을 얻는다.

$$Y(f) = KX(f)e^{-j2\pi f t_d} \tag{5.2}$$

무왜곡 전송을 위한 시스템의 조건을 자세히 알기 위하여 입력신호를 delta함수인 경우 임펄스 응답을 구하고 이를 Fourier 변환하여 전달함수를 구하면 다음과 같다.

$$h(t) = K\delta(t - t_d) \tag{5.3}$$

$$H(f) = Ke^{-j2\pi f t_d} \tag{5.4}$$

무왜곡 전송을 위한 시스템의 전달함수 특성인 식 (5.4)를 진폭 응답과 위상 응답으로 분리하여 표현하면 다음과 같다.

$$H(f) = K \tag{5.5}$$

$$\theta_h(f) = \angle H(f) = -(2\pi t_d)f \tag{5.6}$$

식 (5.5)로부터 전 주파수대역에서 진폭 응답은 일정해야 하며, 식 (5.6)으로부터 위상 응답은 주파수에 대한 선형함수이어야 한다는 것을 알 수 있다. 첫 번째 조건이 만족되는 시스템은 진폭 왜곡이 없다고 말하며, 두 번째 조건이 만족되는 시스템은 위상왜곡이 없다고 말한다.【그림 5.1】에 delta 신호가 무왜곡 전송을 하는 경우 이상적인 전달함수의 조건을 보여준다.

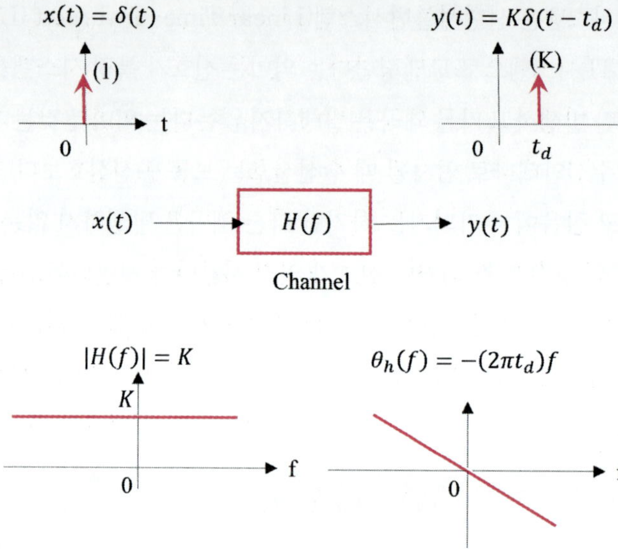

【그림 5.1】 무왜곡 전송 조건

위상응답 조건에서 기울기는 $-2\pi t_d$가 되는데, 여기서 t_d는 입력에 대한 출력의 시간지연(time delay)을 나타낸다. 만일 시간지연이 일정하지 않으면 두 개의 주파수 성분이 입력되었을 경우 파형의 모양이 변하게 된다. 무왜곡 전송 조건에서 시간지연 t_d는 상수인 반면 위상응답 $\theta_h(f)$는 주파수에 따라 변하는 선형함수임에 유의해야 한다[1]. 예를 들어【그림 5.2】에 주파수 차이가 2배가 나는 2개의 신호가 시스템에 입력된다고 가정하자. 2개의 신호가 LTI 시스템을 통과할 때 시간지연 t_d을 갖게 되는데 주파수가 낮은 신호의 경우 위상이 $90^\circ(\pi/2)$ 지연되었다고 하자. 하지만 오른쪽 신호는 왼쪽 신호보다 주파수가 2배 높으므로 위상은 2배인 $180^\circ(\pi)$ 지연되게 된다. 이와 같이 LTI 시스템에서는 위상이 주파수의 선형함수가 된다. 위상이 주파수의 선형함수인지 아닌지를 나타내는 것을 **군지연(Group delay)**라고 하는데 식 (5.7)로 정의된다. LTI 시스템에서는 군지연이 일정한 상수값을 가지게 되며 이는 모든 주파수에 대해 시간지연이 일정하다는 뜻이 된다.

$$Group\ delay = \frac{\partial\theta}{\partial\omega} = \frac{1}{2\pi}\frac{\partial\theta}{\partial f}[\text{sec}] \tag{5.7}$$

1) 주파수가 일정한 정현파 신호의 경우 위상 또한 상수가 되어 시간지연과 위상을 동일하게 취급할 수 있으나 주파수가 변하는 경우 위상과 시간지연은 차이가 발생한다.

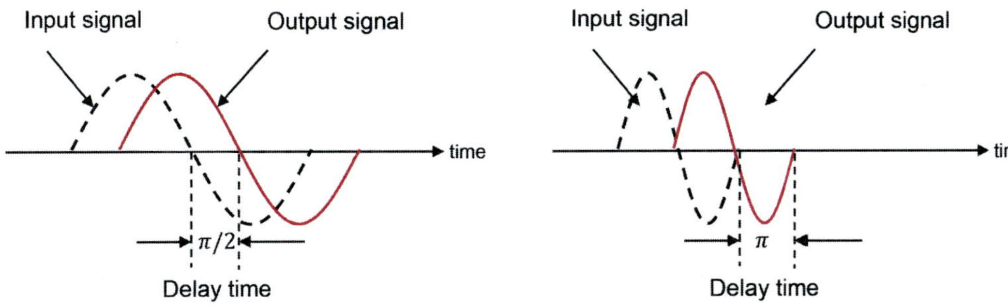

그림 5.2 시간지연과 위상의 관계

예제 5-1 **[그림 5.2]의 왼쪽 그림과 오른쪽 그림은 동일한 시간지연을 갖지만 위상에 차이가 있다. 왼쪽의 신호가 1kHz, 오른쪽의 신호가 2kHz라고 한다면 군지연은 얼마인가?**

풀이 왼쪽 1kHz 신호의 경우 $\partial\theta/\partial\omega = \pi/(2 \cdot 2\pi 1E3)[\text{sec}] = 0.25[msec]$

오른쪽 2kHz 신호의 경우 $\partial\theta/\partial\omega = \pi/(2\pi 2E3)[\text{sec}] = 0.25[msec]$

참고 주파수에 따른 시간 지연 특성과 단일 주파수인 경우 위상 특성을 구분할 필요가 있다.

참고

정량적으로 시스템은 엄밀하게 다음을 기준으로 분류될 수 있다[2].

1) 시변시스템(time-varying system)과 시불변시스템(time-invariant system)
2) 선형시스템(linear system)과 비선형시스템(nonlinear system)
3) 인과시스템(causal system)과 비인과시스템(noncausal system)
4) 안정시스템(stable system)과 불안정시스템(unstable system)

5.1.1 경로손실의 주파수 특성

앞에서 무왜곡 전송조건을 학습하였으나 단일 주파수가 아닌 다양한 주파수 성분이 무선채널을 전송할 경우에는 주파수에 따른 **경로손실**의 차이가 존재할 수 있으므로 이를 살펴보자. 2.3절에서 학습한 Friis 전송공식을 주파수 관점에서 기술하면 식 (5.8)과 같다.

$$P_{RX} = P_{TX}G_{TX}(\theta,\phi)G_{RX}(\theta,\phi)\left(\frac{c}{4\pi R}\right)^2\left(\frac{1}{f}\right)^2 \tag{5.8}$$

식 (5.8)로부터 입력전력과 출력전력의 비 P_{out}/P_{in}은 주파수의 제곱에 반비례함을 알 수 있

2) 통신, 신호처리, 제어 등 각 분야 별로 관심 있는 시스템이 다르며, 무선통신과 레이다에서는 주로 선형시불변 시스템으로 가정하고 해석한다.

다. 즉 거리가 같더라도 반송파 주파수가 2배가 되면 경로손실은 -6dB 작아지는 특성을 갖는다. 사용하는 주파수가 하나이면 해당 주파수에서 경로손실은 일정하지만 대역폭을 갖는 경우에는 시작주파수에 비해 끝 주파수의 경로손실이 더 커지게 된다. 이러한 경향은 광대역이 될수록 커지게 된다.

예제 5-2 **Friis전송공식을 이용하여 송신안테나와 수신안테나 사이의 거리가 일정할 때 주파수에 따른 1GHz에서 2GHz 사이의 경로손실의 차이와 반송파 주파수가 1.2GHz이고 대역폭이 10MHz일 때 경로손실의 차이를 보이시오.**

풀이 경로손실은 주파수의 제곱에 반비례하므로 주파수가 2배가 되면 -6dB 작아진다. 중심주파수가 1.2GHz이고 대역폭이 10MHz일 때 경로손실은 대역내에서 0.08dB 차이가 있다.

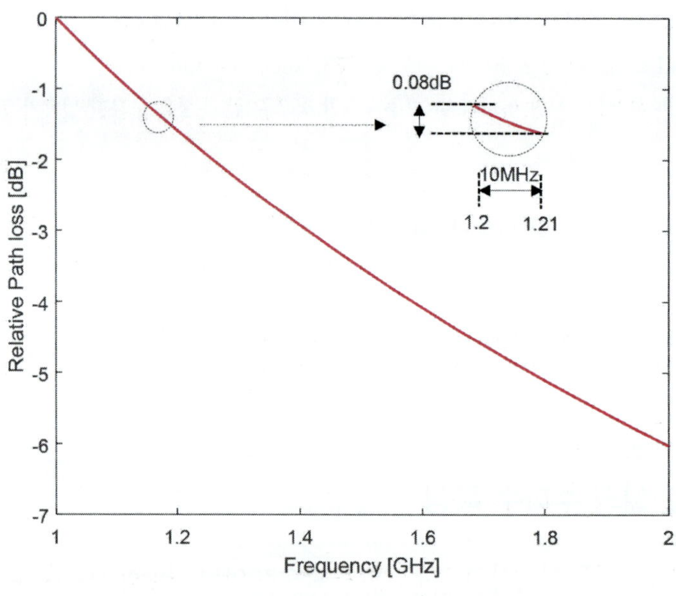

그림 5.3 (예제 5-2)의 주파수와 경로손실의 관계

(예제 5-2)에서 살펴보았듯이 무선채널은 대역폭에 따라 다르긴 하지만 기본적으로【그림 5.4】와 같이 저역통과필터 $H(f)$의 특성을 가진다고 모델링할 수 있다. 실제 무선통신과 레이다에서 사용되는 신호는 반송파 주파수를 갖는 통과대역 신호이므로 무선채널 역시 반송파 주파수 근처의 주파수 특성을 갖는 대역통과필터가 된다. 하지만 수신기에 의해 통과대역신호가 기저대역 신호로 변환하면 통과대역 특성이 그대로 기저대역으로 변환되므로 주파수 0Hz에서 최대값을 가지고 주파수가 커질수록 경로손실에 의해 크기가 작아지는 저역통과필터로 무선채널을 모델링할 수 있다.

이제 무선채널에 입력신호 $x(t)$로 변조된 디지털 펄스 파형이 입력되면 저역통과 특성을 갖는 무선채널을 통과한 후 수신기에서 복조된 신호는 송신펄스의 모양과는 달리 채널의 영향으로 파형이 왜곡되는 형태가 된다. 이는 무선통신에서는 신호의 복원인 복조과정을 어렵게 하고, 레이다에서는 기준신호와의 비교를 어렵게 하여 속도, 거리, 방향 측정의 정확도를 떨어뜨리므로 무왜곡 전송조건을 만족하지 않게 된다. 따라서 무선채널의 주파수 특성의 차이는 반드시 보상해주어야 한다.

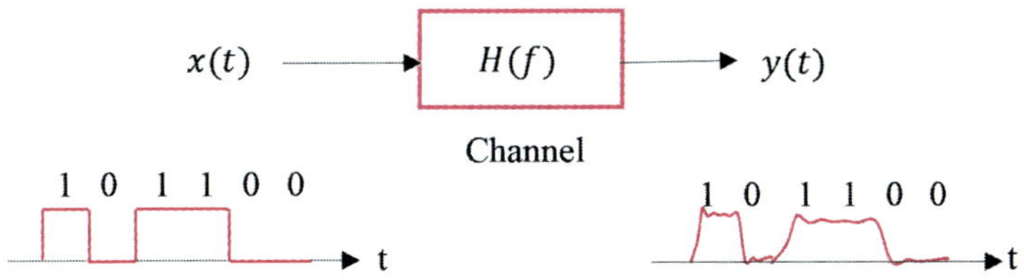

【그림 5.4】 무선채널에 따른 파형의 왜곡

5.1.2 무선채널 특성: 다중경로 페이딩

무선채널은 전송선로에 의한 주파수 특성만을 갖는 유선채널과 달리 경로손실에 의한 주파수 특성 외에도 주변 사물에 의해 반사, 굴절, 회절 등의 전파전파 특성이 발생하게 되고, 이에 따라 특정 주파수에서 크기가 갑자기 작아지는 **다중경로 페이딩(Fading)** 현상이 발생한다.【그림 5.5】에 이동통신의 경우 송신기와 수신기 사이에 다양한 장애물이 존재하는 경우의 전파전파 특성을 보여준다. 송신기에서 방사된 전파는 다양한 장애물에 의해 반사(reflection)되거나 굴절(diffraction)되는 등 여러 개의 전파 경로를 갖게 된다. 심지어 장애물이 없더라도 땅 표면에 의한 반사(Ground reflection)는 언제나 있게 마련이다. 따라서 송신기와 수신기 사이에 직접 전달되는 직접파[3]는 장애물에 따라 존재할 수 있거나 존재하지 않을 수도 있다. 다중경로는 직접파가 없어도 주변 장애물(산, 건물의 벽 등)에 의해 반사되는 다양한 반사파들이 존재할 수 있으므로 무선통신이 가능하다는 장점을 제공하지만 여러 경로에 의해 신호가 더해져서 갑자기 신호의 크기가 작아질 수 있어 문제가 되기도 한다. 다중경로 페이딩이 생기는 원리는【그림 5.5】에서 보는 바와 같이 각각의 반사파는 장애물에 의해 반사되는 정도에 따라 크기가 다르고 송신기와 수신기 사이의 거리 또한 다르기 때문에 위상에서 차이가 발생하게 되고 위상이 다른

3) 송신기와 수신기가 마주 보는 환경을 LOS(Line of Sight) 환경이라 부른다. 송신기와 수신기가 장애물에 의해 가로막혀 있는 경우는 NLoS(Non LoS) 환경이라 부른다.

신호가 더해져서 크기가 작아지는 상쇄간섭이 발생하기 때문이다. 다중경로 신호는 서로 간에 다양한 간섭을 일으킬 수 있으며,【그림 5.6】에서와 같이 위상차에 따라 신호가 커질 수도 있으며 작아질 수도 있다. 이러한 신호의 변동은 **다중경로 페이딩(multi path fading)** 또는 small-scale 페이딩이라 불리우며, 2GHz 신호의 경우 파장이 15cm이므로 수신기의 10cm 이하의 작은 움직임에도 다중경로 페이딩을 일으킬 수 있다[4].

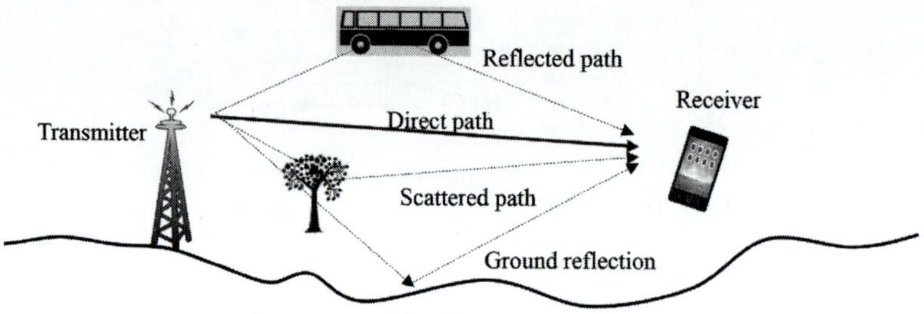

【그림 5.5】 이동통신 전파 특성의 개념도

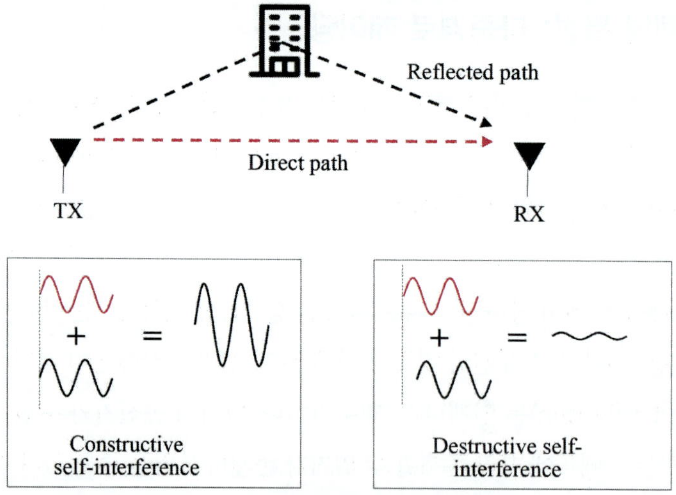

【그림 5.6】 다중경로 페이딩의 원리

다중경로 페이딩 외에 무선채널은【그림 5.7】과 같이 송신기 주변에 동일한 거리를 따라 A지점에서 D지점까지 이동할 때 B와 C 구간 사이에서는 건물에 의해 송신기로부터 오는 직접파 성분이 사라지게 되므로 급격하게 신호의 크기가 감쇄되는 구간이 발생한다. 이러한 효과를 **shadowing**이라 하며 수신기가 수 m에서 수백 m까지 이동할 때 생기는 페이딩 현상으로 규모

4) 건물 지하 주차장에서 차량용 라디오가 들리지 않으면 자동차를 1m 정도 이동시키면 잘 들리곤 하는데 이 현상이 다중경로 페이딩의 대표적인 예이다.

가 다중경로 페이딩보다 크므로 large-scale fading이라고 한다.

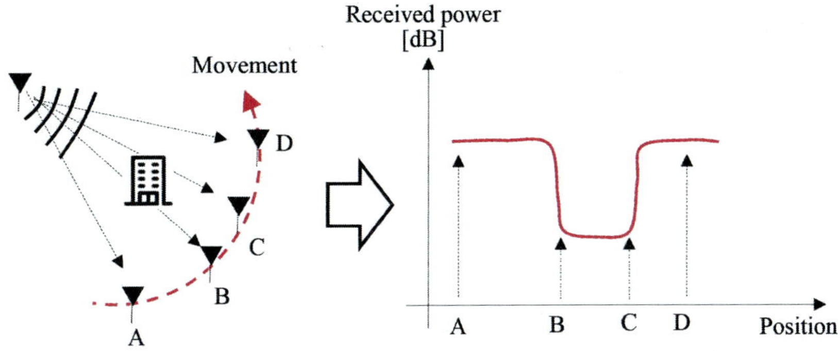

▌그림 5.7▌ 무선채널의 Shadowing의 사례

보통 이동통신과 같이 송신기 또는 수신기가 움직이는 무선통신에서는 large-scale fading과 small-scale fading은 겹쳐서 발생한다. 신호의 크기가 변동함에 따라 신호대잡음비(SNR: Signal to Noise Ratio)가 감소하며 이에 따라 아날로그 무선통신 수신기는 수신감도의 저하가 발생하고 디지털 무선통신 수신기의 경우에는 BER(Bit error rate) 성능이 감소하게 된다. 결과적으로 페이딩 특성 때문에 송신신호의 크기를 단순 증가시킨다고 BER이 증가되는 것이 아니며 이러한 페이딩 효과를 극복하기 위하여 다양한 모뎀기술이 필요하게 된다. 이때 무선통신 환경은 다양하고 페이딩에 의해 임의의 위치에서 수신신호의 세기를 정확히 예측하기는 불가능하므로 랜덤신호로 가정하여 평균과 분산 등의 통계적인 특성을 이용하여 설명하게 된다.

다중경로 페이딩의 모델링

이제 다중경로 페이딩을 무선통신에서는 어떻게 모델링하는지 간단한 예제를 통해 확인해보자. 송신안테나와 수신안테나 사이에 전파경로가【그림 5.6】과 같이 2가지만 있는 경우를 예로 들어 보자. 두 전파는 서로의 경로거리가 다르므로 위상차가 있게 되며 두 위상차에 의해 신호는 간섭되어 증폭되거나 감쇄되게 된다. 이제 송신기와 수신기 사이에 두 경로 이상의 전파가 더해져 여러 경로를 통해 입사되는 경우를 가정하자. (예제 5-3)은 8개의 파형이 수신기에 입사되고 각각의 신호는 크기, 입사각과 초기위상이 다르다고 하자. 수신기에서는 각각의 랜덤한 신호가 더해지므로 수신되는 신호의 총합의 실수부와 허수부는 각각 독립적이므로 정규화된 Gaussian 분포를 갖게 된다. 이제 신호의 전력을 구하기 위해 절대값을 취하면 신호의 크기는 Rayleigh 분포를 갖게 되고, 그 위상은 균일(Uniform) 분포를 갖게 된다. (예제 5-3)과【그림 5.8】을 통해서 실제 전파가 이러한 통계적인 분포를 갖는지 확인해보자.

예제 5-3 직접파가 없는 경우의 페이딩 특성을 살펴보기 위하여 다음과 같이 8개의 파형이 입사된다고 가정하고 2차원 평면(x, y)가 0에서 5까지 변할 때의 전기장의 실수값, 허수값, 절대값의 2차원 분포를 보이고, 실수값, 허수값, 절대값, 각도의 히스토그램을 그리시오. 실수값, 허수값은 각각 Gaussian분포를 가지며, 절대값은 Rayleigh분포를, 각도는 균일분포를 가짐을 확인하시오.

	파형의 크기	입사각	위상
1.	1.0	169°	311°
2.	0.8	213°	32°
5.	1.1	87°	161°
4.	1.3	256°	356°
5.	0.9	17°	191°
6.	0.5	126°	56°
7.	0.7	343°	268°
8.	0.9	297°	131°

```
% samll-scale fading without a dominant component
clear, clf
j=sqrt(-1);
[x,y]=meshgrid(0:0.1:5, 0:0.1:5);
z= 1.0*exp(j*2*pi*(x.*cos(169*pi/180)+y.*sin(169*pi/180)))*exp(j*311*pi/180) ...
   +0.8*exp(j*2*pi*(x.*cos(213*pi/180)+y.*sin(213*pi/180)))*exp(j*32*pi/180) ...
   +1.1*exp(j*2*pi*(x.*cos(87*pi/180)+y.*sin(87*pi/180)))*exp(j*161*pi/180) ...
   +1.3*exp(j*2*pi*(x.*cos(256*pi/180)+y.*sin(256*pi/180)))*exp(j*356*pi/180) ...
   +0.9*exp(j*2*pi*(x.*cos(17*pi/180)+y.*sin(17*pi/180)))*exp(j*191*pi/180) ...
   +0.5*exp(j*2*pi*(x.*cos(126*pi/180)+y.*sin(126*pi/180)))*exp(j*56*pi/180) ...
   +0.7*exp(j*2*pi*(x.*cos(343*pi/180)+y.*sin(343*pi/180)))*exp(j*268*pi/180) ...
   +0.9*exp(j*2*pi*(x.*cos(297*pi/180)+y.*sin(297*pi/180)))*exp(j*131*pi/180);
surf(x,y,real(z));
surf(x,y,imag(z));
k=0;
for i=1:51,
    for j=1:51,
        k=k+1;
        z_1(k)=z(i,j);
    end
end
hist(real(z_1),50);
hist(imag(z_1),50);
surf(x,y,abs(z));
hist(abs(z_1),50);
hist(angle(z_1),50);
```

예제 5-4 **예제 5-3에서 다음과 같이 신호의 세기가 큰 직접파가 입사되는 경우를 추가하여 그 특성을 보이시오. 직접파가 있는 경우는 Rayleigh 분포가 되지 않고 Rician 분포를 가짐을 확인하시오.**

	파형의 크기	입사각	위상
1.	5.0	0°	0°

신호의 크기가 Rayleigh 분포를 갖는데 Rayleigh 분포에 대한 확률밀도함수는 다음 식 (5.9)로 주어진다[5]. Rayleigh 분포는 무선통신에서 널리 사용되어 지는데 이는 대부분의 무선통신 환경에 잘 맞으며, 수학적으로 간편하기 때문이다. 하지만 Rayleigh 분포가 잘 맞지 않은 경우도 있는데, 예를 들어 LOS가 존재하는 경우나 실내전파환경의 경우, 광대역을 사용하는 경우이다[6].

$$pdf(r) = \frac{r}{\sigma^2} exp\left(-\frac{r^2}{2\sigma^2}\right), \quad 0 \le r \le \infty \tag{5.9}$$

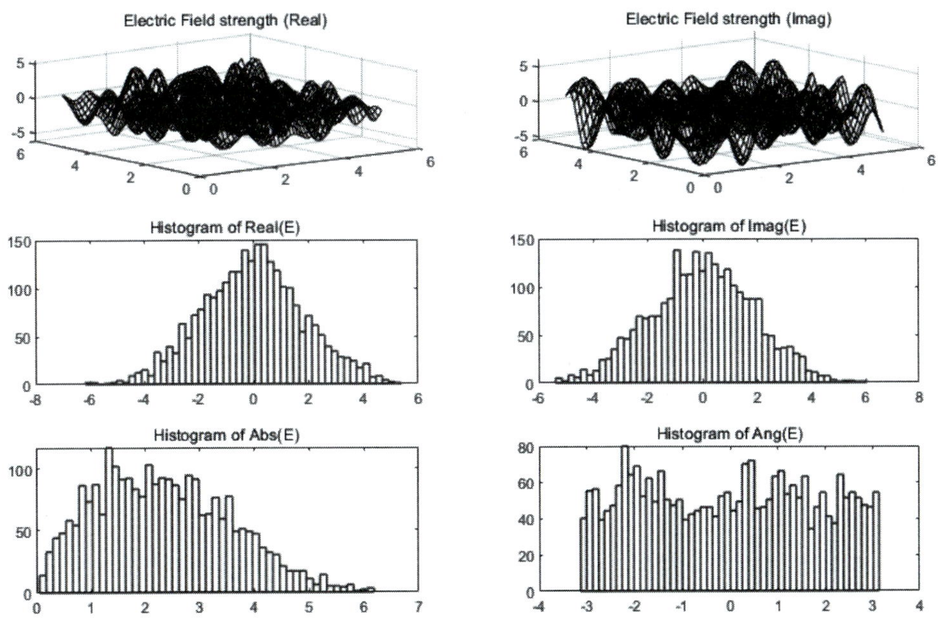

그림 5.8 (예제 5-3)의 시뮬레이션 결과

5) 무선채널의 통계적인 특성은 랜덤프로세스로 모델링하므로 정확한 수식을 이해하기 위해서는 확률과 통계에 대한 지식이 필요하다.

6) (예제 5-4)에서 살펴본 바와 같이 LOS가 존재하는 경우는 Rician 분포를 사용하게 된다. Rician분포는 위성통신과 같이 단말기와 위성이 LoS 환경이며 단말 주변에 물체에 의해 여러 개의 반사파가 존재하는 무선채널의 조건을 의미한다.

다중경로 페이딩에서 주의할 것은 다중경로 페이딩은 보통 협대역 주파수 특성을 갖는다는 것이다. 다중경로페이딩은 여러 경로에서 오는 위상차에 의해 발생하므로 주파수가 달라지면 페이딩 특성도 달라진다. 따라서 광대역 신호에서 다중경로 페이딩이 미치는 영향은【그림 5.9】와 같이 신호의 대역폭이 넓다면 대역폭 내에서 특정 주파수는 상쇄간섭이 생겨 크기가 급격히 작아지지만 특정주파수에서는 크기가 커지는 현상이 발생할 수 있다.

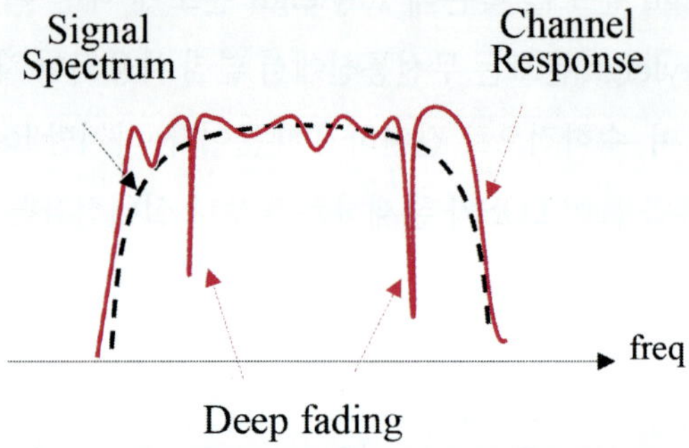

▌그림 5.9▐ 광대역신호의 경우 다중경로 페이딩의 주파수 특성

요약

유선채널의 경우 채널은 전송선로이며, 전송선로를 통해 기저대역신호를 전송하므로 채널의 저역통과필터 특성(즉, 전송선로의 저역통과필터)에 의한 영향이 매우 큰 반면에 무선채널은 반송파주파수에 비해 대역폭이 좁으므로 유선채널에 비해 채널의 저역통과필터 특성의 영향이 작을 뿐만 아니라 특정 주파수에서 페이딩에 의한 채널의 특성이 달라지므로 페이딩의 영향이 매우 크다. 따라서 유선채널에서는 등화기(Equalizer)가 중요하고, 무선채널에서는 시시각각 변하는 페이딩 채널의 특성을 보상하는 채널추정 및 보상이 중요하다.

5.1.3 채널의 영향과 채널보상

앞에서 무선통신과 레이다에서 존재하는 채널에서 왜곡이 없으려면 무왜곡 전송조건을 만족해야 함을 살펴보았다. 하지만 실제 무선통신과 레이다의 무선채널은 경로손실과 페이딩에 의해 주파수에 따라 크기와 위상이 달라지므로 무왜곡 전송조건을 만족하지 못한다. 무왜곡 전송조건을 만족하지 못하면 무선통신에서는 수신신호로부터 정보를 복원할 때 에러가 발생하고 레이다에서는 센싱정보의 정확도가 떨어진다.

무선통신을 예로 들어 무선채널의 전달함수 $H(f)$가 저역통과필터의 특성을 갖는 경우를 살펴보자. 만약 입력신호로 펄스신호가 있을 때 펄스의 대역폭이 무선채널의 대역폭보다 넓은 경우에는 펄스의 퍼짐현상이 발생한다. 반대로 펄스의 대역폭이 무선채널의 통과대역폭보다 작다면 펄스의 퍼짐현상은 적게 발생한다. 예를 들어 무선통신에서 시구간 T_b마다 펄스를 전송하는 경우 무선채널을 통과하게 되면 펄스가 다음 펄스에 영향을 주게 되는데 이를 **심볼간 간섭(Inter Symbol Interference: ISI)**이라 하고 ISI가 발생하게 되면 수신기에서 제대로 송신심볼을 복원하지 못하는 에러(Error)가 발생한다. ISI의 영향은 무선채널의 대역폭이 기저대역 전송 신호의 대역폭보다 작은 경우 심해지는데 무선채널의 대역폭은 동일하더라도 최근 통신속도의 고속화 추세에 따라 전송 신호의 대역폭이 커지므로 ISI를 줄이는 것은 반드시 필요하다.

이러한 ISI를 최소화하기 위해서는 채널의 주파수응답을 사전에 알 필요가 있다. 주파수 응답이 이상적이지 않아 발생하는 왜곡을 **선형왜곡(Linear distortion)**이라 부르며, 선형왜곡은 **진폭왜곡(Amplitude distortion)**과 **위상왜곡(Phase distortion)**으로 나눌 수 있다. 채널이 기저대역 신호의 진폭 응답을 왜곡하는 경우를 진폭왜곡, 위상 응답을 왜곡하는 경우를 위상왜곡이라 부른다. 진폭왜곡이 발생하지 않으려면 주파수 응답이 균일해야 하고, 위상왜곡이 발생하지 않으려면 통과대역 내에서 위상 응답이 주파수에 비례하는 선형함수이어야 한다.

예제 5-5 **무선채널의 잡음은 없으나 주파수 특성이 다음과 같을 때 펄스폭이 T인 구형펄스가 입력될 때 수신펄스의 모양을 보이시오.**

$$H(f)=\frac{1}{2}(1+\cos(2\pi\tau f))$$

풀이 수신 신호의 Fourier 변환은 다음과 같다.

$$\begin{aligned}Y(f)&=H(f)X(f)\\&=0.5(1+\cos(2\pi\tau f))X(f)\\&=0.5X(f)+0.25(X(f)e^{j2\pi\tau f}+X(f)e^{-j2\pi\tau f})\end{aligned}$$

Fourier 역변환하면,

$$y(t)=0.5x(t)+0.25[x(t+\tau)+x(t-\tau)]$$

[그림 5.10]과 같이 같은 채널이라도 펄스폭이 작을수록 ISI의 영향이 커짐을 알 수 있다.

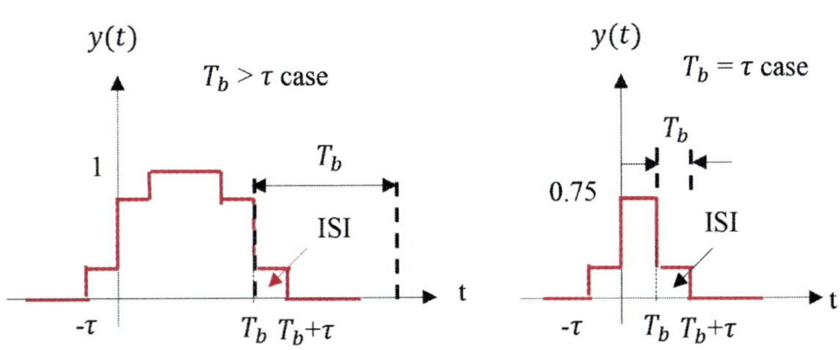

▍그림 5.10▍ 펄스폭과 ISI의 관계

등화기 (Equalizer)

무선통신과 레이다에서 신호를 전송할 때 채널의 영향으로 출력신호에 왜곡이 생길 수 있음을 학습하였다. 특히, 채널의 대역폭이 신호의 대역폭보다 작다면 출력 신호에 왜곡이 생기는 것은 피할 수 없다. 이를 보상하기 위해서는 채널의 특성을 파악하여 이를 보상해야 한다. 대표적인 예로 유선통신에서 **등화기(Equalizer)**가 있다. 유선채널은 보통 저역통과필터 특성을 가지므로 신호의 주파수 성분 중 주파수가 낮은 성분보다 주파수가 높은 신호가 더 크게 감쇄된다. 따라서 수신기에서 채널 특성과는 반대로 저주파 신호는 감쇄시키고 고주파 신호는 증폭시킨다면 채널의 왜곡 효과를 제거할 수 있다. 이렇게 채널에서 발생한 왜곡을 수신기에서 보상하는 필터를 등화기라고 하고, 이러한 등화기의 개념은【그림 5.11】과 같다. 채널을 통해 왜곡된 신호는 등화기를 거쳐 왜곡이 보상되므로 무왜곡 전송 조건을 만족하게 된다. 등화기 설계의 간단한 개념은 채널응답의 역수로 만들어 $E(f)H(f)=1$이 되도록 하는 것이다. 이러한 등화기를 inverse filter라고 한다. inverse filter는 개념적으로는 간단하지만 실제로는 잘 사용하지 않는다. 그 이유는 채널에서 감쇄된 주파수 성분을 inverse filter를 통해 증폭시키는 과정에서 잡음도 같이 증폭되기 때문이다. 또한 inverse filter를 구현하기 위해서는 채널의 주파수 응답 특성을 사전에 알고 있어야 하는데, 보통 채널의 주파수 응답은 사전에 알기 어렵다. 따라서 inverse filter 외에 다양한 등화기 설계 방법이 존재하며, 채널의 주파수응답을 알기 위한 다양한 방법 또한 존재한다[7].

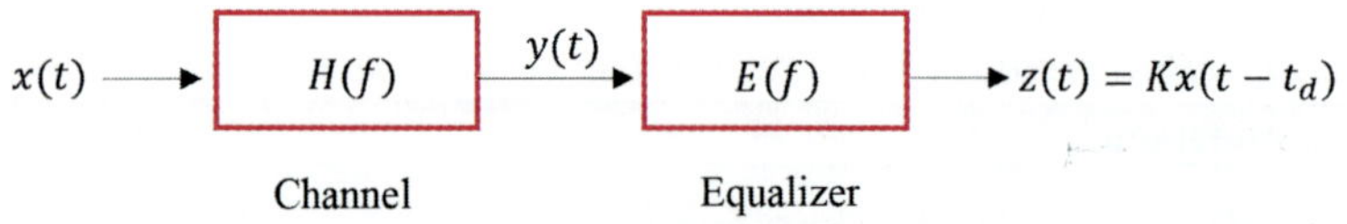

【그림 5.11】 채널과 등화기

5.2 무선채널에서의 잡음

무선통신과 레이다의 기저대역 디지털 수신기는 잡음과 채널 왜곡의 영향을 받는다는 것을 학습하였다. 이 중에서 채널에 의한 왜곡은 채널 대역폭이 신호대역폭보다 넓거나 등화기로 보상이

7) 무신통신에서 패킷의 앞부분에 약속된 프리앰블(preamble) 신호를 전송하는데 이 프리앰블 신호가 채널의 주파수응답을 알기 위해 사용된다.

가능하지만 잡음은 보상할 수 없으므로 디지털 수신기의 성능 분석은 잡음에 대한 영향을 반드시 분석하여야 한다[8]. 잡음은 랜덤신호이므로 미래의 값을 예측할 수 없지만 그 통계적 특성은 알 수 있으므로 잡음의 영향을 분석하기 위해서 잡음을 확률로 묘사한다. 특히 무선통신과 레이다 신호처리에서 고려해야 하는 잡음을 AWGN(Additive White Gaussian Noise)이라 부른다.[9]

> **중요**
>
> AWGN은 다음의 특성을 갖는다.
>
> (1) 잡음의 주파수 측면: 잡음은 모든 주파수 성분을 가지며 각 주파수 성분의 PSD는 $N_0/2$로 동일하다.
>
> (2) 잡음의 확률적 측면: 잡음의 크기는 평균이 0이고 분산이 σ_n^2인 Gaussian 확률분포를 갖는다.
>
> (3) 잡음의 시간영역 측면: 주파수가 $N_0/2$로 일정하므로 상관 특성은 임펄스 특성을 갖는다. 잡음은 시간지연이 있는 경우 자기상관이 영이 된다.
>
> (4) 잡음의 가산특성: 특정시간에 잡음이 발생하면 이 잡음의 크기는 신호의 크기에 더해지는 특성을 갖는다. 즉 잡음이 곱해지지 않는다.

먼저, 잡음의 크기는 알 수 없지만 전력밀도 스펙트럼은 식 (5.10)과 같이 일정하므로 대역폭이 넓을수록 잡음이 커지게 된다.

$$S_x(f) = \frac{kT}{2} = \frac{N_0}{2} \tag{5.10}$$

여기서, k는 볼쯔만 상수, T는 절대온도가 되며, 【그림 5.12】와 같이 모든 주파수에 걸쳐 일정하다. 이제, 우리가 다루는 시스템이 대역폭 B를 갖는다면 그림의 빗금친 부분만 적분하면 되므로 잡음전력은 식 (5.11)과 같이 주어진다.

$$P_n = kTB \tag{5.11}$$

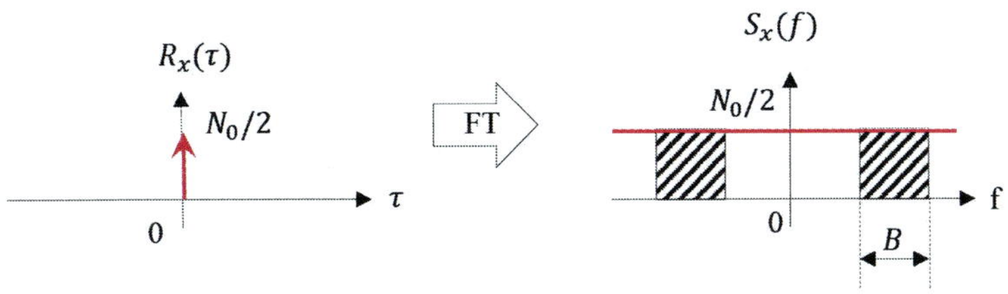

【그림 5.12】 잡음의 상관 특성과 전력밀도 스펙트럼

8) 우리가 실생활에서 볼 수 있는 잡음은 라디오 수신 시 수신감도가 나쁠 때 스피커에서 나오는 소리나 TV화면에 데이터가 깨지는 모양에서 느낄 수 있다.

9) 잡음의 종류는 AWGN 이외에도 다양하게 존재한다. 이 중 1/f 잡음은 DC 근방에서 존재하는데 잡음의 크기가 크므로 DC에는 정보를 포함하지 않는 방식으로 해결하고, 위상잡음(phase noise)는 7장에서 학습하게 된다.

다음으로 그림【그림 5.13】은 잡음의 시간영역 특성과 잡음의 크기가 어떻게 분포되는지 확률적으로 나타낸 것이다. 잡음은 특정 순간에 어떤 크기를 가질지는 알 수 없지만 식 (5.12)로 표현되는 Gaussian 확률분포를 갖는다고 모델링할 수 있다. 식 (5.12)는 잡음의 **확률밀도함수(probablity density function, pdf)**에 대한 식이며, 여기서 평균이 m이고 분산이 σ_n^2이다. 일반적으로 잡음의 크기의 평균은 0이고 분산은 0이 아니다.

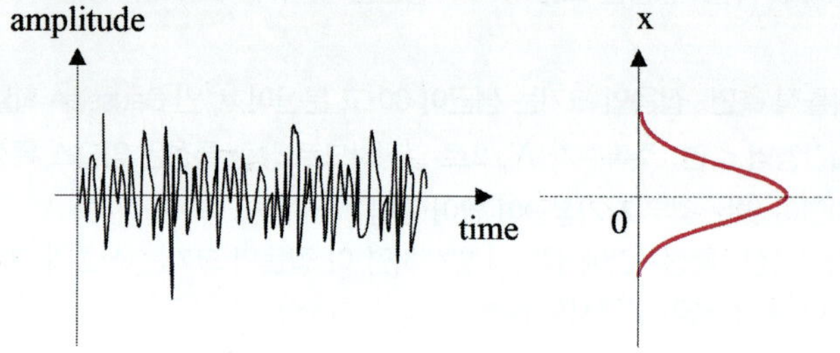

▌그림 5.13▌ 잡음의 크기에 대한 가우시안 분포 특성

$$f(x) = \frac{1}{\sqrt{2\pi}\,\sigma_n} e^{-(x-m)^2/2\sigma_n^2} \tag{5.12}$$

가우시안 확률밀도함수는 평균값을 중심으로 좌우 대칭의 특정을 갖는다. 확률밀도함수를 모든 구간에서 적분하면 식 (5.13)과 같이 1이 된다.

$$\int_{-\infty}^{\infty} \frac{1}{\sqrt{2\pi}\,\sigma_n} e^{-(x-m)^2/2\sigma_n^2} dx = 1 \tag{5.13}$$

가우시안 분포에서 평균이 0이고 분산이 1인 경우 확률밀도함수는 다음과 같다.

$$f(x) = \frac{1}{\sqrt{2\pi}} e^{-x^2/2} \tag{5.14}$$

누적분포함수(Cummulative Distribution Function, CDF)는 다음 식 (5.15)와 같다.

$$F_X(x) = P(X \le x) = \int_{-\infty}^{x} \frac{1}{\sqrt{2\pi}} e^{-u^2/2} du \tag{5.15}$$

한편 식 (5.15)와 유사한 함수로 확률밀도함수를 적분한 **Q함수**가 있다.

$$Q(x) = \int_{x}^{\infty} \frac{1}{\sqrt{2\pi}} e^{-u^2/2} du \tag{5.16}$$

Q함수는 평균이 0이고 분산이 1인 가우시안 확률변수 X가 x보다 큰 값을 가질 확률을 의미한다. 즉, $Q(x) = P(X > x) = 1 - F_X(x)$가 된다. 무선통신과 레이다에서는 잡음에 따른 수신기의 성능을 분석할 때 Q함수를 이용하여 표현하게 된다. Q함수는 확률밀도함수의 대칭 특성에 의해 다음과 같은 특성을 갖는다.

> **중요**
>
> Q함수는 다음의 특성을 갖는다.
> (1) $Q(0) = 0.5$
> (2) $Q(-x) = 1 - Q(x)$

예제 5-6 **MATLAB Q함수에 대한 내장함수인 qfunc를 이용하여 Q함수의 특성을 확인하시오.**

풀이 MATLAB 명령창에 아래의 명령어를 입력하여 확인한다.

```
qfunc(0)
qfunc(1)
1-qfunc(-1)
```

이제 분산이 σ_n^2인 경우의 가우시안 분포의 확률을 Q함수로 표현해 보자. 잡음의 확률밀도함수로부터 CDF를 구하면 식 (5.17)과 같이 주어진다.

$$F_X(x) = P(X \le x) = \int_{-\infty}^{x} \frac{1}{\sqrt{2\pi}\,\sigma_n} e^{-u^2/2\sigma_n^2} du \qquad (5.17)$$

이제 $y = u/\sigma_n$로 변수 치환하면 $dy = du/\sigma_n$이므로 식 (5.18)이 된다.

$$F_X(x) = P(X \le x) = \int_{-\infty}^{x/\sigma} \frac{1}{\sqrt{2\pi}} e^{-y^2/2} dy = 1 - Q(x/\sigma_n) \qquad (5.18)$$

Q함수와 함께 무선통신과 레이다에서 많이 쓰는 함수로 에러함수(error function)와 보수에러함수(Complementary error function)가 있으며 식 (5.19)와 식 (5.20)으로 정의된다.

$$erf(x) = \frac{2}{\sqrt{\pi}} \int_0^x e^{-u^2} du = 1 - erfc(x) \qquad (5.19)$$

$$erfc(x) = \frac{2}{\sqrt{\pi}} \int_x^{\infty} e^{-u^2} du = 1 - erf(x) \qquad (5.20)$$

Q함수의 정의로부터 보수에러함수와 Q함수의 관계는 다음의 관계가 성립된다.

$$erfc(x) = 2Q(\sqrt{2}\,x) \quad (5.21)$$

예제 5-7 **식 (5.21)을 증명하시오.**

풀이 다음과 같이 증명할 수 있다.

$$erfc(x) = \frac{2}{\sqrt{\pi}}\int_x^{\infty} e^{-u^2}du,\ \ Q(x) = \int_x^{\infty}\frac{1}{\sqrt{2\pi}}e^{-u^2/2}du$$

$$2Q(\sqrt{2}\,x) = 2\int_{\sqrt{2}x}^{\infty}\frac{1}{\sqrt{2\pi}}e^{-u^2/2}du$$ 에서 $\frac{u}{\sqrt{2}} = y$하면, $du = \sqrt{2}\,dy$이므로

$$2Q(\sqrt{2}\,x) = 2\int_x^{\infty}\frac{1}{\sqrt{2\pi}}e^{-y^2}\sqrt{2}\,dy = \frac{2}{\sqrt{\pi}}\int_x^{\infty}e^{-y^2}dy = erfc(x)$$

무선통신과 레이다 신호처리의 특징

앞에서 무선채널에서 잡음의 특성을 학습하였다. 이제 최종적으로 무선통신과 레이다의 무선채널은【그림 5.14】와 같이 주파수응답과 잡음이 더해진 모델로서 모델링될 수 있다.

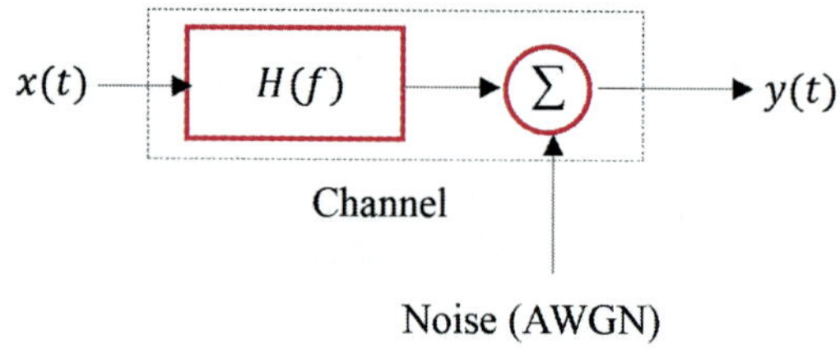

▌그림 5.14▌ 채널 주파수특성과 잡음을 고려한 채널모델

채널을 통과한 펄스는 잡음과 주파수 특성에 영향을 받아【그림 5.15】와 같이 파형이 왜곡되고 잡음이 추가되게 된다. 앞에서 설명한 바와 같이 채널의 주파수 특성에 대한 파형의 왜곡은 보상이 가능하지만 잡음은 무조건 존재하게 된다.

따라서【그림 5.16】은 무선통신 및 레이다의 대략적인 신호처리 과정의 특징을 보여준다. 먼저 채널은 주파수에 따라 진폭과 위상 특성이 있다. 만약 주파수 대역폭이 그렇게 넓지 않다면 진폭과 위상의 변화가 크지 않으므로 이러한 진폭과 위상 특성을 수신기의 등화기나 채널추정과 보상을 통해 보상하여 수신된 신호는 크기가 일정하고 시간지연만 있도록 한다. 신호의 대역폭과 전력은 송신기 하드웨어 설계에서는 중요한 파라미터이지만 이 중 전력은 고주파 전력증폭기가 담당하므로 기저대역 송신기에서의 신호처리는 주로 송신파형의 전력밀도 스펙트럼을 최소화하면서 복조가 잘 되도록 파형을 선택하고 가공하는 역할을 담당

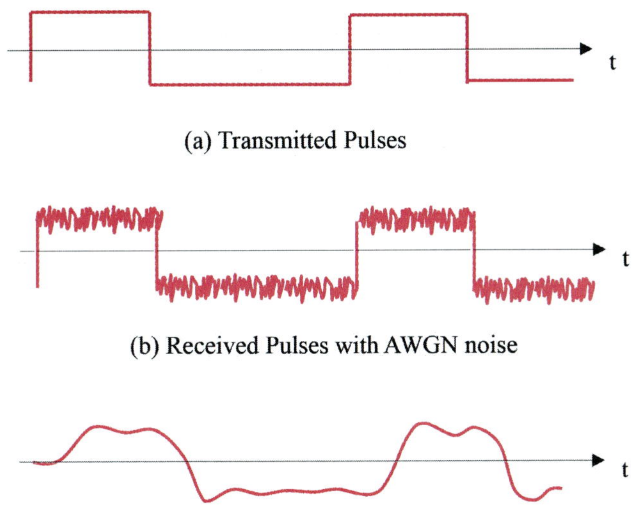

(a) Transmitted Pulses

(b) Received Pulses with AWGN noise

(c) Received Pulses with filtering

▌그림 5.15▌ 채널의 주파수특성과 잡음에 의한 신호의 왜곡

한다. 최종적으로 수신기는 잡음 대비 신호의 크기만을 고려하여 송신신호를 복원하거나 기준신호와의 시간차를 이용하여 센싱정보를 추출하게 된다.

마지막으로 고려할 것은 무선통신과 레이다에서 신호를 처리한다는 의미는 디지털화를 전제로 한다. 그 의미는 실제 무선통신의 송신파형은 아날로그 파형의 형태를 갖지만 그 파형이 갖는 정보는 디지털 정보라는 것을 의미한다. 이를 디지털 무선통신이라 부르고, 디지털 무선통신에서 수신기의 역할은 수신된 파형으로부터 디지털 정보인 '1'과 '0'을 복원하는 것이라 할 수 있다. 레이다에서는 송신파형이 정보가 없는 CW나 FMCW 등의 아날로그 파형이지만 수신기에서 수신된 신호를 송신된 신호와 곱하여 주파수 하향변환한 후 그 출력을 ADC로 디지털화하여 처리하기 때문에 수신기는 디지털 영역에서 처리가 된다. 이러한 수신기의 디지털 신호처리에 있어 잡음의 영향이 중요하기 때문에 잡음의 영향을 최소화하는 정합필터의 개념이 무선통신과 레이다에 공통으로 적용되게 된다. 본 장에서는 정합필터의 개념을 바탕으로 5.3절에서는 무선통신 신호처리 과정을 5.4절에서는 레이다 신호처리 과정을 설명하도록 하고 5.5절에서는 디지털영역에서 신호처리할 때 고려사항을 논의한다.

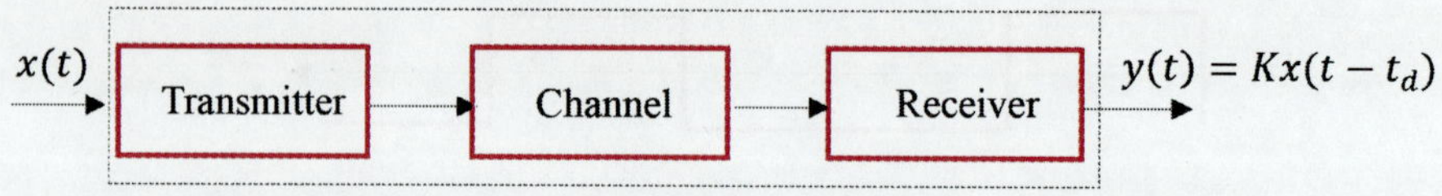

① Channel Frequency Response → Equalizer/Channel Estimation
② Bandwidth → PSD of waveform
③ Power → Not considered in signal processing
④ AWGN Noise → Matched Filter(or Correlator)

그림 5.16 무선통신 및 레이다 신호처리 특징

> **요약** 무선통신에서 송신신호가 무선채널을 통과할 때 주파수에 따라 다른 크기와 위상의 변화가 발생되고 잡음이 추가된다. 크기와 위상의 변화는 시스템을 최적으로 설계하면 어느 정도 극복될 수 있지만 잡음은 피할 수 없다. 따라서 잡음환경에서 최적의 성능을 보일 수 있는 정합필터의 개념이 무선통신과 레이다에서는 공통으로 사용된다.

5.3 디지털 무선통신 신호처리

본 절에서는 먼저 디지털 무선통신의 신호처리에 대해 살펴보자. 무선통신은 레이다와 달리 송신기와 수신기 모두에서 신호처리 과정이 일어나므로 송신기 신호처리와 수신기 신호처리로 구분하여 각각 학습하게 된다.

5.3.1 송신기 신호처리: 라인코딩과 펄스정형

디지털 통신의 가장 쉬운 예로 반송파 없이 기저대역 디지털 신호를 유선으로 직접 전송하는 경우를 살펴보자. 디지털통신에서는 송신할 데이터는 0과 1이겠지만 실제 0과 1이 어떤 모양인지에 대해서는 아직까지 논의하지 않았다. 0과 1을 나타내는 펄스의 모양은 다양할 수 있는데 어떤 펄스 모양을 선택하는가는 통신성능에 있어 매우 중요하다. 전문용어로 기저대역에서 파형의 모양, 즉 형태를 결정하는 것을 **라인코딩(Line coding)**이라 부른다. 디지털신호를 송신할 때 펄스의 모양에 따라 통신성능이 달라지므로 사용하는 전송선로와 원하는 시스템 목표에 맞는 최적의 라인코딩을 선택하여야 한다. 【그림 5.17】에 대표적인 Line code의 하나인 NRZ 방식과 RZ 방식을 보여준다.

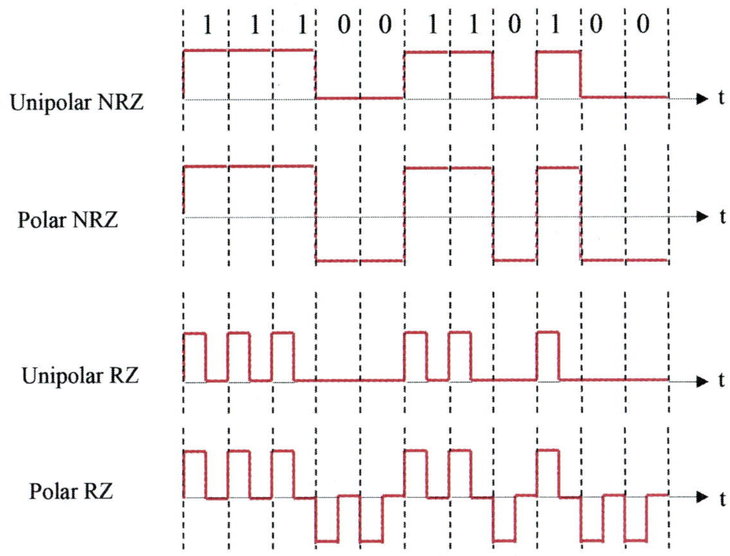

▮그림 5.17▮ 라인 코드의 예(NRZ와 RZ)

【그림 5.17】에서 RZ는 'Return to Zero'의 약자로 펄스가 0으로 끝난다는 것을 의미하며 NRZ는 펄스가 0으로 끝나지 않는 'Non Return to Zero'를 의미한다. NRZ와 RZ방식도 신호의 크기가 '−'를 갖는지에 따라 Polar와 Unipolar로 구분된다. Polar는 +신호와 −신호가 존재한다는 것을 의미하며 Unipolar는 +신호만 존재하므로 0 신호의 경우 신호가 없는 GND 전압을 의미한다.

다양한 라인코딩 중 모든 면에서 우수한 라인코딩이란 있을 수 없으며 모든 라인코딩에는 각각의 장단점이 있다. 먼저 unipolar와 polar 신호로 구분되는 이유를 알아보자. unipolar신호와 polar신호의 가장 큰 차이는 DC 성분의 존재 유무에 있다. 이는 대부분의 전자회로는 DC 성분을 통과시키지 못하기 때문이다. 송신기에는 일반적으로 신호를 증폭시키는 증폭기가 있는데 일반적으로 증폭기는 직류성분을 통과하지 못하고 교류신호만 통과시키는 교류결합(ac−coupled) 회로로 구성된다[10]. 또한 트랜스포머로 구성된 Balun회로가 포함되기도 한다. 따라서 DC에 정보가 있는 신호 성분은 왜곡 현상이 발생한다. 【그림 5.18】에 polar NRZ 신호에서 1이 계속될 경우 송신된 펄스파형과 수신된 펄스파형을 보여준다. 통신시스템은 교류결합 회로이므로 1이 계속되는 경우 펄스가 변형되거나 에러에 민감해지게 된다.

10) 대부분의 전자회로에서 증폭기는 능동회로(Active Circuit)로서 DC전원을 전원으로 하여 교류신호를 증폭한다. 따라서 DC에 정보가 있으면 증폭이 되지 않는다.

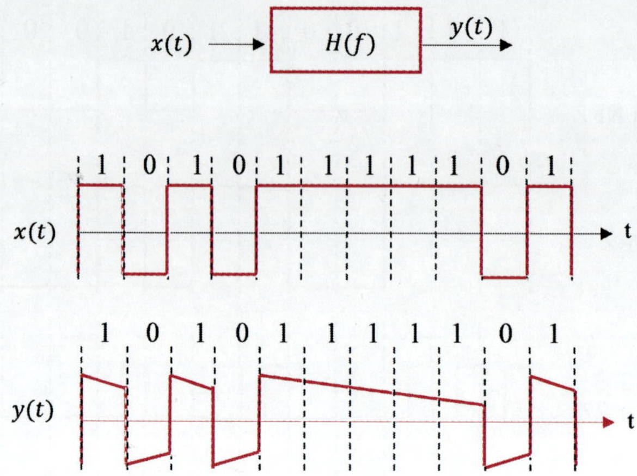

▌그림 5.18▐ NRZ 신호의 전송 시 DC 성분의 왜곡

다음으로 RZ 신호가 도입된 이유를 살펴보자. 디지털통신에서 동기는 매우 중요한데 다양한 동기 중 비트를 구분하기 위한 비트동기가 필요하다. 동기를 위해서는 각 비트별로 언제 비트가 시작되는지와 비트가 언제 끝나는지를 알아야 하는데 이를 위해서 비트의 중간에 0으로 바뀌는 변화를 주는 방식이 RZ 방식이다. NRZ방식의 경우 각 비트에 변화가 없으므로 비트동기가 어려워 별도의 clock신호를 전송해야 하지만 RZ에서는 매 비트마다 전압 레벨의 변화가 있으므로 clock신호 없이도 비트 동기가 가능하다.【그림 5.19】에 NRZ 신호의 전송 시 비트 동기의 어려움을 보여준다. 하지만 RZ신호의 경우 펄스의 대역폭이 NRZ신호에 비해 두 배 넓어진다는 단점이 있다.

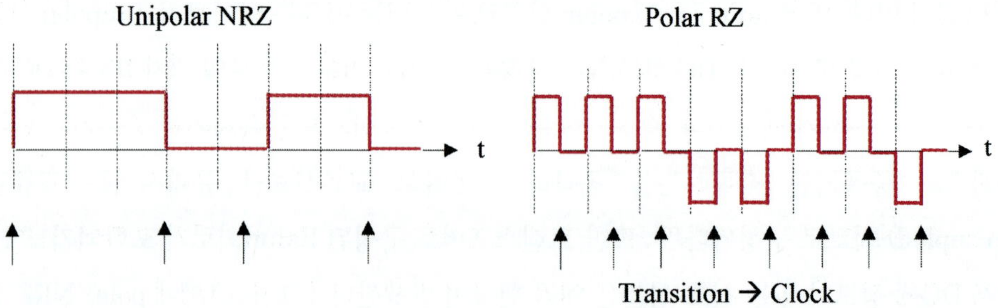

▌그림 5.19▐ NRZ 신호의 전송 시 비트 동기의 어려움과 ploar 신호의 clcok정보

마지막으로 RZ신호에서도 1이 계속되는 경우 DC성분이 존재할 수 있으므로 DC를 원천적으로 차단하는 라인코딩 방식이 있다. 펄스의 평균값이 언제나 영이 되도록 하기 위하여 첫 번째 비트의 DC값과 두 번째 DC값이 서로 상쇄되도록 하는 방식으로【그림 5.20】의 맨체스터(Manchester) 코딩 방식이 있다. 맨체스터 코드는 인터넷 표준인 이더넷(Ethernet)에 사용되

어 유명해졌다[11].

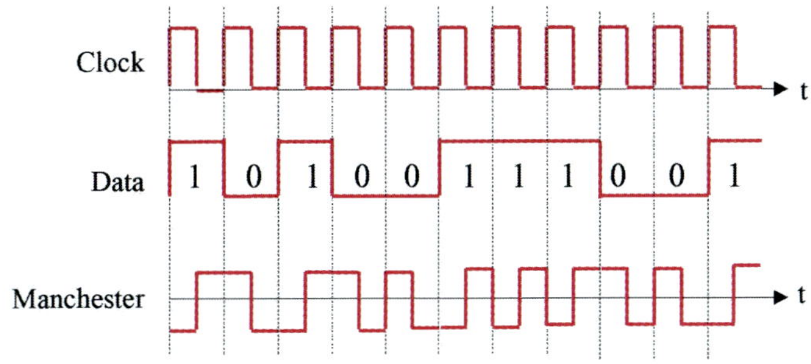

▌그림 5.20▌ 맨체스터 코드의 원리

이제 라인코딩을 선택하기 위해서는 고려할 사항을 정리하면 다음과 같다.

- 잡음 대책: 펄스폭이 클수록 즉 대역폭이 좁을수록 유리
- 클럭 재생 여부 : 1과 0이 연속되면 클럭 재생이 어려움
- 점유대역폭: 전송선로의 대역특성보다 펄스대역폭이 좁을수록 유리
- 차동부호화 여부: 비트 자체가 아니라 두 비트의 극성 변화에 정보 있음
- 직류성분(DC) 포함 여부: 전송선로나 회로의 DC 특성과 관련있음

라인코딩에 따른 스펙트럼 특성

앞에서 살펴본 5가지 라인코딩 방식의 스펙트럼 특성을 알 필요가 있다. 디지털 신호는 랜덤 신호이므로 라인코딩에 따른 디지털신호의 스펙트럼은 확률과 통계 지식이 필요하므로 여기서는 랜덤 펄스열의 전력밀도스펙트럼을 구하는 결과식과【표 5.1】과 같이 여러 라인코딩에 따른 스펙트럼 성능을 비교한 결과만을 제시하도록 한다.

랜덤 펄스열의 PSD 구하는 식

- $S_y(f) = |P(f)|^2 S_x(f)$

$$= \frac{|P(f)|^2}{T_b} \left| \sum_{n=-\infty}^{\infty} R_n e^{-j2\pi n f T_b} \right|$$

- 여기서 $R_n = \lim_{N \to \infty} \frac{1}{N} \sum_k a_k a_{k+1}$

11) 맨체스터 코드는 University of Manchester에서 개발되었으며 Manchester Mark 1 컴퓨터의 자기드럼 장치에 데이터를 저장하기 위해 최초로 개발되었으며, 초기 Ehternet에 사용되었고 현재 RFID, NFC 등에서 사용되고 있다.

▮표 5.1▮ 라이코딩에 따른 스펙트럼 성능 비교

분류	Power spectral density(PSD)	1st null BW	DC component
Polar NRZ	$T_b \text{sinc}^2(fT_b)$	$1/T_b$	Yes
Unipolar NRZ	$\frac{T_b}{4} sinc^2(fT_b) + \frac{1}{4}\delta(f)$	$1/T_b$	Yes
Polar RZ	$\frac{T_b}{4} sinc^2(\frac{fT_b}{2})$	$2/T_b$	Yes
Unipolar RZ	$\frac{T_b}{16} sinc^2\left(\frac{fT_b}{2}\right)+$ $\frac{1}{16}\sum_{n=-\infty}^{\infty} \text{sinc}^2\left(\frac{n}{2}\right)\delta\left(f-\frac{n}{T_b}\right)$	$2/T_b$	Yes
Manchester	$T_b \text{sinc}^2\left(\frac{fT_b}{2}\right)\sin^2\left(\frac{\pi f T_b}{2}\right)$	$2/T_b$	No

기본적으로 NRZ신호보다 RZ신호와 Manchester신호가 주파수 대역폭이 2배가 되며, Manchester를 제외하고 다른 신호들은 DC성분이 존재한다.【그림 5.21】에 Polar NRZ 방식과 Unipolar NRZ 방식의 전력밀도스펙트럼을 각각 보여준다. Polar NRZ의 전력밀도 스펙트럼의 특징은 sinc함수의 제곱의 특성을 가지며 비트 주기의 역수만큼의 대역폭을 갖는다. 또한, $f=0$ 즉, 직류에서의 값이 0이 아니다.

예제 5-8 **Polar NRZ 신호의 PSD를 구하시오**

풀이 다음과 같이 구할 수 있다.

Polar NRZ 신호에서 $a_k = 1 \text{ or } -1$ 이다.

자기상관함수를 구하면 다음과 같다.

$$R_0 = \overline{a_k^2} = \lim_{N\to 0}\frac{1}{N}\sum_k a_k^2 = \lim_{N\to 0}\frac{1}{N}(N) = 1$$

$$R_n = \overline{a_k a_{k+1}} = \lim_{N\to 0}\frac{1}{N}\sum_k a_k a_{k+1} = \lim_{N\to 0}\frac{1}{N}\left[\frac{N}{2}(1)+\frac{N}{2}(-1)\right] = 0$$

구형파 펄스라 가정하면 $p(t) = \Pi\left(\frac{t}{T_b}\right) \to P(f) = T_b \text{sinc}(fT_b)$ 이다.

$$S_y(f) = \frac{|P(f)|^2}{T_b}R_0 = T_b \text{sinc}^2(fT_b)$$

예제 5-9 Polar NRZ 신호의 PSD로부터 Unipolar NRZ 신호의 PSD를 구하시오

풀이 Unipolar NRZ 신호가 0에서 1까지 변한다면 -1에서 1까지 변하는 Polar NRZ신호의 크기를 1/2배 하고 DC전압으로 0.5V를 더하면 Uniplolar NRZ신호가 된다. 따라서 0.5V에 대한 DC에서의 전력과 Polar NRZ신호의 전력의 1/4인 PSD가 더해지는 꼴로 PSD를 구할 수 있다.

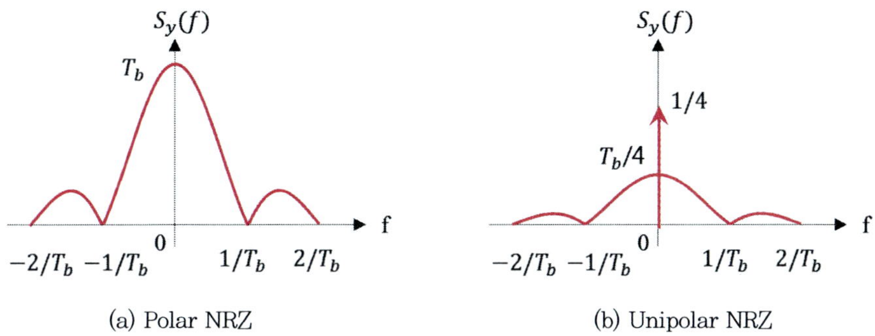

그림 5.21 NRZ 스펙트럼 (PSD)

이상적인 펄스정형 (Ideal Pulse Shaping)

기저대역 디지털 신호를 전송할 때 채널 특성에 의한 ISI가 발생하는데 이 ISI는 전송하려는 신호의 속도가 높아질수록 심각한 영향을 미치게 된다. 그렇다면 이러한 ISI 문제없이 신호를 전송하려면 어떻게 해야 하는가? 이러한 고민 끝에 나온 개념이 Nyquist가 처음 제안한 펄스정형(pulse shaping) 개념이다. 펄스의 한 비트시간이 T_b인 일련의 펄스열을 송신하는 경우 수신기에서는 매 비트 시간에 한 번씩 1을 전송했는지 0을 전송했는지 판별하게 된다. 이 때 ISI가 발생하는 것은 피할 수 없으므로 ISI가 발생하더라도 매 T_b 샘플링 순간에서만큼은 ISI가 발생하지 않도록 펄스의 모양을 정형하여 심볼을 만드는 것이다. 이것을 Nyquist ISI criterion이라 하며, 이렇게 시간영역에서 T_b순간마다 영이 되는 파형은【그림 5.22】와 같이 심볼의 형태가 Sync함수와 같을 경우가 되고 이를 Fourier 변환하면 이 심볼의 대역폭은 $1/(2T_b)$이 된다[12].

12) Nyquist ISI criterion은 1Hz의 정현파를 샘플링하기 위해서는 2Hz의 샘플링이 필요하다는 Nyquist 샘플링(Sampling) 이론과 개념적으로 유사한 개념이라 할 수 있다.

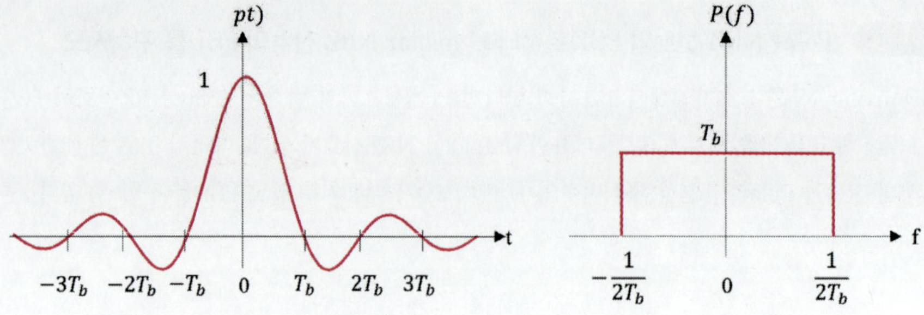

그림 5.22 ISI가 영인 심볼의 시간영영 및 주파수 영역 특성

구형파 신호를 Sinc함수꼴로 펄스정형 하기 위해서는 라인코딩된 신호를【그림 5.22】의 오른쪽과 같은 주파수 특성을 갖는 저역통과 필터를 통과시켜야 한다. 이상적인 Nyquist 펄스 정형 필터의 특성은 식 (5.22)와 같다. 정리하면 R_b[bps]의 데이터를 기저대역으로 전송할 경우 ISI 발생없이 신호를 전송할 수 있는 이론적인 최소대역폭은 $R_b/2$[Hz]가 된다. 다른 말로 ISI가 없도록 신호를 구성하면 1Hz 당 2개의 데이터 심볼을 전송하는 것이 가능하다. 이때 채널의 대역폭은 $R_b/2$ 이상이어야 한다.

$$
\begin{aligned}
p(t) &= \mathrm{sinc}\left(\frac{t}{T_b}\right) = \mathrm{sinc}(R_b t) \\
P(f) &= T_b \Pi\left(T_b f\right)
\end{aligned}
\tag{5.22}
$$

펄스정형에 의해 ISI가 영이 되는 원리가【그림 5.23】에서 보여준다. 수신기는 T_b 순간마다 펄스의 존재 여부를 판단하는데 $t=0$인 순간에는 첫 번째 심볼만이 값을 가지며, 2번째 이후 심볼들은 첫 번째 심볼의 존재를 판단하는데 영향을 주지 않음을 알 수 있다. 마찬가지로 $t=T_b$인 순간에는 두 번째 심볼만이 값을 가지면 나머지 심볼들은 영향을 주지 않음을 알 수 있다.

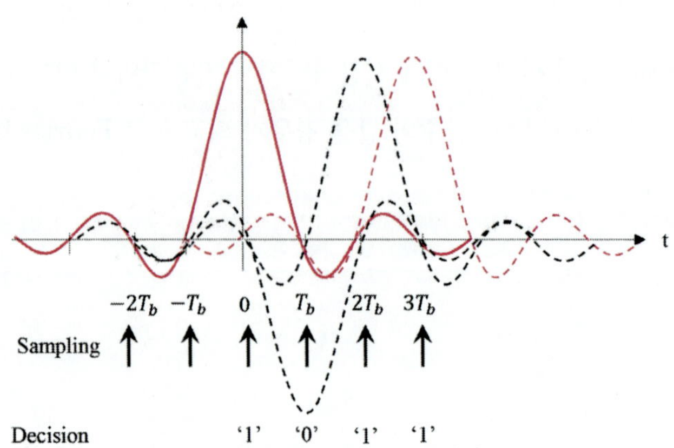

그림 5.23 펄스정형의 개념: 4개의 펄스가 수신되었을 경우

이를 통해 '1'과 '0'을 ISI없이 판단할 수 있게 된다.

실질적인 펄스정형 (Practical Pulse Shaping)

Nyquist의 ISI를 없애기 위한 펄스 정형 필터는 기저대역 디지털 신호를 송신하려면 디지털 파형으로 쉽게 떠올릴 수 있는 구형파 모양으로 송신하는 것이 아니라 펄스의 파형을 sinc함수 모양으로 변형하여 전송하여야 됨을 보여준다. 하지만 이는 이론적으로만 가능한 것으로 실제적으로는 구현이 불가능하다. 먼저 시간영역에서 이상적인 sync함수는 무한대의 시간을 가지므로 구현할 수가 없다. 또한 동기가 조금이라도 틀리다면 ISI가 발생하므로 수신기의 성능은 동기 에러에 매우 민감하게 된다. 따라서 이상적인 대역폭보다는 조금 더 넓은 대역폭을 사용하여 샘플링 순간에는 크기가 영이지만 샘플링 순간 앞뒤에도 크기가 크지 않도록 하여 필터의 구현이 가능하도록 만드는 것이 필요하다. 샘플링 순간 앞뒤로 크기가 작다는 것은 고주파 성분이 적다는 의미이므로 이상적인 Nyquist ISI criterion의 사각형 모양의 주파수응답특성을 부드럽게 하여야 함을 의미한다. 이러한 주파수 응답특성을 갖는 대표적인 필터로【그림 5.24】와 같은 상승여현필터(Raised cosine filter)가 있다. Raised cosine 필터에서 이론적인 대역폭을 넘는 추가대역폭은 roll-off 인자에 의해 결정되는데 초과대역폭을 이론적인 최소 대역폭으로 나눈 값으로 정의하며 0인 경우가 이상적인 필터인 경우이고 1인 경우가 최소 대역폭의 2배로 하는 경우를 의미한다.

$$0 \leq r = \frac{f_\Delta}{W} \leq 1 \tag{5.23}$$

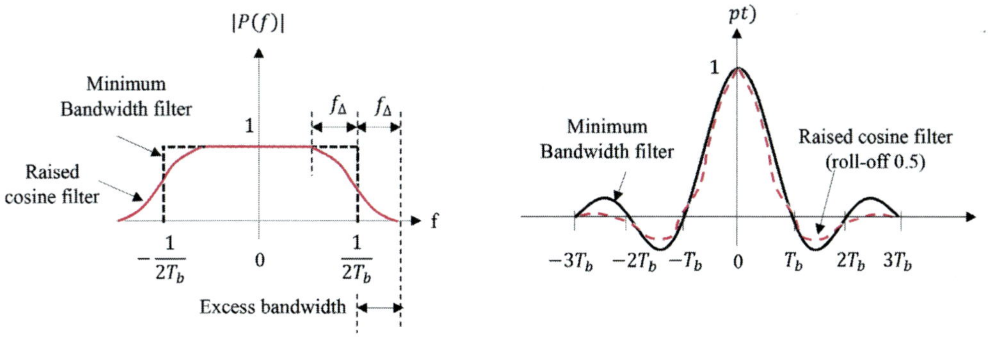

▮그림 5.24▮ 상승여현필터의 roll-off 인자

지금까지 ISI를 최소로 하기 위한 펄스정형필터를 살펴보았다. 펄스정형필터는 디지털통신에서 수신부의 정합필터(matched filter)와 함께 가장 중요한 필터 중에 하나라 할 수 있다. 단, 펄스정형필터를 적용할 때는 추가적으로 고려할 사항들이 있다. 먼저, 무선통신에서는 대역폭의 제한으로 채널별로 엄격한 스펙트럼 마스크가 있는 경우 펄스정형필터 설계 시 이를 고려해야 한다. 또한, 펄스정형필터의 적용에 따라 시간영역으로 표현된 신호의 크기 변화가 크다면 전력증폭기의 비선형성에 영향을 받으므로 이 또한 고려해야 한다[13]. 마지막으로, 무선채널 환경에 따라 다중경로에 의해 ISI 영향이 심각해질 수 있으므로 이를 고려하여야 한다. 따라서 무선통신 규격에 따라 펄스정형필터의 형태는 다양하게 정의될 수 있다.

> **요약** 디지털 데이터를 전송하기 위해서는 1과 0을 전압파형으로 만들어 전송하게 되는데 이를 라인코딩이라 한다. 다양한 라인코딩 방법이 있으며 어떤 방법을 사용하느냐에 따라 대역폭 특성이 달라지고 수신성능에도 직접적인 영향을 준다. 또한, 고속으로 데이터를 전송하려면 ISI를 최소로 하기 위하여 수신에 유리한 펄스의 형태를 만드는데 이를 펄스 정형필터라 한다.

5.3.2 수신기 신호처리: 신호상관기와 정합필터

앞에서 살펴본 바와 같이 기저대역 디지털 신호의 전송과정에서 송신기가 디지털 정보를 비트열로 표현한 후 채널특성에 적합하도록 라인코딩을 선택하고 펄스정형하여 전송하는 역할을 하였다면 수신기에서는 적당한 검출과정을 통하여 수신신호로부터 디지털 정보 비트열을 복구해야 한다. 이러한 역할을 하는 것이 디지털 수신기로 본 절에서는 디지털 수신기에 대해 살펴보고자 한다.

디지털 정보가 '1'과 '0'에 해당하는 두 종류의 펄스를 특정 심볼 형태로 송신하였다면 디지털 수신기에서는 '1'에 해당하는 심볼을 수신한 것인지 '0'에 해당하는 심볼을 수신한 것인지를 판단하면 되기 때문에 정확한 심볼의 모양까지는 알 필요가 없다. 이것이 송신파형의 모양을 얼마나 잘 유지하는지가 중요한 아날로그 통신과 구별되는 디지털 통신의 독특한 특징이다. 따라서 아날로그 수신기에선 신호대잡음비 그 자체가 중요하였다면 디지털 수신기에서는 에러확률이 더 중요한 개념이다. 이와 같이 디지털 수신기에서 성능을 표현하는 주요 지표를 **비트오류확률(probability of bit error: P_e)** 또는 **비트오율(bit error rate: BER)**이라 한다. 만약, P_e가 1이라면 모든 데이터의 검출이 실패한 것이고 P_e가 0이라면 모든 데이터의 검출이 성공한 것이다[14].

---

13) 예를 들어 2세대 이동통신인 GSM에서 사용하는 GMSK방식에서는 전력증폭기에 부담을 주지 않기 위해 정진폭 특성을 유지하기 위해 Gaussian 필터 특성의 펄스정형필터를 사용하다.

14) 실제 최악의 디지털 수신기의 P_e의 값은 1이 될 수 없다. 적어도 확률적으로 우연히 선택해도 반은 판별할 수 있으므로 최악의 수신기도 0.5가 된다. 또한, 최상의 디지털 수신기라도 언젠가는 잡음이 아주 큰 경우가 발생할 수 있어 에러가 발생할 수 있으므로 P_e의 값이 0인 수신기도 존재하기 어렵다.

신호 상관기(Signal Correlator)

이진 통신 시스템에서 '0'과 '1'로 구성된 이진 데이터는 두 개의 신호파형, 즉 $s_0(t)$와 $s_1(t)$ 중 하나로 전송된다고 하자. 데이터가 초당 R 비트가 전송된다고 가정하면 각각의 bit는 다음 식 (5.24)와 같은 파형으로 매핑된다고 할 수 있다.

$$\begin{aligned} 0 &\rightarrow s_0(t), \quad 0 \le t \le T_b \\ 1 &\rightarrow s_1(t), \quad 0 \le t \le T_b \end{aligned} \tag{5.24}$$

여기서 $T_b = 1/R$로 비트 구간으로 정의된다. 여기서 데이터 비트 0과 1은 동일한 확률을 가지고 있다고 가정한다.

신호가 전송되는 채널은 전력밀도 $N_0/2$인 Gaussian 분포를 갖는 백색잡음 $n(t)$만이 더해진다고 가정하면 수신기에 수신되는 파형은 다음 식 (5.25)와 같다.

$$r(t) = s_i(t) + n(t), \quad i = 0, 1, \quad 0 \le t \le T_b \tag{5.25}$$

이제 수신기의 역할은 수신신호로부터 주어진 비트 구간 동안 0과 1 중에서 어떤 파형이 전송되었는지를 아는 것이다. 수신기에 존재하는 잡음이 AWGN 잡음이라고 할 때 AWGN 잡음하에서 에러확률이 최소가 되도록 설계된 수신기를 최적수신기(optimum receiver)라고 정의한다. 최적수신기는 기본적으로 정합필터(matched filter) 혹은 신호상관기(signal correlator)와 검출기(detector)로 구성된다.

먼저 상관기에 대해 알아보자. 상관기는 수신된 신호파형을 송신에 사용된 두 개의 신호파형과 상관을 취하는 것으로 다음【그림 5.25】와 같은 구조를 가지고 있다.

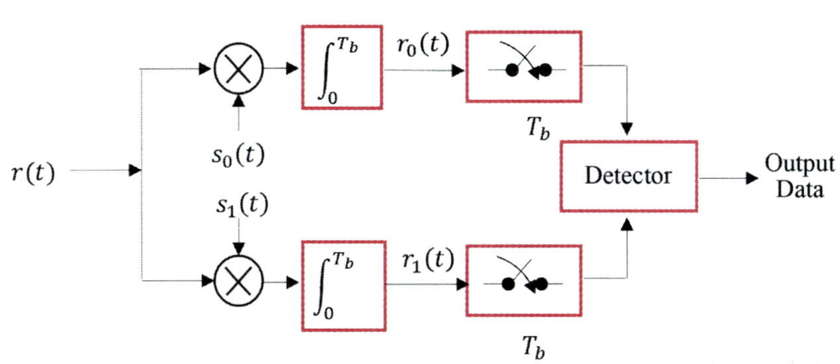

【그림 5.25】 신호 상관기의 구성

이제 신호상관기 출력은 다음 식 (5.26)과 같이 주어진다.

$$r_0(t) = \int_0^{Tb} r(\tau)s_0(\tau)d\tau$$
$$r_1(t) = \int_0^{Tb} r(\tau)s_1(\tau)d\tau \tag{5.26}$$

여기서 입력 신호는 다음【그림 5.26】과 같다고 하면, 두 신호는 상호직교(orthogonal) 하므로 서로 곱해서 적분할 경우 zero가 된다.

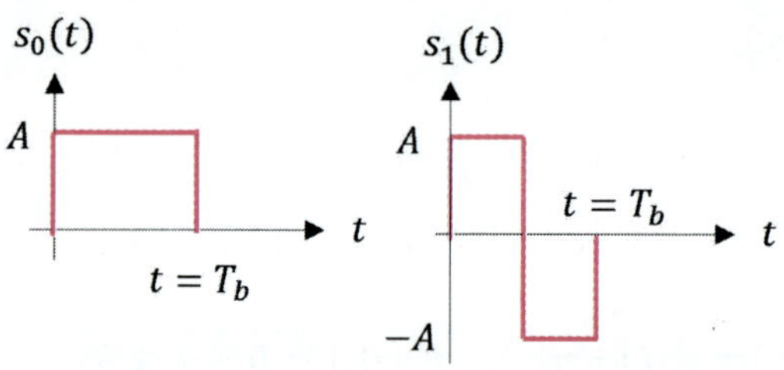

【그림 5.26】 이진 통신 시스템에서 상호직교하는 두 개의 입력 신호 예

먼저 $r(t)$가 $s_0(t)$인 경우 식 (5.27)과 같다.

$$r_0(t) = \int_0^{Tb} s_0^2(\tau)d\tau + \int_0^{Tb} n(\tau)s_0(\tau)d\tau = A^2 T_b + n_0$$
$$r_1(t) = \int_0^{Tb} s_0(\tau)s_1(\tau)d\tau + \int_0^{Tb} n(\tau)s_1(\tau)d\tau = n_1 \tag{5.27}$$

마찬가지로 $r(t)$가 $s_1(t)$인 경우도 계산할 수 있다. 이제 n_0와 n_1의 값은 잡음 신호가 상관기를 통과한 값으로 $n(t)$가 가우시안 특성을 가지므로 평균은 영이고, 분산은 $A^2 T_b N_0/2$의 값을 갖는다. 이제 $s_0(t)$가 전송될 경우 r_0와 r_1의 확률 밀도 함수는 다음과 같이 주어진다.

$$p(r_0|s_0(t)\ was\ transmi\ ted) = \frac{1}{\sqrt{2\pi}\,\sigma}e^{-(r_0 - A^2 T_b)^2/2\sigma^2}$$
$$p(r_1|s_0(t)\ was\ transmi\ ted) = \frac{1}{\sqrt{2\pi}\,\sigma}e^{-r_1^2/2\sigma^2} \tag{5.28}$$

마찬가지로 $s_1(t)$가 전송될 경우의 확률도 계산할 수 있다. 이상의 결과를 요약하면 다음【그림 5.27】과 같다.

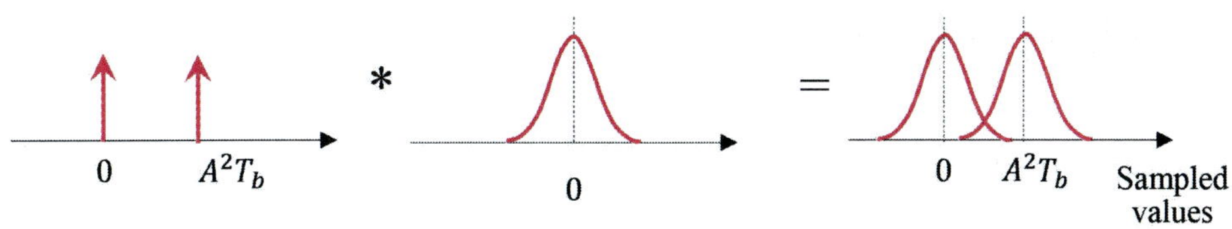

【그림 5.27】 잡음 환경에서의 이진통신시스템의 확률밀도함수

예제 5-10 **$s_0(t)$와 $s_1(t)$가 【그림 5.26】과 같을 때, 수신신호가 $s_0(t)+n(t)$일 경우와 $s_1(t)+n(t)$일 경우 샘플링 순간에 상관기의 출력을 구하라.**

풀이 $s_0(t)+n(t)$가 입력되면 샘플링 순간($t=T_b$)에서 상관기의 출력은 다음과 같다.

$$r_0(t)=A^2T_b+n_0,\ r_1(t)=n_0,$$

마찬가지로 샘플링 순간($t=T_b$)에서 상관기의 출력은 다음과 같으므로 어떤 펄스가 송신되었는지 알 수 있다.

$$r_0(t)=n_0,\ r_1(t)=A^2T_b+n_0$$

정합 필터(Matched Filter)

정합 필터란 표본 순간에서 신호 대 잡음비를 최대로 하는 필터를 의미한다. 정합필터를 이해하기 위하여 【그림 5.28】과 같이 $0 \le t \le T_b$ 의 구간 동안 지속되는 신호 $s(t)$를 검출하는 시스템(필터)을 고려하자. 필터 출력을 T_b에서 표본화하였을 때 신호대잡음비가 최대로 되는 조건을 유도해보자.

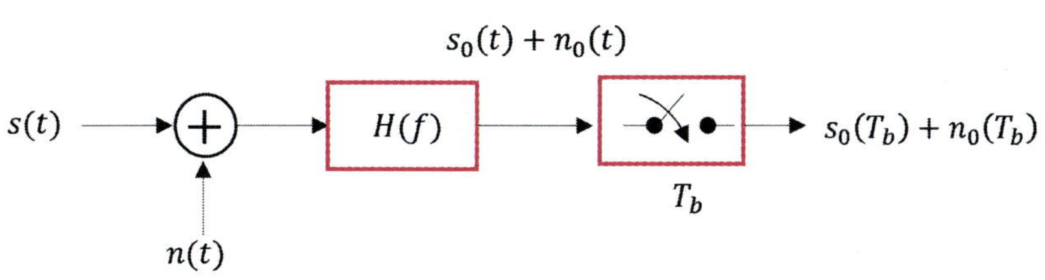

【그림 5.28】 출력 SNR을 최대로 하는 정합필터

필터의 입력은 $s(t)+n(t)$이고, 잡음 $n(t)$는 전력스펙트럼이 $S_n(f)$라고 하자. 필터의 출력을 T_b에서 표본화하므로 최종 출력은 $s_0(T_b)+n_0(T_b)$ 이며 필터 $H(f)$의 역할은 출력의 신호대 잡음비 $SNR_0=s_0^2(T_b)/E[n_0^2(T_b)]$를 최대로 만드는 것이다.

신호 $s(t)$의 Fourier 변환을 $S(f)$라 하면 잡음이 없는 경우 출력신호는 Fourier역변환을 이용하여 식 (5.29)로 주어진다.

$$s_0(t) = F^{-1}[H(f)S(f)] = \int_{-\infty}^{\infty} H(f)S(f)e^{j2\pi ft}\,df \tag{5.29}$$

특히 표본화 순간에는 다음과 같이 된다.

$$s_0(T_b) = \int_{-\infty}^{\infty} H(f)S(f)e^{j2\pi fT_b}\,df \tag{5.30}$$

한편 잡음 $n(t)$의 전력스펙트럼이 $S_n(f)$이라하면 필터를 통과한 잡음 $n_0(t)$의 전력스펙트럼은 $|H(f)|^2 S_n(f)$이 된다. 따라서 출력의 신호대 잡음비는 식 (5.31)과 같이 주어진다.

$$SNR_0 = \frac{s_0^2(T_b)}{E[n_0^2(T_b)]} = \frac{\left|\int_{-\infty}^{\infty} H(f)S(f)e^{j2\pi fT_b}\,df\right|^2}{\int_{-\infty}^{\infty} |H(f)|^2 S_n(f)\,df} \tag{5.31}$$

위의 식을 최대로 하는 $H(f)$를 구하는 것이 정합필터 목적이므로 **Schwartz 부등식**을 적용한다. Schwartz 부등식은 임의의 두 복소 함수 $X(f)$와 $Y(f)$ 사이에 항상 다음의 관계가 성립하는 것을 말한다.

$$\left|\int_{-\infty}^{\infty} X(f)Y(f)\,df\right|^2 \le \left|\int_{-\infty}^{\infty} |X(f)|^2\,df\right| \left|\int_{-\infty}^{\infty} |Y(f)|^2\,df\right| \tag{5.32}$$

또는 Schwartz 부등식은 다음과 같이 쓸 수 있다.

$$\frac{\left|\int_{-\infty}^{\infty} X(f)Y(f)\,df\right|^2}{\left|\int_{-\infty}^{\infty} |X(f)|^2\,df\right|} \le \left|\int_{-\infty}^{\infty} |Y(f)|^2\,df\right| \tag{5.33}$$

식 (5.32)와 식 (5.33)의 부등식에서 등호가 되는 경우는 임의의 상수 K에 대하여 다음이 성립할 때이다.

$$X(f) = KY^*(f) \tag{5.34}$$

이제 식 (5.31)을 식 (5.33)과 동일하게 보이게 하기 위하여 $X(f)$와 $Y(f)$를 다음과 같이 정의하자.

$$\begin{aligned} X(f) &= \sqrt{S_n(f)}\,H(f) \\ Y(f) &= \frac{1}{\sqrt{S_n(f)}}S(f)e^{j2\pi f T_b} \end{aligned} \tag{5.35}$$

이제 식 (5.35)를 식 (5.33)에 대입하면 식 (5.36)이 된다.

$$SNR_0 = \frac{\left|\int_{-\infty}^{\infty} X(f)\,Y(f)\,df\right|^2}{\int_{-\infty}^{\infty} |X(f)|^2 df} \le \int_{-\infty}^{\infty} |Y(f)|^2 df \tag{5.36}$$

여기서 좌변과 우변이 같을 때는 SNR이 최대가 되는 값이며 식 (5.34)의 관계에 의해 다음과 같다.

$$H(f) = K\frac{S^*(f)}{S_n(f)}e^{-j2\pi f T_b} \tag{5.37}$$

따라서 최대 SNR은 다음과 같다.

$$SNR_{\max} = \int_{-\infty}^{\infty} |Y(f)|^2 df = \int_{-\infty}^{\infty} \frac{|S(f)|^2}{S_n(f)}df \tag{5.38}$$

만일 잡음 $n(t)$가 백색잡음(white noise)로서 $S_n(f) = N_0/2$인 경우, 출력 SNR을 최대로 하는 정합필터의 임펄스 응답은 다음과 같이 주어진다.

$$\begin{aligned} H(f) &= \frac{2K}{N_0}S^*(f)e^{-j2\pi f T_b} \\ h(t) &= \frac{2K}{N_0}s(T_b - t) \end{aligned} \tag{5.39}$$

이제 정합필터의 임펄스 응답은 다음과 같다.

$$h(t) = Ks(T_b - t) \tag{5.40}$$

이제 백색잡음의 경우 출력의 최대 SNR은 다음과 같다.

$$SNR_{\max} = \int_{-\infty}^{\infty} \frac{|S(f)|^2}{N_0/2} df = \frac{\int_0^{T_b} |s(t)|^2 dt}{N_0/2} = \frac{2E_b}{N_o} \tag{5.41}$$

정합필터의 임펄스 응답은 입력신호 파형 $s(t)$를 시간상 반전키고 T_b만큼 지연시킨 파형이다. 즉, 정합 필터는 적분기로 구성된 상관기와는 달리 신호와 기저대역 신호 간의 convolution을 이용하는 방식이다. 따라서 정합필터의 출력을 $y(t)$라 할 때 $y(t)$는 다음 식 (5.42)에 의해 주어진다.

$$y(t) = \int_0^t s(\tau)s(T_b - t + \tau)d\tau \tag{5.42}$$

따라서, 정합필터의 출력 파형의 형태는 상관기와 다르지만, 샘플링 순간 ($t = T_b$)에서의 결과값은 동일하다.

【그림 5.29】와 같은 2개의 구형파 펄스 입력인 경우 식 (5.40)에 의해 주어진 정합필터의 모양과 그 출력을 보여준다. 정합필터의 모양은 입력신호와 대칭 형태를 가지며 출력은 언제나 샘플링 순간 ($t = T_b$)에서 최대가 된다.

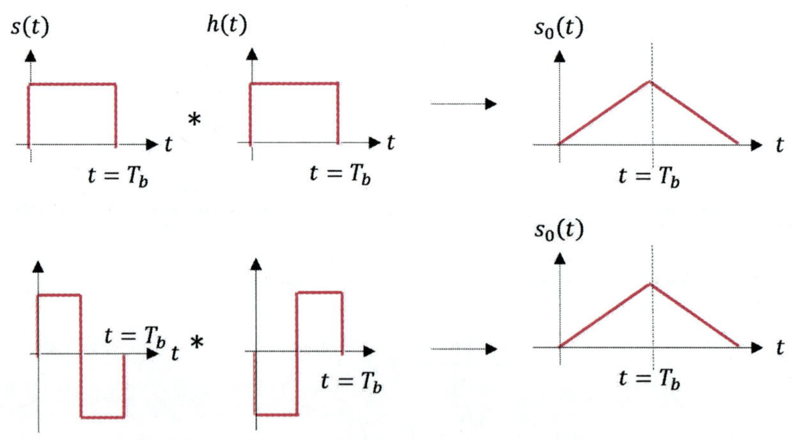

▌그림 5.29▐ 디지털통신에서 정합필터의 동작 예

예제 5-11 **$s(t)$가 삼각형 모양의 펄스일 때, 수신신호가 $s_0(t) + n(t)$일 경우 샘플링 순간에 정합 필터의 출력을 구하라.**

풀이 정합필터는【그림 5.30】과 같이 수신신호와 대칭형태를 가지면 컨볼루션을 거치면 샘플링 순간에 최대값이 된다.

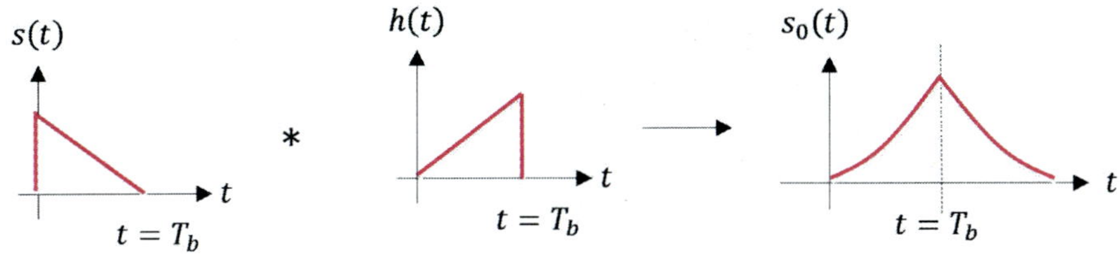

▮그림 5.30▮ (예제 5-11)의 파형

5.3.3 잡음환경에서의 디지털 수신기의 성능

앞에서 잡음이 있는 경우 디지털통신의 수신기는 정합필터 또는 신호상관기를 이용하여 구성됨을 학습하였다. 이제 이러한 디지털통신 수신기의 잡음 환경에서의 성능을 어떻게 분석하는지 살펴보자. 앞에서 디지털 수신기의 최소 SNR값(디지틀 통신에서는 E_b/N_0)이 시스템 설계에서 중요한 역할을 함을 학습하였다.

이제 디지털수신기에서 AWGN 잡음의 영향에 대해 알아보자. 이를 위해서는 통신시스템을 최대한 단순화시켜 확률적으로 판단할 필요가 있다. 이렇게 확률적인 분석을 위해 최대로 단순화게 만든 통신시스템 모델을 **이진 대칭채널(Binary Symmetry Channel)**이라 부른다.【그림 5.31】에 무선통신의 이진대칭채널 모델을 보여준다. 그림에서처럼 송신측에서 전송할 정보가 0인 사건을 A_0로, 전송할 정보가 1인 사건을 A_1으로 나타내자. 또한 수신측에서 0으로 판단할 사건을 B_0로, 1로 판단할 사건을 B_1으로 나타내자. 송신측에서 데이터 0을 전송하였는데 수신기가 1로 오판할 확률을 α, 반대로 송신측에서 데이터 1을 전송하였는데 수신기가 0으로 오판할 확률을 동일하게 α라 하자.

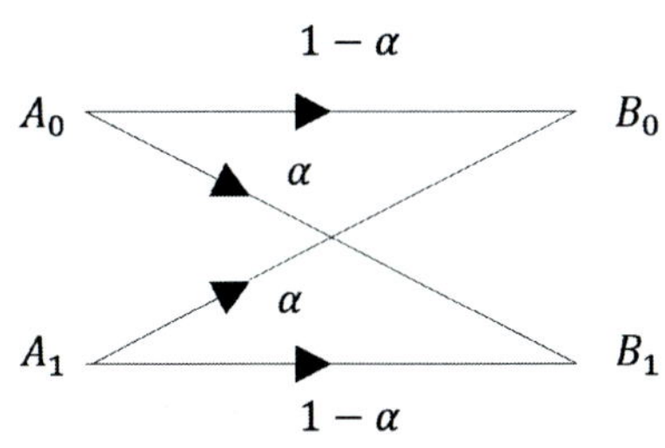

▮그림 5.31▮ 전송선로의 이진대칭채널 모델

예제 5-12 **송신측에서 0을 송신할 확률이 0.8, 1을 송신할 확률이 0.2인 경우 0을 보냈을 때 1로 송신할 확률 α=0.1인 경우 수신기의 에러확률은 얼마인가?**

풀이 이진 디지털 통신시스템에서 통신채널의 특성은 조건부 확률로 주어진다.

$$P(1|0)=\alpha=0.1,\ P(1|1)=1-\alpha=0.9$$

에러확률은 1을 보냈을 때 0으로 판단할 확률과 0을 보냈을 때 1로 판단할 확률의 합이므로 다음과 같다.

$$P_e=P(0|1)P(1)+P(1|0)P(0)=0.1\times0.2+0.1\times0.8=0.1$$

전송선로에서 오류를 만드는 원인이 AWGN 잡음밖에 없다고 한다면 AWGN 잡음은 가우시안 분포를 가지므로【그림 5.32】와 같이 확률분포를 그릴 수 있고 각 가우시안 분포의 평균은 해당 bit의 에너지가 되고 분산은 $N_0E_b/2$가 된다. 즉 비트에너지와 잡음 전력이 클수록 가우시안 분포의 분산이 커지게 된다. 빗금친 2개의 부분이 에러를 만드는 영역이므로 빗금친 부분을 적분하면 에러확률을 계산할 수 있게 된다.

$$\begin{aligned}\alpha=P(1|0)&=\int_{\eta}^{\infty}\frac{1}{\sqrt{2\pi}\,\sigma}e^{-(r_0-a_2)^2/2\sigma^2}dr_0\\ \alpha=P(0|1)&=\int_{-\infty}^{\eta}\frac{1}{\sqrt{2\pi}\,\sigma}e^{-(r_0-a_1)^2/2\sigma^2}dr_0\end{aligned}\tag{5.43}$$

이제 수신기의 전체 Error확률은 식 (5.44)와 같이 주어지 0과 1을 0.5씩 송신한다고 가정하면 α가 된다.

$$P_e=P(0|1)P(1)+P(1|0)P(0)=\alpha\tag{5.44}$$

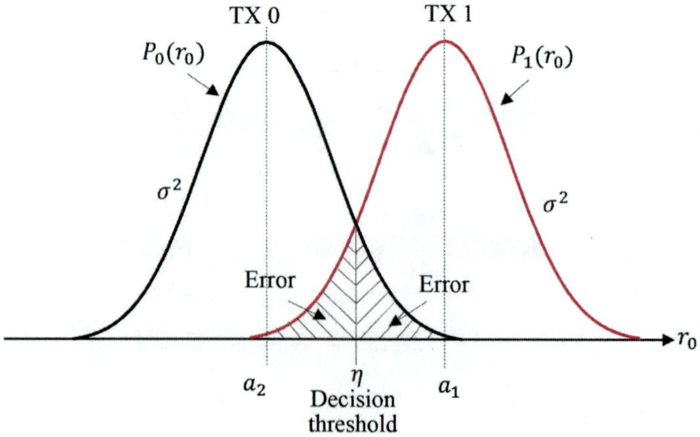

【그림 5.32】 전송선로의 이진대칭채널 모델의 판정오류 확률

정합필터 수신기의 에러확률

수신기가 정합필터 구조를 가질 경우 AWGN 환경에서의 에러확률을 알아보자. 신호 $s(t)$에 잡음 $n(t)$가 더해져 수신되는 경우 수신기에서 신호성분 s_0의 비트에너지는 식 (5.45)로 주어진다.

$$s_0 = \int_0^{T_b} s(\tau) h(T_b - \tau) d\tau = \int_0^{T_b} s^2(\tau) d\tau = E_b \tag{5.45}$$

식 (5.45)는 바로 한 비트에 해당하는 신호의 에너지를 의미한다. 가우시안 분포의 분산은 $N_0 E_b/2$이므로 SNR값은 다음과 같다.

$$SNR = \frac{E[s_0^2]}{E[n_0^2]} = \frac{E_b^2}{N_0 E_b/2} = \frac{E_b}{N_0/2} \tag{5.46}$$

이제 검출기의 역할은 상관기 혹은 정합필터의 출력 r_0와 r_1의 값을 비교하여 $r_0 > r_1$인 경우 0을 출력하고, $r_0 < r_1$인 경우 1을 출력하는 기능을 수행한다. 상관기와 정합필터에서 살펴보았듯이 검출기가 최적으로 동작하기 위해서는 샘플링 순간($t = T_b$)에서 검출기가 동작하여야 하며, 그렇기 위해서는 동기가 정확히 맞아야 한다. 검출기의 성능은 에러확률로 정해지며, 확률밀도함수를 적분함으로써 구할 수 있다. 적분식의 결과는 Q함수로 나타나는데 만역 전송신호가 Unipolar NRZ신호라서 정보 1의 비트에너지가 E_b이고 정보 0은 에너지가 0인 경우 정합필터 수신기가 AWGN 환경에서 갖는 에러확률은 식 (5.47)과 같이 주어진다. 식 (5.47)과【그림 5.33】은 단극성 NRZ 신호에 해당하는 것으로 단극성이 아니라 다른 신호 파형인 경우에는 에러 확률이 달라진다[15].

$$P_e = \frac{1}{\sqrt{2\pi}\,\sigma} \int_{E_b/2}^{\infty} e^{-x^2/2\sigma^2} dx = Q\left(\sqrt{\frac{E_b}{2N_0}}\right) \tag{5.47}$$

15) 여기서 정보 '0'에 대한 비트에너지는 영이므로 E_b는 정보 '1'에 대한 비트에너지만을 의미함에 주의해야 한다.

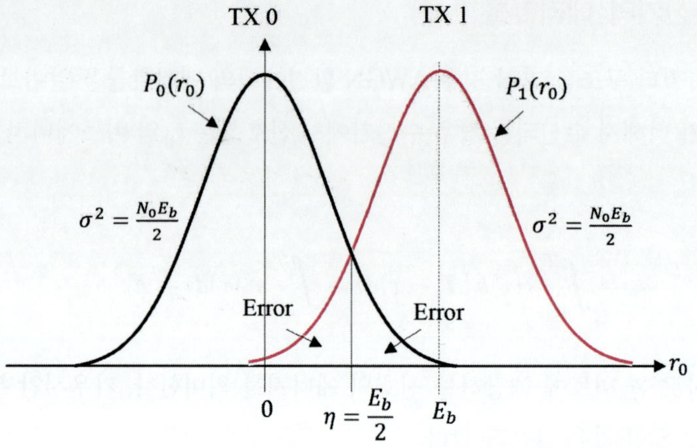

그림 5.33 단극성 NRZ파형을 보내는 경우 이진대칭채널 모델의 판정오류 확률

예제 5-13 **식 (5.47)을 유도하시오.**

풀이 $P_e = \frac{1}{\sqrt{2\pi}\,\sigma}\int_{E_b/2}^{\infty} e^{-x^2/2\sigma^2}dx$에서 $z = x/\sigma$로 변수치환하자.

$P_e = \frac{1}{\sqrt{2\pi}}\int_{E_b/2\sigma}^{\infty} e^{-z^2/2}dz = Q(E_b/2\sigma)$

$\sigma = \sqrt{\frac{N_0 E_b}{2}}$ 이므로 대입하면 $Q\left(\frac{E_b}{2\sigma}\right) = Q\left(\sqrt{\frac{E_b}{2N_0}}\right)$가 된다.

일반적으로 두 개의 신호 $s_1(t)$와 $s_2(t)$를 사용하는 통신시스템에서 정합필터를 갖는 수신기에서 잡음 $n(t)$에 의한 에러확률은 식 (5.48)과 같이 주어진다.

$$P_e = Q\left(\sqrt{\frac{E_1 + E_2 - 2\gamma}{2N_0}}\right) \tag{5.48}$$

여기서 Q함수 내부의 값들은 다음과 같이 주어진다.

$$E_1 = \int_0^{T_b} s_1^2(t)dt \tag{5.49}$$

$$E_2 = \int_0^{T_b} s_2^2(t)dt \tag{5.50}$$

$$\gamma = \int_0^{T_b} s_1(t)s_2(t)dt \tag{5.51}$$

두 신호의 상관이 없다면, 즉 서로 직교하는 두 신호를 사용하고 두 신호의 비트에너지가 E_b로 같다면 식 (5.52)와 같이 주어진다.

$$P_e = Q\left(\sqrt{\frac{2E_b}{2N_0}}\right) = Q\left(\sqrt{\frac{E_b}{N_0}}\right) \tag{5.52}$$

만일 두 신호가 파형은 같으면서 극성이 다르다면 γ는 $-E_b$가 되므로

$$P_e = Q\left(\sqrt{\frac{2E_b}{N_0}}\right) \tag{5.53}$$

가 된다.

예제 5-14 **다음의 Unipolar 코드의 에러확률을 구하시오.** ($A = 1$ Volt, T_b=1 msec, $N_o/2$=10^{-4} W/Hz**라 가정한다.**)

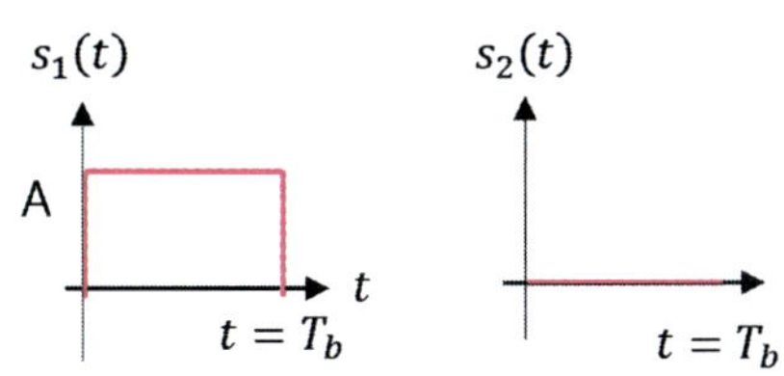

풀이 $E_1 = \int_0^{T_b} s_1^2(t)dt = A^2 T_b$, $E_1 = 10^{-3}$, $E_2 = 0$

$$P_e = Q\left(\sqrt{\frac{E_b}{2N_0}}\right) = Q\left(\sqrt{\frac{10^{-3}}{4\times 10^{-4}}}\right) = Q(\sqrt{2.5}) = Q(1.58) = 0.0571$$

참고 MATLAB 명령어로도 확인해보자. (Q_funct(sqrt(2.5))

예제 5-15 **다음의 Manchester 코드의 에러확률을 구하시오.** ($A = 1$ Volt, $T_b = 1$ msec, $N_o/2$=10^{-4} W/Hz**라 가정한다.**)

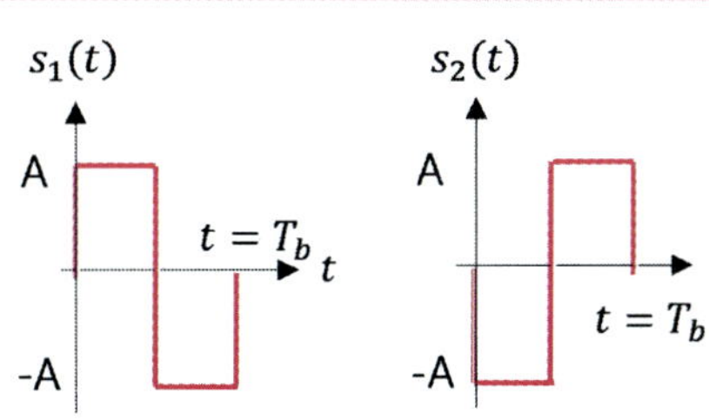

풀이 $E_1 = \int_0^{T_b} s_1^2(t)\,dt = A^2 T_b = E_2$, $E_1 = E_2 = 10^{-3}$

$$P_e = Q\left(\sqrt{\frac{2E_b}{N_0}}\right) = Q\left(\sqrt{\frac{2\times 10^{-3}}{2\times 10^{-4}}}\right) = Q(\sqrt{10}) = Q(3.16) = 7.8885E-4$$

참고 MATLAB 명령어로도 확인해보자. (Q_funct(3.16))

보통 신호대잡음비에 대한 에러확률을 구할 때는 MATLAB 프로그램을 이용한다. 이때 신호대잡음비와 에러확률 모두 dB 스케일로 그림에 주의해야 한다. (예제 5-16)은 그 예를 보여준다. 그림을 해석하는 방법은 10^{-3} 에러, 즉 1000개의 비트를 송신할 때 1개의 비트가 에러가 나는 경우 잡음밀도 대비 비트에너지가 10dB가 필요함을 알 수 있다. E_b/N_0가 클수록 에러확률은 작아지게 된다. 즉, 통신시스템의 성능이 좋아지게 된다.

예제 5-16 **식 (5.52)를 이용하여 이진 디지털통신 시스템의 에러확률을 MATLAB을 이용하여 구하시오.**

```
initial_snr=0;
final_snr=15;
snr_step=0.25;
snr_in_dB=initial_snr:snr_step:final_snr
for i=1:length(snr_in_dB),
  snr=10^(snr_in_dB(i)/10);
  Pe(i)=qfunc(sqrt(snr));
  echo off;
end;
echo on;
semilogy(snr_in_dB,Pe);
xlabel('E_b/N_0 [dB]');
ylabel('PER [dB]');
```

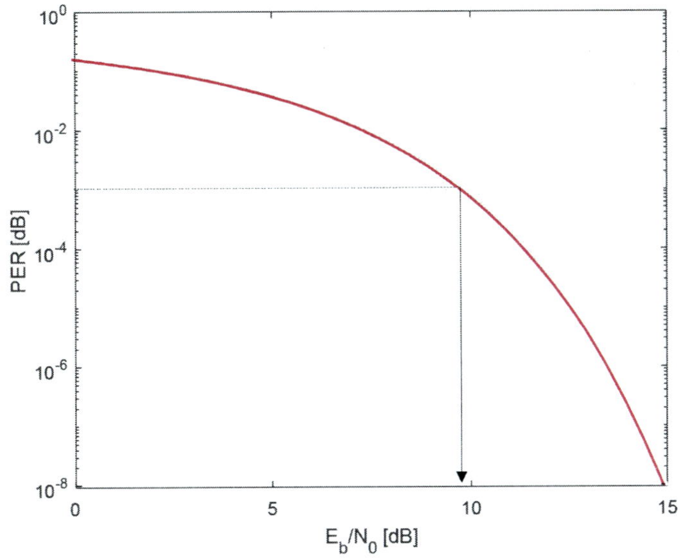

▌그림 5.34▐ (예제 5-16)의 에러확률

> **요약** 잡음환경에서 신호대잡음비를 최대로 할 수 있는 디지털 통신 수신기는 상관기와 정합필터로 구성된다 상관기나 정합필터의 출력을 비트별로 판별하여 수신하게 되면 에러확률을 구할 수 있고, 이렇게 구한 에러확률로부터 디지털통신 수신기의 성능을 이론적으로 구할 수 있다.

디지털 통신 수신기의 에러확률 시뮬레이션

앞에서 확률변수 개념을 이용하여 디지털 기저대역 전송 시스템의 에러 확률을 이론적으로 구할 수 있었다. 하지만, 코딩 방식 및 모뎀 방식이 복잡해지고, 잡음 뿐만 아니라 간섭까지 고려하여 정확한 에러확률을 구하기 위해서는 컴퓨터 시뮬레이션이 필요하다. 일반적으로 에러확률을 추정하기 위해 사용되는 방법이 Monte Carlo 시뮬레이션으로, 다음【그림 5.35】에 Monte Carlo 시뮬레이션의 개념도를 나타내었다. 시뮬레이션에서 임의의 이진 데이터 열을 만들고 코딩에 따라 심볼을 만든 후 여기에 잡음성분을 더한다. 이때 신호전력과 잡음전력이 비인 신호대 잡음비에 따라 잡음성분의 크기가 달라진다. 이후 0을 송신했는지 1을 송신했는지 판단한 후 송신 데이터와 비교하여 차이가 있는 비트의 개수를 더해서 에러확률을 계산한다. 만약 10^{-6} 에러확률을 구하기 위해서는 적어도 백만개의 데이터를 생성해야 구할 수 있다.【그림 5.36】에 MATLAB 실습 결과를 보여준다. 에러 확률이 10^{-2}을 요구할 경우 7.2dB 정도의 SNR이 필요함을 알 수 있다.

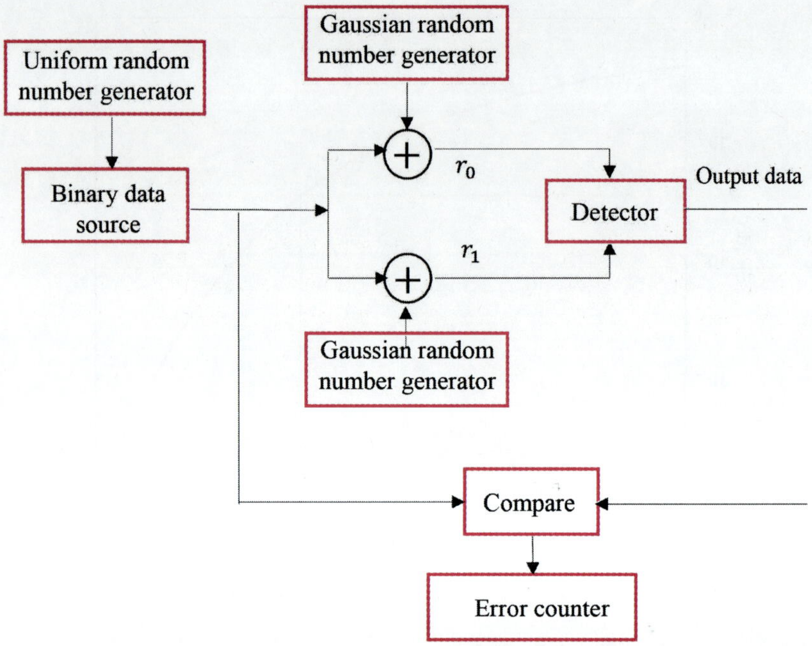

그림 5.35 Monte Carlo 시뮬레이션 모델

예제 5-17 Monte Carlo 시뮬레이션을 이용하여 이진통신시스템의 에러확률을 MATLAB을 이용하여 구하시오. (Hint : 데이터 개수는 10,000개로 하여, 에러확률을 10^{-3}까지 계산할 수 있도록 하시오.)

```
echo on
SNRindB1=0:1:12;
SNRindB2=0:0.1:12;
for i=1:length(SNRindB1),   % simulated error rate
  smld_err_prb(i)=smldPe(SNRindB1(i));
  echo off ;
end;
echo on ;
for i=1:length(SNRindB2),
  SNR=exp(SNRindB2(i)*log(10)/10);      % theoretical error rate
  theo_err_prb(i)=Qfunct(sqrt(SNR));
  echo off ;
end;
echo on;
% Plotting commands follow.
semilogy(SNRindB1,smld_err_prb,'*');
hold
semilogy(SNRindB2,theo_err_prb);
```

```
function [p]=smldPe(snr_in_dB)
E=1; SNR=exp(snr_in_dB*log(10)/10);  % signal-to-noise ratio
sgma=E/sqrt(2*SNR);                   % sigma, standard deviation of noise
N=10000;
% generation of the binary data source
for i=1:N,
  temp=rand ;                        % a uniform random variable over (0,1)
  if (temp<0.5),   dsource(i)=0;     % With probability 1/2, source output=0.
  else     dsource(i)=1;   end       % With probability 1/2, source output=1.
end
% detection, and probability of error calculation
numoferr=0;
for i=1:N,
  % matched filter outputs
  if (dsource(i)==0),   r0=E+gngauss(sgma);
                        r1=gngauss(sgma);  % if the source output is "0"
  else     r0=gngauss(sgma);
           r1=E+gngauss(sgma);     % if the source output is "1"
  end
  % Detector follows.
  if (r0>r1),     decis=0;           % Decision is "0".
  else     decis=1;   end            % Decision is "1".
  if (decis~=dsource(i)),   numoferr=numoferr+1;   end
end
p=numoferr/N;                        % probability of error e
```

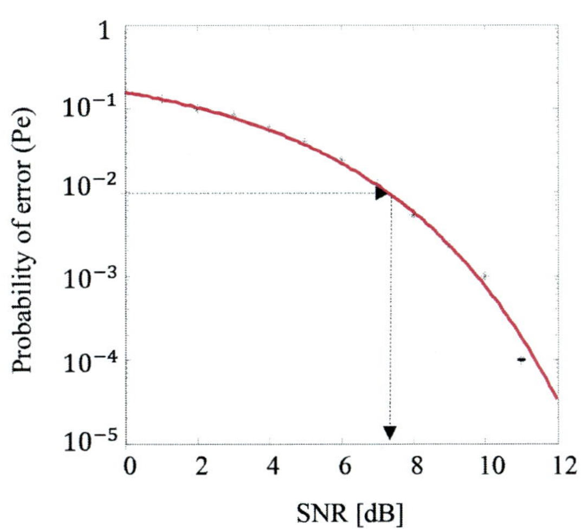

▌그림 5.36▐ (예제 5-17)의 시뮬레이션 결과(*)와 이론값(실선)의 비교

5.4 레이다 신호처리

5.3절에서 디지털 무선통신 수신기에 필요한 신호처리 과정을 간단히 살펴보았다. 이제 레이다 신호처리에 필요한 신호처리에 대해 살펴보도록 하자. 레이다는 무선통신과 달리 수신기에서만 신호처리 과정이 일어나며, 본 절에서 사용하는 레이다는 거리를 측정하는 펄스레이다라고 가정한다[16]. 펄스 레이다 송신기와 수신기를 LTI 시스템이라고 가정하고 시스템의 왜곡은 잡음만 존재하고 그 잡음이 AWGN이라고 가정하면 SNR을 최대값으로 만드는 수신기가 정합필터이므로 당연히 레이다 신호처리에서도 정합필터가 핵심 개념이 된다.

5.4.1 펄스 레이다의 정합필터 수신기

펄스레이다 수신기를 LTI 시스템이라고 가정하고 시스템의 왜곡은 잡음만 존재하고 그 잡음이 AWGN이라고 가정하면 SNR을 최대값으로 만드는 수신기가 정합필터이므로 당연히 레이다 신호처리에서도 정합필터가 핵심 개념이 된다.【그림 5.37】은 레이다 수신기의 구조를 보여준다.

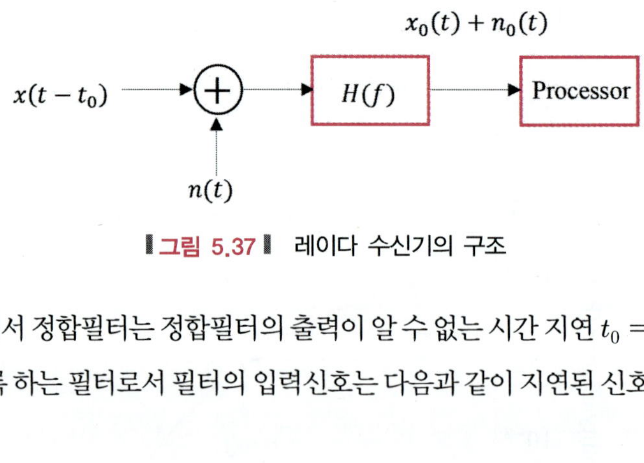

【그림 5.37】 레이다 수신기의 구조

레이다 수신기에서 정합필터는 정합필터의 출력이 알 수 없는 시간 지연 $t_0 = 2R_0/c$에서 SNR이 최대가 되도록 하는 필터로서 필터의 입력신호는 다음과 같이 지연된 신호와 잡음신호가 더해진 신호이다.

$$x_i(t) = x(t - t_0) + n(t) \tag{5.54}$$

정합필터의 출력은 정합필터의 임펄스 응답과 입력의 컨벌루션으로 다음과 같다.

16) 변조되거나 변조되지 않은 CW 파형으로 속도와 거리를 측정하는 레이다는 기본적으로 아날로그 파형을 이용하므로 시간영역에서 정합필터의 개념을 직접 사용하지 않고 정합필터의 주파수영역 표현인 FFT를 사용하며, 방향 측정은 별도의 배열안테나 신호처리를 사용하게 된다.

$$y(t) = x_0(t) + n_0(t) \tag{5.55}$$

$$x_0(t) = x(t - t_0)^* h(t) \tag{5.56}$$

$$n_0(t) = n_i(t)^* h(t) \tag{5.57}$$

식 (5.56)을 Fourier변환하면 다음과 같이 주어진다.

$$X_0(f) = X(f)H(f)e^{j2\pi f t_0} \tag{5.58}$$

식 (5.58)의 우변을 모든 주파수에 대해 적분하면 시간 t_0에서의 출력신호의 값이 된다.

$$x_0(t_0) = \int_{-\infty}^{\infty} X(f)H(f)e^{j2\pi f t_0}df \tag{5.59}$$

식 (5.59)의 제곱은 신호의 에너지 E_x가 된다.

$$E_x = \left| \int_{-\infty}^{\infty} X(f)H(f)e^{j2\pi f t_0}df \right|^2 \tag{5.60}$$

이제 필터 출력에서 잡음전력은 Parseval의 정리로부터 다음과 같이 주어진다.

$$N_0 = \int_{-\infty}^{\infty} N_i(f)|H(f)|^2 df \tag{5.61}$$

이제 SNR은 식 (5.62)와 같이 주어진다.

$$SNR_0 = \frac{\left| \int_{-\infty}^{\infty} X(f)H(f)e^{j2\pi f t_0}df \right|^2}{\int_{-\infty}^{\infty} N_i(f)\,|\,H(f)\,|^2 df} \tag{5.62}$$

위의 식을 최대로 하는 $H(f)$를 구하는 것이 정합필터의 목적이므로 무선통신 수신기의 정합 필터를 구한 것과 동일하게 Schwartz 부등식을 적용한다.

$$\frac{\left| \int_{-\infty}^{\infty} X(f)Y(f)df \right|^2}{\left| \int_{-\infty}^{\infty} |\,X(f)\,|^2 df \right|} \le \left| \int_{-\infty}^{\infty} |\,Y(f)\,|^2 df \right| \tag{5.63}$$

식 (5.63)의 부등식에서 등호가 되는 경우는 임의의 상수 K에 대하여 다음이 성립할 때이다.

$$X(f) = KY^*(f) \tag{5.64}$$

이제 식 (5.64)에서 $X(f)$와 $Y(f)$를 다음과 같이 정의하고 식 (5.63)에 적용하면 정합필터의 특성을 구할 수 있다.

$$\begin{aligned} X(f) &= \sqrt{N_i(f)}\, H(f) \\ Y(f) &= \frac{1}{\sqrt{N_i(f)}} X(f) e^{j2\pi f t_0} \end{aligned} \tag{5.65}$$

이제 정합필터의 전달함수가 다음과 같을 때 SNR이 최대가 된다.

$$H(f) = K\frac{X^*(f)}{N_i(f)} e^{-j2\pi f t_0} \tag{5.66}$$

식 (5.66)은 식 (5.67)과 같이 표현할 수 있다.

$$X(f)H(f)e^{j2\pi f t_0} = K\frac{|X(f)|^2}{N_i(f)} \tag{5.67}$$

만일 잡음 $n(t)$가 백색잡음(white noise)로서 $N_i(f) = N_0/2$인 경우, 상수 K를 $K = N_0/2$라 하면 출력 SNR을 최대로 하는 정합필터의 임펄스 응답은 다음과 같이 주어진다.

$$H(f) = X^*(f)e^{-j2\pi f t_0} \tag{5.68}$$

$$h(t) = x^*(t_0 - t) \tag{5.69}$$

따라서 $t = t_0$ 에서 정합필터를 통과한 후의 최대 SNR은 다음과 같다.

$$SNR_{\max}(t_0) = \frac{E_x}{N_0/2} = \frac{2E_x}{N_0} \tag{5.70}$$

이제 레이다 시스템이 유한한 에너지신호 $x(t)$를 사용한다고 하고, 수신기에 정합필터가 사용된다고 할 때 입력신호와 정합필터의 출력신호는 다음과 같이 쓸 수 있다.

$$x_i(t) = x(t - t_0) + n(t) \tag{5.71}$$

$$y(t) = \int_{-\infty}^{\infty} x_i(u)h(t-u)du \tag{5.72}$$

식 (5.69)를 식 (5.72)에 대입하면 다음과 같이 주어진다.

$$y(t) = \int_{-\infty}^{\infty} x_i(u)x^*(t-t_0+u)du = R_{x_i x}(t-t_0) \tag{5.73}$$

여기서 $R_{x_i x}(t-t_0)$는 $x_i(t)$와 $x(t_0-t)$의 상호상관이다. 따라서 정합필터의 출력은 레이다 입력신호와 송신된 파형의 지연된 복제신호 사이의 상호상관으로 볼 수 있다[17].

【그림 5.38】은 하나의 레이다 펄스에 대한 정합필터를 구한 예를 보여준다. 시간지연 t_0에서 정합필터의 출력이 최대값을 갖는 것을 알 수 있다. 이제 레이다 수신기는 수신기 출력의 최대값에 해당하는 시간지연 값을 이용해 목표물까지의 거리를 계산하게 된다.

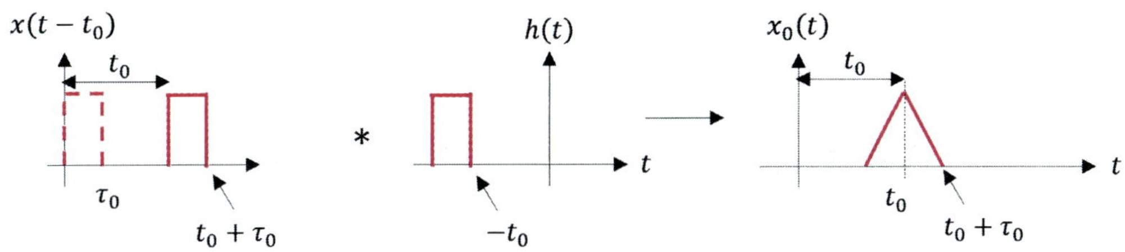

▌그림 5.38▌ 레이다 정합필터의 예

예제 5-18 레이다 정합필터의 유도와 무선통신의 정합필터의 유도가 동일함을 확인하시오.

풀이 무선통신과 레이다의 정합필터 차이는 시간지연이 포함되는 것 이외에는 동일하다. 이를 통해 무선통신과 레이다의 정합필터가 시간지연 t_0를 강조한 것 이외에는 같은 개념임을 알 수 있다.

5.4.2 잡음환경 하에서 레이다 수신기의 성능

디지털 무선통신 수신기가 잡음환경에서의 수신성능을 분석한 것과 마찬가지로 잡음 환경 하에서 레이다 수신기의 성능을 분석할 수 있다. 단, 디지털 무선통신 수신기는 1에 해당하는 심볼이 전송되었는지 '0'에 해당하는 심볼이 전송되었는지만 판단하는 것과 유사하게 레이다 수

17) 무선통신 수신기 학습에서도 정합필터의 결과와 상관기의 결과가 동일하였다. 이는 레이다에서도 마찬가지임을 알 수 있다.

신기는 목표물을 정확히 탐지하는지 여부를 파악해야 한다.【그림 5.39】에 각 레이다 데이터의 각 샘플은 탐지 기준(Threshold)보다 높으면 탐지하고, 그 이하면 잡음으로 간주된다고 가정한다면, 목표물에 반사된 신호가 약하여 탐지 기준값보다 낮아서 탐지를 못하거나, 노이즈의 큰 스파크로 인해 오경보(False Alarm)이 발생할 수 있다. 탐지 확률은 P_d(Probability of detection)로 표현되며, 오경보확률은 P_{fa}로 표현한다. 이제 잡음환경에서 레이다의 목표물 탐지는 확률문제로 표현할 수 있고 이진 디지털 통신과 동일하게【그림 5.40】과 같이 SNR의 함수로 표현할 수 있음을 알 수 있다.

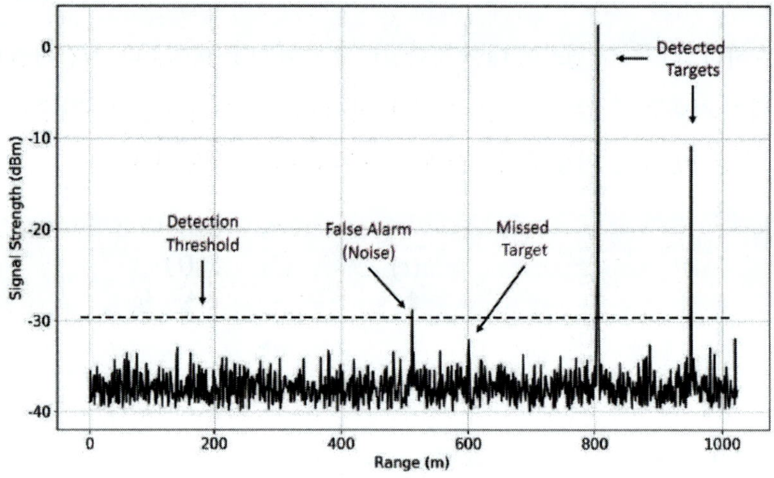

【그림 5.39】 레이다 탐지의 사례

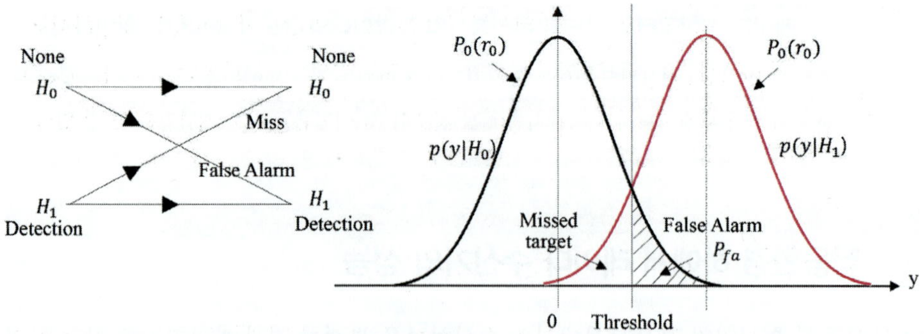

【그림 5.40】 잡음 환경에서 레이다 시스템의 성능

요약 이진 바이너리 무선통신과 레이다 수신기 모두 정합필터의 개념을 사용하고 AWGN 잡음 하에서 이진 확률문제로 변결할 수 있으므로 이론적인 해석 및 Monte Carlo 방법에 의해 컴퓨터 시뮬레이션이 가능하다.

5.4.3 펄스 레이다의 Ambiguity 함수

레이다 수신기에서 무선통신과는 다른 개념으로 **모호성 함수 (Ambiguity Function)**이 있다[18]. 예를 들어【그림 5.41】과 같이 펄스 레이다에서 모호성이 발생하는 것을 살펴보자. 송신펄스는 2개가 있고 2번째 펄스로부터 $\Delta t2$ 시간에 펄스가 수신되었다 그렇다면 이 펄스는 2번째 펄스가 목표물에 맞고 온 것이라고 보면 시간지지연은 $\Delta t2$이지만, 만약 첫 번째 펄스가 맞고 온 것이라고 본다면 시간지연은 $\Delta t1$이 된다. 이 경우 펄스간에 시간지연, 즉 거리측정에 모호성이 있다고 말할 수 있다. 또한, 펄스가 펄스폭을 가지고 있으므로 목표물의 정확한 위치가 $\Delta t2$를 기준으로 계산할지 $\Delta t2'$으로 계산할지 모호성이 있다고 말할 수 있다.

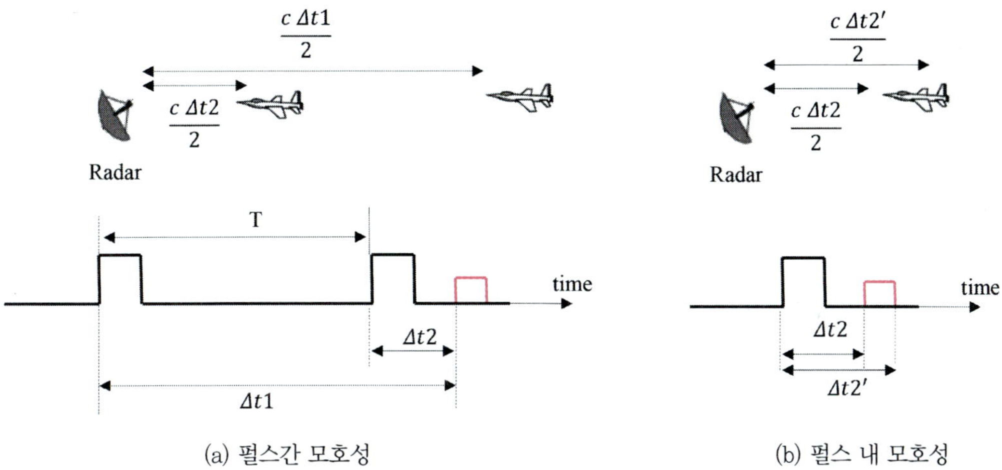

【그림 5.41】 펄스레이다에서 거리 모호성의 예

모호성 함수는 거리 측정에만 관련이 있는 것이 아니다. 예를 들어 펄스레이다를 향해서 목표물이【그림 5.42】와 같이 특정 속도로 다가온다고 하자. 이 경우 송신된 펄스의 상승엣지시간과 수신된 펄스의 상승엣지시간 사이의 시간차와 송신된 펄스의 하강엣지시간과 수신된 하강엣지시간 사이의 시간차는 달라질 것이다. 즉 펄스레이다는 거리뿐만 아니라 속도에 따른 모호성도 동시에 가지고 있다.

18) 디지털 무선통신에서도 위상변조할 경우 위상이 2π마다 반복되는 위상 모호성(phase ambiguity)가 존재하지만 모뎀 구현시 쉽게 해결할 수 있으므로 레이다만큼 크게 문제삼지는 않는다.

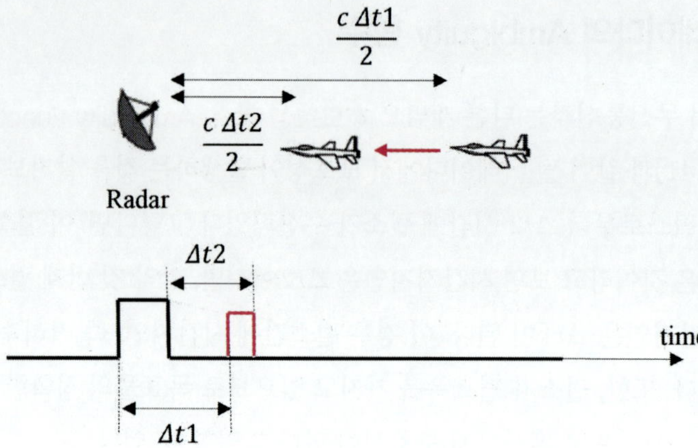

❚ 그림 5.42 ❚ 펄스레이다에서 속도 모호성의 예

이와 같이 펄스레이다가 거리 측정과 속도 측정을 같이 할 때 두 측정의 관계를 설명할 수 있는 개념이 필요한데 이를 모호성 함수라고 한다. 모호성 함수의 정의는 레이다의 속도 측정과 관련된 도플러 주파수 f_d와 거리 측정과 관련된 시간지연 τ 사이의 관계를 보여주는 것으로 식 (5.74)와 같이 정의된다. 즉, 모호성 함수는 도플러 주파수와 시간 지연의 2변수 함수가 되며 $(\tau, f_d) = (0,0)$에서의 값은 이상적인 정합필터의 출력이 된다. 만약 모호성 함수가 $(\tau, f_d) = (0,0)$ 이외의 지점에서 값을 갖는다면 목표물에 모호성이 있는 것이다. 모호성 함수의 정의식은 다음과 같다.

$$\chi(\tau; f_d) = \int_{-\infty}^{\infty} x(t)x(t-\tau)e^{j2\pi f_d t}dt \qquad (5.74)$$

실제 모호성 함수를 그림으로 그릴 때는 $|\chi(\tau, f_d)|^2$를 그리게 되는데 식 (5.75)와 같다.

$$|\chi(\tau; f_d)|^2 = \left| \int_{-\infty}^{\infty} x(t)x(t-\tau)e^{j2\pi f_d t}dt \right|^2 \qquad (5.75)$$

레이다 모호성 함수로부터 레이다에서 사용된 다양한 송신 파형들 간의 성능 비교가 가능하다. 【그림 5.43】은 모호성이 전혀 없는 이상적인 Ambiguity 함수를 보여준다. 만약에 모호성이 있다면 원점의 크기가 작아지고 그 만큼 다른 지점에서 0이 아닌 값이 나타나게 된다.

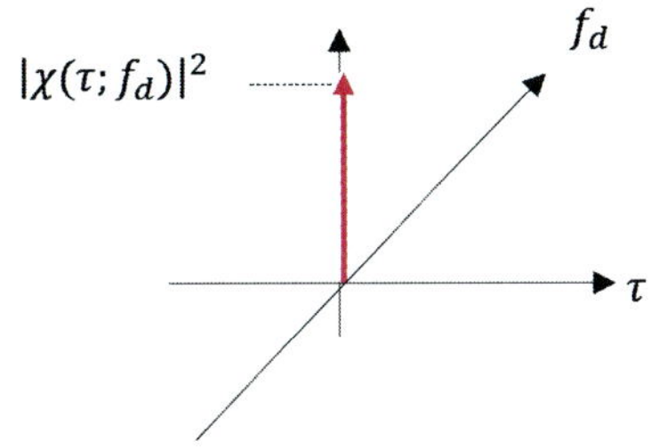

【그림 5.43】 이상적인 Ambiguity 함수

이러한 Ambiguity 함수는 다음과 같은 특성을 갖는다.

> **요약**
> Ambiguity 함수는 다음과 같은 특성을 갖는다.
> ① 원점에서 최대값을 갖는다.
> ② Ambiguity 함수는 원점에 대해서 대칭이 된다.
> ③ Ambiguity 함수의 크기는 $4E_x^2$이 된다.

레이다 모호성 함수의 예를 보기 위하여 펄스 레이다를 예를 들어보자. 1장에서 학습한 펄스레이다의 PRF가 10kHz(주기는 100usec)이고 대역폭이 1MHz(펄스폭은 1usec)라고 하면 이 레이다는 150m의 거리 분해능을 가지며, 최대 거리 측정이 15km가 된다. Ambiguity 함수는 2변수 함수이므로 쉽게 이해하기 위하여 먼저 도플러 주파수가 0인 경우를 보자. 【그림 5.42】에서처럼 도플러 주파수가 0인 경우, 즉 목표물이 정지해 있는 경우의 Ambiguity함수 $|\chi(\tau,0)|^2$는 구형파 파형의 자기상관함수의 모양이 되며 자기상관함수가 ±1usec 안에만 값을 가지고 그 이후에는 0이 되므로 2개의 목표물이 적어도 시간지연이 1usec 이상 발생해야 모호성이 없다는 의미가 된다. 즉, 이 펄스 레이다는 목표물이 적어도 150m 이상 떨어져 있으면 모호성이 사라지고, 150m 이하라면 모호성이 발생한다는 의미가 된다. 다음으로 시간지연이 0인 경우, 즉 2개의 목표물이 같은 거리에 있다고 할 때 $|\chi(0,f_d)|^2$는 sinc함수의 형태가 된다. 즉, 두 개의 목표물이 속도의 차이가 도플러 주파수가 1MHz 차이가 난다면 속도가 150m/sec이므로 펄스가 상승엣지와 하강엣지가 일치하여 모호성이 사라질 수 있다는 것을 의미한다. 그 외 지점에서는 도플러주파수와 거리 모호성이 동시에 발생한다.

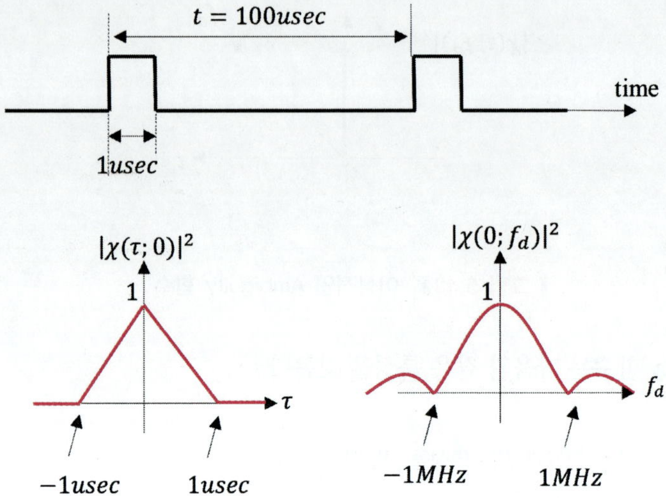

▌그림 5.44▌ 펄스 레이다의 Ambiguity 함수의 예

예제 5-19 **입력신호가 하나의 펄스만을 가질 때 즉,** $x(t)=\frac{1}{\sqrt{\tau_0}}\Pi\left(\frac{t}{\tau_0}\right)$**일 때** ambiguity **함수를 구하시오.**

풀이 ambiguity 함수의 정의에 대입하면 다음과 같이 주어진다.

$$\chi(\tau,f_d)=\int_{-\infty}^{\infty}\frac{1}{\sqrt{\tau_0}}\Pi\left(\frac{t}{\tau_0}\right)\frac{1}{\sqrt{\tau_0}}\Pi\left(\frac{t-\tau}{\tau_0}\right)e^{j2\pi f_d t}dt$$

$$\chi(\tau,f_d)=\begin{cases}\frac{1}{\tau_0}\int_{-\frac{\tau_0}{2}}^{\frac{\tau_0}{2}-\tau}\Pi\left(\frac{t}{\tau_0}\right)\Pi\left(\frac{t-\tau}{\tau_0}\right)e^{j2\pi f_d t}dt & \tau>0\\ \frac{1}{\tau_0}\int_{-\frac{\tau_0}{2}-\tau}^{\frac{\tau_0}{2}}\Pi\left(\frac{t}{\tau_0}\right)\Pi\left(\frac{t-\tau}{\tau_0}\right)e^{j2\pi f_d t}dt & \tau<0\end{cases}$$

$$|\chi(\tau,f_d)|^2=\left|\left(1-\frac{\tau}{\tau_0}\right)\frac{\sin(\pi f_d(\tau_0-|\tau|))}{\pi f_d(\tau_0-|\tau|)}\right|^2 \qquad |\tau|\le\tau_0$$

이제 도플러 주파수가 영인 경우($f_d=0$)는 다음과 같다.

$$|\chi(\tau,0)|^2=\left(1-\frac{|\tau|^2}{\tau_0}\right) \qquad |\tau|\le\tau_0$$

다음으로 시간지연이 없는 경우($\tau=0$)는 다음과 같다.

$$|\chi(0;f_d)|^2=\left|\frac{\sin(\pi\tau_0 f_d)}{\pi\tau_0 f_d}\right|^2$$

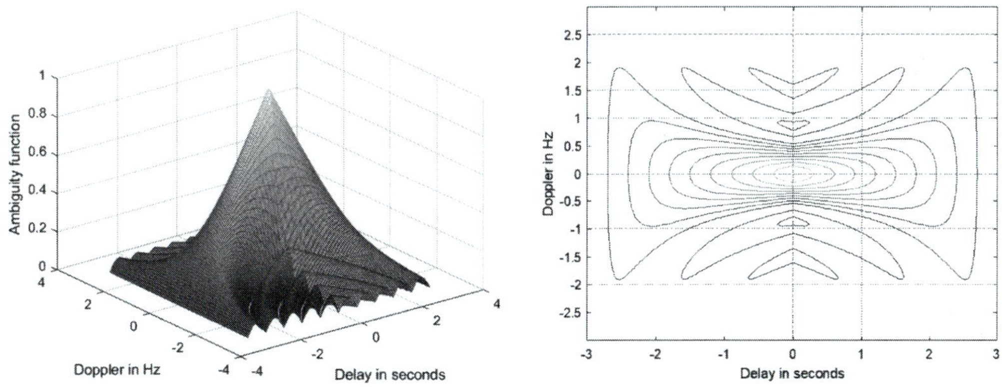

그림 5.45 펄스 레이다의 Ambiguity 함수의 예(예제 5-19)[19]

예제 5-20 (예제 5-19)로부터 펄스폭 $\tau_0 = 1$인 경우 MATLAB 프로그램으로 Ambiguity 함수의 그림을 그리시오.

```
eps = 0.00000001;
taup = 1;
[x] = single_pulse_ambg (taup);
taux = linspace(-3*taup,3*taup, size(x,1));
fdy = linspace(-3/taup+eps,3/taup-eps, size(x,1));
mesh(taux,fdy,x);
xlabel ('Delay in seconds');
ylabel ('Doppler in Hz');
zlabel ('Ambiguity function')
figure(2)
contour(taux,fdy,x);
xlabel ('Delay in seconds');
ylabel ('Doppler in Hz'); grid
figure(3)
fd = -3./taup:.001:3./taup;
uncer = abs( sinc(taup .* fd));
plot (fd, uncer,'k','linewidth',1);
xlabel ('Frequency - Hz')
ylabel ('Ambiguity - Volts')
grid
```

19) 【그림 5.44】와 【그림 5.45】는 동일한 결과를 보연준다. 단, MATLAB 예제에서 펄스폭을 1초로 하였으므로 단위에서 10^6배 차이가 난다는 것에 주의해야 한다.

```
function [x] = single_pulse_ambg (taup)
% Computes the ambiguity of a single pulse Inputs
% taup == pulsewidth in seconds
% x == ambiguity surface array
eps = 0.000001;
i = 0;
del = 2*taup/150;
for tau = -taup:del:taup
i = i + 1;
j = 0;
fd = linspace(-5/taup,5/taup,151);
val1 = 1. - abs(tau) / taup;
val2 = pi * taup .* (1.0 - abs(tau) / taup) .* fd;
x(:,i) = abs( val1 .* sin(val2+eps)./(val2+eps));
end
```

5.5 디지털화된 신호의 처리

앞에서 무선통신과 레이다의 신호처리 과정을 살펴보았다. 이러한 신호처리 과정을 실제 구현할 때는 디지털 신호로 변환하여 컴퓨터에서 처리되므로 디지털화된 신호의 특성을 이해해야 한다. 아날로그 신호를 디지털 신호로 변환하기 위해서는 표본화(Sampling)와 양자화(Quantization) 과정이 필요하다. 아날로그 연속시간 신호는 표본화 과정을 거쳐서 이산시간(Discrete–time) 신호로 변환되고, 다시 양자화 과정을 거쳐 이산시간 디지털 신호로 변환된다[20]. 아날로그 신호를 이산시간 디지털 신호로 변환시켜주는 회로가 ADC(Analog–to–Digital Converter)라 하고 그 반대로 디지털 이산시간 신호를 아날로그 신호로 변환시켜주는 회로가 DAC(Digital–to–Analog Converter)라 한다.

ADC 회로의 동작

Nyquist의 샘플링이론(Sampling theory)에 의하면 어떤 조건 하에서 아날로그 신호를 일정한 주기로 샘플링하여도 원래의 신호가 가지고 있는 정보에 손실이 일어나지 않게 할 수 있다. 다시 말해서 이산 시간의 표본값들을 가지고 모든 시간 구간에서 원래의 아날로그 신

20) 이산시간 디지털 신호는 보통 디지털 신호로 줄여부른다.

호를 복원시키는 것이 가능하다. 이러한 샘플링이론이 적용되기 위해서는 샘플링할 신호의 대역폭이 한정되어 있어야 하며, 샘플링 속도를 신호가 가진 최고 주파수 성분의 2배 이상으로 해야 한다는 것이다[21].

먼저, 어떤 실수신호 $x(t)$가 최대 주파수 대역폭이 B[Hz]라고 가정하자. 이 신호를 일정한 시간 간격으로 표본화하는데, 샘플링 속도를 2B 이상(예를 들어 100Hz라면, 초당 200번 샘플링)으로 한다면 그 표본 값들로부터 원래 신호 $x(t)$를 왜곡 없이 복원시킬 수 있다. 이 주파수, 즉 최대 주파수의 두 배 주파수를 나이퀴스트율(Nyquist rate)이라고 한다. 만일 Nyquist 율보다 낮은 주파수로 샘플링하면 주파수 상에서 에일리어싱(Aliasing)이라고 하는 현상이 발생하여 신호를 복구할 때 왜곡이 생기게 된다. 다음【그림 5.46】은 Aliasing이 발생하여 신호가 왜곡되는 예를 보여준다.

> **요약**
> 영화를 볼 때 자동차 바퀴나 헬리콥터의 프로펠러가 아주 느리게 반대로 가는 것처럼 보이는데 이 현상이 Aliasing의 대표적인 예이다. 헬리콥터의 프로펠러 속도가 영화의 화면 샘플링 속도인 초당 24프레임보다 빠르게 돌아가기 때문에 생긴다.

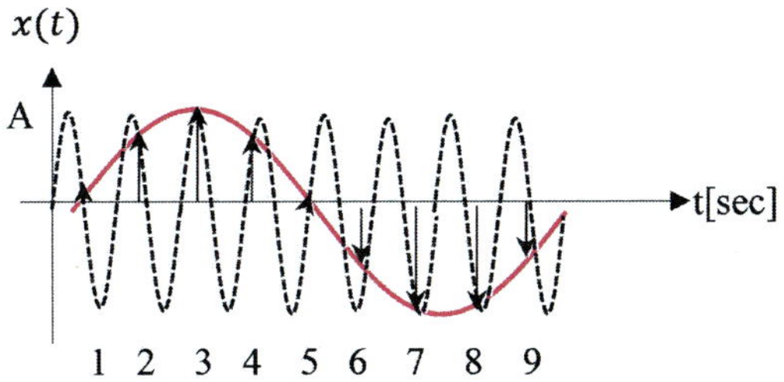

【그림 5.46】 Aliasing의 사례

【그림 5.46】에서 원래 신호의 주파수는 1Hz 보다 높지만, 샘플링을 1Hz로 하였으므로 샘플링된 신호는 주파수가 원래 주파수보다 훨씬 낮은 저주파 신호로 표현됨을 확인할 수 있다. Aliasing된 주파수가 어떻게 변하는지는【그림 5.47】로 이해할 수 있다. 샘플링하기 전에 원래신호는 25Hz, 70Hz, 160Hz의 3가지 주파수 성분을 가지고 있다고 가정하자. 그런데 샘플링주파수를 100Hz로 한다면, 25Hz의 경우는 샘플링 주파수의 1/4이므로 샘플링하여도 신호의 특성을 제대로 표현할 수 있으나, 70Hz 성분은 30Hz에, 160Hz 성분은 40Hz에 aliasing되어 잘 못 표현된다는 것을 알 수 있다. 즉, Nyquist 샘플링 주파수의 1/2보다 큰 주

21) 이 경우 신호는 실수신호를 가정한다. 만약 복소수신호를 사용한다면 최대주파수와 1배로 샘플링 주파수를 정할 수 있다.

파수 성분은 다른 주파수 성분으로 Aliasing되므로 샘플링해서는 안된다.

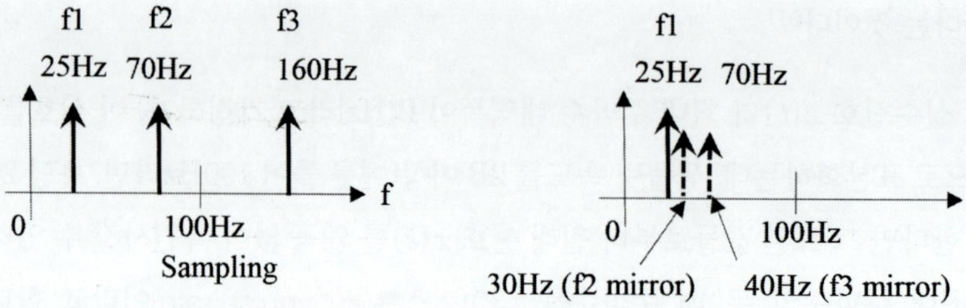

▌그림 5.47▌ Aliasing의 주파수 측면의 예

샘플링하려는 신호가 샘플링주파수의 1/2보다 크다면 Aliasing이 발생하여 신호가 왜곡되므로 이를 막기 위해서는 ADC 앞 단에 anti−aliasing 필터를 삽입하여 샘플링주파수의 1/2보다 큰 신호가 ADC에 입력되지 못하게 하여야 한다. anti−aliasing 필터는 기본적으로 저역통과필터이며 샘플링 주파수의 1/2보다 높은 주파수 성분을 제거하는 역할을 한다. 기본적으로 anti−aliasing 필터는 통과대역에서는 일정한 주파수 응답을, 차단주파수 대역에서는 급격한 cut−off 특성을 갖도록 설계하여야 한다. 일반적으로 Butterworth 필터, Chebyshev 필터, Bessel 필터 등을 사용하여 설계한다.

ADC 회로에 의해 샘플링된 아날로그 신호가 디지털로 변환되는 과정을 양자화(Quantization)라고 부르게 되며 양자화 과정에는 잡음과 양자화 에러가 발생하게 된다. 예를 들면 8비트로 양자화를 하게 되면 디지털 신호의 불연속성에 기인하여 각 비트별 부정확성이 발생하게 된다. 8비트 ADC인 경우 비트 간 간격은 1/128이며, 이 값은 0.0078125이다. 그러므로 실제 아날로그 신호 값이 0.5030인 경우 가장 가까운 8비트 표현 값은 0.5000000이며 16진 표시로 0x40이 된다. 이 경우 에러는 0.00300이 된다. 결론적으로 아날로그 신호는 AD 변환 과정에서 양자화 에러가 발생하며 그 양자화 에러는

$$\text{SNR(dB)} = 6.02 \times (\text{AD변환기 비트수}) + 1.76 \tag{5.76}$$

이 된다. 식 (5.76)에 의하여 ADC의 변환 비트가 하나 증가할 때마다 SNR이 6 dB 개선된다는 것을 알 수 있다. 그러므로 사용 용도에 맞게 ADC의 비트 수를 정하고 그에 따라 적절한 ADC를 선정해야 한다[22].

22) 일반적으로 저가의 마이컴에 사용되는 ATmega128의 ADC는 10bit 양자화이며, CD음질의 경우 16bit양자화를 사용한다. 그 이상의 고해상도 양자화를 하는 ADC는 가격이 비싸다.

표 5.2 양자화 오차의 예

Signal Level	가장 가까운 8 bit 값	16진 표기	실제 에러	에러 백분율
0.5030000	0.5000000	0x40	0.0030000	0.5960000
0.5030000	0.5078125	0x41	−0.0048128	0.9570000
0.0503000	0.0468750	0x06	0.0034250	6.8090000
0.0503000	0.0546875	0x07	−0.0043875	8.7220000

샘플링(Sampling)의 수식 표현

어떤 신호 $x(t)$의 샘플링된 신호 $x_s(t)$를 표현하는 방법은 $t = nT_s$(여기서 T_s는 샘플링 주기)에서의 신호값 $x(nT_s)$을 가중치로 갖는 임펄스열로 표현하는 것이다. 이때 delta함수의 특성을 이용하여 표현하면 식 (5.77)과 같이 쓸 수 있다.

$$x_s(t) = \sum_{n=-\infty}^{\infty} x(nT_s)\delta(t-nT_s) \tag{5.77}$$

식 (5.77)의 다른 표현으로는 식 (5.78)과 같이 신호 $x(t)$와 주기가 T_s인 무한대의 임펄스열 ($\sum_{n=-\infty}^{\infty} \delta(t-nT_s)$)의 곱으로 표현할 수 있다.

$$x_s(t) = x(t) \sum_{n=-\infty}^{\infty} \delta(t-nT_s) \tag{5.78}$$

이제 식 (5.78)을 Fourier 변환하여 주파수영역에서 살펴보자. 시간영역에서 곱셈은 주파수영역에서 컨벌루션이므로 식 (5.78)은 주파수영역영역에서 식 (5.79)로 변환된다.

$$X_s(f) = X(f) * f_s \sum_{n=-\infty}^{\infty} \delta(f-nf_s) \tag{5.79}$$

식 (5.78)과 식 (5.79)를 그림으로 표현하면 각각【그림 5.48】및【그림 5.49】와 같다. 그림에서 신호 $x(t)$의 최대대역폭이 B [Hz]인 실수신호라고 가정한다. 이 신호를 주파수영역에서 표현하면 대칭모양을 갖는 $X(f)$가 된다 만약 $f_s = 1/T_s$ 주파수로 샘플링하고, $f_s > 2B$ 이 조건을 만족한다면 샘플링된 신호의 시간영역 표현은 신호와 임펄스열의 곱이므로 이산신호가 된다. 주파수영역에서는 시간영역에서의 곱샘이 주파수 영역에서는 컨볼루션이 되므로 스펙트럼 $X_s(f)$는 주파수영역에서 주기를 갖는 연속함수가 된다. 따라서 Nyquist 샘플링 이론에 의하면 신호의 최대주파수의 2배 이상으로 샘플링하면 아날로그 신호를 이산 신호로 Aliasing 없이 변환할 수 있음을 알 수 있다.

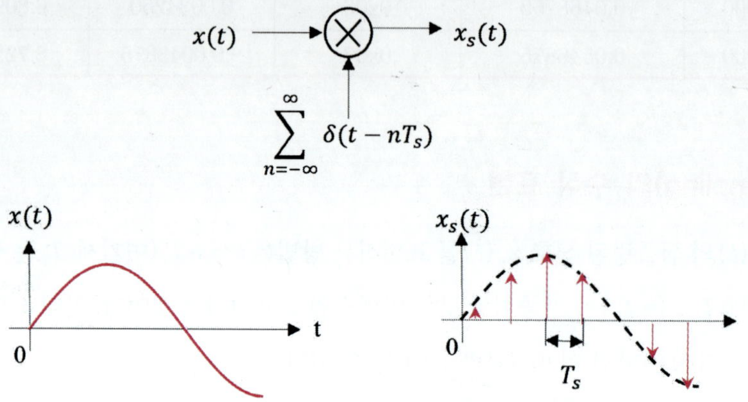

【그림 5.48】 샘플링의 시간영역 표현

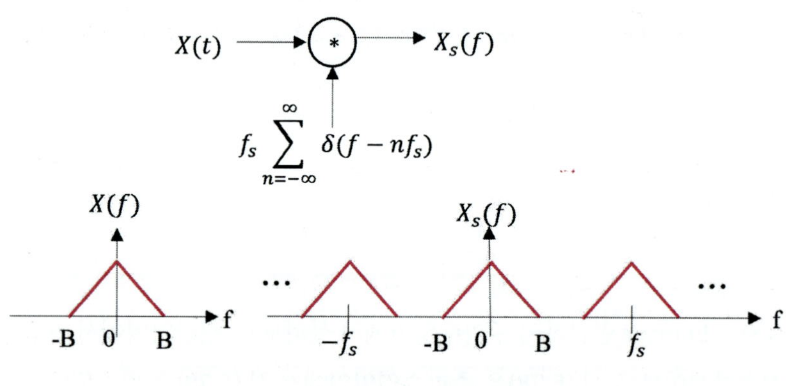

【그림 5.49】 샘플링의 주파수영역 표현

5.5.1 샘플링 시 실제 고려사항

앞에서 신호의 디지털표현에 대한 이론을 살펴보았다. 이는 이론일 뿐 실제 응용에서는 다양한 측면을 고려하여 샘플링 주파수를 결정해야 한다. 먼저【그림 5.50(a)】와 같이 정현파를 Nyquist 기준으로 샘플링하는 경우를 가정해보자. 얼핏보면 Nyquist 기준의 샘플링이 신호를 적절히 샘플링한 것으로 보이나, 만약 샘플링 시간이 최대값과 최소값이 아니라 90° 앞서게 된다면 디지털 표현된 신호는 크기가 0인 신호로 보일 것이다. 이를 막기 위하여【그림 5.50(b)】

와 같이 Nyquist 기준의 2배로 샘플링한 경우에도 정현파와 삼각파를 구분할 수 없다. 어느 정도 신호 파형을 유지하기 위해서는【그림 5.50(c)】와 같이 Nyquist 기준의 4배 이상 샘플링해야 한다. 즉, 아날로그 신호의 파형을 어느 정도 정확히 모델링해야 하느냐에 따라 샘플링 주파수가 결정된다[23]. 하지만 샘플링 주파수가 높으면 초당 처리해야 할 데이터의 양이 많아지므로 데이터를 저장할 메모리 공간이 많이 필요해진다. 따라서 하드웨어를 고려하면 샘플링주파수는 낮을수록 좋고, 신호의 충실한 복원을 위해서는 샘플링 주파수가 높을수록 좋으므로 적절한 트레이드오프가 필요하다.

샘플링 주파수 선정 시 고려사항

1) 사용하는 신호의 특성에 따라 oversampling할 필요가 있다.
2) 사용하는 ADC의 샘플링 속도를 넘을 수 없다.
3) 샘플링 주파수가 높아지면 처리할 데이터가 많아지므로 실시간 데이터를 저장할 메모리 공간과 주변 회로를 고려해야 한다.
4) Anti-aliasing 필터를 이용하여 Aliasing을 최소화할 수 있다.

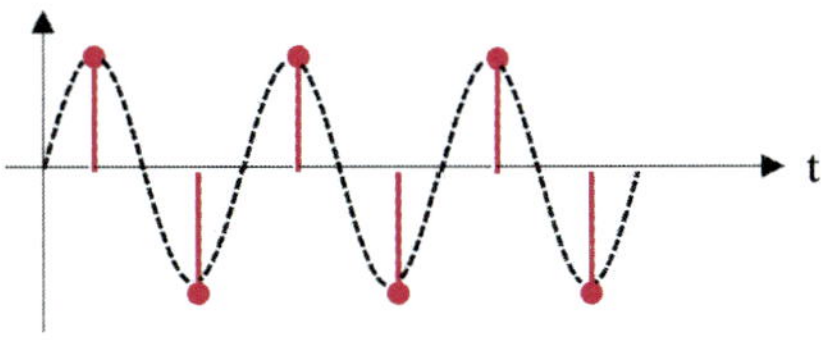

(a) Nyquist 기준

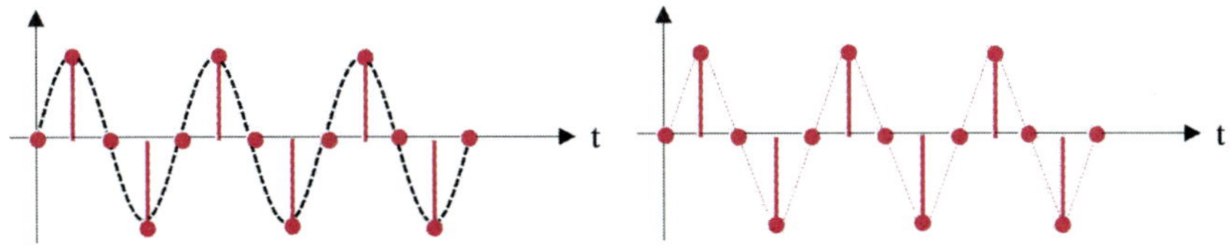

(b) Nyquist 기준의 2배 샘플링인 경우

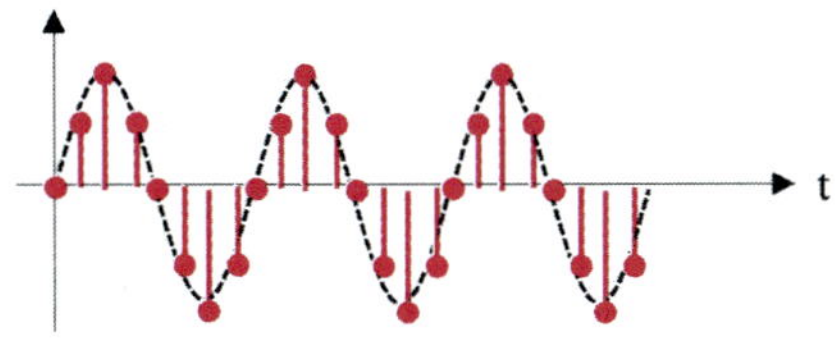

(c) Nyquist 기준의 4배 샘플링인 경우

그림 5.50 Nyquist 샘플링과 오버샘플링

23) 샘플링 이론은 기본적으로 정현파를 가정한 것이다. 보통 정현파 이외의 파형은 기본주파수의 하모닉 성분이 섞여 있는 것으로 볼 수 있으므로 신호를 충실하게 재생하려면 어느 정도 오버샘플링이 필요하다. 보통 신호의 파형을 보기 위해서 분석할 기본 주파수의 10배 이상의 오버샘플링하는 경우도 있다.

5.5.2 Fourier 변환 시 고려사항

이제 기저대역 신호의 예로 크기가 1이고 주파수가 1kHz인 정현파 신호를 디지털로 표현해보고 이 전력을 시간영역과 주파수영역에서 계산해보자. 이 신호의 전력은 시간영역이나 주파수영역 모두에서 0.5의 값을 갖는다. 이를 이산 신호로 표현하고 컴퓨터로 계산해보자 먼저 샘플링 주파수를 10,240Hz로 하고, 시간은 0.1초의 시간 구간 동안 디지털신호를 만든다. 먼저 시간영역에서 전력을 구하기 위해 1024개의 데이터를 10개씩 묶어서 전력을 계산해보면 그 결과는【그림 5.51】과 같다. 그림에서 보는 바와 같이 데이터가 많을수록 0.5로 수렴하지만 정확히는 0.5가 되지 않음을 알 수 있다. 그 이유는 데이터의 개수가 신호의 주기와 정확하게 일치하지 않기 때문이다.

예제 5-21 **크기가 1이고 주파수가 1kHz인 정현파 신호의 전력을 시간영역에서 구해보자. 신호는 0.1초 동안 존재한다고 가정한다.**

풀이 크기가 1이고 주파수가 1kHz인 정현파 신호의 전력을 시간영역에서 구해보자. 신호는 0.1초 동안 존재한다고 가정한다.

```
fc=1e3;   fs=10240;
Ts=1/fs;   T_max=0.1;
t=0:1/fs:(T_max-1/fs);            %1024 time data
x=sin(2*pi*fc*t);
pow_t=0;                          % Initial power
for j=1:1000,                     % 10개씩 data를 늘려가면서 실행
  N=j*10;
  for i=1:N,                      % power calculation
      pow_t=pow_t+x(i).^2;
  end
  pow_t=pow_t/N;                  %
  pow_cal(j)=pow_t;               % 10번째 마다 값 확인
end
step=10:10:10000
plot(step, pow_cal);axis([0,1000,0.45,0.55]);
xlabel('Iteration');   ylabel('Amplitude');
```

주파수가 1kHz인 신호를 10,240Hz로 샘플링하였으므로 신호의 1주기가 정확히 10개의 데이터가 되지 않는다. 또한, 샘플링 시간외에 시간은 전력계산에 포함되지 않는다.【그림 5.52】는 샘플링된 10개의 데이터를 보여준다. 샘플 시간이 정확히 정수로 떨어지지 않기 때문에 10개 데이터가 하나의 주기를 완벽하게 나타내지 못하고 있음을 알 수 있다. 이러한 원인은 시간영

역에서의 전력값의 미소한 차이를 나타낸다.

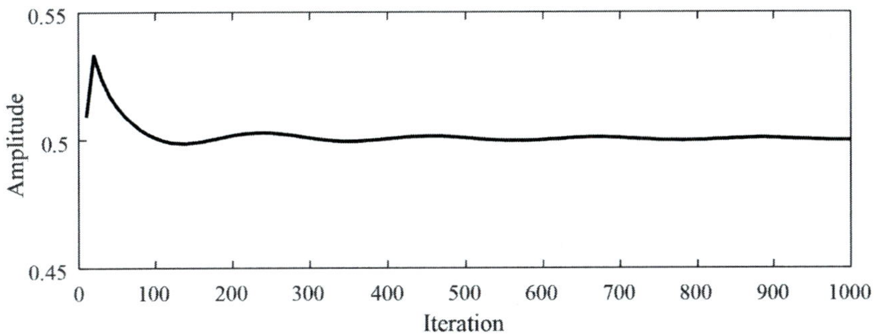

그림 5.51 시간영역 데이터 개수에 따른 시간영역 전력계산 결과

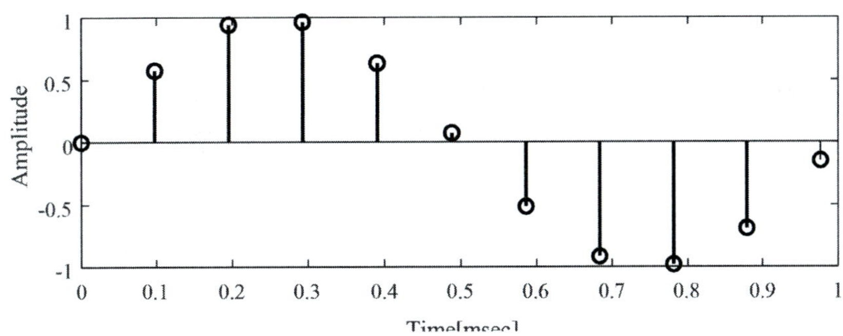

그림 5.52 시간영역 데이터 수에 따른 전력계산 결과

예제 5-22 **(예제 5-21)에서 시간영역 데이터 수에 따른 전력계산이 정확히 0.5가 되려면 어떻게 해야 하는가?**

풀이 전력을 계산할 시간영역 데이터는 정현파의 한 주기가 되어야 하며, 한 주기에 샘플링 수를 늘려야 한다. 이때 데이터의 수가 늘어나지 않도록 주의해야 한다.

예) Sampling 주파수 = 100kHz (한 주기당 데이터 100개)

한 주기인 100개만 이용하여 전력 계산하면 정확히 0.5가 된다.

```
fc=1e3;   fs=100000;
Ts=1/fs;  T_max=0.001;
t=0:1/fs:(T_max-1/fs);          %1024 time data
x=sin(2*pi*fc*t);
pow_t=0;                        % Initial power
for i=1:length(x),              % 10개씩 data를 늘려가면서 실행
   pow_t=pow_t+x(i).^2;
end
pow_t=pow_t/length(x);
```

다음으로 주파수 영역에서 전력을 구해보자. MATLAB에서는 Fourier 변환을 빠르게 하기 위해서 FFT(Fast Fourier Transform)를 사용한다. FFT는 속도가 빠른 대신에 다음 사항들을 고려해서 적절히 사용해야 한다[24].

MATLAB에서 FFT 계산 시 고려사항

1) 한 번에 FFT를 하는 데이터의 수(Nfft)는 2N개(=2,4,8,16,64,128,256,512,1024, 2048, 4096)개의 데이터가 필요하다.
2) fft 함수와 함께 fftshit 함수를 진행하여 0Hz를 중심으로 대칭으로 만든다.
3) 크기는 Nfft로 나누어주어야 한다.
4) fft함수는 x축을 출력하지 않으므로 주파수 축의 변수를 만들어야 한다. 이때 주파수 간격은 $-f_s/2$ 부터 $+f_s/2$가 된다.
5) 주파수 분해능을 고려해서 FFT 수를 결정한다. .

이제 예제 (5.21)에서 사용된 시간영역 신호를 FFT 취해보자. 데이터의 개수는 1,024개의 시간 데이터가 되므로 최대 1024 point FFT를 취할 수 있다. Fourier 변환 시 한 번에 처리할 데이터의 개수는 주파수 분해능(주파수를 표현할 수 있는 주파수)을 나타내므로 해석하려는 신호의 주파수가 주파수 분해능에 정확히 일치해야 한다.【그림 5.53】은 한 번에 FFT하는 데이터 수가 128인 경우와 256인 경우의 전력값을 보여준다. 샘플링 주파수가 10,240이므로 FFT 수가 128이면 주파수 분해능이 80Hz인 주파수 간격을 갖는다. 1kHz의 경우는 80Hz로 나누어지지 않으므로 하나의 주파수에서 정확한 전력값을 출력할 수 없다. 반면 FFT 수가 256이면 40Hz의 주파수 간격을 가지며, 1kHz의 경우는 40Hz로 나누어지므로 1kHz에 해당하는 신호의 출력이 0.5의 값을 보여줌을 알 수 있다. 이를 통해 컴퓨터로 시간영역과 주파수영역의 데이터를 구할 경우 시간영역과 주파수 영역에서 샘플링과 FFT 개수에 따라 신호를 정확히 시뮬레이션할 수 있는지 확인할 필요가 있음을 알 수 있다.

예제 5-23 **크기가 1이고 주파수가 1kHz인 정현파 신호의 전력을 주파수영역에서 구해보자.**

풀이 다음 MATLAB 프로그램을 이용한다. Nfft를 128인 경우와 256인 경우의 차이를 이해한다.

```
Nfft=128;
X=(1/Nfft)*fftshift(fft(x,Nfft));
f=((-Nfft/2):(Nfft/2)-1)/Nfft*fs;
stem(f,(abs(X)));
xlabel('Frequency  [Hz]');        ylabel('Amplitude');
```

24) 다양한 신호해석, 무선통신 모뎀 방식 중 OFDM 방식이나 FMCW 레이다의 거리, 속도, 방향 계산에 있어 FFT는 핵심적인 역할을 수행한다.

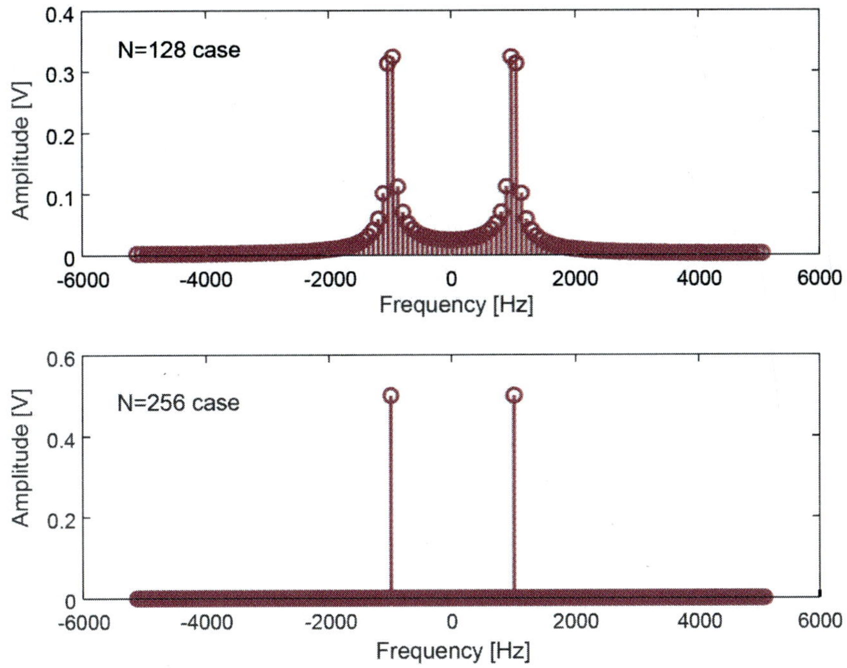

▌그림 5.53▌ FFT 수에 따른 해상도 차이

예제 5-24 **실수신호를 샘플링 주파수가 10,240Hz이고, 1024 FFT를 하는 경우 다음을 구하시오.**

(a) 최대 분석 주파수

(b) 주파수 분해능

(c) 분석할 주파수가 15Hz인 신호를 정확히 분석하기 위한 FFT의 수

풀이 (a) 최대주파수는 $f_s/2$이므로 5.12kHz까지 신호를 분석할 수 있다.

(b) −5.12kHz에서 +5.12kHz까지 1024개의 데이터를 보이므로 주파수 분해능은 10Hz가 된다.

(c) 1024 poit FFT는 15Hz를 정확히 표현할 수 없으나, 2048 point FFT를 사용하면 주파수 분해능이 5Hz이므로 분석이 가능하다.

이제 시간영역 데이터가 실시간적으로 입력되어 그 수가 많은 경우 Fourier 변환을 어떻게 하는지 알아보자. 보통 데이터 개수가 많은 경우 FFT의 포인트를 늘리지 않고, 정해진 FFT를 여러 번 수행하는 방법을 사용한다. 만약 실수데이터가 1초 시간 동안 존재하고 샘플링 주파수가 10,240Hz라고 가정하자. 사용할 FFT의 개수를 1,024 FFT를 취한다면 0.1초 마다 한 번씩 FFT를 취할 수 있다. 이 경우 FFT 취할 시간영역 데이터의 시작 부분과 끝 부분의 데이터에서 불연속이 발생하므로 고주파 잡음이 발생할 수 있다. 이를 없애기 위하여 적절히 데이터에 가

중치를 두는데 이러한 과정을 윈도우잉(Windowing)이라 하고 이러한 역할을 하는 필터를 윈도우 필터(Window filter)라 한다. 적절한 Window filter를 거친 후 1,024개의 연속된 세그먼트 별로 FFT를 취하게 된다[25]. 이러한 과정이 【그림 5.54】에 나타나 있다. 이렇게 세그먼트 별로 FFT를 취하는 것을 STFT(Short TIme Fourier Ttansform)이라고도 한다. STFT를 할 때는 Window size가 중요한데 이는 FFT의 수 외에도 window size에 따라 데이터의 주파수 분해능이 결정되기 때문이다.

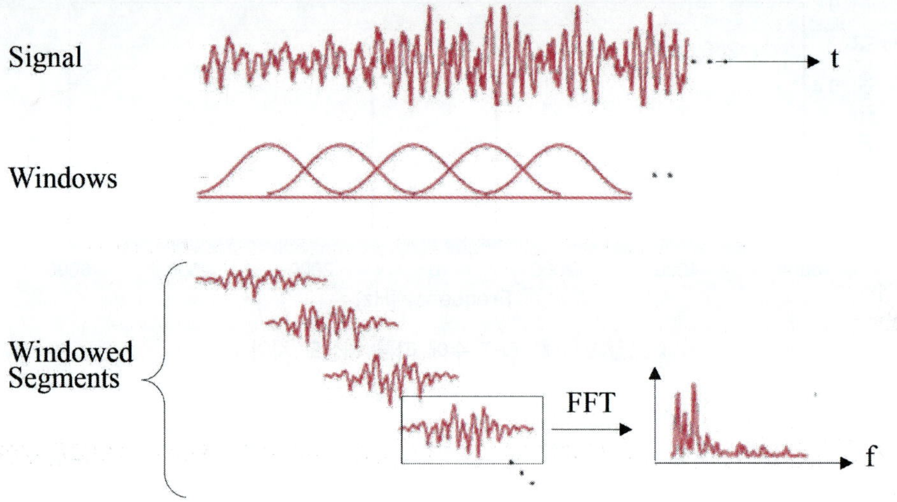

【그림 5.54】 연속적인 FFT 수행 과정

> **요약** 우리가 시간영역 데이터에 window를 취한다는 것은 무한대의 시구간에서 특정 시간구간의 유한한 시간영약 데이터만을 사용한다는 것을 의미한다. 수학적으로 시간영역 데이터에 구형파를 곱하고, 그 외의 데이터는 영으로 만다는 것을 의미한다. 이렇게 되면 주파수축에서는 구형파에 해당하는 주파수 특성이 나타나므로 주의해야 한다.

25) 음성, 사진, 영상 등 큰 규모의 시간영역 데이터를 FFT연산하는 과정의 학습은 디지털신호처리 수업을 참고하여야 한다. 무선통신과 레이다에서도 신호처리에서 사용하는 다양한 기법이 사용되므로 관련 학습이 필요하다.

예제 5-25 **96Hz와 128Hz의 두 sine 파를 FFT를 이용하여 주파수 해석하려고 할 때 window size의 크기에 따른 주파수 해상도를 시뮬레이션으로 확인하시오. 이때 샘플링 주파수는 1024Hz, FFT 수는 1024개로 하시오.**

풀이 다음 MATLAB 프로그램에서 T_max를 가변시키면서 확인하시오.

```
fc1=96;                        fc2=128;              fs=1024;
Ts=1/fs;  T_max=200e-3;        % 20msec -> 200msec
t=0:1/fs:(T_max-1/fs);         % time data
x1=sin(2*pi*fc1*t);
x2=sin(2*pi*fc2*t);
subplot(211)                   plot(t, x1, t, x2);
%axis([0,0.02,-1.2,1.2]);
xlabel('Time [sec]'); ylabel('Amplitude');
Nfft=1024;
x=x1+x2;
X=(1/Nfft)*fftshift(fft(x,Nfft));
f=((-Nfft/2):(Nfft/2)-1)/Nfft*fs;
subplot(212)                   stem(f, abs(X));
xlabel('Frequency [Hz]');      ylabel('Amplitude');
```

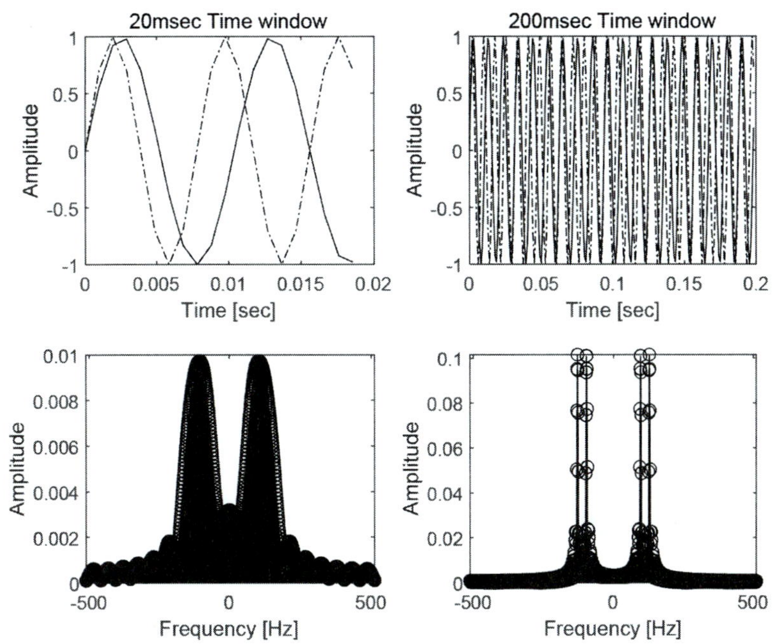

▌그림 5.55▌ (예제 5-25)의 결과: 왼쪽 20msec인 경우, 오른쪽 200msec인 경우

(예제 5-25)를 통해 나머지 파라미터가 동일할 때 시간영역 데이터가 너무 작으면 두 개의 신호가 구분되지 못함을 알았다. 그렇다면 내가 해석할 수 있는 정도의 시간영역 데이터의 수가 필요함을 알 수 있다[26). 【그림 5.56】에 window의 크기와 시간분해능 및 주파수 분해능의 관계를 보여준다. window 크기에 따라서도 주파수 분해능이 FFT의 수와 동일하게 작용하므로 둘 사이를 일치시키는 것이 보통이다.

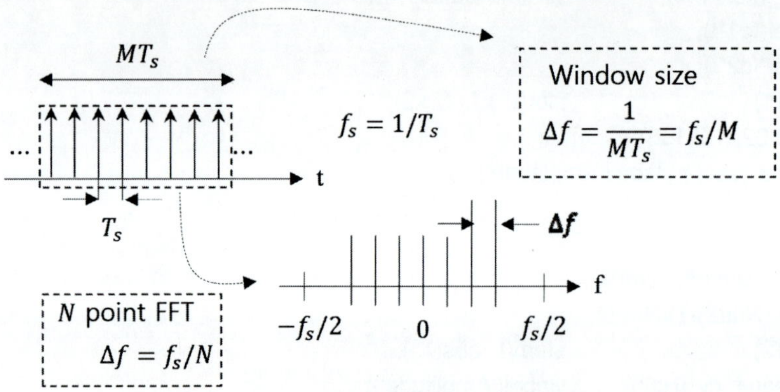

【그림 5.56】 시간분해능과 주파수 분해능의 관계

> **요약**
>
> 무선통신과 레이다에서 FFT를 이용할 때 고려사항
>
> 1) 분석하고자 하는 신호의 주파수에 따라 샘플링 주파수를 결정해야 한다. 즉 10MHz 실수 신호를 분석하려면 20MHz 샘플링 주파수가 필요하다. 하지만 정밀한 신호파형 분석이 필요한 경우 이보다 높은 오버샘플링이 필요하다.
> 2) FFT수 N은 2^N이 되도록 하고, FFT 수가 주파수 분해능을 결정하므로 분석하려는 신호가 요구하는 주파수의 해상도에 따라 결정해야 한다.
> 3) 샘플링 주파수가 높으면 초당 생성되는 데이터가 많으므로 데이터를 적당한 시간 간격으로 쪼개서 하나의 세그먼트 단위로 FFT를 수행해야 한다. 이때 적당한 window를 사용하여 분석하려는 신호에 왜곡이 생기지 않도록 해야 한다. window 크기가 너무 작으면 데이터의 수가 작아 신호의 특성을 보기 어렵고 너무 크면 데이터의 수가 많아 연산량이 길어진다. 따라서 FFT size와 widow size는 같도록 하는 것이 보통이다.

5.5.3 FMCW 레이다와 FFT

현재 레이다 방식 중에 가장 많이 사용되는 FMCW(Frequency Modulation Continuous Wave) 레이다의 구성은 【그림 5.57】과 같다. 수신기에서 주파수 하향변환한 후에 만들어지는

26) (예제 5-25)에서 windown sixe가 20msec일 때는 데이터 수가 20개, 200msec인 경우에는 데이터 수가 204개가 됨을 알 수 있다. window size가 작을 경우 두 신호는 합쳐져서 한 개의 피크로 보이게 된다.

중간주파수(IF) 신호를 ADC로 디지털신호로 만든 후 이를 FFT를 이용하여 주파수 성분을 찾고 이를 통해 거리를 센싱하는 방식을 사용한다. 따라서 이 경우 FFT를 어떻게 수행하는지에 따라 거리 측정 정확도가 계산된다. 따라서 먼저 FMCW 레이다의 동작원리에 대해 간단히 살펴보고 FFT를 이용한 레이다 신호처리에서 필요한 사항들을 살펴보자.

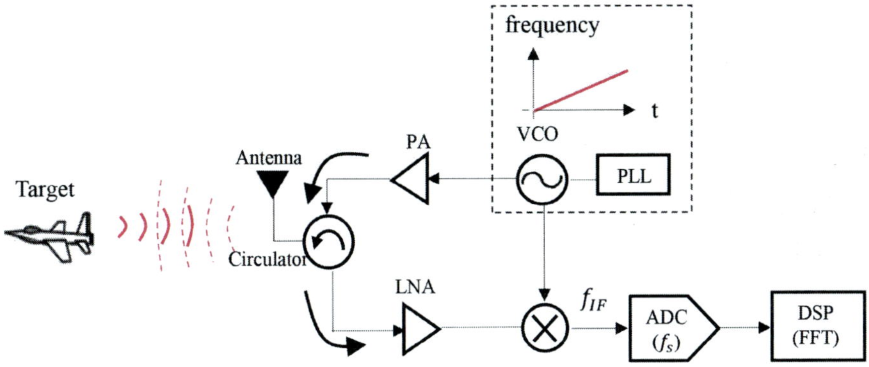

【그림 5.57】 FMCW 레이다의 구성

FMCW 레이다에서 사용하는 대표적인 변조방식은 시간에 따라 주파수가 일정하게 증가하는 선형주파수변조(LFM : Linear Frequency Modulation) 방식이다. LFM 변조신호는 Chirp 신호라고 부르며【그림 5.58】은 FMCW 레이다의 대표적인 LFM 파형을 보여준다. LFM 파형의 주파수 변화는 식 (5.80)과 같이 초기값 f_0를 갖으며 기울기 $S=\Delta f/t_0$를 갖는 1차 함수가 된다. 이제 식 (5.80)의 주파수 변화를 갖는 송신신호는 식 (5.81)로 주어진다.

$$f(t)=f_0+\frac{\Delta f}{t_0}t=f_0+St \tag{5.80}$$

$$s(t)=\cos\left(2\pi\left(f_0 t+\frac{1}{2}St^2\right)\right) \tag{5.81}$$

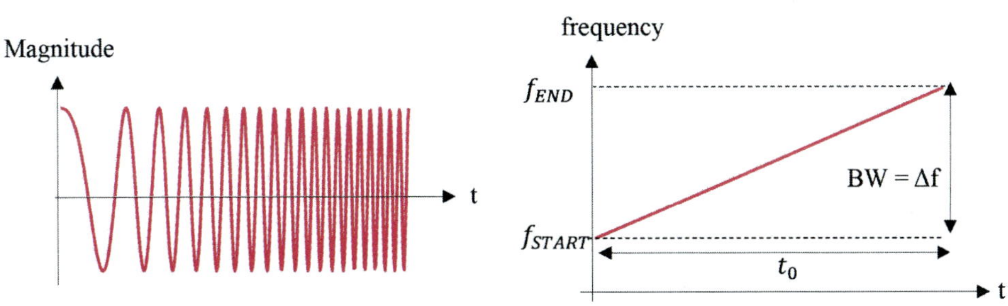

【그림 5.58】 FMCW 레이다의 LFM 신호파형

【그림 5.57】의 FMCW 송신기는 하나의 주파수만을 생성하는 CW 레이다와는 달리 식 (5.81)과 같은 FMCW 파형을 생성한다. 이 신호는 전력증폭기를 통과한 후 안테나를 통해 반사되고, 목표물에 맞고 반사된 파형은 수신부로 인가된다. 식 (5.81)의 FMCW신호가 목표물에 맞고 반사된 신호는 Δt 만큼 시간이 지연된 신호가 되므로 식 (5.82)와 같이 표현된다. 이때 목표물은 정지해 있고, 진폭의 변화는 없다고 가정한다.

$$s(t) = \cos\left(2\pi\left(f_0(t-\Delta t) + \frac{1}{2}S(t-\Delta t)^2\right)\right) \tag{5.82}$$

레이다 수신기의 믹서(mixer)에 의해 송신신호와 수신신호는 곱해진 후 저역통과필터를 거쳐 고주파 신호를 없애게 되면 식 (5.83)과 같이 주어진다. 마찬가지로 진폭의 변화는 정규화를 통해 변화가 없다고 가정한다.

$$\cos\left(2\pi\left(-f_0\Delta t + St\Delta t - \frac{1}{2}S(\Delta t)^2\right)\right) \tag{5.83}$$

식 (5.83)의 순시주파수는 식 (5.84)와 같이 일정한 값을 갖는다. 이러한 과정을 그림으로 그리면【그림 5.59】와 같다. 이렇게 FMCW 레이다에서 송신파와 수신파에 의한 시간지연에 의해 발생되는 주파수를 **비트 주파수**(beat frequency: f_b)로 정의하며 식 (5.84)로 주어진다.

$$f_b = S\Delta t = \frac{\Delta f}{t_0} \times \frac{2R}{c} \tag{5.84}$$

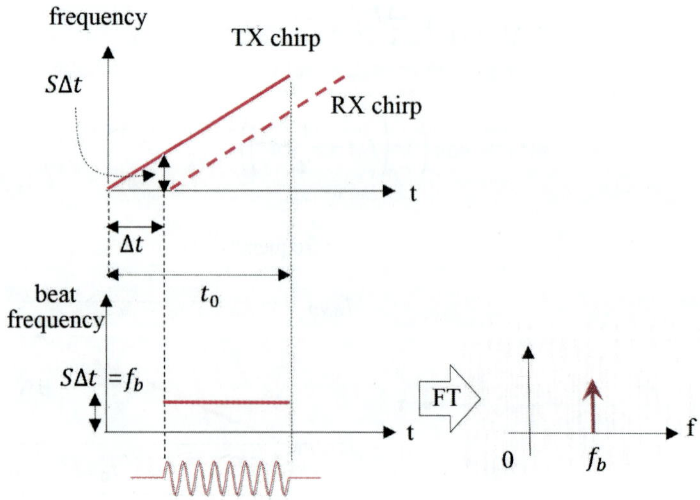

【그림 5.59】 FMCW 레이다의 IF 신호 출력

즉, FMCW 레이다는 LFM 신호 파형을 이용하여 송신파와 반사파의 시간차가 일정한 주파수로 변환되는 원리를 이용한 것이다. 레이다 수신기에서 FFT와 같은 Fourier 연산기를 통해 f_b를 측정하면 목표물까지의 거리를 측정할 수 있다[27]. 식 (5.84)를 거리에 대해 다시 정리하면 목표물까지의 거리는 식 (5.85)로 측정할 수 있다.

$$R = \frac{f_b t_0 c}{2\Delta f} \tag{5.85}$$

FMCW 레이다에서 주의해야 할 점은 chirp 신호의 주파수가 계속 상승할 수는 없으므로 t_0마다 다시 시작주파수(f_0)로 돌아와야 한다는 것이다. 따라서 Δt는 t_0시간보다는 작아야 한다. 일반적으로 전파의 속도는 자유공간에서 빛의 속도와 동일하므로 Δt는 t_0시간보다는 작다[28]. 식 (5.84)에서 목표물까지 왕복시간 Δt가 정해져 있다면, beat 주파수 f_b는 기울기에 비례하여 커지므로 거리 분해능을 좋게 하기 위해서는 FMCW 신호의 대역폭이 커야 한다.

예제 5-26 자동차 측면 FMCW 레이다의 시작주파수(f_{START})가 77GHz, 끝주파수(f_{END})가 81GHz이다. 주파수가 변화하는 시간(t_0)이 40usec이다. 자동차 레이다에서 앞 차의 거리가 300m라고 할 때 비트 주파수와 시간지연은 각각 얼마인가?

풀이 비트 주파수는 식 (5.84)에 의해 주어진다.

$$f_b = S\Delta t = \frac{\Delta f}{t_0} \times \frac{2R}{c}$$
$$= 100\,[MHz/usec] \times \frac{600}{3\times 10^8} = 200MHz$$

시간지연은 2usec가 된다.

이제 FMCW 레이다 앞에 거리가 다른 여러개의 목표물이 있다고 하자. 이 경우 FMCW 레이다의 IF 신호의 출력은【그림 5.60】과 같이 목표물까지의 거리에 따라 비트 주파수가 다르게 출력될 것이다. 그렇다면 인접한 목표물을 구분할 수 있는 거리분해능은 수신기에서 비트 주파수로 구분될 수 있는 정도가 되어야 한다.

【그림 5.60】에서 Fourier 변환을 하기 위해 사용할 데이터는 최대 t_0[sec] 시간 구간에서 취할 수 있다. Fourier 변환에서 데이터에서 두 개의 주파수가 가까이 있을 때 이를 구분하기 위해서는 시

27) FMCW 레이다의 경우 거리와 속도를 계산할 때 분석해야 하는 주파수는 Hz 단위에서부터 MHz 단위까지 다양하다. 따라서 window size, 샘플링 주파수, FFT 수를 최적으로 선정해야 한다.

28) 일반적으로 레이다의 Δt는 t_0시간의 5% 범위 이내에 있어야 한다.

간 윈도우의 크기가 t_0[sec]일 때【그림 5.56】에서 살펴본 바와 같이 시간 윈도우의 역수인 $1/t_0$ [Hz] 이상의 주파수 차이가 있어야 한다. 그런데 거리가 ΔR 만큼 떨어져 있는 두 개의 목표물의 비트 주파수의 차이는 $\Delta f = S(2\Delta R/c)$가 되므로 거리 분해능은 다음과 같이 주어진다.

$$\Delta f = S\Delta t = S\frac{2\Delta R}{c} > \frac{1}{t_0} \tag{5.86}$$

식 (5.86)을 ΔR로 정리하면 식 (5.87)과 같다.

$$\Delta R > \frac{c}{2St_0} \rightarrow \Delta R > \frac{c}{2\Delta f} \tag{5.87}$$

식 (5.87)에서 c는 상수이므로 FMCW 레이다에서 거리분해능을 높이려면 chirp 신호의 대역폭을 높이는 수밖에 없다.

다음으로 ADC회로의 샘플링 주파수는 얼마가 되어야 하고 FFT를 하기 위해 필요한 시간 구간은 얼마가 되어야 하는지 살펴보자. ADC의 샘플링 주파수는 샘플링 이론에 의하면 최대 비트주파수보다 크거나 같아야 한다[29]. 따라서 식 (5.88)과 같이 샘플링 주파수와 최대 측정거리, Chirp 특성이 관련되어 진다.

$$f_s \geq \frac{2SR_{\max}}{c} \rightarrow R_{\max} = \frac{f_s c}{2S} \tag{5.88}$$

요약

FMCW 레이다에서 다음의 3가지 개념을 이해하는 것이 중요하다.

1) 거리 R 떨어져 있는 목표물은 다음의 비트주파수를 생성한다.

$$f_b = S\frac{2R}{c} = \frac{\Delta f}{t_0}\frac{2R}{c}$$

2) 거리분해능은 대역폭 Δf에 반비례하므로 대역폭이 넓으면 거리분해능이 비례하여 좋아진다.

$$\Delta R = \frac{c}{2\Delta f}$$

3) ADC 샘플링 주파수는 레이다의 최대측정거리에 비례한다.

$$R_{\max} = f_s\frac{c}{2S}$$

이상과 같이 FMCW 레이다의 신호처리 특성을 살펴보았다. 이제 다중 목표물이 있는 경우를

29) 실수신호의 경우 샘플링 이론(Sampling theory)는 샘플링 주파수는 분석하려는 주파수의 2배보다 커야 하지만 레이다는 복소수신호를 사용하므로 1배 이상 커야 한다.

살펴보자. 목표물을 맞게 돌아온 레이다신호의 시간지연에는 차이가 있으므로 이 시간지연에 의한 비트주파수가 주파수 분해능 이상 떨어져 있다면 이러한 신호는 비트 주파수의 차이만큼 분리되어 나타날 것이므로 이를 통해 각각의 목표물까지의 거리를 구할 수 있다.【그림 5.60】에 다중 목표물에 의한 FMCW 레이다의 IF 신호 출력 및 Fourier 변환에 의해 이를 구분할 수 있음을 보여준다.

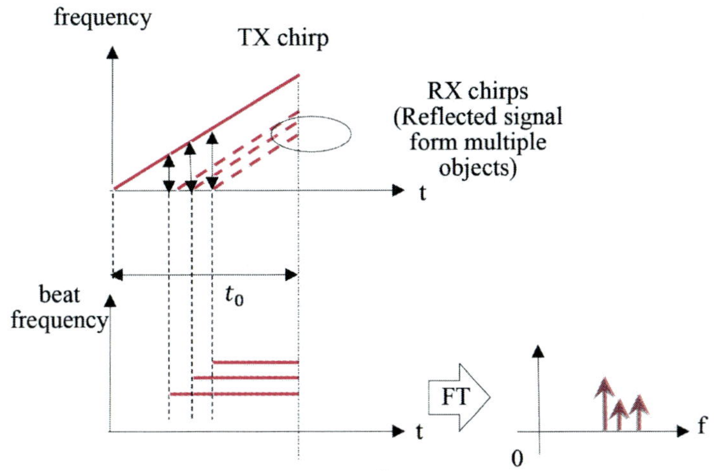

【그림 5.60】 다중 목표물에 의한 FMCW 레이다의 IF 신호 출력

마지막으로【그림 5.61】과 같이 목표물이 가까운 위치에 있는 경우와 아주 먼 위치 2개가 있는 경우를 보자. 가까운 위치에 있는 목표물은 일찍 반사가 되므로 Chirp 신호가 끝날 때까지 그 파형이 유지될 것이지만 먼 거리에 있는 목표물은 Chirp 신호가 종료되기 직전에 나타나므로 매우 짧은 시간 동안만 존재하게 될 것이다. 따라서 먼 거리의 목표물을 맞고 온 신호는 FFT를 수행하기 위한 데이터 수가 작아서 정밀한 거리를 계산하기 어려울 수 있다. 따라서 데이터 수 측면에서는 신호의 시간 구간 t_0가 길어질 필요가 있다[30].

30) 실제 FMCW 레이다 시스템 설계는 레이다의 동작주파수, 대역폭 chirp 신호의 기울기성, 목표물까지의 거리, 거리 분해능 요구사항 등 복합적인 고려가 필요하다.

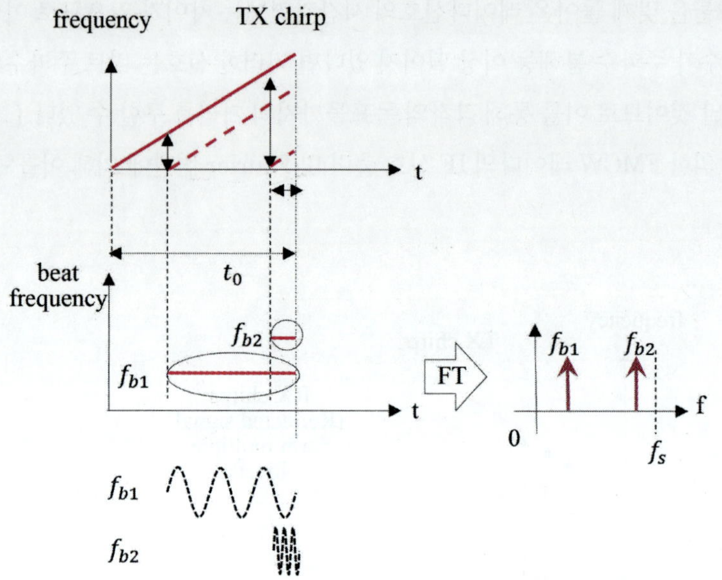

▌그림 5.61▌ 2개의 목표물에 의한 FMCW 레이다의 IF 신호 출력

FMCW 레이다 정합필터 수신기 구현

앞에서 펄스레이다의 경우 정합필터 수신기는 컨볼루션 연산으로 주어짐을 학습하였다. 이는 FMCW 레이다에서도 마찬가지이다. 이제 FFT를 학습하였으므로 FMCW 레이다의 정합필터를 FFT로 구현하는 방법을 알아보자. 정합필터의 출력은 식 (5.58)과 식 (5.68)에 의해 주파수영역에서 입력신호와 정합필터의 전달함수를 곱한 후 이를 역푸리에 변환으로 주어진다.

$$x_0(t) = IFFT[X(f)H(f)] \tag{5.89}$$

이제 목표물에 반사되어 돌아온 시간지연이 0.2초라고 가정하고 식 (5.89)를 FMCW 파형으로 구현하면 【그림 5.62】와 같다. 그림에서 sinc함수의 첫 번째 영점은 피크값으로부터 $\pm 1/BW$ 떨어져 존재하게 된다. 여기서 BW는 FMCW 레이다의 대역폭이 된다. 따라서 목표물은 적어도 $1/BW$ 시간 이상 분리되어 있어야만 모호성이 없게 됨을 알 수 있다.

예제 5-27 아래 MATLAB 프로그램을 이용하여 FMCW 레이다의 정합필터를 FFT로 구현해보자.

풀이 MATLAB 내장함수인 fft, ifft, fftshift를 이용한다.

```
t = linspace(-1, 1, 1024);          % pulse width
t0 = 0.2;                           % time delay to the target
st = exp(j*10*pi*t.^2);             % Transmit signal
sr = exp(j*10*pi*(t - t0).^2);      % Received signal
% Impulse response and matched filtering
Hf = fft(conj(st));
Si = fft(sr);
So = fftshift(ifft(Si.*Hf));
% Plot the matched filter output
plot(t, abs(So) ./ max(abs(So)));
title('Matched Filter Output');
xlabel('Time Delay (s)');      ylabel('Relative Amplitude');
```

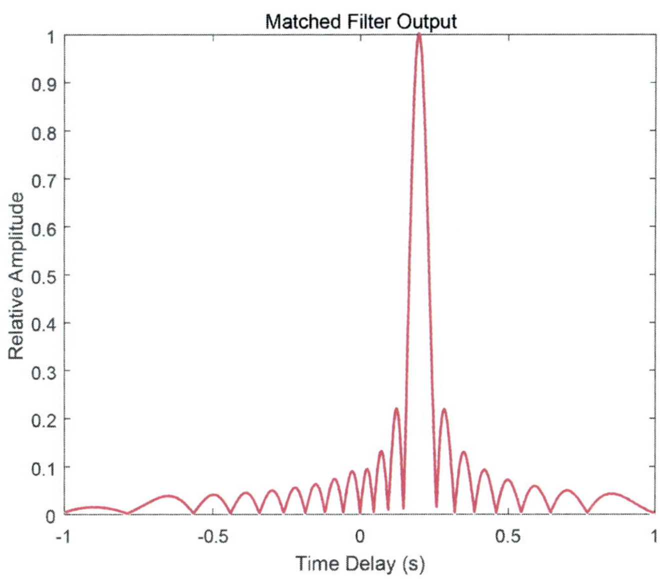

그림 5.62 FMCW 레이다의 FFT 출력

예제 5-28 아래는 (예제 5-27)을 바탕으로 FMCW 레이다를 구체화하여 구성한 결과이다. 프로그램의 동작을 설명하시오.

풀이 50MHz 대역폭을 갖는 FMCW의 파형을 이용하여 15m 떨어진 목표물까지의 거리를 FFT를 이용하여 구한 결과이다.

```
bandwidth = 50E6;                          % 50MHz Bandwidth
pulsewidth = 1e-3;                         % Pulsewidth (s): 1msec
range_window_length = 50.0;                % Range window length +/- (m)
target_range = 15.0;                       % Target range (m)
t0 = 2.0 * target_range /3E8;              % Time delay to target (s)
number_of_samples = ceil(4 * bandwidth * range_window_length / 3E8);
t = linspace(-0.5 * pulsewidth, 0.5 * pulsewidth, number_of_samples);
So = exp(1j * 2.0 * pi * bandwidth / pulsewidth * t0 * t);
So_ft = fftshift(fft(So, 512));            % Fourier transform
frequencies =  2*pi*linspace(-1/(0.5 * pulsewidth), 1/(0.5 * pulsewidth), 512);
range_window = 0.5 * frequencies * 3E8 * pulsewidth / bandwidth;
plot(range_window, abs(So_ft) / max(abs(So_ft)));
title('Stretch Processor Output');
xlabel('Range (m)');
ylabel('Relative Amplitude');
```

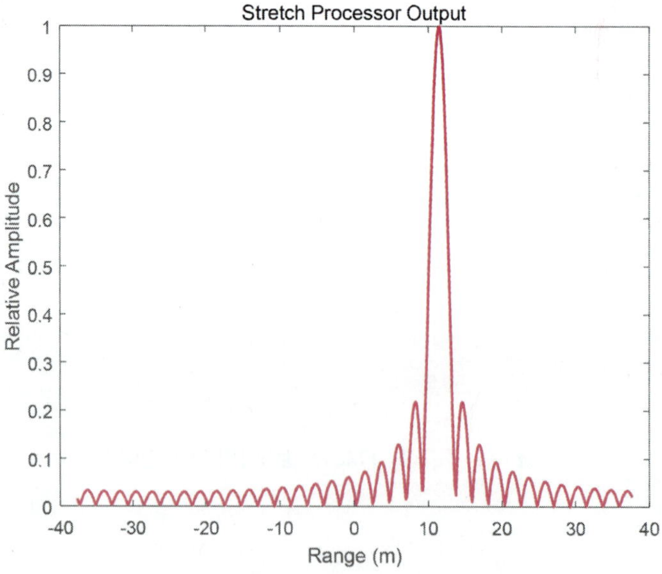

그림 5.63 (예제 5-28)의 결과

제6장

배열 안테나와 공간신호처리

현재까지 학습한 내용은 송신기와 수신기에 각각 안테나가 한 개씩 붙어 있는 경우를 설명하였다. 이 경우 안테나를 공간 상의 한 점이라고 가정한다면 안테나에 입력되는 전파는 공간에 따른 위상의 변화는 없고 시간에 따른 위상의 변화만 있게 된다. 따라서 주파수 변환을 통해 기저대역으로 변환하면 그 신호는 시간의 함수로만 표현할 수 있다. 하지만 안테나가 여러개 존재하게 되면 각 안테나는 공간 상의 위치에 따라 다른 특성(보통 원역장에선 위상차만 존재)을 가진 전파가 입사되므로 기저대역으로 변환하더라도 공간 상의 위치에 따른 위상차가 기저대역으로 변환된다. 이 경우 안테나 위치를 고려한 신호처리 과정이 필요하다[1]. 이러한 안테나를 **배열 안테나**라고 하고, 배열 안테나의 신호처리는 현재까지의 신호처리와는 다른 독특한 특성을 가지게 된다. 본 장에서는 배열 안테나의 원리와 공간상의 특성을 고려한 신호처리에 대해 학습하게 된다. 또한, 레이다에서는 안테나 방향 분해능을 높이기 위하여 합성개구레이다(SAR: Synthtic Apertion Radar)를 사용하는데 이때도 레이다의 위치, 이동속도 등의 공간에

1) 5장에서 학습한 신호처리는 안테나의 특성을 한 점에 들어오는 신호로 보고 기저대역으로 변환된 신호는 시간의 함수로만 표현될 수 있다고 학습하였다. 하지만 배열안테나와 같이 공간에 따라 다른 전파를 수신하는 경우 각 안테나가 위치한 공간의 정보가 시간영역으로 변환되어 신호의 특성을 변화시키게 된다.

서의 특성이 기저대역 신호에 영향을 주게 된다. 본 장에서는 이와 같이 공간을 고려한 신호처리에 대해 학습하게 된다. 먼저 2차원과 3차원 좌표계, 절대좌표계와 상대좌표계를 간단히 소개하고, 다음으로 배열 안테나의 구성, 주요 특성에 대해 학습한다. 마지막으로 공간주파수(spatial frequency) 개념을 학습한 후 빔포밍 및 방향탐지를 위한 다양한 신호처리 방법에 대해 학습하고, 마지막으로 SAR 개념과 SAR 신호처리에 대해 학습하도록 한다.

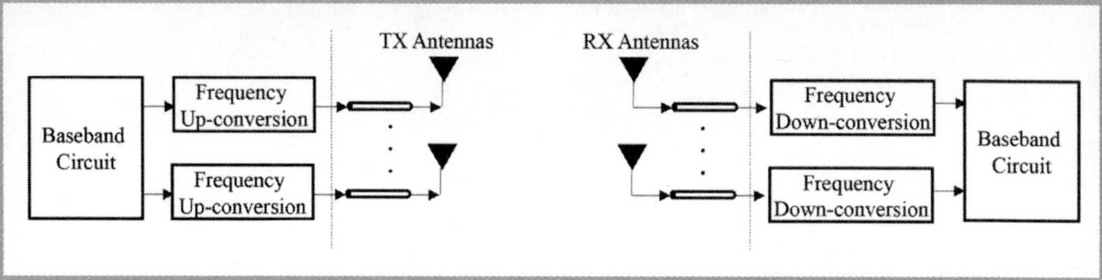

▌그림 6.1▌ 6장의 학습 내용

6.1 절대좌표계: 2차원/3차원 좌표계 (Coordinate System)

어떤 공간의 차원은 그 공간의 성분 중에서 서로에게 영향을 미치지 않고 독립적으로 움직일 수 있는 성분들을 최대한 모아 놓았을 때, 그 성분의 개수가 몇 개인지를 말하는 것이다. 우리가 살아가는 3차원 공간은 앞뒤, 좌우, 위아래 3가지 방향으로 자유롭게 움직일 수 있으므로 3차원이 된다. 2차원 공간은 평면 위의 공간이다. 평면 위의 점을 생각해보면 점은 앞뒤, 좌우 2가지 방향으로만 움직일 수 있다. 따라서 평면은 2차원이다. 1차원 공간은 하나의 직선으로 이루어진 공간이다. 직선 위에 있는 점이 움직인다고 생각할 때, 이 점은 직선을 따라 좌우로만 움직일 수 있다. 그래서 1차원인 것이다. 1차원 공간은 간단하게 직선 하나로만 표시할 수 있지만, 2차원 이상의 공간을 표시하려면 위치를 정하는 다른 방법이 필요하다. 그것이 바로 데카르트 좌표계(Cartesian coordinate system) 혹은 직각좌표계(Rectangular coordinate system)라는 것이다. 직각좌표계에서 2차원 공간은 2개의 서로 직각으로 교차하는 직선으로, 3차원 공간은 3개의 서로 직각으로 교차하는 직선으로 표시한다.

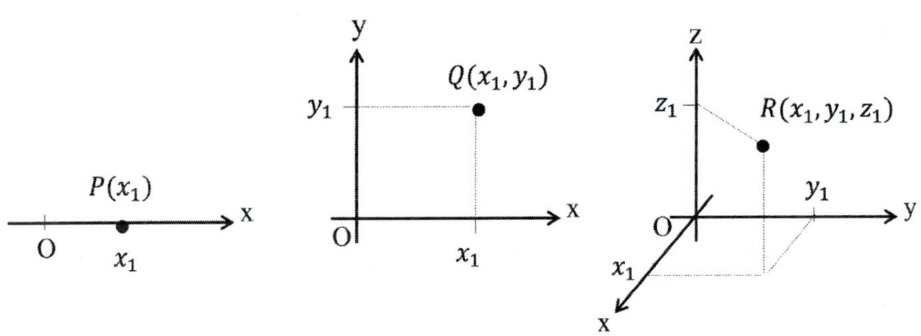

그림 6.2 1차원 좌표계(좌), 2차원 좌표계(가운데), 3차원 좌표계(우)

좌표계의 개념은 근세 철학의 아버지로 불리는 프랑스 수학자 르네 데카르트(René Descartes, 1596−1650)에 의해 고안되었다. 【그림 6.2】의 2차원 좌표계에서 가로 방향과 세로 방향을 각각 x축, y축이라 부르는 서로 수직인 두 직선을 그리고, 만나는 점을 원점(origin) 'O'라 한 것을 데카르트 좌표계라 부른다. 이렇게 하면 평면 위의 임의의 점 P는 각 축에 내린 직선과 만나는 두 숫자 x_1, y_1의 순서쌍 (x_1, y_1)과 일대일 대응하게 된다. 이와 같이 좌표계를 도입하면 기하학의 많은 문제를 대수학의 문제로 바꿀 수 있다. 선을 그리지 않아도 대수 방정식을 풀어서 기하학의 문제를 해결하는 시대가 열린 것이다[2].

즉 임의의 점을 기준점(O)으로 잡고, 이 점을 통과하는 두 개의 직교하는 직선을 각각 x축(X)과

y축(Y)으로 삼는다면 두 개의 실수쌍 (x,y)로 평면상의 모든 점을 정의할 수 있다. 이처럼 정의된 평면좌표계에서 특정한 방정식 $f(x,y)=0$을 만족시키는 무수히 많은 점들의 집합을 이용하여 특정한 곡선을 정의할 수 있다. $f(x,y)=0$을 곡선 위의 점들이 만족시킨다는 점에서 바로 이 $f(x,y)$를 곡선의 기하학적 속성이라 부른다. 이처럼 도형을 구성하는 모든 점들이 만족시키는 수식을 발견할 경우, 우리는 그 수식을 도형의 대수적 표현으로 간주하고, 실제 도형 대신에 바로 이 대수식을 다룸으로써 기하학의 문제를 대수학의 문제로 전환할 수 있게 되었다. 따라서 도형을 그리는 대신에 대수식의 계산을 통해서 기하학의 문제를 풀 수 있게 되었다[3]. 예를 들어 두 선의 교차점을 구하기 위하여 과거에는 실제로 선을 긋고 기하학적 정리를 통하여 그 점의 위치 속성을 찾아내야만 했지만, 이제는 바로 두 곡선을 표현하는 두 개의 방정식 $f(x,y)$와 $g(x,y)$를 동시에 만족시키는 해(solution)가 바로 그 교차점의 위치를 의미하는 좌표로 이해될 수 있게 되었다. 원래는 전혀 무관하였던 '두 선이 만난다'는 것과 '두 방정식의 공통해'가 바로 데카르트가 도입한 좌표계에 의해 동일한 의미를 지니게 된 것이다[4].

6.1.1 2차원 극좌표계(polar coordinate)

우리가 사는 공간은 3차원이므로 좌표계는 3차원이 되어야 한다. 3차원 좌표계로 직각좌표계(cartesian coordinates 또는 rectangular coordinates), 원통좌표계(cylindrical coordinates), 구좌표계(spherical coordinates)로 구성된다. 이러한 3차원 좌표계를 이해하기 위해서는 2차원 좌표계에서 직각좌표계인 x−y좌표계와 극좌표계(polar coordinates)를 먼저 이해해야 한다.

극좌표계는 평면 위의 위치를 각도와 거리를 써서 나타내는 2차원 좌표계이다. 극좌표계를 사용하면 직각 좌표계에서는 수식적으로 표현하기 어려운 곡선을 쉽게 표현할 수 있다. 극좌표계는 2차원 좌표계이기 때문에 반지름(radius) 성분과 각(angle) 성분의 2개의 성분으로 결정된다. 【그림 6.3】과 같이 반지름 성분은 ρ("rho")이라고 부르며 극점(즉, 데카르트 좌표에서 원점에 해당)에서부터 해당 위치까지의 거리를 나타낸다. ϕ("phi")로 나타내는 각 성분은 0°(직교 좌표계에서 x축의 양의 방향에 해당)에서 반시계(counter clockwise) 방향으로 잰 각의 크기를 나타낸다. 만약 ρ가 음의 값을 갖는다면, ϕ가 가리키는 방향과 반대방향으로 거리 $|\rho|$만

2) 좌표계의 개념은 누구나 생각할 수 있을 정도로 간단해 보이지만, 그 발상은 현대 수학의 새로운 지평을 열게 되었으며, 이를 해석기하학(analytic geometry)라 부른다.

3) x−y=0이라는 함수를 고려해보자. 이 함수는 y=x 직선, 즉 x와 y값이 언제나 똑같은 선형직선을 의미한다. 즉, (1,1), (2,2), (3,3), ... 이 그 해이다. 즉 x−y=0 함수는 직선의 대수적 표현이 된다.

4) x−y=0과 x+y=0이라는 두 개의 방정식이 있다고 하자. 이 방정식의 해는 x=0, y=0이다. 실제 두 방정식이 만드는 직선의 교점은 (0,0)이다.

큼 떨어진 점을 뜻한다. 예를 들어, 극좌표 (3, 60°)는 극에서 60° 방향으로 3의 크기만큼 떨어진 위치를 나타낸다. 극좌표 (−3, 240°)도 같은 위치에 그려진다. 이러한 혼란을 막기 위해 ρ는 언제는 0보다 크거나 같다고 정의하게 된다.

데카르트 좌표와는 달리 극좌표에서는 하나의 점을 나타내는 방법이 무한히 많다. 여러 바퀴를 돌아 제자리에 돌아와도 위치는 변하지 않기 때문이다. 일반적으로 (ρ,ϕ)는

$$(\rho,\phi)=(\rho,\phi+n360^o)=(\rho,\phi+2\pi n) \tag{6.1}$$

로 표현될 수 있다. 여기서 n은 임의의 정수가 된다.

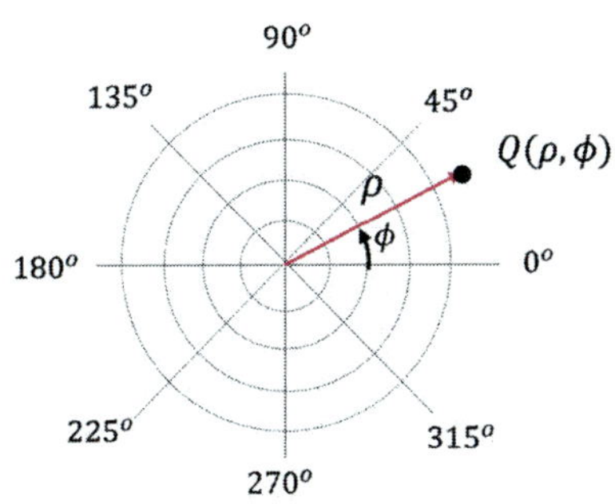

▌그림 6.3▌ 극좌표계(polar coordinate)

$(0,\phi)$는 일반적으로 원점을 뜻하며, 반지름이 0이기 때문에 어떠한 각이든 상관이 없다. ϕ는 구간 [0, 360°) 또는 (−180°, 180°](라디안으로는 [0, 2π) 또는 (−π, π])의 수로 표현하는 것이 보통이다. 보통 극좌표계에서 각은 라디안을 이용하여 표현하는 것이 일반적이다.

1 **라디안(radian)**은【그림 6.4】와 같이 원둘레 위에서 반지름의 길이와 같은 길이를 갖는 호에 대응하는 중심각의 크기를 말한다. 호도(弧度)라고도 하며 rad로 줄여 쓰기도 한다. 보다 일반적으로 라디안 값은 원에서의 호와 반지름의 길이의 비율과 같다. 즉, $\phi=s/\rho$ 이다, 여기서 ϕ는 라디안으로 주어진 각도, s는 호의 길이, ρ는 반경이다. 라디안 각도를 표기할 때에는 숫자 뒤에 rad을 붙이거나, 아무것도 표시하지 않으면 rad으로 표현했다고 가정한다[5]. 라디안을 각도로 바꾸거나 각도를 라디안으로 바꿀 때는 식 (6.2)를 이용한다.

$$1\,[rad]=\frac{180}{\pi}\,[\text{deg}]\simeq 57.3^o \tag{6.2}$$

5) rad과 도(degree) 단위가 혼동되지 않도록 도 단위 뒤에 위첨자 °를 붙인다.

예제 6-1 **각도 30^0, 45^0, 60^0, 90^0, 180^0를 radian으로 표현하시오.**

풀이 식 (6.2)를 이용하면 다음과 같다.

$$30^0 = \frac{30^0}{180^0}\pi = \frac{\pi}{6},\ 45^0 = \frac{45^0}{180^0}\pi = \frac{\pi}{4},\ 60^0 = \frac{\pi}{3},\ 90^0 = \frac{\pi}{2},\ 180^0 = \pi$$

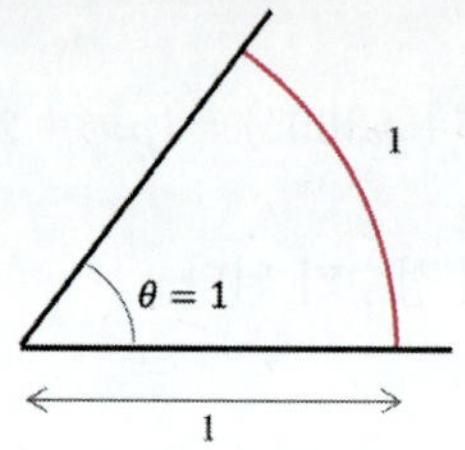

▌그림 6.4▌ 1 rad의 정의

극좌표계의 ρ와 ϕ는【그림 6.5】와 같이 삼각함수를 이용해 데카르트 좌표의 x와 y로 변환할 수 있다. 즉, 극좌표계의 한 점 $Q(\rho,\phi)$는 직각좌표계의 $Q(x,y)$로 바꿀 수 있다. 이를 위해 삼각함수 공식을 사용한다.

$$x = \rho\cos\phi \tag{6.3}$$

$$y = \rho\sin\phi \tag{6.4}$$

반대로 피타코라스 정리와 탄젠트(tangent)함수를 이용하여 데카르트 좌표의 $Q(x,y)$도 극좌표의 $Q(\rho,\phi)$로 변환할 수 있다.

$$\rho^2 = x^2 + y^2 \tag{6.5}$$

$$\phi = \tan^{-1}\left(\frac{y}{x}\right) \tag{6.6}$$

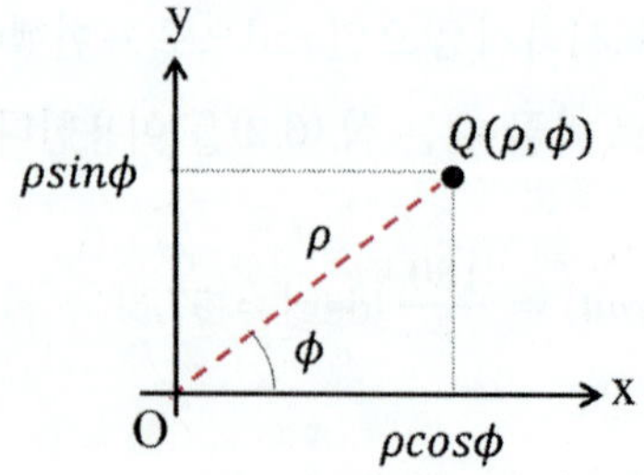

▌그림 6.5▌ 직각좌표계와 극좌표계의 변환

예제 6-2 **2차원 직각좌표계의 점 $P(1,3)$을 극좌표계로 표현하라**

풀이 점 $P(1,3)$에서 $x=1$, $y=3$이 된다. 따라서 극좌표계로 표현하면 다음과 같다.

$$\rho = \sqrt{x^2+y^2} = \sqrt{1^2+3^2} = \sqrt{1+9} = 3.16$$

$$\phi = \tan^{-1}\left(\frac{y}{x}\right) = \tan^{-1}\left(\frac{3}{1}\right) = 1.25\,(\text{or } 71.56^o)$$

극좌표계에서 점 $P(3.16, 1.25)$ 또는 $P(3.16, 71.56^o)$로 표현된다.

6.1.2 3차원 좌표계

앞에서 살펴본 2차원 극좌표계를 확장하면 3차원의 원통좌표계와 구좌표계를 쉽게 이해할 수 있다. 3차원 좌표계는 2차원의 극좌표계의 특성을 일부 포함하기 때문이다. 둘의 차이점은 원통좌표계는 거리 좌표 1개를 더해 극좌표계를 확장시키는 것키며, 구좌표계는 각 좌표를 2개 사용하는 것이 다를 뿐이다. 따라서, 3차원 좌표계 중에서 원통좌표계는 축은 극좌표계의 ρ, ϕ에 z를 더하여 ρ, ϕ, z를 사용하며, 구좌표계의 축은 r, θ, ϕ로 극좌표계의 ρ의 개념을 r로 바꾸고, 극좌표계의 ϕ에 θ를 추가하여 사용한다. 【그림 6.6】에 3가지 3차원 좌표계의 그림이 그려져 있다. 여기서 x, y, z, ρ, r은 길이를 나타내는 값이며, θ와 ϕ는 각도를 나타낸다. 원통좌표계와 구좌표계에 공통으로 들어가는 축은 ϕ로서 두 좌표계에서 동일한 개념으로 사용된다.

먼저 원통 좌표계는 2차원인 xy 평면 전체를 극좌표계로 일대일 대응시킬 수 있으므로, 여기에 z축을 추가하여, 3차원 공간을 표현하는 방법이다. 원통 좌표계란 이름이 붙은 이유는, 세 좌표 중 ρ가 고정되고, ϕ, z가 임의의 값을 취할 수 있을 때의 궤적이 원통모양이기 때문이다. 원통 좌표계의 특이점은 z축 위의 점들이다. 그 이유는 z축 위의 점들은 ϕ값에 상관없이 $\rho=0$이면 모두 같기 때문이다.

구좌표계는 원점에서의 방사 거리 r, z축 양의 방향과 이루는 각 θ, xy 평면으로의 **투영(Projection)**된 점까지의 선분과 x축 양의 방향과 이루는 각 ϕ, 이 세 가지 변수 r, θ, ϕ로 이루어지는 좌표계이다. 특이점은 $r=0$이거나, $\theta = n\pi$(단, n은 자연수)를 만족하는 모든 (r,θ,ϕ)이며, 직교 좌표계에선 각각 (x,y,z)=(0,0,0)과 z축에 해당한다. 구좌표계는 r을 고정시켰을 때의 모양이 원점을 중심으로 하는 구이기 때문에 붙여진 이름이다. 구좌표계의 r은 원점과의 거리인 반면 원통좌표계의 ρ는 z축과의 거리임에 차이가 있으나 원통 좌표계의 ϕ는 구좌표계의 ϕ와 동일하다. 또한 구좌표계는 지구의 지도에 사용되는 위도, 경도의 개념과 유사하다.

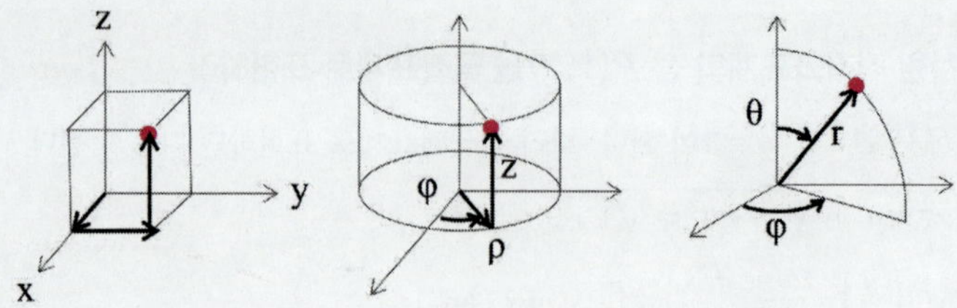

【그림 6.6】 직각좌표계, 원통좌표계, 구좌표계

원통좌표계의 좌표들은【그림 6.7】과 같이 2차원 xy좌표계와 극좌표 변환과 동일한 공식을 써서 직각좌표계로 변환된다.

$$x = \rho\cos\phi$$
$$y = \rho\sin\phi \tag{6.7}$$
$$z = z$$

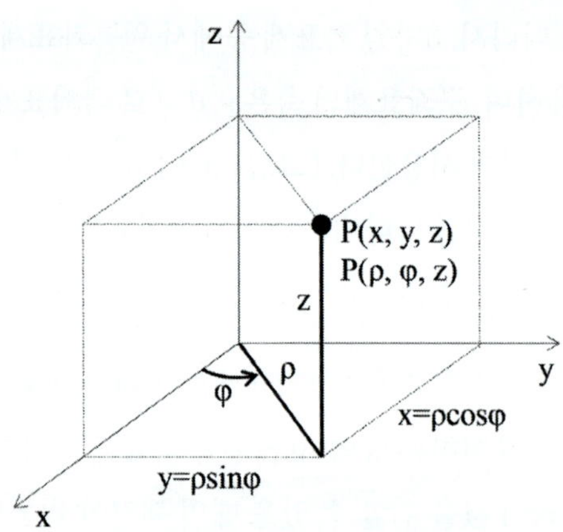

【그림 6.7】 직각좌표계와 원통좌표계의 관계

반면 구좌표계의 좌표들은 조금 복잡하다. 먼저 식 (6.8)과 같이 구좌표계의 r을 x-y 평면으로 투영하면 원통좌표계의 ρ가 되고, z-축에 투영하면 z가 된다.

$$\rho = r\sin\theta$$
$$z = r\cos\theta \tag{6.8}$$

이제【그림 6.8】과 같이 ρ를 x축과 y축에 투영하면 최종적으로 식 (6.9)을 얻을 수 있다.

$$x = \rho\cos\phi = r\sin\theta\cos\phi$$
$$y = \rho\sin\phi = r\sin\theta\sin\phi \tag{6.9}$$
$$z = r\cos\theta$$

식 (6.9)와 반대로 직각좌표계의 좌표가 주어졌을 때 구좌표계의 좌표값은 피타코라스와 삼각함수를 이용하여 식 (6.10)과 같이 주어진다. 이때 ϕ는 원통좌표계의 변환식인 (6.6)과 동일하다.

$$r^2 = x^2 + y^2 + z^2 \text{ (피타고라스 정리 사용)}$$
$$\theta = \tan^{-1}\left(\frac{\rho}{z}\right) = \tan^{-1}\left(\frac{\sqrt{x^2+y^2}}{z}\right) \tag{6.10}$$
$$\phi = \tan^{-1}\left(\frac{y}{x}\right)$$

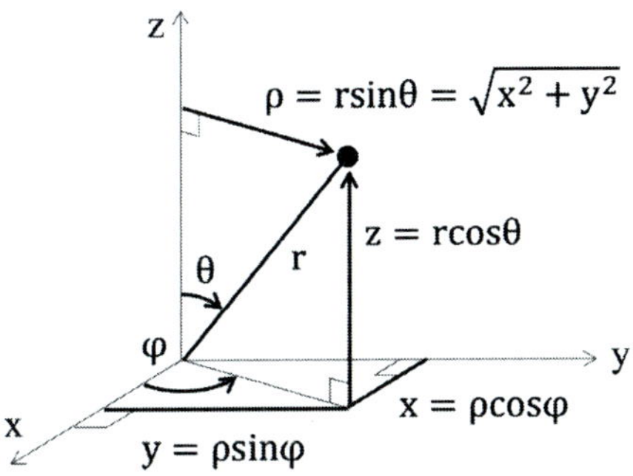

그림 6.8 직각좌표계, 원통좌표계, 구좌표계의 관계

요약
무선통신과 레이다에서 사용하는 좌표계로는 2차원 좌표계로 x-y좌표계, 극좌표계가 있고, 3차원 좌표계로 직각좌표계(x-y-z좌표계), 원통좌표계, 구좌표계가 있다. 특히, 레이다에서 측정하는 거리, 속도, 방향 등은 좌표계와 무관하게 존재하지만 적절한 좌표계를 사용함으로써 문제를 쉽게 풀 수 있다. 따라서 필요에 따라 좌표계를 변환할 필요가 있다.

예제 6-3 **직각좌표계에서 점 $P(1,3,5)$을 원통좌표계와 구좌표계로 표현하라**

풀이 점 $P(1,3,5)$에서 $x=1$, $y=3$, $z=5$가 된다. 따라서 원통좌표계로 표현하면 다음과 같다.

$$\rho = \sqrt{x^2+y^2} = \sqrt{1^2+3^2} = \sqrt{1+9} = 3.16$$
$$\phi = \tan^{-1}\left(\frac{y}{x}\right) = \tan^{-1}\left(\frac{3}{1}\right) = 1.25\,(\text{or } 71.56^o)$$
$$z = 5$$

원통좌표계에서 점 $P(3.16, 1.25, 5)$ 또는 $P(3.16, 71.56^o, 5)$로 표현된다.

마찬가지로, 구좌표계의 변환식은 다음과 같다.

$$r = \sqrt{x^2+y^2+z^2} = \sqrt{1^2+3^2+5^2} = \sqrt{1+9+25} = 5.53$$
$$\theta = \tan^{-1}\left(\frac{\sqrt{x^2+y^2}}{z}\right) = \tan^{-1}\left(\frac{\sqrt{10}}{5}\right) = 0.56\,(\text{or } 32.31^o)$$

$$\phi = \tan^{-1}\left(\frac{y}{x}\right) = \tan^{-1}\left(\frac{3}{1}\right) = 1.25\,(\mathrm{or}\ 71.56^{o})$$

구좌표계에서는 점 $P(5.53, 0.56, 1.25)$ 또는 $P(5.53, 32.31^{o}, 71.56^{o})$ 로 표현된다.

예제 6-4 **직각좌표계에서 점 $Q(3,3,3\sqrt{2})$를 각각 원통좌표계와 구좌표계로 표현하라**

풀이 원통좌표계 : $Q(3\sqrt{2}, \pi/4, 3\sqrt{2})$, 구좌표계 : $Q(6, \pi/4, \pi/4)$

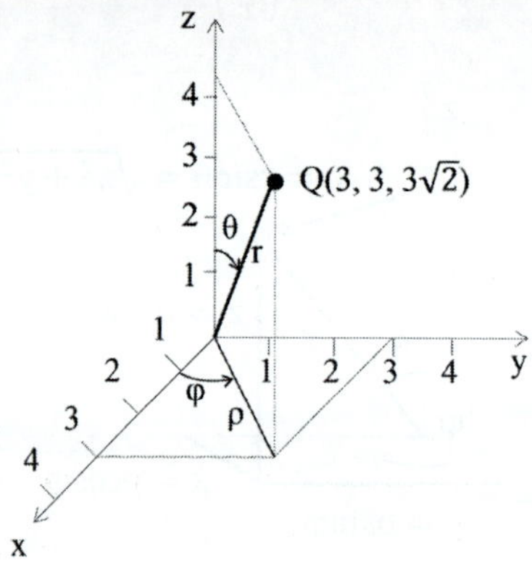

요약

절대좌표계는 공간에서 물체나 벡터장의 움직임을 수치로 나타내기 위한 좌표 체계로서 물체의 이동, 전파의 공간 특성을 고려하여 적절한 좌표계를 선택하게 된다.

6.1.3 입체각과 스터라디안

무선통신과 레이다에서는 2차원 평면에서 정의되는 라디안과 유사한 개념을 3차원 구좌표계에서 확장하여 정의할 필요가 있으며, 이를 **입체각(steradian)**이라하고【그림 6.9】와 같다. 입체각은 라디안처럼 차원이 없으며 단위는 sr로 표현하며 식 (6.11)과 같다[6].

$$\Omega\,[sr] = \frac{S}{r^2} \tag{6.11}$$

여기서, S는 표면적, r은 구의 반지름을 의미한다. 식 (6.11)을 안테나에 적용할 때 미소입체각(differential solid angle) $d\Omega$를 먼저 정의할 필요가 있다.

6) 입체각, 스터라디안은 square radian의 약자이다. 단위는 square의 's'와 radian의 'r'을 사용하여 만들었다.

$$d\Omega = \sin\theta d\theta d\phi \tag{6.12}$$

따라서 구에 대한 입체각은 식 (6.13)로 주어진다.

$$\Omega = \int_{\phi=0}^{2\pi}\int_{\theta=0}^{\pi} \sin\theta d\theta d\phi = 4\pi \tag{6.13}$$

참고로 구의 표면적은 $S=4\pi r^2$이므로 식 (6.13)에 의해 구 전체는 $4\pi[sr]$의 입체각을 갖는다고도 볼 수 있으며 이는 입체각의 최대값이 된다.

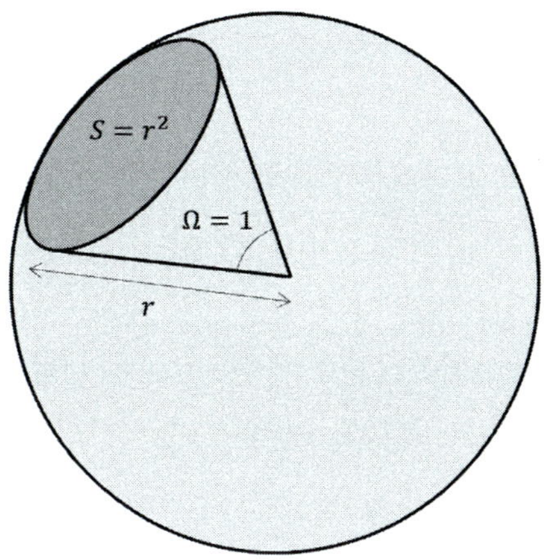

▌그림 6.9▌ 1 스터라디안의 정의

예제 6-5 스마트폰(7.1cm×12.6cm)을 35cm 거리에 두고 보는 입체각과 3m 떨어진 48형(104cm×65cm) TV의 입체각을 비교하시오

풀이 식 (6.11)을 이용하여 계산하면 스마트폰의 입체각은 다음과 같다.

$$\Omega[sr] = \frac{S}{r^2} = (7.1)(12.6)/(35^2) = 0.073[sr]$$

TV의 입체각을 계산하면 0.075[sr]이 된다. 즉, 실제 화면의 크기는 차이가 크지만 입체각이 비슷하므로 화면의 크기는 비슷하게 보인다.

이제 입체각을 앙각과 방위각으로 표현해보자. 구의 북극을 기준으로 앙각 θ_E를 갖는 원뿔, 즉 콘(cone)의 표면적은 식 (6.14)와 같다[7].

7) 각도가 작을 때에 삼각함수를 $\sin x \approx x$와 $\cos x = 1 - x^2/2$로 근사화 할 수 있다.

$$S = \int_{\phi=0}^{2\pi}\int_{\theta=0}^{\theta_E} r^2 \sin\theta\, d\theta\, d\phi = r^2 \int_{\phi=0}^{2\pi} d\phi \int_{\theta=0}^{\theta_E} \sin\theta\, d\theta$$
$$= 2\pi r^2 (1-\cos\theta_E)$$
$$\cong \pi r^2 \theta_E^2 \tag{6.14}$$

식 (6.14)을 입체각의 정의식인 식 (6.11)에 넣으면 입체각은 다음과 같다.

$$\Omega\,[sr] = \pi\,\theta_E^2 \tag{6.15}$$

이제 $1\,[sr]$에 해당되는 면적을 만드는 앙각의 각도를 구하면 다음과 같다.

$$\theta_E = \sqrt{\frac{1}{\pi}} \simeq 0.564\,[rad] \text{ or } 32.7^o \tag{6.16}$$

이제 앙각과 방위각이 같은 빔폭을 갖다는 안테나가 있다고 가정하고 안테나 빔폭을 ϕ_{ANT}라고 하면 $\phi_{ANT} = 2\theta_E = 1.144\ [rad]$이 되고 이는 65.6도가 된다.

예제 6-6 **앙각 빔폭과 방위각 빔폭이 모두 $60°$인 안테나의 입체각은 얼마인가?**

풀이 각도를 radian으로 표현하고 식 (6.15)에 대입하면 된다.

$\phi_{ANT} = 2\theta_E = 60°$이므로 $\theta_E = 30° = \dfrac{30°}{180°}\pi = \dfrac{\pi}{6}$,

$\Omega = \pi\theta_E^2 = \pi(\pi/6)^2 = \pi^3/36 = 0.86\,[sr]$

예제 6-7 **정지궤도 인공위성은 지구 중심에서 36,000km에 위치한다. 인공위성이 우리나라를 커버하기 위하여 500km의 반경을 갖는다고 할 때 안테나 빔폭은 얼마가 되어야 하는가?**

풀이 $\Omega\,[sr] = \dfrac{S}{r^2} = \dfrac{\pi(500)^2}{(36000)^2} = 0.0006\,[sr]$

$\Omega = \pi\theta_E^2 \rightarrow \theta_E = \sqrt{\Omega/\pi} = 0.0138 = 0.8^o$

$\phi_{ANT} = 2\theta_E = 1.6^o$

따라서 정지궤도 인공위성과 통신하기 위해서는 안테나 빔폭이 앙각과 방위각 모두에서 매우 좁아야 한다.

이제 라디안과 스터라디안이 레이다에서 어떻게 사용되는지 알아보자. 【그림 6.10】과 같이 2종류의 방향탐지 기능이 있는 레이다가 있다. 왼쪽 레이다는 수직방향으로 안테나 빔폭이 넓으므로 수직방향의 분행능이 나빠서 2개의 목표물을 구분할 수 없는데 반하여 오른쪽 레이다는 수직방향으로 좁은 빔을 여러 개 형성할 수 있으므로 수직방향의 분해능이 좁아 수직방향의 목표물을 구분할 수 있다. 안테나의 빔을 수평방향으로 형성한다면 수직방향과 마찬가지로 안테나 빔폭이 좁을수록 수평방향 각도 분해능이 좋아진다.

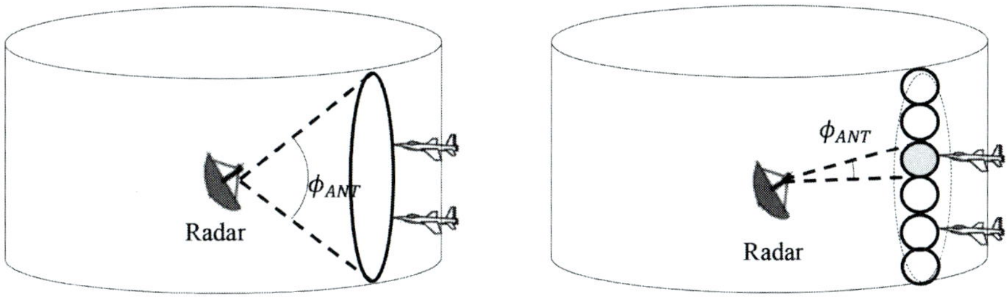

▌그림 6.10▌ 입체각과 안테나 빔폭의 관련성

빔폭이 좁은 경우 빔을 스캔하는 방법에 따라 레이다가 구분된다.【그림 6.11】은 1차원으로만 스캔하는 레이다와 2차원으로 스캔하는 레이다의 빔특성을 보여준다. 보통 항공기에 탑재하는 군사용 레이다는 수평방향과 수직방향 모두 좁은 빔을 형성하므로 수직방향과 수평방향 양쪽에서 모두 목표물의 방향을 알 수 있다. 하지만 차량용 레이다에서 차량이 2차원 평면에서 이동하므로 수평방향의 분해능은 좁아야 하지만 수직방향의 분해능은 그다지 좋을 필요는 없다[8]. 이를 통해 2차원 평면에서는 라디안의 개념으로 충분하고, 3차원 평면에서는 스터라디안 개념을 사용해야 함을 알 수 있다.

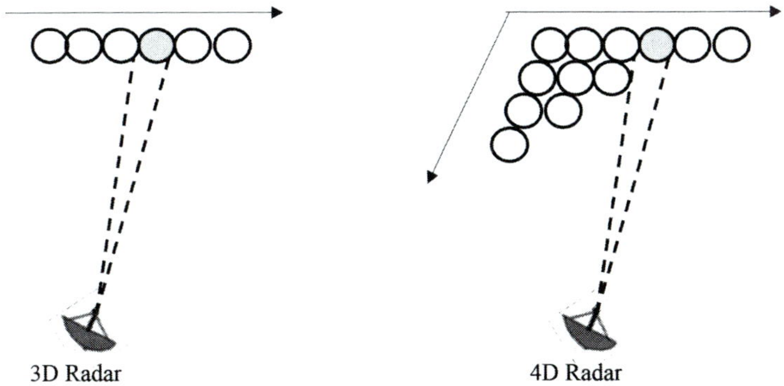

▌그림 6.11▌ 1차원 스캔과 2차원 스캔 레이다의 비교

8) 보통 차량용 레이다는 거리, 속도, 수평방향 각도 3가지 정보를 알 수 있어 3D 레이다라고 하고, 여기에 수직방향 각도까지 추가되면 4D 레이다라고 부른다. 4D 레이다는 수직 방향 분해능이 있으므로 터널과 차량에서 반사되는 전파를 구분할 수 있어 최근 관심을 받고 있다.

요약

무선통신기기나 레이다 기기가 고정되어 있다면 절대좌표계를 사용할 수 있다. 절대좌표계는 무선통신기기를 중심으로 하여 구성하거나, 지구의 원점을 중심으로 할 수 있다. 만약 무선통신기기나 레이다가 움직인다면 물체을 중심으로 동체 좌표계를 사용해야 한다. 역학에서는 좌표계를 Frame이라 부르며, 동체 좌표계는 Body Frame, 직교 기준 절대좌표계는 Inertial Frame이라고 부른다.

6.2 상대좌표계

6.1절에서 공간 상의 한 지점을 원점으로 잡아 좌표축을 구성하였는데 이를 절대좌표계라 한다. 하지만 운동하는 물체의 경우 운동하는 물체를 중심으로 좌표계를 잡을 수 있는데 이를 상대좌표계라고 한다[9]. 만약 무선통신기기나 레이다가 비행기에 탑재되어 있다면 움직이는 비행기 관점에서 상대 무선통신기기의 위치나 레이다 목표물의 위치를 계산해야 하므로 상대좌표계를 이해할 필요가 있다.

상대좌표계와 절대좌표계의 관계를 이해하기 위하여【그림 6.12】를 보자. 그림에서 점의 위치는 절대좌표계에서는 $(\cos\theta, \sin\theta, 0)$의 좌표계를 가지고 있으나 상대좌표계에서는 (1,0,0)의 좌표로 표현된다. 이를 수식으로 표현하면 식 (6.17)과 같이 표현할 수 있다.

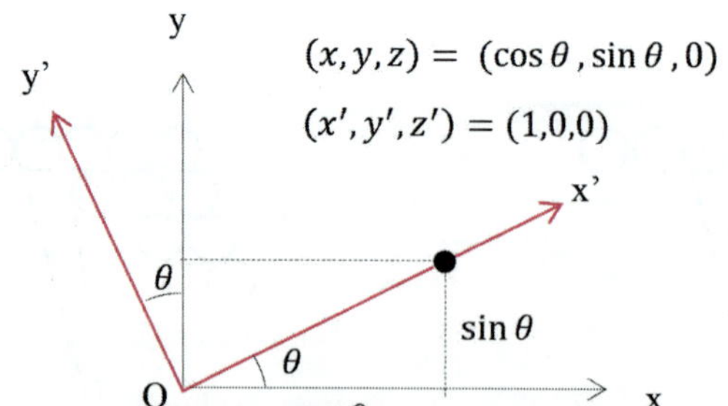

그림 6.12 절대좌표계와 상대좌표계의 관계

$$x' = x\cos\theta + y\sin\theta$$

9) 예를 들어 드론이 100m를 직선방향으로 10m/sec의 속도로 날아가면 10초 뒤에 목표지점에 도착하게 된다. 하지만 만약에 지그재그 형태로 날아간다면 10m/sec의 속도로 날아가더라도 100m 전방에 도착했을 때 20초가 소요될 수 있다. 절대좌표계에서는 물체의 속도는 5m/sec가 되지만, 드론의 기체에 고정된 좌표계를 사용하면 물체의 속도는 10m/sec가 된다.

$$y' = -x\sin\theta + y\cos\theta \tag{6.17}$$
$$z' = z$$

식 (6.17)을 행렬 형태로 표현하면 다음과 같이 쓸 수 있다.

$$\begin{bmatrix} x' \\ y' \\ z' \end{bmatrix} = \begin{bmatrix} \cos\theta & \sin\theta & 0 \\ -\sin\theta & \cos\theta & 0 \\ 0 & 0 & 1 \end{bmatrix} \begin{bmatrix} x \\ y \\ z \end{bmatrix} \tag{6.18}$$

식 (6.18)의 행렬을 회전 행렬(Rotation Matrix)라고 부른다.

예제 6-8 **강물이 10km/hr의 속도로 남동방향으로 흐르고 있는데 배가 강물을 따라 표류하고 있다. 사람이 배와 수직인 방향으로 2km/hr의 속도로 갑판 위를 걷고 있을 때 육지에 대한 그 사람의 속도를 구하라?**

풀이 상대좌표계로 속도가 정의되어 있을 때 절대좌표계(육지 기준)의 속도를 구하는 문제이다.

– 배의 속도: $\vec{u}_1 = 10(\cos 45^o \vec{a}_x - \sin 45^o \vec{a}_y) = 7.07\vec{a}_x - 7.07\vec{a}_y$

– 사람의 속도: $\vec{u}_2 = 2(-\cos 45^o \vec{a}_x - \sin 45^o \vec{a}_y) = -1.41\vec{a}_x - 1.41\vec{a}_y$

– 사람의 절대속도: $\vec{u}_1 + \vec{u}_2 = 5.66\vec{a}_x - 8.48\vec{a}_y$

– 사람의 절대속도의 크기: $\sqrt{5.66^2 + 8.48} = 10.2$

답 사람을 기준으로 한 상대좌표계의 속도는 2km/h이지만 육지를 기준으로 하면 배의 속도가 더해지므로 10.2km/h가 된다.

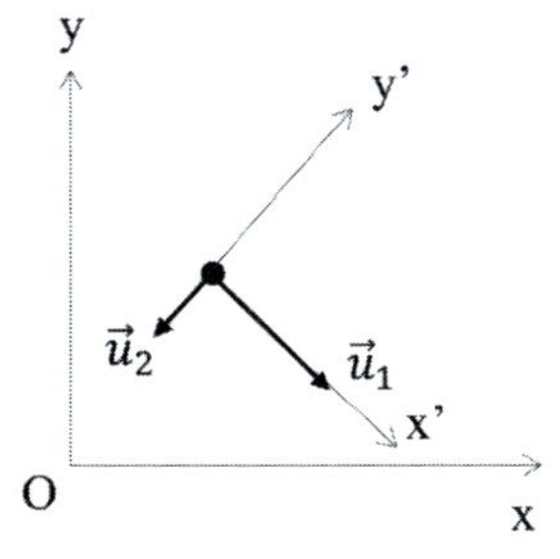

참고 무선통신기기나 레이다가 항공기에 부착되어 있는 경우 비행체를 중심으로 상대좌표계가 되고, 항공기의 절대좌표계로는 보통 지면좌표계(North East Down, NED)를 사용한다. NED 좌표계는 비관성좌표계라고 하며, x축은 북쪽(North), y축은 동쪽(East), z축은 지구중심방향으로 설정한다. 이 경우 비행체의 자세는 지면좌표계와 기체 중심의 상대좌표계 간의 관계를 통해 알 수 있다.

6.2.1 회전좌표계

상대좌표계는 물체의 관점에서 중요한 좌표계이며, 상대좌표계의 한 종류로 움직이는 물체 관점에서 각 축방향에 따른 회전을 설명하기 위해서 회전좌표계가 도입되었다. 회전좌표계란 직각좌표계의 각 축 x, y, z을 회전축으로 하여 회전된 각을 각각 ϕ(Roll), θ(Pitch), ψ(Yaw)라고 정의한다. 이렇게 정의된 세 가지의 각도로 물체의 방향을 표시할 수 있는데, 이 각도를 **오일러 각(Euler Angle)**이라 부른다.【그림 6.13】에서 물체의 진행방향이 x축일 때 x축을 회전축으로 하는 회전을 롤(Roll)이라 부르고 그 회전각을 ϕ로 표기한다. y축을 회전축으로 하는 회전을 피치(Pitch)라 부르고 그 회전각을 θ로 표기하고, z축은 요(Yaw)로, 그 회전각은 ψ로 표기한다[10]. 회전의 방향을 정할 때는 오른손 법직을 적용한다. 즉 오른손 엄지손가락이 각각 x, y, z 축의 양의 방향으로 향하게 하고 나머지 손가락들을 말아 쥐었을 때 나머지 손가락들이 향하는 방향이 양의 방향이 된다.

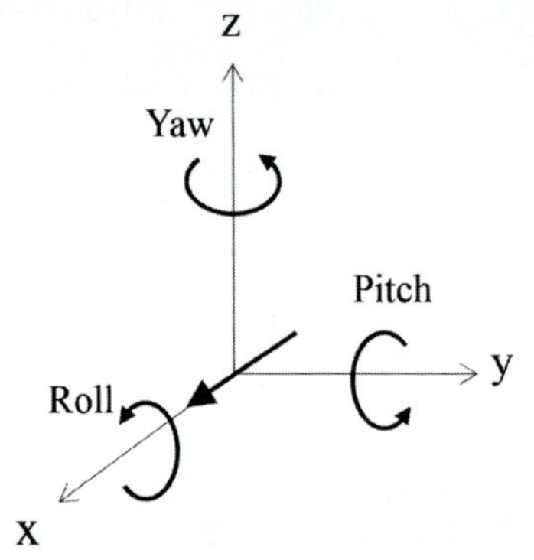

그림 6.13 회전 좌표계의 정의

비행기와 같이 3차원으로 움직이는 물체의 기울임이나 회전은 3종류의 회전을 통해서 이루어지는데 먼저 첫 번째 회전은 x축을 기준으로 하는 Roll 회전이고 이를 1번째 오일러각(1 Euler Angle)이라 부른다.

$$\begin{bmatrix} x_1 \\ y_1 \\ z_1 \end{bmatrix} = \begin{bmatrix} 1 & 0 & 0 \\ 0 & \cos\theta & \sin\theta \\ 0 & -\sin\theta & \cos\theta \end{bmatrix} \begin{bmatrix} x \\ y \\ z \end{bmatrix} \tag{6.19}$$

10) 절대좌표계인 구좌표계와 θ와 ϕ와 회전좌표계의 Roll과 Pitch는 같은 기호를 사용하나 다르게 정의되니 주의해야 한다.

2번째 회전은 y_1축을 기준으로 한 Pitch 회전이고 이를 2번째 오일러각(2 Euler Angle)이라 부른다.

$$\begin{bmatrix} x_2 \\ y_2 \\ z_2 \end{bmatrix} = \begin{bmatrix} \cos\theta & 0 & \sin\theta \\ 0 & 1 & 0 \\ -\sin\theta & 0 & \cos\theta \end{bmatrix} \begin{bmatrix} x_1 \\ y_1 \\ z_1 \end{bmatrix} \tag{6.20}$$

마지막 3번째 회전은 z_2축을 기준으로 한 Yaw 회전이고 이를 3번째 오일러각(3 Euler Angle)이라 부른다.

$$\begin{bmatrix} x_3 \\ y_3 \\ z_3 \end{bmatrix} = \begin{bmatrix} \cos\theta & \sin\theta & 0 \\ -\sin\theta & \cos\theta & 0 \\ 0 & 0 & 1 \end{bmatrix} \begin{bmatrix} x_2 \\ y_2 \\ z_2 \end{bmatrix} \tag{6.21}$$

식 (6.19)에서부터 식 (6.21)까지의 3번의 회전으로 물체의 현재 방향과 관계없이 원하는 어떠한 형태의 자세로 변환할 수 있게 된다.

> **참고**
>
> 회전행렬을 이용하여 좌표계를 변환하는 문제는 자동차 제어, 항공기 제어 등에서 많이 사용되고, 레이다에서도 레이다가 설치된 자동차나 항공기의 자세에 따라 목표물의 위치가 달라지므로 이를 고려해야 한다. 보통 자동차나 항공기는 GPS와 관성장치(IMU)로 본인의 위치와 자세를 파악하므로 레이다로 측정된 거리와 방향과 융합하게 된다.

6.2.2 자이로 센서와 가속도 센서

무선통신과 레이다 시스템은 자이로(Gyro) 센서나 가속도(Accelerometer) 센서와 같은 다양한 IMU(Inertial Measurement Unit) 센서와 결합되어 사용되곤 한다. 가속도 센서는 지구의 중력가속도를 기준으로 사물이 얼마만큼의 힘을 받고 있는지를 측정하는 센서로 3축 가속도 센서라 하면 3차원에서 x, y, z 축으로 3개의 가속도 센서가 통합된 센서를 말한다. 가속도 센서는 중력가속도를 3개의 축 별로 각각의 가속도의 크기를 측정하게 된다. 따라서 물체가 기울어진 경사를 검출할 수 있다. 반면, 자이로 센서는 각 축에서 각속도를 검출하는 센서로 특정 속도를 가지고 있는 물체가 회전하면 그 속도 방향과 수직으로 코리올리의 힘(전향력)이 발생한다는 물리현상을 이용하여 각 축 방향의 각속도를 검출하는 센서를 의미한다. 이러한 가속도 센서와 자이로 센서를 합하여 IMU 센서라고 부르며 MEMS 기술의 발달로 저가의 센서 IC로 만들어 판매되고 있다. 가속도 센서는 아주 짧은 시간에 움직일 때는 오차가 없으나, 자이로 센서는 노이즈 등에 의해 오차가 누적되는데 이 오차는 시간이 지날수록 누적되게 된다. 따라서 지자기

센서나 온도 센서를 이용하여 오차를 보상하기도 한다.【그림 6.14】에 가속도센서와 자이로센서가 측정하는 좌표계를 보여주며, IMU 센서는 물체에 고정되어 있으므로 상대좌표계를 사용하므로 절대 좌표계로 필요에 따라 변환할 필요가 있다. 가속도와 각속도 모두 3개의 축에서 정의되므로 2개의 축의 가속도를 측정할 수 있는 센서는 2축 가속도 센서, 3개의 축의 가속도를 측정할 수 있는 센서는 3축 가속도 센서라고 한다. 3축 가속도 센서에 3축에서의 각속도를 측정할 수 있는 센서는 총 6축 관성센서라고 부른다.

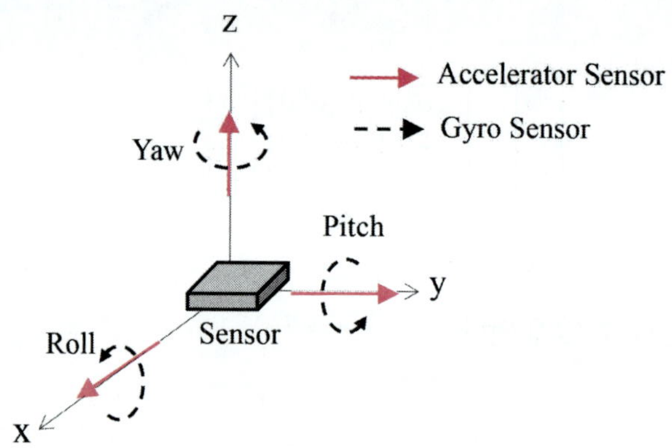

【그림 6.14】 가속도 센서와 자이로센서

예제 6-9 **가속도 센서의 값이 5초 동안 2.5m/sec²이 변화하는 경우 속도와 이동거리를 구하시오**

풀이 속도는 12.5m/sec (=2.5m/sec² x 5 sec)

이동거리는 31.25m (거리는 0.5x가속도x시간²)

참고 보통 2차원 평면에서 센서가 움직일 때 가속도계는 x, y, z에서 중력가속도를 측정하므로 z방향의 가속도는 -9.81m/sec²으로 고정되어 있다.

최근 MEMS 기술의 발달로 자이로 센서와 가속도 센서는 하나의 칩으로 출시되고 있다.【그림 6.15】는 6축 자이로 및 가속도센서의 한 종류인 MPU6060 IC가 모듈로 구성된 제품으로 전원을 인가하고, 마이컴과 I2C 인터페이스(SCL과 SDA 이용)를 통해 가속도와 각속도 정보를 외부로 보낼 수 있도록 되어 있다

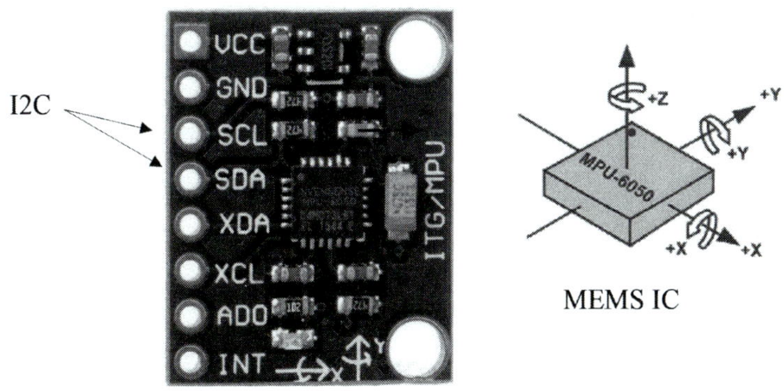

그림 6.15 6축 가속도 센서인 MPU6050의 예

예제 6-10 **인터넷 상에 MPU6050 모듈과 아두이노를 이용하여 관성데이터를 다루는 예제를 살펴보자.**

6.3 배열 안테나(Array Antenna)

3장에서 학습한 안테나는 안테나 소자가 하나인 단일 안테나였다. 일반적으로 반사판이 없는 단일 안테나의 경우 빔 특성이 넓다. 대표적인 안테나인 다이폴 안테나를 보면 방위각 방향으로 일정한 방사특성을 갖는 전방향(omnidirectional) 특성의 빔 패턴을 가지고 있다. 즉, 앙각이 90° ($\theta = \pi/2$)인 수평방향에서 방위각(ϕ)에 따른 빔패턴의 변화가 없게 된다. 만약 방위각에 따라 특정방향으로 빔패턴을 갖는 지향성의 빔패턴 특성이 필요할 때는【그림 6.16】의 왼쪽 그림과 같이 파라볼릭 안테나와 같이 빔이 좁은 안테나를 기계적으로 회전시키는 방법을 사용하거나 단일 안테나를 배열하여 배열안테나를 구성함으로써 빔폭이 좁은 빔을 만들 수 있다. 기계식 빔을 갖는 안테나는 빔의 모양은 변하지 않고 안테나의 회전에 따라 빔의 방향만 바꾸는 것이므로 모터의 회전속도에 레이다 성능이 영향을 받을 뿐만 아니라 안테나 당 하나의 빔 패턴만을 가질 수밖에 없다. 하지만 배열안테나를 구성하여 전기적으로 빔을 형성하고 각 안테나별로 송수신기를 연결하게 되면 동시에 여러 개의 빔을 만들거나, 빔의 모양을 상황에 따라 바꿀 수 있다[11]. 배열안테나는 안테나를 배열하는 방향을 따라 빔폭이 좁아지는 특성을 가

11) 레이다의 경우 기계식 빔추적 레이다는 크기가 크고 회전반경이 필요하므로 전투기 등에 탑재할 수 없어 고성능 전투기에는 전자식 배열안테나를 사용하는 것이 필요하다.

지므로【그림 6.16】의 오른쪽 그림과 같이 2차원으로 배열하게 되면 방위각 뿐만 아니라 앙각으로도 특정 방향의 빔을 실시간으로 형성할 수 있는데 이는 기계식 안테나가 절대 수행할 수 없는 기능이므로 최신 고성능 레이다는 전자식 배열 안테나를 사용하는 것이 일반적이다[12]. 또한, 전자식 배열 안테나는 수신기의 수를 늘림에 따라 동시에 만들 수 있는 안테나 빔의 수가 늘어나게 되는 장점이 있다.

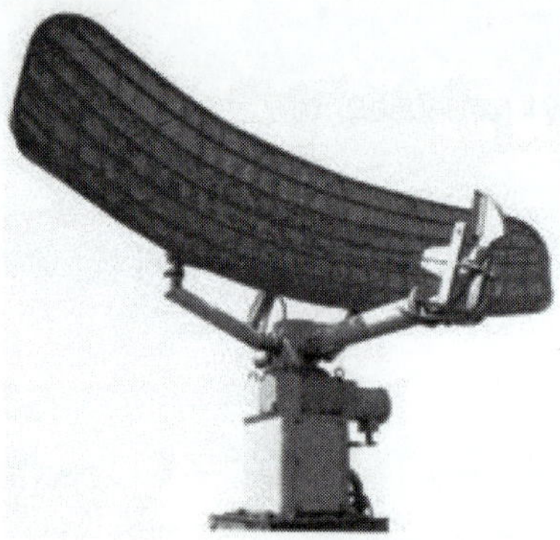

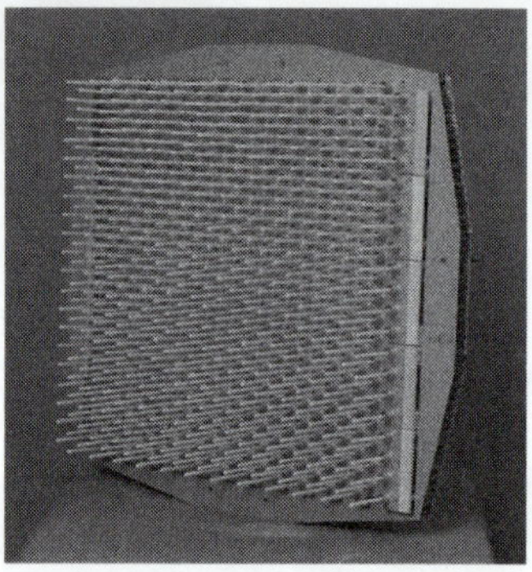

그림 6.16 레이다용 기계식 빔추적 안테나와 전자식 배열 안테나

6.3.1 배열 안테나 원리

전통적인 배열안테나의 구성은【그림 6.17】과 같다[13]. 배열안테나는 송신안테나나 수신안테나, 또는 송수신 안테나로 사용할 수 있는데【그림 6.17】은 수신안테나로 배열안테나가 사용될 때의 그림으로 각각의 안테나의 출력은 감쇄기 (attenuator)에 의해 크기가 조정되고 위상천이기 (phase shifter)로 위상이 조절되어 그 출력이 더해지게 된다. 송신안테나의 경우에는 수신기 대신 송신기가 사용되고 화살표 방향이 반대가 되면 송신안테나가 되는데 그 구조에는 큰 차이가 없다. 만약 송신기와 수신기가 합쳐져 송수신기로 바뀌면 안테나는 송신과 수신 모두가 가능하다. 이러한 배열 안테나에서 각각의 안테나는 동일한 안테나를 사용하고 안테나 사이의 간격은 균일한 간격으로 배열한다. 이때 간격은 반파장($\lambda/2$)을 사용하는 것이 일반적이다.

12) 기계식 회전 안테나는 회전하는 방향이 정해져 있으므로 회전하는 방향으로만 빔을 조정할 수 있다. 2차원으로 회전할 수도 있으나 이 경우 안테나 회전을 위한 모터장치가 매우 복잡해진다.

13) 과거 배열안테나는 안테나단에서 크기와 위상을 조절하는 방식을 사용하였다.

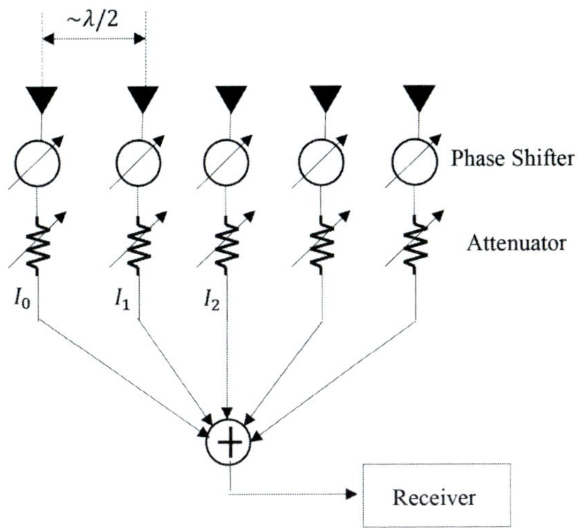

▌그림 6.17▌ 배열 안테나의 구성(수신안테나의 경우)

각각의 안테나의 방사 특성은 무시하고 배열 형태에 의한 방사패턴의 변화를 알기 위하여 각각의 안테나는 이상적인 등방성 안테나(point source)라고 가정하자. 배열안테나의 구성은【그림 6.18】과 같고, 수평으로부터 θ의 각도 방향에서 전파가 입사한다고 가정하자. 이 전파는 원거리에서 송신되는 평면파로서 크기의 변화는 없고 위상의 변화만 있다고 가정할 수 있다. 이제 배열안테나에 수신되는 신호는 식 (6.22)와 같이 안테나 간에 위상차 $d\cos\theta$만 차이가 있는 신호가 더해지게 된다.

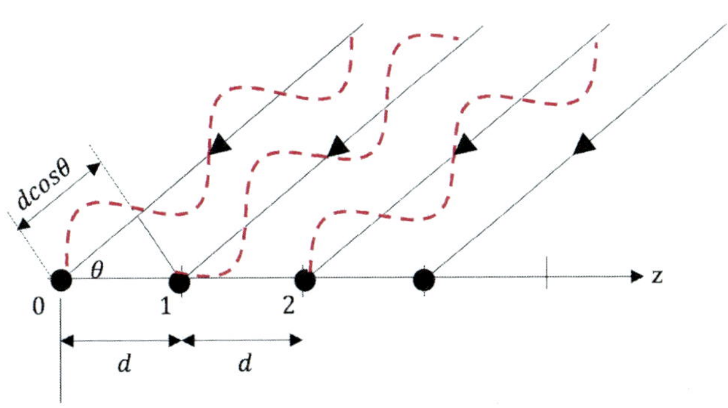

▌그림 6.18▌ 이상적인 안테나로 구성된 1차원 배열안테나 모델

$$I_0 + I_1 e^{j\beta d\cos\theta} + I_2 e^{j2\beta d\cos\theta} + \dots = \sum_{n=0}^{N-1} I_n e^{j\beta n d\cos\theta} \tag{6.22}$$

여기서 I_n은 각각의 안테나에서 부착된 감쇄기Attenuator)와 위상천이기(phase shifter)에

의해 크기와 위상이 조절된 출력신호로 식 (6.23)과 같다. 식 (6.23)에서 안테나 간의 상대적인 위상차는 α로 동일하다고 가정한다.

$$I_n = A_n e^{jn\alpha} \tag{6.23}$$

식 (6.23)을 식 (6.22)에 대입하면 식 (6.24)와 같이 주어진다. 식 (6.24)를 **배열인자(array factor)**라고 부르며 AF라고 쓴다.

$$AF = \sum_{n=0}^{N-1} A_n e^{jn(\beta d\cos\theta + \alpha)} = \sum_{n=0}^{N-1} A_n e^{jn\psi} \tag{6.24}$$

식 (6.24)에서 $\beta d\cos\theta + \alpha = \psi$이다. 식 (6.24)는 ψ의 함수이며, Fourier 급수의 개념으로 볼 수 있다[14]. 즉, 배열인자는 $e^{j0} = 1, e^{j\psi}, e^{j2\psi}, e^{j3\psi}, \ldots, e^{j(N-1)\psi}$라는 함수들의 선형조합으로 표현될 수 있다.

배열안테나의 안테나 소자가 2개인 경우 안테나의 진폭은 1이고 안테나 간의 위상차가 없을 때의 배열인자의 개념이【그림 6.19】에 나타나 있다. 수직방향으로는 두 개의 안테나에서 방사되는 파동이 동위상으로 더해져서 2배의 크기가 되는 반면에, 수평방향에서는 두 개의 안테나에서 방사되는 파동이 180° 위상차가 나므로 더해져서 0의 크기가 된다. 이를 식으로 쓰면 AF는 식 (6.25)와 같다.

$$AF = 1e^{-j\beta(d/2)\cos\theta} + 1e^{j\beta(d/2)\cos\theta} = 2\cos\left(\beta\frac{d}{2}\cos\theta\right) \tag{6.25}$$

식 (6.25)에서 두 안테나 간의 간격이 반파장이라고 하면 AF는 식 (6.26)과 같다.

$$AF = 2\cos\left(\frac{\pi}{2}cos\theta\right) \tag{6.26}$$

식 (6.26)의 2소자 배열안테나의 배열인자와 이를 활용한 (예제 6-11) 및 (예제 6-12)를 통해 안테나에 입력되는 위상차를 통해 특정 방향으로 빔을 형성할 수 있고 그 빔의 방향을 조절할 수 있음을 알 수 있다. 또한, 배열안테나는 안테나 사이의 간격, 안테나 배열의 수에 따라서도 빔패턴이 다양하게 변하게 된다. 그렇다면 다이폴 안테나와 같이 개별적인 빔패턴 특성을 갖는 안테나를 사용할 경우에는 어떻게 될까? 당연히 개별안테나 빔의 방사패턴과 배열인자에 의한 방

14) 식 (6.24)는 4장에서 학습한 Fourier급수와 모양이 같다. Fourier급수를 배울 때 보통 시간의 함수로 배우게 되는데 Fourier 급수가 시간에 함수로만 정의되는 것이 아니다.

사패턴을 곱하게 되면 두 개의 방사패턴의 중첩된 효과를 알 수 있다. 이러한 원리를 **패턴곱(pattern multiplication)**의 원리라 부르며, 배열안테나에서 가장 중요한 원리 중 하나이다.

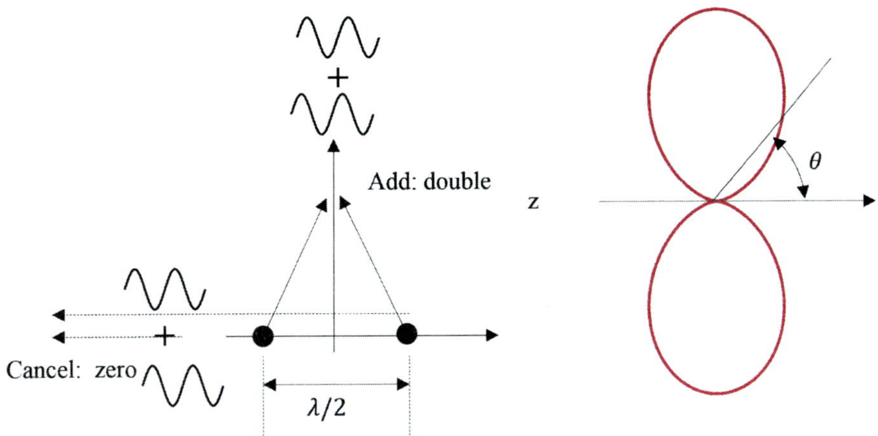

▌그림 6.19▌ 2소자 배열안테나의 배열인자 개념

예제 6-11 **식 (6.26)과 같이 반파장 떨어진 2소자 배열안테나의 Array Factor를 극좌표로 그리시오. 또한, 상대적인 위상차 α가 180°인 경우에 AF의 방사패턴은 어떻게 되는가?**

풀이 위상차가 180°인 경우에 $AF = 2\sin\left(\frac{\pi}{2}\cos\theta\right)$이 되므로 다음과 같다.

```
N=360;
th=1:1:N;
thr=th*pi./180;
P=2*(cos(pi/2*cos(thr)));
Log_P=10*log10(abs(P));
figure(1)   % Linear Plot
polar(0,1);
polar(thr,P)
figure(2)   % Log Plot
polarplot(thr,Log_P);       rlim([-40 10])
P=2*(sin(pi/2*cos(thr)));
Log_P=10*log10(abs(P));
figure(3)   % Linear Plot
polar(0,1);
polar(thr,abs(P))
figure(3)   % Log Plot
polarplot(thr,Log_P);       rlim([-40 10])
```

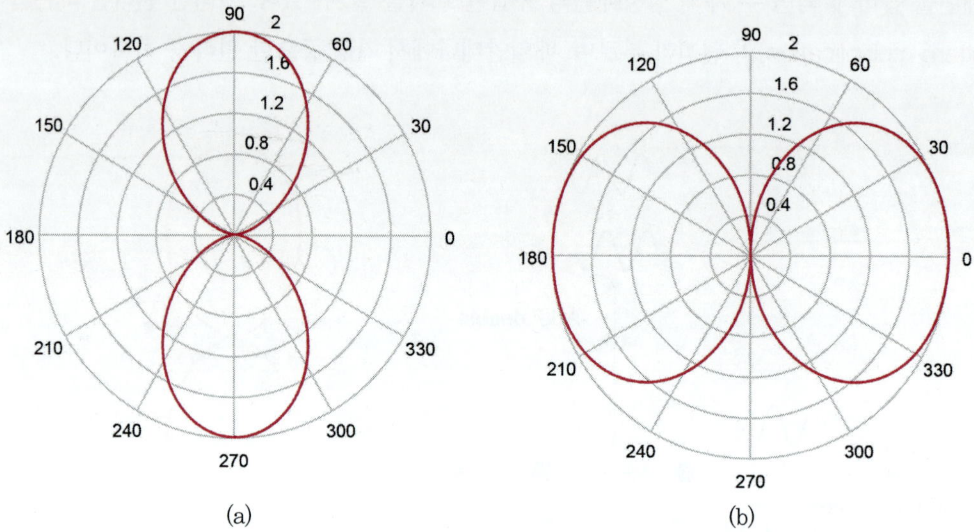

▌그림 6.20▐ 2소자 배열안테나의 방사패턴의 예; (a) 위상차 0°; (b) 위상차 180°;

예제 6-12 **두 안테나 사이의 위상차가 90°이고 안테나 사이의 간격이 $\lambda/4$ 떨어진 경우의 Array Factor를 구하고 방사패턴을 그리시오.**

풀이

$$\begin{aligned} AF &= 1e^{-j\beta(d/2)\cos\theta} + 1e^{-j(\pi/2)}e^{j\beta(d/2)\cos\theta} \\ &= e^{-j(\pi/4)}\left[e^{j\beta(d/2)\cos\theta-\pi/4} + e^{j\beta(d/2)\cos\theta+\pi/4}\right] \\ &= e^{-j(\pi/4)}2\cos\left(\beta\frac{d}{2}\cos\theta - \frac{\pi}{4}\right) \end{aligned}$$

$d=\lambda/4$를 대입하면

$$P(\theta) = \cos\left(\frac{\pi}{4}\cos\theta - \frac{\pi}{4}\right)$$

```
N=360;
th=1:1:N;
thr=th*pi./180;
P=cos(pi/4*(cos(thr)-1));
Log_P=10*log10(abs(P));
figure(1)    % Linear Plot
polar(0,1);
polar(thr,P)
```

그림을 그리면 【그림 6.21】과 같은 방사패턴 모양이 형성된다.

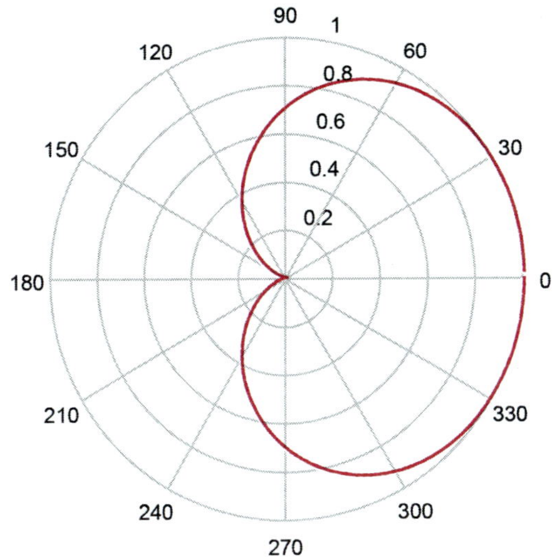

그림 6.21 (예제 6-12)의 Array Factor 방사패턴

배열안테나의 배열인자 개념을 알았으므로 이제 배열의 수에 따라 빔폭의 변화를 관찰하자. 식 (6.24)에서 모든 안테나에 입력되는 신호의 크기가 동일하다면, 각각의 안테나에 입력되는 크기 A_n은 다음과 같다.

$$A_0 = A_1 = A_2 = \cdots \tag{6.27}$$

이제 식 (6.24)는 식 (6.28)과 같이 주어진다.

$$AF = \sum_{n=0}^{N-1} A_n e^{jn\psi} = A_0 (1 + e^{j\psi} + \cdots + e^{j(N-1)\psi}) \tag{6.28}$$

식 (6.28)에 $e^{j\psi}$를 곱하면

$$AFe^{j\psi} = A_0 (e^{j\psi} + e^{j2\psi} + \cdots + e^{jN\psi}) \tag{6.29}$$

이 되고 식 (6.28)에서 식 (6.29)를 빼면 다음과 같다.

$$AF(1 - e^{j\psi}) = A_0 (1 - e^{jN\psi}) \tag{6.30}$$

식 (6.30)으로부터 배열인자에 대한 식 (6.31)을 얻을 수 있다.

$$AF = \frac{1 - e^{jN\psi}}{1 - e^{j\psi}} A_0 \tag{6.31}$$

식 (6.31)을 변형하면 식 (6.32)와 같다.

$$\begin{aligned} AF &= A_0 \frac{e^{jN\psi}-1}{e^{j\psi}-1} = A_0 \frac{e^{jN\psi/2}}{e^{j\psi/2}} \frac{e^{jN\psi/2}-e^{-j\psi N/2}}{e^{j\psi/2}-e^{-j\psi/2}} \\ &= A_0 e^{j(N-1)\psi/2} \frac{\sin(N\psi/2)}{\sin(\psi/2)} \end{aligned} \tag{6.32}$$

식 (6.32)에서 $e^{j(N-1)\psi/2}$는 고정된 위상값이므로 방사패턴의 모양에는 영향을 주지 않는다. 따라서 N소자를 갖는 배열안테나의 배열인자는 다음과 같다고 볼 수 있다.

$$AF = A_0 \frac{\sin(N\psi/2)}{\sin(\psi/2)} \tag{6.33}$$

N개의 안테나 소자를 갖는 배열안테나의 최대값은 하나의 안테나의 크기의 N배가 된다.

$$AF(\psi=0) = A_0(1+1+\cdots+1) = A_0 N \tag{6.34}$$

식 (6.34)에 의해 안테나 수가 2배가 되면 안테나 이득은 3dB씩 커지게 되고 정규화된 배열인자는 식 (6.35)와 같이 주어진다.

$$AF = \frac{\sin(N\psi/2)}{N\sin(\psi/2)} \tag{6.35}$$

배열안테나의 빔폭은 식 (6.35)에 의해 N의 커질수록 좁아지게 된다.

예제 6-13 **식 (6.35)를 이용하여 안테나 수가 증가함에 따라 방사패턴의 변화를 그리시오.**

풀이 4소자와 8소자일 때 빔특성을 그려보자. 【그림 6.22】에 4소자 배열안테나와 8소자 배열안테나의 방사패턴을 볼 수 있다. 【그림 6.20】의 2소자 배열안테나와 비교하면 안테나 빔폭이 소자의 수에 따라 작아짐을 알 수 있다.

```
Na =4;
N=360;
th=1:1:N;
thr=th*pi./180;
P=(sin(Na*pi/2*cos(thr)))./(Na*sin(pi/2*cos(thr)));
figure(1)    % Linear Plot
polar(0,1);
polar(thr,P)
figure(2)    % Linear Plot
Na = 8;
P=(sin(Na*pi/2*cos(thr)))./(Na*sin(pi/2*cos(thr)));
```

```
polar(0,1);
polar(thr,P)
```

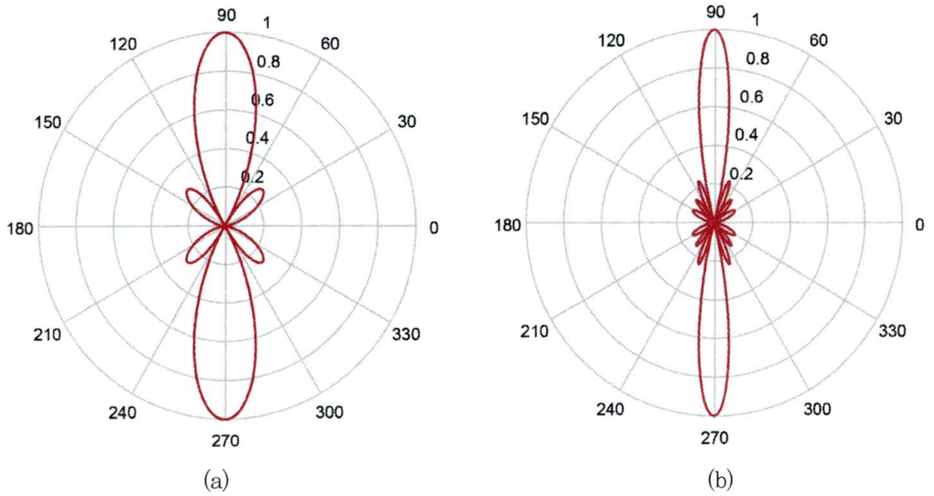

그림 6.22 배열안테나의 방사패턴의 예; (a) 4소자 배열; (b) 8소자 배열;

앞에서 안테나 빔폭과 분해능의 관계를 살펴보았고, 빔폭이 좁을수록 각도 분해능이 우수함을 학습하였다. 이제 배열안테나를 학습하였으므로 안테나에서 빔폭을 좁히는 방법을 다시 살펴보자. 안테나 빔폭을 좁히려면 반사판이 큰 안테나를 사용하여야 하며 반사판은 도체 판으로 만들게 되므로 가격도 비싸지 않다. 하지만 반사판은 3차원 형태를 가지므로 반사판이 큰 안테나를 이용해 특정 방향으로 빔을 스캔하기 위해서는 크기가 큰 안테나를 회전시킬 수 있는 고출력의 모터 장치가 필요하다는 단점이 있다. 반면에 배열안테나를 이용하면 안테나의 빔폭을 쉽게 작아지게 할 수 있고 위상을 조절하면 전기적으로 빔을 조절하 수도 있다. 물론 빔을 스캔하는 방향이 1차원이면 1차원 배열 안테나가 필요하고 빔을 2차원으로 스캔하려면 2차원 배열안테나가 필요하다.

> **요약**
> 배열안테나에서 안테나의 수를 늘릴 경우 빔이 좁아져 지향성이 있는 빔을 형성할 수 있다. 또한, 각 안테나 별로 위상을 다르게 할 경우 빔의 형태를 조정할 수 있다. 이를 빔포밍(beamforming) 안테나 또는 위상배열안테나(phased array antenna)라 한다. 최신 무선통신과 레이다 기술에서 가장 중요한 기술로 사용된다.

Grating lobe

현재까지 배열안테나 이론에서 안테나 사이의 간격은 반파장을 가정하였다. 만약 안테나 간격이 반파장보다 큰 경우에는 공간 Aliasing 효과로 인해 주빔의 각도가 아닌 특정 각도에서도 배열에서 방사되거나 입사하는 평면파가 동위상으로 더해져서 주빔가 같은 크기의 빔이 발생할 수 있는데 이를 grating lobe라 한다. (예제 6-14)에서 안테나 사이의 간격이 반파장이 아니라 한파장인 경우 입사각이 90°가 아닌 0°와 180°에서 주빔과 같은 크기의 grating lobe가 발생함을 알 수 있다. 따라서 gating lobe는 잘못된 신호의 입사방향이므로 가급적 발생하지 않도록 배열안테나를 설계해야 한다.

예제 6-14 **두 안테나 사이의 위상차가 0°이고 안테나 사이의 간격이 λ 떨어진 경우의 Array Factor를 구하고 방사패턴을 그리시오.**

풀이 $d=\lambda$를 대입하면 방사패턴은 $P(\theta)=2\cos(\pi\cos\theta)$이다.

$$AF=1e^{-j\beta(d/2)\cos\theta}+1e^{j\beta(d/2)\cos\theta}=2\cos\left(\beta\frac{d}{2}\cos\theta\right)=2\cos(\pi\cos\theta)$$

```
N=360;
th=1:1:N;
thr=th*pi./180;
P=cos(pi*(cos(thr)));
Log_P=10*log10(abs(P)));
figure(1)    % Linear Plot
polar(0,1);
polar(thr,P)
```

그림을 그리면 【그림 6.23】과 같이 주빔과 grating lobe가 형성된다.

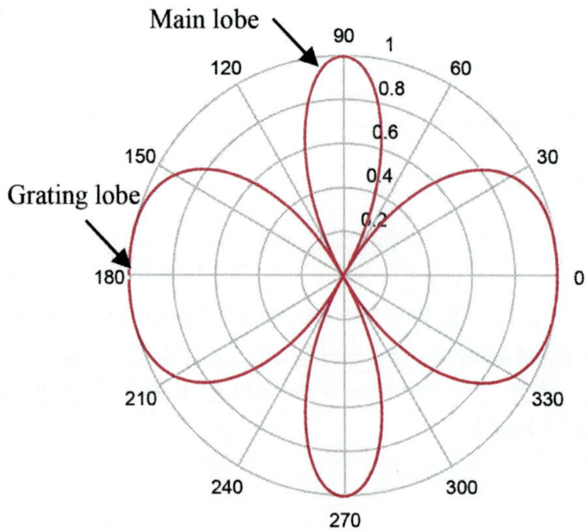

【그림 6.23】 2소자 배열안테나의 주빔과 grating lobe

배열안테나에서 grating lobe가 없는 배열안테나의 간격은 식 (6.36)으로 주어진다.

$$d \leq \frac{\lambda}{2} \tag{6.36}$$

안테나 간격이 반파장보다 작은 경우에는 안테나 차체의 크기 때문에 배치가 어려울 뿐만 아니라 안테나 간의 상호영향(Mutual Coupling)이 발생하기 때문에 식 (6.36)의 조건에 의하여 보통 배열안테나의 간격은 반파장으로 구성하게 된다[15].

안테나 상호 결합 (Mutual Coupling)

배열 안테나에서 반드시 고려해야 할 중요한 개념 중에 하나가 안테나간의 상호결합 현상이다. 상호결합은 보통 산란행렬로 묘사하는데 산란행렬의 크기는 안테나의 수에 비례한다. 만약 안테나 소자가 2개라면 2−port 산란행렬을 사용한다.【그림 6.24】에 2소자 안테나의 상호결합 특성과 산란행렬 특성을 보여준다. 안테나 1에서 입력되는 전압파형이 V_1^+ 일 때 이 신호의 대부분이 안테나를 통해 공기중으로 반사된다. 하지만 안테나의 입력단자간의 임피던스 부정합이 발생하면 일부의 전압은 반사되는데 이를 V_1^- 라고 한다. 다음으로 공기중으로 방사된 전파의 일부가 안테나 2에 유기되어 안테나 2의 단자에 입력되는데 이는 V_2^- 의 전압파형이 된다. 마찬가지로 안테나 2에 입력되는 V_2^+ 전압파형도 안테나 2에 반사되거나 안테나 1에 유기되어 안테나 1 입력단자로 흘러가게 된다. 이를 산란행렬로 나타내면 식 (6.37)과 같다. 보통 배열 안테나 설계시 반사되는 전압은 전력측면에서 1/20에서 1/100 이하로 낮추는 게 필요하다.

$$\begin{bmatrix} V_1^- \\ V_2^- \end{bmatrix} = \begin{bmatrix} S_{11} & S_{12} \\ S_{21} & S_{22} \end{bmatrix} \begin{bmatrix} V_1^+ \\ V_2^+ \end{bmatrix} \tag{6.37}$$

만약에 배열 안테나 수가 3개라면 산란행렬은 3x3 행렬, 배열 안테나 수가 4개라면 산란행렬은 4x4 행렬이라 한다. 하지만 멀리 떨어진 안테나에 대한 영향은 작을 것이므로 배열 안테나에서도 2x2 행렬이면 충분하다. 2x2 산란행렬에서 S_{11}과 S_{22}는 각각 첫 번째 안테나의 임피던스 정합 특성과 두 번째 안테나의 임피던스 정합 특성을 의미하고, S_{12}와 S_{21}는 상호결합 특성을 의미한다[16]. 안테나에서 이상적인 산란행렬은 모든 S parameter가 0인 경우

15) 안테나 배치 상 어쩔 수 없이 반파장 이상 이격해야 하거나 grating lobe를 적극적으로 활용하기 위하여 안테나 간격 식 (6.35) 이상으로 이격하는 경우도 간혹 존재하기도 한다.

이나 이는 실질적으로 어려우므로 최소로 만들어야 한다. 이러한 산란행렬은 전자파 차폐실에서 네트워크 분석기 등을 이용하여 측정하게 된다.

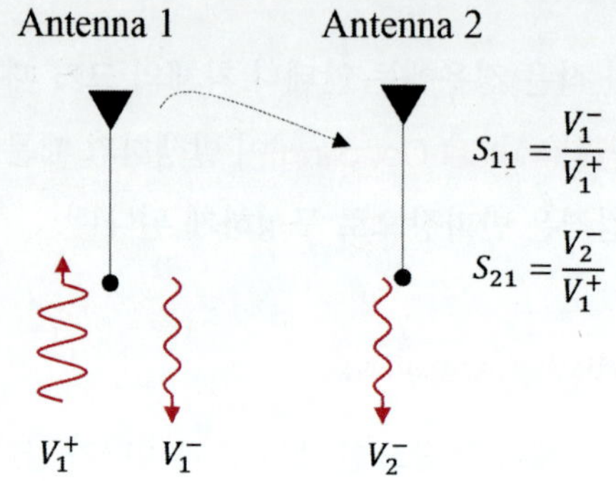

▌그림 6.24▐ 2소자 안테나의 상호결합

마지막으로 안테나의 상호결합은 안테나의 방사패턴에도 영향을 주게 되는데 이를 막기 위하여 가장자리에 급전이 없는 안테나만을 추가하여 설치하는 경우도 가끔 볼 수 있다. 이를 통해 배열안테나의 방사패턴 특성이 일정하도록 하는 역할을 한다.【그림 6.25】는 Infineon사의 차량용 레이더로 TEF10X라는 SoC와 송신안테나 3개와 수신안테나 4개로 이루어져 있다. 하지만 송신안테나와 수신안테나 가장자리에는 급전선이 연결되어 있지 않고 안테나 패턴만 있는 안테나가 추가된 것을 볼 수 있는데 이는 상호결합 특성에 의해 안테나 방사패턴이 변하는 것을 막는 역할을 한다.

▌그림 6.25▐ 차량용 레이더 사례(Infineon™)

6.3.2 디지털 빔포밍과 RF 빔포밍

반도체기술의 발달에 따라 송수신기가 반도체 집적회로로 구성됨에 따라 송수신기 간의 특성

16) 안테나의 산란행렬에 대한 자세한 학습은 마이크로파공학이나 초고주파공학 이론에서 다룬다.

이 일정하게 유지하는 것이 가능하게 되었다. 따라서 위상배열안테나 기술도 발전하여 전통적인 RF빔포밍에서 디지털 빔포밍 방식으로 발전하고 있다[17]. RF빔포밍과 디지털 빔포밍은 빔의 수에서 매우 다른 특성을 갖는다.【그림 6.26】에서 보인 바와 같이 RF빔포밍이 생성할 수 있는 빔의 수는 1개인 반면에 디지털 빔포밍은 송신기의 수만큼 다중 빔이 생성될 수 있다. 마찬가지로 수신기의 경우에도【그림 6.27】과 같이 RF빔포밍 또는 디지털 빔포밍이 가능하다. 디지털 빔포밍은 RF 주파수에서 안테나 별로 발생한 크기와 위상정보가 기저대역 디지털 신호로 정확히 변환되거나 기저대역 디지털 신호의 위상이 안테나에 정확히 변환되어야 하므로 송수신기에 의한 위상왜곡이 없어야 한다. 특히, 국부발진기의 동기가 동일해야 한다. 따라서 송수신기는 안테나마다 존재하더라도 국부발진기는 하나를 공통으로 사용하게 된다[18]. 만약 각 송신기나 수신기의 크기와 위상에 차이가 있다면 이를 교정(Calibration)하는 회로나 방법이 추가되어야 한다.

보통 주파수가 수십 GHz 이상으로 높은 경우 디지털빔포밍을 사용하기에는 송수신부의 크기가 안테나 크기에 비해 크고, 전력소모가 클 뿐만 아니라 위상정보의 오차도 커지기 때문에 구현이 어렵다. 따라서 상대적으로 개발이 편리한 아날로그 빔포밍을 사용하는 편이 유리하다. 하지만 이 또한 기술개발이 증가함에 따라 최근에는 수십 GHz 이상에서 디지털 빔포밍하는 사례도 등장하고 있다[19]. 레이다의 경우는 무선통신에 비해 상대적으로 위상의 동기가 쉬우므로 디지털 빔포밍이 유리하여 최근 77GHz 차량용 레이다 등은 디지털 빔포밍 방식을 사용한다.

참고로 무선통신에서는 빔포밍 방식과 공간다중화(Spatial Multiplexing)을 위한 MIMO (Multiple Input Multiple Output) 안테나를 구분해야 한다. 공간다중화란 안테나 별로 다른 정보를 보내는 방식을 의미하여 데이터 속도를 높이기 위한 방법이다. 이때는 안테나 간격을 $\lambda/2$ 이상을 이격하거나 다른 편파를 사용하여 안테나 간에 상관특성을 없애야 하므로 빔포밍과는 그 개념이 매우 다르다[20].

17) 배열 안테나를 빔포밍하는 방법은 기저대역에서 하는지 통과대역에서 하는지에 따라 그 특성이 매우 다르게 된다. 기저대역 신호의 진폭과 위상을 변화시키면 디지털 빔포밍이라 부르고, 통과대역에서 동작하는 RF 위상 천이기(phase shifter)를 이용하여 위상을 변화시키면 아날로그 빔포밍 또는 RF 빔포밍이라 부른다. 이 때 위상천이기는 스위치(SW)와 전송선로를 이용해 특정한 위상값을 디지털적으로 선택할 수 있도록 하는 것이 보통이다.

18) 국부발진기를 각각의 수신기별로 따로 사용하면 국부발진기 간 위상차가 존재하고 이 위상차가 기저대역으로 변환되므로 안테나 위상차와 더해져 오류가 발생하게 된다.

19) 3.5GHz를 사용하는 5G 이동통신은 주파수가 낮으므로 디지털 빔포밍 방식을 사용하는 반면, 28GHz를 사용하는 5G 이동통신에서는 디지털 빔포밍과 RF 빔포밍을 결합한 하이브리드(Hybrid) 빔포밍 개념도 사용하고 있다.

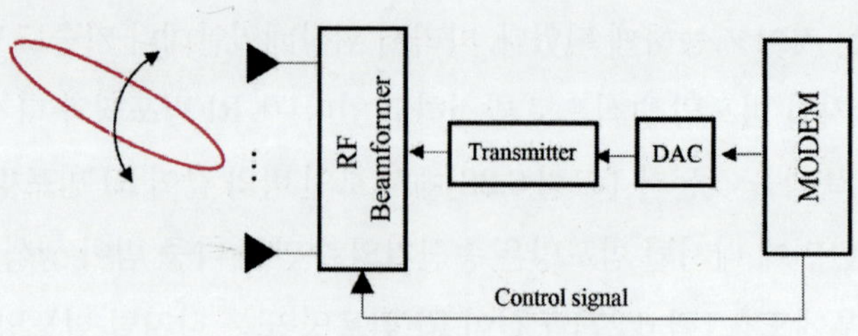

(a) RF 빔포밍: 단일 빔 형성

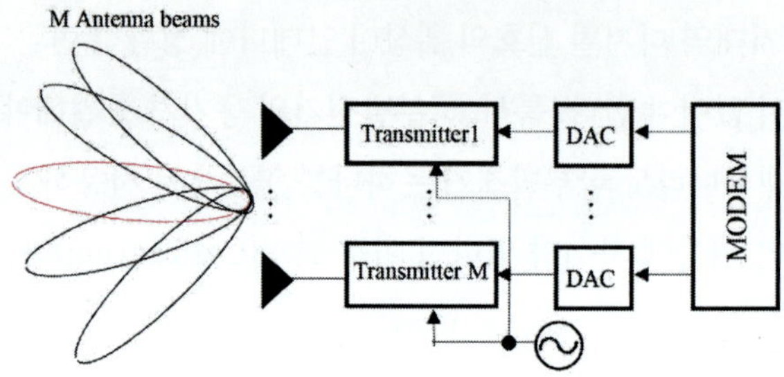

(b) 디지털 빔포밍: 다중 빔 형성

▌그림 6.26▐ RF 빔포밍과 디지털 빔포밍: 송신기의 경우

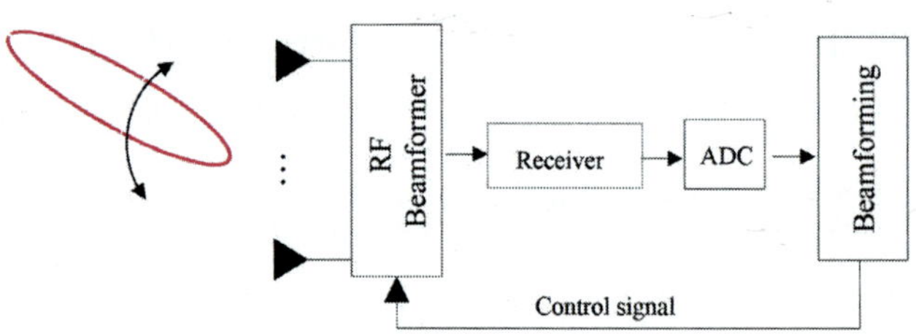

(a) RF 빔포밍: 단일 빔 형성

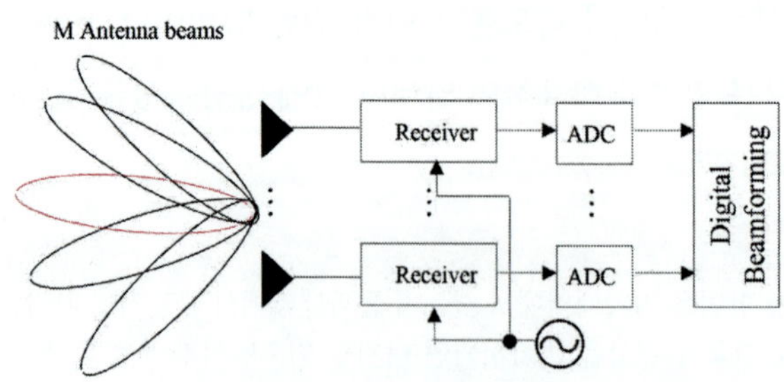

(b) 디지털 빔포밍: 다중 빔 형성

▌그림 6.27▐ RF 빔포밍과 디지털 빔포밍: 수신기의 경우

20) 공간다중화를 위한 MIMO 개념은 9장에서 학습한다. MIMO에서 2T2R인 경우 송신기가 2개, 수신기가 2개를 의미하며 이 경우 안테나가 독립적이라면 통신속도를 2배 높일 수 있다. 또한, 다중안테나에는 송신성능이나 수신성능을 높이는 다이버시티(Diversity) 개념도 존재한다.

제1장
제2장
제3장
제4장
제5장
제6장
제7장
제8장
제9장
제10장

예제 6-15 **5G 이동통신 기지국이나 AESA 레이다에서 사용되는 빔포밍은 어떤 형태인지 조사해보자.**

참고 이동통신은 5G부터 빔포밍을 사용하므로 빔이 8개, 16개 등 다양한 빔포밍을 사용한다. AESA 레이다는 RF빔포밍으로 빔폭이 좁은 빔을 만듬과 동시에 빔을 모노펄스 방식으로 추적해야 하므로 4개의 수신기를 갖는다.

요약

미래의 무선통신과 레이다에서 배열 안테나를 이용한 빔포밍 기술은 매우 중요하다. 이동통신의 경우 5G부터는 빔포밍 안테나를 사용하고 있고, 레이다에서 방위각, 앙각의 분해능을 높이기 위해 빔포밍 안테나를 사용하고 있다. 빔포밍은 빔폭을 좁히거나 특정 방향으로 빔을 형성할 수 있으므로 이를 무선통신이나 레이다에서 다양하게 사용할 수 있다.

6.4 배열안테나의 신호처리

6.3절에서 배열안테나의 원리, 구조와 특성에 대해 학습하였다. 안테나를 정해진 간격(보통 반파장)으로 배열하게 되면 특정한 방향으로 빔폭이 좁은 방사패턴을 만들 수 있을 뿐만 아니라 각 안테나의 위상을 조절하면 빔의 방향도 조정할 수 있게 된다. 특히, 디지털 빔포밍 구조를 가지는 배열안테나의 경우 시간을 고정한 상태에서 안테나 별로 수신된 신호를 신호처리하여 고성능의 방향탐지가 가능하다. 본 절에서는 이러한 디지털 빔포밍 배열안테나를 이용하여 목표물의 방향을 찾기 위한 신호처리 과정을 살펴보도록 한다.

6.4.1 시간샘플링과 공간샘플링

【그림 6.28】과 같이 5장에서 학습한 시간영역에서의 샘플링 개념을 배열안테나에 적용해 보자. 만약 시간이 고정되어 있다면 각각의 안테나에서 수신된 신호는 위상에 차이가 있는 신호가 각 안테나 별로 나타날 것이고 이는 공간에서 전파를 샘플링한 것이 될 것이다. 이를 배열안테나에 의한 공간샘플링(Spatial Sampling)이라 한다.

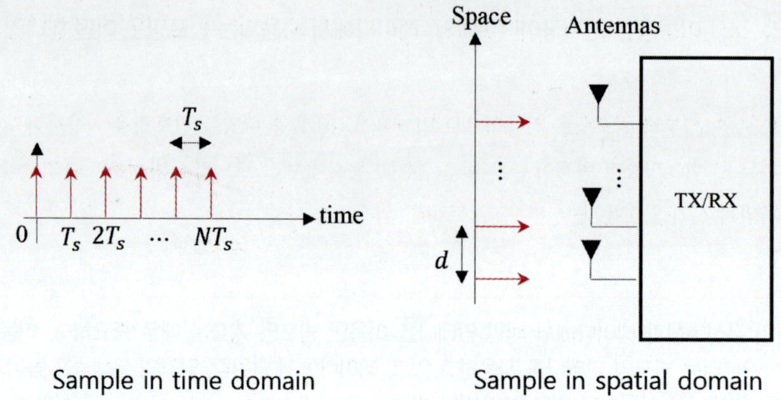

▌그림 6.28▐ 시간 샘플링과 공간샘플링

공간주파수의 개념을 이해하기 위하여 5장에서 다루었던 시간영역에서 아날로그 신호를 이산 신호로 만들기 위해 사용하는 ADC를 다시 보자. 【그림 6.28】과 같이 아날로그 신호는 ADC에 의해 일정한 샘플링 주기(T_s) 간격으로 샘플링된다. 당연히 샘플링 주기는 해석하려는 신호의 대역폭(B)에 의해 식 (6.38)과 같이 결정된다.

$$T_s \le \frac{1}{2B} \tag{6.38}$$

마찬가지로 배열안테나의 간격을 d로 일정하다고 하였을 때 배열안테나는 공간상에서 일정한 안테나 간격으로 샘플링하는 것과 같은 개념으로 볼 수 있다. 이때 배열안테나의 간격은 식 (6.38)과 유사하게 식 (6.39)로 주어진다[21]. 이는 grating lobe를 없애는 배열 안테나 간격이기도 하다.

$$d \le \frac{\lambda}{2} \tag{6.39}$$

식 (6.38)과 식 (6.39)는 시간샘플링과 공간샘플링의 유사성을 보여준다. 둘 사이의 가장 큰 차이는 시간샘플링의 경우 데이터는 시간의 함수이므로 얼마든지 데이터를 이용할 수 있는 반면에 공간샘플링의 경우 데이터의 수는 공간의 함수이므로 시간이 고정된 경우 데이터의 수가 안테나 수와 같기 때문에 데이터의 수에 한계가 있다는 것이다[22]. 게다가 실제 공간샘플링의 데

21) 식 (6.38)이 만족되지 않으면 Aliasing이 발생하여 틀린 분석이 되듯이 식 (6.39)가 만족되지 않으면 Grating lobe가 발생하여 배열안테나 해석에 오류가 발생한다.

22) 예를 들어 샘플링 주파수가 1MHz일 경우 1초의 시간 데이터는 10^6개인 반면 안테나 개수를 많아야 수개에서 수십 개에 불가하므로 데이터의 크기를 늘리는데 어려움이 있다.

이터는 안테나 수에 의해 결정되기 보다는 송신기나 수신기의 수에 의해 결정되므로 공간샘플링 수를 늘리는데는 한계가 있다. 따라서 보통 공간해상도가 중요한 레이다에서는 가상 배열 안테나나 합성개구안테나 개념을 사용한다.

> **참고** ADC를 이용한 시간 샘플링은 샘플링 수가 시간 데이터이므로 샘플링 수를 자유롭게 조정할 수 있지만 배열안테나를 이용한 공간 샘플링은 샘플링 수가 특정 시점에서 안테나 수에 의해 주어지므로 임의로 샘플링 수를 조정할 수 없다.

가상 배열 안테나

각각의 배열안테나에서 수신된 신호는 크기와 위상을 갖는 복소수신호이므로 이 신호의 **FFT**를 수행하면 주빔의 방향을 찾을 수 있다. 이때 중요한 것이 안테나의 수와 각도 분해능의 관계이다. 이때 안테나 숫자가 **FFT** 숫자와 같으므로 분해능을 높이려면 안테나 수가 많아야 한다. 이를 위해서 레이다에서 사용하는 방법으로 가상배열안테나가 있다.【그림 6.29】와 같이 파장의 2배인 2λ 간격의 3개의 송신안테나가 있고 반파장 떨어진 4개의 안테나가 있다고 하자. 수신안테나는 각각의 송신안테나에서 송신된 파형이 수신안테나에 도달할 때의 경로차는 송신안테나 간격과 수신안테나 간격에 의해 경로차가 반파장인 송신안테나 1개와 수신 안테나 12개가 있는 것과 같은 효과를 만들 수 있다. 즉 첫 번째 송신안테나에 의해서 방사된 전파가 4개의 수신되는 안테나에 입사되는 위상차와 두 번째 송신안테나에 의해서 방사된 전파에 의해 4개의 수신되는 안테나에 입사되는 위상차만큼 차이가 날 것이기 때문이다. 이러한 방법은 안테나의 수를 늘리는데 한계가 있는 차량용 레이다 등에서 많이 사용하는 방법이다.

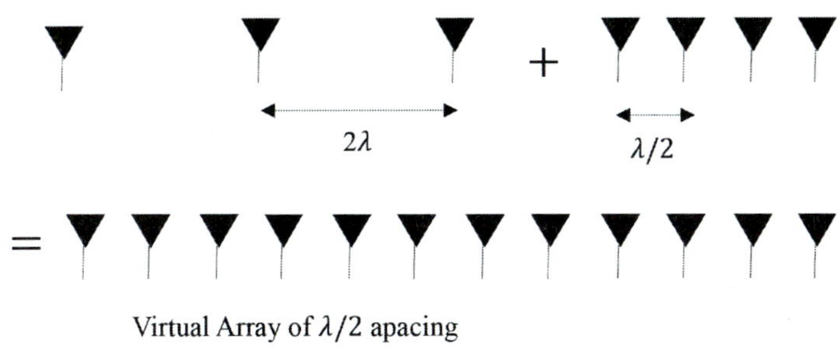

【그림 6.29】 가상배열안테나의 구성 예

6.4.2 안테나 위상차와 전파 도래각

배열안테나에 입사되는 신호는 크기가 같다고 가정하면 위상차만 존재한다. 먼저 안테나 위상차와 전파도래각의 관계를 살펴보자. 【그림 6.30】의 3개의 안테나 소자를 갖는 배열안테나에 하나의 주파수를 갖는 CW (Continuous Wave) 신호가 입사되는 경우 배열 안테나에 입사되는 전파는 신호원과 만드는 각도 ϕ에 따라 위상차 $\Delta\theta$가 발생하게 된다.

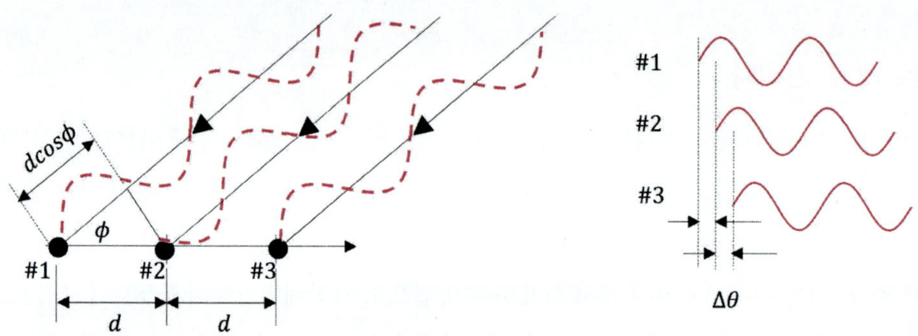

【그림 6.30】 배열안테나의 위상차와 전파도래각의 관계

안테나 사이의 간격이 반파장($\lambda/2$)인 경우 두 안테나에 입사된 신호의 위상차 $\Delta\theta$는 식 (6.40)과 같이 주어진다.

$$\Delta\theta = 2\pi\frac{d\cos\phi}{\lambda} = \pi\cos\phi \tag{6.40}$$

이제 식 (6.40)을 이용하여 신호가 입사되는 방향(ϕ)은 식 (6.41)로 주어지게 된다.

$$\phi = \cos^{-1}\left(\frac{\Delta\theta}{\pi}\right) \tag{6.41}$$

즉, 식 (6.41)로부터 안테나간의 위상차 $\Delta\theta$를 안다면 신호가 안테나에 입사되는 방향, 즉 도래각을 알 수 있다. 식 (6.41)을 이용하여 안테나 간의 위상차에 따른 도래각의 변화를 보면【그림 6.31】과 같다.

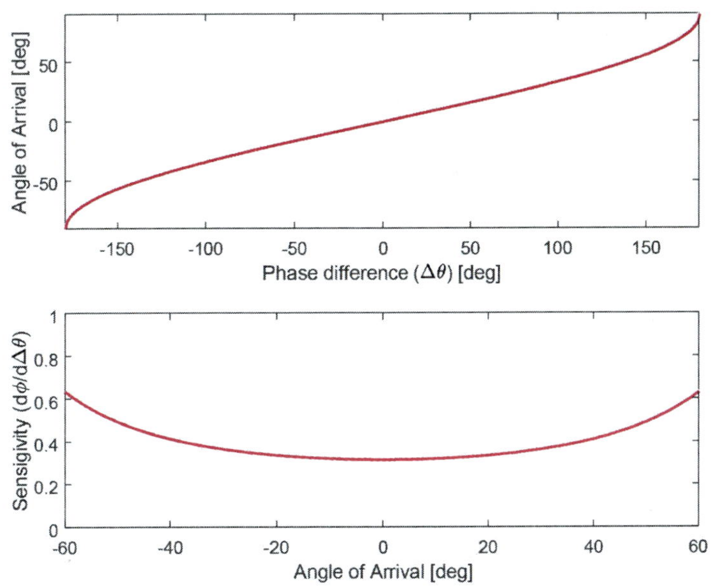

【그림 6.31】 안테나 도래각과 위상차

【그림 6.31】에서 알 수 있듯이 도래각이 ±45° 이내인 경우에는 위상차의 변화와 도래각의 변화가 일정한 반면 그 이상으로 벌어진 경우 도래각에 따른 위상차의 변화가 비선형 특성을 가지므로 오차가 증가할 수 있음을 알 수 있다. 도래각에 따른 위상차의 변화의 민감도를 알기 위해 식 (6.41)을 미분하면 식 (6.42)와 같다.

$$\frac{d\phi}{d\Delta\theta} = \frac{1}{\sqrt{\pi^2 - \Delta\theta^2}} \tag{6.42}$$

이제 식 (6.41)을 이용하여 도래각에 따른 민감도는【그림 6.31】의 아래쪽에 나타나 있다. 도래각이 커질수록 민감도가 커짐을 알 수 있다. 이상의 결과로부터 두 개의 안테나 사이에 입사되는 신호의 도래각이 ±45° 이내인 경우에 안테나 간의 위상차를 통해 입사되는 신호의 방향을 균일하게 추정할 수 있음을 알 수 있다.

【그림 6.31】의 해석으로부터 선형배열안테나는 도래각에 따른 방향을 추정할 때 차이가 있음을 알 수 있다. 이를 막기 위해서는 안테나를 육각형이나 원형으로 배열하는 방법을 사용한다. 예를 들어【그림 6.32】는 안테나 4개를 이용하여 안테나 앞면에서 도래각의 차이에 따른 도래각 추정의 오차를 줄이기 위해 배열안테나의 안테나 배치를 특정한 각도로 배치한 사례를 보여준다. 이 방법은 Bluetooth 방향탐지에서 사용되는 방법으로 4개의 안테나에서 위상을 계산한 후 2개의 안테나 씩 도래각을 계산하여 신호원의 방향을 계산하게 된다.

예제 6-16 아래 MATLAB 프로그램을 이용하여 【그림 6.31】을 그리고 그 의미를 설명하시오.

```
theta=-180:1:180;            % phase difference
x=theta*pi/180;              % Radian
y=asin(x/pi);                %  AoA
del_y=1./sqrt(pi^2-x.^2);    %  derivative of AoA
Sensitivity=del_y./y;
subplot(211)
plot(theta,y*180/pi,'k-');
xlabel('Phase difference (\Delta\theta) [deg]');
ylabel('Angle of Arrival [deg]');
axis([-180,180,-90,90]);
subplot(212)
plot(y*180/pi,del_y,'k-');
xlabel('Angle of Arrival [deg]');
ylabel('Sensigivity (d\phi/d\Delta\theta)');
axis([-60,60,0,1]);
```

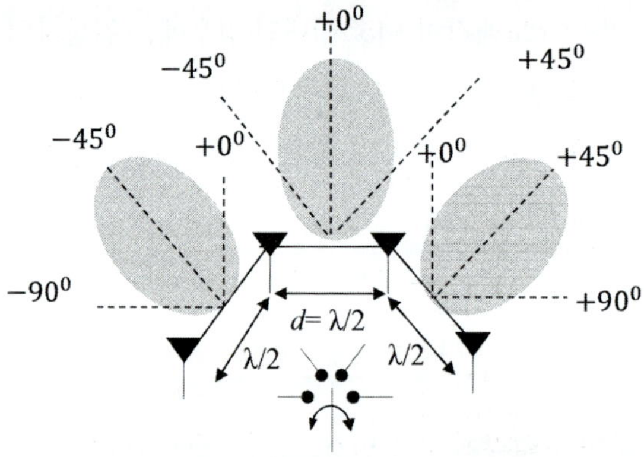

【그림 6.32】 Bluetooth 방향탐지 배열 안테나 배치 사례

6.4.3 FFT와 방향탐지

배열안테나에 들어오는 신호는 일정한 위상차를 가지게 되므로 이를 샘플링된 이산신호 관점에서 살펴보자. 만약 안테나에 입력되는 신호가 3개의 다른 각도로 입사되어 위상차가 $\Delta\theta = 0^0$, $\Delta\theta = 45^0$, 및 $\Delta\theta = 90^0$라면 【그림 6.33】과 같이 안테나에서 수신되는 신호의 파형은 아날로그 파형이 샘플링된 신호로 보일 것이며 샘플링된 이산 데이터의 수는 안테나의 수가 될 것이다. $\Delta\theta = 0^0$로 입사되는 경우 안테나 사이의 위상차는 없으므로 시간영역에서 DC 신호와 같으며, $\Delta\theta = 45^0$인 경우 안테나가 8개가 되어야 하나의 주기를 완성하게 된다. 안테나

사이의 위상차가 $\Delta\theta = 90^0$ 인 경우 안테나가 4개가 되어야 하나의 주기를 완성하게 된다. 이제 공간샘플링된 신호를 **FFT** 연산을 통하면 신호의 일정한 위상차를 통해 만들어지는 정현파의 주파수를 알 수 있고, 이를 통해 신호의 도래 방향을 계산할 수 있다. 당연히 안테나 소자가 늘어나게 되면 해상도는 좋아진다. 하지만 **FFT** 연산에서 안테나 수가 제한되어 있으므로 **FFT**만으로 정확한 각도를 추출하는 것은 어렵다.【그림 6.34】와【그림 6.35】는 반파장 떨어진 안테나에서 공간 **FFT**를 이용한 방향 탐지하는 방법을 설명하고 있다.

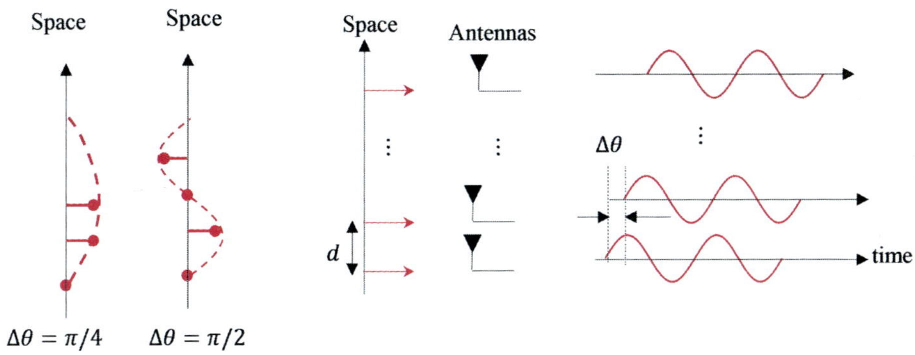

그림 6.33 공간샘플링에 따른 배열안테나 출력신호

예제 6-17 **$\lambda/2$ 간격의 8소자와 16소자 배열안테나에 수직으로 신호가 입력될 때, 30°의 방향에서 신호가 입력되는 경우에 대해 배열안테나에 샘플링된 신호의 파형과 FFT를 통한 해석 결과를 그리시오.**

풀이 도래각이 30°이므로 식 (6.40)에 의해 안테나 사이의 위상차는 90°가 된다. 따라서 정현파가 90도마다 샘플링된 이산신호의 형태가 된다. 안테나 소작가 16개가 되면 신호의 수가 2배가 된다.

예제 6-18 **$\lambda/2$ 간격의 8소자와 16소자 배열안테나의 공간샘플링 결과가 위상차가 90°와 45°인 2가지 경우에 대해 128 FFT한 결과를 비교하시오.**

풀이 (예제 5-24)의 프로그램을 수정하여 구성하면 다음과 같다. 8개 안테나보다 16개 안테나인 경우가 더 정확히 신호를 구분할 수 있음을 알 수 있다.

```
% 8 element Array Antenna Spatial FFT
fc1=1;                       % Phase differece 90 deg
fc2=2;                       % Phase difference 45 deg
fs=8;
Ts=1/fs;  T_max=1;           % 8 antennas
t=0:1/fs:(T_max-1/fs);       % spatial data
x1=sin(2*pi*fc1*t);
```

```
x2=sin(2*pi*fc2*t);
subplot(221);    plot(t, x1,'k-', t, x2,'k-.');
xlabel('Distance [vsec]');     ylabel('Amplitude');
title('8 Antenna window');
Nfft=128;
x=x1+x2;
X=(1/Nfft)*fftshift(fft(x,Nfft));
f=((-Nfft/2):(Nfft/2)-1)/Nfft*fs;
subplot(223);    stem(f, abs(X),'k-');
xlabel('Frequency [Hz]');      ylabel('Amplitude');
Ts=1/fs;  T_max=2;             % 16 antennas
t=0:1/fs:(T_max-1/fs);         % spatial data
x1=sin(2*pi*fc1*t);
x2=sin(2*pi*fc2*t);
subplot(222);    plot(t, x1,'k-', t, x2,'k-.');
%axis([0,0.02,-1.2,1.2]);
xlabel('Distance [vsec]');     ylabel('Amplitude');
title('16 Antenna window');
Nfft=128;
x=x1+x2;
X=(1/Nfft)*fftshift(fft(x,Nfft));
f=((-Nfft/2):(Nfft/2)-1)/Nfft*fs;
subplot(224);    stem(f, abs(X),'k-');
xlabel('Frequency [Hz]');      ylabel('Amplitude');
```

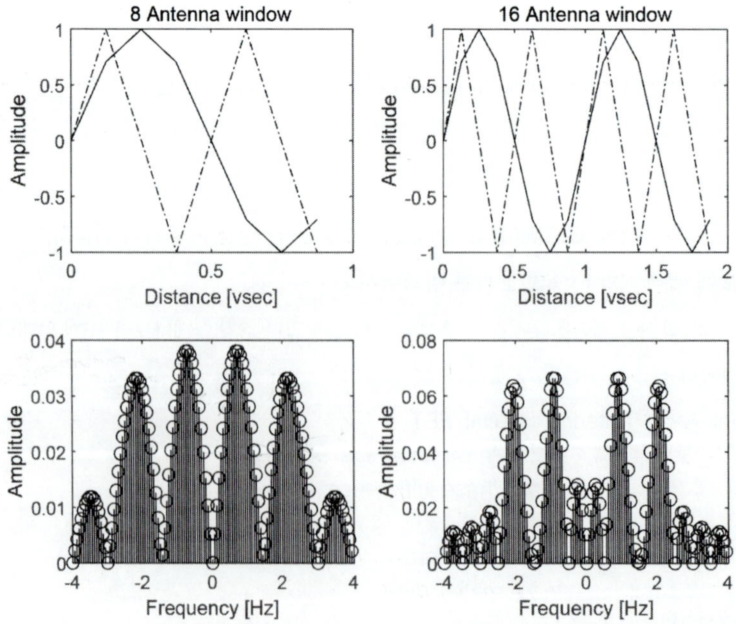

그림 6.34 안테나 공간샘플링과 FFT

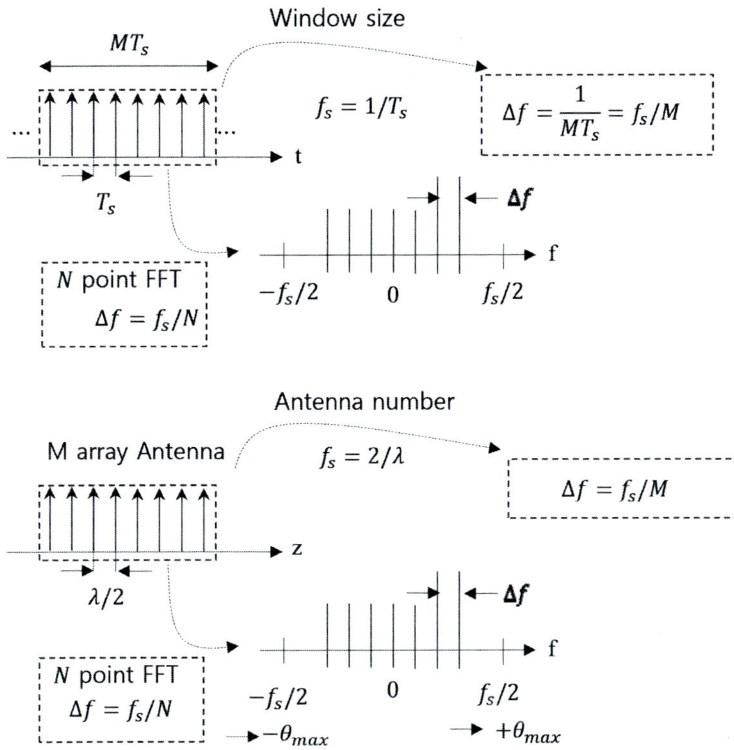

▌그림 6.35▌ 시간 FFT와 공간 FFT의 관계

6.4.4 고해상도 방향탐지 알고리즘

앞에서 배열안테나에서 FFT를 이용하여 방향을 찾을 수 있음을 학습하였으며 이때 안테나 수가 많을수록 더 정확하게 방향을 탐지할 수 있음을 학습하였다. 하지만 배열 안테나에서 안테나의 수를 늘리는 것에는 물리적인 한계가 있으므로 작은 수의 안테나만으로도 방향을 정확히 탐지할 수 있는 특별한 알고리즘이 필요하다. 이를 고해상도 방향탐지 알고리즘이라고 하며, 디지털 빔포밍 방식의 배열안테나에서 각각의 안테나에 들어오는 신호를 적절히 가중치를 더하고 신호처리함으로써 구현하게 된다.

대표적으로 사용되는 고해상도 방향탐지 알고리즘을 분류하면【그림 6.36】과 같다. 과거 고전적인 알고리즘을 사용한 방향탐지 방식에서 행렬 기반의 알고리즘의 발달로 Subspace 기반의 MUSIC(MUltiple Siganal Classification), ESPRIT(Estimation of signal parameters via rotational invariant techniques) 등의 방식으로 발전되었고, 최근에는 AI 기반의 신경망 알고리즘 등으로 확장되고 있다[23].

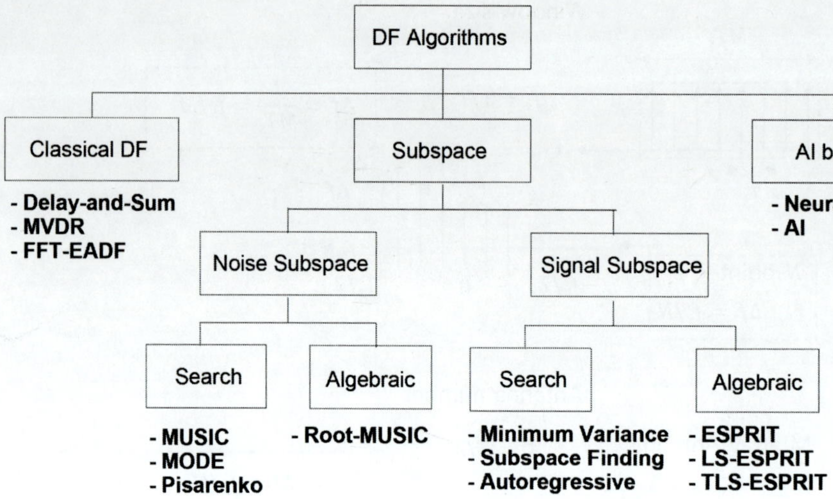

그림 6.36 다중 채널 방향탐지 알고리즘 분류

고해상도 방향탐지 알고리즘으로 잘 알려져 있는 Subspace 기반 방향탐지의 원리를 설명하기 위하여 M개의 안테나 소자를 갖는 배열안테나에 D개의 신호가 입사되는 상황을【그림 6.37】과 같이 모델링 한다.

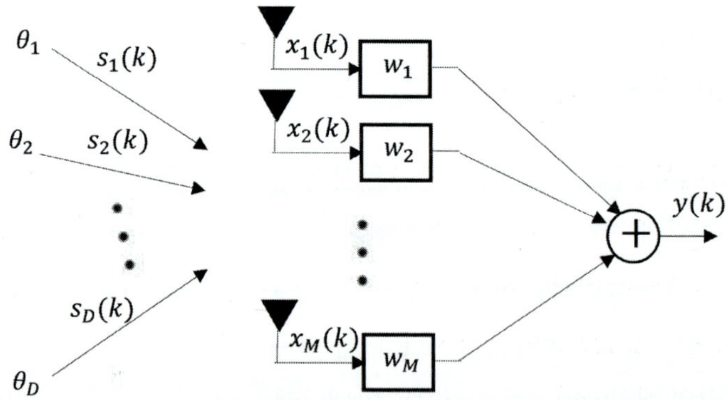

그림 6.37 M개의 안테나 소자를 갖는 수신신호 모델

여기서 각각의 다른 방향 각도에서 D개의 신호가 입사될 경우 각각 도래각이 다른 D개의 신호 $s_1(k), s_2(k), \ldots, s_D(k)$ 가 안테나에 입력된다. 이 신호는 중첩되어 입사되며 M개의 안테나에 수신되는 신호는 $x_1(k), x_2(k), \ldots, x_M(k)$ 가 된다. 배열안테나는 균일한 간격(보통은 $\lambda/2$)으

23) 고해상도 방향탐지 알고리즘을 이해하기 위해서는 고급 선형대수에 대한 학습이 필요하므로 본 교재에서는 기초적인 개념 중심으로만 학습한다.

로 배치되어 있고, 각각의 안테나는 가중치 벡터($\overrightarrow{w}$)로 위상을 조절할 수 있다고 가정한다. k번째 시간샘플에서 수신신호는 가중치 벡터를 통과한 신호는 AWGN 잡음환경에서 식 (6.43)과 같이 표현할 수 있다.

$$y(k) = w_1(k)x_1(k) + w_2(k)x_2(k) + ... + w_M(k)x_M(k) \tag{6.43}$$

여기서 $[w_1(k),\ w_2(k),\ \ldots, w_M(k)\ ]$는 배열안테나의 가중치 계수를 의미한다. 안테나에 입력된 신호벡터 $\overline{x}(k)$는 다음 식 (6.44)와 같다.

$$\begin{aligned}\overline{x}(k) &= \left[\overline{a}(\theta_1)\ \overline{a}(\theta_2)\ \ldots\ \overline{a}(\theta_D)\right] \cdot \begin{bmatrix} s_1(k) \\ s_2(k) \\ \vdots \\ s_D(k) \end{bmatrix} + \overline{n}(k) \\ &= \overline{A} . \overline{s}(k) + \overline{n}(k)\end{aligned} \tag{6.44}$$

여기서 $\overline{s}(k)$와 $\overline{n}(k)$는 각각 k번째 시간샘플에서 입사신호벡터와 AWGN 특성의 잡음신호벡터를 의미한다. $\overline{a}(\theta_i)$는 도래각 θ_i에서의 배열안테나의 방사패턴이며 $\overline{A}$는 $M\times D$ 행렬이 된다. 이제 $M\times M$의 배열상관행렬 $\overline{R}_{xx}$를 다음과 같이 정의할 수 있다[24].

$$\begin{aligned}\overline{R}_{xx} &= E[\overline{x}\,.\overline{x}^H] = E\left[(\overline{A}\overline{s} + \overline{n})(\overline{s}^H\overline{A}^H + \overline{n}^H)\right] \\ &= \overline{A}E\left[\overline{s}\,\overline{s}^H\right]\overline{A}^H + E\left[\overline{n}\overline{n}^H\right] \\ &= \overline{A}\,\overline{R}_{ss}\overline{A}^H + \overline{R}_{nn}\end{aligned} \tag{6.45}$$

여기서 $\overline{R}_{ss}$는 신호상관행렬로 $D\times D$ 행렬이 되며, $\overline{R}_{nn}$는 잡음상관행렬로 $M\times M$ 행렬이 된다. 배열안테나의 상관행렬 $\overline{R}_{xx}$와 신호상관행렬 $\overline{R}_{ss}$은 해당시스템이 Ergodic 랜덤 프로세스라고 가정하면 다음과 같이 표현할 수 있다.

$$\begin{aligned}\overline{R}_{xx} &= \frac{1}{K}\sum_{k=1}^{K}\overline{x}(k)\overline{x}^H(k) \\ \overline{R}_{ss} &= \frac{1}{K}\sum_{k=1}^{K}\overline{s}(k)\overline{s}^H(k)\end{aligned} \tag{6.46}$$

참고로 입사신호가 uncorrelated라면 $\overline{R}_{ss}$는 대각선에서만 값을 갖는 대각행렬이 되며,

24) 문헌에 따라 배열상관행렬을 분산행렬(covariance matrix)라고 부르기도 한다.

$M \times D$ 행렬 $\overline{A}$는 모든 열이 다른 값을 갖는다. 이제 배열안테나를 이용한 신호처리 알고리즘의 목적은 각도의 함수인 Pseudospectrum $P(\theta)$를 찾는 것으로 이 함수를 구하는 방법에 따라 다양한 알고리즘이 존재한다.

Barlett AoA 추정기법

이제 배열안테나의 가중치가 균일하다면 Barlett AoA알고리즘이라 부르며, 이 경우 Pseudospectrum $P(\theta)$를 식 (6.47)과 같이 정의할 수 있다.

$$P_B(\theta) = \overline{a}^H(\theta)\,\overline{R}_{xx}\,\overline{a}(\theta) \tag{6.47}$$

식 (6.47)은 다음 식 (6.48)과 같은 표현으로 모든 입사신호에 대한 공간상의 Fourier 변환을 의미한다.

$$P_B(\theta) = \left| \sum_{i=1}^{D} \sum_{m=1}^{M} e^{j(m-1)kd(\sin\theta - \sin\theta_i)} \right|^2 \tag{6.48}$$

Capon AoA 추정기법

다음으로 Capon AoA 추정기법은 minimum variance distortionless response (MVDR)로 알려진 기법으로 한쪽 방향으로 입사되는 전력은 Maximum likelihood 추정을 하고 그 외 다른 방향으로 들어오는 신호의 경우에는 간섭으로 처리하여 추정하는 기법이다. 따라서 방향추정의 목표는 신호도 간섭비 (Signal−to−interference ratio: SIR)을 최대로 하는 것이다. 신호상관행렬 $\overline{R}_{ss}$은 대각행렬이라고 가정하며, 배열안테나 가중치는 다음 식으로 주어진다.

$$\overline{w} = \frac{\overline{R}_{xx}^{-1}\overline{a}(\theta)}{\overline{a}^H(\theta)\,\overline{R}_{xx}^{-1}\overline{a}(\theta))} \tag{6.49}$$

여기서 $\overline{R}_{ss}$는 가중치가 곱해지지 않은 배열상관행렬이 된다.

$$P_C(\theta) = \frac{1}{\overline{a}^H(\theta)\,\overline{R}_{xx}^{-1}\overline{a}(\theta)} \tag{6.50}$$

예제 6-19 $\lambda/2$ **간격의 안테나 소자가 6개 ($M=6$)인 선형배열안테나에서 같은 크기의 신호원 2개(s_1, s_2)이 $\pm 10^o$ 방향에서 입사된다. Barlett 방식의 방향탐지 시스템의 특성을 보이시오. 이때 잡음신호의 분산은 0.1이라 가정한다($\sigma_n^2 = 0.1$).**

$$\overline{s} = \begin{bmatrix} 1 \\ 1 \end{bmatrix},\ \overline{a}(\theta) = \left[1\ e^{j\pi\sin\theta}\ \ldots\ e^{j5\pi\sin\theta}\right]^T$$

$$\overline{A} = \left[\overline{a}(\theta_1)\ \overline{a}(\theta_2)\right],\ \overline{R}_{ss} = \begin{bmatrix} 1\ 0 \\ 0\ 1 \end{bmatrix}$$

풀이 아래 MATLAB 프로그램을 통해 수행한 경우【그림 6.38】과 같이 방향탐지 알고리즘의 성능을 알 수 있다.

```
% Bartlett Pseudospectra for a M = 6 element array with noise variance = .1

M=6;                  % antenna number
sig2=.1;              % noise variance
th1=15*pi/180;        % signal 1 incident angle
th2=-15*pi/180;       % signal 2 incitent angle
a1=[1];
a2=[1];
a=[1];
for i=2:M
    a1=[a1 exp(-1j*i*pi*sin(th1))];
    a2=[a2 exp(-1j*i*pi*sin(th2))];
end
A=[a1' a2'];
Rss=[1 0;0 1];
Rrr=A*Rss*A'+sig2*eye(6);
for k=1:180;
   th(k)=-pi/2+pi*k/180;
   clear a
a=[1];
   for jj=2:M
      a = [a exp(-1j*jj*pi*sin(th(k)))];
   end
P(k)=real(a*Rrr*a');
end
figure;
plot(th*180/pi,10*log10(P/max(P)),'k')
grid on
xlabel('Angle')
ylabel('|P(\theta)| (dB)')
axis([-30 30 -30 10])
```

예제 6-20 $\lambda/2$ 간격의 안테나 소자가 6개 ($M=6$)인 선형배열안테나에서 같은 크기의 신호원 2개(s_1, s_2)가 $\pm 10^o$ 방향에서 입사된다. Capon 방식의 방향탐지 시스템의 특성을 보이시오. 이때 잡음신호의 분산은 0.1이라 가정한다($\sigma_n^2 = 0.1$).

풀이 제공하는 MATLAB 프로그램을 통해 수행한 경우【그림 6.38】과 같이 방향탐지 알고리즘의 성능을 알 수 있다.

```
% Capon AOA estimation for a M = 6 element array with noise variance = .1

M=6;
sig2=.1;
th1=-5*pi/180;
th2=5*pi/180;
a1=[1];
a2=[1];
a=[1];
for i=2:M
     a1=[a1 exp(-1j*i*pi*sin(th1))];
     a2=[a2 exp(-1j*i*pi*sin(th2))];
end
A=[a1' a2'];
Rss=[1 0;0 1];
Rrr=A*Rss*A'+sig2*eye(6);
for k=1:180;
   th(k)=-pi/6+pi*k/(3*180);
   clear a
a=[1];
   for jj=2:M
       a = [a exp(-1j*jj*pi*sin(th(k)))];
   end
P(k)=real(1./(conj(a)*inv(Rrr)*a.'));

end
figure;
plot(th*180/pi,10*log10(P/max(P)),'k')
grid on
xlabel('Angle')
ylabel('|P(\theta)| (dB)')
axis([-30 30 -30 10])
```

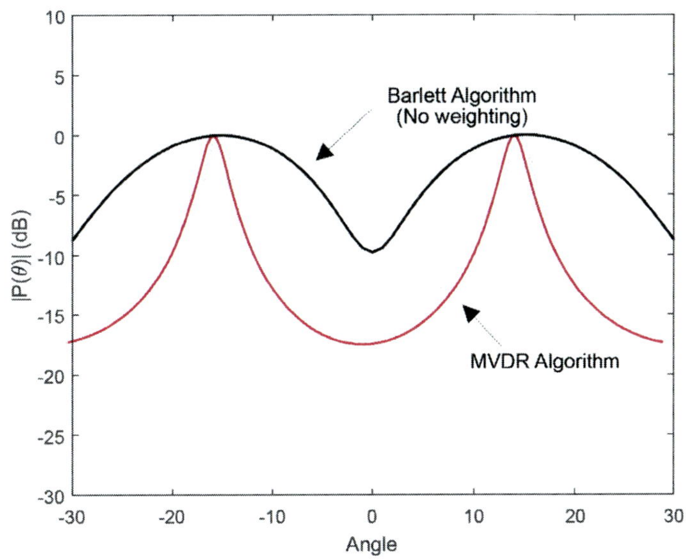

【그림 6.38】 방향탐지 알고리즘의 성능 비교

(예제 6−19)와 (예제 6−20)은 두 개의 신호원이 있는 경우 방향탐지 성능이 배열안테나별로 가중치를 주는 경우가 우수함을 알 수 있다. 이 외에도 복잡한 알고리즘을 사용하는 경우 성능은 더욱 우수한 반면 계산의 복잡도는 증가한다. Capon 방식의 방향탐지 시스템은 기본적으로 배열안테나에서 각 각도 별로 식 (6.49)의 가중치 벡터가 곱해지므로 Barlett 방식에 비해 성능이 우수하다. 이와 같이 방향탐지 기법은【그림 6.36】과 같이 다음과 같은 다양한 방향탐지 알고리즘이 존재한다.

요약

가중치가 없는 FFT 연산 대신 다양한 신호처리 기법을 이용하여 배열안테나에 입사되는 신호의 방향을 찾는 고해상도 방향탐지 알고리즘이 존재한다. 이 경우 안테나 별로 수신기가 존재하여야 하며, 복잡한 신호처리기가 구현되어야 한다. 또한, 안테나 사이의 위상차에 오차가 있으면 알고리즘의 성능이 급격히 떨어지므로 안테나의 전파의 위상차가 기저대역으로 위상오차없이 신호변환되어야 한다.

6.5 SAR (Synthetic Aperture Radar)

앞에서 살펴본 지향성 안테나나 배열안테나를 사용하지 않으면서도 안테나의 공간분해능을 높이기 위해 도입된 방법으로 합성개구(合成開口) 레이다라고 부르는 SAR(Synthetic Aperture Radar)가 있다. SAR는【그림 6.39】와 같이 보통 항공기나 인공위성 등 비행체에 설치하여 지상 표면을 향해 전파를 방사하고 수신된 전파를 이용해 고해상도 2차원 사진(이미지)이나 영상을 만드는 레이다이다. 특히 비행기의 움직임을 이용하여 커다란 안테나를 합성함으로써 안테나의 빔폭을 가상으로 좁게 만드는 방식으로 이미지의 해상도를 높이는 것을 특징으로 한다. 지표면에 대한 레이다 이미지는 보통 2차원으로 구성되는데 레이다의 거리측정을 통한 거리해상도와 거리방향에 수직인 방위해상도 모두 높아야 한다. 거리해상도는 레이다 신호를 광대역으로 사용하면 개선되나 거리방향에 수직인 방위 해상도는 안테나 빔폭에 비례하므로 실제 안테나의 크기를 키우지 않고 비행체의 움직임을 이용하여 가상으로 빔폭이 작아지는 효과를 만들게 된다. SAR는 레이다의 이동을 이동하는 것과 반대로 레이다는 고정되어 있고 목표물이 움직이는 경우 목표물의 이동 특성을 이용하여 이미지의 해상도를 높이는 역합성 개구레이다(Inverse SAR, ISAR)도 가능하다.

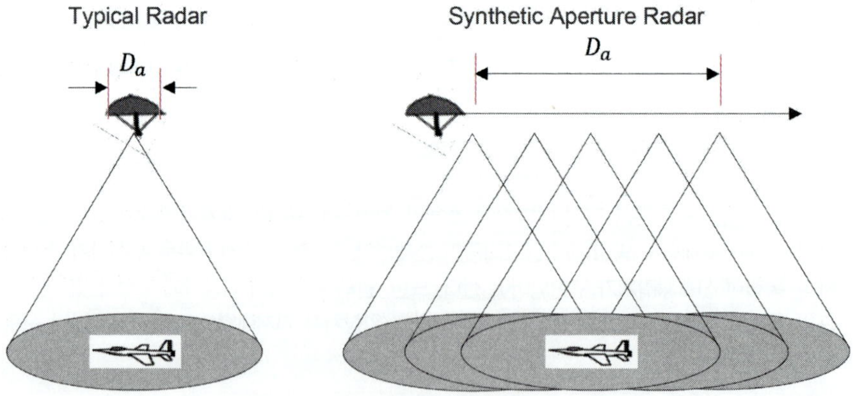

【그림 6.39】 SAR의 기초 원리

> **참고** SAR 레이다는 군사적으로 매우 중요하다. 전파를 이용하므로 기상조건과 무관하게 지표면의 영상을 얻을 수 있어 감시정찰 비행기에 탑재되어 군사용으로 사용된다. 최근에는 SAR기술이 발달하여 소형 경량화된 SAR가 개발되어 드론, 소형위성 등에 탑재되어 다양한 민간 응용에서 사용되고 있다. 향후 SAR의 응용은 더욱 활발해질 전망으로 미래에는 로봇이나 자동차 등 다양한 모빌리티 분야에서도 SAR의 개념이 도입될 전망이다.

1장에서 살펴본 바와 같이 SAR 시스템의 거리 방향의 Range 해상도는 대역폭과 관련이 있는 반면 거리에 수직인 Cross-Range 해상도는 파장, 물리적인 안테나 크기, 및 합성 개구 길이와 관련이 있다. 만약 합성 개구의 원리를 사용하지 않는다면 매우 큰 안테나나 안테나 수가 많은 배열안테나가 필요하게 된다[25]. 안테나 이론에서 빔폭을 좁혀 해상도를 높이기 위해서는 커다란 반사판 안테나를 사용하는데 이 안테나의 직경을 전파의 파장으로 나눈 값을 안테나 개구비(Aperture Ratio, AR)이라 한다. 이 안테나 개구비가 클수록 빔이 좁아지고 안테나 이득이 높아진다. 하지만 비행체에 탑재해야 하는 안테나는 크기나 무게에 제한이 있고, 또 큰 안테나를 빠르게 회전시키는 것도 곤란하다. 따라서 안테나의 직경을 크게 하지 않으면서도 높은 방위 해상도를 얻을 수 있도록 만든 레이다가 SAR인 것이다.

SAR 시스템에서는 사용하는 주파수와 편파가 매우 중요하다.【표 6.1】은 SAR 시스템에서 사용되는 대표적인 주파수를 보여준다. 파장인 긴 전파를 사용하면 대지와 식물에 더 깊이 침투할 수 있다. 예를 들어 숲의 SAR 영상에서 주파수가 X-대역인 전파는 파장이 작아 숲의 최상층에서 산란되는 반면, L-대역의 전파는 숲의 최상층을 통과하여 대지 표면에서 산란된다. 편파는 주파수에 못지않게 중요한데 산란체의 특성에 따라 편파특성이 달라지기 때문에 SAR에서는 수직(V)과 수평(H) 편파로 신호를 송신하고 수신할 때 수직(V)와 수평(H)으로 수신할 수 있으므로 총 4개의 편파조합(VH, VV, HV, HH)을 갖는 4가지 신호가 생성될 수 있다. 예를 들어 흙과 물에 의한 산란은 VV 구성 요소에서 강하고, 건물, 나무, 초목 등에서는 HH산란이 발생한다.

【표 6.1】 SAR 주파수 특성

응용분야	주파수(GHz)	응용
UHF	0.3-1	숲 침투, 지하 이미징
L(Long)	1-2	숲 침투, 침하 모니터링
S(Short)	2-4	농업, 해양, 얼음
C(Compromise)	4-8	변화 감지, 얼음 모니터링, 해양 항해
X (secret)	8-12	눈/얼음 모니터링, 도시 이미징
Ku(under K)	12-18	눈 모니터링, 고해상도
K	18-24	벽 투과, 자동차/소형 UAV 시스템
Ka(above K)	24-40	고해상도

25) 예를 들어 SAR 개념없이 안테나 만으로 10m의 해상도를 얻으려면 X-대역의 경우 약 2,440m의 안테나 크기가 필요하다. 이는 현실적으로 불가능하다.

6.5.1 SAR 기본 모드: 스트립맵(STRIPMAP)

SAR는 빔을 조사하는 방식에 따라 다양한 모드가 가능하다. 그 중에서 가장 기본이 되는 모드로【그림 6.40】과 같이 스트립맵(STRIPMAP) 모드가 있다. 스트립맵 모드는 안테나의 일정한 방향으로 빔을 조향하고 비행체가 이와 무관하게 일정한 속도로 움직이면서 신호를 수집하는 방식이다. SAR에서 사용하는 안테나는 직경이 작아서 빔폭이 넓다. 하지만 비행체가 빠르게 이동을 하면서 레이다 반사파를 연속적으로 수신하면 전파가 반사되어 돌아오는 동안 이동한 거리만큼 마치 레이다 안테나의 직경이 길어지는 효과가 나타나므로 보다 좁은 영역에서 반사파를 수신한 것처럼 만들 수 있다. 그러므로 공중에서 넓은 범위의 지상의 고해상도의 영상을 획득하는데 매우 효과적이다. 단, 고속으로 이동하며 위상이 일치하는(coherent) 전파 빔을 방사하면 전파 빔을 방사한 안테나의 위치와 반사되어 돌아온 반사파를 수신하는 안테나의 위치가 상당한 차이가 나고 이 위치 차이가 수신된 전파의 도플러 주파수로 나타난다. 이 도플러 주파수의 상대적 변화 특성을 이용해서 대상물과 레이다 안테나 사이의 거리차에 대한 위상보정을 하거나 수신지점은 다르지만 위상이 같은 신호를 더하여 합성된 안테나 신호를 획득한다. 즉 레이다가 이동한다는 것을 이용하여 개구면이 작은 안테나로 수신된 연속적인 여러 개의 레이다 신호들을 합성하여 개구면이 큰 안테나의 개구면을 수학적 방법으로 합성한다는 것이다. 그래서 합성개구레이다라는 이름이 붙은 것이다. 실제로는 빠르게 이동하며 수신한 여러 신호들을 정지한 레이다의 영상처럼 선명하게 보이게 하려면 복잡한 신호처리가 필요하다.

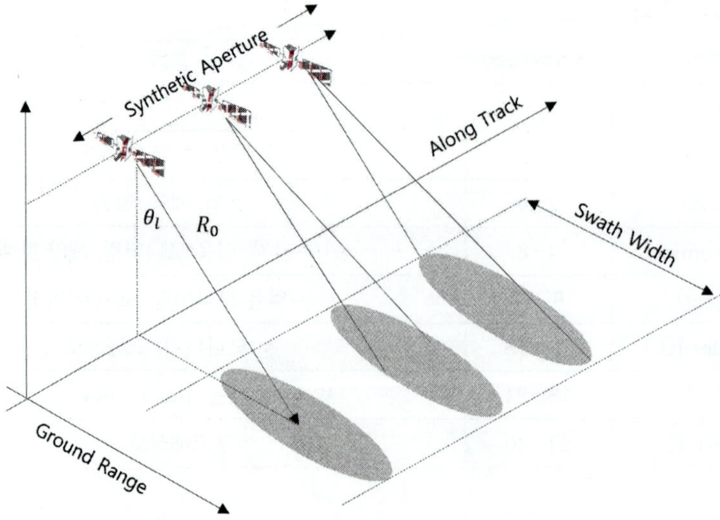

【그림 6.40】 스트립맵 모드 SAR

SAR는 이동함에 따라 레이다 펄스가 순차적으로 전송되게 된다. 보통 전송된 펄스는 LFM 파형이며, LFM 파형의 송신 및 수신과 관련된 시간은 종종 빠른 시간(fast time)이라 부른다. 거리방향에 수직인 방향에서는 비행체의 움직임이 LFM 신호의 송신과 수신에 필요한 시간보다는 느리게 움직이므로 느린 시간(slow time)이라고 부른다.【그림 6.41】은 스트립맵 SAR의 신호처리 과정을 보여주는 것으로서 먼저 빠른 시간동안 거리방향에 대한 레이다 정보를 계산한 후 방위각 방향으로 느린 시간 동안 도플러 주파수를 이용하여 이미지를 형성하게 된다.

SAR 시스템에서 Counter-Range 방향의 안테나를 가상으로 합성하는 방법은【그림 6.42】와 같다. 별표로 표시한 고정된 위치에 있는 목표물에서 움직이는 안테나까지의 거리는 안테나가 움직임에 따라 조금씩 달라지게 된다. 이를 적절히 보상할 수 있다면 매우 커다란 가상의 안테나에서 신호를 수신한 것처럼 볼 수 있다.

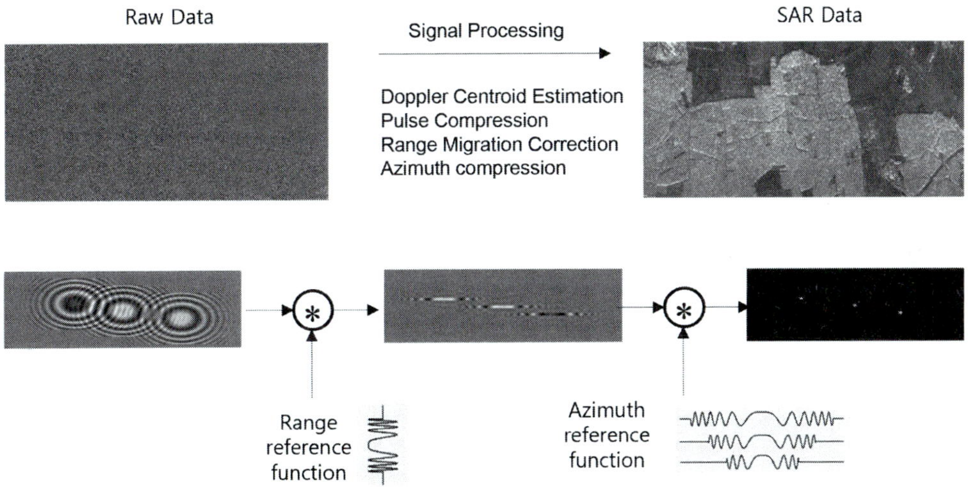

【그림 6.41】 SAR 신호처리 과정

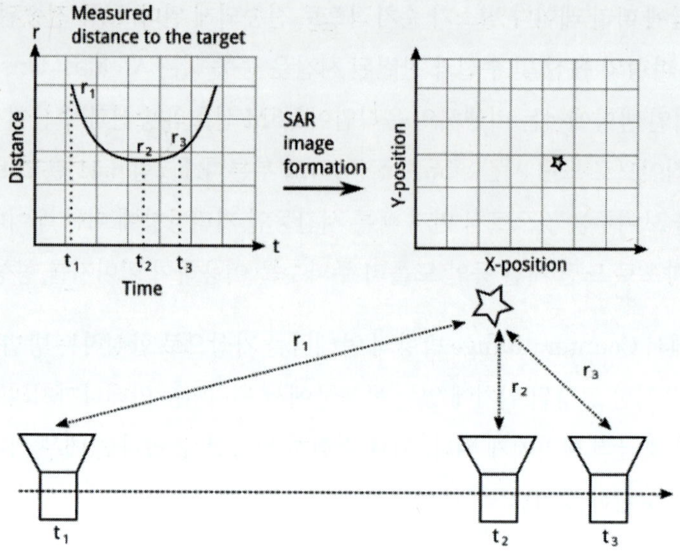

▌그림 6.42▌ 도플러 보상 알고리즘

> **참고** SAR 영상을 생성하는 다양한 알고리즘이 존재한다. 대표적인 알고리즘으로 Ragne Doppler 알고리즘, Polar Format 알고리즘, Backprojection 알고리즘 등이 있다

예제 6-21 SAR 영상을 생성하는 Ragne Doppler 알고리즘의 원리에 대해 알아보자.

제7장

주파수 변환과 RF

앞에서 전파와 신호에 대한 기본 개념을 학습하였다. 정보는 기저대역 신호로 표현되며 전파는 기저대역 신호를 전달하는 역할을 수행한다[1]. 이러한 기저대역신호가 전파에 실린 통과대역 신호를 시간영역과 주파수 영역에서 직접 해석하기에는 주파수가 너무 높아 샘플링이 불가능하므로 신호를 해석하기 적합한 기저대역신호로 주파수 변환해야 한다. 제 7장과 제 8장에서는 통과대역 신호와 기저대역 신호 사이의 변환 과정에 대해 좀 더 자세히 학습한다. 제 7장과 제 8장의 학습을 통해서 알 수 있는 부분은【그림 7.1】에 해당한다. 먼저 7장에서 주파수 변환 이론을 학습한다. 주파수 변환 시 진폭변조에 대해 학습하고, 이후 위상변조에 대해 학습한다. 마지막으로 진폭변조든 위상변조든 모든 변조는 복소수 신호로 생성할 수 있음을 학습한다. 이러한 주파수 변환과정은 하드웨어로 이루어지므로 하드웨어의 특성 상 주파수변환 과정 시 다양한 잡음, RF 회로의 비선형성에 의한 왜곡 등이 발생한다. 이러한 왜곡을 기저대역 신호에 영향을 주는 경우와 통과대역 자체에만 영향을 주는 경우로 분리할 수 있다. 기저대역 신

1) 무선통신과 레이다를 이해하는 핵심 개념은 정보를 다룰 때는 반송파를 고려하지 않고 기저대역 신호로 해석하고, 공간상에 전파되는 전파를 다룰 때는 반송파 주파수의 단일 주파수를 갖는 신호로 나누어 해석하는 것이다. 이때 기저대역 신호를 해석할 때는 시간축과 주파수축에서 해석하고, 공간상의 전파를 다룰 때는 Phasor로 해석하는데 이를 이해하는 것이 무선통신과 레이다를 이해하는 핵심이라 할 수 있다.

호에 영향을 주는 왜곡은 주로 필터나 채널의 주파수 특성에 의해 발생하며, 디지털 통신에서는 모뎀기술에 의해 극복될 수 있다. 통과대역에 영향을 주는 왜곡은 모뎀 기술과 RF 기술 양쪽에서 극복되도록 한다.

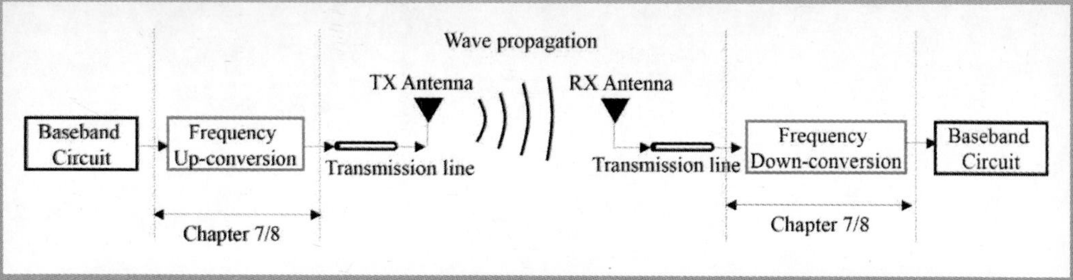

▌그림 7.1▌ 7장과 8장의 학습내용

7.1 주파수변환 이론: 진폭변조

주파수 변환이란 기저대역 신호를 특정주파수 대역으로 옮기는 과정을 의미한다. 무선통신에서는 이러한 과정을 변조(modulation)라고 한다[2]. 주파수 변환과정은 기저대역 신호가 실수신호인지 복소수신호인지에 따라 차이가 있다. 먼저 실수신호의 주파수변환 과정을 학습한 후, 이를 바탕으로 복소수신호의 주파수 변환 과정을 학습한다.

7.1.1 실수신호의 경우

기저대역신호 $m(t)$는 실수신호이고 이를 주파수변환하면 $M(f)$의 주파수 스펙트럼을 갖는다고 하자. Fourier 변환의 성질에 의해 $M(f)$는 0Hz를 중심으로 대칭의 형태를 갖는다. 이 신호를 반송파 주파수(carrier frequency) f_c를 중심으로 주파수변환하는 과정은 기저대역신호와 반송파신호를 시간영역에서 곱하는 과정으로 구현할 수 있다. 반송파신호를 cosine함수로 표현하면, 주파수변환 과정은 식 (7.1)로 주어진다.

$$s_m(t) = m(t)\cos(2\pi f_c t) \tag{7.1}$$

이제 cosine함수는 $-f_c$와 $+f_c$ 주파수에 1/2 크기를 갖는 델타함수이고, 시간영역에서 곱셈은 주파수영역에서 컨벌루션이므로 주파수 변환과정을 주파수영역에서 표현하면 식 (7.2)와 같다.

$$m(t)\cos(2\pi f_c t) \Leftrightarrow \frac{M(f-f_c)+M(f+f_c)}{2} \tag{7.2}$$

식 (7.2)와 같이 주파수에 반송파 신호를 곱하게 되면 주파수 천이가 발생하며 기저대역 신호일 때는 나타나지 않는 음의 주파수 대역이 보이게 되어 대역폭이 2배가 된다. 또한 주파수 변환된 신호에는 반송파 신호는 보이지 않기 때문에 이러한 주파수 변환과정을 DSB-SC (Double Side Band - Suppressed Carrier) 라고 부른다[3]. 주파수 스펙트럼에서 반송파 주파

2) 변조는 주파수변환과정과 기저대역신호의 가공을 모두 포함하는 넓은 의미이다. 과거에는 FM방송과 같이 아날로그 무선통신에서는 주파수변환과 기저대역신호의 가공을 동시에 하였으나, 최근 무선통신은 신호의 변조는 기저대역에서 이루어지고, 주파수변환과정은 RF회로를 이용하는 방법을 주로 사용한다.

3) DSB-SC 변조는 정보 신호의 스펙트럼을 주파수상에서 $\pm f_c$ 만큼 옮기지만 스펙트럼의 형태는 변형시키지 않으므로 선형변조(linear modulation) 방식이다.

수보다 높은 주파수 성분을 USB (Upper Side Band), 반송파 주파수보다 낮은 주파수 성분을 LSB (Lower Side Band)라고 부른다. 이러한 DSB−SC 주파수 변환과정을 시간영역과 주파수영역에서 각각 살펴보면【그림 7.2】와 같다.

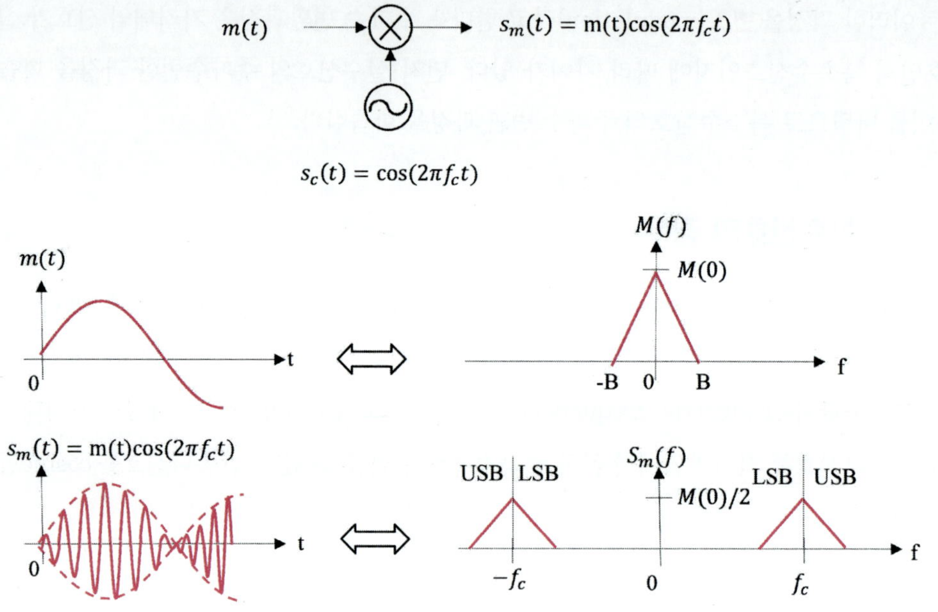

▌그림 7.2▌ 주파수변환에 의한 스펙트럼 천이의 예

예제 7-1 무선통신은 유선통신과 달리 기저대역 신호를 직접 전송하지 않고 주파수를 천이하여 통과대역 신호로 변조하여 송신하는 이유는 무엇인가?

풀이 $c = f\lambda$에서 기저대역 신호는 파장이 너무 커서 안테나를 만들 수가 없다. 또한, 반송파 주파수마다 특정 용도가 있으므로 해당 주파수로 옮겨, 즉 통과대역 신호로 만들어 송신하게 된다.

주파수변환된 DSB-SC 신호의 복원

실수신호를 DBS−SC 방식으로 주파수 변환하여 송신기가 송신하는 경우 수신단에서 어떻게 기저대역 신호가 복원되는지 살펴보자.【그림 7.3】은 DBS−SC신호의 복원과정의 개념도를 보여준다. 주파수변환 과정에서와 같이 수신된 신호에 다시 한번 반송파를 곱해주면 주파수 영역에서 스펙트럼을 좌우로 f_c 만큼 천이시키게 되므로 f_c의 위치에 있는 송신 스펙트럼은 $f = 0$과 $f = 2f_c$의 위치로 이동하고, $-f_c$의 위치에 있는 송신 스펙트럼은 $f = 0$과 $f = -2f_c$의 위치로 이동하게 된다. 이제 저역통과필터를 이용하여 $f = \pm 2f_c$ 위치에 있는 주파수 성분은 제거하고 $f=0$ 위치에 있는 주파수 성분만을 통과시키면 송신 신호를 복원할 수 있다. 이 과정을 수식으로 정리하면 시간영역에서는 식 (7.3)이 되며, Fourier 변환을 통해 주파수영역으로 표현하면 식 (7.4)와 같다.

$$s_m(t)\cos(2\pi f_c t) = m(t)\cos^2(2\pi f_c t) = \frac{1}{2}m(t)[1+\cos(4\pi f_c t)] \tag{7.3}$$

$$F\{s_m(t)\cos(2\pi f_c t)\} = \frac{1}{2}M(f) + \frac{1}{4}M(f+2f_c) + \frac{1}{4}M(f-2f_c) \tag{7.4}$$

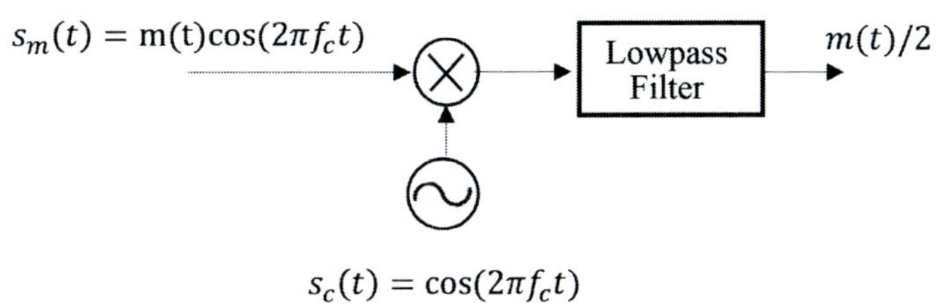

【그림 7.3】 주파수 변환된 신호의 복원 과정

실수신호의 예 : cosine함수의 경우

실수신호의 주파수변환 과정의 예로【그림 7.4】와 같이 실수신호가 주파수 f_m인 cosine파인 $\cos(2\pi f_m t)$ 신호라고 가정해보자. 이 신호를 반송파주파수가 정보신호의 주파수보다 아주 클 경우($f_c \gg f_m$) 주파수변환과정을 살펴보자.

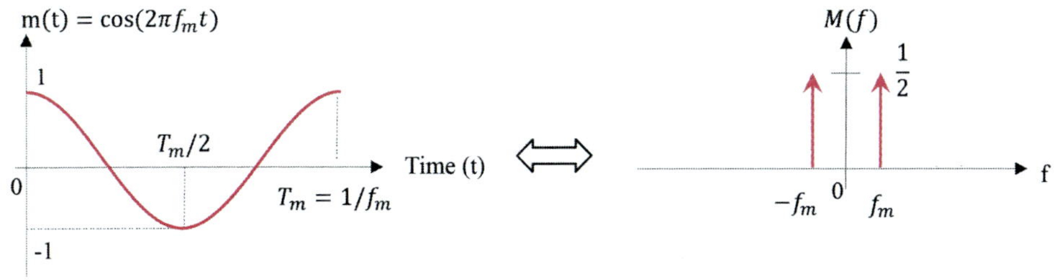

【그림 7.4】 cosine파의 시간영역과 주파수영역

주파수변환된 신호는 cosine 신호함수와 반송파 cos 함수의 곱으로 식 (7.5)와 같다.

$$s_m(t) = \cos(2\pi f_m t)\cos(2\pi f_c t) \\ = \frac{1}{2}\left[\cos(2\pi(f_c - f_m)t + \cos(2\pi(f_c + f_m)t\right] \quad (7.5)$$

이제 식 (7.5)를 Fourier 변환하면 식 (7.6)과 같다.

$$S_m(f) = \frac{1}{4}\left[\delta(f - f_c - f_m) + \delta(f - f_c + f_m) + \delta(f + f_c - f_m) + \delta(f + f_c + f_m)\right] \quad (7.6)$$

식 (7.6)은【그림 7.5】처럼 주파수 $-f_c$와 $+f_c$ 주파수를 기준으로 좌우로 f_m 만큼 떨어진 모양이 된다. 이때 $-f_c$와 $+f_c$ 주파수에는 아무런 성분이 없음에 볼 수 있다. 주파수 기저대역 신호를 복원하기 위하여 식 (7.5)를 다시 반송파 주파수를 곱하면【그림 7.4】의 아래와 같은 주파수 스펙트럼을 얻을 수 있으며 저역통과필터를 통과하게 되면 원래 cosine 신호를 복원할 수 있게 된다.

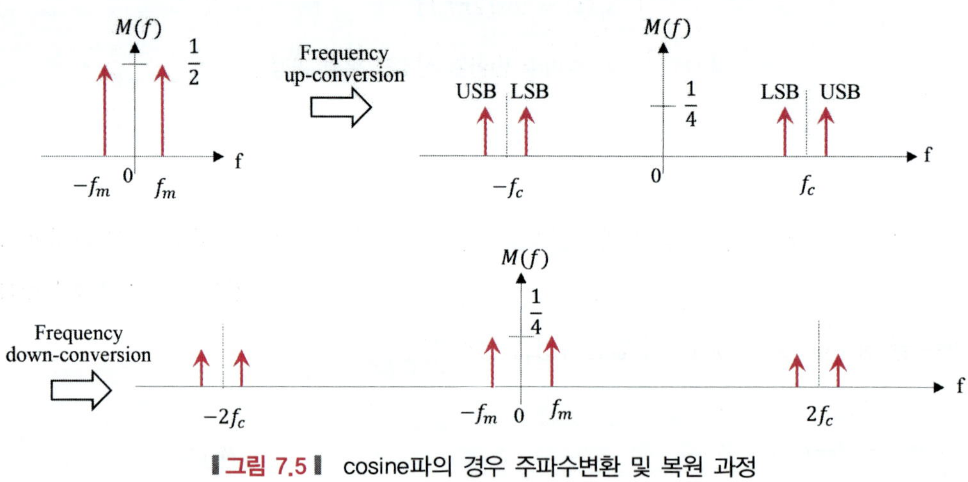

【그림 7.5】 cosine파의 경우 주파수변환 및 복원 과정

7.1.2 복소수신호의 경우

앞에서 다룬 신호는 시간축 상에 하나의 순간에 하나의 값만을 갖는 실수신호(실함수, real function)이다. 실수함수는 $-\infty$에서 $+\infty$의 모든 시간축에서 값이 존재하는 신호를 의미한다. 보통 사람의 음성, 데이터 등은 시간에 따라 변하므로 실수함수로 나타낼 수 있다. 이러한 실수함수 신호를 주파수 변환하면 진폭스펙트럼의 경우 좌우 대칭이 되어 주파수 대역폭이 기저대역신호의 2배가 된다.

주파수를 효율적으로 사용하기 위해서는 기저대역신호의 대역폭과 기저대역신호를 주파수변환한 통과대역 신호의 대역폭이 동일한 것이 좋다. 이를 위해 2개의 독립적인 신호가 있으며, 이를 각각 $I(t)$와 $Q(t)$하 하자[4]. 이제 송신신호 $s_m(t)$는 식 (7.7)과 같이 $I(t)$와 $Q(t)$를 상호 직교하는 특성을 갖는 cos함수와 −sin함수에 각각 곱하여 통과대역신호를 만들 수 있다. −sin 함수는 cos함수에 90° 위상천이기를 추가하면 하드웨어로 쉽게 만들 수 있다.【그림 7.6】은 복소수 신호의 주파수 변환과정을 보여준다.

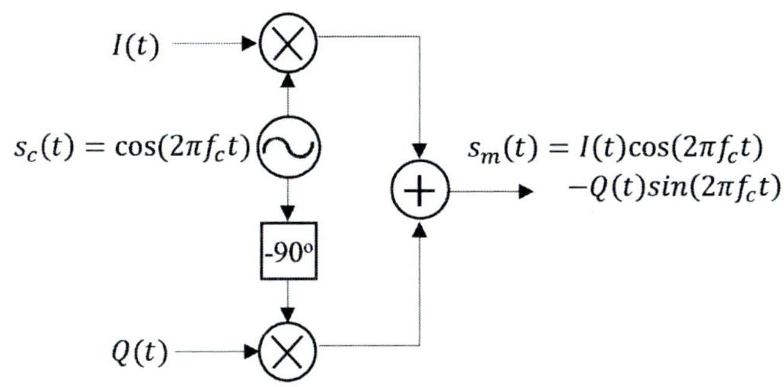

【그림 7.6】 복소수 신호의 주파수 변환

$$s_m(t) = I(t)\cos(2\pi f_c t) - Q(t)\sin(2\pi f_c t) \tag{7.7}$$

이제 주파수 상향된 송신신호 $s_m(t)$로부터 $I(t)$가 복원될 수 있는지 살펴보자.【그림 7.7】과 같은 경우, 먼저 $s_m(t)$에 $\cos(2\pi f_c t)$를 곱하고 저역통과 필터링을 하게 되면 식 (7.8)과 같이 $I(t)$를 복원할 수 있다.

$$\begin{aligned} s_m(t)\cos(2\pi f_c t) &= I(t)\cos^2(2\pi f_c t) - Q(t)\sin(2\pi f_c t)\cos(2\pi f_c t) \\ &= \frac{I(t)}{2}\left[1+\cos(4\pi f_c t)\right] - \frac{Q(t)}{2}\sin(4\pi f_c t) \\ &= \frac{I(t)}{2} \end{aligned} \tag{7.8}$$

마찬가지로, 주파수 상향된 송신신호 $s_m(t)$로부터 수신기에서 $Q(t)$를 복원하기 위해 $s_m(t)$에 $-\sin(2\pi f_c t)$를 곱하고 저역통과 필터링을 하게 되면 식(7.9)와 같이 $Q(t)$를 복원할 수 있다.

4) I는 동위상(In-phase)을 의미하고, Q는 직교위상(Quadrature-phase)의 약자이다. 향후 복소수를 표시하면 I는 실수, Q는 허수를 의미하게 된다.

$$-s_m(t)\sin(2\pi f_c t) = -I(t)\cos(2\pi f_c t)\sin(2\pi f_c t) + Q(t)\sin^2(2\pi f_c t)$$

$$= \frac{-I(t)}{2} sin(4\pi f_c t) + \frac{Q(t)}{2}[1+\cos(4\pi f_c t)] \quad (7.9)$$

$$= \frac{Q(t)}{2}$$

즉, 2개의 독립된 신호 $I(t)$와 $Q(t)$를 하나의 반송파 주파수를 이용하여 대역폭의 낭비를 막을 수 있는데 이를 **직교변환(QM: Quadrature Modulation)**이라 부른다. 직교변환 방식의 주파수 상향방법은 최근 주파수 가치가 올라가면서 대부분의 고속 디지털 무선통신에서 채용하는 방법이 되었다.

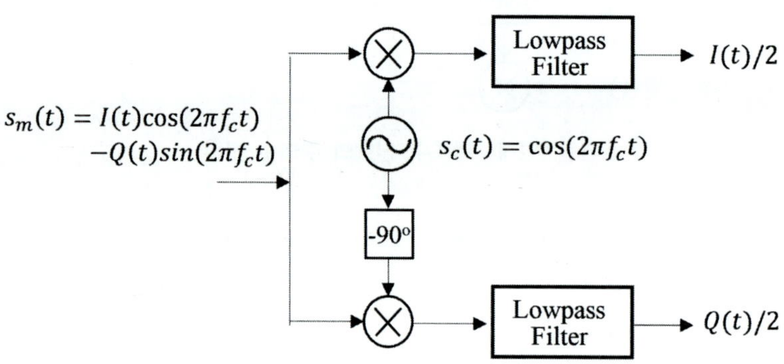

그림 7.7 주파수변환된 복소수 신호의 복원과정

복소수신호의 예 : cosine함수의 경우

복소수신호의 주파수변환 과정의 예로【그림 7.8】과 같이 2개의 독립된 신호 $I(t)$와 $Q(t)$를가 각각 주파수 f_{m1}과 주파수 f_{m2} (이때, $f_{m2} > f_{m1}$ 라 가정)인 cosine파 $2\cos(2\pi f_{m1}t)$와 $\cos(2\pi f_{m2}t)$ 신호라고 가정해보자. 이 신호를 반송파주파수가 정보신호의 주파수보다 아주 클 경우($f_c \gg f_{m1}, f_{m2}$)에 주파수변환과정을 살펴보자.【그림 7.8】과 같이 주파수 상향변환된 신호는 반송파 주파수 f_c를 중심으로 $I(t)$와 $Q(t)$ 모두가 포함된 신호임을 알 수 있다.

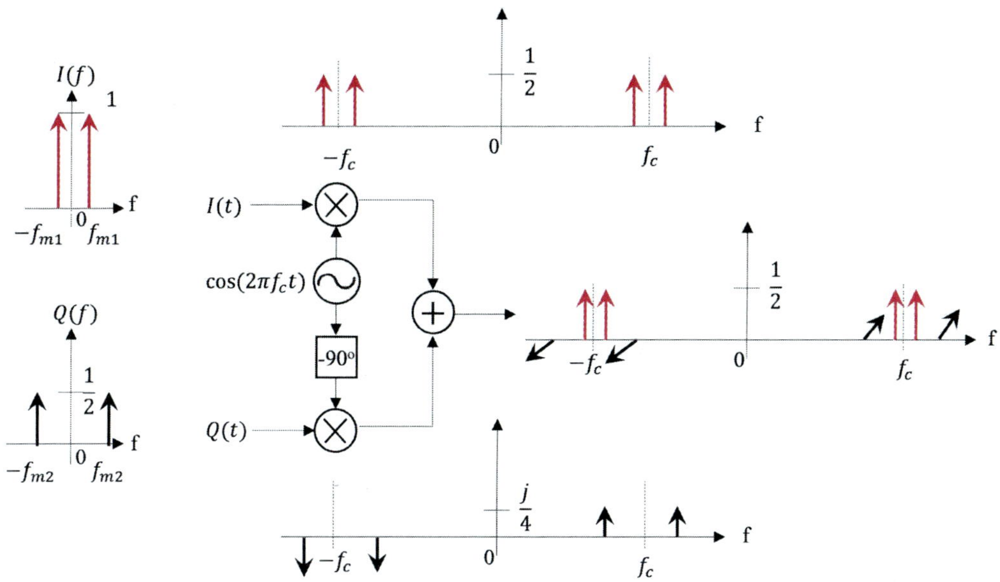

그림 7.8 두 개의 주파수차가 있는 cosine파의 경우 주파수변환 과정

복소수신호의 표현

이제 두 개의 임의의 신호를 복소수 형태로 표현하기 위하여 $I(t)$를 실수로 $Q(t)$를 허수를 갖는 복소수로 표현하면 기저대역 복소수신호는 식 (7.10)과 같이 주어진다.

$$g(t) = I(t) + jQ(t) \tag{7.10}$$

이제 $g(t)$와 복소지수함수 $e^{j2\pi f_c t}$ 의 곱은 식 (7.11)과 같다.

$$\begin{aligned} g(t)e^{j2\pi f_c t} &= [I(t) + jQ(t)]e^{j2\pi f_c t} \\ &= [I(t) + jQ(t)][\cos(2\pi f_c t) + j\sin(2\pi f_c t)] \\ &= [I(t)\cos(2\pi f_c t) - Q(t)\sin(2\pi f_c t)] \\ &\quad + j[I(t)\sin(2\pi f_c t) + Q(t)\cos(2\pi f_c t)] \end{aligned} \tag{7.11}$$

따라서 직교변환 된 신호는 다음과 같이 실수부만 사용하여 페이저 형태로 표현할 수 있다.

$$s_m(t) = Re\left[g(t)e^{j2\pi f_c t}\right] \tag{7.12}$$

이렇게 2개의 신호를 같은 주파수이지만 상호 직교하는 특성을 갖는 cos함수와 sin함수에 각각 변조하여 신호를 전송하는 과정을 신호를 복소수로 표현하는 것이 가능하다. 【그림 7.9】는 복소수표현을 이용한 직교변환신호의 주파수 변환 및 복원 과정을 보여준다[5]. 그림에서 복소수신호는 좌우대칭이 아님에 유의하라.

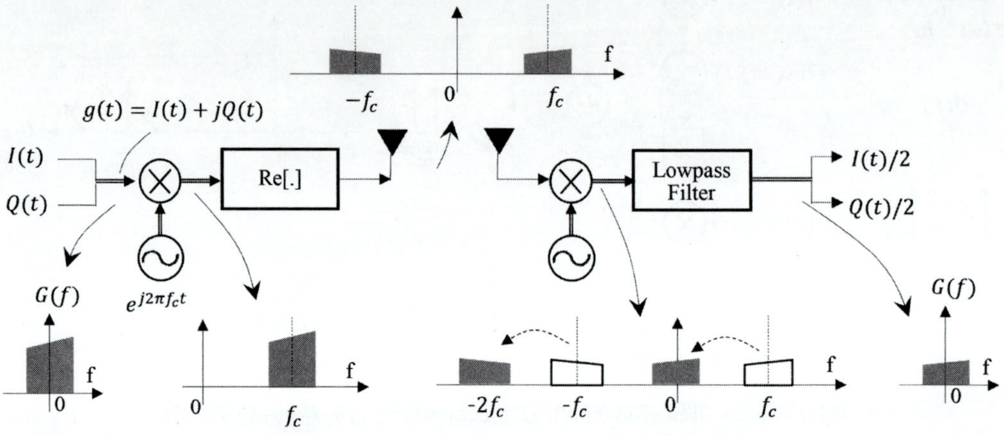

▮그림 7.9▮ 복소수표현을 이용한 직교변환신호의 표현

7.2 주파수변환 이론: 주파수 변조

7.1절에서 주파수변환 과정을 삼각함수를 이용한 수식으로 살펴보았다. 이때 신호가 반송파와 곱해지는 진폭변조(DSB-SC와 직교변환) 방식을 기반으로 이용하였다. 하지만 변조과정은 진폭변조만 있는 것이 아니고 주파수 또는 위상을 변조할 수도 있다. 특히, 레이다의 경우 FMCW 레이다는 선형주파수변조(LFM)을 사용하므로 이에 대해서 학습할 필요가 있다. 주파수변조는 진폭변조와 달리 시간에 따라 주파수가 변하게 되는데 순간적인 주파수인 **순시주파수(instantaneous frequency)** 개념을 먼저 이해해야 한다. 또한, 최신 레이다에서는 주파수 변조를 직교변환신호로 생성하기도 하므로 이에 대한 이론을 살펴보자.

5) 일반적으로 복소수신호를 나타낼 때는 겹선으로 표현하고, 실수신호는 홑선으로 표현한다. 실제 안테나를 통해 전송되는 신호는 주파수 0Hz를 중심으로 대칭이지만, 복소수신호의 스펙트럼은 f_c에서만 값을 가짐에 유의하라.

7.2.1 순시주파수의 개념

주파수변조와 위상변조의 개념을 이해하기 위해서는 먼저, 순시주파수의 개념을 이해할 필요가 있다. 주파수란 1초 동안 몇 번 원운동 하는지 그 회전수를 의미하며, 원운동에서 원주상의 한 점이 x축과 이루는 각도가 위상이고 이 위상이 빠르게 변하면 각속도가 빨라지고, 각속도가 빠르면 주파수가 높은 것을 의미한다. 즉, 위상각의 변화율을 구하면 그것이 바로 순간적인 순시각주파수 ω_i 가 될 것이다.

$$x(t) = A\cos\theta(t) = A\cos(\omega_i t + \theta_0) \tag{7.13}$$

식 (7.13)에서 순시각주파수는 ω_i 또는 순시주파수 f_i 는 다음과 같이 주어진다.

$$\omega_i = \frac{d\theta(t)}{dt} \text{ or } f_i = \frac{1}{2\pi}\frac{d\theta(t)}{dt} \tag{7.14}$$

【그림 7.10】에 주파수가 시간에 따라 변하는 경우 순시주파수의 개념을 나타낸다. 특정시간에서 위상의 순간적인 변화율을 순시주파수로 표현할 수 있음을 보여준다.

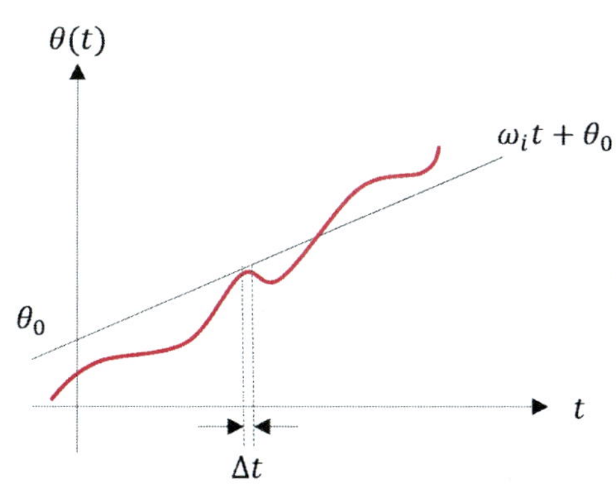

그림 7.10 주파수가 변하는 경우 순시주파수의 개념

예제 7-2 다음 신호의 순시주파수를 구하시오.

(a) $x(t) = 10\cos(6\pi t + 5)$ 답 3

(b) $x(t) = 10\cos(100\pi t^2)$ 답 100t

예제 7-3 **다음 변조된 펄스 신호의 순시주파수를 구하시오.**

$x(t) = \Pi(t/\tau)\cos(2\pi f_0 t)$

풀이 진폭변조이므로 순시주파수는 반송파주파수와 같다.

$$f_i = \frac{1}{2\pi}\frac{d\theta(t)}{dt} = f_0$$

예제 7-4 **다음 Chirp 신호의 순시주파수를 구하시오.**

$x(t) = \Pi(t/\tau)\cos(2\pi f_0 t + \frac{\pi B}{\tau}t^2)$

풀이 Chirp신호의 순시주파수는 시간에 따라 선형적으로 변하며 그 기울기는 B/τ로 주어진다.

$$f_i = \frac{1}{2\pi}\frac{d\theta(t)}{dt} = f_0 + \frac{B}{\tau}t$$

7.2.2 주파수변조된 신호를 복소수신호로 표현

실수신호 $x(t)$가 식 (7.15)와 같이 표현된다고 하자.

$$x(t) = r(t)\cos(2\pi f_c t + \phi_x(t)) \tag{7.15}$$

여기서 $r(t)$는 진폭변조신호 $\phi_x(t)$는 위상변조 신호, f_c는 반송파 신호를 의미한다. 식 (7.13)에서 순시주파수의 변화가 반송파 주파수에 비해 매우 작을 때 이러한 신호를 협대역 통과대역 신호(narrow bandpass signal)이라 부른다. 이러한 대역통과신호는 두 개의 실수신호와 허수 신호로 표현할 수 있다.

$$\begin{aligned} x(t) &= r(t)\cos(2\pi f_c t + \phi_x(t)) \\ &= r(t)\cos(2\pi f_c t)\cos(\phi_x(t)) - r(t)\sin(2\pi f_c t)\sin(\phi_x(t)) \\ &= I(t)\cos(2\pi f_c t) - Q(t)\sin(2\pi f_c t) \end{aligned} \tag{7.16}$$

여기서 $I(t)$와 $Q(t)$는 각각 동위상 및 직교위상 저역통과신호가 된다.

$$\begin{aligned} I(t) &= r(t)\cos(\phi_x(t)) \\ Q(t) &= r(t)\sin(\phi_x(t)) \end{aligned} \tag{7.17}$$

제1장
제2장
제3장
제4장
제5장
제6장
제7장
제8장
제9장
제10장

즉, 진폭변조신호, 주파수변조 및 위상변조신호는등 모든 변조신호는 직교변환신호로 표현할 수 있다.

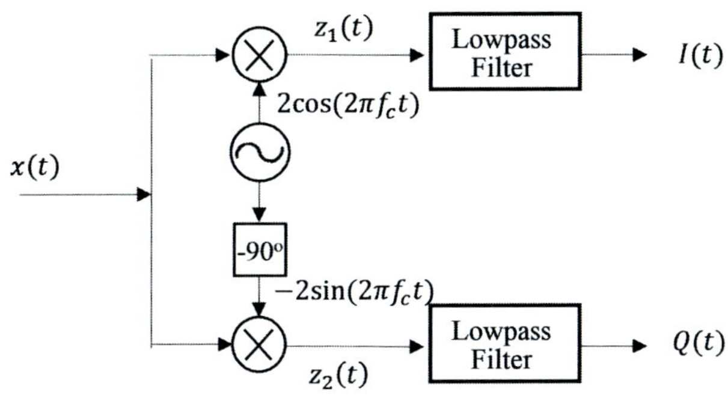

그림 7.11 신호 $x(t)$의 기저대역 실수신호와 허수신호 구하는 방법

예제 7-5 다음 신호를 실수신호와 허수신호로 표현하시오.

$$x(t) = \Pi(t/\tau)\cos(2\pi f_0 t)$$

풀이 $z_1(t) = x(t) \times 2\cos(2\pi f_0 t) = \Pi(t/\tau)\cos(2\pi f_0 t) \times 2\cos(2\pi f_0 t)$

$$= \Pi(t/\tau) + \Pi(t/\tau)\cos(4\pi f_0 t)$$

$$z_2(t) = x(t) \times (-2)\sin(2\pi f_0 t) = \Pi(t/\tau)\cos(2\pi f_0 t) \times (-2)\sin(2\pi f_0 t)$$

$$= \Pi(t/\tau)\sin(0) - \Pi(t/\tau)\sin(4\pi f_0 t)$$

저역통과필터를 통과하면 $I(t) = \Pi(t/\tau)$, $Q(t) = 0$이 된다.

예제 7-6 다음 Chirp 신호를 기저대역 실수신호와 허수신호로 표현하시오.

$$x(t) = \Pi(t/\tau)\cos(2\pi f_0 t + \frac{\pi B}{\tau}t^2)$$

풀이 $z_1(t) = \Pi(t/\tau)\cos(2\pi f_0 t + \frac{\pi B}{\tau}t^2) \times 2\cos(2\pi f_0 t)$

$$= \Pi(t/\tau)\cos(\frac{\pi B}{\tau}t^2) + \Pi(t/\tau)\cos(2\pi f_0 t + \frac{\pi B}{\tau}t^2)$$

$$z_2(t) = \Pi(t/\tau)\cos(2\pi f_0 t + \frac{\pi B}{\tau}t^2) \times (-2)\sin(2\pi f_0 t)$$

$$= \Pi(t/\tau)\sin(\frac{\pi B}{\tau}t^2) - \Pi(t/\tau)\sin(4\pi f_0 t + \frac{\pi B}{\tau}t^2)$$

저역통과필터를 통과하면 다음과 같다.

$$I(t) = \Pi(t/\tau)\cos(\frac{\pi B}{\tau}t^2)\ ,\ Q(t) = \Pi(t/\tau)\sin(\frac{\pi B}{\tau}t^2)$$

예제 7-7 다음 Chirp 신호의 기저대역 실수신호와 허수신호로 MATLAB으로 그리시오.

$$x(t) = \Pi(t/\tau)\cos(2\pi f_0 t + \frac{\pi B}{\tau}t^2)$$

풀이 펄스폭 τ는 10usec, 대역폭 B는 40MHz라고 하면 다음과 같다.

```
taup = 10e-6;                % 10 microsecond  pulse
b = 40.0e6;                  % 40 MHz bandwdith
n = fix(2 * taup * b);       % number of samples
% calculate sampling interval
t = linspace(-taup/2,taup/2,n);
replica = exp(i*pi*(b/taup).*t.^2);
subplot(211)
plot(t,real(replica))
axis([min(t), max(t), -1.2, 1.2]);
ylabel('I(t)')
subplot(212)
plot(t,imag(replica))
ylabel('Q(t)')
xlabel('Time in seconds')
axis([min(t), max(t), -1.2, 1.2]);
```

예제 7-8 (예제 7-7) 신호의 주파수 스펙트럼을 구하시오.

```
sampling_interval = 1 / 2.5 /b;
freqlimit = 0.5/ sampling_interval;
freq = linspace(-freqlimit,freqlimit,n);
plot(freq,fftshift(abs(fft(replica))));
ylabel('Spectrum of replica')
xlabel('Frequency in Hz')
```

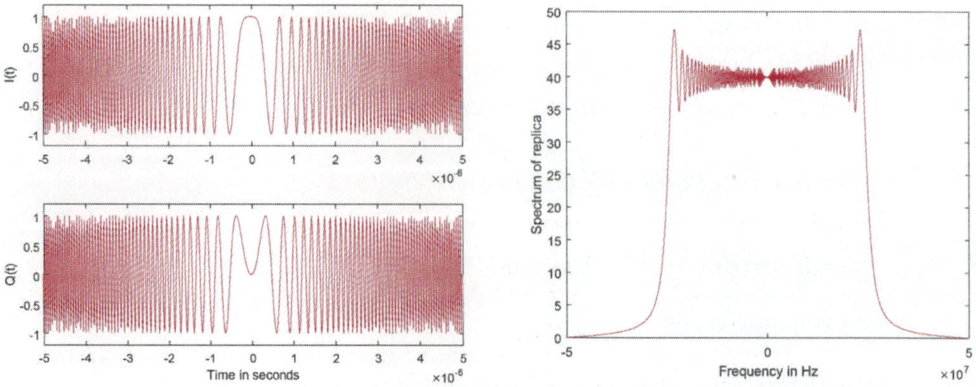

그림 7.12 Chirp신호 생성을 위한 I신호와 Q신호 및 주파수 스펙트럼

중요

【그림 7.13】과 같이 과거 FMCW 레이다 송신기에서 Chirp신호는 VCO(Voltage Controlled Oscillator)를 이용하여 생성하였으나, 현재는 I신호와 Q신호를 생성하여 I/Q 직교변조기를 통과하면 구현할 수 있다.

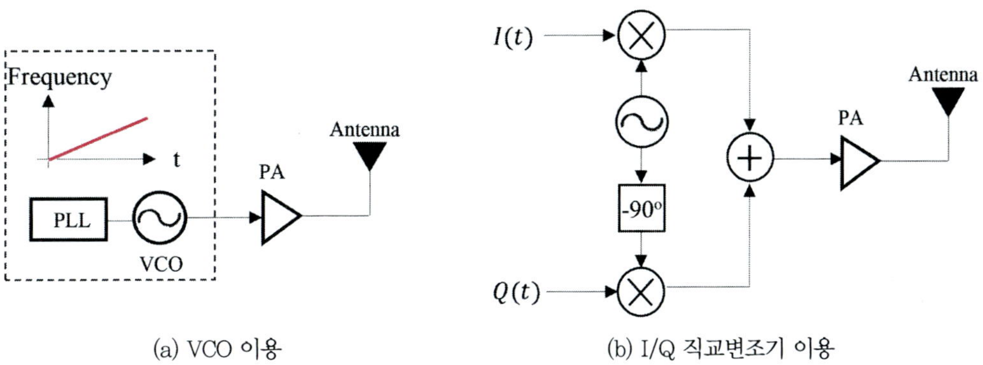

【그림 7.13】 Chirp신호 생성과정

7.3 CW 레이다에서의 주파수 변환

7.1절과 7.2절에서는 각각 진폭변조된 경우와 주파수변조된 경우의 주파수 변환이론을 살펴보았다. 이제 레이다에서는 주파수 변환이론이 어떻게 적용되는지 살펴보자. 특히, 속도를 측정하는 도플러 레이다를 중심으로 살펴보도록 한다. **도플러 레이다**의 경우 송신기는 변조되지 않는 연속파 CW 신호를 송신하게 되는데 목표물에 의해 반사된 신호는 크기의 감소, 시간지연, 위상변화, 그리고 도플러 주파수에 의한 주파수 변화가 발생하게 된다.

7.3.1 도플러 레이다

도플러 현상은 공기 중에 파동을 발생하는 신호원이 이동할 경우 정지해 있는 관찰자 입장에서 주파수가 변하는 것으로 관찰되며, 모든 파동에 존재하는 자연 현상이다. 예를 들어【그림 7.14】와 같이 싸이렌을 울리는 응급차가 있을 경우 응급차가 관찰자를 향해 접근하는 경우 응급차의 경적음의 주파수가 높아지고, 관찰자로부터 멀어지는 경우 경적음의 주파수가 낮아지는 것을 쉽게 느낄 수 있다. 마찬가지로 전파도 파동이므로 도플러 현상이 발생하며 이때 증가 또는 감소된 주파수를 도플러 주파수라 부른다.

도플러 주파수는 신호원의 주파수가 f_s, 신호원이 이동하는 속도가 v_s 인 경우 식 (7.18)과 같이 주어진다.

$$f_0 = f_s\left(1 \pm \frac{2v_s}{c}\right) \tag{7.18}$$

여기서, c는 빛의 속도이며, 신호원이 다가오는 경우 '+'기호를, 신호원이 멀어지는 경우 '−'기호를 갖는다.

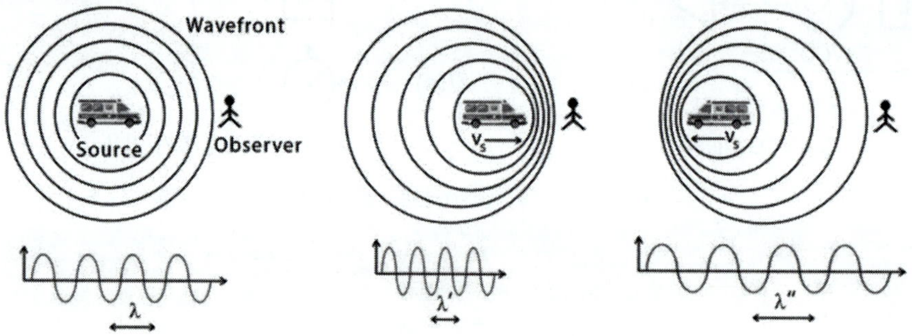

그림 7.14 도플러 현상

이제 레이다가 f_0의 주파수를 갖는 위상잡음이 없는 연속정현파(CW: Continuous Wave) 신호를 송신한다고 가정하고, 이를 $s(t)$라 하면 식 (7.19)로 표현될 수 있다.

$$s(t) = \cos(2\pi f_0 t) \tag{7.19}$$

거리 R만큼 떨어진 위치에서 속도가 v_s의 일정한 속도로 목표물이 다가올 경우 이 목표물에 반사되어 돌아온 신호는 Δt 만큼 시간이 지연된 신호가 되므로 식 (7.20)과 같이 표현된다.

$$r(t) = \cos(2\pi f_0 (t - \Delta t)) \tag{7.20}$$

이때 Δt는 다음과 같다.

$$\Delta t = \frac{2}{c}(R - v_s t) \tag{7.21}$$

식 (7.20)과 식 (7.21)을 합하면 수신신호는 다음과 같다.

$$r(t) = \cos\left(2\pi\left(f_0 + \frac{2v_s}{\lambda}\right)t - \frac{4\pi R}{\lambda}\right) \tag{7.22}$$

수신된 신호는 $4\pi R/\lambda$의 위상변화와 $2v_s/c$의 주파수 증가를 갖게 된다. 만약 목표물이 멀어지는 경우에는 $-2v_s/c$의 주파수 감소를 갖게 된다. 이제 도플러 레이다가【그림 7.15】의 구조를 갖는다고 가정한다.

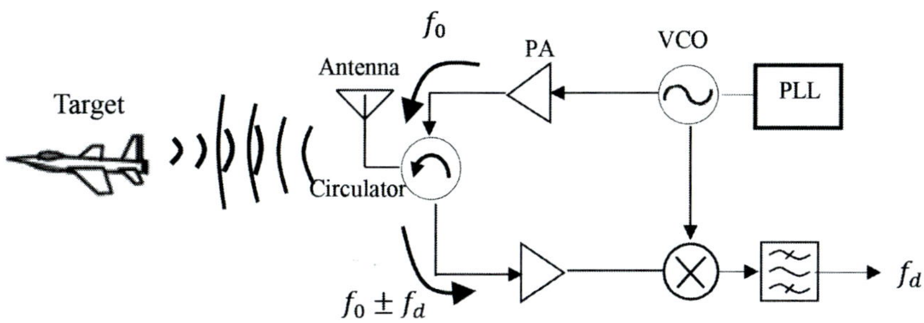

▌그림 7.15▌ 도플러 레이다의 원리

도플러 레이다에서 신호발생기는 f_0의 CW주파수를 발생하고 이 신호가 안테나를 통해 송신된다. 목표물에 반사된 신호는 circulator에 의해 수신기의 주파수 혼합기(mixer)로 입사되고, 이 신호는 신호발생기의 송신신호와 곱해진다. 곱해진 신호는 두 신호의 합과 차 신호가 발생하는데 합 신호는 주파수가 매우 높으므로 필터를 통해 제거하고 차 신호만 통과시킨다면 도플러 주파수만 걸러낼 수 있다. 이제 도플러 주파수는 목표물의 속도에 비례하므로 식 (7.23)에 의해 목표물의 속도를 측정할 수 있게 된다.

$$v_s = f_d \frac{\lambda}{2} \tag{7.23}$$

【그림 7.15】의 도플러 레이다는 도플러 주파수의 존재만을 측정하므로 도플러 주파수의 부호는 알 수 없다[6]. 따라서 도플러 레이다에 입사되는 신호가 레이다 방향으로 앞뒤로 진동하는 경우 움직임의 변화만을 알 수 있고, 움직임의 방향을 알 수는 없다. 진동하는 물체의 경우 도플러 주파수는 목표물의 진동에 따라 목표물이 가운데 있는 경우에는 0 Hz, 목표물이 레이다 센서를 향해 다가올 경우 양(+)의 주파수, 목표물이 레이다 센서에서 멀어질 경우 음(-)의 주파수로 바뀌게 된다. 따라서 목표물의 진동하는 패턴과 동일한 신호의 주파수 변화가 나타난다. 이러한 도플러 주파수의 부호를 알기 위해서는【그림 7.16】과 같이 직교 변환 방식을 사용해야 한다. 직접변환 방식을 사용하면 $I(t)$신호와 $Q(t)$의 2개의 신호를 이용하여 다이버시티 효과를

6) 도로에 설치되어 차량의 과속을 측정하는 과속측정기는 도플러 레이다 원리를 사용하지만, 언제나 레이다를 향해 다가오는(도플러 주파수가 +인) 차의 속도만을 측정하므로 부호는 중요하지 않다.

얻거나 신호처리 과정에서 복소수 연산을 통해 도플러 주파수의 부호를 알 수 있다. 이러한 원리를 이용하여 도플러 레이다는 진동하는 물체의 진동수를 측정하거나, 움직임을 측정하는 정밀한 센서 등에 사용될 수 있다7).

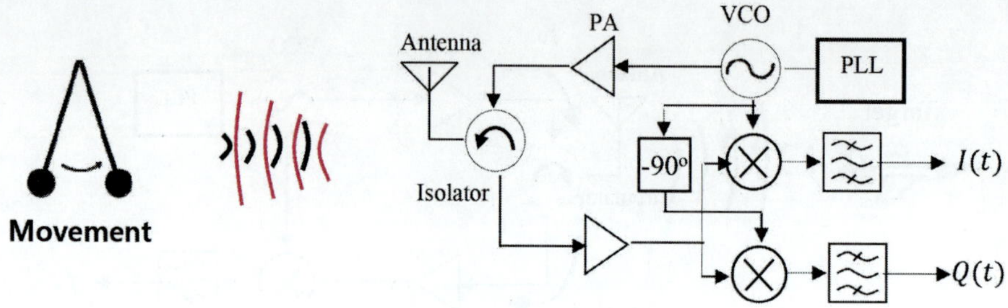

그림 7.16 직교변환 방식의 도플러 레이다

> **예제 7-9** 도플러 레이다에서 직교복조 방식을 사용하면 부호를 구별할 수 있음을 수식으로 보이시오.

> **중요** 무선통신 송신기는 복소수 신호의 경우 송신기와 수신기 모두에서 I신호와 Q신호, 2개의 신호경로를 갖는데 반하여 도플러 레이다 송신기는 CW 신호의 경우 하나의 신호만을 송신하고 수신할 때는 I신호와 Q신호의 2개의 경로로 수신하게 된다 이를 I/Q 다이버시티(Diversity)라고 하며 수신기에서 도플러 주파수의 부호와 같은 추가적인 정보를 알 수 있게 된다.

7.3.2 CW 레이다의 거리 측정

1장애서 펄스 레이다에서 송신한 펄스와 수신된 펄스 간 시간차 Δt 를 안다면, 목표물까지의 거리를 측정할 수 있다는 것을 확인하였다. 하지만 실제 송신되는 펄스신호는 기저대역 신호가 아니라 반송파 신호가 실린 통과대역 펄스신호이므로 펄스가 송신하는 시간구간 동안의 신호는 단일 주파수의 정현파 신호와 동일하다. 단, 듀티사이클에 따라 펄스가 없는 구간에는 신호가 없는 경우이므로 총 전력은 듀티사이클에 비례하여 작아진다. 예를 들어 듀티사이클이 10%라면 Duty Cycle이 100%인 CW(Continuous Wave) 신호의 전력보다 총 전력이 1/10로 줄어들게 되어 레이다센싱 거리가 줄어들게 된다. 따라서 거리센싱을 위해서는 CW 신호를 사용하는 것이 필요하다. 하지만 CW신호는 펄스신호가 아니므로 시간지연을 측정할 수 없다.

7) 도플러 레이다를 이용하면 건물의 경비시스템, 움직임을 감지하는 센서등, 사람의 호흡에 따른 가슴의 움직임 변화 등을 측정하는 의료기 등을 만들 수 있다.

하지만 CW레이다는 시간지연 대신에【그림 7.17】과 같이 송신신호와 수신신호간의 위상차를 측정하는 것은 가능하다.

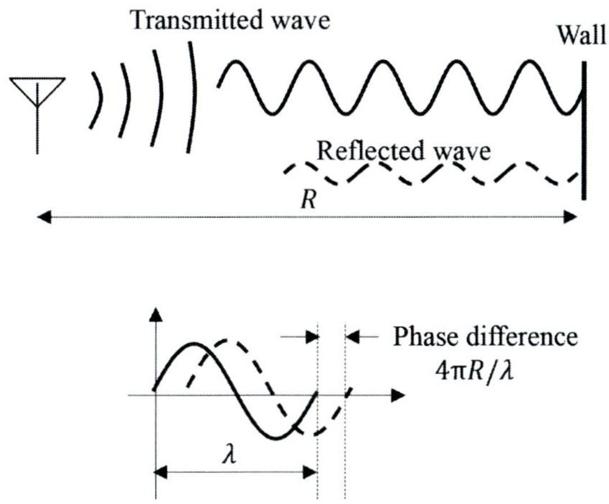

▌그림 7.17▌ 위상차를 이용한 CW 레이다의 거리 센싱

이 방식은 레이저 거리 측정기 등에서 사용하는 방식으로 송신신호와 수신신호 간의 위상차가 한파장 차이가 날 경우 2π [rad]의 위상차이가 나므로 위상차 θ의 경우 거리와의 관계식은 식 (7.24)와 같다.

$$\theta = \frac{4\pi R}{\lambda} \tag{7.24}$$

단, 거리가 반파장보다 높다면 위상이 2π마다 반복되므로 어떤 거리가 진짜 거리인지 알기 어렵다. 특히, 주파수가 높아 파장이 작아지게 되면 이러한 위상의 모호성은 증가할 수밖에 없는데 레이다 주파수는 수GHz 이상이므로 위상을 이용한 거리 측정은 쉽지 않다. 게다가 위상은 상대적인 값으로, 기준값이 필요할 뿐만 아니라 회로의 길이 등에 민감하므로 정밀한 교정(calibration)이 필요하여 측정이 쉽지 않다.

> **참고** 주파수가 1GHz로 파장이 30cm 라면 15cm, 30cm, 45cm 등 $\lambda/2$의 배수의 거리에 해당하는 위상차는 동일하다. 주파수가 10GHz가 되면 파장이 1/10이 되므로 위상 오차에 의한 거리 센싱 오차는 10배 증가한다.

레이다 주파수는 보통 수 GHz 이상이므로 CW 신호의 위상을 이용하여 거리를 측정하는 것은 쉽지 않다. 대신 복수개의 CW 주파수를 이용하는 경우를 고려해보자. 이러한 레이다를 **다중 톤 레이다**라고 부른다. 레이다가 2개의 CW 주파수를 송신하고, 이를 각각 $s_1(t)$, $s_2(t)$라 하자.

$$s_1(t) = \cos(2\pi f_1 t) \tag{7.25}$$

$$s_2(t) = \cos(2\pi f_2 t) \tag{7.26}$$

거리 R 떨어진 목표물에 반사된 수신신호는 각각 다음과 같다. 이때 신호의 크기는 변하지 않는다고 가정하였다.

$$r_1(t) = \cos(2\pi f_1 t - \phi_1) = \cos\left(2\pi f_1 t - \frac{4\pi f_1 R}{c}\right) \tag{7.27}$$

$$r_2(t) = \cos(2\pi f_2 t - \phi_2) = \cos\left(2\pi f_2 t - \frac{4\pi f_2 R}{c}\right) \tag{7.28}$$

송신신호와 곱한 후 두 개의 신호의 위상차를 구하면 위상차는 다음과 같다.

$$\phi_2 - \phi_1 = \frac{4\pi R}{c}(f_2 - f_1) \tag{7.29}$$

앞에서 살펴본 단일 정현파와 마찬가지로 2π마다 위상의 모호성이 발생하는 것은 같지만 식 (7.29)와 차이가 있는 것은 주파수가 반송파 주파수가 아니라 2개의 신호 간의 주파수 차만큼 작아진다는 것이다. 따라서 위상오차의 영향이 작아지게 된다.

> **요약** 주파수가 1GHz이지만 $f_2 - f_1$이 10MHz라면 2π의 변화는 150m에 해당된다. 레이다의 최대 측정거리가 150m 이하라면 multi-tone 레이다의 위상모호성은 없게 된다.

7.4 잡음과 비선형성 해석

앞에서 기저대역주파수가 통과대역 주파수로 변환되는 과정을 이상적으로 살펴보았다. 또한 CW 레이다에서 주파수 변환이 어떻게 이루어지는지도 살펴보았다. 하지만 이러한 주파수 변환은 하드웨어로 구현되므로 실제 주파수 변환 과정에서는 잡음이 발생하고 비선형성이 발생한다. 본 절에서는 잡음과 비선형성을 해석하는 방법에 대해 살펴본다.

7.4.1 잡음과 수신기

무선통신과 레이다에서 다루는 통과대역 신호는 송신기의 경우 전력이 매우 크지만, 수신기의 경우는 전력이 매우 작다. 따라서 수신기의 경우 잡음에 영향을 받으므로 잡음의 특성을 이해해야 한다. RF송수신기에서 발생하는 잡음 중 RF성능에 큰 영향을 주는 잡음은 크게 열잡음과 위상잡음이 있으며, 【그림 7.18】은 열잡음의 예를 보여준다[8].

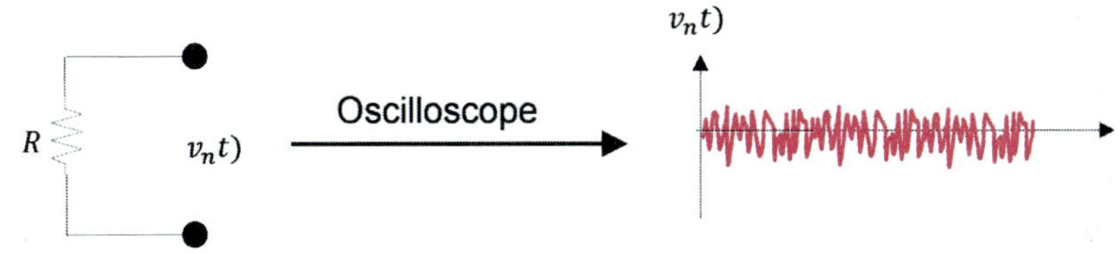

【그림 7.18】 열잡음

열잡음은 전자회로 내의 전자나 hole 등의 열진동에 의해 발생하며, 절대온도에 비례한다. 따라서 절대온도가 0도인 경우 잡음전력은 0이 된다. 열잡음은 측정할 경우마다 달라지는 랜덤 신호이므로 정확한 파형을 예측하기는 어렵지만 통계적으로 다룰 수 있다. 보통 잡음은 stationary 랜덤프로세스라고 가정하며, 평균이 0인 Gaussian 분포를 갖는다. 열잡음은 일반적으로 10^{12} Hz까지의 모든 주파수 범위에 대해 전력밀도 스펙트럼은 일정하다고 가정할 수 있기 때문에 백색잡음(white noise)이라고 부른다. 또한 열잡음은 신호원과 무관하며 Gaussian 분포를 가지므로 AWGN(Additive White Gaussian Noise)이라 부르며 잡음전력은 다음 식 (7.30)으로 표현된다.

$$N = kTB \tag{7.30}$$

여기서 k는 Bolzman 상수로 1.38 x 10^{-23} J/K 이고, T는 절대온도, B는 대역폭을 의미한다. 따라서 대역폭인 1Hz인 경우 실온에서 -174dBm/Hz의 값을 갖는다.

8) 위상잡음(phase noise)은 발진기와 PLL 개념을 이해해야 하므로 PLL에 대한 학습을 진행한 후 학습하도록 한다.

예제 7-10 **대역폭 1.23 MHz인 CDMA신호의 경우 통과대역폭은 1.25 MHz이다 이 대역폭 에서의 열잡음 전력은 상온에서 얼마인가?**

풀이 상온(25℃)을 가정하면, T=273.15+25, B=1.23E6
P=10log10(kTB)로 계산하면 -114dBm 이 계산된다.

참고 dBW로 계산되므로 dBm으로 변환하기 위해 30dB를 더해주어야 한다.

잡음 지수 (Noise Figure)

RF수신기의 입력되는 신호는 자유공간의 경로손실에 의해 그 크기가 작아지므로 증폭기를 이용해 신호를 증폭시켜야 한다. 증폭기를 거치는 경우 신호만 증폭되는 것이 아니라 잡음 또한 같이 증폭된다. 또한, 증폭기 또한 전자회로로 구성되어 있으므로 증폭기의 자체의 잡음이 발생하여 잡음이 추가되게 되는데, 이를 나타내는 지수가 **잡음지수(Noise Figure)**이다. 잡음지수는 회로의 입력단에서의 신호대잡음비 SNR과 출력단에서의 SNR과의 차이를 나타내는 양으로 증폭기를 통과할 때 SNR값이 얼마나 감쇄하는지를 나타내는 지표이다.【그림 7.19】의 좌측 그림은 증폭기 회로의 입력단 SNR을 주파수의 함수로 그린 것으로 신호의 최대치는 입력단의 noise floor에 비해 40 dB 높다[9].【그림 7.19】의 우축 그림은 증폭기 증폭기의 출력단 SNR을 나타낸 것으로 증폭기는 이득이 존재하므로 신호의 크기는 20dB 증가하였다. 하지만 증폭기는 자체적으로 잡음 성분을 가지고 있으므로 이 잡음 성분이 더해

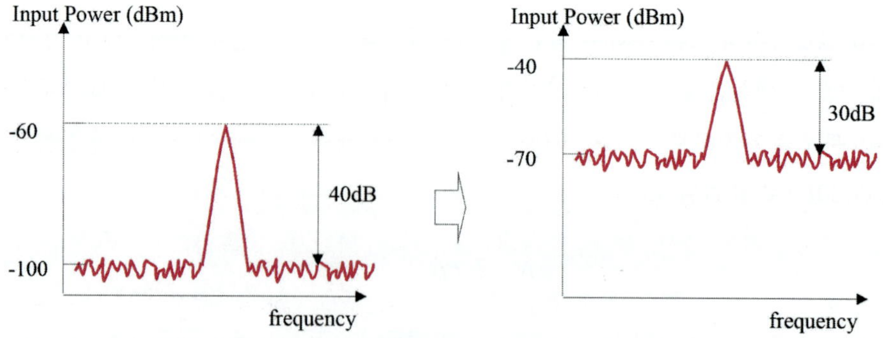

【그림 7.19】 잡음지수의 예(증폭기의 경우)

져 SNR은 30dB로 입력단보다 10dB 나빠지게 되었다. 이 값이 잡음 지수로【그림 7.19】의 증폭기 회로는 10dB의 잡음지수를 가졌다라고 말한다.

9) 잡음이 일정하게 깔려 있다고 하여 noise floor라고 부른다.

7.4.2 비선형성과 송신기

증폭기를 이용해 신호를 증폭시킬 때 잡음지수 외에 비선형특성을 갖는다. 증폭기가 이상적인 증폭기라면 출력신호는 입력신호에 전압이득 G_v를 곱한 값이 될 것이다.

$$v_{out}(t) = G_v v_{in}(t) \tag{7.31}$$

하지만 실제 증폭기는 입력신호가 계속 커짐에 따라 출력신호가 계속 커질 수는 없으므로 어느 정도 비선형성(Nonlinearity)를 갖게 된다. 비선형성을 고려한 증폭기의 입출력 특성은 다음과 같이 표현할 수 있다.

$$v_{out}(t) = a_1 v_{in}(t) + a_2 v_{in}^2(t) + + a_3 v_{in}^3(t) + \cdots \tag{7.32}$$

여기서 a_1은 식 (7.31)의 선형이득 G_v와 같고, a_2는 2차 비선형성을, a_3는 3차 비선형성을 나타낸다[10]. 먼저, 식 (7.32)에서 증폭기가 1차 증폭 특성과 2차 비선형성이 있는 경우를 살펴보자. 2차 비선형성이 있는 시스템에 두 개의 주파수 성분이 입력된다고 가정하자.

$$v_{in}(t) = A_1 \cos\omega_1 t + A_2 \cos\omega_2 t \tag{7.33}$$

출력신호를 구하면 다음과 같고 이것을 주파수축에서 나타내면【그림 7.20】과 같다.

$$\begin{aligned} v_{out}(t) &= a_1(A_1 \cos\omega_1 t + A_2 \cos\omega_2 t) + a_2(A_1 \cos\omega_1 t + A_2 \cos\omega_2 t)^2 \\ &= a_1(A_1 \cos\omega_1 t + A_2 \cos\omega_2 t) + \frac{1}{2}a_2(A_1^2 + A_2^2) \\ &\quad + \frac{1}{2}a_2(A_1^2 \cos 2\omega_1 t + A_2^2 \cos 2\omega_1 t) \\ &\quad + a_2 A_1 A_2 [\cos(\omega_1 - \omega_2)t + \cos(\omega_1 + \omega_2)t] \end{aligned} \tag{7.34}$$

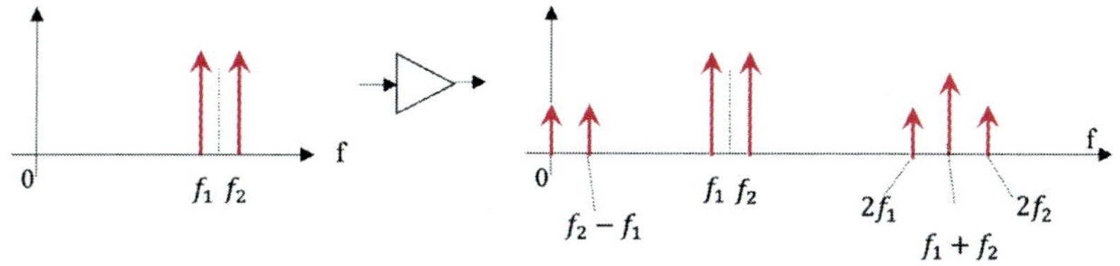

【그림 7.20】 2차 비선형성의 효과

10) 과거 진공관은 2차 비선형 특성이 있었으나 트랜지스터가 도입된 이후 2차 비선형성이 문제가 되기 보다는 3차 비선형성이 주로 문제가 되고 있다.

식 (7.32)의 첫 번째 항은 원하는 출력신호이고, 두 번째 항은 직류성분이다. 세 번째 항은 입력 주파수의 2배인 하모닉 성분이고 네 번째 항은 입력 주파수의 차와 합 주파수에 해당된다. 즉, 증폭기의 비선형 특성에 의해 입력과 상관없는 주파수 성분이 나타남을 알 수 있다. 다행인 것은 2차 비선형성에 의해 만들어지는 성분은 입력신호의 주파수에서 멀리 떨어져 존재하기 때문에 반송파주파수가 대역폭에 비해 충분히 큰 경우에는 RF필터에 의해 제거가 가능하다는 것이다.

이제 증폭기가 선형이득과 3차 비선형성만을 갖는다고 가정하자. 이 증폭기에 식 (7.33)의 두 개의 주파수 성분이 입력된다고 가정하면 그 결과는【그림 7.21】과 같다. 3차 비선형성에서 통과대역 신호와 멀리 떨어져 있는 주파수 성분은 필터로 제거할 수 있지만 반송파 주파수에 인접한 $2f_2 - f_1$ 성분과 $2f_1 - f_2$ 성분은 제거하기 어렵다. 이러한 성분을 **3차 혼변조 성분**(3rd order intermodulation products)라고 부르며, 무선통신과 레이다에서 다루기 힘든 성분이다.

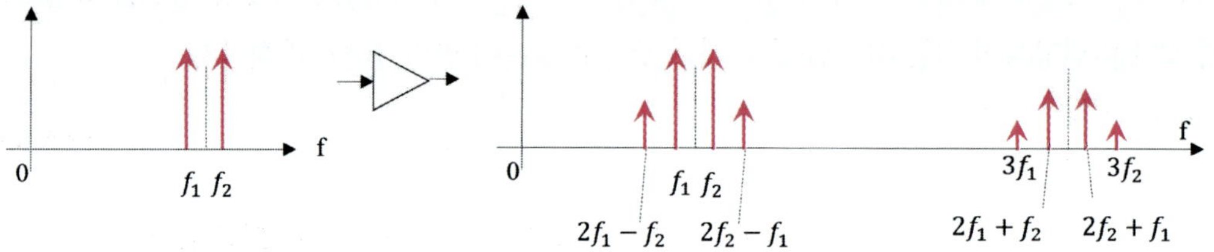

그림 7.21 3차 비선형성의 효과

예제 7-11 **증폭기에 입력된 2개의 정현파 신호가 중심주파수가 915MHz이고, 중심주파수에서 각각 50kHz 떨어져 있는 경우(914.95MHz와 915.05MHz) 2차 비선형성과와 3차 비선형성에 의해 발생하는 하모닉 주파수를 계산하고 RF필터에 의해 제거되지 않는 주파수를 표시하시오.**

풀이 2차 비선형성 하모닉 : 1829.9MHz($=2f_1$), 1830.1MHz($=2f_2$), 1830MHz($=f_1+f_2$), 100kHz($=f_2-f_1$), 0Hz(DC)

3차 비선형성 하모닉 : 2744.85MHz($=3f_1$), 2744.95MHz($=2f_1+f_2$), 2745.05MHz($=f_1+2f_2$), 2745.15MHz($=3f_2$), <u>915.15MHz,($=2f_2-f_1$) 914.85MHz($=2f_1-f_2$)</u>

비선형성은 증폭기에 의해서만 발생하는 것이 아니고, 입력신호의 크기가 큰 경우 케이블, 커넥터 및 안테나와 같이 선형특성을 갖는다고 생각되는 부품에서도 발생한다. 예를 들어 이동통신 기지국 같은 경우 안테나로 방사되는 출력이 수십 W로 크기 때문에 3차 비선형성에 의한 혼변조가 발생하며, 이를 수동혼변조(passive intermodulation)이라 한다. 특히, 느슨하거나 녹 등으로 부식된 커넥터에서 발생한다[11].

송신기에서의 비선형성

앞에서 두 개의 정현파 신호가 증폭기에 입력되는 경우 증폭기의 비선형성에 의한 영향을 살펴보았다. 정편파 신호는 주파수 영역에서 델타함수로 나타나므로 비선형성에 의해 생성되는 주파수 성분도 델타함수로 표현된다. 이제 임의의 신호가 입력될 경우 증폭기의 비선형성 효과를 살펴보자. 디지털 신호는 특정대역폭을 가지므로 혼변조 성분의 영향도【그림 7.22】와 같이 델타함수가 아닌 특정 대역폭을 갖게 된다. 일반적으로 무선통신에서 대역(band) 안에 여러 개의 채널(channel)이 있으므로 채널별로 비선형 특성을 살펴보아야 한다. 각각의 채널에 하나의 기저대역 신호가 주파수 변환되어 실리게 되는데 보통 기저대역 신호는 기저대역 필터에 의해 대역제한되므로 주파수 변환되어도 인접채널에 누설되는 전력은 없다. 이제 이러한 대역제한된 기저대역 신호가 전력증폭기를 통과하게 되면 3차 혼변조 성분에 의해 인접채널에 누설전력이 더해진다. 이렇게 전력증폭기에 의한 3차 혼변조에 의한 인접채널의 누설전력이 발생하는 현상을 spectral regrowth 현상이라고 한다.

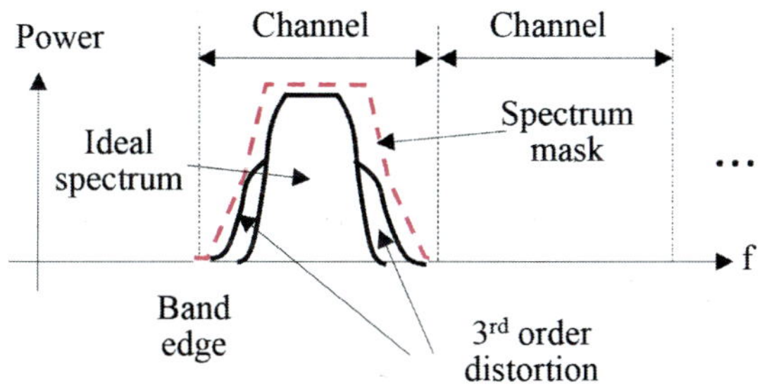

【그림 7.22】 3차 혼변조에 의한 ACPR

spectral regrowth 현상은 인접채널에 영향을 주므로 인접채널에 누설된 전력의 양을

11) RF 부품에서 수동혼변조 발생 원인은 접촉에 의한 비선형성(Contact Non-linearity)와 물질의 비선형성(Material Non-linearity)로 구분되며, Contact Non-linearity의 원인으로는 도체들 사이의 얇은 산화층에 의한 Contact Capacitance, 금속 접촉에서 도체들 사이의 반도체 작용에 의한 Tunneling Effect, 금속들 사이의 빈틈 공간과 미소균열에 의한 Micro-discharge, 금속 표면의 먼지와 금속 입자들에 연관된 비선형성 등이 있다. Material Non-linearity의 원인에는 Nickel, Iron, Cobalt 등의 히스테리시스(Hysteresis) 효과, Internal Schottkey Effect, 탄소 섬유의 비선형 저항성, 도체에서의 한정된 전도성에 의한 Thermal heating 등이 있다.

ACPR(Adjacent Channel Power Ratio)로 정의하여 철저히 관리되어야 한다. 보통 무선통신과 레이다 기술기준에는 중심주파수를 기준으로 어느 정도 주파수가 떨어져 있을 때 얼만큼의 ACPR을 허용하는지를 정하게 되며, 이를 **스펙트럼 마스크**라고 한다. 스펙트럼 마스크의 예로【그림 7.23】에 20MHz 대역폭을 갖는 Wi-Fi 신호의 스펙트럼 마스크를 보여준다. 중심주파수의 전력을 기준으로 각각의 주파수 이격에 따른 ACPR이 정의되어 있음을 알 수 있다.

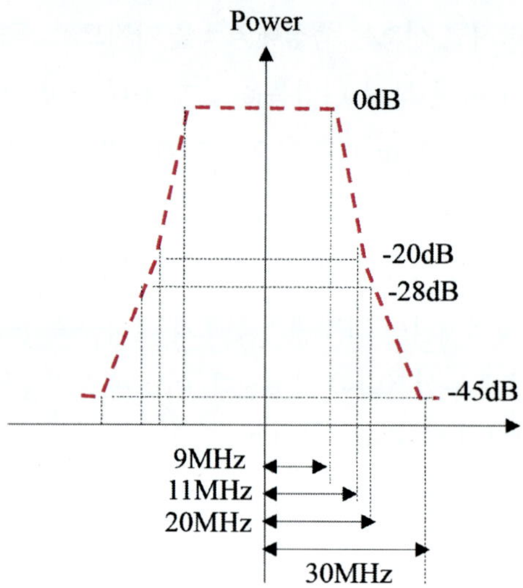

그림 7.23 20MHz 대역폭을 갖는 Wi-Fi 신호의 스펙트럼 마스크

마지막으로 비선형성을 해석하는 방법을 살펴보자. 어떤 시스템이 다음과 같은 3차 비선형성을 갖는 경우를 예로 들어보자.

$$y(t) = a_1 x(t) + a_3 x^3(t) \tag{7.35}$$

이 시스템에 특정한 계수를 가정하여 MATLAB으로 해석하면 시간영역 결과는【그림 7.24】와 같고 주파수영역 결과는【그림 7.25】와 같이 주어진다. 시간영역 데이터는 크기가 1까지 진행되지 않고 압축됨을 알 수 있으며, 압축된 결과는 주파수영역에서 기본 주파수 성분의 크기는 미소하게 작아지며 3차 하모닉 성분이 생성됨을 알 수 있다.

```
fc=1e3;    fs=10240;
Ts=1/fs;   T_max=0.1;
t=0:1/fs:(T_max-1/fs);              %1024 time data
x=sin(2*pi*fc*t);
a1=1;
a3=-0.2;
y=a1*x+a3*x.^3;
stem(t(1:31), y(1:31));
```

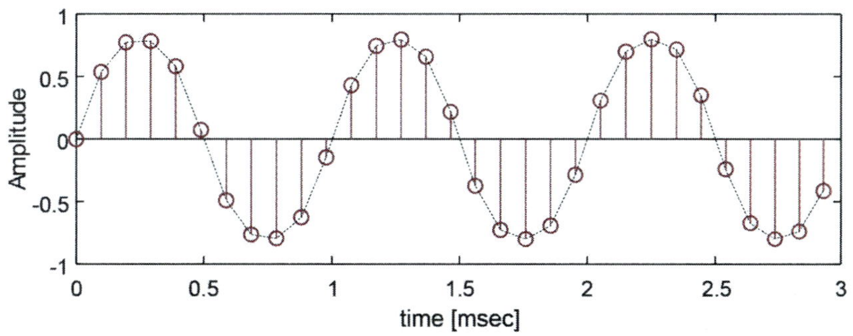

▌그림 7.24▌ 비선형성이 있는 경우 시간영역 표현

```
Nfft=512;
Y=(1/Nfft)*fftshift(fft(y,Nfft));
f=((-Nfft/2):(Nfft/2)-1)/Nfft*fs;
stem(f,(abs(Y)));
xlabel('Frequency [Hz]');
ylabel('Amplitude');
```

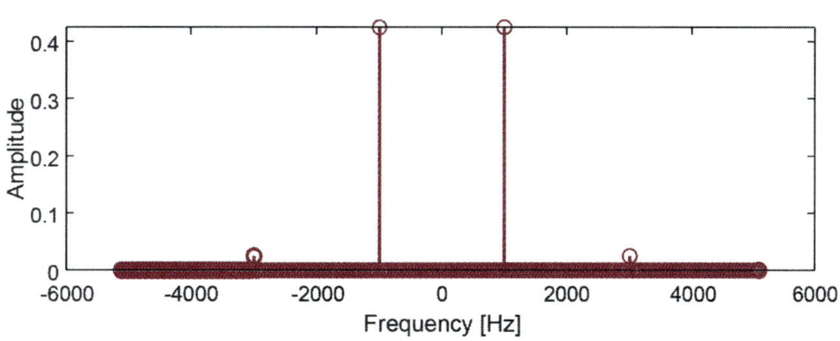

▌그림 7.25▌ 비선형성이 있는 경우 주파수영역 표현

예제 7-12 3차 비선형성의 계수가 2배로 커짐(앞에 예제에서 a3를 –0.4로 하는 경우)에 따라 신호의 시간영역 파형과 주파수영역 파형이 어떻게 되는지 확인하시오.

7.5 동기와 PLL

무선통신의 경우 송신기와 수신기는 멀리 떨어져 있으며, 송신기와 수신기 사이를 무선채널이라 부른다[12]. 이렇게 원격으로 떨어져 있는 송신기와 수신기는 동일한 시간 및 주파수 기준을 공유하지 못하기 때문에 동기문제가 발생한다. 반면, 레이다의 경우는 송신기와 수신기가 일체화되어 있으므로 동기문제가 상대적으로 적다. 하지만 신호가 왕복해야 하며, 목표물의 개구면 특성에 따라 역산란된 신호의 전력차이가 크므로 동기문제보다는 신호의 잡음특성이 더욱 중요하다. 본 절에서는 무선통신과 레이다에서 동기문제가 어떻게 다르고 이를 극복하기 위한 PLL 원리에 대해 살펴본다.

7.5.1 무선통신에서 동기문제

실수신호를 전송하는 무선통신 시스템을【그림 7.26】와 같이 국부발진기가 하나인 경우를 가정하자. 앞에서는 주파수 변환과정에서 송신에 사용된 반송파 신호와 수신에 사용된 반송파 신호는 동일(주파수 f_c는 같고 초기위상은 0)하다고 가정하였다. 이와 같이 송신된 반송파 신호와 수신에 사용된 반송파신호가 같은 경우를 동기검파(Synchronous detection) 또는 동기복조(Synchronous demodulation)이라 한다. 동기검파는 이론적으로는 쉬워 보이지만 이를 하드웨어로 구현하기는 매우 어렵다. 그 이유는 원거리에 떨어져 있어 서로 아무런 상관이 없는 두 개의 고주파 신호(보통 국부발진기(Local Oscillator)라고 부른다.)의 주파수와 위상을 정확히 맞추어야 하기 때문이다. 따라서 주파수와 위상이 맞지 않는 경우 어떤 현상이 생기는지를 살펴보고, 다음에 주파수와 위상을 맞추기 위해서는 어떤 방법을 사용해야 하는지 살펴보자.

12) 무선채널은 NFC와 같이 수 cm이내의 통신반경을 갖는 근접시스템에서 36,000 km의 거리가 떨어진 정지궤도 위성통신과 같이 다양한 무선채널이 존재한다.

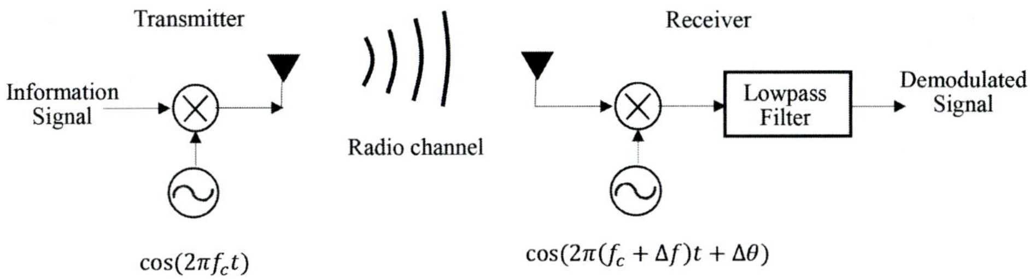

그림 7.26 송신기와 수신기의 동기 문제

주파수변환 및 복원과정에서 수신기의 LO신호가 송신기의 LO신호와 주파수 및 위상오차가 각각 Δf와 $\Delta\theta$있다고 하자. 이제 복조과정을 식으로 표현하면 식 (7.36)과 같다.

$$\begin{aligned} & m(t)\cos(2\pi f_c t)\cos(2\pi(f_c+\Delta f)t+\Delta\theta) \\ &= \frac{1}{2}m(t)\cos(2\pi\Delta ft+\Delta\theta)+\frac{1}{2}m(t)\cos(2\pi(2f_c+\Delta ft+\Delta\theta)) \end{aligned} \quad (7.36)$$

이제 저역통과 필터를 통과하면 수신신호는 식 (7.37)과 같이 주어진다.

$$y(t)=\frac{1}{2}m(t)\cos(2\pi\Delta ft+\Delta\theta) \quad (7.37)$$

식 (7.37)에 의해 송신 기저대역 신호는 주파수오차와 위상오차만큼 신호가 변하게 된다. 만약, 주파수오차가 없고 위상오차만 있을 때 위상오차 $\Delta\theta$가 90° 라면 출력신호는 0이 되어 사라진다. 따라서 송신신호와 수신신호의 위상오차는 없어야 한다. 만약, 위상오차는 없지만 주파수오차가 있을 경우에도 신호가 변하게 된다. 예를 들어 주파수오차 Δf가 1Hz만 되어도 1초 동안 신호의 크기가 커졌다 작아짐을 반복하게 된다. 따라서 주파수변환 과정에서 송신기와 수신기의 동기가 매우 중요함을 알 수 있다.

이번에는【그림 7.27】과 같이 복소수신호의 경우를 살펴보자. 위상오차 θ인 경우를 예로 들면, 동위상 신호와 역위상 신호는 식 (7.38)과 식 (7.39)와 같이 주어진다.

$$z_I(t)=0.5\left[m_I(t)\cos\theta+m_Q(t)\sin\theta\right] \quad (7.38)$$

$$z_Q(t)=0.5\left[-m_I(t)\sin\theta+m_Q(t)\cos\theta\right] \quad (7.39)$$

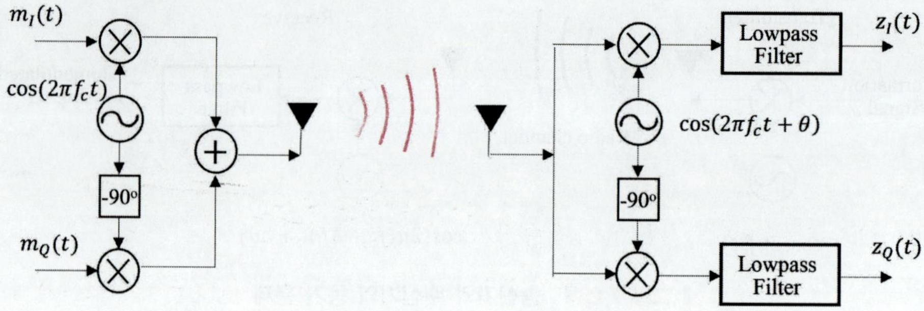

【그림 7.27】 복소수신호의 송수신기 간의 동기 문제

식 (7.38)과 식 (7.39)는 【그림 7.28】과 같이 I/Q 신호를 복소평면에 그렸을 때 복소평면(또는 x−y 좌표계)의 한 점 (m_I, m_Q)가 위상오차 θ만큼 회전하여 $(2z_I, 2z_Q)$으로 이동한 것과 같다. 이 때 2는 신호의 크기를 같게 하기 위하여 추가하였다. 즉, 위상오차는 직교신호의 궤적을 회전시키는 역할을 한다.

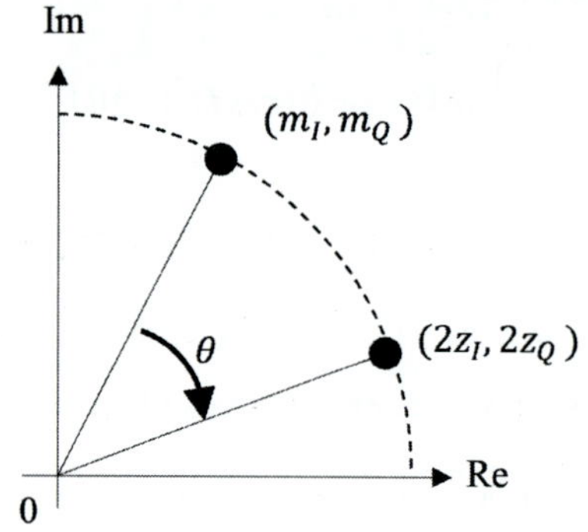

$$\begin{bmatrix} 2z_I \\ 2z_Q \end{bmatrix} = \begin{bmatrix} \cos\theta & \sin\theta \\ -\sin\theta & \cos\theta \end{bmatrix} \begin{bmatrix} m_I \\ m_Q \end{bmatrix}$$

【그림 7.28】 복소수신호의 송수신기 간의 위상오차

동기문제의 원인

앞에서 주파수오차와 위상오차에 의해 송신신호가 수신기에서 제대로 복원되지 않음을 살펴보았다. 그럼 동기문제는 어떤 원인에 의해 발생하는가? 동기문제의 원인은 크게 다음의 3가지 원인에 의해 발생한다고 볼 수 있다.

- 무선채널의 전파 지연(propagation delay)
- 송신기와 수신기의 상대적인 이동에 의한 도플러 효과(doppler effect)
- 발진기의 성능 한계

먼저 송신기에서 출발한 신호는 수신기에 도착할 때까지 송신기와 수신기 사이의 거리에 따른 시간지연이 발생한다. 비록 전파가 빛의 속도로 움직여 도달 시간은 매우 짧지만 주파수가 충분히 높다면 위상차는 언제나 존재하게 된다. 보통 통과대역 신호는 정현파로 해석하므로 전파거리에 따른 위상의 변화는 식 (7.40)과 같다. 즉,【그림 7.29】와 같이 송신기와 수신기 사이의 거리가 파장의 정수배인 지점에서 $2\pi(360°)$의 위상차가 발생한다.

$$\theta = \frac{2\pi R}{\lambda} \tag{7.40}$$

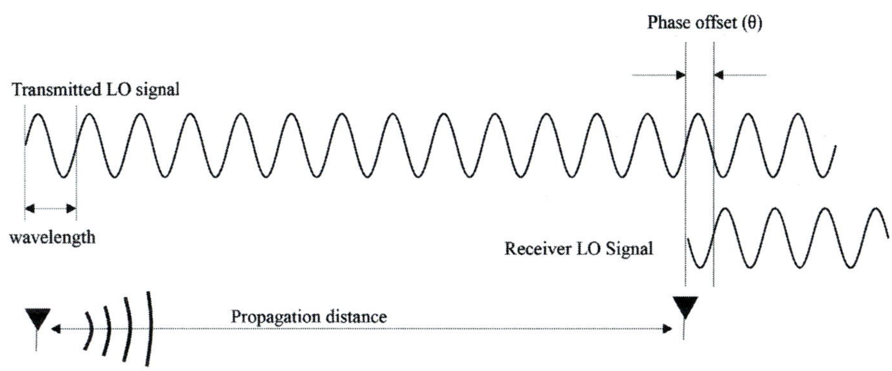

【그림 7.29】 무선채널의 전파지연

다음으로【그림 7.30】과 같이 스마트폰 사용자가 기지국 방향으로 움직여 송신기가 수신기가 거리가 짧아지게 되면 도플러 주파수만큼 주파수가 올라가고, 반대 방향으로 움직이는 경우 거리가 멀어지게 되면 도플러 주파수만큼 주파수가 내려가게 된다.

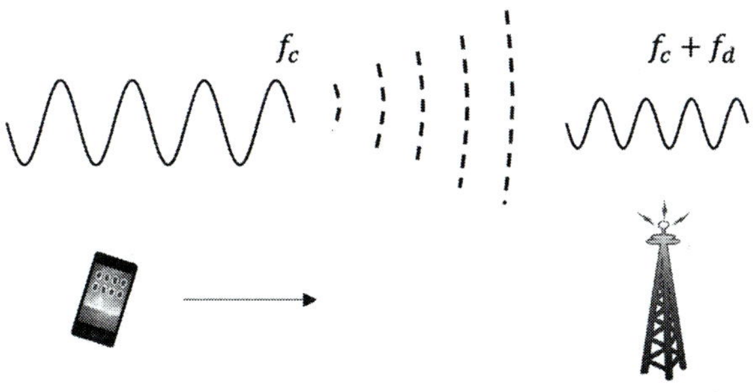

【그림 7.30】 도플러 효과

마지막으로 국부발진기는 소자의 특성 및 온도에 따라 중심주파수가 변하게 된다. 이를 나타내는 단위로 ppm(parts per million) 단위를 사용한다. 1ppm은 백만분의 1로써 1MHz의 경우 1Hz가 변한다는 의미이다.

예제 7-13 **중심주파수가 100MHz이고, 주파수안정도가 ±5,000ppm의 국부발진기가 있다. 이 국부발진기는 주파수 변화는 얼마인가?**

풀이 ppm은 백만분이 1이므로 1MHz에서는 1Hz, 100MHz에서는 100Hz변할 수 있다. 따라서 ±5,000ppm의 경우 ±500kHz 변할 수 있으므로 99.5MHz에서 100.5MHz까지 변할 수 있다.

7.5.3 위상고정루프(PLL)

무선통신과 레이다에서 동기문제에 대한 요구사항이 다르더라도 송신기와 국부발진기신호는 주파수가 변하지 않아야 한다. 따라서 이러한 요구사항을 만족하기 위해 등장한 회로가 위상고정루프(PLL: Phase Locked Loop)이다. PLL은 신호로부터 주파수와 위상을 추적하는 기능을 가진 장치로서 대부분의 무선통신에서 가장 중요한 회로 중에 하나이다. PLL의 구성은【그림 7.31】과 같으며, 주요 구성소자는 위상검출기(phase detector), 저역통과필터(루프 필터(Loop Filter)라고 부름), 전압제어발진기(Voltage Controlled Oscillator: VCO)의 3가지 소자로 구성되어 있다. VCO는 인가되는 입력전압의 크기에 따라 발진주파수가 커지는 발진기를 말하며 보통 트랜지스터와 바랙터 다이오드(Varactor diode)를 이용하여 구성된다[13].

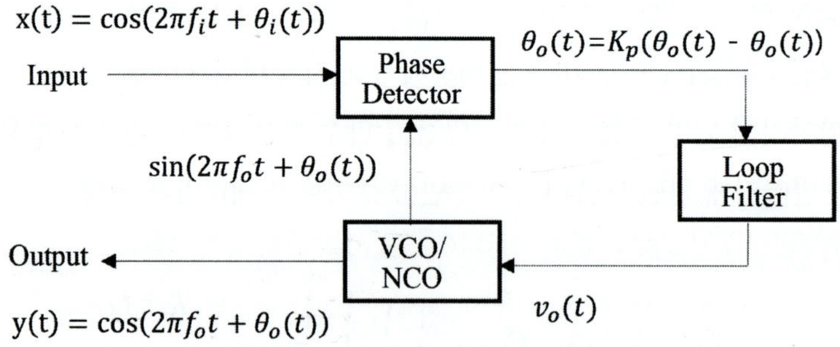

【그림 7.31】 PLL의 구성

【그림 7.31】에서 VCO의 입력전압을 시간의 함수 $v(t)$라고 하면 VCO의 출력 주파수는 다음과

13) 고주파 VCO의 설계는 발진기 설계이론을 기초로 하며 전자회로나 RF회로의 학습에서 중요한 부분 중 하나이다.

같이 변화한다고 할 수 있다.

$$f(t) = 2\pi f_0 + Kv(t) \tag{7.41}$$

여기서 f_0는 입력전압이 0일 때 발진주파수(free running frequency)라고 부른다. 비례상수 K는 VCO의 설계 방법에 따라 주어지는 상수이다. 다음으로 위상검출기는 곱셈기를 사용하여 구현할 수 있는데 곱셈기의 출력이 루프 필터를 통과하여 저역 통과되면 수신신호와 VCO 출력신호와의 위상차가 추출되어 주파수 동기가 지속적으로 이루어진다. 이제 PLL의 입력신호를 $x(t) = \cos(2\pi f_i t + \theta_i(t))$라 하고 VCO의 출력신호를 $\sin(2\pi f_0 t + \theta_0(t))$라고 하자. 곱셈기로 구성된 위상검출기의 출력은 다음과 같다.

$$\begin{aligned} &\sin(2\pi f_0 t + \theta_i(t))\cos(2\pi f_0 t + \theta_o(t)) \\ &\quad = \frac{1}{2}\left[\sin(\theta_i(t) - \theta_o(t)) + \sin(4\pi f_0 t + \theta_i(t) + \theta_o(t))\right] \end{aligned} \tag{7.42}$$

식 (7.42)의 고주파성분은 루프필터에 의해 제거되므로 VCO의 입력전압 $v_0(t)$는 다음과 같이 주어진다.

$$v(t) = \frac{1}{2}\sin\theta_e(t), \quad \theta_e(t) = \theta_i(t) - \theta_o(t) \tag{7.43}$$

여기서 $\theta_e(t)$는 시간함수로 표현된 위상에러를 의미한다. 즉 위상에러가 발생한다면 feedback에 의해 이 위상에러가 영이 되도록 PLL이 동작하게 된다. PLL의 feedback동작은 【그림 7.32】와 같다.

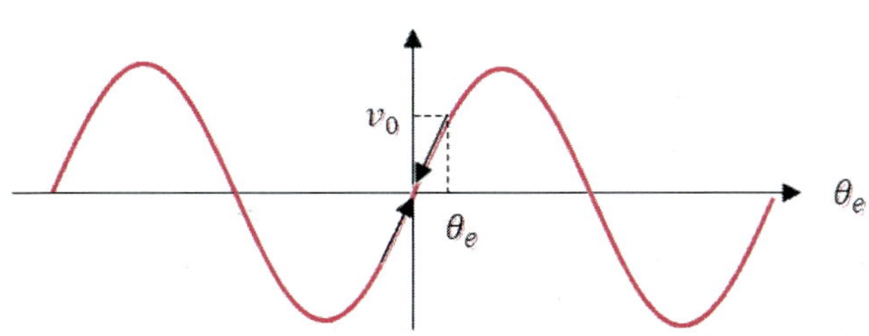

【그림 7.32】 PLL의 Feedback 동작

초기에 위상오차가 없는 상태 즉, 원점에 있는 상태에서 만약 입력주파수가 갑자기 높아지는 경우를 생각하자. 입력주파수가 갑자기 높아지면, PLL출력의 주파수와 차이가 발생하므로 식 (7.43)에 의해 위상에러가 커지게 된다. 따라서 이에 따라 VCO의 입력전압이 커진다. 이제

VCO의 전압이 커짐에 따라 출력주파수가 높아지므로 결국 두 주파수는 같아지는 방향으로 feedback이 걸리게 되고, 입력주파수와 VCO의 출력주파수가 같아지게 되면 위상오차는 없어지게 되어 안정된 상태가 된다. 이 상태에 들어가면 두 신호의 위상이 동기(locking)되었다고 말한다. PLL이 locking되면 입력신호의 주파수가 변화하더라도 PLL은 입력주파수를 추적할 수 있다. 단 입력 주파수의 변화가 너무 빠르지 않아야 한다. 만약 입력주파수의 변화가 너무 빠르다면 PLL이 주파수 추적이 어려울 수 있는데 이는 루프 필터의 대역폭과 feedback이론에 의해 해석될 수 있으므로 주의 깊은 설계가 필요하다. 일반적으로 루프 필터의 대역폭이 넓으면 넓은 주파수 변화를 추적할 수 있으나 잡음(위상잡음) 성능이 나빠지므로 시스템에서 요구하는 정도에 맞게 trade-off가 필요하다[14).

7.5.2 발진기와 위상잡음

PLL 회로에 의해 무선통신 송신기와 수신기 사이에 주파수를 맞출 수 있지만 여전히 오차가 존재한다. 이를 이해하기 위해서 무선통신과 레이다를 구성하는 핵심소자인 국부발진기의 특성을 이해해야 한다. 국부발진기는 이상적인 소자가 아니므로 순수한 정현파가 출력되는 것이 아니며 진폭과 위상이 시간에 따라 흔들리게 된다. 국부발진기의 출력은 시간영역에서 식 (7.44)와 같이 나타낼 수 있다. 이때 1Ω 양단의 전력이 C라고 가정한다.

$$v(t) = \sqrt{2C}(1 + a(t))\cos(2\pi f_0 t + \phi(t)) \tag{7.44}$$

여기서 $a(t)$는 진폭의 변동을 의미하며 $\phi(t)$는 위상의 변화를 의미한다. 보통 $a(t)$는 국부발진기의 AM (Amplitude Modulation) 잡음이라 부르고, $\phi(t)$는 위상잡음(Phase Noise)이라 부른다. 이 중에서 AM잡음은 크기가 작아 문제가 되지 않으나 위상잡음은 큰 문제가 된다. 식 (7.42)의 국부발진기 신호를 스펙트럼 분석기로 측정하면【그림 7.33】과 같이 주어진다. 그림의 스펙트럼은 정현파 발진기의 출력과 위상잡음이 섞여 보이는 것으로 공진주파수에서 멀어질수록 잡음이 작아지는 형태를 띈다. 위상잡음은 다음의 3가지 파라미터로 특성을 결정한다.

- **위상잡음의 전력**: 위상잡음의 전력은 발진기의 출력주파수의 전력에 대한 상대적인 비로 나타내며 dBc 단위를 갖는다. 예를 들어 -100.33dBc이라면 출력의 중심주파수의 크기에 비해 -100.33dB 작음을 의미한다. 보통 위상잡음은 출력주파수를 기준으로 양측파대에 존재하므

14) PLL에서 루프필터는 위상검출기에서 나오는 에러신호를 필터링하는데 루프필터의 설계에 따라 PLL의 동작이 결정되므로 루프필터에 따라 PLL Type을 정한다.

로 보통 한쪽 측파대에서만 측정하게 된다. 이 경우 SSB(Single Side Band) 위상잡음이라 부른다.

- **위상잡음의 측정대역폭(RBW: 분해능)**: 위상잡음의 전력은 측정대역폭에 대한 언급이 없다면 1Hz를 기준으로 측정한 값을 의미한다. 하지만, 보통 위상잡음을 측정하는 스펙트럼 분석기는 측정대역폭이 좁으면 측정하기 어려우므로 1kHz, 10kHz 등의 대역폭을 갖는다. 따라서 1kHz 측정대역폭으로 측정하여 -70.33dBc의 전력이 측정된다면 Hz로 환산할 경우 -100.33dBc/Hz와 동일한 값이 된다.
- **위상잡음의 offset**: 위상잡음은 출력주파수로부터 멀어질수록 값이 작아지므로 정확한 값을 위해서는 위상잡음의 측정이 중심주파수로부터 얼마만큼 떨어져 있는지 주파수 offset을 정의해야 한다.

이상을 종합하면 위상잡음의 측정값을 정확히 묘사하기 위해서는 100kHz offset에서 1kHz 측정대역폭인 경우 -70.33dBc/kHz라고 표시해야 한다. 이러한 위상잡음은 기저대역 신호의 특성에 직접적으로 영향을 미치므로 최소화하도록 노력해야 한다.

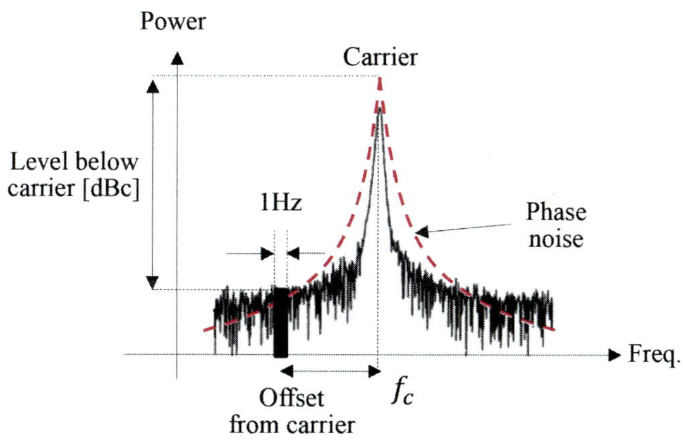

그림 7.33 국부발진기의 스펙트럼 특성

【그림 7.33】에서 1Hz 측정대역폭으로 측정된 위상잡음의 전력을 N이라 하면, 주파수 offset f_m에서의 위상잡음은 위상잡음 대 캐리어출력의 비 N/C로 표시된다. 이제 주파수 offset f_m에서의 위상잡음전력 $S_\phi(f_m)$은 식 (7.45)와 같다. 위상잡음 $S_\phi(f_m)$단위는 위상이 radian으로 표현되고 1Hz 기준이므로 [rad²/Hz]로 나타낸다.

$$S_\phi(f_m) = < \overline{\phi^2(t)} \geq \frac{N}{C}[rad^2/Hz] \tag{7.45}$$

식 (7.43)의 위상잡음은 전력을 기반으로 하는 양이고 전압을 기준으로 하면 위상지터(phase jitter)라고 한다. 위상잡음 대 캐리어출력의 비 N/C로 표시할 경우 위상지터의 최대값 (peak phase jitter)는 $\sqrt{N/C}$가 된다.

예제 7-14 **위상잡음이 100kHz offset에서 −100dB/Hz일 때 peak phase jitter는 얼마인가?**

풀이 −100dB는 Carrier의 전력이 Noise보다 10^{10}배 크다는 의미가 된다. 전압은 10^5배가 되므로 이의 역수는 10^{-5} [rad]이 된다. 이를 각도로 바꾸면 즉, 최대 0.0003° 정도 흔들림을 의미한다.

참고 발진기의 잡음을 주파수 축에서 표현한 것이 phase noise이고, 시간축에서 표현한 것이 jitter이다. 실제는 RMS phase jitter를 계산하는데 여러 phase noise를 적분하여 표현한다.

발진기 간의 위상잡음 비교

국부발진기들은 주파수에 따라 특성이 다르다. 먼저 주파수가 다른 두 개의 발진기의 위상잡음을 비교하기 위해서는 우선 이들의 주파수가 같아지도록 한쪽 발진기의 주파수를 체배하거나 분주하여 같아지도록 해야 한다. 식 (7.44)로 표현되는 발진기의 시간영역 표현식을 n배로 체배한다면 이에 따른 출력파형은 식 (7.46)과 같다.

$$v(t) = \sqrt{2C}(1 + a(t))\cos(2\pi n f_0 t + n\phi(t)) \tag{7.46}$$

따라서 체배된 파형의 위상잡음은 다음과 같다.

$$S_\phi(f_m) = < n^2 \overline{\phi^2(t)} > \ = n^2 < \overline{\phi^2(t)} > \tag{7.47}$$

즉, 위상잡음은 n^2배로 나빠진다. 예를 들어 10MHz에서 10GHz 발진기의 위상잡음은 $n = 10^3$이 되므로, 60dB 위상잡음이 나빠지게 된다. 주파수가 올라갈수록 발진기들의 위상잡음에 있어서 성능 차이를 보이는 가장 중요한 이유는 발진기에 사용된 공진기의 Q값의 차이에 기여하는 것으로 일반적으로 마이크로파에서 사용되는 공진기의 Q가 수십MHz에서 동작하는 수정(crystal) 발진기에 비해 나쁘기 때문이다. 【그림 7.34】에 100MHz 수정발진기와 10GHz 대역에서 동작하는 유전체공진기를 이용한 마이크로파 발진기(DRO: Dielectric Resonator Oscillaotr)의 위상잡음을 비교한 결과를 보여준다. 현재까지 crystal 발진기는 상용화된 가장 높은 Q값을 보이며, 대부분의 전자회로는 이러한 crystal 발진기를 기준 클럭으로 사용하는 것이 보통이다.

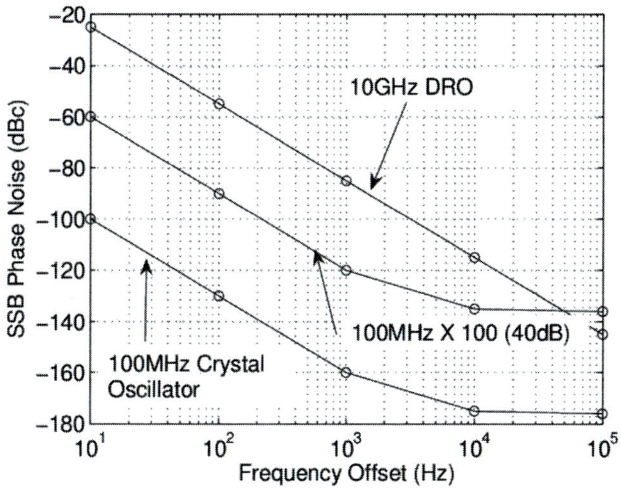

▌그림 7.34▌ 100MHz 수정발진기와 마이크로파 발진기의 위상잡음 비교

7.5.4 레이다에서 동기문제

송신기와 수신기가 원격에서 분리되어 있는 무선통신과 달리 레이다는 보통 송신기와 수신기가 같은 위치에 놓여 있다.15) 따라서 무선통신과 달리 동기문제에서 어느 정도는 자유롭다. 이에 따라 발진기의 위상잡음의 특성이 무선통신과 다르게 된다. 하지만 레이다의 특성에 따라 송신기와 수신기에 있는 국부발진기 각각에 대해 요구하는 규격에는 차이가 있다.

먼저 송신기의 요구사항은 임의의 두 개의 전송 펄스의 위상은 일치해야 한다. 이를 phase coherence라고 부른다.【그림 7.35】와 같이 특정한 반송파가 펄스열과 곱해진 신호가 있다고 하자. 각각의 펄스는 독립적으로 전송되더라도 인접한 펄스와 위상이 일치해야 한다. 이를 위해서 안정적인 국부발전기가 필요하다. 레이다에서는 이를 STALO(Stable Local Oscillator)라고 부른다. 송신기 신호의 coherence가 유지되지 않는다면 일련의 펄스로부터 도플러 주파수를 구하는 것이 어려워지게 된다.

15) 이를 monostatic 레이다라고 한다.

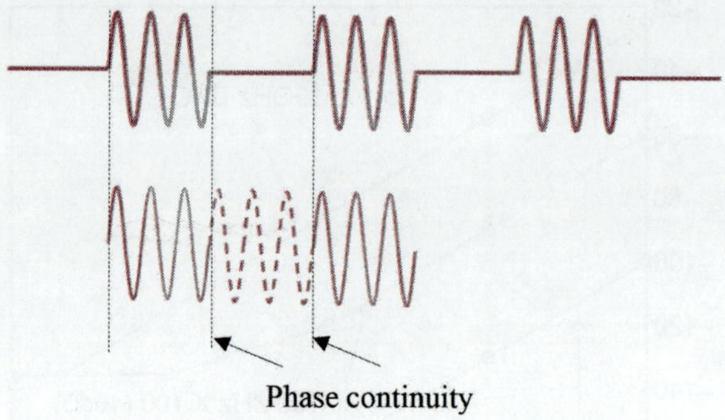

▌그림 7.35▌ 레이다의 송신기 coherence

다음으로 수신기에 대한 동기문제를 분석하기 위해【그림 7.36】과 같은 상황을 가정한다.

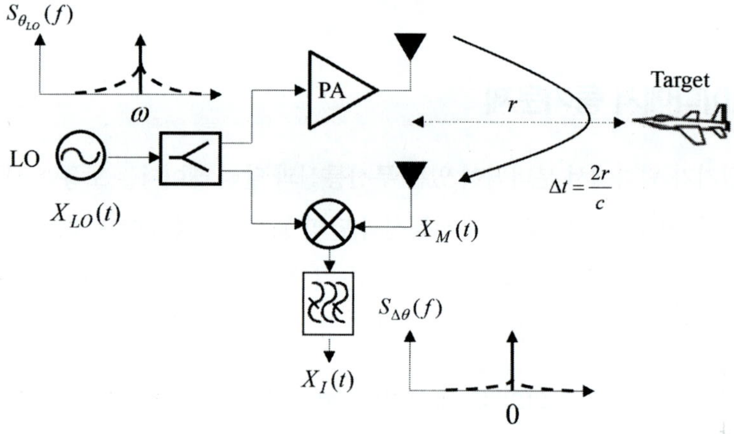

▌그림 7.36▌ 레이다에서 동기문제

국부발진기에서 송신하는 신호는 다음과 같이 표현할 수 있다.

$$X_{LO}(t) = A_{LO}\cos(\omega t + \theta_{LO}(t)) \tag{7.48}$$

여기서 ω는 각주파수를 의미하며, $\theta(t)$는 국부발진기의 위상잡음을 의미한다. 전력증폭기는 식 (7.48)의 신호를 증폭하게 되고, 증폭된 신호는 안테나를 통해 송신되어 목표물에 맞고 반사되어 다시 안테나로 입사된다. 이 때 목표물까지의 거리를 r이라 하면 수신신호는 $2r/c$(여기서 c는 전파의 속도)의 시간지연을 갖는다. 이제 안테나에 수신된 신호는 다음과 같다.

$$X_M(t) = A_r\cos\left(\omega t - \frac{4\pi r}{\lambda} + \theta_{LO}\left(t - \frac{2r}{c}\right)\right) \tag{7.49}$$

여기서 A_r은 수신된 신호의 크기가 되며, $4\pi r/\lambda$는 거리에 따른 위상변화를 나타낸다. (7.49)의 수신신호는 식 (7.48)의 LO신호와 곱해진 후 필터를 거치면 다음과 같다.

$$X_I(t) = \frac{A_r A_{LO}}{2} cos\left(\theta_0 + \frac{4\pi r}{\lambda} + \Delta\theta(t)\right) + n_0(t) \tag{7.50}$$

여기서 $\theta_0 + 4\pi r/\lambda$은 목표물까지의 거리와 수신기의 위상지연에 의해 발생하는 위상차로 목표물까지의 거리가 변하지 않으면 일정한 상수가 된다. $\Delta\theta(t)$는 residual phase noise로 식 (7.41)과 같고, $n_0(t)$는 수신기의 열잡음에 해당한다.

$$\Delta\theta(t) = \theta_{LO}(t) - \theta_{LO}\left(t - \frac{2r}{c}\right) \tag{7.51}$$

만약에 $2r/c$이 매우 작다면 residual phase noise는 작아질 것이다. 식 (7.49)는 주파수영역에서 식 (7.52)와 같은 전력밀도스펙트럼을 갖는다.

$$\begin{aligned} S_{\Delta\theta}(f) &= S_{\theta_{LO}}(f)\left|1 - \exp\left(-j2\pi f\frac{2r}{c}\right)\right|^2 \\ &= S_{\theta_{LO}}(f)\left[4\sin^2\left(2\pi\frac{rf}{c}\right)\right] \end{aligned} \tag{7.52}$$

여기서 $S_{\theta_{LO}}(f)$는 LO 신호 자체의 위상잡음의 전력밀도스펙트럼을 의미하며, 괄호 안에 있는 값은 기저대역 스펙트럼이 송신기와 수신기의 LO를 공유함으로써 생기는 위상잡음의 감소효과를 보여준다. 이러한 효과를 range correlation 효과라 하며 거리가 가깝고 주파수가 DC에 가까울수록 그 효과는 커진다. 【그림 7.37】은 range correlation 효과의 예를 보여준 것으로 위상잡음의 값이 range correlation 효과에 의해 주파수가 낮을수록 작아짐을 알 수 있다.

예제 7-15 range correlation **효과는 레이다의 탐지거리와** offset **주파수에 따라 변하므로 레이다의 반경에 따라 국부발진기의 위상잡음의 요구사항이 달라진다.** 10m **반경을 갖는 레이다와** 10km **반경을 갖는 레이다의** ragne correlation **효과는 몇** dB **차이가 나는가?**

답 30dB

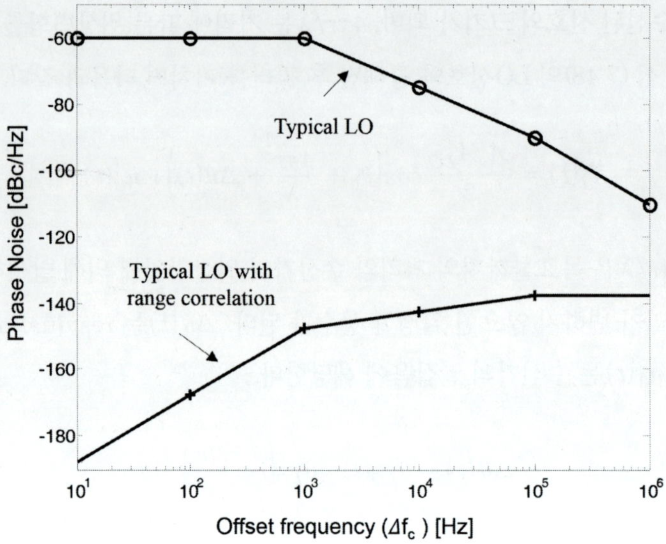

▌그림 7.37▌ range correlation 효과

제8장

SDR과 스펙트럼 센싱

앞에서 전파와 신호에 대한 기본 이론을 학습하였으며 제7장에서는 주파수 변환과정을 수식으로 표현할 수 있음을 학습하였다. 이러한 학습을 통해 무선통신과 레이다를 이해한다는 것은 정보는 기저대역 신호로 표현되며 통과대역 신호인 전파는 특정 반송파 주파수를 이용하여 기저대역 신호를 공기 중으로 전달하는 역할 분담을 이해하는 것임을 학습하였다. 이때 주파수 변환과정은 기본적으로 정보의 변화없이 하드웨어적으로 이루어지며, 하드웨어의 특성 상 다양한 잡음이나 왜곡이 발생하므로 이에 대해서도 살펴보았다. 이러한 주파수 변환회로는 과거 변환하고자 하는 반송파 주파수가 고정되었으나 최근 전자회로기술의 발달로 소프트웨어적으로 반송파 주파수를 자유롭게 변경할 수 있는 Software Defined Radio(SDR)로 발전하고 있어 본 절에서는 SDR에 대해 살펴본다. 이러한 SDR이 대중화됨에 따라 과거 설계가 어려웠던 RF회로의 설계가 간단해진 반면에 신호처리의 중요성은 더욱 올라가게 되었다. 본 장에서는 SDR에 필요한 신호처리 중 하드웨어와 관련이 깊은 디지털 필터 설계에 대해서도 살펴본다. 마지막으로 SDR의 출력을 이용해 무선통신과 레이다의 주파수 스펙트럼의 특성을 분석하는 스펙트럼 센싱과정을 살펴본다[1].

8.1 주파수변환 회로

7장에서 주파수변환 과정을 수식으로 살펴보았다. 이론적으로 주파수변환 과정은 기저대역신호가 단순히 반송파 주파수를 중심으로 하는 통과대역신호로 이동하며, 신호가 비선형성이 생길 정도로 크기 않다면 신호의 특성은 변하지 않는다. 하지만, 실제 주파수 변환과정은 하드웨어로 이루어지며, 이 과정에서 다양한 잡음이 추가되고 신호의 왜곡 현상이 발생하게 된다. 본 절에서 실제 주파수 변환회로를 살펴보고, 주파수 변환회로에서 발생하는 현상을 기저대역 신호의 특성에 영향을 주는 문제와 기저대역 신호에 영향을 주지는 않지만 주파수변환 과정에서 발생하는 회로적인 문제로 분리하여 설명한다. 주파수 변환회로가 기저대역 신호의 특성을 주는 경우는 신호의 왜곡이 발생하므로 극복해야 하며, 기저대역 신호에 영향을 주지 않는 회로적인 문제는 주파수변환 회로의 최적 설계를 통해 극복해야 한다. 예를 들어 DC offset, I/Q 신호의 비대칭성, 위상잡음, 증폭기의 AM-AM과 AM-PM 왜곡 등은 기저대역 신호에 영향을 주는 성분이며, 하모닉성분, 대역외 혼변조(intermodulation) 등은 기저대역 신호에 영향을 주지는 않지만 통과대역 신호를 전송하는 과정에서 나타나므로 제거해야 한다. 따라서 SDR은 이러한 효과를 없애기 위해 다양한 필터 회로가 포함한다.

8.1.1 주파수변환 회로의 구성과 특징

무선통신과 레이다에서 기저대역신호를 고주파로 변환하여 안테나로 송신하거나 안테나로 수신된 신호를 기저대역 신호로 변환하기 위해서는 RF 송수신기 또는 RF 트랜시버(Tansceiver)가 필요하다[2]. RF 송수신기 중에 수신기를 예로 들면 일반적으로 수신기는【그림 8.1】과 같이 **중간주파수(IF: Intermediate Frequency)**를 사용하는 **슈퍼헤테로다인(Superheterodyne)** 방식과 IF 주파수를 사용하지 않는 **직접변환(Direct Conversion)** 방식으로 분류할 수 있다[3]. 송신기의 경우에도 IF 유무에 따라 동일한 이름으로 분류된다. 통과대역

1) 스펙트럼 센싱은 최근 AI 기술과 결합되어 다양한 전파 특성을 분류하는데 사용되고 있으며 미래에는 스펙트럼 센싱을 통해 사용하지 않는 주파수 대역을 스펙트럼 센싱으로 살핀 후 빈 스펙트럼을 무선통신이나 레이다로 사용하는 Cognitive Radio로 발전하고 있다.

2) 트랜시버는 송신기인 트랜스미터와 수신기인 리시버를 합쳐서 부르는 용어이다.

3) 직접변환 방식은 IF가 0인 경우이므로 zero-IF라고 부르며, 슈퍼헤테로다인 방식은 IF 주파수가 낮은지 높은지에 따라 low-IF와 high-IF로 분류한다. 과거에는 IF회로를 RF/아날로그 회로로 구성할 수 있는 high-IF 슈퍼헤테로다인 방식(1917년 Edwin Armstrong에 의해 발명)을 주로 사용하였으나, 최신 무선

신호를 기저대역 신호를 바로 변환하는 것보다 중간주파수를 한 번 거쳐 변환하는 방법이 좀 더 우수한 성능의 송신기와 수신기가 가능하다. 수페헤테로다인 방식에서도 IF 주파수가 높으면 High-IF 방식이라고 하고, IF 주파수가 낮아 디지털 회로로 구현되면 Low-IF라고 부른다. 어떤 구조의 송수신기를 사용할지 결정하는 것은 전자회로 기술의 발전 정도와 요구되는 송수신기의 성능, 사용하는 모뎀 방식 등에 좌우되며 별도의 방대한 RF에 대한 전문적인 지식을 필요로 한다. 예를 들어 이동통신 단말기나 기지국은 성능이 좋은 High IF 방식의 슈퍼레테로다인을 사용하고, 카페의 진동벨과 같은 저가의 송수신기는 직접 변환 방식을 사용하는 것이 보통이다.

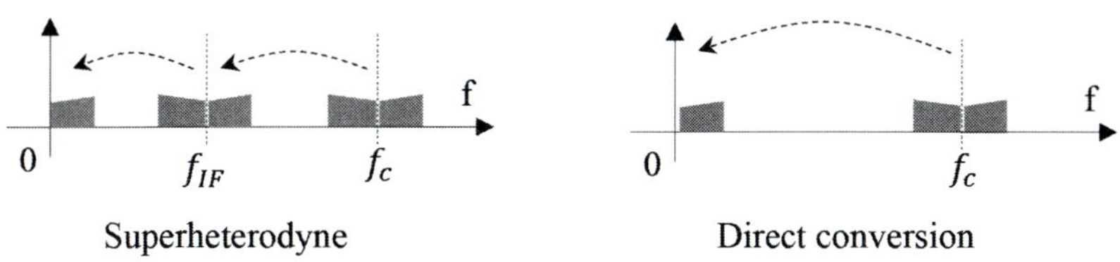

▌그림 8.1▐ RF송수신기의 일반적인 구조

수신기 구조

1) Superheterodyne - High IF
2) Superheterodyne - Low IF (보통 디지털로 구현)
3) Direct Conversion

주파수 변환 과정에서 IF 주파수가 필요한 이유를 살펴보자. 먼저 주파수 밴드(frequency band)와 채널(channel)의 개념을 이해해야 한다. 1장에서 무선통신과 레이다는 할당된 스펙트럼에서 사용된다고 학습하였다. 예를 들어 국내 FM방송의 경우 88MHz에서 108MHz의 20MHz 대역폭이 할당되어 있다. 이 주파수 대역을 FM 주파수 밴드라고 부른다. 이 밴드 내에는 각각의 FM 방송국이 200kHz 간격으로 분포되어 있으며, 각각의 방송국이 차지한 200kHz의 주파수 대역폭을 채널이라고 한다. 이제 FM 라디오 수신기를 예로 들어보자. FM 주파수대역은【그림 8.2】와 같이 라디오 수신기는 88~108MHz의 주파수를 가변하면서 하나의 200kHz의 신호만을 수신하는 증폭기와 필터 회로가 필요하다.

통신과 레이다에서는 IF 이하를 디지털로 처리할 수 있는 zero-IF나 low-IF 방식을 주로 사용한다.

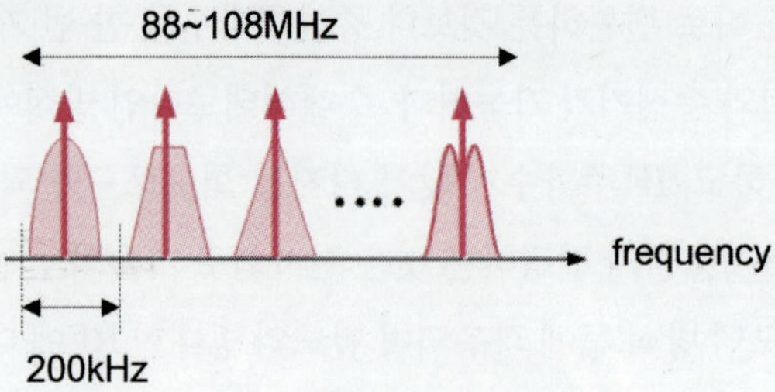

【그림 8.2】 FM 주파수 대역과 채널 대역폭

보통 필터회로는 R-L-C 공진회로를 기본으로 만드는데 R-L-C 공진회로에서 공진하는 공진주파수 f_c와 대역폭 특성인 Quality factor Q는 식 (8.1)과 식 (8.2)로 주어진다. 즉 공진주파수는 특정주파수에서 인덕터의 인덕턴스 L과 캐패시터의 캐패시턴스 C의 상호작용에 의해 임피던스의 허수부분인 Reactance 성분이 0이 되는 것이다. 대역폭 특성을 나타내는 Quality factor는 공진주파수를 필터의 통과대역폭으로 나눈 값으로 저항과 인덕턴스에 의해 결정된다. Q값은【그림 8.3】과 같이 주파수 대역 내에서 특정 주파수 채널 성분만을 선택하기 위한 것으로 Q값이 높을수록 공진주파수 근처의 채널 성분만을 추출할 수 있다.

$$f_c = \frac{1}{2\pi\sqrt{LC}} \tag{8.1}$$

$$Q = \frac{f_c}{\Delta f} = \frac{2\pi f_c L}{R} = \frac{\omega_c L}{R} \tag{8.2}$$

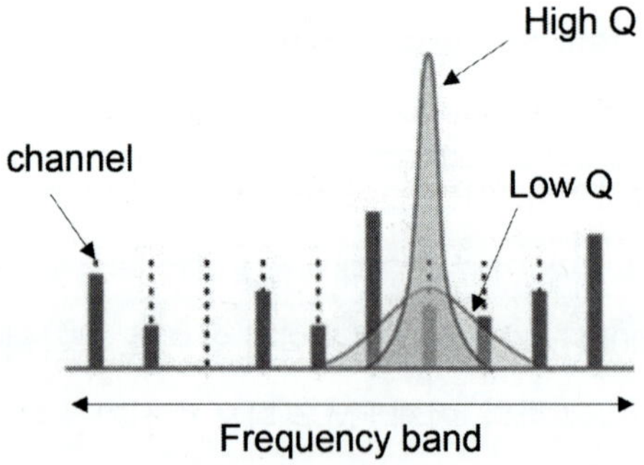

【그림 8.3】 수신기에서 요구되는 Q값

제1장
제2장
제3장
제4장
제5장
제6장
제7장
제8장
제9장
제10장

예제 8-1 **FM 라디오 수신기에서 요구하는 Q값은 얼마인가?**

풀이 식 (8.2)에 의해 88MHz일 때 440, 108MHz일 때 540의 Q값을 요구한다. 이와 같이 Q값이 높은 필터는 구현이 불가능하다.

$$Q = \frac{f_c}{\Delta f} = \frac{88 \sim 108MHz}{200kHz} = 440 \sim 540$$

예제 8-2 **R−L−C 공진회로에서 R=10Ω, L=5uH, C=2nF일 때 공진주파수와 Q값을 구하시오.**

풀이 식 (8.1)과 식 (8.2)에 의해 $\omega_c = 10^7$, Q=5의 값을 갖는다.

(예제 8−1)과 (예제 8−2)에서 살펴본 바와 같이 보통 하나의 R−L−C 회로에서 Q값은 10 이하의 값을 가진다. Q값을 높이기 위하여 특별한 공진기를 사용할 수 있으나 가격이 비쌀 뿐만 아니라 손실이 크다. 또한, 필터의 Q값을 높일 수 있으니 주파수를 가변하는 것은 사실상 불가능하다. 따라서 특정한 채널만 선택할 수 있는 필터의 설계를 용이하게 하기 위하여 주파수를 낮추고 주파수를 고정한 상태에서 채널을 선택하게 하는 것이 필요하다. 이와 같이 RF 주파수보다 낮은 고정된 IF 주파수를 이용하는 방식을 슈퍼헤테로다인 방식이라 부른다. 【그림 8.4】는 10.7MHz IF 주파수를 갖는 FM 라디오 수신기의 구조를 보여준다. 안테나, LNA, 주파수 혼합기는 20MHz 대역 전체를 수신할 수 있다. 이제 국부발진기에서 10.7MHz IF 주파수보다 높거나 낮은 주파수를 생성하여 곱하면 10.7MHz에서 중심주파수를 갖는 신호가 생성된다. 이제 이 신호를 적절히 증폭한 후 200kHz의 대역폭 특성을 갖는 IF 필터를 통과하면 원하는 라디오 방송국 신호만 남게 된다. 이러한 IF 필터를 **채널필터(Channel Filter)**라고 하며 중심주파수가 낮으므로 Q값이 낮아 RF 대역에서 구현하는 것보다 쉽게 구현할 수 있다.

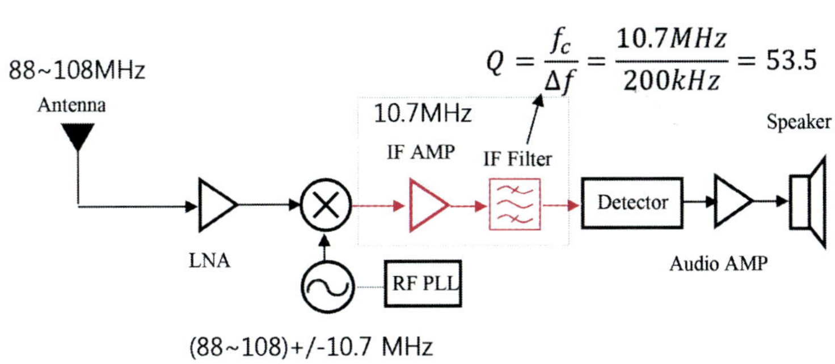

【그림 8.4】 10.7MHz IF주파수를 갖는 FM 라디오 수신기

예제 8-3 **【그림 8.4】구조의 FM 수신기가 있다. 88.1MHz FM 라디오 방송국을 선택하기 위해서 RF PLL 회로가 생성하는 주파수를 계산하시오.**

풀이 88.1 MHz를 사용하는 라디오 방송국을 선택하기 위해서는 88.1±10.7MHz의 주파수인 98.8MHz 또는 77.4MHz의 주파수를 생성해야 한다.

8.1.2 주파수 합성기(Frequency Synthesizer)

IF 주파수의 개념과 슈퍼헤테로다인 방식의 등장으로 무선통신과 레이다 기술의 획기적인 발전이 가능하게 되었다. IF 주파수의 도입으로 RF회로는 특정 주파수 채널을 선택하여 IF 회로로 주파수 변환하는 장치가 필요하게 되었는데 무선통신과 레이다에서 원하는 RF 주파수를 생성하는 회로를 **주파수합성기(Frequency Synthesizer)**라고 부른다[4]. 이제 FM 수신기는 80~108MHz의 20MHz 주파수 대역폭 내에서 200kHz 간격의 100개 채널을 임의로 선택할 수 있어야 한다. 이러한 역할을 수행하는 것이 주파수 합성기로 88.1MHz, 88.3MHz, 88.5MHz로 이어지는 주파수를 생성할 수 있어야 한다. 이때 주파수 합성기는 각각의 주파수 채널에 동일한 특성의 위상잡음을 갖는 주파수를 생성하여야 할 것이다. 하지만 국부발진기의 경우 동작주파수가 올라가면 위상잡음이 나빠지므로 이를 극복할 필요가 있다. 주파수 채널의 변화에 상관없이 일정한 위상잡음 특성을 갖는 주파수를 생성하도록 주파수 합성기를 만들기 위한 구조는【그림 8.5】와 같다. 만약 1GHz 국부발진기 신호를 만든다고 생각하자. 1GHz 국부발진기를 직접 PLL로 만들면 위상잡음이 나쁘므로 위상잡음이 좋은 10MHz crystal 발진기를 기준발진기로 삼는다. 먼저, 1GHz 신호를 생성하기 위해 1/1000하면 1MHz가 만들어지고, 10MHz crystal 발진기 역시 1/10하여 1MHz를 만들어 두 주파수가 같아지도록 PLL이 동작하도록 한다. 만약 채널이 1MHz 간격이어서 1.001GHz의 신호를 생성한다고 하자. 이제 N divider를 1/1001로 하면, 1,001GHz 신호가 생성되도록 PLL이 동작할 것이다. 즉 주파수 합성기의 N값만을 바꾸어주면 원하는 주파수를 합성할 수 있을 뿐만 아니라 위상잡음이 일정한 신호를 생성할 수 있다.

4) 우리가 라디오나 TV를 시청할 때 채널을 돌린다라고 하는데 이는 주파수합성기가 주파수를 선택한다는 의미이다.

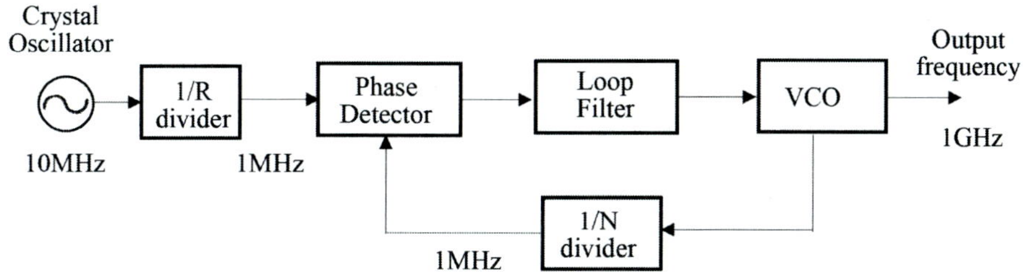

【그림 8.5】 주파수 합성기의 구조

이와 같이 주파수를 생성할 때 정수로 나누어주는 경우를 integer-N 방식의 주파수합성기라고 한다. 【그림 8.5】에서는 N의 값이 정수가 되므로 1,000MHz, 1,001MHz, 1,002MHz 등의 신호를 생성할 수 있지만 그 사이의 주파수를 생성할 수는 없다. 따라서 좀 더 정밀한 주파수값을 생성하기 위해서 정수로 나누지 않고 분수로 나누는 방식이 도입되었는데 이를 Fractional-N 주파수 합성기라 한다[5].

최근에는 PLL 방식 이외에 디지털 방식의 주파수합성기가 등장하고 있다. PLL 방식의 주파수 합성기는 기본적으로 피드백회로를 이용하므로 수백 usec에서 수 msec의 안정화 시간이 요구되는 단점이 있어 빠른 주파수변환이 필요한 무선통신이나 고성능 레이다 시스템에 적합하지 않다. 이에 피드백이나 VCO 등의 발진기가 필요없이 디지털 신호처리로 바로 디지털 정현파를 만들어 DAC를 통과하여 신호를 만들 수 있는 Direct Digital Synthesizer가 등장하고 있다.

예제 8-4 **FM 주파수 대역이 88~108MHz이고, IF주파수가 10.7MHz 일 때 RF PLL 주파수가 만들어내야 하는 최소주파수와 최대주파수는 각각 얼마인가?**

풀이 PLL은 98.7MHz에서 118.7MHz의 주파수를 생성해야 한다. FM 반송파 주파수는 100kHz 단위로 떨어져 있으므로 총 200개의 주파수를 생성해야 한다. 국부발진기가 10MHz라면 R divider는 100으로 하고, N divider는 987에서 1187까지 변화시키면 모든 주파수를 생성할 수 있다.

중요

PLL을 이용한 주파수 합성기는 원하는 주파수를 생성하는 역할을 함과 동시에 VCO의 위상잡음을 낮추는 역할을 한다. 앞에서 살펴보았듯이 발진기의 위상잡음은 주파수가 높을수록 나빠지므로 N counter를 이용해 위상잡음이 좋은 Crystal Oscillator의 주파수까지 낮춰 위상을 비교한다. 따라서 PLL의 Loop 대역폭 내에서는 Crystal Oscillator의 위상잡음과 유사한 위상잡음 특성을 보일 수 있다.

5) 보통 PLL을 이용한 주파수합성기를 만드는 IC업체에서는 마이컴을 이용하여 PLL값을 변경하는 방식을 사용한다. PLL 기반 주파수합성기 IC를 생산하는 회사로는 NS(National Semiconductors), AD(Analog Device) 등이 있다.

8.1.3 듀플렉싱

신호를 송신하는 송신기만 있는 방송국과 수신기만으로 구성되는 라디오나 TV와는 달리 무선 통신은 쌍방향으로 이루어져야 한다. 예를 들어 이동통신에서는 단말기에서 기지국으로 신호를 전송하는 상향링크(uplink)와 기지국에서 단말기로 신호를 전송하는 하향링크 신호 두 개가 필요하다. 이러한 양방향 통신을 위해서 듀플렉싱 기술이 필요한데 대표적인 방식이 주파수 분할 듀플렉싱(FDD: Frequency Division Duplex) 방식과 시분할 듀플렉싱(TDD: Time Division Duplex) 방식이 있다. 듀플렉싱 방식에 따라 무선통신회로는 RF회로의 구성에 큰 영향을 주게 되는데 그 차이가【그림 8.6】에 나와 있다. FDD에서는 송신주파수와 수신주파수 대역이 다르므로 RF 필터를 이용하여 구분한다. 이러한 필터를 듀플렉서(duplexer)라 한다. 반면, TDD는 송신과 수신 주파수 대역이 같으므로 시간축에서 구분하는데 이때 사용하는 소자가 송수신 스위치(T/R Switch)이다.

초기 이동통신에서는 상향링크와 하향링크를 주파수 대역으로 구분하는 FDD 방식을 중심으로 발전해 왔다. FDD는 기본적으로 상향링크와 하향링크 신호의 대역폭이 동일한 음성통신의 경우에 적합한 방식으로 RF 필터를 이용하여 송수신 주파수대역을 분리하게 된다. 하지만, 이동통신이 데이터 중심으로 발전하면서 상향링크(Uplink)보다 하향링크(Downlink) 신호의 대역폭이 더욱 많이 요구됨에 따라 FDD는 한계를 보이게 되었고, 이에 따라 상향과 하향을 시간으로 구분하는 TDD 방식의 주파수 활용에 대한 수요가 증가하였다. 우리나라의 경우 2006년 WiBro에서 TDD를 사용한 바 있으며, 5G 들어서는 TDD방식으로 주파수를 할당하고 있다. FDD 방식에서 송수신 주파수를 분리하는 필터가 중요한 역할을 하고 TDD 방식에서는 송수신을 시간으로 분리하기 위한 동기기술과 스위치 기술이 중요한 역할을 한다.

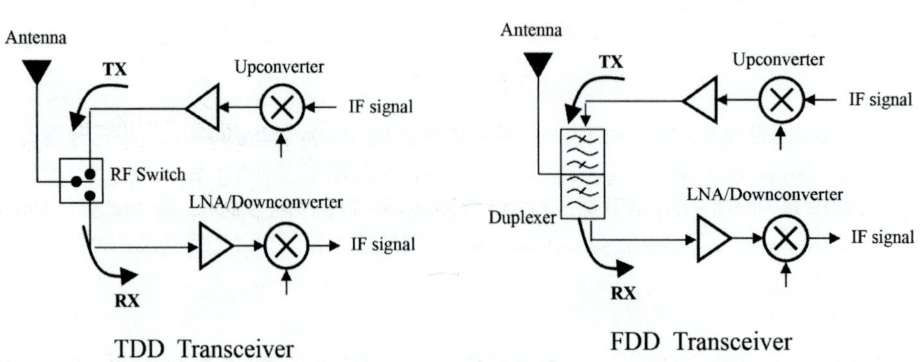

【그림 8.6】 TDD와 FDD 하드웨어 차이

예제 8-5 **4G까지의 이동통신은 FDD 방식을, 5G 부터는 TDD 방식을 사용하였다. 현재 사용하고 있는 이동통신 주파수 대역을 살펴보자.**

풀이 인터넷을 검색하면 LTE까지의 이동통신은 상향링크와 하향링크 주파수가 별개로 분리되어 있음을 알 수 있고, 5G부터는 TDD 방식을 사용하므로 상향링크와 하향링크 주파수가 분리되어 있지 않음을 알 수 있다.

레이다의 듀플렉싱

레이다 기술은 무선통신과는 다른 고유의 특징이 있다. 무선통신의 경우 신호를 송신하는 송신기와 신호를 수신하는 수신기가 공간상에 멀리 떨어져 있다[6]. 반면 레이다 기술은 보통 송신기와 수신기가 같은 곳에 위치해 있고 송신과 수신이 동시에 이루어진다[7]. 즉, 레이다가 수신한 신호는 레이다에서 송신한 신호가 목표물에 맞고 역산란된 신호이며, 송신신호와 수신신호의 차이를 이용하여 목표물의 정보를 파악하게 된다. 목표물에 의해 역산란된 신호는 목표물에 정지되어 있는 경우에는 시간측면에서 보면 송신한 신호가 시간만 지연된 신호가 된다. 따라서 역산란된 신호의 지연시간을 안다면, 목표물까지의 거리를 알 수 있다. 만약 목표물이 움직인다면 역산란된 신호는 도플러 현상에 의해 도플러 주파수가 추가되게 되므로 도플러 주파수를 통해 목표물의 움직임, 즉 속도를 알 수 있다. 즉 레이다 기술은 목표물까지 신호를 송신하고 역산란된 신호와의 시간지연과 주파수 변화를 통해 속도와 거리를 측정하는 기술이다. 【그림 8.7】에 레이다와 송신주파수와 수신주파수가 다른 FDD 방식의 무선통신 송수신기의 블록도를 비교하여 보여준다. 그림에서 알 수 있듯이 무선통신은 송신기와 수신기 간에 원격으로 떨어져 있으므로 송신과정과 수신과정의 분리가 가능한 반면, 레이다는 송신기와 수신기가 일체화되어 있고 송신과 동시에 수신이 이루어져 분리될 수 없다. 예를 들어 레이다에서는 VCO의 신호가 Circulator를 거쳐 안테나로 송신됨과 동시에 수신기의 주파수하향변환을 위한 혼합기에 사용된다. 이 경우 주파수 하향 변환된 신호는 IF신호 또는 기저대역 신호가 된다. 무선통신 송수신기에서도 RF 주파수합성기가 송신기와 수신기에 모두 사용될 수 있지만 FDD 방식의 경우 송신주파수와 수신주파수가 다르므

6) 무선통신에서 송신과 수신이 동시에 일어날 수 있지만 송신하는 신호와 수신하는 신호는 별개의 신호이다. 전화를 생각해 보면 전화기는 송신기와 수신기가 둘 다 존재하지만 내가 송신하는 신호는 상대방이 수신하게 되고, 상대방이 송신하는 신호를 내가 수신하게 된다.

7) 레이다에서도 송신과 수신이 다른 위치에서 있는 경우가 있는데 이러한 구조를 갖는 레이다를 bistatic 레이다라고 부른다.

로 필터에 의해 구분되며 서로 영향을 주지 않는다. 또한, 주파수하향변환된 신호는 기저대역신호가 아니라 IF신호가 되며, 송신 IF 주파수와 수신 IF주파수는 다르다.

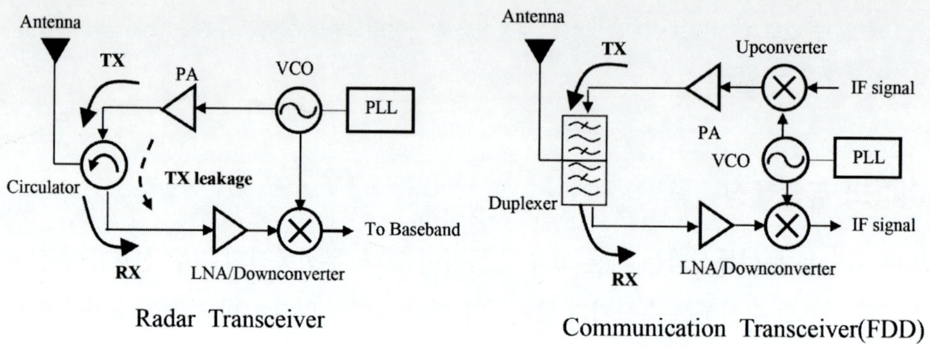

그림 8.7 무선통신(FDD) 송수신기와 레이다 송수신기의 차이

이러한 레이다의 동작을 듀플렉싱 관점에서 full-duplex라고 하며, 송신기의 고주파 출력신호의 일부가 누설(leakage)되어 수신기에 유도되어 수신 성능에 영향을 줄 수 있다. 레이다는 목표물이 멀리 떨어져 있는 경우 신호의 출력이 매우 크며, 목표물에 맞고 반사되는 신호는 매우 미약하여 송신기의 누설전력이 목표물에 맞고 반사된 신호보다 훨씬 크므로 특히 문제가 될 수 있다. 다행히 이러한 누설전력은 보통 DC에서 존재하는 DC offset으로 존재하므로 정보가 DC에 있지 않는 한 큰 문제가 되지 않는다. 또한, 레이다는 송신기의 발진기가 수신기에도 같이 사용되므로 기본적으로 동기문제에서 자유로운 것도 특징이다. 또한, 주파수 간섭 관점에서도 넓은 안테나 빔을 사용하는 무선통신과 달리 좁은 빔을 사용하며 수신기 입장에서 송신파형을 알고 있기 때문에 주파수 간섭에서도 상대적으로 자유로운 것이 특징이다.

TX leakage는 기저대역으로 신호 변환하게 되면 송신주파수와 동일하므로 곱하고 저역통과필터를 통과하게 되면 주파수가 0인 DC성분이 된다. 이 DC 성분를 보통 DC offset이라고 부른다. DC offset은 수신기 관점에서 원하지 않는 성분이므로 제거해야 하는데 보통 고역통과필터를 이용하여 하드웨어적으로 제거한다. 하드웨어적으로 제거되지 않는 DC offset은 주기를 선택하여 이동평균을 취한 다음 원 데이터에서 평균값을 빼주거나, 고역통과필터를 디지털 필터로 구현하여 제거한다.

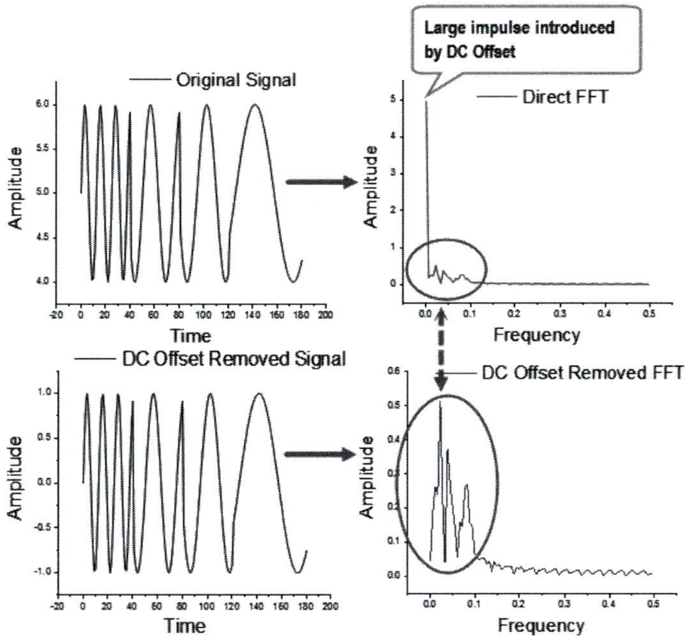

【그림 8.8】 TX leakage와 DC Offset

8.1.4 주파수변환과 송신기 왜곡

무선통신과 레이다에서 주파수변환을 위해 사용되는 하드웨어는 완벽하지 않으므로 신호에 어느 정도 영향을 주게 된다. 이러한 영향은 특히 송신기에서 중요하게 다루게 되는데 그 이유는 신호의 품질에 영향을 주기 때문이다. 수신기의 경우는 어차피 채널에서 왜곡이 발생하기 때문에 수신기에서 왜곡이 발생하더라도 이를 채널에서 발생하는 신호의 왜곡과 함께 취급하여 보상하면 되기 때문이다. 송신기의 왜곡은 신호의 파형이 달라지므로 신호의 품질에 영향을 줄 뿐만 아니라 비선형 왜곡의 경우 인접 채널에 불요파로 나타날 수 있으므로 기술기준에서도 어느 정도 정해진 왜곡 범위를 넘어서지 않도록 규정하고 있다.

이제 송신기를【그림 8.9】와 같이 직접변환 방식으로 모델링해보자. 기저대역에서 생성된 임의의 I신호 $x_I(t)$와 Q신호 $x_Q(t)$가 있을 때 이를 직교변환기를 거쳐 주파수 상향변환되고 전력증폭기에 의해 송신전력이 만들어진다. 이 경우 완벽하지 않은 회로에서의 I/Q 신호간에 **진폭오차(I/Q imbalance)** β와 **위상오차(Quadrature offset)** ζ가 있다고 가정하면 다음과 같이 식 (8.3)과 식 (8.4)로 주어지게 된다.

$$I(t) = \frac{1}{2} x_I(t) \cos(2\pi f_c t) \tag{8.3}$$

$$Q(t) = \frac{1}{2} x_Q(t) \cos(2\pi f_c t - 90^0 - \zeta) \tag{8.4}$$

여기에 발진기의 누설 주파수나 위상오차도 존재할 수 있으며 전력증폭기의 경우 비선형성에 의해 신호의 크기나 위상이 변할 수 있다. 입력신호에 따라 출력신호가 선형적으로 변하지 않는 비선형성을 AM/AM 효과라고 하고 입력신호에 따라 위상의 변화가 있는 경우 이를 AM/PM 효과라 한다.

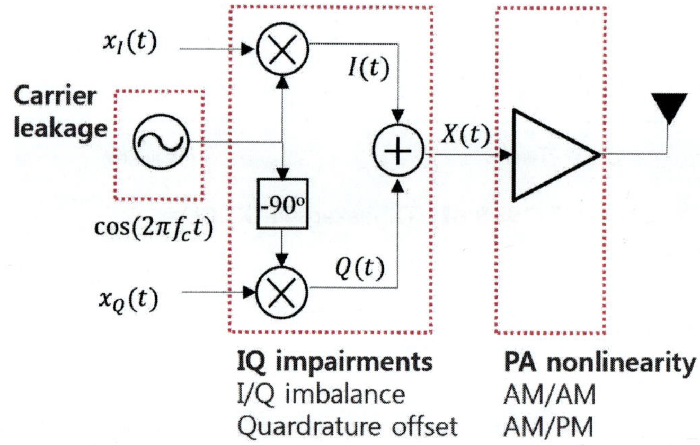

▌그림 8.9▐ 송신기 RF 모델링 개념도

이러한 주파수변환과정에서 왜곡의 예로 2G CDMA 이동통신 역방향신호인 단말신호가 이상적인 경우의 신호파형과 이상적이지 않은 송신기 특성에 의해 왜곡된 경우를 비교해 보자. I/Q 신호 간의 진폭오차 β는 0.98, I/Q신호의 위상 오차 ζ가 5°인 경우에 I/Q신호의 파형의 특성이 변화되고 성상도(Constellation diagram)이 왜곡됨을 확인할 수 있다[8].

8) 진폭오차에 의해 정사각형 모양이 아니라 직사각형 모양의 형상도가 만들어지고 위상오차에 의해 성상도가 회전하는 모양이 만들어짐을 알 수 있다.

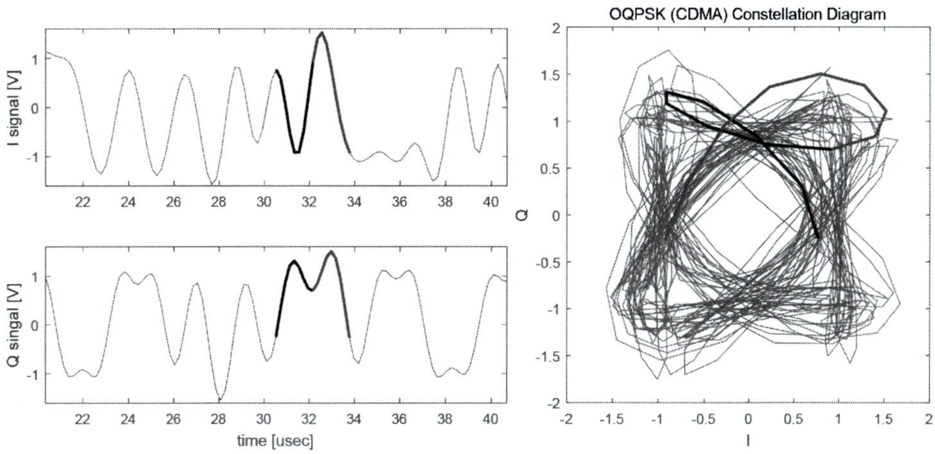

(a) 이상적인 경우

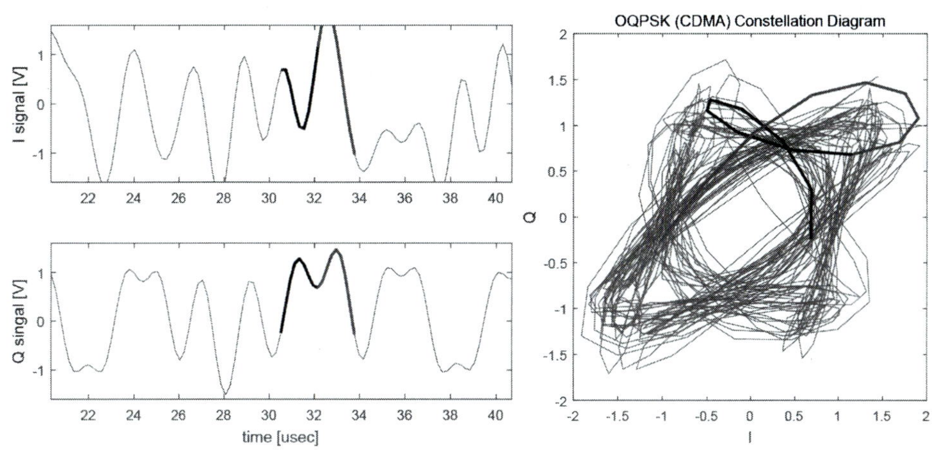

(b) 왜곡이 있는 경우

그림 8.10 2G CDMA 역방향 송신신호의 경우

보통 이동통신 표준에서는 송신기의 왜곡에 의한 영향을 EVM(Error Vector Magntitude)로 정의하는데 EVM은 이상적인 파형과 측정된 파형 사이에 얼마만큼의 차이가 있는지를 나타내는 지표로 디지털 변조의 정확도나 변조 성능을 나타내는 중요한 지표 중이 하나이다. 단위는 %로 나타내며 왜곡이 없는 완전한 신호의 경우 EVM은 0%가 된다. 【그림 8.11】과 같이 EVM은 성상도에서 이상적인 데이터의 위치와 실제 측정된 값 사이의 오차를 벡터로 표시하여 정의한다. EVM은 보통 RMS 값으로 표현하는데 식 (8.5)와 같다.

$$EVM_{RMS} = \frac{Magntitude}{Normalized\,Reference} \tag{8.5}$$

EVM은 %로 표기하거나, dB로 표현하게 된다. 만약 $EVM_{\%}$가 10%인 경우 EVM_{dB}는 −20dB가 된다.

예제 8-6 **성상도의 기준값이** $(x_I, x_Q) = (0.71, 0.71) = 1\angle 45^o$ **이고 측정된 성상도 값이** $(I, Q) = (0.94, 1.18)$ **인 경우** EVM_{RMS}**은 얼마인가?**

풀이 Normalized Reference의 크기가 1이고 Magntitude는 0.523이된다 즉. (x_I, x_Q)를 시작으로 (I, Q)까지의 벡터의 길이가 EVM_{RMS}가 된다. $EVM_{\%}$로 표현하면 52.3%가 된다.

EVM이 존재하게 되면 복조과정에서 오차가 발생하게 된다.【그림 8.12】는 16QAM 디지털 변조방식으로 16개의 성상도의 점에 따라 0000에서 1111을 판별하게 된다. 송신한 데이터가 0000에 대한 심볼을 송신하였으나 EVM이 존재하여 심볼의 성상도에서의 위치가 변하게 되어 0100으로 데이터가 판별된다면 이는 디지털 통신의 성능이 나빠지는 영향을 주게 되므로 송신기 설계 시 EVM 값이 표준에서 정한 값 이상이 되지 않도록 해야 한다.

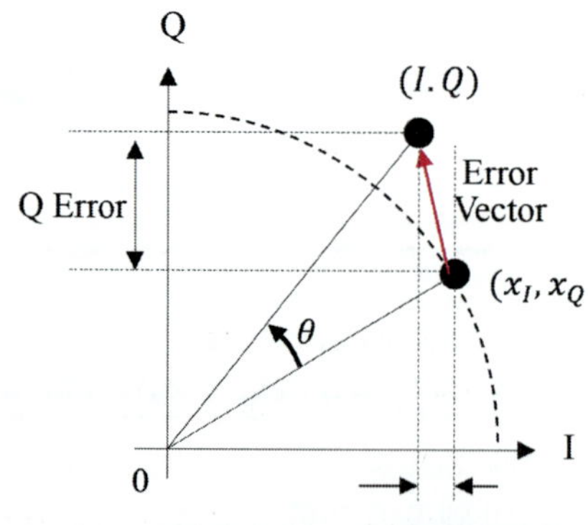

【그림 8.11】 EVM 의 정의

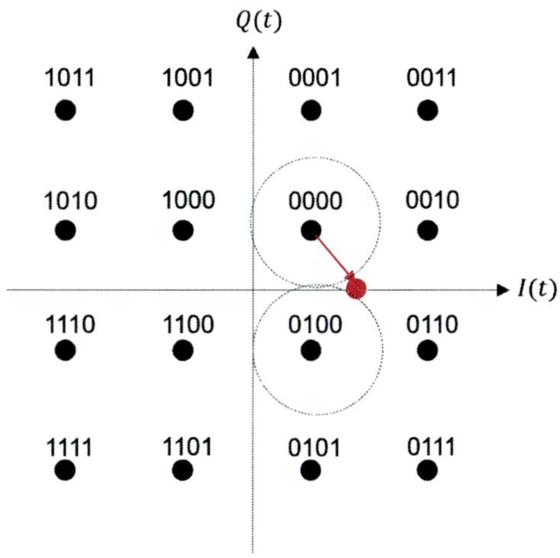

그림 8.12 송신기 왜곡에 의한 데이터 오류 사례

> **참고** 5G에서는 모뎀방식별로 EVM을 표현하는데 QPSK 변조의 경우 17.5%, 16QAM 변조의 경우 12.5%, 64QAM 변조의 경우 8%의 EVM을 정의하고 있다.

8.2 필터(Filter)

송신기나 수신기의 주파수변환 과정이나 송수신기의 듀플렉싱 과정에서는 원하지 않는 주파수를 억제하는 것이 매우 중요한데 이 역할을 수행하는 것을 **필터**[9]라고 부른다. 슈퍼헤테로다인 방식의 송신기나 수신기는 기저대역, IF주파수, RF주파수 등 주파수 별로 회로가 존재하므로 각 주파수 별로 다양한 필터가 존재한다. 즉, 필터란 특정 주파수 대역의 신호 성분은 통과시키고 나머지 주파수 성분은 차단시키는 시스템이다. 이상적인 필터(ideal filter)는 원하는 주파수 대역에서는 왜곡없이 신호를 통과시키며(즉 시스템 전달함수의 진폭응답은 해당 주파수 대역에서 균일하고 위상응답은 주파수에 비례하는 선형성을 가짐) 나머지 주파수 대역에서는 전달 함수가 완전히 0인 이상적인 필터이다. 필터는 통과시키는 주파수 대역에 따라 저역통과

9) 필터의 대표적인 예로 오디오 필터가 있다. 스피커 유닛은 낮은 주파수를 위한 우퍼(Woofer), 중간주파수 출력을 위한 미드레인지(Mid-range), 높은 주파수 출력을 위한 트위터(Twitter)로 구분되는데 각각의 입력단에 저역통과필터, 통과대역 필터, 고역통과필터의 필터 회로가 내장되어 있다. 인터넷에서 관련자료를 검색해 보시오.

필터, 고역통과필터, 대역차단 필터 등으로 분류된다. 이상적인 필터는 그 이름 자체가 의미하는 것처럼 이론적으로만 가능하고 실제 하드웨어로 구현할 수 없는 필터이다.

필터는 필터설계 방법에 따라【그림 8.13】과 같이 통과대역의 RF필터, 기저대역에서 OPAMP를 이용한 아날로그 필터, 그리고 디지털영역에서 디지털필터로 나눌 수 있다. 실제 무선통신과 레이다에서는 다양한 RF필터, 아날로그 필터, 디지털 필터 모두가 사용되므로 각각의 장단점을 이해하는 것이 필요하다.

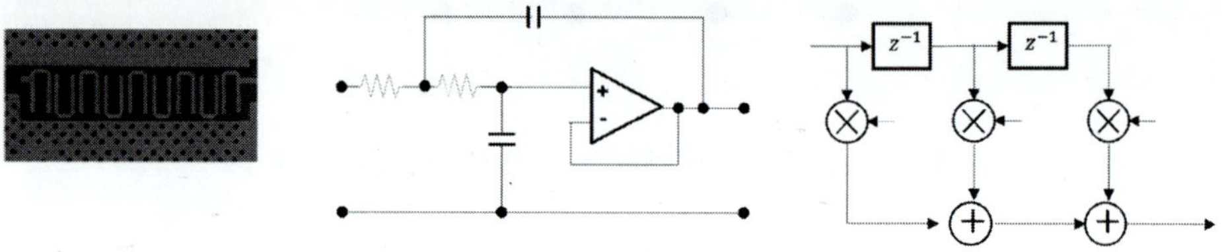

(a) RF 필터　　(b) 아날로그 필터　　(c) 디지털 필터

【그림 8.13】 필터의 동작 주파수에 따른 분류

또한, 필터는 대역특성에 따라 저역통과필터(LPF: Low Pass Filter), 고역통과필터(HPF: High Pass Filter), 대역통과필터(BPF: Band Pass Filter), 대역저지필터(Band stop filter 또는 Notch filter)로 구분할 수 있다. 각 필터의 주파수 특성이【그림 8.14】에 나타나 있다.

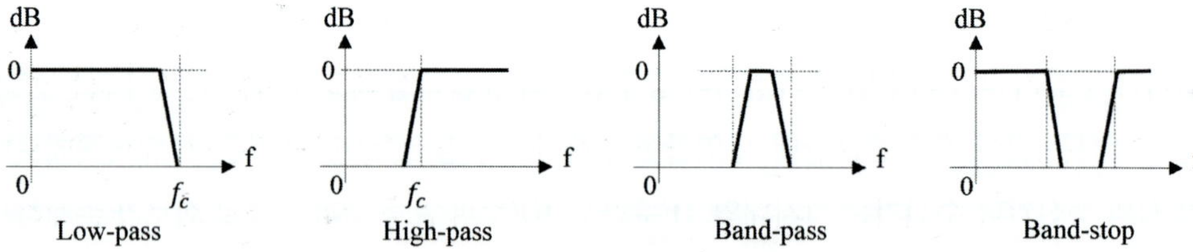

【그림 8.14】 필터의 종류 별 주파수 특성

이러한 필터의 주파수 특성을 결정하는 주요 파라미터는【그림 8.15】와 같다.

필터의 주요 특성 파라미터

1) 통과대역 삽입손실과 리플 특성
2) 천이대역 특성 (skirt 특성)
3) 차단대역 감쇄량
4) 필터의 군지연

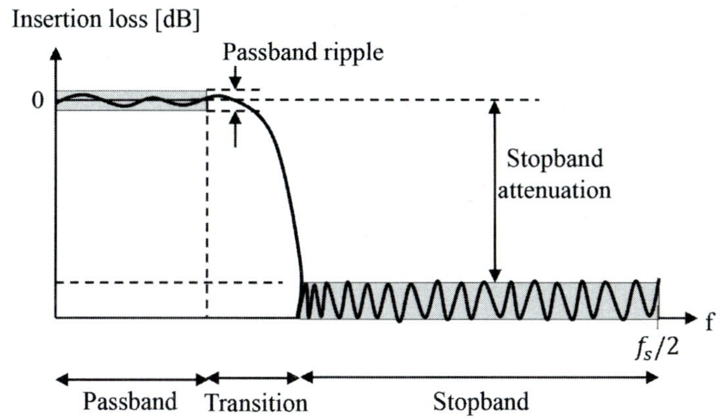

▌그림 8.15▐ 필터의 특성 파라미터

이제 필터의 설계나 선택 시 꼭 기억해야할 사항을 정리해보자. 먼저, 필터는 차수를 결정하는 것이 중요하다. 필터는 기본적으로 인덕턴스와 캐패시턴스 조합에 의한 공진 특성을 이용하는 것으로 L과 C의 숫자에 따라 차수(Order)가 결정된다. 차수가 높아지면 필터의 통과대역 특성은 좋아지지만 삽입손실이나 군지연 특성이 나빠지고 필터의 크기도 커지므로 적절한 trade-off가 중요하다. L과 C로 구성된 저역통과필터를 예로 들어보자. 【그림 8.16】의 2차 LPF는 통과대역에서 -1dB의 삽입손실을, 저지대역에서 -30dB의 저지대역특성을 갖는다. 이 필터가 4차로 확장되면 저지대역 특성이 -60dB로 개선된다. 하지만 삽입손실도 -2dB가 될 것이다. 실제는 이렇게 단순하게 증가되지는 않지만 필터 차수가 증가함에 따라 일부 성능을 개선할 수 있으나 일부 성능이 나빠지므로 최소한의 차수로 원하는 필터 성능을 만족하도록 하는 것이 중요하다.

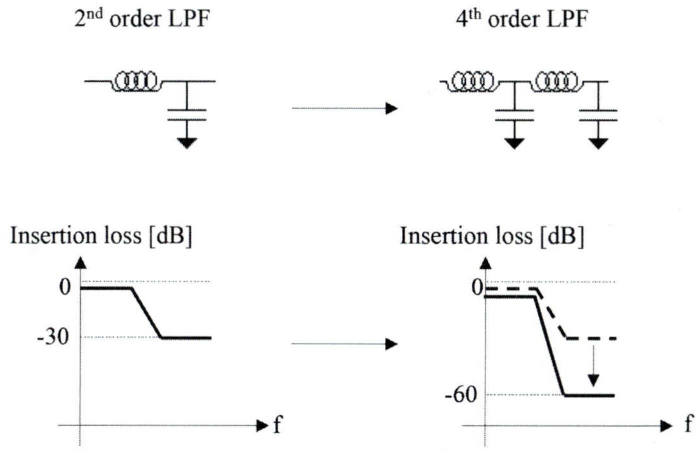

▌그림 8.16▐ 필터의 차수 증가에 따른 주파수 특성 변화

다음으로 필터의 설계 유형에 따라 통과 특성이 달라짐에 유의해야 한다. 필터의 종류는 다양하지만 대표적인 필터로 Butterworth 필터와 Chebyshev 필터를 예로 들어 보자. Butterworth 필터는 Maximally flat 필터라고도 하며 이름이 얘기하듯이 통과대역 형태가 가장 평평하게 만들어지는 필터를 의미하며 대신 천이대역의 스커트 특성은 좋지 않다. 반면 Chebyshev 필터는 Equally Ripple이라 하며 통과대역에 작은 ripple이 있는 대신 스커트 특성이 좋다[10]. Butterworth 필터와 Chebyshev 필터가 많이 사용되기는 하지만 이외에도 군지연 특성이 좋은 Bessel/Gaussian 필터, 스커트 특성이 매우 우수한 Elliptic 특성도 존재한다.

마지막으로 필터의 군지연(Group Delay) 특성에 주의해야 한다. 필터는 물리적인 L과 C 소자에 의해 동일한 지연시간 특성을 갖으며 이 지연시간 특성은 필터의 차수에 비례한다. 지연시간은 정현파, 즉 하나의 주파수가 입력될 때는 하나의 위상차를 나타내지만 필터는 하나의 주파수가 아니라 통과대역 내 여러 주파수 신호가 입력될 수 있으므로 신호의 지연시간은 같아도 각각의 위상차는 다르다. 따라서 주파수별로 타른 위상차로 인해 신호의 왜곡이 생긴다. 이러한 왜곡을 군지연이라 하며 필터를 구현할 때 군지연 특성을 고려해야 한다. 예를 들어 【그림 8.17】과 같이 Bessel 필터는 통과대역에서 동일한 군지연 특성을 갖는 대신 군지연이 크다.

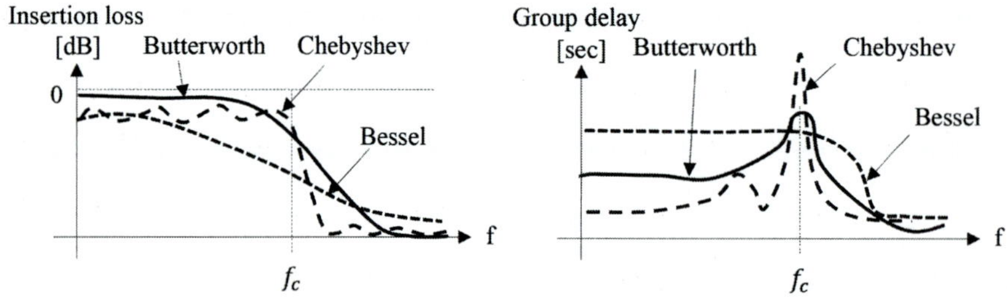

【그림 8.17】 필터의 진폭특성과 군지연 특성

이상의 필터의 특성을 참고하여 각각의 주파수 영역에 맞는 필터를 설계한다. 주파수가 높은 RF필터는 종류가 다양하며 각각의 필터 별로 설계 방법이 다양하므로 본 교재에서 다루기 어렵다. 대신 RF 필터의 경우 대표적인 RF필터의 종류만을 설명한다. 아날로그 필터의 경우 전자회로 지식이 필요하며, OPAMP를 이용하는 경우가 많으므로 이에 대해 소개만 진행된다. 마지막으로 디지털 필터의 경우 무선통신과 레이다에서 자주 사용되는 FIR 필터에 대해서만 간략히 설명하도록 한다.

10) 필터의 종류는 필터의 주파수특성을 다항식으로 보고 이러한 다항식의 수식을 만든 수학자의 이름을 사용한다. 필터는 수학적으로 연속인 함수 특성을 가지므로 스커트 특성을 날카롭게 하려면 ripple이 커질 수 밖에 없다.

8.2.1 RF 필터

RF 대역에서 동작하는 필터는 매우 다양하며 각각의 필터는 고유의 특성을 갖는다. RF필터는 【표 8.1】과 같이 크게 5가지 정도의 필터로 구분될 수 있으며 각각은 고유의 설계방법이 존재한다. 이외에도 MEMS(Micro Electro−Mechanical System) 필터, LTCC(Low−Temperature Co−fired Ceramic), FBAR(Film Bulk Acoustic Resonator) 등 다양한 RF필터가 존재한다.

앞에서 살펴본 바와 같이 RF 필터의 성능은 Quality factor Q에 의해 결정되는데 Q의 정의는 다음과 같이 공진주파수를 필터의 통과대역폭으로 나눈 값이다.

$$Q = \frac{f_c}{\Delta f} \tag{8.6}$$

예를 들어 900MHz에서 동작하는 무선통신 시스템의 채널대역폭이 30kHz라면 RF필터 900MHz 중에서 30kHz만의 신호를 통과시켜야 한다. 이때 Q값이 30,000(900MHz/30kHz) 정도 되어야 하는데 이러한 필터를 구현하기가 매우 어렵다. 또한, Q값이 높은 필터는 삽입손실이 크고 진폭 리플 특성과 군지연 특성이 나빠 링크버젯에도 나쁜 영향을 준다. 따라서 디지털 이동통신에서는 대역제한은 기저대역에서 FIR 필터로 구현하고 주파수 상향 변환하는 방법을 사용하는 것이 일반적이다. 따라서 RF필터의 역할은 스퓨리어스 신호 등 대역 외 신호를 제거하는 역할을 주로 수행한다.

【표 8.1】 대표적인 RF 필터의 종류 및 특성

필터 종류	특성
LC 필터	• SMD 타입의 L, C 소자를 이용하여 제조 • 2~3GHz 이하에서 MMIC/RFIC나 PCB상에서 구현 • 3GHz 이상에서는 소자의 동작주파수 한계로 사용이 어려움
마이크로스트립 필터	• Microstrip/Stripline 전송선로를 이용한 필터 • 선로간의 커플링, 선로상의 공진, 다중 임피던스 연결의 원리를 이용하여 구현 • 수GHz 이상에서 적합
세라믹/유전체 필터	• 고유전체의 세라믹 소재 이용 • 작은 크기로 고성능 대역통과필터 구현 가능
도파관 필터	• 도파관 공진 특성 이용 • 도파관 Cavity 방식, 유전체 삽입 방식 • 응용) 위성, 이동통신 기지국과 같은 대전력 필터

필터 종류	특성
SAW 필터	• Surface Acoustic Filter • LC필터, 세라믹 필터에 비해 가장 작은 크기로 구현 가능 • 응용) 이동통신 단말기

8.2.2 아날로그 필터

아날로그 필터는 수동(Passive) 필터와 능동(Active) 필터로 구분되는데 수동 필터는 RLC 소자만으로 구성되므로 RF 필터의 설계 방법과 동일한 원리를 갖는다. 반면, 아날로그 필터 중 능동필터는 RLC 소자와 연산증폭기(operational amplifier: OPAMP)[11]를 이용하여 구성되므로 차이가 있다. 【그림 8.18】에 OPAMP를 이용한 저역통과필터와 고역통과필터의 대표적인 구성을 보여준다.

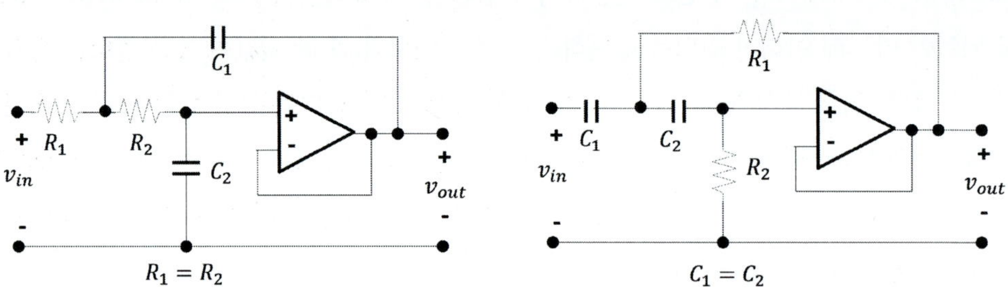

▌그림 8.18▐ 능동형 저역통과필터(왼쪽)와 고역통과필터(오른쪽)

아날로그 대역통과필터는 LPF와 HPF를 직렬로 연결하고, 그 중간에 회로의 격리를 이용하여 buffer를 추가하여 구성할 수 있는데, 보통 HPF가 먼저 나오게 된다. 단, HPF의 차단주파수는 LPF의 차단주파수보다는 낮아야 한다. 반대로 대역저지필터는 LPF와 HPF를 병렬로 연결한 후 더하기 회로를 이용하여 더해주면 구성된다. 이 때 LPF의 차단주파수는 HPF의 차단주파수보다는 높아야 한다. 【그림 8.19】에 대역통과필터와 대역저지필터의 구성 방법이 나와 있다.

11) OPAMP는 내부에 수많은 트랜지스터, 저항, 캐패시터 등으로 이루어진 집적회로로서 다양한 용도에 응용될 수 있는 증폭기이다. OPAMP는 외부의 다른 소자들과 결합하여 다양한 기능을 갖는 회로(적분기, 미분기, 합산기, 비교기, 능동필터 등)로 만들어질 수 있다.

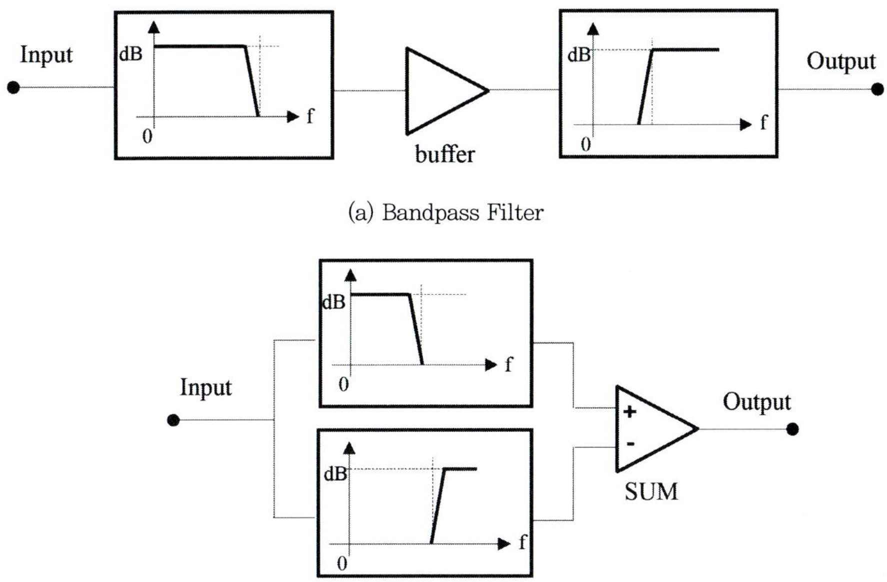

(a) Bandpass Filter

(b) Notch Filter

【그림 8.19】 대역통과필터와 대역저지필터의 구성방법

OPAMP로 아날로그 필터를 설계하는 다양한 방법이 있으나 본 교재에서는 생략하도록 한다[12]. 한편, OPAMP 제조사에서는 자기 회사의 OPAMP를 판매하기 위하여 아날로그 필터를 설계하는 소프트웨어를 무료로 제공하고 있다. 예를 들어 Analog Device사에서 제시하는 설계 Tool은 다음의 홈페이지에 접속하면 된다. 접속하게 되면 복잡한 수식 계산 없이 본인이 원하는 필터를 필터의 규격을 입력하는 것만으로도 설계할 수 있다[13].

> https://tools.analog.com/en/filterwizard/

예제 8-7 **OPAMP를 이용한 능동필터 설계 Tool을 이용하여 차단주파수가 10kHz이고 40kHz에서 –20dB 감쇠를 갖는 1단 저역통과필터를 설계하고 주파수 응답을 구하시오.**

풀이 Analog Device사의 홈페이지에서 제공하는 필터 설계 툴을 이용하여 구하면【그림 8.20】과 같은 결과를 얻을 수 있다.

---

12) 저자가 쓴 '오디오로 배우는 전자공학'에 OPAMP를 이용한 Sallen Key 저역통과필터의 설계방법과 예제가 있으니 관심있는 독자는 참고하기 바란다.

13) 인터넷 상에 설계 프로그램도 설계 이론을 바탕으로 프로그래밍화한 결과이므로 그 원리를 이해한 후 사용하는 것이 중요하다. 원리를 이해하지 않고 사용할 경우 프로그램의 오류가 있거나 입력파라미터가 틀려 발생한 결과를 검증할 수 없다.

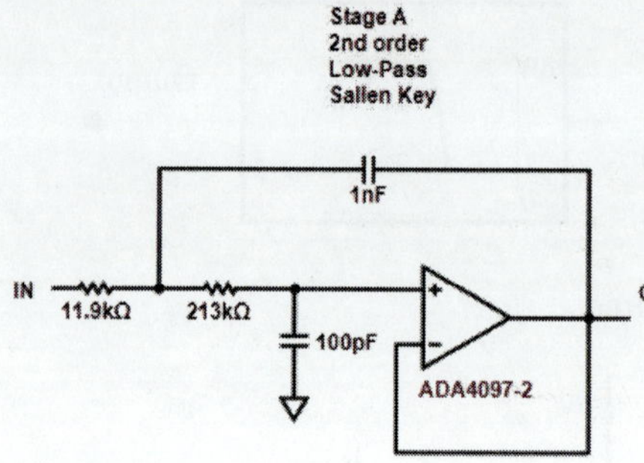

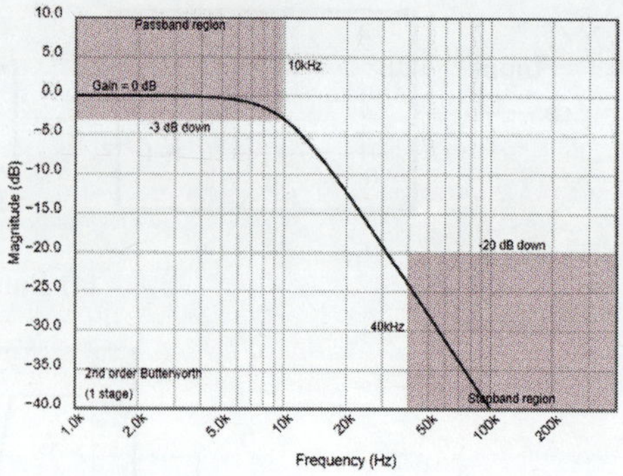

▮그림 8.20▮ 저역통과필터의 설계 예

8.2.3 디지털 필터

RF필터와 아날로그 필터가 하드웨어로 구현되는 것과는 달리 필터를 소프트웨어로 설계할 수 있다. 이러한 디지털필터는 RF필터나 아날로그 필터와 달리 샘플링 주파수에 따라 필터의 특성이 달라진다. 샘플링 주파수가 낮을수록 적은 차수의 필터로 원하는 필터 특성을 얻을 수 있다. 무선통신과 레이다에서 사용되는 대표적인 디지털 필터로는 【그림 8.21】과 같은 형태의 FIR(Finite Impulse Response) 필터가 있다. FIR 필터는 IIR(Infinite Impulse Response) 필터에 비해 피드백이 없어 구조가 간단하고 선형위상특성을 갖는다. 대신 스커트 특성이 나쁘므로 위상 왜곡을 원하지 않거나 계수가 많지 않다면 FIR 필터로 설계하는 것이 일반적이다.

디지털 필터의 설계는 보통 MATLAB/Simulink에서 Filter Design 설계 툴을 사용한다. 【그림 8.22】는 샘플링 주파수가 240kHz인 경우 FIR 대역통과필터를 설계한 예이다. 차수는 입력하거나 최소 차수로 설계할 수 있고, 통과대역은 28kHz에서 34kHz 신호를 통과시키고, 24kHz 이하와 36kHz 이상은 통과시키지 않는 필터를 보여준다.

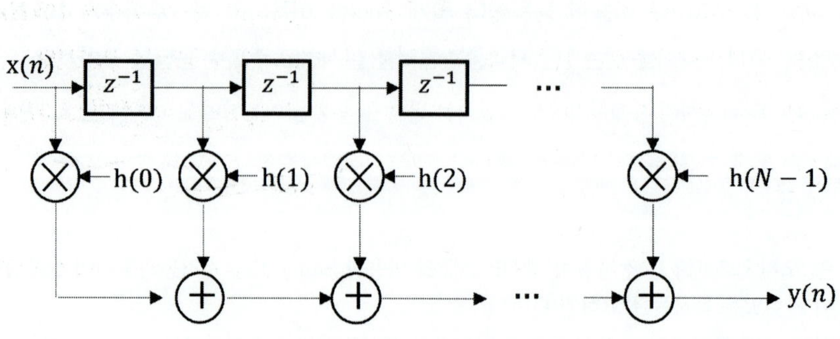

▮그림 8.21▮ FIR 필터의 구성

MATLAB을 실행하여 아래와 같이 입력하면 디지털필터 설계 프로그램을 구동할 수 있고 필터의 계수를 구할 수 있다.

```
filterDesigner
```

예제 8-8 **샘플링 주파수가 1kHz 인 경우 5Hz 이하의 주파수만을 통과하는 저역통과 특성의 디지털 필터를 설계하시오. 또한, 샘플링 주파수가 10kHz인 경우의 차이는 무엇인가?**

풀이 아래 그림과 같이 저역통과, IIR, 버터워스, 차수 1, 1kHz 샘플링 주파수, 차단주파수 5Hz로 설계하면 계수값을 구할 수 있다. 해당 계수값은 아래 식과 같이 표현할 수 있다.

$$y[n] = 0.969 * y[n-1] + 0.0155 * x[n] + 0.0155 * x[n-1]$$

참고 1kHz에서 5Hz 이하를 통과하는 디지털 필터와 10kHz에서 50Hz 이하를 통과하는 디지털 필터는 동일한 구조를 갖는다.

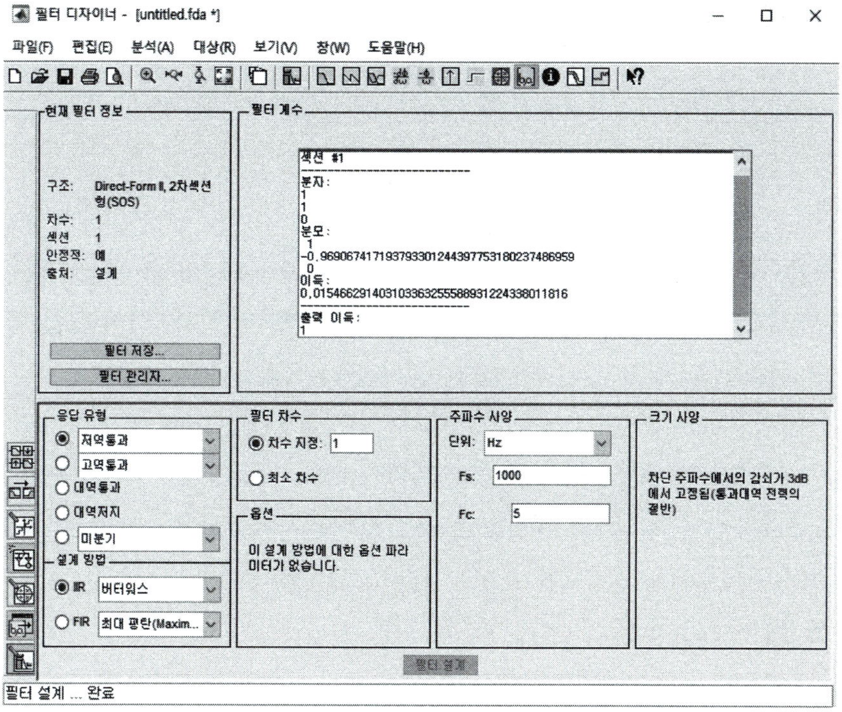

그림 8.22 디지털 필터의 설계 Tool 이용 예

8.3 SDR과 스펙트럼 센싱

SDR은 미국 국방용 장비에서 시작되었다. 하나의 무선통신장비로 10개 정도의 통신방식을 수용할 수 있는 장비개발로 시작되었으며 1990년대 민간용으로 확장되기 시작되었다. SDR이 도입된 배경은 하드웨어의 발전에 힘입은 바가 크다. PC가 프로그램을 이용하여 다양한 기능을 수행하는 것처럼 프로그램만 변경하면 SDR은 하나의 하드웨어로 다양한 무선기능이 수행되도록 변신될 수 있다. 다시 말해 SDR은 무선시스템을 위한 범용 하드웨어 플랫폼이라 할 수 있다. SDR의 기술은 최신 RF기술, 임베디드 기술, DSP 기술의 결합으로 이러한 기능을 수행하게 되었으며 점점 더 많은 실제 응용제품이 등장하고 있다[14]. 본 절에서는 SDR을 이용한 스펙트럼 센싱에 대해 알아보자.

8.3.1 SDR이란?

RF 송수신기는 하드웨어로 구성되므로 과거에는 주파수가 고정되어 있었다. 하지만 최근 RF 송수신기 기술의 발달로 RF 주파수를 가변할 수 있는 SDR(Software Defined Radio)이 대중화되었다.

대학교에서 많이 사용되는 SDR의 한 종류로【그림 8.23】과 같은 RTL-SDR이 있다. RTL-SDR은 25MHz에서 1.75GHz 사이의 신호를 수신할 수 있으며, 한 번에 처리할 수 있는 대역폭은 2.4MHz 정도이다. RTL-SDR은 왼쪽에 안테나를 연결하는 SMA 커넥터가 있고, 안테나를 통해 들어온 통과대역신호가 주파수 하향변환되고 디지털 기저대역신호로 변환되어 USB 단자를 이용하여 PC로 전달되는 역할을 한다. PC에서는 MATLAB/Simulink나 LabVIEW, Python 등의 프로그램을 통해 수신된 I/Q 신호를 처리할 수 있다. SDR을 사용할 때 주의할 것은 하나의 안테나로 수십 MHz에서 수 GHz의 신호를 수신할 수 없으므로 특정 주파수 대역을 수신할 경우 안테나를 교체해야 한다는 것이다.

14) 참고로 Software-Defined는 다양한 분야에서 사용된다. 예를 들어 SDN으로 인터넷을 구성하게 되면 사용자 트래픽에 따라 능동적으로 네트워크의 구성을 변화시켜 효율을 최적화하게 된다.

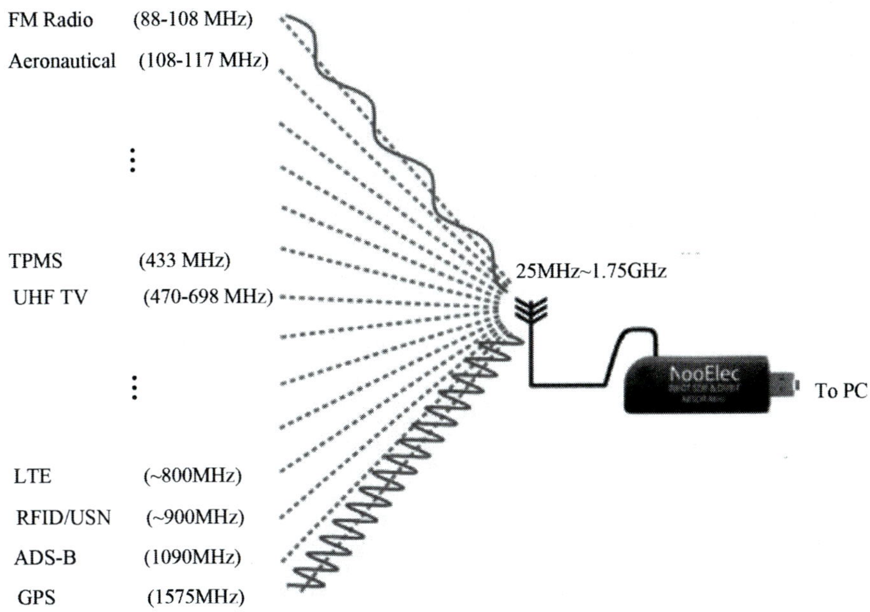

▌그림 8.23▌ RTL-SDR의 사진(Nooelec™)

초기의 RTL-SDR은 【그림 8.24】와 같이 디지털 low-IF 구조를 갖는다. RF회로는 주파수합성기에 의해 특정한 주파수를 IF 대역으로 주파수변환되며, RLS2832U 칩에서는 IF 주파수 신호를 디지털 변환하고, 디지털 직교변조기를 통해 I신호와 Q신호를 생성한다.

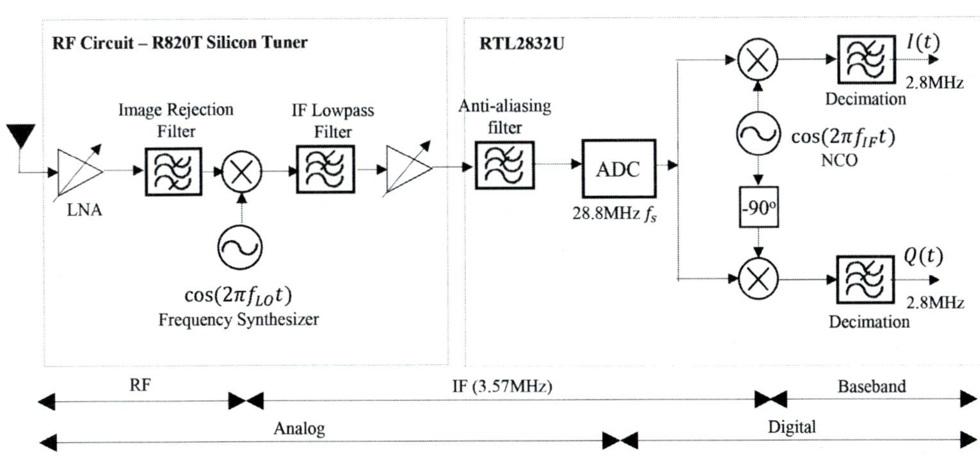

▌그림 8.24▌ RTL-SDR 수신기의 구조

RTL-SDR이 107.7MHz의 FM 주파수를 수신한다고 가정하자. MATLAB/Simulink에서 중심주파수를 107.7MHz로 입력하게 되면, 주파수합성기의 LO 주파수가 중심주파수보다

3.57MHz 차이가 나는 신호를 생성하고, 주파수 하향변환을 통해 3.57MHz의 IF신호가 생성된다. 이 IF 신호는 ADC에서 샘플링되는다. 샘플링을 위한 28.8MHz 클럭은 RTL-SDR의 내부 수정발진자로부터 생성된다. 28.8MHz로 샘플링된 디지털 IF신호는 디지털 신호 발생기인 NCO(Numerically Controlled Oscillator에 의해 직교변환되어 디지털 I신호와 Q신호가 생성된다. 이때 데시메이션(decimation) 과정에 의해 샘플링 주파수가 최대 2.8MHz로 제한된다.

이제【그림 8.24】의 세부 블록을 살펴보자. 보통 수신기는 안테나에 수신된 미약한 전파를 수신하기 때문에 잡음을 최소화하기 위하여 제일 먼저 저잡음증폭기(LNA: Low Noise Amplifier)를 통과한다. LNA는 추가적인 잡음은 최소화하면서 신호만 증폭한다. 다음으로 안테나로 입사되는 신호는 원하는 신호주파수 대역 밖에 신호나 잡음도 섞여 입사되기 때문에 RF 주파수 대역에서 동작하는 RF 대역통과필터(BPF: Band Pass Filter)를 거쳐 원하는 신호만 골라내어야 한다. 특히, 슈퍼헤테로다인 수신기에서 문제가 되는 이미지 주파수(image frequency)를 제거하는 기능도 포함된다. 이제 필터를 통과한 신호는 주파수 합성기의 국부발진기 (LO: Local Oscillator) 신호와 주파수 혼합기(mixer)에서 혼합되어 주파수가 낮은 중간주파수(IF: Intermediate Frequency)나 직접변환(Direct Conversion) 수신기의 경우 기저대역으로 직접 주파수 하향변환된다. IF 변환된 경우 IF 대역의 증폭기를 통과하여 신호를 증폭시키고 IF 대역의 필터를 통과하여 혼합기에서 만들어질 수 있는 불필요한 신호를 제거하게 된다. 만약 IF 주파수가 높으면 바로 ADC가 불가능하므로 한 번 더 주파수를 하향변환하여야 한다. 이러한 수신기에 요구되는 성능으로는 높은 이득과 주파수 선택도(selectivity)를 가져야 한다는 것이다. 즉, 수신기에 -100dBm 정도의 미약한 신호가 안테나에 수신되는 경우 100dB 정도의 증폭을 하여야 한다[15]. 이를 위해서는 RF단과 IF단, 그리고 기저대역에서 여러 종류의 증폭기가 사용되어야 한다. 또한 수신기는 원하는 주파수 대역만을 선택하고 원치 않는 근처의 주파수 대역은 제거할 수 있어야 한다. 보통 주파수 선택도는 주파수 하향변환한 후 IF대역에서 협대역 필터를 통해 구현되거나, 디지털IF 방식의 경우 베이스밴드에서 디지털 필터로 구현된다.

RTL-SDR은 수신기능만 있지만 ADALM-PLUTO, USRP 등 송신기를 포함하는 다양한 SDR이 있다. SDR에서 송신과정은 수신과정과 역순으로 진행된다. 송신할 데이터가 디지털 신호라면 DAC 회로를 거쳐 아날로그로 변환되고 변환된 아날로그 신호는 LO신호와 합쳐져 주파수 상향된다. 주파수 상향변환 시 다양한 혼합신호가 생기므로 대역통과필터를 거쳐 원하

15) Wi-Fi신호를 예로 들면 AP(Access Point)에 가까이 있을 경우에는 신호의 크기가 크고 AP에 멀리 있을 때는 신호의 크기가 작다. 따라서 RF수신기는 신호의 변동성의 큰 수신신호를 기저대역에서 신호처리하기 적합한 레벨로 증폭하거나 감쇄시켜야 한다.

는 신호만 증폭되어야 한다. 마지막으로 안테나로 가기 전에 원하는 신호레벨까지 증폭시켜주는 전력증폭기(PA)를 통과하게 되는데 RF송수신기에서 가장 많은 전력을 소비하는 것이 보통 전력증폭기이다. 전력증폭기를 통과한 신호는 보통 크기가 큰 안테나를 송신과 수신에서 공유하기 위하여 송신신호와 수신신호를 분리하는 듀플렉서 필터를 통과하는데 이 필터는 (아주 큰) 송신 신호가 (작은 신호에 민감한) 수신회로에 들어가는 것을 방지하기 위해 약 100 dB 정도의 격리(isolation)가 필요하다. 【그림 8.25】는 ADALM-Pluto SDR의 사진과 블록도를 보여준다. AD9363 IC를 사용하며 안테나 2개를 사용하여 송신과 수신이 분리되어 있다. 한 번에 처리할 수 있는 대역폭은 최대 20MHz로 RTL-SDR보다 대역폭이 큼을 알 수 있다.

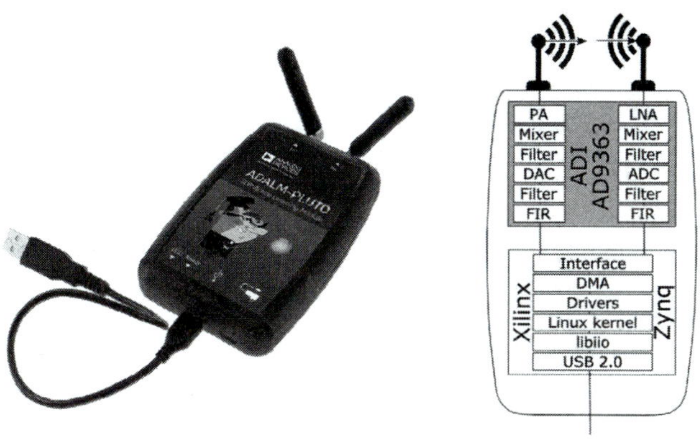

【그림 8.25】 ADALM-Pluto SDR의 사진과 블록도

ADALM-Pluto SDR 특징

(1) 1 Transmit, 1 Receive Channel
(2) 325MHz ~ 3.8GHz (2.4Hz LO step size)
(3) Tunable Bandwidth: 200kHz - 20MHz
(4) 12 bit DAC and ADC
(5) USB 2.0 interface

8.3.2 스펙트럼 센싱

시중에는 다양한 SDR이 존재하며는데 여기에서는 RTL-SDR을 사용해보자[16]. RTL-SDR

16) RTL-SDR 설치와 관련된 MATLAB 자료는 다음을 참고 바란다 (https://www.mathworks.com/hardware-support/rtl-sdr.html).

은 수신기 전용으로 RTL-SDR의 성능을 나타내는 2가지 핵심지표는 아래와 같다.

- 주파수범위: 24MHz ~ 1.8GHz
- 대역폭: 2.4MHz

이제 본격적으로 RTL-SDR 동글을 MATLAB/Simulink와 연동하여 사용하는 방법을 알아본다. 먼저 MATLAB/Simulink에 RTL_SDR 패키지를 인스톨시켜야 한다.

RTL-SDR은 수신기만 가능하므로 송신기까지 있는 실험을 위해서는 송신기 기능이 있는 SDR이 필요하다. 이러한 SDR의 예로서 ADALM-PLUTO(PlutoSDR)가 있다[17]. RTL-SDR과 동일하게 USB 2.0을 이용하며 PC에 연결된다. PlutoSDR의 성능을 나타내는 2가지 핵심지표는 아래와 같다.

- 주파수범위: 325MHz ~ 3.8GHz (6GHz로 확장)
- 순시 대역폭 :20MHz

이제 본격적으로 PlutoSDR 동글을 MATLAB/Simulink와 연동하여 사용하는 방법을 알아본다. 먼저 MATLAB에 PlutoSDR 패키지를 인스톨시켜야 한다.

MATLAB에 PlutoSDR 패키지를 인스톨되면 "Your Hardware Support Package requires configuration."라는 표시가 나타나게 될 것이다. 또한 PC상에 Pluto-SDR 기기를 연결하면 필요한 드라이버들이 설치될 것이다. 이제 ADALM-Pluto SDR이 설치되었으면 다음의 예제를 실행해본다.

```
>> sdrinfor
```

```
RadioName: 'Generic RTL2832U OEM'
RadioAddress: '0'
```

SDR 설치 확인이 완료되면 꼭 안테나를 연결하여야 한다. 안테나는 주파수 대역별로 다양하므로 해당 주파수대역에 맞는 것을 써야 하지만, 만약에 해당 주파수 대역에 동작하는 안테나가 없다면 유사 대역에서 동작하는 안테나를 사용해도 FM 라디오 방송 신호는 어느 정도 입력받을 수 있다.

17) RTL-SDR이 수신기만 실습할 수 있는데 비하여 ADALM-PLUTO는 송신기 실습도 가능하다.

8.3.3 RTL-SDR 이용 스펙트럼 관찰

이제 RTL-SDR과 MATLAB/Simulink가 연동되었으므로 스펙트럼 분석기를 만들 준비가 되었다. 이제【그림 8.26】의 시뮬링크 모델을 만들어보자. 중심주파수는 변화시킬 수 있도록 하고 RTL-SDR 동작 주파수 범위 안에 있어야 한다.

❶ Simulink를 실행시키고【그림 8.26】의 모델을 생성한다. 이를 위해 다음과 같은 블록이 필요하다.

- RTL-SDR Receiver (found in Communications System Toolbox Support Package for RTL-SDR Radio)
- Spectrum Analyzer (found in DSP System Toolbox → Sinks)
- Constant (found in Simulink → Sources)

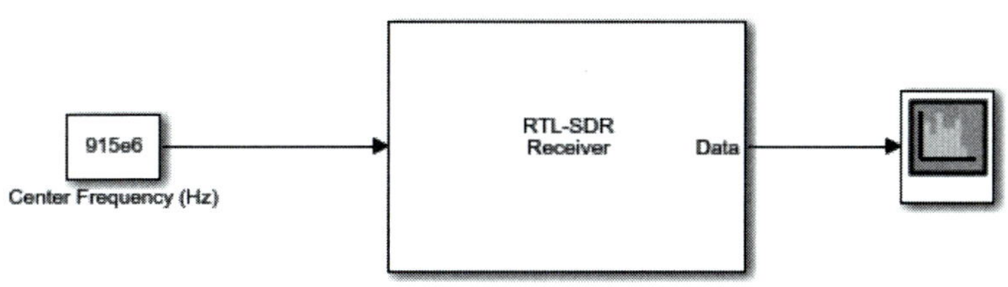

【그림 8.26】 스펙트럼 분석기 Simulink 모델 생성

❷ Simulation time을 inf 로 세팅한다.

❸ RTL-SDR Receiver 블록을【그림 8.27】과 같이 세팅한다.

- Center frequency (Hz): 91.0MHz의 경우 91.0e6으로
- Tuner Gain (dB): 40으로
- Sampling rate (Hz): 240e3으로[18]
- Sample per frame): Simulink에서 처리하는 데이터로 1024면 충분

❹ Run을 클릭하거나 플레이버튼을 누르면, 몇 초 뒤에【그림 3.42】와 유사한 결과를 볼 수 있을 것이다. 이 그림은 107.70MHz에서 240kHz 대역폭을 갖는 스펙트럼 분석기를 보여준다. 중심주파수가 0Hz로 표시되고 최대주파수가 ±120kHz로 주파수 변환되어 표시되는 것을 알 수 있다.

18) 225,001Hz에서 300,000Hz 또는 900,001Hz에서 3,200,000Hz의 어느 값이든 가능하다.

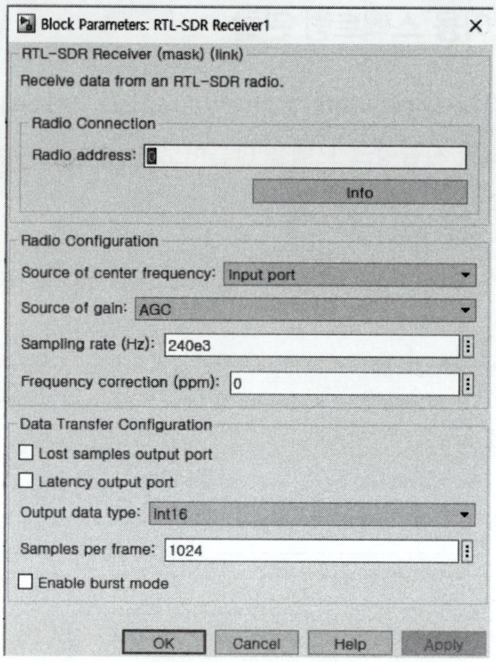

그림 8.27 RTL-SDR Simulink 모델 파라미터 세팅

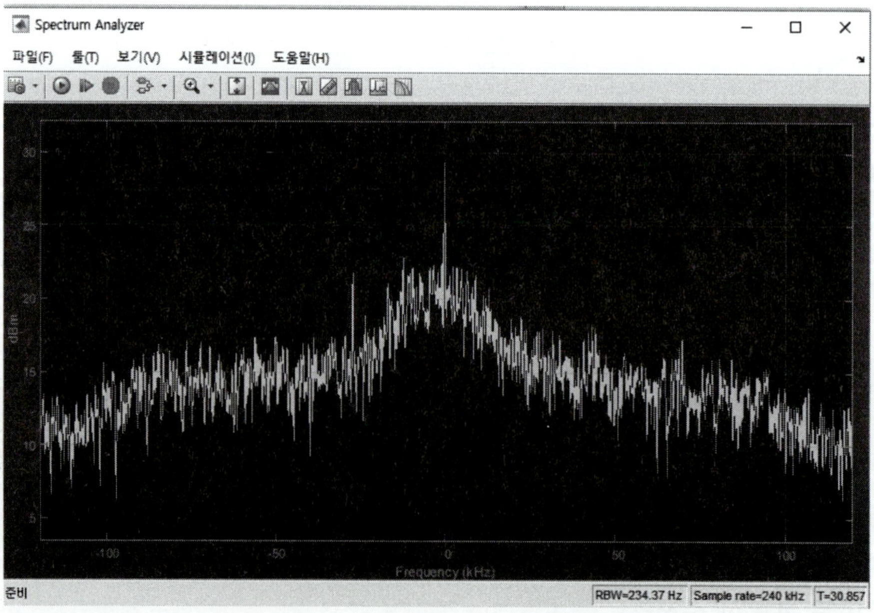

그림 8.28 RTL-SDR 스펙트럼 분석기 화면

❺ 잡음의 영향을 줄이기 위해 1보다 큰 값으로 average를 하게 되면 잡음의 영향을 줄일 수 있다.

자유공간에는 다양한 무선 스펙트럼이 존재한다. SDR 분석기를 이용하여 다양한 주파수 스펙트럼을 검색할 수 있다.

- FM 라디오 방송국 (88~108MHz)
- 이동통신 스마트폰 (800~3500MHz)
- GPS (1227MHz, 1575MHz)
- WiFi (2400MHz, 5GHz)
- Bluetooth (2400MHz)
- HDTV (470~698MHz)

예제 8-9 RTL-SDR을 이용하여 스펙트럼 분석기를 구성한 후 다음을 확인해보자.

- Center frequency (Hz)를 바꾸면 어떻게 되는가?
- Tuner Gain (dB)을 바꾸면 어떻게 되는가?
- Sampling rate (Hz)를 바꾸면 어떻게 되는가?

제9장

무선통신 기술 사례

8장까지는 무선통신과 레이다를 이해하기 위한 기본 개념들을 학습하였다. 9장부터는 앞에서 학습한 무선통신과 레이다 이론이 실제 어떻게 사용되는지 살펴본다. 그 첫 번째 단계로서 9장에서는 무선통신 기술의 실제 사례에 대해 살펴본다. 무선통신 기술은 그 종류도 많고 각각의 기술은 고유한 특성이 있어 그 모든 것을 다루기에는 너무 방대하며 이 책의 범위를 벗어난다. 따라서 과거 아날로그 무선통신부터 시작하여 디지털 무선통신이 발달하는 과정을 따라서 핵심적인 내용 위주로 학습하도록 한다[1]). 【그림 9.1】은 본 장에서 다루는 무선통신 기술의 전체적인 흐름을 보여준다. 과거 아날로그에서 디지털로 발전하였음을 알 수 있고, 모뎀과 멀티플렉싱이 별도의 기술이었다가 최근 OFDM-MIMO에서는 여러 신호를 병렬로 전송하는 다중 캐리어(Multi-carrier) 전송이 일반화 되면서 모뎀과 멀티플렉싱이 결합되는 방식으로 발전함을 알 수 있다.

1) 현재도 AM방송, FM방송 등 아날로그 무선통신이 널리 사용되고는 있지만, 정보의 디지털화라는 큰 흐름과 이동통신과 Wi-Fi 기술의 발달로 대부분의 무선통신은 디지털 무선통신으로 전환되었다.

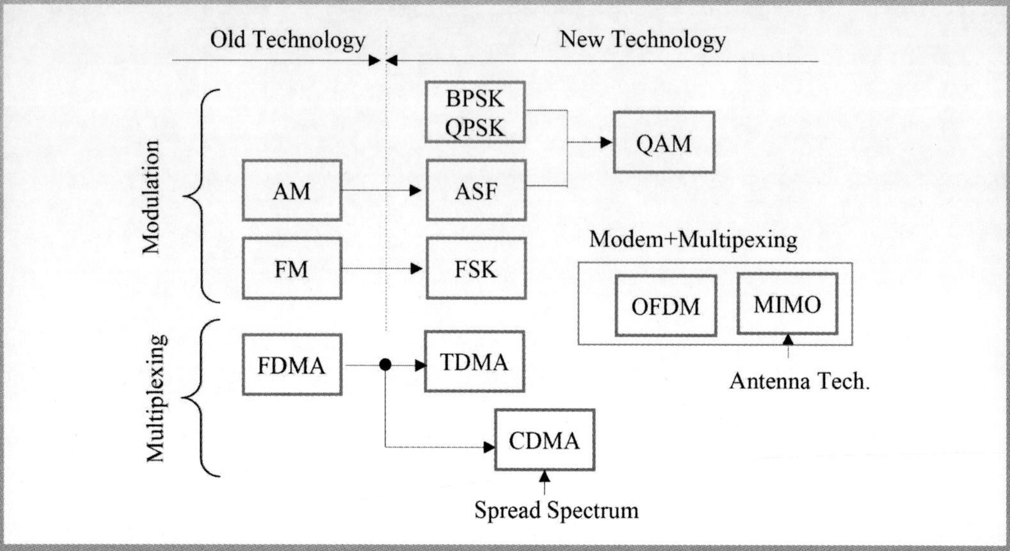

▌그림 9.1▌ 무선통신 기술 흐름도

9.1 비동기 아날로그 무선통신

통과대역 신호의 반송파 신호로 사용되는 정현파는 진폭, 주파수, 위상의 3개의 파라미터가 있으므로, 이 3가지 파라미터를 아날로그 메시지 신호의 변화에 따라 직접 변화시키는 것이 가능하며, 진폭을 변조하는 것을 진폭변조(Amplitude Modulation, AM), 주파수를 변조하는 것을 주파수변조(Frequency Modulation, FM), 위상을 변조하는 것을 위상변조(Phase Modulation, PM)라 각각 부른다. 이러한 3가지 변조 방식을 기반으로 다양한 아날로그 무선통신 방식이 상용화되었으나, 현재에는 AM 라디오, FM 라디오 등을 제외하고는 대부분 사라지고 있다.

9.1.1 AM(DSB-TC)

7장에서 살펴본 바와 같이 하나의 기저대역 신호를 반송파주파수로 상향변환하는 DSB-SC 방식은 주파수 변환 과정에서 정보의 왜곡이 없고, 그 구성이 매우 간단하다. 하지만 수신기에서 송신기의 국부발진기의 정확한 위상을 아는 과정, 즉 동기 과정이 필요하다는 큰 단점이 있다. 그렇다면 동기가 필요 없는 시스템을 만들 수는 없을까? 초창기 라디오(Radio) 시스템을 만들고자 했던 엔지니어들은 수신기에서 동기가 필요 없는 진폭변조방식을 고민하였고, 이에 등장한 개념이 송신기에서 비록 전력의 손실은 있더라고 반송파를 변조신호와 함께 송신함으로써 별도로 동기 과정이 필요 없는 진폭변조방식인 AM 방식을 고안하게 되었다[2].

AM 변조는 수신기에서 반송파를 쉽게 복구할 수 있도록 송신측에서 변조되지 않은 반송파를 추가로 더하여 전송하는 방식이다. 즉 DSB-SC 변조된 신호와 함께 반송파를 더하여 전송한다. 반송파가 추가된 AM신호를 $s_{AM}(t)$라 하면 식 (9.1)과 같다.

$$s_{AM}(t) = [m(t) + A_c]\cos(2\pi f_c t) \tag{9.1}$$

여기서 $m(t)$는 메시지 신호, A_c는 메시지신호와 함께 송신하는 반송파 신호의 크기가 된다. $s_{AM}(t)$의 스펙트럼은 실수신호의 경우 기저대역 신호의 주파수천이된 스펙트럼에 반송파 주파수 위치에 반송파와 관련된 임펄스 스펙트럼을 더한 것과 같다. 식 (9.1)을 Fourier 변환하면

2) 라디오가 개발되던 시절인 20세기 초반은 트랜지스터가 보급되기 이전이었으므로 트랜지스터 대신 진공관을 사용하던 시기이다. 따라서 진공관 하나도 매우 비싸던 시절이었다. 따라서 진공관 1개만으로도 방송된 소리를 수신할 수 있는 라디오 수신기의 개발이 필요한 시기였다.

식 (9.2)와 같다.

$$S_{AM}(f) = \frac{1}{2}[M(f-f_c)+M(f+f_c)] + \frac{A_c}{2}[\delta(f-f_c)+\delta(f+f_c)] \tag{9.2}$$

이렇게 반송파를 추가로 전송하기 때문에 AM신호를 DSB-TC(Double Side Band-Transmitted Carrier) 변조방식이라 부른다. 【그림 9.2】는 DSB-TC 즉 AM 변조 방식의 구조와 주파수 측면에서 스펙트럼을 보여준다.

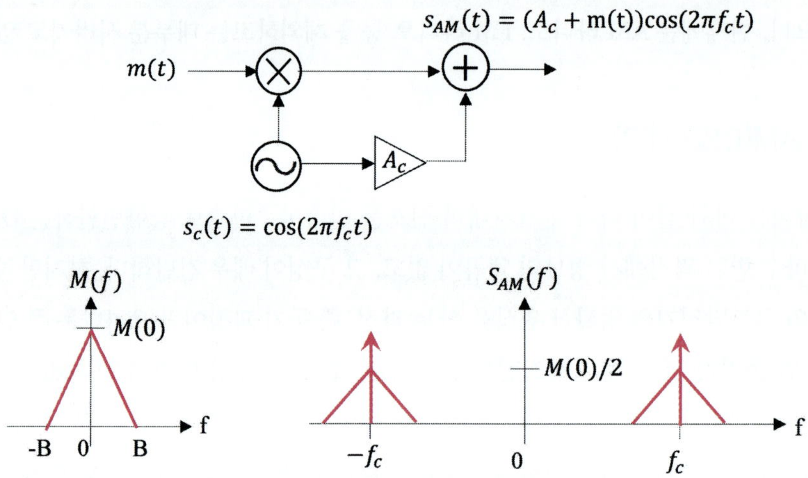

【그림 9.2】 AM(DSB-TC) 변조과정

비동기 AM 복조회로

이제 AM 변조된 신호의 비동기 복조에 대해 알아보자. 비동기 복조의 대표적인 방법으로 포락선 검파기(Envelope Detector)가 있다. 【그림 9.3】과 같이 다이오드, 저항, 캐패시터로 구성된 회로가 있다고 하자. 다이오드는 이상적인 스위치 동작으로 0V 이상에서 ON된다고 하면 AM신호가 0보다 큰 양의 값을 갖는 동안에 다이오드가 ON 상태에 있으므로 캐패시터는 다이오드를 통해 입력신호의 최대값까지 충전된다. 만약 신호의 크기가 피크값을 지나게 되면 캐패시터에 충전된 전압이 AM신호값보다 크게 되어 다이오드가 차단된다. 이제 다이오드가 차단되면 캐패시터에 충전된 전압은 저항을 통해 시정수 RC에 의해 방전되게 된다. 저항을 통해 방전되면서 캐패시터 전압값은 조금씩 떨어지지만 신호의 입력이 이 값보다 커지게 되면 다시 충전되므로 신호의 크기가 급격히 떨어지지는 않는다. 이러한 방식으로 송신신호가 복조될 수 있다.

여기서 고려해야 할 점은 얼마나 큰 전력의 반송파를 보내야 하는가이다. 즉 A_c의 크기를 얼마로 해야 하는지가 중요하다. A_c는 아무런 정보가 없으며 단지 비동기복조를 가능하도록 하기 위한 것이므로 작을수록 좋다[3]. 하지만 너무 작으면【그림 9.4】와 같이 신호의 극성이 바뀔 수 있으므로 주의해야 한다. 이를 식으로 쓰면 식 (9.3)과 같다.

$$m(t) + A_c \geq 0 \tag{9.3}$$

$m(t)$ 의 최대값을 m_p 라 하면 $A_c \geq m_p$ 의 조건을 만족하는 것으로 볼 수 있으므로 이에 따라 다음과 같이 변조지수(modulation index) μ 를 다음과 같이 정의한다.【그림 9.4】에서 알 수 있듯이 AM 변조지수는 1보다 작거나 같아야 포락선검파를 통한 비동기 복조 과정에서 신호의 극성 변화가 없게 된다.

$$\mu = \frac{m_p}{A_c} \tag{9.4}$$

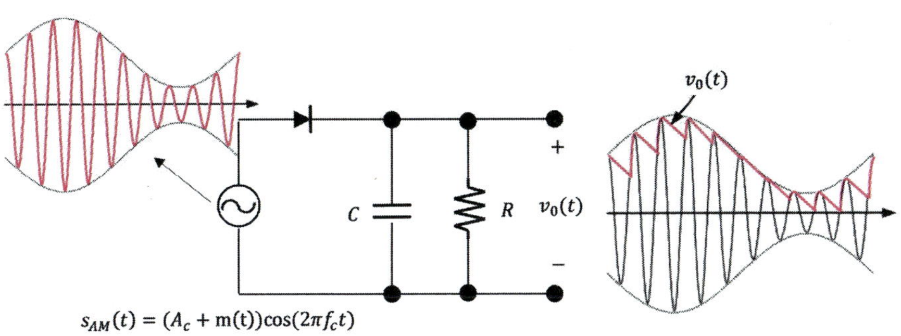

【그림 9.3】 AM(DSB-TC) 비동기 복조과정

AM변조는 반송파를 추가로 전송함으로써 수신기에서 비동기 검파가 가능하지만, 추가로 전송하는 반송파는 아무런 정보도 포함하고 있지 않으므로 그만큼 전력 소모가 발생한다. 전체 전력 중에서 정보 신호를 전송하는 데 사용하는 전력의 비율을 전력 효율이라 하는데, AM변조에서는 최대 33%의 효율이 얻어지므로 전력효율이 낮은 단점을 갖는다.

3) 또한, A_c의 크기는 송신기에서 전력증폭기의 비선형성에 의한 송신신호에 왜곡이 발생하지 않을만큼 작어야 한다.

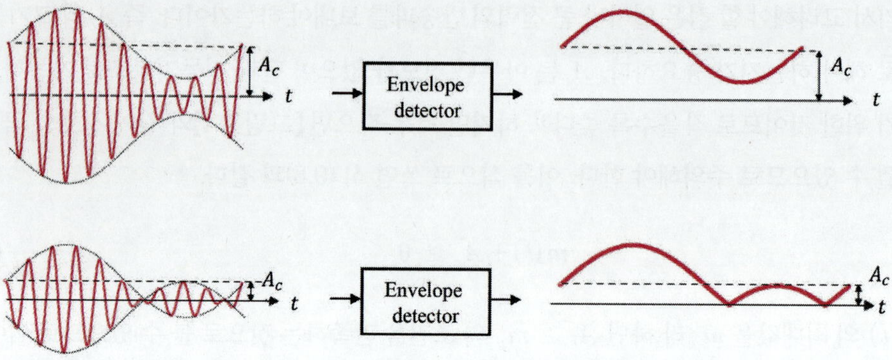

그림 9.4 AM(DSB–TC) 변조지수의 결정[4)]

9.1.2 FM

AM 비동기 방식의 등장으로 상업적인 라디오 방송이 가능하게 되었으나, 진폭에 정보가 있는 경우 무선채널에서 발생하는 다중경로 페이딩에 의해 진폭의 변화가 심하게 되므로 고품질의 음악방송 등에는 적합하지 않았다[5)]. 따라서 새로운 통신방식에 대한 수요가 발생하였고, 이렇게 하여 등장한 것이 주파수변조인 FM의 개념이다. 주파수변조는 각변조라고도 부르는데, 그 이유는 주파수는 각도를 미분한 값이므로 주파수 변조와 각변조(즉, 위상 변조)는 유사한 성질을 갖기 때문이다.

FM 변조가 가능하게 된 회로적인 사유로 전압에 따라 주파수가 바뀌는 VCO(Voltage Controlled Oscillator) 회로가 개발되었기 때문이다. VCO는 입력신호에 따라 주파수가 변화하는 회로이다[6)]. 이를 활용하면 입력신호가 0[V]인 경우 f_c의 주파수를 발생시키고, 신호의 진폭이 0[V]보다 크다면 그에 비례하여 f_c보다 높은 주파수를 발생하게 하고 신호의 진폭이 0[V]보다 작다면 그에 비례하여 f_c보다 낮은 주파수를 발생하게 할 수 있다. 이러한 개념을 무선통신에 활용한 것이 주파수 변조의 시작이다. FM 변조의 발명으로 잡음에 강한 FM 특성을

4) 송신신호는 크기과 0을 기준으로 +와 -값을 갖지만 비동기 검파 시 신호는 +값만이 출력된다. 이를 DC offset이라 하며 실제 신호는 DC offset을 추가로 제거해야 한다.

5) 라디오가 보급된 지 100여년이 지난 지금도 AM 라디오 방송은 뉴스 등의 정보전달을 위주로 사용되며, FM 라다오 방송은 음악 방송을 위주로 방송하고 있다. AM방송에 머물렀던 방송기술이 트랜지스터의 등장 및 RF기술의 발전으로 점점 HF(단파) 및 VHF(초단파) 대역으로 확대되었고 이제는 FM방송이 AM방송을 능가하는 보편화된 기술이 되었다.

6) VCO 회로는 트랜지스터를 이용한 발진기 회로와 공진기, 공진주파수를 변화시키기 위한 바랙터(Varactor) 다이오드로 구성된다. 자세한 회로 구성은 인터넷 검색이나 전자회로 책을 참고하기 바란다.

이용하여 고품질의 음악방송을 위한 FM기술이 상용화되었고 현재까지도 사용되고 있다.

위상변조의 표현

위상변조(Phase Modulation, PM)는 정보 신호 $m(t)$에 따라 반송파의 위상을 변화시키는 변조방식으로 식 (9.5)와 같이 $m(t)$에 따라 $\theta(t)$를 선형적으로 변화시키는 방법이다.

$$\theta(t) = 2\pi(f_c t + k_p m(t)) \tag{9.5}$$

여기서 k_p는 비례상수이고 f_c는 반송파주파수이다. 이제 PM변조된 신호의 순시 주파수는 다음과 같다.

$$f_i(t) = f_c + k_p \frac{dm(t)}{dt} \tag{9.6}$$

따라서 PM변조된 신호의 순시주파수는 정보신호의 미분값에 따라 선형적으로 변화한다고 볼 수 있다. 식 (9.5)를 이용하여 PM변조된 식은 다음과 같다.

$$s_{PM}(t) = A\cos\left[2\pi(f_c t + k_p m(t)\right] \tag{9.7}$$

다음으로 주파수변조(Frequency Modulation, FM)는 순시주파수를 정보신호에 따라 선형적으로 변화시키는 방식이다.

$$f_i(t) = f_c + k_f m(t) \tag{9.8}$$

여기서 k_f는 비례상수이고. 따라서 FM변조된 반송파의 각도는 순시주파수를 적분하면 되므로 식 (9.9)와 같고 FM변조된 식을 표현하면 식 (9.10)과 같다.

$$\theta(t) = \int_0^t 2\pi(f_c + k_f m(\tau))d\tau = 2\pi(f_c t + k_f \int_0^t m(\tau)d\tau) \tag{9.9}$$

$$s_{FM}(t) = A\cos\left[2\pi(f_c t + k_f \int_0^t m(\tau)d\tau)\right] \tag{9.10}$$

【그림 9.5】는 주파수변조와 위상변조의 예로서 정보신호가 아날로그 신호일 때와 디지털 신호일 때의 변조 특성을 보여준다.

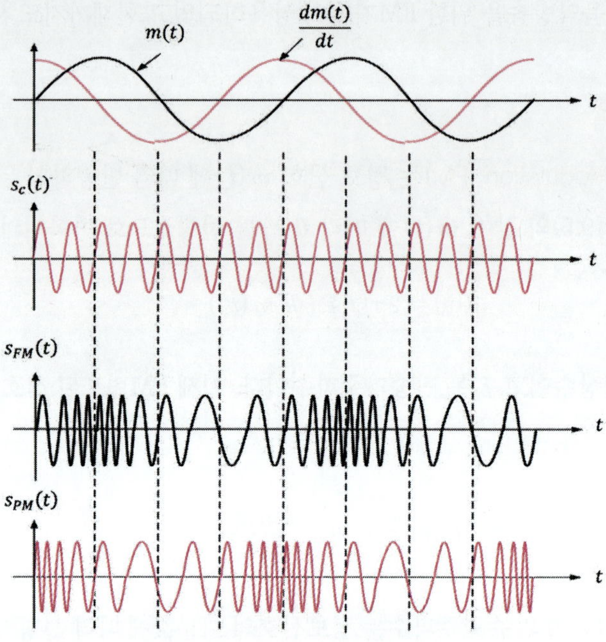

(a) 정보신호가 아날로그인 경우

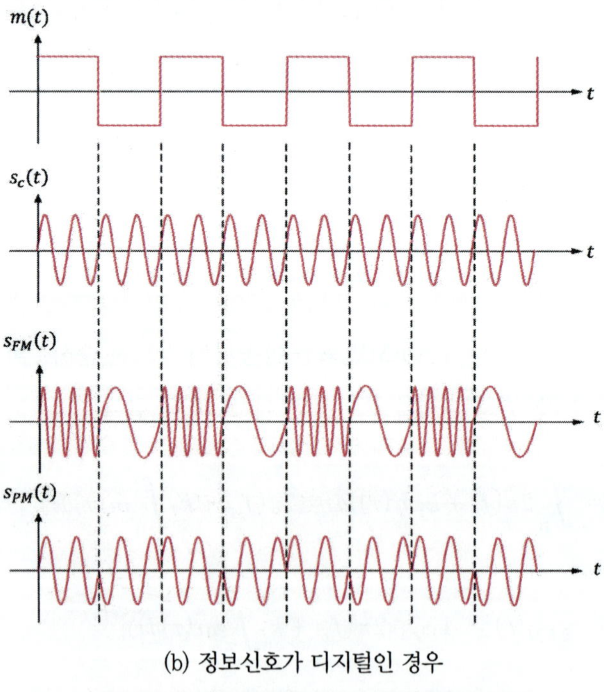

(b) 정보신호가 디지털인 경우

그림 9.5 주파수변조와 위상변조의 예

예제 9-1 **FM과 PM의 관계는 서로 밀접한 상관관계를 갖는다. 따라서 정보신호를 적분하고 PM변조하면 FM변조가 됨을 설명하시오. 반대로 정보신호를 미분하고 FM변조하면 PM변조가 됨을 설명하시오.**

풀이 식 (9.7)과 식 (9.10)을 비교하면 신호를 적분하여 PM변조한 것이 FM변조와 같음을 알 수 있다. 이를 블록도로 표시하면 다음과 같다.

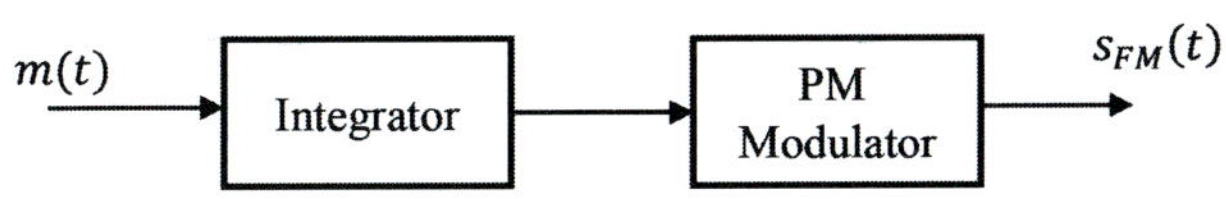

NBFM신호의 대역폭

FM변조된 신호의 순시주파수는 최저 $f_c + k_f \min[m(t)]$에서 최고 $f_c + k_f \max[m(t)]$까지 변화할 수 있다. 따라서 순시주파수의 변화폭은 $m(t)$의 최대값과 최소값은 크기가 동일하고 부호만 반대일 경우 최대 주파수편이의 2배, 즉 $2\Delta f = 2k_f \max|m(t)|$가 된다. **FM**신호의 스펙트럼이 순시주파수의 범위 내에 존재하기 때문에 **FM**신호의 대역폭이 $2\Delta f$라고 생각할 수 있지만 실제는 그렇지 않다[7]. 그 이유는 진폭변조와 달리 주파수변조와 위상변조는 중첩의 원리가 적용되지 않는 비선형변조이기 때문이다[8]. 따라서 **FM**변조된 신호는 정보신호에 대해 비선형적이므로 **Fourier** 변환에 의해 스펙트럼을 구하거나 대역폭을 해석적으로 구하기 어렵다. 그러나 k_f가 매우 작다면, 즉 주파수 편이가 매우 작다면 **FM**신호는 선형변조로 근사화시킬 수 있다. 일반적으로 근사화할 경우 각도 θ가 작다면 다음이 성립한다.

$$\cos\theta \simeq 1, \quad \sin\theta \simeq \theta \tag{9.11}$$

식 **(9.11)**이 성립하는 **FM**신호를 협대역 **FM (Narrowband FM)**이라 하면, **NBFM**의 특성을 알아보기 위해 먼저 다음과 같이 적분함수를 정의하자.

$$g(t) = \int_0^t m(\tau)d\tau) \tag{9.12}$$

---

7) 예를 들어 정보신호가 구형파일 경우 PM변조된 순시주파수는 불연속점을 제외한다면 두 개의 주파수만을 갖는다. 하지만 구형파를 Fourier 변환한다면 sinc함수가 되고 대역폭은 구형파의 펄스폭에 반비례한다.

8) 변조된 신호가 기저대역 신호 $m(t)$에 대해 선형적이라면 변조된 신호의 스펙트럼 특성은 진폭변조와 같이 예측할 수 있다. 하지만 FM은 비선형변조이므로 변조된 신호의 스펙트럼과 신호 자체의 스펙트럼과 모양이 다르게 된다.

만일 k_f가 매우 작아서 $|k_f g(t)| \ll 1$이면 FM변조된 신호는 다음과 같이 근사화될 수 있다.

$$\begin{aligned} s_{FM}(t) &= A\cos\left[2\pi(f_c t + k_f \int_0^t m(\tau)d\tau)\right] \\ &= A\cos 2\pi f_c t \cos 2\pi k_f g(t) - A\sin 2\pi f_c t \sin 2\pi k_f g(t) \\ &\approx A\cos 2\pi f_c t - 2\pi A k_f g(t) \sin 2\pi f_c t \end{aligned} \tag{9.13}$$

이제 식 (9.13)을 Fourier 변환하면 다음과 같다.

$$S_{FM}(f) = \frac{A}{2}\left[\delta(f-f_c)+\delta(f+f_c)\right] - 2\pi A k_f \frac{G(f-f_c)-G(f+f_c)}{2j} \tag{9.14}$$

한편 Fourier변환의 성질에 의해 식 (9.15)를 식 (9.14)에 대입하면 FM신호의 주파수 스펙트럼에 관한 식 (9.16)을 구할 수 있다.

$$G(f) = F\left[\int_0^t m(\tau)d\tau\right] = \frac{M(f)}{j2\pi f} \tag{9.15}$$

$$S_{FM}(f) = \frac{A}{2}\left[\delta(f-f_c)+\delta(f+f_c)\right] + \frac{A}{2}k_f\left[\frac{M(f-f_c)}{f-f_c} - \frac{M(f+f_c)}{f+f_c}\right] \tag{9.16}$$

【그림 9.6】에 식 (9.16)으로 인한 NBFM신호의 스펙트럼을 보여준다. NBFM은 AM신호와 유사하게 기저대역 신호의 대역폭의 두 배인 $2B$가 된다. 신호의 크기는 반송파 주파수에서 신호의 크기는 무한대이고, 반송파 주파수에서 멀어지면 급격히 감소하게 된다[9]. 단, 협대역 FM은 최대주파수편이 k_f가 작은 경우에 한정되며 만약 k_f가 크다면 성립되지 않는다[10].

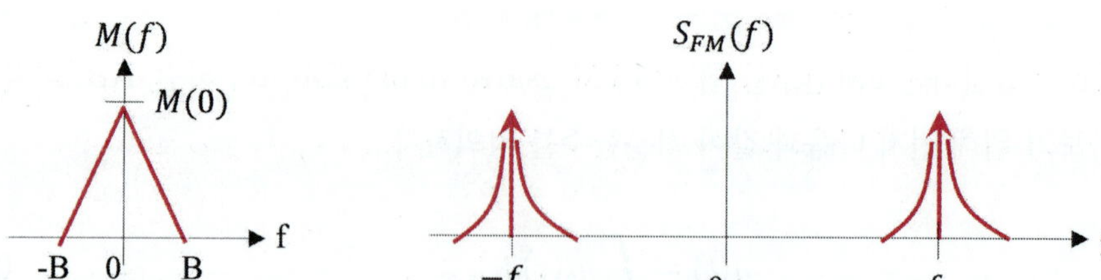

▌그림 9.6▐ NBFM신호의 스펙트럼

9) FM신호로 음성신호를 전송할 경우 f=0에서 진폭이 무한대인 것은 큰 문제가 되지 않는다. 그 이유는 음성신호는 15Hz 이하의 낮은 주파수 성분은 존재하지 않기 때문이다.

10) NBFM 신호로 해석될 수 있는 FM 시스템의 예로는 아날로그 무전기, 1세대 아날로그 이동통신 등이 있다. 이때 하나의 NBFM신호의 대역폭은 보통 25kHz, 12.5kHz 등을 사용한다.

WBFM신호의 대역폭

FM변조에서 만약 k_f가 커서 $|k_f g(t)| \ll 1$이 성립되지 않은 FM변조를 광대역 FM (Wideband FM)이라 한다. 광대역 FM신호는 근사화가 안되므로 정량적인 해석이 매우 어렵다. 따라서 근사적으로 광대역 FM신호의 대역폭을 구하는데 대표적인 법칙이 Carson의 법칙으로 식 (9.17)로 주어진다.

$$BW_{WFM} = 2(\Delta f + B) \tag{9.17}$$

광대역 FM신호에서 변조지수는 β라 하며 식 (9.18)과 같이 주어진다.

$$\beta = \frac{\Delta f}{B} \tag{9.18}$$

요약

보통 상업용 FM방송에서는 기저대역 신호를 30Hz에서 15kHz로 하고, 최대주파수 편이를 75kHz로 한다 (변조지수는 $\beta = \Delta f / B = 5$). 따라서 Carson의 법칙에 의하며 180kHz이므로 방송국간 채널간격은 200kHz로 한다.

주파수변조와 비동기 복조

FM변조신호를 만드는 방법은 다양하지만, 주파수변환을 위한 VCO를 사용하면 FM신호를 만들 수 있다. VCO는 외부 전원에 의하여 주파수가 변하므로 출력신호의 주파수는 VCO의 입력전압에 비례한다. VCO를 만들기 위해서는 LC공진기를 이용하는데 역방향 바렉터 다이오드(varactor diode)를 이용하면 전압의 변화에 따라 C의 변화를 얻을 수 있다[11].

이렇게 주파수변조된 신호를 복조하기 위해서는 신호의 주파수 변화를 검출해야 한다. 이러한 기능을 하는 회로로 미분기가 있는데, 미분기의 출력 전압은 입력주파수에 비례하게 된다. 입력신호가 정현파 $\sin(2\pi f_c t)$ 일 때 이를 미분하면 $2\pi f_c \cos(2\pi f_c t)$ 가 되므로 주파수가 클수록 미분기의 출력은 커진다. 미분기에 FM신호가 입력되면 출력은 다음과 같다.

$$\begin{aligned} \frac{ds_{FM}(t)}{dt} &= \frac{d}{dt}\left[A\cos\left[2\pi(f_c t + k_f\int_0^t m(\tau)d\tau)\right]\right. \\ &= -2\pi A(f_c + k_f m(t))\sin\left[2\pi(f_c t + k_f\int_0^t m(\tau)d\tau)\right] \end{aligned} \tag{9.19}$$

11) 실제 정밀한 FM변조신호의 생성을 위해서는 VCO의 주파수 변화를 보상하는 PLL회로가 추가되어야 한다.

따라서 미분기의 출력 신호는 AM신호와 유사하게 신호에 따라 진폭이 변하므로 AM신호의 복조에서 사용된 포락선 검파기를 통하여 메시지 신호를 복구할 수 있다. AM신호의 복조와 차이는 FM신호를 미분한 신호는 진폭변조와 주파수변조가 동시에 일어난 형태가 된다는 것이다. 【그림 9.7】에 미분기를 통한 FM 신호의 복조과정을 보여준다

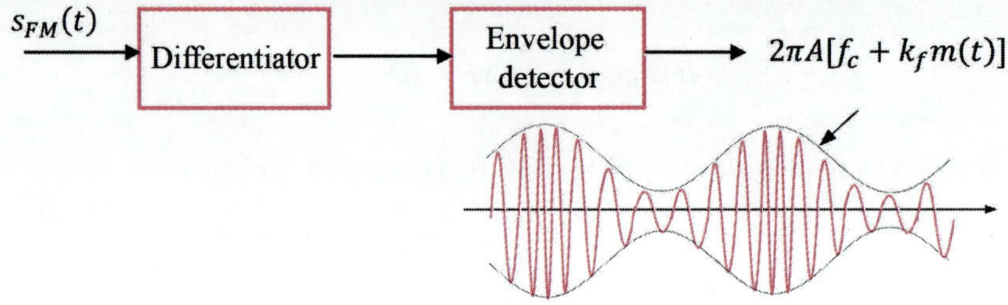

▌그림 9.7▌ 미분기를 이용한 FM 복조기의 동작

하지만 미분기[12]를 바로 FM 신호의 복조에 바로 사용하기는 어렵다. 그 이유는 무선채널은 다중경로 페이딩에 의해 수신되는 신호의 진폭이 일정하지 않기 때문이다. 따라서 식 (9.20)에서 신호의 진폭이 일정하지 않다면 미분기의 출력의 크기 $2\pi A(f_c + k_f m(t))$ 는 신호의 정보 $m(t)$외에 다중경로페이딩에 의한 진폭의 변화 $A(t)$에 의해 신호가 왜곡될 것이다. 따라서 무선채널에 의한 수신 신호의 진폭 변화 $A(t)$를 최소화할 필요가 있다. 이를 위해서 대역통과 리미터를 사용하면 수신된 FM신호의 진폭의 변화를 제거할 필요가 있다. 대역통과 리미터는 진폭변화가 발생한 FM신호가 진폭이 일정한 사각파로 변하게 된다. 출력 파형은 사각파이지만 '0'을 통과하는 시점은 입력신호와 동일하므로 주파수 특성은 변하지 않는다. 이렇게 리미터와 미분기를 이용한 FM 비동기 복조가 가능하다. 이러한 방식의 FM신호의 복조방식을 FM 리미터–디스크리미네이터(Limiter–Discriminator) 방식이라 한다.

9.1.3 AM과 FM 방송

앞에서 아날로그 AM과 FM 방식을 간단히 살펴보았다. 다양한 아날로그 무선통신 중 AM방송과 FM방송은 비동기 수신이 가능하여 수신기가 저렴하다는 장점으로 인해【표 9.1】과 같이 AM 방송 라디오와 FM 방송 라디오를 중심으로 현재도 활발하게 사용 중에 있다. 또한, 아마추어 무선(Amateur Radio, HAM) 및 선박국, 항공국 등 오랜 역사가 있는 아날로그 무선통신

12) FM 비동기 복조에서 미분기를 종종 주파수 변결기(frequency discriminator)라고 부른다.

에서도 사용되고 있다[13]. 국내 AM방송은 중파방송을 기반으로 하며 중파방송의 방송 대역은 535~1605 kHz 사이로 총 1070 kHz를 차지한다[14]. 중파방송은 AM 변조방식을 사용하기 때문에 잡음과 혼선에 취약하며 음질이 FM 초단파(VHF) 방송에 비해 떨어지는 단점이 있다. 중파의 특성상 콘크리트의 투과율이 낮아서 대도시에서 실내 수신이 FM에 비해 잘 안되는 경우가 많다. 주파수 대역폭도 FM에 비해 협대역으로 저음질의 모노 방송만 구현이 가능하다. 이러한 문제 때문에 세계 각지에서는 AM방송에 비해 FM 방송이 널리 확산되고 있다. 【표 9.1】에서 알 수 있듯이 AM 라디오 방송국보다 FM 라디오 방송국이 훨씬 많음을 알 수 있다.

【표 9.1】 아날로그 통신 응용

응용분야	방송국
AM 라디오	KBS 제1라디오, KBS 제2라디오, KBS 제3라디오, KBS 한민족방송, MBC 라디오, SBS 라디오, CBS 라디오, febc 극동방송, AFN Thunder AM
FM 라디오	KBS Classic FM (1FM), KBS Cool FM (2FM), KBS 제1표준FM (1라디오), KBS 제2표준FM (2라디오, Happy FM), KBS 제3표준FM (3라디오), MBC FM4U, MBC 표준FM, SBS 파워FM, SBS 러브FM (SBS 표준FM), KNN 파워FM, KNN 러브FM (KNN 표준FM), EBS FM, CBS 음악FM, CBS 표준FM, febc 극동방송 표준FM, BBS 불교방송, 가톨릭평화방송, WBS 원음방송, 경인방송 iFM, 경기방송 KFM, YTN News FM, 아리랑 라디오, 국악방송, tbs 교통방송, tbs eFM, TBN 한국교통방송, 국방FM, AFN The Eagle, 관악FM, 마포FM, 성남FM, 금강FM, 성서공동체FM, 광주시민방송, 영주FM
아무추어 무선	SSB AM과 FM 방식을 사용하며, 우리나라에서는 3.5MHz, 3.8MHz, 7MHz, 21MHz, 24MHz, 28MHz, 50MHz, 144MHz, 430MHz 등 사용
기타	생활무전기, 선반국, 항공국 등

AM 라디오의 송신 안테나는 지상에 설치된 $\lambda/4$ 모노폴 안테나를 사용하는데 파장이 크므로 철탑 형태로 구성하고, 안테나를 묻은 곳에 접지(GND)를 만들기 위해 많은 양의 구리선도 묻어서 설치된다. 송신 안테나는 넓은 부지가 필요하기 때문에 저지대의 평야지대에 설치하며 긴 장파를 쓰는 특성상 높은 송신 전력을 필요로 한다. 이러한 특성 때문에, 수도권의 경우 중파 송신소가 경기도 고양, 시흥, 화성에 집중되어 있다. 중파방송은 1990년대 들어서 인기와 비중이 줄어들고 있으며(특히 서유럽과 대한민국), 선진 국가에서 신생 라디오 방송국의 상당부분

13) 아마추어 무선(Amateur Radio) 또는 햄 라디오(ham radio)는 직업이 아닌 취미 활동으로서 무선 통신을 즐기는 취미이다. 아마추어 무선은 햄(HAM)이라고도 하며, 아마추어 무선사도 햄(HAM)이라는 별명으로 불린다. 국내에서 아마추어 무선을 취미로 하려면 자격증이 필요하고 설비를 갖추어야 한다.

14) 1988년 ITU는 이 영역을 좀더 확장시킨 AM 확장 밴드라 하여 1705kHz까지 가능하도록 하였다.

은 FM 방송국이다. 그러나 전송거리 상의 이점이 남아있어 송출망의 발달이 미약한 개도국이나 국토가 넓은 일부 국가에서는 여전히 중요한 매체이다.

FM 라디오 방송 대역은 보통 전 세계적으로 초단파 87.5 ~ 108.0 MHz 사이에서 사용되고 있다. 주파수 간격은 보통 전 세계적으로는 0.1 MHz(100 kHz)씩 사용하며, 일부 국가에 따라 간격 차이가 있다. 대한민국과 미국을 포함한 카리브 해 연안 지역 등지에서는 0.2 MHz(200 kHz)씩 홀수 단위로 배당되며, 이탈리아와 태국에서는 0.05 MHz(50 kHz)씩 사용하기도 한다.

FM의 장점으로 **FM 스테레오 방송**이 있다. FM 스테레오 방송은【그림 9.8】과 같이 파일럿 톤 방식(AM-FM 스테레오 방식)을 사용한다. 이 방식은 기존 모노 FM 수신기와 호환을 위해 나온 것으로 좌측(L),우측(R) 마이크로폰으로 입력된 두 신호를 변조한 합신호(L+R)와 차신호(L-R)를 하나의 전파에 담는다. 모노 방송으로 송출되는 합신호(L+R)의 대역폭은 0~15 KHz, 스테레오 방송으로 송출되는 차신호(L-R)의 대역폭은 23~53 kHz이며, DSB-SC 방식을 사용한다. 그리고 가운데의 19 kHz 대역에 파일럿 신호를 송신한다. 또한 FM 방송에서도 디지털 데이터를 송신하는 RDS(Radio Data System) 시스템이 있다. RDS에서는 57 kHz subcarrier로 데이터를 이용하여 1200bps 디지털 데이터를 송신하는데 보통 운전자에게 교통정보 등을 제공하는 목적으로 사용한다[15]. 파일럿 톤 방식의 장점은 기존 모노 수신기와 호환이 된다는 점이 있으나 모노 방송에 비해 전파 왜곡에 더 민감해서 잡음에 약하며, 부분적인 중첩 방식이기 때문에 분리도 면에서 10% 정도로 손실되는 문제가 있다. 보통 2채널 스테레오 방식인데, 4채널 스테레오 방송을 1970년대 미국 중심으로 실용화할 예정이었으나 방식이 통일되지 않고, 높은 비용으로 무산되었다.

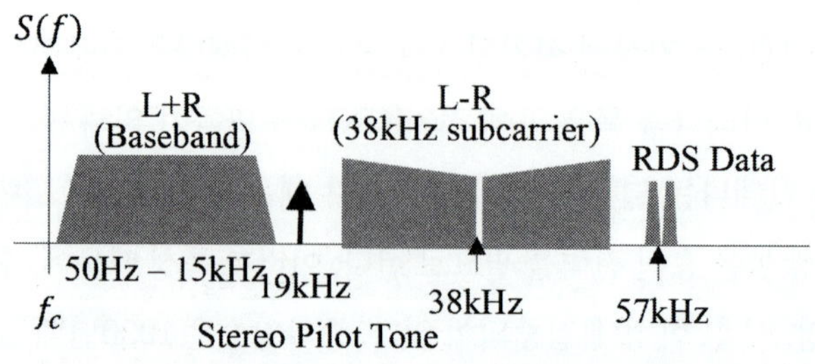

【그림 9.8】 FM 스테레오 방송신호의 스펙트럼

15) 이동통신이 편리하기는 하나 이동통신망이 마비되는 재난상황에서는 불통이 된다. 따라서 스마트폰에 탑재된 FM 라디오 기능을 이용하여 재난 시 사용될 수 있도록 국내의 경우 2018년부터 FM 기능 탑재가 의무화되었다.

참고

상업용 FM방송은 L+R 변조만 아날로그 FM변조를 하며, L-R변조는 AM방식을 RDS 데이터는 디지털 통신 방식을 사용하는 복잡한 시스템이지만 대표적인 통신방식이 FM 방식이므로 FM 방송이라 부른다.

예제 9-2 **자동차나 오디오에 설치된 AM 라디오와 FM 라디오를 청취하고 그 주파수와 수신 감도와 음질, 라디오의 안테나는 어떻게 부착되어 있는지 등을 확인해 보시오.**

9.2 통과대역(무선) 디지털 무선통신

9.1절에서 아날로그 정보를 안테나를 통해 송신하려면 변조과정이 필요하며, 변조과정은 정보 신호를 반송파 신호의 진폭, 주파수, 위상 중 하나를 변화시킨다고 하였다. 따라서 변조되는 반송파 신호가 무엇인지에 따라 진폭변조(AM), 주파수 변조(FM), 위상 변조(PM) 등으로 분류된다. 이러한 개념은 디지털 신호의 변조과정에도 동일하지만 디지털 변조를 아날로그 변조와 구분하기 위하여 진폭변조는 **진폭천이변조(ASK: Amplitude Shift Keying)**, 주파수변조는 **주파수천이변조(FSK: Frequency Shift Keying)**, 위상 변조는 **위상천이변조(PSK: Phase Shift Keying)**이라 이름을 바꾸어 부른다. 아날로그 무선통신과는 달리 최근 디지털 무선통신은 고속전송을 위해 진폭과 위상을 결합하고, 직교변환(I/Q) 방식을 이용할 뿐만 아니라 이러한 변조를 여러 주파수에서 동시에 보내거나 안테나별로 여러 신호를 동시에 사용하는 것이 일반적이 되었지만 이를 이해하기 위해서도 기본적인 ASK, FSK, PSK를 먼저 이해해야 한다.

9.2.1 ASK와 FSK

진폭천이변조(ASK)는 디지털 정보에 따라 반송파의 진폭을 다르게 선택하여 신호를 생성하는 변조 방식이다. 만약, 정보비트가 1이면 반송파의 진폭을 A로 하고 정보 비트가 0이면 진폭을 0으로 하는 ASK인 경우 전송신호는 다음과 같이 주어진다.

$$s(t) = \begin{cases} s_1(t) = A\cos(2\pi f_c t) & \text{for } 1, 0 \le t \le T_b \\ s_2(t) = 0 & \text{for } 0, 0 \le t \le T_b \end{cases} \tag{9.20}$$

식 (9.20)과 같이 이진 ASK신호의 파형은 데이터가 1인 구간에서는 반송파가 있고 데이터가 0인 구간에서는 반송파가 없는 형태이므로 OOK(On-Off Keying) 변조라고도 부른다.

이진 ASK 신호를 생성하는 방법으로는 정보 비트열을 Unipolar NRZ 실수신호로 부호화하여 1과 0의 디지털 신호 파형을 만든 후 한 후 이 신호를 DSB-SC 방식으로 주파수 변환하여 발생시킬 수 있다. 이 경우 발진기와 주파수 혼합기 등이 필요하므로 보통은 하드웨어 구성을 간단히 하기 위해【그림 9.9】와 같이 하나의 고주파 스위치를 이용하여 구성한다[16].

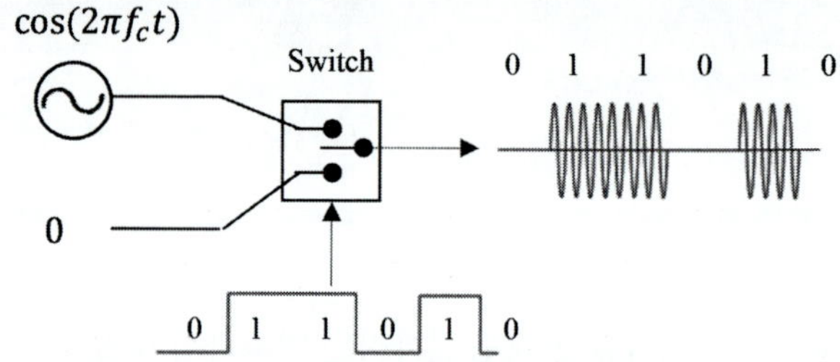

【그림 9.9】 이진 ASK 신호의 생성

이렇게 생성된 이진 ASK 신호의 주파수 스펙트럼을 살펴보자. 이진 ASK 신호는 Unipolar NRZ신호를 DSB-SC 주파수 상향변환한 형태이므로【그림 9.10】은 전력스펙트럼은 단극성 NRZ신호의 스펙트럼을 반송파 주파수 $\pm f_c$로 천이한 것과 같다. 단극성 NRZ신호의 파형에는 직류성분이 포함되어 있으므로 이진 ASK 신호의 전력스펙트럼 역시 주파수 $\pm f_c$에서 임펄스가 존재한다. 이진 ASK 신호의 주엽(mainlobe)의 대역폭은 $2f_b = (2/T_b)$이므로 주파수 1Hz 당 송신할 수 있는 비트는 0.5bit/sec/Hz가 된다[17]. 즉, 1bit를 송신하는데 2Hz가 필요하게 된다. 하지만 이진 ASK 신호의 주파수 스펙트럼을 보면 sinc함수의 형태이므로 부엽(sidelobe)의 크기가 상당히 크다. 따라서 대역폭을 좁게 할 필요가 있는 무선통신에서는 스펙트럼 마스크로 대역폭을 제한하므로 대역통과필터를 이용해 대역제한하게 된다.【그림 9.11】에 대역제한된 이진 ASK 신호 송신기의 구조를 보여준다.【그림 9.11】은 대역제한을 위하여 부엽을 줄일 수 있는 필터가 필요한데 이를 RF 대역에서 수행하는 것을 보여준다. 하지만 반송파주파수를 변화시킬 필요가 있을 때는 RF필터로 주파수를 가변하면서 대역제한하기가 어려우므로 기저대역에서 저역통과필터로 대역제한하고 이를 주파수변환하는 구조로 구성하는 것이 보통이다.

16) 스위치는 혼합기에 비하여 삽입손실이 적으며 가격이 저렴하여 RF회로에서 많이 사용된다.
17) 1 [bit/sec/Hz]의 의미는 초당 1bit를 보내는데 1Hz가 필요하다는 의미가 된다.

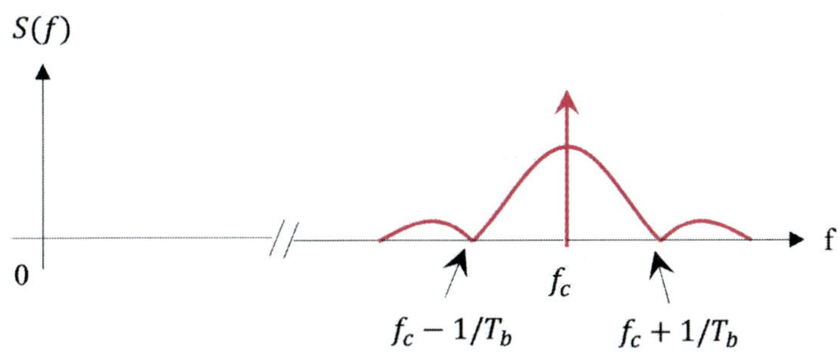

▌그림 9.10▌ 이진 ASK 신호의 주파수 스펙트럼

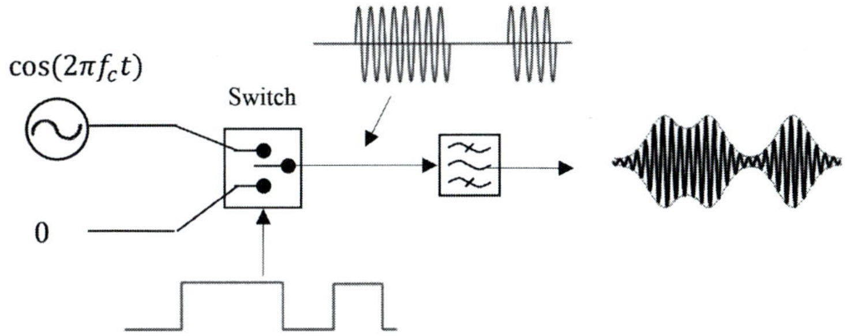

▌그림 9.11▌ 대역제한된 이진 ASK 신호

마지막으로 이진 ASK 신호의 수신 성능에 대해 알아보자. 수신기의 반송파 동기가 맞다면 수신기는【그림 9.12】와 같이 주파수 하향변환한 후 상관기(또는 정합필터)를 통과한 후 신호를 판별하는 과정으로 모델링할 수 있다. 이 때 송신신호는 단극성 NRZ신호를 주파수 상향변환하여 주파수천이한 것으로 수신기에서 반송파 주파수신호를 곱해주는 것은 기저대역에서 단극성 NRZ 신호파형을 곱해주는 것과 동일한 것으로 볼 수 있다. 따라서 이진 ASK 신호의 수신 성능은 식 (9.21)과 같이 기저대역 NRZ 신호의 에러확률과 동일하다고 볼 수 있다.

$$P_e = Q\left(\sqrt{\frac{E_1}{2N_0}}\right) = Q\left(\sqrt{\frac{E_b}{N_0}}\right) \tag{9.21}$$

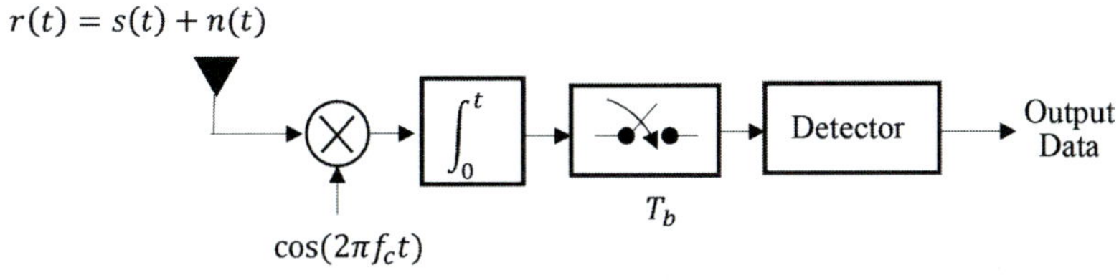

▌그림 9.12▌ 동기식 이진 ASK 신호의 복조

OOK신호의 경우 AM비동기 복조처럼 포락선검파기를 이용한 비동기복조가 가능하다는 장점이 있다. 물론 비동기복조의 경우 비트오류확률은 동기복조의 비트오류확률보다는 떨어진다. 일반적으로 ASK 변조방식은 가장 간단한 디지털변조방식으로 일반적으로 고속 무선통신에는 적합하지 않으며, 저속 무선통신이나 자유공간에서 LED 빛을 이용한 가시광통신(Visible Light Communication: VLC)으로 디지털 데이터를 송신할 때 주로 사용한다. 이 때 LED가 켜져 빛이 있는 경우를 1, LED가 꺼져 빛이 없는 경우를 0으로 설정한다[18].

> **중요**
> 8장에서 학습한 바와 같이【그림 9.11】의 대역제한필터를 구현하려면 반송파 주파수 대역에서 동작하는 RF필터로 구현해야 한다. 이때 반송파 주파수가 높아질수록 대역제한필터의 구현이 어려워진다. 예를 들어 900MHz에서 동작하는 이진ASK 시스템의 채널대역폭이 30kHz라면 필터의 Q값은 30,000(900MHz/30kHz) 정도 되어야 하는데 이러한 필터를 구현하기가 매우 어렵다. 또한, Q값이 높은 필터는 삽입손실이 크고 진폭 리플 특성과 군지연 특성이 나쁘므로 링크버젯에도 나쁜 영향을 준다. 따라서 디지털 이동통신에서는 대역제한을 기저대역에서 FIR 필터로 구현하고 주파수 상향 변환하는 방법을 사용하는 것이 일반적이다.

FSK(Frequency Shift Keying)

주파수천이변조(FSK)는 정보 데이터에 의하여 반송파의 순시주파수가 여러 값 사이에서 천이되도록 하는 전송 방식이다. 이진 FSK 의 경우 정보비트가 1이면 반송파의 주파수가 f_1인 순시주파수를, 정보비트가 0이면 주파수가 f_2인 순시주파수를 갖는다. 따라서 전송신호는 식 (9.22)와 같이 주어진다.

$$s(t) = \begin{cases} s_1(t) = A\cos(2\pi f_1 t) \text{ for } 1,\ 0 \le t \le T_b \\ s_2(t) = A\cos(2\pi f_2 t) \text{ for } 0,\ 0 \le t \le T_b \end{cases} \tag{9.22}$$

식 (9.22)와 같이 FSK신호는 아날로그 FM신호처럼 진폭이 일정하기 때문에 다중경로 페이딩과 같은 채널의 진폭 변화에 덜 민감하여 진폭왜곡에 강인한 것이 특징이다. 또한, FSK는 두 개의 서로 다른 주파수를 사용하여 정보를 전달하므로 수신기에서는 두 개의 주파수 중 어느 주파수로 들어오는지만 검출하면 되므로 간단히 수신기를 구성할 수 있다[19].

18) 가시광통신은 LED 조명의 대중화로 LED 조명을 눈에 보이지 않을 정도의 빠른 속도 (1 Mbps)로 ON/OFF함으로써 조명과 통신의 2가지 기능을 함께 수행하여 관심이 높았으나 조명 방향으로 정보를 보내기는 어렵기 때문에 대중화되지는 못하였다.

19) Bluetooth 시스템이 이진 FSK를 사용하는 대표적인 디지털 시스템이다. FSK는 구현이 간단하여 현재에도 저속 디지털 무선통신 시스템에 많이 사용되고 있다.

FSK 신호를 발생시키는 방법에는 두 개의 주파수를 발생시키고 고주파 스위치를 통해 데이터가 1 또는 0일 때 각각 2개의 주파수 중 하나의 주파수 신호를 선택하게 하는 방식을 사용하거나 VCO의 제어전압에 따라 주파수를 변화하게 하여 생성하는 두 가지 방식이 있을 수 있다.【그림 9.13】과 같이 VCO를 이용하는 방식은 발진기가 하나만 필요할 뿐만 아니라 스위치에 의한 위상 불연속이 발생하지 않아 주로 사용된다.

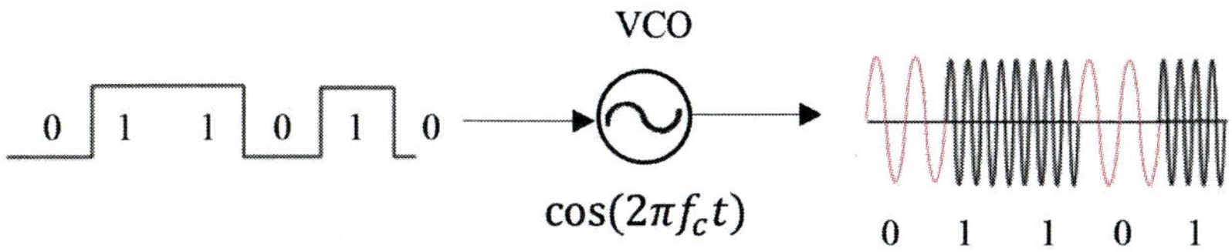

【그림 9.13】 이진 FSK 신호의 파형

FSK는 서로 다른 OOK 신호의 합으로 볼 수 있으므로【그림 9.14】와 같이 FSK의 전력 스펙트럼은 주파수상에서 두 개의 ASK 스펙트럼이 더해진 형태가 된다. 따라서 FSK신호의 대역폭은 다음 식으로 주어진다. 따라서 FSK신호의 대역폭은 ASK에 비하여 넓다.

$$B \cong f_1 - f_2 + \frac{2}{T_b} \tag{9.23}$$

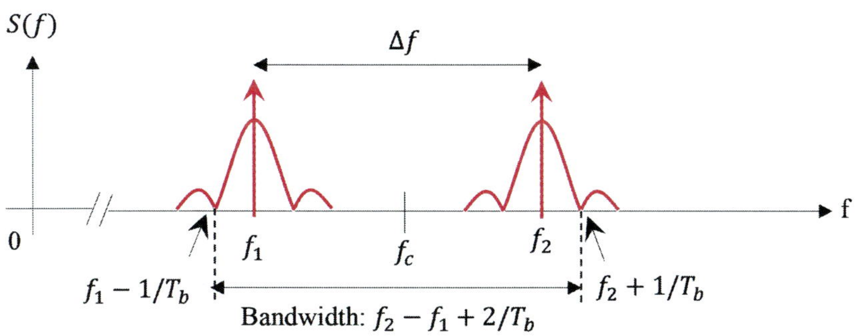

【그림 9.14】 이진 FSK 신호의 스펙트럼

FSK신호는 아날로그 FM에서 순시 주파수가 두 개의 값을 갖는 경우로 볼 수 있으므로 FSK신호의 복조는 아날로그 FM신호의 복조에서 사용하는 방식을 동일하게 사용할 수 있다. 하지만 디지털 통신의 장점인 1과 0을 판별하는 방식의 정합필터 방식을 사용하면 더욱 우수한 성능을 얻을 수 있다. 이론적인 분석을 하면 ASK의 동기식 정합필터방식과 FSK의 동기식 정합필터 방식은 그 구조가 동일하므로 수신기의 에러확률은 동일하다. ASK와

FSK를 다중경로 페이딩 채널 환경의 무선통신에 적용할 경우 FSK는 진폭에러에 둔감한 반면 ASK는 진폭에러에 의해 성능이 크게 떨어지게 된다. 따라서 간단한 이진 디지털 무선통신시스템을 구현할 경우 FSK가 선호된다. 단, FSK는 대역폭을 많이 차지하므로 고속통신에 적합하지 않다.

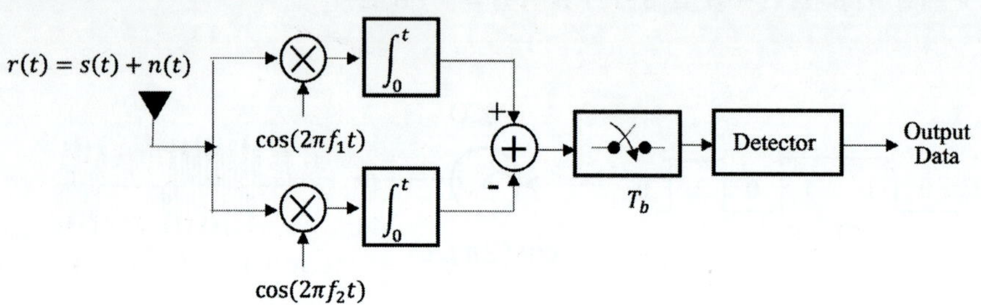

그림 9.15 동기식 이진 FSK 신호의 복조

예제 9-3 **자동차에는 타이어의 공기압을 센서로 측정하여 공기압이 적을 경우 운전자에게 알려주는 무선통신 시스템으로 TPMS(Tire Pressure Monitoring System)가 설치되어 있다. TPMS는 FSK 변조방식을 사용하므로 국내 기술기준을 살펴보고 그 특성을 조사해보자.**

풀이 국내에서는 TPMS 관련 기술기준으로 433MHz 주파수 대역에서 250kHz 대역폭(433.795~434.045MHz)을 데이터 전송용 특정소출력 무선기기로 3mW 이하의 출력으로 2005년 12월부터 제정되어 사용되고 있다. 변조방식은 FSK 변조를 사용한다.

9.2.2 PSK로 전환

통과대역 디지털통신으로 앞에서 다룬 ASK와 FSK는 저속 무선모뎀으로 적합하지만 ASK는 무선환경에 적합하지 않고, FSK는 대역폭을 많이 차지한다는 단점이 있어 주파수 자원이 비싼 대역제한 채널(band-limited channel)에서 고속화하기 어렵다[20]. 무선통신에서는 유선통신과 달리 공공재인 주파수를 사용하므로 대역폭을 많이 차지하는 시스템은 적합하지 않다. 따라서 주파수를 최소로 사용하면서 고속에 적합한 시스템을 고민하게 되었고 이에 등장한 개념이 위상에 정보를 변조하는 **위상천이변조(Phase Shift Keying)** 개념이 등장하게 되었다.

20) 디지털신호는 주파수가 고속화될수록 대역폭을 많이 차지하므로 대역폭 효율이 매우 중요하다. 또한, 디지털신호를 복조하기 위해서는 어차피 비트동기를 위해 동기회로가 사용되므로 비동기 복조를 사용할 이유가 특별히 없다. 따라서 저속 디지털 통신을 제외하고는 동기식 PSK 방식이 주로 사용되어진다.

먼저 PSK 중에서 제일 간단한 이진 PSK(BPSK: Binary Phase Shift Keying) 변조 방식을 살펴보자. BPSK는 송신캐리어의 위상이 송신신호 +1과 −1에 대해 $\pm\pi/2$의 위상변화, 즉 180°의 위상변화를 갖도록 하는 것이다.

$$
\begin{aligned}
s(t) &= \begin{cases} s_1(t) = A\cos(\omega_c t + \theta_1) \text{ for } 1, 0 \le t \le T_b \\ s_2(t) = A\cos(\omega_c t + \theta_2) \text{ for } 0, 0 \le t \le T_b \end{cases} \\
&= \begin{cases} s_1(t) = A\cos(\omega_c t + \theta_1) \\ s_2(t) = A\cos(\omega_c t + \theta_1 + \pi) = -s_1(t) \end{cases}
\end{aligned}
\tag{9.24}
$$

【그림 9.16】은 BPSK 신호의 생성방법과 시간 영역 파형을 나타낸다. BPSK신호는 Polar NRZ신호를 DSB변조한 것과 같으며 신호의 크기는 비트가 변하는 순간을 제외하고는 일정한 크기를 갖는다.

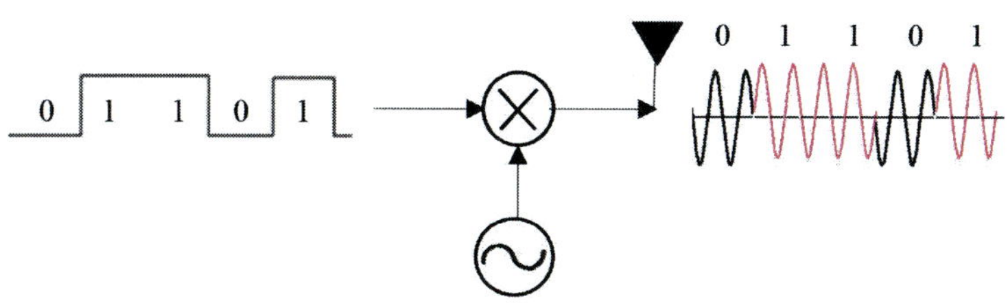

▌그림 9.16▌ BPSK 신호의 시간영역 파형

BPSK신호는 양극성(polar) NRZ신호를 DSB−SC변조한 것으로 볼 수 있다 5장의 polar NRZ 신호가 상향변환된 형태이므로【그림 9.17】의 전력스펙트럼은 polar NRZ신호의 스펙트럼을 반송파 주파수 $\pm f_c$로 천이한 것과 같다. polar NRZ신호의 파형에는 직류성분이 포함되어 있지 않으므로 BPSK 신호의 전력스펙트럼 역시 주파수 $\pm f_c$에서 임펄스가 존재하지 않는다. BPSK 신호의 주엽의 대역폭은 $2f_b = (2/T_b)$이므로 주파수당 비트는 0.5bit/sec/Hz가 된

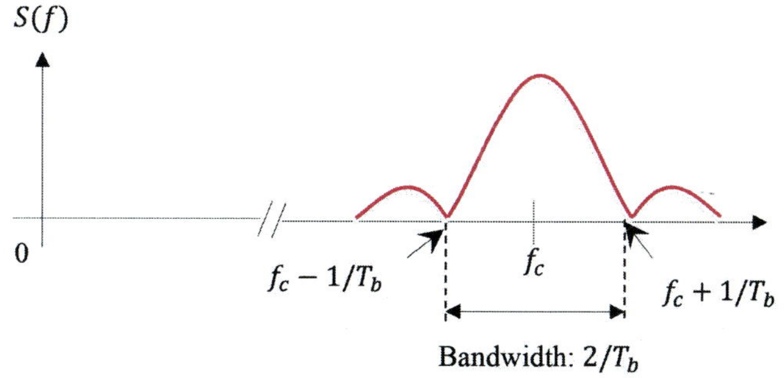

▌그림 9.17▌ BPSK 신호의 전력 스펙트럼

다. BPSK 신호의 주파수 스펙트럼의 경우 sinc함수의 형태이므로 부엽(sidelobe)의 크기가 상당히 크다.

BPSK신호는 양극성(polar) NRZ신호를 DSB-SC변조한 것이므로 동기 복조기를 사용하여 복조할 수 있다. 동기복조를 위해서는 수신기에서 반송파를 재생하는 반송파 복원이 반드시 필요하며, 비동기 복조는 불가능하다. 【그림 9.18】에 BPSK 동기복조기와 위상을 복원하는 방법을 보여준다. BPSK신호를 제곱하면 식 (9.25)가 된다. 여기서 θ는 0 또는 π이다

$$A^2\cos^2(\omega_c t+\theta)=\frac{A^2}{2}+\frac{A^2}{2}cos(2\omega_c t+2\theta) \tag{9.25}$$

이제 2θ는 0 또는 2π로 동일해지므로 위상의 변화가 사라진다. 이제 다시 2:1 주파수 분할기를 통과시키면 반송파주파수가 생성된다. 이와 같이 제곱소자를 이용한 반송파복구 방법은 간단하지만 180°의 **위상 모호성(phase ambiguity)**이 발생한다. 만일 부호가 반대인 반송파를 가지고 복구를 하는 경우에는 (1 0 1 0)의 데이터가 (0 1 0 1)과 같이 검출된 데이터의 모든 비트가 반대로 되는 결과가 나올 수 있다[21].

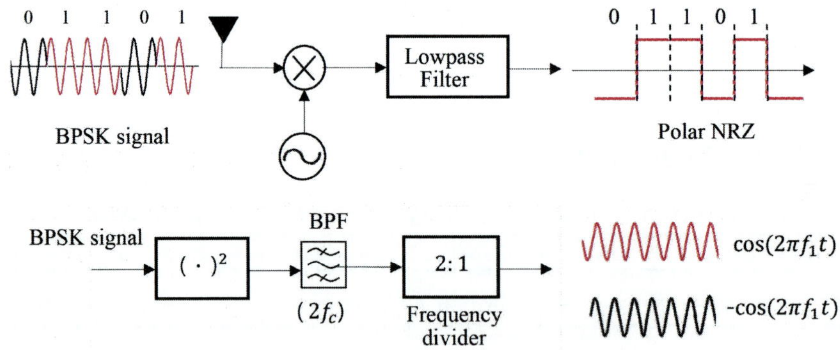

❚ 그림 9.18 ❚ BPSK 신호 수신기와 Carrier recovery 원리

BPSK 신호 수신기의 잡음환경에서의 성능은 Polar NRZ신호를 DSB-SC 주파수 변환한 것이므로 Unipolar NRZ신호를 DSB-SC변조한 동기식 ASK수신기 및 동기식 FSK수신기의 성능에 비해 2배(3dB) 이득이 있다. 즉, 동일한 비트오율을 얻기 위하여 필요한 에너지가 ASK

21) BPSK에서 위상 모호성 문제를 해결하는 한 가지 방법으로 메시지 데이터를 보내기 전에 앞 부분에 학습 비트열(training sequence)를 보내는 방법이 있다. 사전에 미리 정한 비트열을 송신함으로써 수신기에서는 데이터의 부호 반전이 발생했는지를 알 수 있도록 하는 것이다. 보통 패킷 통신에서 프리앰블(preamble)이 이러한 역할을 수행한다.

나 FSK의 절반이 된다.【그림 9.19】에 동기식 ASK와 FSK에 비해 성능이 우수한 BPSK 방식의 에러 확률을 보여준다.

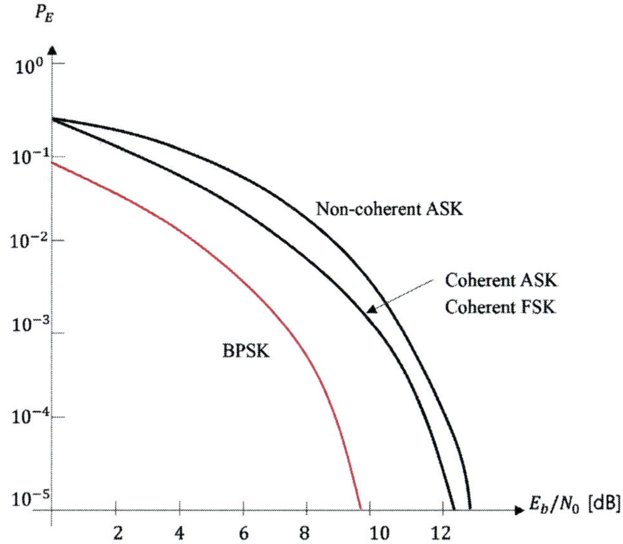

【그림 9.19】 ASK, FSK, BPSK의 수신기 에러 확률의 비교

BPSK신호의 스펙트럼 특성은 기저대역에서 Polar NRZ신호의 스펙트럼과 동일하며, Sinc함수의 특성을 가짐을 학습하였다. 이러한 Polar NRZ신호의 스펙트럼의 부엽은 주엽에 비해 -13dB 정도 낮다. 하지만 이 정도의 값도 무선통신 환경에서는 매우 큰 값이므로, 부엽에 신호가 없을수록 좋다. 따라서 BPSK 신호의 스펙트럼 효율을 좋게 하기 위해서는 기저대역에서 저역통과필터를 이용하여 부엽을 줄이게 되는데 이렇게 되면 더 이상 파형은 일정한 크기를 갖지 않게 된다.【그림 9.20】은 Polar NRZ신호를 부엽을 감소시킬 목적으로 FIR 디지털필터를 통과시킨 예를 보여준다. 이렇게 대역제한된 신호의 주파수 특성은【그림 9.21】과 같다.

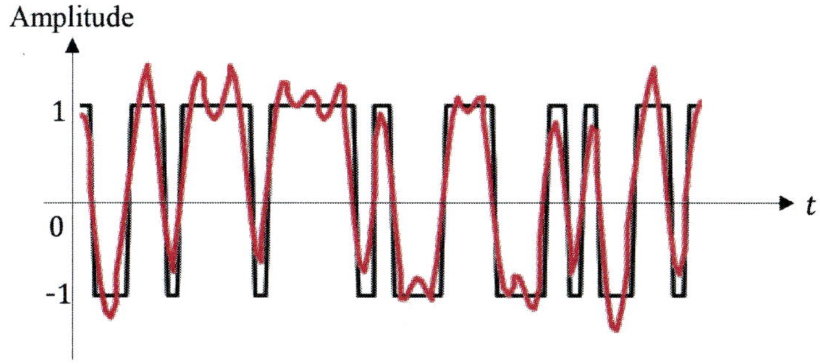

【그림 9.20】 필터를 거친 Polar NRZ 신호의 시간영역 파형

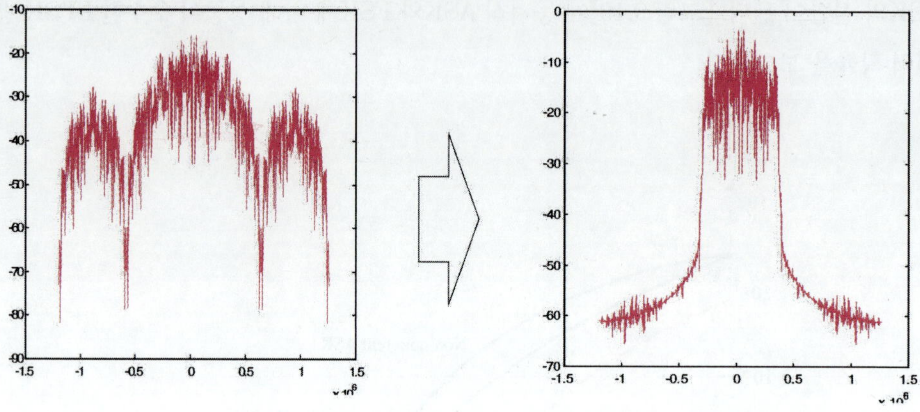

▌그림 9.21▌ 필터를 거치기 전과 후의 Polar NRZ 신호의 스펙트럼 특성

9.2.3 QPSK로의 확장

ASK나 FSK에 비해 성능이 우수한 동기식 BPSK가 등장하고 동기기술이 발전함에 따라 BPSK와 직교변환 기술이 자연스럽게 융합되게 되었다. 앞에서 살펴본 바와 같이 직교 변환방식은 sine과 cosine이 $\pi/2$의 위상차를 가지고 서로 직교하는 원리를 이용하는 것이다. cosine을 반송파로 하는 경우 1과 0이 각각 0과 π의 2가지 위상으로 데이터를 구분하며 송신하고, sine파가 반송파인 경우는 1과 0이 각각 $\pi/2$와 $3\pi/2$의 위상으로 구분되므로 이 두 신호가 더해지면 최종적으로 식 (9.26)과 같이 하나의 주파수 대역에서 0, $\pi/2$, π, $3\pi/2$의 4가지 위상으로 구분이 될 것이다. 이렇게 같은 주파수 대역에서 직교변환을 이용하여 BPSK 보다 데이터 속도가 2배로 높게 할 수 있는데 이러한 디지털 변조를 QPSK(Quadrature Phase Shift Keying) 라고 한다.

$$
\begin{aligned}
s_{BPSK1}(t) &= \begin{cases} +A\cos(\omega_c t) \text{ for } b_I = 1 \\ -A\cos(\omega_c t) \text{ for } b_I = 0 \end{cases} \\
s_{BPSK2}(t) &= \begin{cases} +A\sin(\omega_c t) \text{ for } b_Q = 1 \\ -A\sin(\omega_c t) \text{ for } b_Q = 0 \end{cases}
\end{aligned}
\tag{9.26}
$$

식 (9.26)에 의해 만들어지는 신호는 다음과 같이 되어 4개의 상태를 갖는다.

$$s_{QPSK}(t) = \pm A(\cos(\omega_c t) \pm \sin(\omega_c t))$$
$$= \begin{cases} \sqrt{2}\cos\left(\omega_c t + \frac{3\pi}{4}\right) \leftrightarrow (b_I, b_Q) = (0,0) \\ \sqrt{2}\cos\left(\omega_c t - \frac{3\pi}{4}\right) \leftrightarrow (b_I, b_Q) = (0,1) \\ \sqrt{2}\cos\left(\omega_c t + \frac{\pi}{4}\right) \leftrightarrow (b_I, b_Q) = (1,0) \\ \sqrt{2}\cos\left(\omega_c t - \frac{\pi}{4}\right) \leftrightarrow (b_I, b_Q) = (1,1) \end{cases} \tag{9.27}$$

따라서 전송신호는 동일한 진폭과 주파수를 가지며, 위상은 단위 원상에서 90° 간격으로 균등하게 (따라서 서로 직교하게) 위치하는 4가지 궤적을 갖는다. QPSK신호를 직교하는 반송파를 좌표계로 표현하는 방법을 사용하는데 이를 성상도(constellation diagram)이라 부른다. QPSK신호의 성상도는【그림 9.22】와 같다.

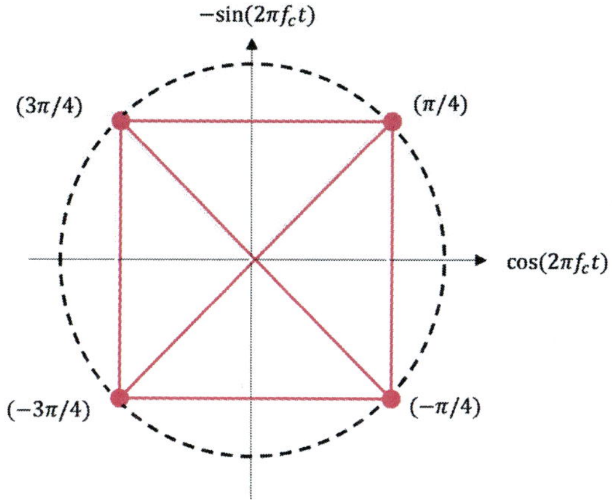

▌그림 9.22▌ QPSK 신호의 성상도

신호의 반송파의 위상은 I신호와 Q신호의 비트가 변할 때마다 4가지 궤적 중에 하나로 바뀌게 된다. 예를 들어 I신호와 Q신호가 (0,0)점, 즉 $3\pi/4$ 위상에 있다가 I신호나 Q신호 중 하나만 변한다면 $\pi/4$나 $-3\pi/4$로 이동할 것이다. 하지만 I신호와 Q신호가 모두 바뀌게 되면, 180° 위상천이가 일어나 $-\pi/4$로 이동할 것이다. 이때 신호의 포락선이 순간적으로 0이 되게 된다. 실제 I신호와 Q신호는 무선통신에서는 대역제한을 위한 필터를 거치게 되므로 신호의 진폭이 크게 변하는 효과를 만든다. 신호의 크기가 크게 변하게 되면 실제 RF 전력증폭기에서 신호를 증폭시킬 때 비선형성에 의한 왜곡이 발생할 수 있으므로 이러한 크기의 급격한 변동이 없도록 할 필요가 있다. 이를 위해 개발된 방법이 OQPSK(Offset QPSK)로서 I신호와 Q신호가 동시에 변화하는 경우를 막기 위하여 I신호와 Q신호 중 하나를 반 심볼 길이만큼 지연되도록 만들고 직교 반송파로 변조하게 된다. 이러한 경우 두 신호 간에 시간차가 생기게 되어 동시에 부호변화가 일어나는 것을 방지하여 변조된 신호의 반송파 위상이 180° 위상천이되는 현상이 발생하지 않는다[22].

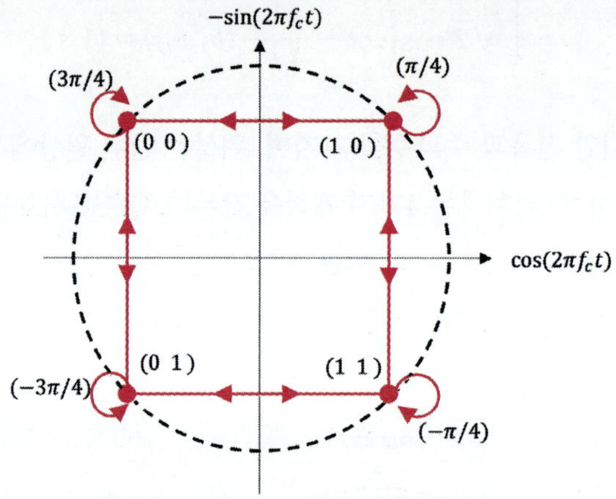

▌그림 9.23▌ OQPSK 신호의 성상도

QPSK신호의 생성과 복원과정은【그림 9.24】와 같다. 기본적으로 BPSK변조와 직교변환 개념을 합친 것과 동일하다. OQPSK의 경우는 Q채널에 반 심볼 길이만큼 지연회로가 있는 것 외는 동일하다.

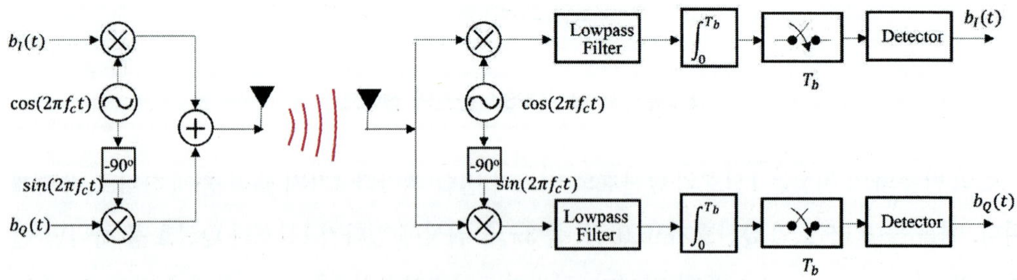

▌그림 9.24▌ QPSK 신호의 생성과 복원

22) OQPSK는 스마트폰과 같이 전력증폭기의 성능에 한계가 있는 단말기에 사용된다. 예를 들어 2세대 CDMA 이동통신 단말기에서 사용된 방식이다.

QPSK 신호는 신호의 직교성을 이용하여 전송대역폭은 그대로 두면서 BPSK보다 전송 속도를 2배로 증가시킬 수 있고 에러효율은 BPSK와 동일하다. 즉, I채널의 오류확률과 Q채널의 오류확률이 BPSK 오류확률과 동일하므로 BPSK와 QPSK는 오류확률이 동일하다. 종합적으로 QPSK는 BPSK보다 직교변환 개념을 추가함으로써 성능이 2배 우수해졌다고 말할 수 있다. 이러한 장점으로 인해 현재 대부분의 동기식 무선통신시스템의 변조방식은 QPSK 모뎀을 기반으로 한다.

9.3 고속 디지털통신

앞에서 디지털 무선통신에 사용되는 모뎀기술에 대해 살펴보았다. 2000년대 이전만 하더라도 유선통신은 무선통신에 비해 고속이었기 때문에, 무선통신은 유선통신의 설치가 어렵거나 이동통신과 같이 이동성을 보장하는 경우에 한해서 속도는 느리지만 편리하다는 이유로 사용되어 왔다. 하지만 무선통신에서도 고속 디지털통신 기술이 도입되면서 일반 유선통신의 속도를 능가하게 되자 광섬유를 이용한 백본 인프라를 제외하고는 무선통신이 유선통신을 대체하게 되었다. 본 절에서는 고속으로 디지털 신호를 전송하기 위한 기술에 대해 살펴보자.

9.3.1 M-진 변조

현재까지 이진변조시스템을 살펴보았고, QPSK에서는 이진변조시스템을 2개 사용하는 방법을 살펴보았다. 이진 변조를 확장하여 M진 변조인 경우를 고려해보자. 반송파의 상태를 데이터에 의하여 결정되도록 하려면 필요한 비트 수 k는 $\log_2 M$이 된다. M-진 변조로는 진폭을 여러 심볼로 구분하는 MASK와 여러 위상으로 구분하는 MPSK가 있다[23]. 예를 들어 3개의 비트를 하나의 심볼로 묶어서 MASK로 보내려면 구분되는 심볼은 8개가 필요하므로 M=8이 되어 8ASK가 된다. 만약 주어진 대역폭을 그대로 유지하면서 MASK로 전송할 수 있는 데이터 양은 k배 증가한다. 단, 수신기의 에러 확률을 그대로 유지하려면 전송전력을 2^k 배 증가시켜야 한다. 하지만 무선통신에서 전송전력은 기술기준에 의해 최대값이 정해져 있으므로 MASK 전

23) FSK의 경우 BFSK인 경우에도 대역폭을 많이 사용하는데 MFSK의 경우 대역폭을 2M배 더 사용하므로 실제 거의 사용되지 않는다.

송을 하는 경우 통신 반경이 작아지게 된다[24]. 따라서 Bianry ASK 자체도 사용되기 어려운 무선환경에서 MASK는 거의 사용되지 않으며, 진폭에 정보를 싣는다는 개념만 채용하여 QAM으로 사용되는 것이 일반적이다.

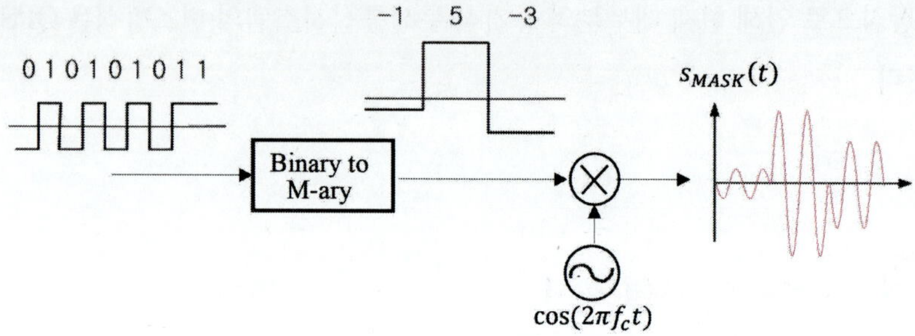

▮ 그림 9.25 ▮ MASK 신호의 생성방법

예제 9-4 **【그림 9.25】는 8ASK의 예를 보여준다. 8ASK의 동작원리에 대해 설명하시오.**

풀이 바이너리 방식은 1과 0에 해당되는 전압으로 -1V와 +1V 2개의 전압을 사용한다. 이 경우 심볼은 2개가 된다. 8ASK는 3개씩 바이너리 데이터를 묶어서 보내게 되는데 데이터가 000부터 111까지 변할 수 있으므로 이에 해당되는 바이너리 전압을 -7V, -5V, -3V, -1V, 1V, +3V, +5V, +7V의 8개의 심볼로 보내게 된다. 즉, 8ASK는 속도를 3배 빨리 보낼 수 있으나, 더 높은 전압의 범위를 가져야 한다.

9.3.2 QAM: MASK와 QPSK의 결합

지금까지 살펴본 변조 방식은 반송파의 진폭, 주파수, 위상 중에 두 개는 고정시키고 한 개만 정보 데이터에 의해 변화시키는 변조방식을 사용하였다. 좀 더 고속통신을 위해서는 진폭과 위상의 두 개 파라미터 모두를 변경시키는 방식도 가능하다. 특히 MASK와 QPSK를 결합한 변조방식을 Quadrature Amplitude Modulation(QAM)이라 한다. QAM신호의 구성의 예로 【그림 9.26】처럼 직교변조기 각각에 4ASK를 집어넣게 되면 16QAM이 된다. 마찬가지로 16QAM을 확장하여 8ASK와 QPSK를 결합한 64QAM, 16ASK와 QPSK를 결합한 256QAM도 가능하다. 이러한 QAM방식은 MASK의 단점이 수신기 성능 문제로 채널이 정적인 경우(이동이 없는 경우)이면서 거리가 매우 짧은 경우에만 가능한 통신방식이다.

24) MASK의 경우 페이딩 채널에서 진폭왜곡 등의 이유로 무선통신에서 사용되기는 어렵다.

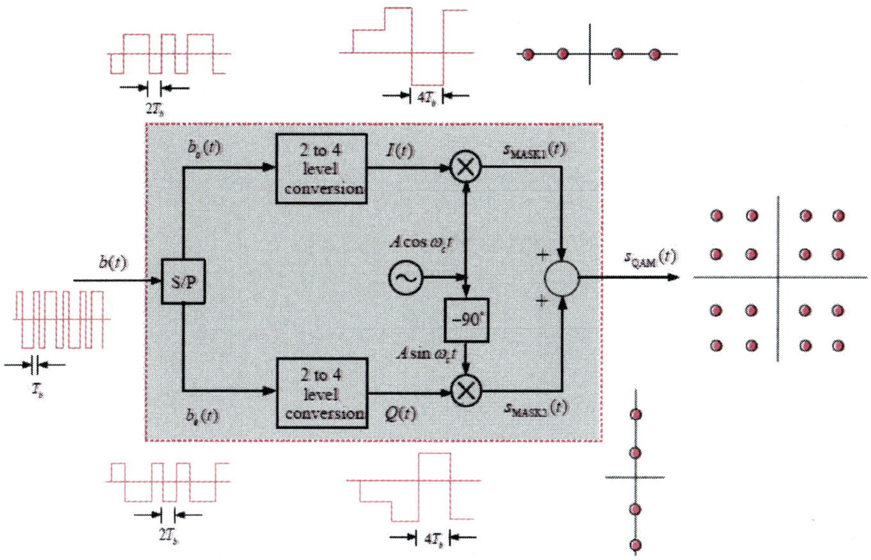

▌그림 9.26▌ 16QAM 신호의 생성 및 성상도

QAM에서는 $2k$비트로 구성된 심볼에 따라 2^{2k}개의 심볼 상태가 만들어진다. 예를 들어 $k=2$라면 16QAM이 되며, $k=3$이라면 64QAM이 된다. 따라서 QAM에서 심볼 길이와 비트길이의 관계는 $T_s = 2kT_b$가 되며, $M=2^{2k}$가 된다. QAM변조된 신호는 다음과 같이 표현된다. 【그림 9.27】은 16QAM의 성상도를 보여준다.

$$s_{QAM}(t) = I(t)\cos(\omega_c t) + Q(t)\sin(\omega_c t) \tag{9.28}$$

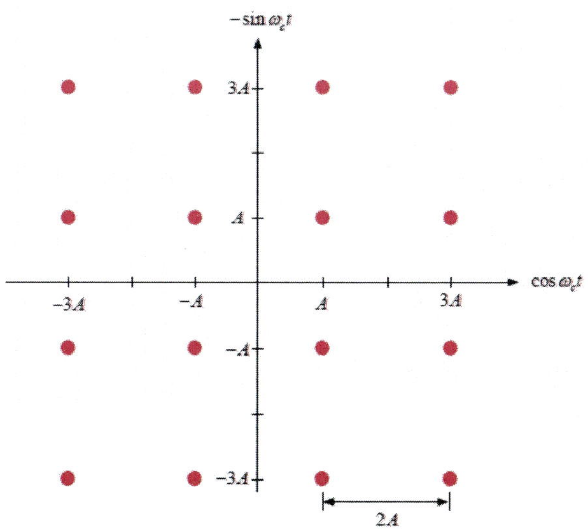

▌그림 9.27▌ 16QAM 신호의 성상도

16QAM인 경우 $I(t)$와 $Q(t)$는 $(-3,-1,1,3)$의 4가지 값 중에 하나를 갖게 된다.

이러한 격자형 신호 성상도를 갖는 QAM신호를 정합필터 수신기로 복조하는 경우 비트오류확률은 근사적으로 다음과 같다.

$$P_e = \frac{2(\sqrt{M}-1)}{\sqrt{M}\log_2\sqrt{M}} Q\left(\sqrt{\frac{3\log_2 M}{(M-1)}\frac{2E_b}{N_0}}\right) \tag{9.29}$$

이때 신호성상도의 변화는 인접한 심볼 코드 간에는 한 비트만 차이가 있도록 하는 Gray 코드 기법을 사용한다고 가정한다. 식 (9.29)를 이용하여 QAM 신호의 성능을 나타내면【표 9.2】와 같다. 4QAM은 QPSK와 동일한 성능을 가지며, QAM의 심볼이 하나씩 증가할 때마다 동일한 대역폭으로 동시에 보낼 수 있는 비트의 수는 선형적으로 증가하지만, 높은 SNR을 요구하므로 전력 효율은 나빠짐을 알 수 있다. 게다가 QAM은 신호의 진폭이 일정하지 않으므로 증폭기의 높은 선형성이 요구될 뿐만 아니라, 다중 경로 페이딩 환경에서 진폭과 위상 왜곡에 민감하다. 따라서 이동통신 등에 QAM을 적용하기 위해서는 기지국에 가까울 경우 속도를 높이기 위해 QAM을 사용하고, 단말기가 기지국에서 멀어지게 되면 QPSK로 바뀌는 적응형 모뎀을 사용한다.

【표 6.2】 QAM의 대역폭 효율과 전력효율

	4QAM	16QAM	64QMA	256QAM	1024QAM
	M=4 k=1	M=16 k=2	M=64 k=3	M=256 k=4	M=1024 k=5
대역폭 효율 (bits/sec/Hz)	1	2	3	4	5
10^{-6} **에러확률을 위한** E_b/N_0	10.5	15	18.5	24	28

예제 9-5 **식 (9.29)를 사용하여【표 9.2】의 에러확률을 구하시오.**

풀이 k=1에서 k=5까지 가변하면서 식 (9.29)에 대입하면 다음과 같다. 이 식은 MATLAB 프로그램으로 프로그램 확인하여 그릴 수 있다.

$$M=4 \rightarrow Q\sqrt{\frac{2E_b}{N_0}}$$

$$M=16 \rightarrow \frac{6}{8}Q\sqrt{\frac{4}{5}\frac{E_b}{N_0}}$$

$$M=64 \rightarrow \frac{14}{24}Q\sqrt{\frac{2}{7}\frac{E_b}{N_0}}$$

요약

디지털 무선통신에서 사용되는 변조방식은 각각의 대역폭 효율과 전력효율에 다르므로 사용하는 무선 환경에 맞는 변조방식을 선정해야 한다. 예를 들어 이동통신에서는 단말기가 기지국에 가까워 SNR이 높을 때는 고속의 QAM 방식을, 단말기가 기지국에서 멀어져 셀 경계에 있어 SNR이 낮을 때는 QPSK 방식을 사용한다.

9.4 대역확산통신

지금까지 학습한 아날로그 및 디지털 무선통신 기술에서는 한정된 주파수 자원을 많은 사용자가 사용할 수 있도록 대역폭 효율이 좋을 필요가 있었다. 즉, 주어진 품질 요구사항인 SNR 또는 P_e를 만족시키는 한도 내에서 가능한 한 주파수 대역폭이 좁아야 한다. 반면, 대역확산통신은【그림 9.28】과 같이 의도적으로 전송 대역폭을 매우 넓혀서 전송한다. 이렇게 되면 좁은 주파수 대역에 모여 있던 신호의 전력이 넓은 주파수 대역으로 퍼지게 된다. 이 경우 신호의 전력은 동일하지만 주파수 당 전력밀도는 작아지게 되어 잡음과 비슷한 특징을 갖게 된다. 따라서 다른 사용자가 대역 확산된 신호의 존재를 알기가 어렵다. 즉 대역확산통신으로 전송을 하고 다시 협대역으로 복원시키는 방법을 알지 못하는 외부 침입자는 대역확산된 신호를 도청할 수가 없다. 대역확산에서 확산하기 전과 확산하고 난 후의 대역폭이 증가되는 비율을 처리이득(processing gain)이라고 부른다. 대역확산을 하면 처리이득만큼 대역이 커지지만 주파수당 전력 역시 그 만큼 작아지게 된다. 기본적으로 대역확산통신은 군통신 등에서 도청을 막기 위하여 고안되었으며, 이를 사용하는 대표적인 방식이 GPS(Global Positioning System) 시스템이다[25]. 또한, 대역확산통신은 같은 반송파 주파수와 대역폭을 공유하더라도 확산된 코드만 다르면 상호 분리가 가능하므로 여러 명이 주파수 자원을 공유할 수 있다는 특성을 활용하여 여러 명의 사용자가 동일한 무선채널을 공유해야 하는 CDMA(Code Division Multiple Access) 방식의 2세대와 3세대 이동통신에서도 사용하게 되었다[26].

25) GPS 신호에 탑재된 정보는 위성에 탑재된 시간정보와 위성 정보 등으로 데이터의양은 많지 않으나 대역확산을 통해 대역폭이 약 10.23MHz로 넓어진다.

26) Bluetooth와 같은 주파수 호핑(Frequency hopping) 방식도 대역확산 방법의 하나있다. 랜덤하게 반송파 주파수가 바뀌므로 주파수 호핑 패턴을 모르는 사용자는 도청하기 어렵다.

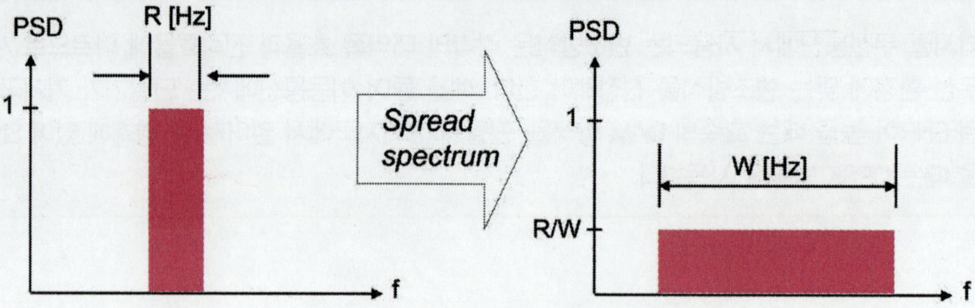

▌그림 9.28▌ 대역확산 개념

대역확산과정은【그림 9.29】처럼 기저대역 신호 메시지신호 $b(t)$가 있을 때 이를 확산신호 $c(t)$와 곱하는 과정이며, 그 반대의 과정을 역 확산과정이라고 한다. 메시지 신호를 polar NRZ라 하고 한 비트 시간을 T_b라고 한다. 길이 M을 갖는 유사잡음(pseudo-noise: PN) 코드인 확산신호 $c(t)$ 역시 ± 1의 값을 갖도록 polar NRZ로 코딩한다. 하지만 칩(chip) 구간 T_c는 T_b에 비해 작으며($T_c \ll T_b$), $c(t)$는 MT_c의 주기를 갖도록 한다. $c(t)$의 속도 (chip rate) $R_c = 1/T_c$는 $m(t)$의 속도 (bit rate) $R_b = 1/T_b$보다 크므로 메시지신호의 스펙트럼을 확산(spreading)하는 역할을 하게 되며, 이때 확산인자(L)는 다음 식 (9.30)으로 주어지게 된다. 이제 메시지신호 $b(t)$의 대역폭은 확산인자(spreading factor) L만큼 커지게 된다.

$$L = \frac{R_c}{R_b} \tag{9.30}$$

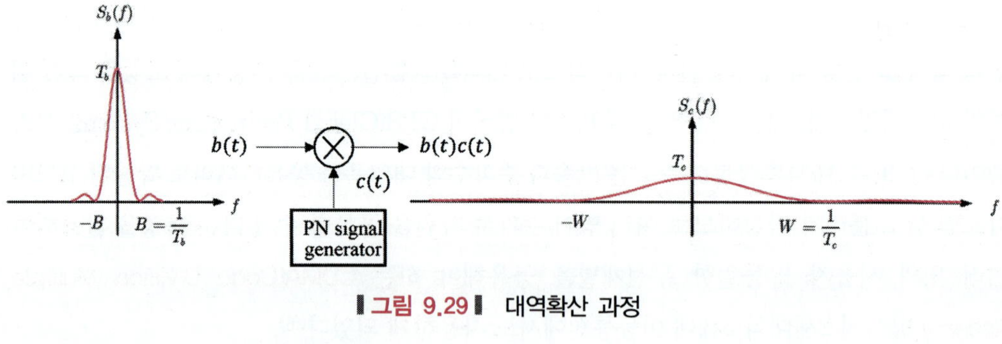

▌그림 9.29▌ 대역확산 과정

확산인자 L이 7인 경우를 예로 들어 메시지 신호와 확산신호, 확산된 신호를【그림 9.30】에 나타내었다.

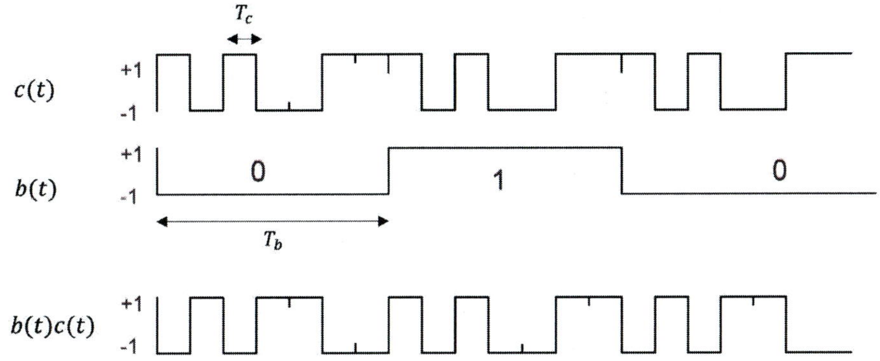

▌그림 9.30▌ 대역확산 과정의 예(확산인자가 7인 경우)

대역확산 과정에서 $b(t)$가 ± 1의 값을 갖고, $c(t)$ 역시 ± 1의 값을 가지므로, $b(t)c(t)$ 역시 ± 1의 값을 갖게 된다. 이 신호를 BPSK 변조한다면 송신신호 $s_{SS,BPSK}(t)$는 다음과 같이 표현될 수 있다.

$$s_{SS,BPSK}(t) = m(t)c(t)\cos(2\pi f_c t) \tag{9.31}$$

대역확산된 신호를 수신한 수신기는 chip신호 $c(t)$를 알고 있으므로 이를 곱해서 복조한다. 복조된 신호는 다음과 같이 주어진다. 이 과정을 역확산(despreading) 과정이라 한다.

$$\hat{m}(t) = g(t)c(t) = m(t)c^2(t) = m(t) \tag{9.32}$$

이와 같은 대역확산 방법을 DSSS(Direct Sequence Spread Spectrum)라고 한다. DSSS 방법에서 수신기가 역확산하기 위해서는 PN 코드 $c(t)$를 알고 있어야 한다. 따라서 대역확산 시스템에서는 여러 사용자가 간의 상호 간섭이 없으려면 상호 직교하는 성질을 갖는 PN코드가 사용자별로 필요하게 된다. 이러한 특성을 갖는 PN코드로 Walsh 함수 등이 있다.【그림 9.31】에 상호직교하는 Walsh코드를 보여준다. Walsh함수는 서로 곱하면 언제나 0이 된다. 이러한 Walsh함수들은 서로 직교하므로 CDMA 시스템에서 사용자 구별을 위해 사용한다.

또한 PN코드를 알고 있다고 하더라도 송신기에 사용된 PN코드와 정확한 동기가 맞아야 한다. 주기 M을 갖는 확산코드 $c[n]$의 자기상관은 다음 식으로 주어진다.

$$R_c[k] = \frac{1}{M}\sum_{n=0}^{M-1} c[n]c[n-k] \tag{9.33}$$

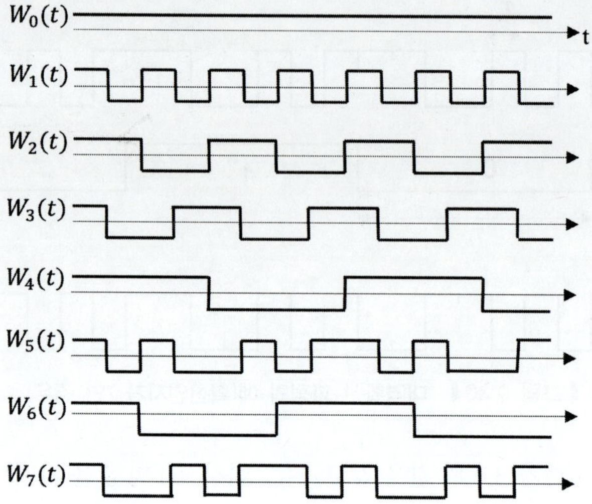

그림 9.31 상호직교하는 Walsh코드

자기상관을 구한다는 것은 식 (9.33)과 같이 시간천이된 확산코드를 확산코드와 곱함으로써 시간 천이에 따른 유사성을 측정하는 것이라 볼 수 있다. $c[n]$이 ± 1의 값을 가지므로 $k=0$인 경우 $R_c[0]=1$이 되어 자기상관함수의 최댓값이 되며, 정확한 동기를 위해서는 $k \neq 0$인 경우에는 0에 근접한 값을 갖는 것이 좋다. 【그림 9.32】는 PN 코드에 대한 자기상관특성을 구하는 MATLAB 코드를 보여준다. 여기서 MATLAB 함수 중 xcorr이 상관을 구하는 함수가 된다.

예제 9-6 PN 코드가 {−1 1 −1 1 1 1 −1 1 1 −1 −1 −1 1 1 1 1}인 경우 대역확산과정을 시뮬레이션하고 메시지 별로 correlation을 구하면 신호를 복조할 수 있음을 보이시오.

```
code = [-1 1 -1 1 1 1 -1 1 1 -1 -1 -1 1 1 1 1]';
M = length(code);
%% Compute Autocorrelation Function
% R[k] = 1/M sum_{n=1}^{M} c[n] c[n-k]
% Note: "circshift" is used because the sequence is assumed periodic
R = zeros(M,1)
k = 0:1:(M-1);
for ii=1:length(k)
    R(ii) = 1/M * (code' * circshift(code,k(ii))); % circshift
end
stem(k,R)
%% Simulate received DSSS data and use "xcorr" to correlate it with PN code
% Assume spreading factor of M
```

```
m = [1 1 -1 1]';
g = [m(1)*code; m(2)*code; m(3)*code; m(4)*code];
% or, use "g = kron(m,code);"
[r,lag] = xcorr(g,code);
figure
stem(lag,r)
```

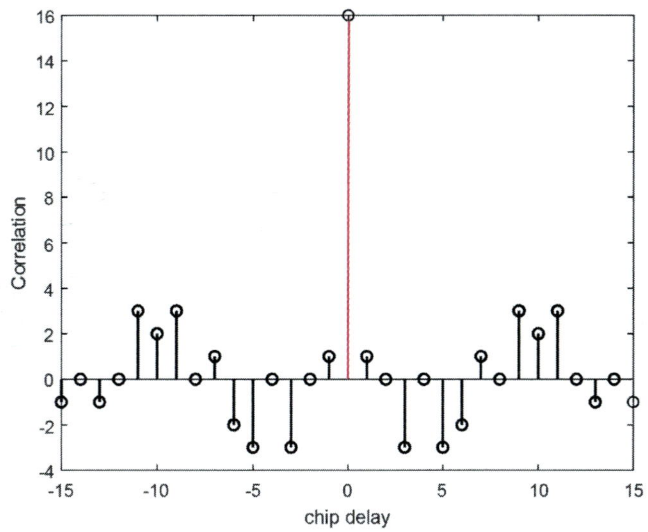

▌그림 9.32▌ 메시지신호 1개를 보낼 경우의 자기상관 과정

9.4.1 CDMA 이동통신

대역확산 기술이 이동통신에 적용된 것이 CDMA(Code Division Multiple Access) 기술이다. 초기 아날로그 방식의 이동통신에서 주파수재사용을 이용한 셀룰라 개념의 도입은 당시에는 획기적인 아이디어였으나 가입자 증가에 따라 기지국이 많아지면서 점점 관리가 어려워지게 되고 늘어나는 가입자를 수용할 수 없게 되었다. 당시 디지털 이동통신 기술의 등장으로 이동통신의 디지털화는 피할 수 없는 대세가 되었고 이때 가입자를 늘리기 위해 다중접속 기술이 중요하게 되었다[27]. 이에 2세대 이동통신기술로 우리나라와 미국 Qualcomm 주도인 CDMA

27) 1세대 아날로그 이동통신에서는 모뎀 방식으로 협대역 FM을 사용하였고, 이동통신 주파수 대역을 가입자별로 하나의 채널로 할당하는 FDMA 방식의 멀티플렉심 방식을 사용하였다. 또한, 기지국 별로 다른 주파수를 사용하고, 멀리 떨어져 있는 기지국에서 주파수를 재사용하는 주파수 재사용(frequency reuse) 방식을 사용하였다.

기술과 유럽의 이동통신사들이 개발한 TDMA(Time Division Multiple Access) 계열인 GSM(Global System for Mobile Communications) 방식이 경쟁하게 되었다[28]. CDMA 기술의 근간인 직접(direct sequence) 확산통신은 송신 측 데이터를 고속 직교코드인 왈시 코드(Wash code)와 곱하면 넓은 주파수 대역으로 확산이 이루어져 송신된다. 수신측에서는 송신측에서 사용한 동일 코드를 다시 곱해서 확산되었던 신호가 다시 원래의 신호로 복원되어 전송되며 반대로 잡음은 확산되게 된다. 직접확산통신 기술을 CDMA에 적용하면 동일주파수 대역을 공유하는 각각 채널 신호에 대해 상호 간섭이 발생하지 않는 직교코드(왈시코드, 확산코드)를 곱해 넓은 주파수 대역으로 확산되고, 이 확산된 신호들이 더해진 후 기지국 구분 인자로 PN코드가 다시 곱해져 송신된다.

그림 9.33 이동통신 기술의 발전

CDMA 기술에서 데이터 속도가 빨라진 것이 3G WCDMA 기술이다. 2세대의 미국식 CDMA와 유럽식 WCDMA의 기본 개념은 거의 동일하며, 사용 주파수 대역폭이 CDMA는 1.25MHz, WCDMA는 5MHz로 구분될 뿐이다. 두 기술의 가장 중요한 차이는 CDMA는 기지국의 시간을 일치시키기 위해 GPS를 이용하는 동기식이라는 것이고, WCDMA는 GPS를 사용하지 않는다는 것이다. WCDMA는 기지국의 시간을 GPS로 일치시키지 않는다는 의미에서 비동기식이라 부른다[29].

CDMA 기술은 이론적으로는 코드(왈시코드, 확산코드)의 직교성에 의해 기지국이나 사용자

28) CDMA 기술은 1995년에 세계 최초로 국내에서 상용화되었다.

29) GPS 위성을 통해 시간동기를 하는 동기식 CDMA의 경우 기지국에 GPS 위성신호의 수신을 위한 GPS 수신안테나가 있게 된다. GPS위성을 사용하므로 기지국의 시간 동기는 정확하지만 GPS위성신호가 암호화되는 경우 통신망이 마비되게 된다. 이런 문제로 동기식 CDMA의 경우 미국과 미국의 동맹국 중심으로만 사용되었고, 이동통신이 전 세계로 퍼짐에 따라 경쟁력을 잃어 미국에서 조차도 동기식 CDMA 서비스는 종료되었다.

를 구별하는 코드만 다르게 하면 같은 주파수를 사용할 수 있다. 따라서 가입자 증가에 대응이 쉽고 기지국 간 주파수를 다르게 하는 셀 개념을 적용할 필요가 없어 기지국 증설 또한 매우 쉽다. 하지만 현실에서는 전파 신호의 주변 지형지물에 의한 반사파로 인해 직교성이 상당히 상실되어 통화자 신호 간의 상호간섭, 기지국 간의 상호작용이 발생한다. 또한 코드 간에 직교성이 유지되더라도 특정 코드를 갖는 신호의 전력이 커지게 되면 다른 코드에 주는 영향 역시 커지므로 전력제어(power control)에 의해 코드별 신호의 수신세기를 일정하게 해야 하는데 무선환경에서 쉽지 않다. 이는 고속으로 갈 경우 심볼폭이 작아지므로 반사파의 영향이 커져 더욱 심각해진다. 따라서 3G에서 데이터 속도의 증가에 한계가 있게 되었다.

예제 9-7 **2G 이동통신에서 사용했던 CDMA 기술과 3G 이동통신에서 사용되는 WCDMA 기술의 주요 차이점에 대해 설명하시오.**

풀이 2G CDMA는 기지국에서 특정 가입자의 신호와 다른 가입자의 신호를 구분할 때 사용하는 PN 코드가 필요한데, 이 PN 코드를 하나 만들고 난 후 이 PN 코드의 위상을 지연시켜 여러개의 코드를 만들게 된다. 이때 기지국과 단말기는 GPS를 통해 시간을 받아 시간 상 일치하게 만드는 방식을 사용하는데 이를 동기식 CDMA라 한다. 반면, WCDMA는 비동기식으로 기지국마다 서로 다른 PN 코드를 사용하여 GPS를 필요로 하지 않는다.

9.5 다중캐리어변조 OFDM

현재까지 학습한 디지털 무선통신 기술들은 하나의 신호를 주파수 변환하므로 반송파 주파수인 캐리어가 하나란 의미로 싱글 캐리어(Single Carrier) 방식이라고 부른다. 싱글 캐리어 방식에서 고속화를 하려면 기저대역 신호인 정보신호가 고속이 되어야 한다. 하지만 기저대역 신호가 고속(광대역)인 경우 주파수 변환을 거친 통과대역신호 역시 광대역이 되므로 다중경로 페이딩에 의한 ISI가 발생하는 등 채널 환경에 민감해진다. 이에 다중경로 페이딩에 강하면서도 고속화할 수 있는 모뎀 방식이 필요하게 되었고, 이를 위해 등장한 방식이 반송파 주파수를 여러개 사용하는 멀티 캐리어(Multi Carrier)방식과 안테나를 여러게 사용하는 멀티 안테나 방식이다. 멀티 캐리어 방식으로 등장한 대표적인 기술이 OFDM(Orthogonal Frequency Division Multiplexing)이며, 멀티 안테나 방식은 MIMO(Multiple Input Multiple Output)라고 부른다. OFDM은 다중화에 사용되는 기법을 모뎀에 적용하자는 것이고, MIMO는 다중안테나를 이용하여 고속 디지털통신을 수행하는 것이다[30].

예제 9-8 Wi-Fi **표준을 세대별로 구분하고 각각의 표준에서 사용하는 모뎀방식을 조사하시오.**

IEEE 표준	전송속도(Mbps)	주파수	모뎀
802.11(1997)	1, 2	2.4GHz	FHSS, DSSS
802.11b(1999)	1, 2, 5.5, 11	2.4GHz	DSSS
802.11a(1999)	6, 9, 12, 18, 24, 36, 48, 54	5GHz	OFDM
802.11g(2003)	1,2, 5.5, 6, 9, 11, 12, 18, 24, 36, 48, 54	2.4GHz	DSSS, OFDM
802.11n(2009)	300~600Mbps	2.4GHz 5GHz	OFDM
802.11ac(2013)	600Mbs_6.93Gbps	5GHz	OFDM, MU-MIMO
802.11ax(2018)	Max 4.8Gpbs	2.4GHz 5GHz	MU-MIMO, OFDMA

다중캐리어변조를 다루기 전에 앞에서는 고려하지 않았던 MFSK를 살펴보자. 이진 FSK를 M-진 변조로 확장한 것이 MFSK이므로 MFSK에서 주파수간격을 어떻게 하는 지 살펴보자. 【그림 9.14】의 이진 FSK 신호의 스펙트럼 가드밴드(guard band)를 없애고 두 개의 스펙트럼을 붙여 두 주파수의 간격을 $1/T_b$로 하게 되면 하나의 주파수의 최대값에서 다른 주파수의 null점과 만나므로 해당 주파수에서 상호간섭이 없게 된다[31]. MFSK에서 k비트로 구성된 심볼 $M=2^k$개 심볼 상태를 표현하기 위한 심볼길이는 $T_s = kT_b$이므로 인접한 주파수 반송파의 간격을 $1/T_s$로 하게 되면 인접반송파간의 직교성이 보장되어 스펙트럼이 겹치게 되어도 【그림 9.34】처럼 각각의 반송파 주파수에서는 하나의 반송파의 값만 보이게 된다. 하지만 MFSK에서는 k가 커짐에 따라 사용되는 주파수 개수가 지수적으로 증가하므로 전송대역폭이 커지는 문제가 발생한다.

30) OFDM과 MIMO는 고속 Wi-Fi 기술과 LTE 이동통신에서 사용되어 무선통신의 고속화를 이끌었다. OFDM을 사용하기 전의 Wi-Fi 기술은 대역확산 방식을 사용하여 11Mbps가 최대였으나 OFDM을 사용하면서 그 이상의 속도가 가능하게 되었다. 3G 이동통신까지는 이동통신망에서 인터넷 사용이 원활하지 않았으나 LTE에서 OFDM을 사용함에 따라 인터넷 접속이 빠르게 되었다.

31) T_s는 하나의 심볼시간을 의미하는 것으로 이진변조에서는 T_b와 같다.

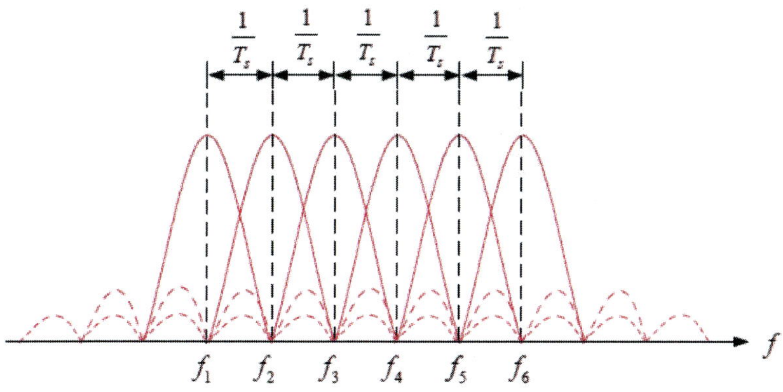

【그림 9.34】 MFSK에서 최적 주파수간격

이제 생각을 다르게 해보자. MFSK에서 문제가 되는 것은 타 변조방식에 비해 대역폭을 넓게 사용하기 때문이라고 하는데 정말로 넓게 사용하는가? $k=3$인 경우 입력 데이터열에 따라 8개의 주파수가 선택되어진다. 예를 들어 어떤 순간에 (111)을 송신하는 경우 f_8이 선택된다고 할 수 있다. 그 다음 순간에 (000)을 송신하는 경우 f_1이 선택된다고 한다면 순시주파수는 f_1 하나뿐이고 나머지 7개의 주파수는 사용되지 않음으로 실제데이터 송신은 협대역으로 송신하는 것이다. 만약【그림 9.34】와 같이 6개의 주파수가 상호 직교하므로 각 주파수별로 데이터를 송신한다면 상호 영향 없이 독립적으로 데이터를 송신할 수 있다. 즉 multi−carrier 개념으로 각각의 carrier 마다 독립적으로 데이터를 송신한다면 MFSK의 단점을 극복할 수 있을 것이다. 이렇게 캐리어별로 데이터를 병렬로 송신한다면 유선통신에서 직렬통신보다 병렬통신이 속도가 빠른 것처럼 캐리어수에 비례하여 속도를 높일 수 있다. 이러한 방식을 상호 직교하는 별개의 채널의 데이터를 묶어서 송신한다는 의미에서 직교분할다중화(OFDM, Orthogonal Frequency Division Multiplexing)이라 한다[32].

OFDM은 직렬 데이터를 병렬 데이터로 만든 후 각각의 데이터를 상호직교하는 반송파와 곱하는 과정을 거치므로 송신기는 역 Fourier변환과 유사하다. 비트시간이 T_b인 직렬 데이터를 N개의 캐리어를 갖는 OFDM으로 송신하기 위하여 N개씩 병렬로 송신한다고 하면 OFDM 신호는 $T_s = NT_b$마다 변하게 되고, 각각의 비트는 N개의 상호직교하는 캐리어 중에 하나로 전송된다. 이제 각각의 T_s 시간구간마다 OFDM 신호는 식 (9.34)와 같이 표현할 수 있다.

32) 무선통신을 직렬로 고속으로 보내는 것보다 병렬로 나누어 보내면 속도를 높일 수 있다는 것이다. 반도체 기술의 발전으로 송수신기 가격보다 선로가격이 비싸져 유선통신에서는 병렬로 보내게 되면 선의 개수가 많아져 가격이 올라가고 선로가 두꺼워지지만 무선에서는 선이 없으므로 병렬로 보낸다고 가격이 올라가지 않는다.

$$g(t) = A\sum_{n=0}^{N-1} b_n e^{k2\pi f_n t} \tag{9.34}$$

여기서, A는 반송파의 크기, b_n은 N개의 병렬데이터 중 하나의 값, 지수함수는 N개의 직교캐리어 반송파를 의미한다. 각각의 반송파의 간격은 상호직교성을 맞추기 위하여 $1/T_s$가 된다.

예제 9-9 **초당 1000bit가 BPSK 변조된 데이터로 4개의 반송파를 사용하는 OFDM을 구성한다고 하자. 따라서 $b_n \in \{-1, 1\}$, $T_b = 1/1000$, $N = 4$가 된다. 이때 각각의 부반송파 주파수를 계산하라.**

풀이 1kHz 대역폭을 250Hz의 4개로 나눌 수 있으므로 부반송파는 -375Hz, −125Hz, 125Hz, 375Hz 가 된다.

【그림 9.35】는 캐리어가 4개($N = 4$)인 OFDM 송신기와 수신기의 구조를 보여준다. OFDM은 기본적으로 모뎀이 아니라 다중화 기법이므로 QPSK나 QAM 등 별도의 모뎀을 사용하여야 한다.

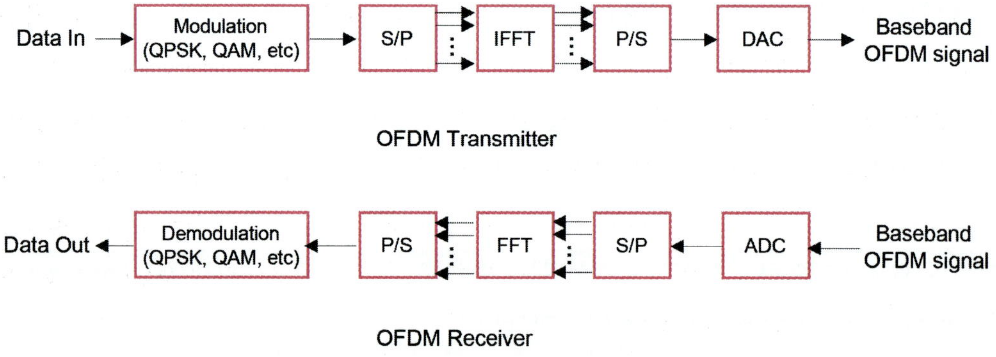

【그림 9.35】 간단한 4채널 OFDM 송수신기의 구조

무선통신에서 OFDM을 사용하는 이유는 고속 데이터를 직렬로 한 번에 송신하기 보다는 저속의 병렬 신호로 나누어 송신하게 되면 다중경로 채널에 의해 페이딩 효과가 발생하여도 병렬데이터 중 일부만 영향을 받고 나머지 데이터는 영향을 받지 않기 때문이다.【그림 9.36】에 페이딩 환경에서의 특정 캐리어에서 다중경로 페이딩의 영향이 일부 부반송파에만 영향을 주는 것을 보여준다. OFDM의 이러한 특성은 최근 무선통신의 고속화 트렌드와 맞아 OFDM이 더욱 더 각광을 받게 되었다[33].

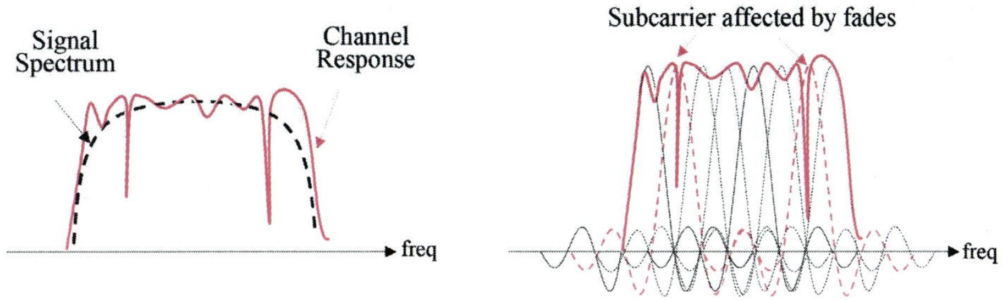

【그림 9.36】 페이딩 환경에서의 OFDM 영향

실제 이동통신과 같은 무선환경에서 사용하는 OFDM은【그림 9.36】보다는 복잡하다. 그 이유는 시간영역 관점에서 다중경로에 의해 심볼이 인접심볼에 영향을 주는 심볼간 간섭(ISI)이 발생하므로 이를 줄여야 하기 때문이다. ISI를 줄이기 위해서는 심볼과 심볼 사이에 영향을 주지 않도록 인접심볼 간에 보호시간(quard time)을 충분히 줄 필요가 있다. 하지만 보호시간이 얼마나 필요한지 정확히 모를 뿐만 아니라 하드웨어가 어떠한 신호도 송신하지 않게 되면 하드웨어 특히 전력증폭기의 동작에 악영향을 준다. 이를 극복하는 방법으로 보호시간 구간에 데이터를 인접심볼의 꼬리부분의 데이터를 복사하여 앞에다 붙여서 채우게 되는데 이를 Cyclic Prefix(CP)라고 부른다.【그림 9.37】에 OFDM에서 CP의 개념을 보여준다. 모든 심볼마다 심볼의 꼬리부분 데이터가 앞부분에 복사(점선으로 표시)하여 붙어있는 것을 볼 수 있다. 맨 앞의 심볼(실선)이 다중경로에 의해 맨 앞의 심볼의 지연된 심볼(점선)과 함께 데이터에 입력되더라도 ISI는 보호시간 구간에만 영향을 주고 있으며, 인접심볼에 영향이 없음을 알 수 있다[34].

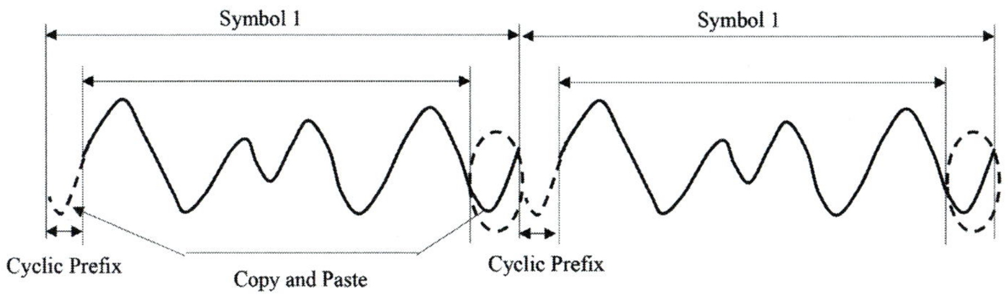

【그림 9.37】 OFDM에서 Cyclic Prefix의 개념

33) 캐리어 하나로 고속 데이터를 변조하여 송신하는 single carrier 방식으로는 ISI 등의 영향으로 속도를 수십 Mbps 이상으로 올리는데 한계에 다다르게 되었다.

34) CP 구간이 길수록 다중경로의 효과를 줄일 수 있지만 너무 길게 되면 데이터 속도가 줄어들게 되므로 보통 무선 LAN에서 OFDM을 사용할 경우 CP구간과 데이터 구간의 비는 1:4 정도로 한다. 이는 규격에서 지향하는 운영환경에 따라 달라진다.

【그림 9.38】에 CP개념이 포함된 OFDM 송수신기에 대한 구성도가 나와 있다. 참고로 OFDM 방식에서 subcarrier를 몇 개나 사용할지는 규격에 의해 정해지는데 실제 모든 subcarrier를 사용하지는 않는다. 예를 들어 DC 근방의 subcarrier는 직접변환 수신기에서 DC의 영향을 받으므로 사용하지 않으며, 몇 개의 subcarrier는 데이터 전송용으로 사용하지 않고 동기나 채널 추정 등의 목적으로 사용된다. 이를 Pilot subcarrier라고 한다.

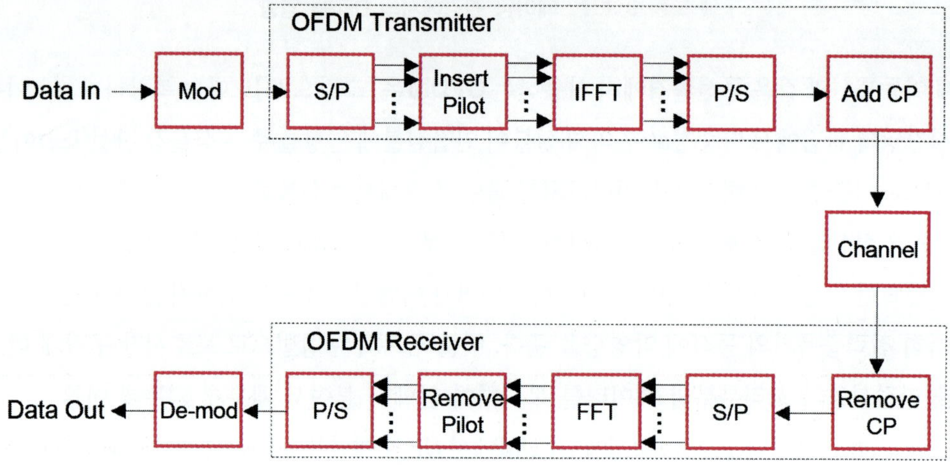

【그림 9.38】 CP가 포함된 OFDM 송수신기

OFDM이 이동통신이나 Wi-Fi와 같이 다중접속과 결합되는 방식은【그림 9.39】와 같이 크게 OFDM/TDMA와 OFDM/FDMA로 나눌 수 있다. OFDM/TDMA는 각 사용자에게 시간 슬롯이 할당되고 할당된 시간동안 각 사용자는 전체 부체널을 모두 사용한다. 즉, 한 사용자가 전체 대역폭을 모두 사용한다. 이 방식은 Wi-Fi와 같이 독립적인 셀 환경하에서 작은 크기의 FFT를 사용하는 경우에 유리하다. 반면 OFDM/FDMA는 한 사용자가 유효 부반송파를 독점하는 것이 아니라 여러 사용자가 분할하여 사용하는 것으로 OFDMA라고도 부른다. OFDMA는 매우 유연한 다원접속 방식으로 이동통신에서 많이 사용한다.

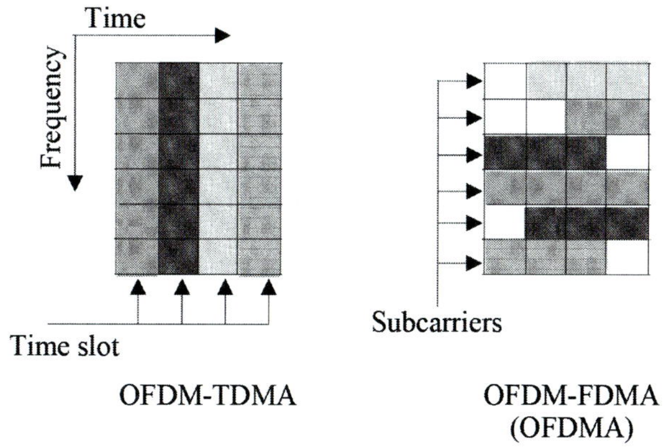

【그림 9.39】 OFDM과 다중접속

예제 9-10 OFDM 방식을 사용하는 무선통신시스템을 조사해보자.

풀이 LTE이후의 이동통신, Wi-FI 외에도 디지털 TV인 DMB/DAB, 전화선 기반 유선인터넷인 ADSL /VDSL 등에서도 고속 디지털 전송을 위해 OFDM을 사용하고 있다.

9.6 안테나 다이버시티와 MIMO

이제 OFDM과 함께 현대 무선통신에서 가장 많이 사용되는 다중 안테나를 이용하는 방식을 살펴보자. 안테나는 송수신기 회로 안에 존재하는 RF신호를 공기 중으로 전파하기 용이하도록 변환하는 변환기라고 학습하였다. 또한 안테나가 여러 개 있는 배열안테나의 경우 안테나 사이의 간격이 반파장이고 전파가 평면파인 경우에는 Array factor에 의해 빔포밍이 가능함을 알았다. 하지만 안테나의 간격이 반파장이 아니고 안테나에 입사되는 전파가 동위상면을 갖는 평면파가 아닌 경우 배열안테나는 어떤 특징을 가질까? 이에 대한 답을 찾기 전에 배열안테나가 송신기와 수신기에 모두 있는 경우를 일반화해보자. 일단 MIMO의 정의는【그림 9.40】 및 【표 9.3】과 같이 송신기와 수신기 모두 다중안테나를 갖는 경우를 의미한다. 특별히 MIMO는 안테나별로 별개의 데이터를 송신함으로써 데이터 속도를 증가시키는 것으로 2x2 MIMO인 경우 2배의 속도, 3x3 MIMO인 경우 3배의 속도가 가능하다. 반면에 송신기나 수신기에만 다중안테나를 갖는 경우는 SIMO나 MISO 구조가 되는데, 이 경우는 각각 수신기나 송신기에서만 다이버시티나 빔포밍이 가능하지만 MIMO에 의한 속도를 높이기는 불가능하다.

▌표 9.3▌ MIMO의 구분

	Full name	기능
SISO	Single Input Single Output	
SIMO	Single Input Multiple Output	– 수신 다이버시티 – 수신 빔포밍
MISO	Multiple Input Single Output	– 송신 다이버시티 – 송신 빔포밍
MIMO	Multiple Input Multiple Output	– 송수신 다이버시티 – 송수신 빔포밍 – MIMO 코딩

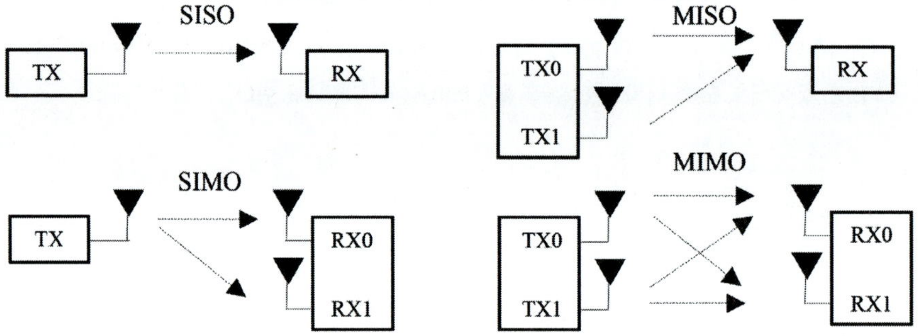

▌그림 9.40▌ MIMO 기본 개념

다이버시티란?

다이버시티란 무선환경에서 발생하는 다중경로페이딩 등의 효과를 경감하는 방법으로 시간, 주파수, 공간 영역에서 전송된 신호와 동일한 신호를 전송하여 수신단에서 합성하는 것으로 페이딩 영향을 감소시키는 기법이다. 기본적으로 다이버시티는 속도의 향상보다는 부선환경에서 전송의 신뢰성을 높이기 위한 방법이다. 다이버시티 방법은 다양하다. 먼저 **시간 다이버시티(Time Diversity)**는 동일 정보를 시간차를 두고 반복적으로 보내어 특정 시간에서 발생하는 페이딩 효과를 줄일 수 있다. 시간 다이버시티는 주로 코딩 기법과 연관된다. **주파수 다이버시티(Frequency Diversity)**는 동일 신호를 2개의 다른 주파수로 보내는 방식으로 협대역 다중경로 페이딩을 줄일 수 있지만 주파수의 낭비가 발생하여 보통 대역폭 효율이 높아야 하는 무선 환경에는 사용하지 않는다. 마지막으로 **공간 다이버시티(space diversity)**는 2개 이상의 안테나로 송신신호를 수신하여 가장 좋은 신호를 선택하여 페이딩 영향을 개선하는 방식이다. 이때 안테나 간격이 멀어질수록 2개의 안테나에서 수신된 신호의 상호 상관이 작아지므로 안테나 수의 증가와 설치 공간이 필요하다는 단점이 있다. 안테나를 사용하는 공간 다이버시티와 유사한 편파 다이버시티가 있는데 안테나가 편파가 다르면 페이딩 상태가 달라지는 것을 이용한다. 예를 들어 수직편파와 수평편파로 신호를 송수신하여 신호의 다양성을 높이게 되는데 SAR 레이다 등에서 많이 사용된다.

다이버시티 중에서 안테나를 이용한 공간다이버시티는【그림 9.40】의 MIMO 개념에서는 SIMO (Single Input Multiple Output)라 부를 수 있다. 다중경로 페이딩 채널환경에서 두 개의 안테나에 입력되는 신호의 통계적인 특성이 달라 두 신호가 독립적일 경우를 가정한다. 이 때 두 안테나에 수신되는 수신신호 중 하나가 페이딩에 의해 신호의 크기가 작을 경우 다른 안테나의 수신신호도 동시에 작을 확률은 작다. 따라서 두 안테나 신호 중 큰 신호가 들어오는 안테나만을 선택하게 되면 페이딩을 어느 정도 극복할 수 있다. 이런 방식을 수신 Diversity라 하며, 초창기 1세대 아날로그 이동통신에서부터 사용해온 방식이다. 수신 Diversity를 위해서는 수신기에 안테나 개수가 복수개가 있어야 하는데 과거 아날로그 이동통신 당시 단말기에 안테나를 2개 달기는 어려웠으므로 기지국 수신기에 2개의 안테나를 달아 단말에서 기지국 방향의 역방향 링크의 품질을 개선하는 수신 Diversity를 구현하였다. 이렇게 되면 단말기에서 기지국으로 가는 신호가 약한 경우 Diversity Gain에 의해 수신 성능을 높일 수 있었다.

9.6.1 송신 다이버시티

앞에서 설명한 수신 다이버시티는 수신기에서 여러개의 안테나가 필요하게 되어 단말기 보다는 이동통신 기지국이나 Wi-Fi 경우의 경우 AP에서 구현하게 된다. 이동통신 기술이 음성통신에서 데이터 통신으로 발전함에 따라 기지국에서 단말기 방향의 정보 전송인 순방향 링크가 더 중요해지게 되었다. 이에 단말기에는 크기의 제약으로 많은 안테나를 설치하는 것이 어렵지만 안테나 설치가 용이한 기지국 송신기에서 다이버시티 개념을 도입하는 것이 필요하게 되었다[35]. 이를 송신 다이버시티(Transmit diversity) 또는 MISO (Multiple Input Single Output)이라고 부른다. 송신다이버시티는 1998년 Alamouti에 의해 송신다이버시티의 하나

35) 과거 음성통신 중심의 아날로그 이동통신에서는 단말기의 크기와 신호 출력의 한계로 단말기에서 기지국으로 가는 신호가 문제가 되었으나, 최근 데이터 전송 중심의 이동통신에서는 기지국에서 스마트폰으로 정보의 다운로드가 많으므로 순방향이 더욱 중요하다.

인 Alamouti 코드, 즉 (STTD: Space Time Transmit Diversity) 개념이 도입된 이후 다양한 송신 다이버시티 기법이 이동통신 표준으로 채택되었다[36]. 송신 다이버시티의 원조라 할 수 있는 Alamouti 코드는 데이터 심볼을 시간과 공간에 대해 적절히 부호화하여 두 개의 안테나를 통해 신호를 전송하고, 수신기에서 적절한 연산을 통해 복조를 수행함으로써 페이딩 영향을 최소화시켜 시스템의 성능을 향상시킬 수 있다

Alamouti 방식의 송신 다이버시티의 기본 원리는【그림 9.41】과 같다. 송신하는 데이터 심볼이 첫 번째 시간 슬롯에서는 s_1, 두 번째 시간 슬롯에서는 s_2이라고 하자. 이 신호를 2개의 안테나로 송신할 때 space-time encoder 블록을 이용하여 심볼의 순서를 섞고, 공액복소수 및 음(-)의 연산을 통해 【표 9.4】와 같이 변형하여 송신한다[37]. 표를 자세히 보면 첫 번째 타임 슬롯 구간 중 첫 번째 안테나에서는 첫 번째 데이터 심볼 s_1를 송신하고, 두 번째 안테나에서는 두 번째 데이터 심볼 s_2를 송신한다. 심볼 시간 T가 지난 두 번째 타임 슬롯 구간에서는 순서를 바꾸어 첫 번째 안테나에서 $-s_2^*$을 송신하고, 두 번째 안테나에서는 s_1^*를 송신한다.

▌표 9.4▐ Alamouti 코드

	Transmitter 1	Transmitter 2
Time t	s_1	s_2
Time $t+T$	$-s_2^*$	s_1^*

이렇게 데이터 심볼을 섞어서 두 개의 안테나에서 송신할 때 첫 번째 안테나에서 수신 안테나까지의 채널 특성을 h_1, 두 번째 안테나에서 수신 안테나까지의 채널 특성을 h_2라고 하고 채널 특성이 s_1와 s_2 데이터 심볼을 송신하는 구간 동안 변하지 않고 AWGN잡음만 있다고 가정하면 수신기에서 수신되는 데이터 심볼 y_1과 y_2는 식 (9.35) 및 식 (9.36)과 같이 주어진다.

$$y_1 = h_1 s_1 + h_2 s_2 + n_1 \tag{9.35}$$

$$y_2 = h_1(-s_2^*) + h_2 s_1^* + n_2 \tag{9.36}$$

이제 식 (9.36)을 공액복소수(complex conjugate)를 취하고 두 식을 합쳐서 하나의 행렬로 표

36) Siavash Alamouti(1966~)는 1998년 IEEE Journal of Selected Areas of Communications 논문지에 Alamouti code와 관련된 논문을 발표하였다.

37) 신호를 공액복소수로 만들거나 부호를 바꾸어 전송한다는 것은 복소수신호(I신호와 Q신호)를 전송할 때 고 각 신호의 위상을 바꾸면 되고, 이 과정은 기저대역에서 수행한다.

현하면 식 (9.37)을 얻을 수 있다.

$$\begin{bmatrix} y_1 \\ y_2^* \end{bmatrix} = \begin{bmatrix} h_1 & h_2 \\ h_2^* & -h_1^* \end{bmatrix} \begin{bmatrix} s_1 \\ s_2 \end{bmatrix} \tag{9.37}$$

이제 식 (9.37)의 역행렬을 구하면 식 (9.38)과 같고 식 (9.38)을 통해 송신한 데이터 심볼을 복원하는 것이 가능하게 된다. 즉, 안테나 사이의 채널 특성만 정확히 안다면 수신데이터로부터 송신데이터를 복원하는 것이 가능하다.

$$\begin{bmatrix} s_1 \\ s_2 \end{bmatrix} = \frac{1}{|h_1|^2 + |h_2|^2} \begin{bmatrix} h_1^* & h_2 \\ h_2^* & -h_1 \end{bmatrix} \begin{bmatrix} y_1 \\ y_2^* \end{bmatrix} \tag{9.38}$$

Alamouti code는 데이터 심볼을 순차적으로 보내는 것이 아니라 섞어서 송신하기 때문에 RF 대역에서 바로 구현하기가 쉽지 않으므로 보통은 기저대역에서 구현한다[38]. 참고로 본 교재에서는 송신기 2개와 수신기 1개인 구조만을 설명하였으나, 수신기가 2개인 경우에도 송신다이버시티가 구현될 수 있다.

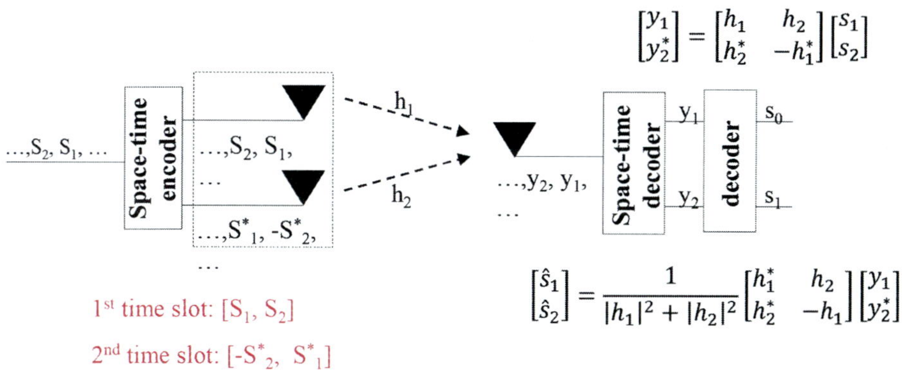

그림 9.41 Alamouti의 송신다이버시티

38) RF대역에서 위상천이기 등으로 송신 다이버시티 파형을 구현할 수 있으나, 빠른 속도로 RF회로를 동작시키기 어렵기 때문이다.

예제 9-11 **식 (9.36)을 식 (9.37)로 변형하시오.**

풀이 식 (9.37)은 다음과 같다.

$$y_2 = h_1(-s_2^*) + h_2 s_1^* + n_2 \rightarrow y_2 = [h_1 \ h_2]\begin{bmatrix}-s_2^* \\ s_1^*\end{bmatrix} + n_2$$

여기에 complex conjugate를 취하면

$$\begin{aligned} y_2^* &= [h_1^* \ h_2^*]\begin{bmatrix}-s_2 \\ s_1\end{bmatrix} + n_2^* \\ &= [-h_1^* \ h_2^*]\begin{bmatrix}s_2 \\ s_1\end{bmatrix} + n_2^* \\ &= [h_2^* \ -h_1^*]\begin{bmatrix}s_1 \\ s_2\end{bmatrix} + n_2^* \end{aligned}$$

이를 행렬로 변환하현 식 (9.37)을 구할 수 있다.

예제 9-12 **송신심볼이 $s_1 = 1 + j$. $s_2 = 1 - j$이고, $h_1 = h_2 = 1$인 채널이 있다. 수신심볼로부터 송신심볼이 복구됨을 보이시오.**

풀이 식 (9.38)로부터 송신다이버시티에 의해 신호가 복구됨을 알 수 있다.

$$\begin{bmatrix}s_1 \\ s_2\end{bmatrix} = \frac{1}{|h_1|^2 + |h_2|^2}\begin{bmatrix}h_1^* & h_2 \\ h_2^* & -h_1\end{bmatrix}\begin{bmatrix}y_1 \\ y_2^*\end{bmatrix} = \frac{1}{2}\begin{bmatrix}1 & 1 \\ 1 & -1\end{bmatrix}\begin{bmatrix}2 \\ 2j\end{bmatrix} = \begin{bmatrix}1+j \\ 1-j\end{bmatrix}$$

9.6.2 MIMO 공간다중화

앞에서 살펴본 송신다이버시티에서는 송신기의 심볼을 적절히 섞어 두 개의 안테나로 송신함으로써 수신기 안테나가 한 개임에도 불구하고 다이버시티 이득을 얻을 수 있었다. 이제 송신다이버시티의 개념을 확장하여 송신기에서 서로 다른 데이터를 송신하고 수신기에서 두 개의 안테나로 각각을 구분할 수 있다면 속도가 2배가 될 수 있지 않을까 고민하게 되었고, 이것이 MIMO **공간다중화(spatial multiplexing)** 기술이 되었다. MIMO 기술은 송수신 안테나 쌍의 개수를 3개, 4개로 증가시킴에 따라 전송속도를 3배, 4배로 증가시킬 수 있으므로 고속통신이 가능하게 될 것이라 관심이 집중되었다. MIMO 공간다중화의 도입에 따른 통신시스템의 성능 향상은 Shannon의 Capacity 공식에 의해 설명할 수 있다.

일반적으로 유무선 통신의 구분 없이 통신의 채널대역폭이 주어진 경우 이 채널을 통해 단위시간 당 오류 없이 전송할 수 있는 대이터 양의 최대값이 얼마가 되는지 보여주는 지표가 **채널용량**(channel capacity)이라 한다. 채널용량은 보통 Shannon[39]의 방정식으로 표현된다.

$$C = BW \times M \times \log_2(1 + S/N) \tag{9.39}$$

여기서 SNR은 디지털 수신기의 신호 대 잡음비로 S는 수신기의 평균수신전력으로 단위는 [W]이고, N은 1Hz당 정규화된 잡음으로 단위는 [W/Hz]이다. 대역폭은 BW[Hz]이다. M은 송신과 수신 안테나의 최소수이다. 식 (9.39)에서 알 수 있듯이 채널용량은 채널의 대역폭에 비례한다. 또한 각 비트 구간 별로 두 가지 크기를 갖는 한 개의 펄스를 전송하는 대신 k비트 구간 동안 2^k 가지 종류 중에 한 개의 심볼을 전송하면 대역폭을 $1/k$로 줄일 수 있다. 바꾸어 말하면 대역폭을 유지하면서 데이터율을 k배로 증가시킬 수 있다. 하지만 데이터율을 높이기 위하여 k를 증가시키는 경우 잡음 전력에 비해 신호의 크기를 크게 하지 않으면 오류가 발생할 확률이 커지게 된다. 이것은 채널용량이 SNR의 함수라는 것을 의미한다. Shannon의 방정식은 통신 시스템에서 최대 데이터 전송률이 대역폭과 잡음대비 신호의 크기와 상관이 있다는 것을 말하며, 실제 구현과 관련된 이슈를 다루지는 않는다.

식 (9.39)에서 송수신 안테나 개수가 다를 경우에 적은 수가 M이 된다. 단, 식 (9.39)의 MIMO 공간다중화에 의한 채널 용량 개선이 적용되려면 안테나 간에 신호가 독립적으로 전송되어야 한다. 이를 위해서는 2가지 조건이 필요하다. 먼저, 안테나 간의 상관 특성이 없어야 한다. 이를 위해서는 안테나 간의 상호간섭 (mutual coupling)이 없어야 하는데 이를 위해서 안테나 간격을 반파장 이상으로 벌려야 한다. 이는 기지국에서는 가능할지 모르지만 스마트폰 내부에서 가장 크기가 큰 부품이 안테나이고, 스마트폰의 크기가 제한되어 있으므로 불가능하다. 따라서 MIMO 코딩에서 안테나의 한계는 스마트폰에 의해 주어지므로 2x2 MIMO기술이 현실적인 한계가 되었다. 다음으로 전파환경에 의해 각각의 안테나에 들어오는 신호의 상관특성이 없어야 한다. 예를 들어 이동통신의 경우 스마트폰과 기지국이 서로 마주 보이는 LOS (Line of Sight) 환경에서는 전파의 특성이 구별되지 않으므로 MIMO 코딩이 적용되지 않는다. 기지국이 보이지 않는 비가시선 환경, 즉 Rayleigh 특성을 갖는 경우에만 가능하다. 이에 따라 실제 기지국 안테나에 MIMO 기술이 적용될 경우에는 기지국에 가깝지만 기지국이 보이지 않는 협소한 영역에만 적용이 가능하다. 단말기가 기지국으로부터 멀리 떨어진 경우에는 MIMO 코딩에 의해 속도를 높이기 보다는 송신다이버시티에 의해 S/N비를 높이거나 빔포밍기술을 적용하여 신호의 크기를 키워야 한다. 따라서 현재 이동통신 기지국은 채널 환경에 따라 다양한 빔

39) Claude Elwood Shannon(1961~2001)은 미국의 수학자이자 전기공학자로 정보이론의 아버지라고 불리운다. Shannon이 발표한 《통신의 수학적 이론》이라는 논문은 정보 엔트로피의 개념을 창안하게 한, 정보통신 이론의 기반이 되었다. Shannon은 또한 샘플링 이론을 창안하여, 당시까지 아날로그로만 이루어지던 전자기 통신을 디지털 정보통신으로 변화시키는 데 기여했다.

포밍, 다이버시티, MIMO 공간다중화 MIMO기술을 섞어서 사용한다[40].

실제 MIMO 안테나

앞에서 이동통신 기지국에서 상호상관이 없는 MIMO 공간다중화 안테나를 형성하기 위해서는 위해서 안테나 간격을 넓히는 것 이외에도【그림 9.42】와 같이 상호 직교하는 편파를 이용하는 방법이 가능하다. 기지국 안테나의 경우 건물 옥상 등에 설치하므로 지상에 있는 단말기를 향하여 아래쪽으로 빔이 향해 있다. 이를 다운틸트(downtilt)라고 하며, 수직으로 배열된 다이폴 안테나를 이용하여 빔을 아래쪽으로 향하게 배치한다 이제 다이폴 안테나를 교차편파(cross polarization)로 구성하게게 하면 2배의 MIMO 공간다중화 효과를 얻을 수 있다.

【그림 9.42】의 왼쪽에 위치한 2xN MIMO 안테나의 경우 두 개의 방사소자가 서로 90° 회전되어 있어 다른 편파특성(상호 직교하는 선형편파)을 갖는다. 동일한 편파특성을 갖는 수직 배열된 두 개의 안테나에 서로 다른 신호가 입력되어 2xN MIMO에서 N을 지정하지 않은 것은 N의 경우 단말기의 MIMO 구성에 따라 1, 2, 4 등으로 값이 달라지기 때문이다. 이러한 교차편파 구조를 통해 안테나 크기의 변화가 없이 2x2 MIMO 혹은 TX Diversity를 쉽게 구현할 수 있다. 마찬가지로【그림 9.42】의 가운데 기지국 안테나는 4xN MIMO를 오른쪽 기지국 안테나는 8xN MIMO 안테나를 구성할 수 있다.【그림 9.42】의 안테나의 경우 MIMO 이외에도 빔포밍 기능을 구현할 수 있다. 그러나 빔포밍의 경우 동일한 편파 (이 경우 +45° 또는 -45°)를 갖는 복수개(2개 이상)의 안테나가 필요하므로【그림 9.42】의 왼쪽 기지국의 경우 빔포밍이 불가능하며 가운데 기지국은 2개의 안테나를 이용한 빔포밍, 오른쪽 기지국은 4개의 안테나를 이용한 빔포밍이 가능하다. 2xN 빔포밍을 사용하는 경우 2개의 독립적인 빔을 구현할 수 있으므로 2개의 다중사용자 MIMO(MU-MIMO: Mulit-User MIMO)가 가능하다[41].

40) 다이버시티와 공간다중화는 안테나간의 간격이 넓어 상관 특성이 없어야 하고 빔포밍중 RF 빔포밍은 안테나 간격이 반파장이어야 하므로 실제 3가지 MIMO 기법을 하나의 안테나로 사용하기는 어려워 적당한 trade-off가 필요하다.

41) MU-MIMO는 디지털 빔포밍으로 사용자 별로 빔을 할당하는 것을 의미한다.

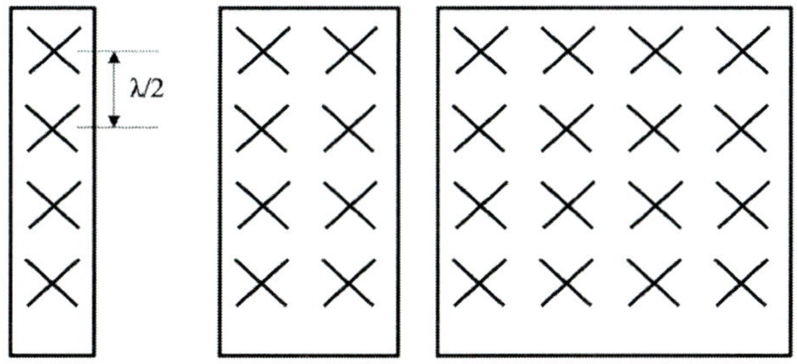

▌그림 9.42▌ 기지국 안테나의 일반적인 구성

예제 9-13 **인터넷 검색을 통하여 기지국 안테나 사진을 살펴보고 MIMO 구성이 어떻게 되어 있는지 살펴보자.**

9.6.3 디지털 빔포밍

배열안테나의 안테나 간격을 반파장으로 하면 빔포밍이 가능하다. 빔포밍 중에서 디지털 빔포밍은 수신기의 수를 늘림에 따라 동시에 형성되는 빔의 수를 늘릴 수 있으므로 다중사용자가 접속해야하는 이동통신이나 Wi-Fi에 적합한 기술이다. 이동통신이나 Wi-Fi에서는 빔의 수를 무한정 늘리기가 어렵고 빔의 방향을 조정하는 것은 쉽지 않으므로 정해진 빔 몇개만을 사용하는 것이 보통이다. 본 절에서는 디지털 빔포밍 기술 중 실제 많이 사용하는 빔코딩(beamcoding) 방법에 대해 알아보자.

빔코딩기술에서 코드북이란 코드북 행렬의 열벡터(column vector)가 빔포밍 안테나의 가중치 벡터가 되는 행렬을 의미한다. 각각의 열벡터는 안테나 배치면에 수직으로 대칭의 방사패턴을 갖게 되며 안테나 간의 위상차는 최대 4개의 위상차(0°, 90°, 180°, 270°)을 갖는다고 가정하고 계산된다. 이제 1차원 위상배열 안테나에서 코드북은 다음 식 (9.40)으로 생성할 수 있다

$$W(m,k) = j^{floor\left(\frac{m \times \mathrm{mod}(k+(K/2),K)}{K/4}\right)} \tag{9.40}$$

$$m = 0, \ldots, M-1,\ k = 0, \ldots, K-1$$

식 (9.40)에서 M은 안테나의 수이고 K는 생성하고자 하는 빔의 수이다. floor()함수는 함수의 인자와 같거나 가장 작은 최대 정수값을 의미하며, M=mod(X,Y) 함수는 n이 X/Y와 같거나

작은 가장 가까운 정수값을 의미할 때 M−nY로 정의된다. 식 (9.40)을 이용하여 2개의 안테나 소자를 갖는 위상배열 안테나의 경우 2개의 방사패턴을 갖는 경우와 4개의 방사패턴을 갖는 경우를 계산하면 코드북은 각각 식 (9.41)과 식 (9.42)로 주어지고 방사패턴은 각각【그림 9.43(a)】와【그림 9.43(b)】와 같다.

$$W_{2\times 2} = \begin{bmatrix} 1 & 1 \\ -1 & 1 \end{bmatrix} \tag{9.41}$$

$$W_{2\times 4} = \begin{bmatrix} 1 & 1 & 1 & 1 \\ -1 & -j & 1 & j \end{bmatrix} \tag{9.42}$$

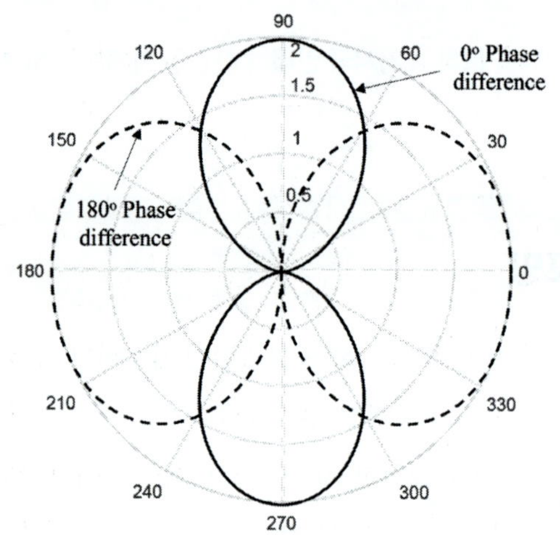

(a) 빔 2개의 경우

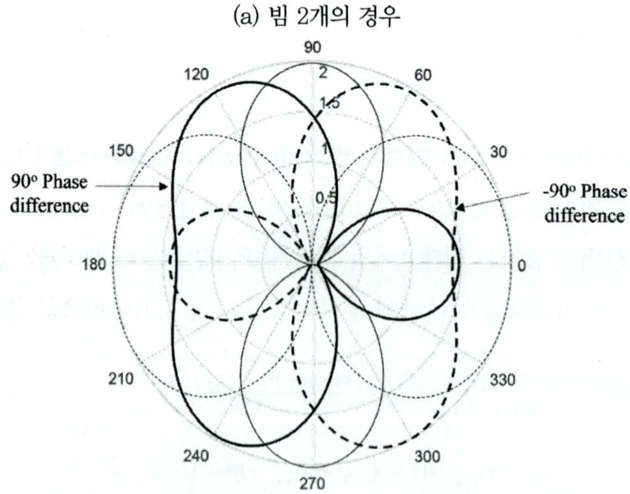

(b) 빔 4개의 경우

▌그림 9.43▌ 2소자 안테나에서의 2bit 코드북 기반 빔포밍.;

식 (9.41)에서 두 안테나 간의 위상차는 각각 180°와 0°로 보통 모노펄스 방식에서 제안하는 차(Δ)와 합(Σ) 방사패턴과 동일한 의미를 갖는다. 식 (9.42)의 코드북으로 2개의 안테나를 가지고 4개의 빔을 구현한 결과는【그림 9.43(b)】이다. 이 때 두 안테나 간의 위상차가 각각 (180°, 90°, 0°, −90°) 임을 알 수 있다.

다음으로 4개의 안테나 소자를 갖는 위상배열 안테나의 경우 4개의 방사패턴을 갖는 경우와 8개의 방사패턴을 갖는 경우를 계산하면 코드북은 각각 식 (9.43)과 식 (9.44) 로 주어진다.

$$W_{4\times4} = \begin{bmatrix} 1 & 1 & 1 & 1 \\ -1 & -j & 1 & j \\ 1 & -1 & 1 & -1 \\ -1 & j & 1 & -j \end{bmatrix} \tag{9.43}$$

$$W_{4\times8} = \begin{bmatrix} 1 & 1 & 1 & 1 & 1 & 1 & 1 & 1 \\ -1 & -j & -j & j & 1 & j & j & j \\ 1 & j & -1 & -j & 1 & j & -1 & -j \\ -1 & 1 & j & -1 & 1 & -1 & -j & 1 \end{bmatrix} \tag{9.44}$$

만약 코드북이 0°와 180°만으로 빔을 구성하는 경우는 빔의 특성에 구현할 수 있는 위상이 2개밖에 없다. 따라서 빔의 손실없이 원하는 빔을 만들기 위해서는 적어도 안테나 간의 위상차는 180°, 90°, 0°, −90° 의 4가지 값 모두를 구성할 수 있어야 한다. 이와 같이 빔의 크기의 손실이 없는 빔코딩 시스템은 안테나 개수에 상관없이 안테나간의 위상차를 적어도 180°, 90°, 0°, −90° 의 4가지 중 하나로 조정하여야 함을 알 수 있다.

> **중요**
> 디지털 빔포밍에서 1, −1은 RF빔포밍에서 0°와 180°의 위상차에 해당되지만, 이는 하나의 반송파 주파수에서만 해당되는 것이다. 따라서 주파수가 달라지면 디지털빔포밍과 RF빔포밍의 빔 특성은 미세하게 달라짐에 주의해야 한다.

9.7 무선통신 기술 선택 시 고려사항

채널 용량은 대역폭, 안테나의 수, SNR의 함수임을 학습하였다. 하지만 실제 무선통신 기술을 선택할 때는 이 외에도 다양한 요인을 고려해야 한다. 본 절에서는 이를 주파수 대역, 에너지, 하드웨어 구조, 기술기준과 표준, 간섭 등 다양한 측면에서 자세히 살펴보도록 한다.

9.7.1 고려사항 1 – 주파수 대역

무선통신은 유선통신과 같이 공기 중에 방사되는 전파를 이용하고 전파는 주파수에 따라 고유의 특징을 갖는다는 것을 학습하였다. 무선통신 관점에서 주파수가 너무 낮으면 안테나 구현이 어려울 뿐만 아니라 대역폭이 좁아 저속의 데이터만을 전송할 수 있다. 반면 주파수가 너무 높으면 회로설계가 어렵고 전파의 직진성으로 인해 무선통신에 불리하게 된다. 따라서 이 중간 지점인 수백 MHz에서 수 GHz까지의 주파수가 무선통신에 적합하므로 이 주파수 대역에 대한 관심이 매우 높다[42]. 특히, 주파수가 높을수록 RF회로의 제작이 어려운데, 밀리미터파 대역으로 올라갈 경우 전력증폭기의 효율이 급격이 떨어진다. 이동통신에서는 이러한 주파수 대역의 기준으로【표 9.5】와 같이 6GHz 이하 주파수 대역을 FR1 (Frequency Range 1) 대역, 6GHz 이상 주파수대역을 FR2 (Frequency Range 2) 대역으로 나눈다. 4G 이하 이동통신 기술이 FR1 대역을 주로 사용된 것에 반하여 5G NR 기술은 밀리미터파(millimeter wave) 대역을 포함하는 것이 특징이다.

또한, 주파수 대역은 면허대역과 비면허 대역으로 구분될 수 있다. 면허대역의 대표적인 예가 이동통신 주파수 대역이다. 면허대역은 할당대가를 지불하는 대신 배타적인 권리를 가지게 된다.

【표 9.5】 이동통신 주파수 대역의 분류

Frequency range designation	Corresponding frequency range
FR1	450~6000MHz
FR2	24.25~52.6GHz

이동통신 대역은 이동통신 기술이 대중화됨에 따라 그 수요가 증가하여 초창기 이동통신 주파수 대역에 비해 현재의 이동통신 주파수 대역은 상당히 넓은 주파수 대역을 사용하고 있다.【표 9.6】에 현재 국내의 이동통신용 주파수대역을 보여준다.

42) 수백MHz에서 수GHz까지의 주파수대역을 황금주파수대역이라 부르며 이동통신의 경우 현재 수조원에 달하는 할당대가를 지불하고 사용하여야 하므로 그 가치가 매우 높다.

▌표 9.6▌ 국내외 이동통신 주파수 대역

규격		주요 특징
800/850MHz	Up: 815~849 MHz Down: 860~894MHz	– SKT 2G CDMA 서비스용 – SKT, LGU+ LTE 주파수(LTE Band5) – 일본 KDDI, NTTDoCoMo(LTE Band 18, 19) – 유럽 (LTE Band 20) – 미국 Sprint (LTE Band 26)
900MHz	Up: 880~915 MHz Down: 925~960MHz	– GSM900: 유럽 2G 주파수 – KT LTE 주파수(LTE Band 8)
1.7/1.8GHz	Up: 1750~1780MHz Down: 1840~1870MHz	– LGU+ 2G 서비스 – SKT, KT LTE용 (LTE Band 3) – 일본 NTTDoCoMo, Softbank (LTE Band 9)
2.1GHz	Up: 1920~1980MHz Down: 2110~2170MHz	– SKT, KT WCDMA 주파수 – SKT, KT, LGU+ LTE용 (LTE Band 1)
2.3GHz	2300~2400MHz	– SKT와 KT의 WiBro 주파수
2.6GHz	Up: 2500~2570MHz Down: 2620~2690MHz	– LGU+, SKT LTE용 (LTE Band 7)
3.5GHz	3420~3700MHz	– SKT, KT, LGU+ 5G 주파수
28GHz	26.5~28.9GHz	– SKT, KT, LGU+ 5G 주파수
700MHz	698~806MHz	– 국내 디지털TV, 경매실패 – 전세계 LTE 주파수

1세대 이동통신 주파수대역은 800/900 MHz 대역 중심이었으나, 2세대 이후 1.8 GHz 대역이 추가되고, 3세대 이후 2 GHz 대역이 추가되었다. 최근 5G 이동통신에서는 3.5 GHz를 중심으로 서비스되고 있고, 심지어 28 GHz 대역도 5G용으로 할당되어 있다. 700 MHz의 경우 디지털TV의 도입으로 과거 아날로그 TV에서 사용하던 주파수 대역을 회수하여 만든 주파수 대역으로 외국에서는 이동통신용으로 주로 사용하나 우리나라의 경우 디지털TV로 일부가 할당되는 바람에 통신용 주파수대역이 좁아 현재 이동통신사들이 경매에 참여하지 않아 현재 사용되지 않고 있다.

ISM 주파수 대역

주파수 대역에는 이동통신 외에도 다양한 주파수 대역이 존재한다. 이중에【표 9.7】과 같은 ISM (Industrial, Scientific, and Medical) 대역이 있다. ISM 대역은 제정 당시 유도가열이나 유전가열, 그리고 대기 중 흡수 등으로 통신이나 센싱용 주파수로 적합하지 않은 주파수 대역 중에서 산업체, 과학기술, 의료용 등의 응용이 있는 경우 자유롭게 사용할 수 있도록 할당된 주파수 대역이다. 하지만 통신이나 센신용으로는 적합하지 않아 특별히 관리하지 않은 덕분에 무선 LAN 등 비면허기기가 사용하게 되면서, 실제 통신용으로 더욱 많이 사용되고 있는 주파수 대역이다. ISM 대역 중 낮은 주파수 대역은 NFC, RFID 등에서 사용되거나, MRI 등 의료용으로 사용되고 있다[43].

표 9.7 주요 ISM 대역

중심주파수		주파수범위	대역폭
유도가열	6.78 MHz	6.765~6.705 MHz	30 kHz
	13.56 MHz	13.553~13.567 MHz	14 kHz
	28.12 MHz	26.957~28.283 MHz	326 kHz
	40.68 MHz	40.66~40.70 MHz	40 kHz
유전가열	433.92 MHz	433.05~434.79 MHz	1.84 MHz
	915 MHz	902~928 MHz	26 MHz
	2.45 GHz	2.4~2.5 GHz	100 MHz
	5.8 GHz	5.725~8.875 GHz	150 MHz
흡수대역	24.125 GHz	24.0~24.25 GHz	250 MHz
	61.25 GHz	61.0~61.5 GHz	500 MHz
	122.5 GHz	122.0~123.0 GHz	1 GHz
	245 GHz	244.0~246.0 GHz	2 GHz

ISM 대역은 ITU-R에서 지정하였으나 지역에 따라 지정되지 않은 지역이 있으며, 3지역인 우리나라의 경우 433 MHz와 915 MHz 대역은 ISM 대역으로 지정되어 있지 않으며, 다양한 비면허기기 주파수로 할당되어 사용하고 있다.

비면허 주파수대역

비면허 주파수대역은 할당대가를 지불하지 않기 때문에 기술기준만 만족하면 누구나 사용할 수 있으므로 면허대역과는 달리 다양한 무선기기가 공존하고 있으며, 무선통신을 이용한

43) ISM 대역은 1947년 ITU 회의에서 결정되었다. ITU는 전 세계를 3개의 영역으로 구분하는데 유럽, 아프리카 등을 Region 1, 미국을 포함한 아메리카대륙을 Region 2, 아시아와 오세아니아 지역을 Region 3로 구분한다.

정보의 접근이 국민의 기본 권리로 보편화됨에 따라 그 사용이 지속적으로 확대되고 있다. 비면허 주파수대역은 일반적으로 ISM 주파수대역을 포함하며 주파수대역 중 상당히 넓은 범위를 차지한다[44].

비면허기기는 소출력기기라고도 부르며, 유럽에서는 SRD(Short Range Device)라고 부른다. 비면허기기의 정의는 ITU-R의 정의에 따르면 다른 무선국에 혼신을 주지 않을 것으로 판단되는 무선국용 무선기기를 의미하며 통상 10mW 이하의 공중선 전력이나 10mW/MHz 이하의 공중선 전력밀도를 허용하여 소출력기기라고 명칭한다. 하지만 소출력기기 중에서 4 W EIRP를 사용하는 RFID 기기도 있으므로 소출력보다는 비면허기기가 좀 더 엄밀한 의미에서 적합한 용어이다.

【그림 9.44】에는 국내 비면허기기 주파수 이용현황을 보여준다. 비면허기기는 매우 넓은 주파수 범위를 포함하며 무선조정, 무선마이크, 데이터전송, 무선호출, 무선의료기기, RFID/USN, UWB, 무선접속용, 레이다 센서용 등 다양한 분야에서 사용 중에 있으며 용도 미지정 주파수대역도 있어 용도에 상관없이 자유롭게 사용할 수도 있다. 이 중에서도 2.4 GHz (2400~2483.5 MHz)와 5 GHz 대역 (5.15~5.35 GHz, 5.47~5.65 GHz, 5.725~5.825 GHz)를 사용하는 Wi-Fi 기기가 가장 많이 보급되고 있다.

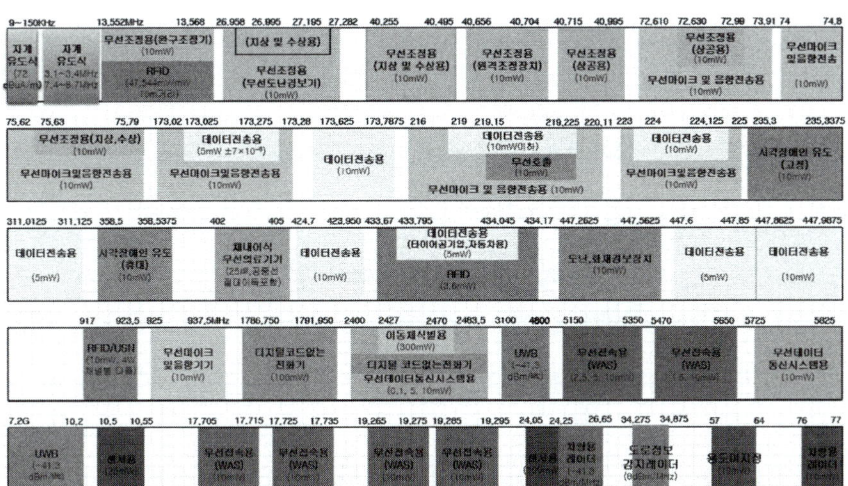

▌그림 9.44▌ 국내 비면허기기 주파수 이용현황

44) 비면허 대역은 ISM 대역을 포함하고 있어 ISM 대역보다는 좀 더 넓은 의미에서 사용된다. ISM 대역에서 사용하는 기기는 ISM기기라 부르며, 비면허 대역을 사용하는 기기를 비면허무선기기라 부른다. 미국에서는 ISM 기기를 FCC Part 18에서 정의하고 비면허기기는 FCC Part 15에서 정의한다.

9.7.2 고려사항 2 - 제한된 에너지

Shannon의 방정식에서 대역폭과 전력의 상호 Trade-off관계가 있음을 학습하였다. 이때의 에너지는 기저대역에서 전압레벨에 해당하며, 통과대역에서는 전력에 해당한다. 전력을 높이기 위해서는 송신기의 전력증폭기의 에너지 소모가 많이 필요하지만 에너지에는 한계가 있다. 또한, 선형증폭기는 비선형증폭기에 비해 효율이 낮으므로 같은 전력이라도 더 많은 에너지를 필요로 한다.

특히, 우리가 사용하는 휴대폰은 배터리를 사용하여 구동하므로 무선통신 시스템을 설계할 때는 너무 많은 에너지를 사용하지 않도록 해야 한다[45]. 특히, 단말기의 전력증폭기는 가능한 한 효율이 높은 증폭기를 사용하여 전력의 낭비를 막아야 하는데, 이 경우 증폭기의 비선형성이 높아져 모뎀의 성능이 나빠질 수 있으므로 비선형성에 강한 모뎀을 사용해야 하며, 회로 설계 역시 전력소모가 최소가 되도록 회로를 구성하여야 한다. 예를 들어 PSK 계열의 모뎀의 경우 주엽(mainlobe)이 좁아 스펙트럼 효율이 좋으나, 부엽(sidelobe) 또한 크기가 커서 이를 줄이기 위해서는 저지대역 특성이 우수한 필터를 사용해야 한다. 이 경우 필터의 영향으로 신호의 진폭이 변화하게 되어 비선형성에 강한 모뎀을 사용할 수 없게 된다. 따라서 무선통신 설계 시 단말기에서 기지국으로 송신되는 신호레벨을 결정할 때 모뎀 및 RF회로에서의 비선형성 및 전력효율의 상관관계에 따라 적당한 trade-off를 하여야 하며, 또한 단말기의 제한된 에너지를 고려하여 무선통신링크를 설계하여야 한다.

9.7.3 고려사항 3 - TDD와 FDD

방송과 달리 통신은 쌍방향으로 이루어져야 한다. 예를 들어 이동통신에서는 단말기에서 기지국으로 신호를 전송하는 상향링크(uplink)와 기지국에서 단말기로 신호를 전송하는 하향링크 신호의 두 개가 필요하다. 양방향 통신을 위해서 듀플렉싱 기술이 필요한데 대표적인 방식이 주파수분할 (FDD: Frequency Division Duplex) 방식과 시분할(TDD: Time Division Duplex) 방식이 있다. 듀플렉싱 방식에 따른 통신회로는 RF회로에 영향을 주게 되는데 그 차이가【그림 9.45】에 나와 있다. FDD에서는 송신주파수와 수신주파수 대역이 다르므로 RF 필터를 이용하여 구분한다. 이러한 필터를 듀플렉서(duplexer)라 한다. 반면, TDD는 송신과 수

45) 반면에 기지국은 배터리를 사용하지 않으므로 특별히 고려하지 않아도 된다. 그럼에도 불구하고 기지국 역시 전력소모가 많으면 좋지 않으므로 전력소모를 줄이기 위한 노력이 필요하다. 기지국의 경우 여러 신호가 다중화 되어 한번에 전송되므로 이 또한 고려해야 한다.

신 주파수 대역이 같으므로 시간축에서 구분하는데 이 때 사용하는 소자가 송수신 스위치(T/R Switch)이다.

초기 이동통신에서는 상향링크와 하향링크를 주파수 대역으로 구분하는 FDD 방식을 중심으로 발전해 왔다. FDD는 기본적으로 상향링크와 하향링크 신호의 대역폭이 동일한 음성통신의 경우에 적합한 방식으로 RF 필터를 이용하여 송수신 주파수대역을 분리하게 된다. 하지만, 이동통신이 데이터 중심으로 발전하면서 상향링크보다 하향링크 신호의 대역폭이 더욱 많이 요구됨에 따라 FDD는 한계를 보이게 되었고, 이에 따라 상향과 하향을 시간으로 구분하는 TDD 방식의 주파수 활용에 대한 수요가 증가하였다. 우리나라의 경우 2006년 WiBro에서 TDD를 사용한 바 있으며, 5G 들어서는 TDD방식으로 주파수를 할당하고 있다.

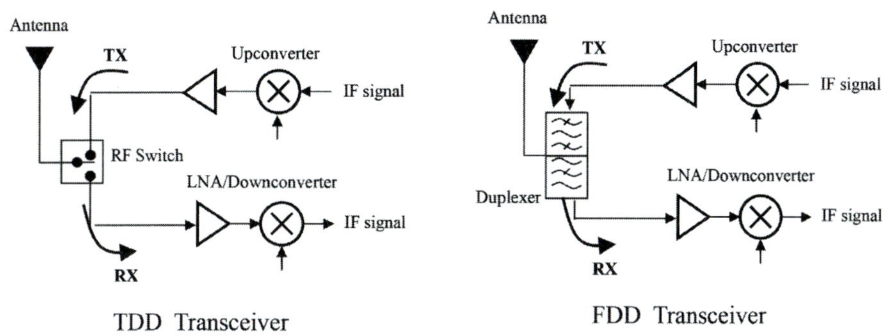

그림 9.45 TDD와 FDD의 하드웨어 차이

9.7.4 고려사항 4 – 잡음/간섭 제한 시스템

Shannon의 방정식에서 SNR은 잡음만을 고려한 것이다. 보통 무선통신은 제공하는 서비스에 따라 요구하는 에러확률(Probability of Error)이 다르다. 예를 들어 음성신호의 경우 약간의 에러를 허용하나 데이터 서비스의 경우 엄격한 에러확률을 갖는다. 에러확률에 따라 수신단에서 요구되는 최소 신호대잡음비(SNR)가 결정되는 것이다. 이렇게 송신기가 하나 있는 경우 수신기의 성능은 신호 및 잡음에 의해서만 성능이 결정되며 이러한 시스템을 **잡음제한 시스템**(noise-limited system)이라고 한다. 즉, 수신기가 송신기로부터 멀어지면 신호의 세기가 작아져 잡음의 영향이 커지게 된다.

이제 동일한 주파수를 사용하는 송신기가 하나 더 있는 경우를 살펴보자. 수신기가 두 번째 송신기에 근접해지면 잡음 신호보다는 간섭신호의 성분이 커지게 되어 더 이상 잡음의 영향보다는 간섭의 영향이 커지게 된다. 이러한 경우는 셀룰라 이동통신에서 일반적으로 발생하는 현상으로 이러한 시스템을 간섭제한 시스템(interference-limited system)이라고 부른다. 【그림 9.46】은 잡음 제한 시스템 및 간섭제한 시스템의 예를 보여준다.

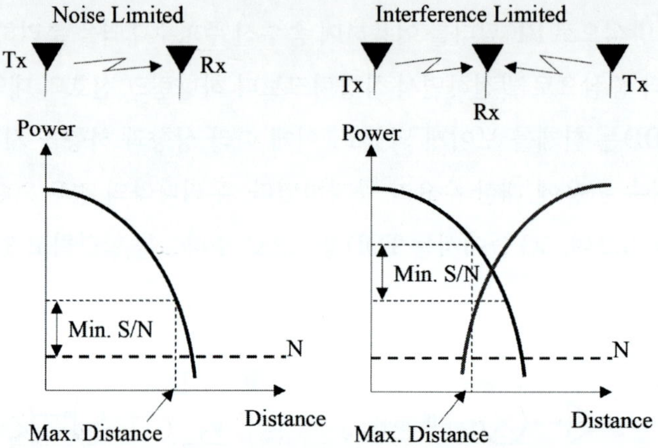

▌그림 9.46▌ 잡음제한 시스템 및 간섭제한 시스템에서의 통신반경

【그림 9.46】의 왼쪽 그림에서 송신기와 수신기사이에 거리가 멀어질수록 수신신호의 전력이 작아지게 되어 최소 SNR 값으로 작아지는 거리가 통신반경이 된다. 잡음제한 시스템의 대표적인 사례가 FM라디오를 듣고 있다가 터널 안으로 진입할 경우 신호가 약해지는 것을 들 수 있다. 반면【그림 9.46】의 오른쪽은 송신기와 수신기가 동일하게 위치하고 있으나 간섭신호의 크기가 점점 커지게 되어 간섭신호가 잡음신호보다 커지게 되면 간섭신호가 수신기의 수신반경을 결정하게 되어 통신반경이 작아지는 형태가 된다. 간섭은 동일채널 내에서의 간섭뿐만 아니라 인접채널간섭에 의한 영향까지 고려해야 하는 중요한 문제로 주파수 할당 과정에서 중요하게 다루는 이슈이다.

간섭제한 시스템에서는 간섭을 줄이기 위해서 셀 개념의 도입이 필수적이다. 무선채널에서는 거리에 따른 전파의 감쇄가 크므로 어느 정도 거리를 지나면 전파의 크기가 급속히 작아져 다시 사용할 수 있다. 이런 원리를 이용하여 이동통신에서는 주파수를 효율적으로 사용하기 위해 도시나 지역을 여러 작은 단위인 셀(cell)로 나누고 전파의 감쇄 특성을 이용하여 멀리 떨어진 셀에서는 같은 주파수를 재사용(frequency reuse)하는 방법을 사용한다. 각각의 셀의 모양이【그림 9.47】에 나타난 바와 같이 육각형으로 배치된다고 가정하면 각 셀은 여섯 개의 이웃 셀들과 접해 있으며, 가용한 주파수 대역의 1/7을 사용하게 된다.【그림 9.47】과 같이 같은 색깔로 칠해진 2개 이상 떨어진 셀에서는 동일한 주파수 채널을 재사용할 수 있다. 이런 주파수재사용 개념으로 이동통신이 시작되었기 때문에 스마트폰 이전에는 이동통신을 셀룰라(cellular)통신, 이동통신 단말기를 셀룰라폰이라고 명칭하였다.

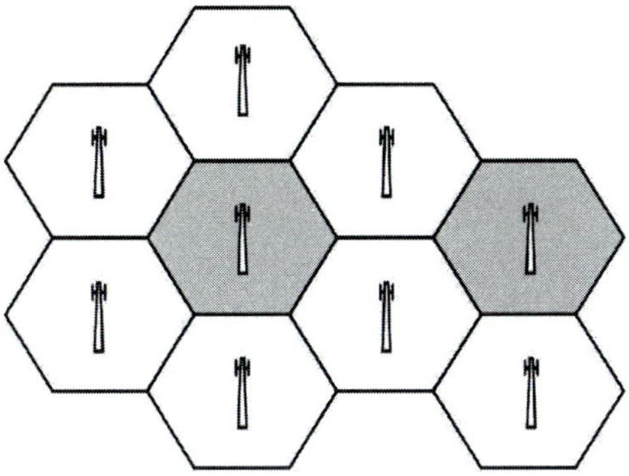

그림 9.47 이동통신 시스템의 셀 구조

9.7.5 고려사항 5 – 기술기준과 표준

무선통신에서 통신반경을 넓히기 위해서는 송신기의 출력을 높이면 되지만 무한정 넓힐 수 없다. 전파는 공공자산이므로 면허대역이든 비면허대역이든 국가가 정한 기술기준 내에서 동작되어야 한다. 기술기준이란 해당 무선기기가 허용된 기술기준을 초과할 경우 타 기기의 간섭을 줄 수 있으므로 이를 막기 위해 만든 기준으로 주요 항목으로는 중심주파수 허용편차, 채널대역폭, 송신기의 최대송신출력, 불요발사(Spurious) 등이다. 기술기준이외에도 무선기기는 전파법이 정한 EMI/EMC, 전자파 인체영향 등의 기준을 통과하여야 한다. 전파법과 기술기준은 국가별로 차이가 있으므로 해외 무선기기가 국내에 수입될 때에도 국내 전파법과 기술기준을 준수해야 한다.

통신기기는 기술기준 외에도 전 세계가 정한 표준(Standard)을 만족해야 한다. 표준이란 기본적으로 장비 혹은 서비스 간 상호호환성을 통한 기술의 조화를 위해 국제적으로 만든 규약으로서 표준을 만족하는 통신기기는 상호호환이 가능하다. 예를 들어 Wi-Fi 표준을 만족하는 스마트폰의 경우 전 세계 어느 나라에 가더라도 Wi-Fi 접속을 통해 인터넷 서비스가 가능한데 그 이유는 모슨 Wi-Fi 시스템이 동일한 표준을 사용하기 때문이다. 표준을 따르게 되면 통신기기의 개발업체들의 저렴하게 통신기기를 보급할 수 있을 뿐만 아니라 Google 같은 인터넷 사업자가 전 세계에 유사한 서비스를 동시에 보급하는 것도 가능하다[46). 【표 9.8】에 표준의 분류를 보여준다. 국내에는 국가기술표준원이 일반 표준을 다르며, 정보통신 표준의 경우 한국정보통신기술협회(TTA)와 국립전파연구원(RRA)등이 주체가 되어 표준화를 진행 중에 있으며, 국제적 조화를 기반으로 다양한 국내 표준을 개발 중에 있다.

표 9.8 표준의 분류

분류기준	표준의 분류	표준화 주체
표준화의 참여 범위	국제표준 지역표준 국가표준 단체표준 사내표준	ITU, ISO, IEC ETSI, ASTAP ANSI, MIC, MPT TTA, TTC, TI KT, Dacom
표준화 제정기구	공식표준 사실상표준	ITU,ISO 포럼, 컨소시엄(IETF 등)
표준화의 진행정도	ITU: 기고서, 권고안, 권고 ISO: 초안(CD), 표준안, 국제표준(IS)	
표준화의 구현 정도	기본표준, 기능표준, 시험규격, 서비스 표준 등	

9.7.6 모뎀의 선택 과정

이제 다양한 디지털변조방식이 있을 때 어떤 디지털변조 방식을 사용하여야 하는가? 라는 문제를 논의하자. 먼저 디지털 통신시스템의 설계과정이 전자회로를 만드는 것보다 훨씬 더 복잡한 설계과정을 가짐을 이해해야 한다. 예를 들어 우리가 오디오 AMP를 만든다고 할 경우 설계도만 주어지면 바로 부품을 구매하고, PCB 납땜을 하여 AMP를 만들 수 있다. 만든 AMP는 바로 오디오 신호를 입력하고 스피커를 달아서 음질이 원하는 성능을 보이는지 파악할 수 있다. 하지만 무선통신 시스템은 이와는 매우 다르다. 예를 들어 이동통신 시스템을 설계한다고 하면, 실제 시스템을 만들기 전에 제작한 시스템이 실제 환경에서 충분한 성능을 보이는지 확인하는 것이 매우 중요하다. 만약에 내가 설계한 이동통신 시스템이 전국에 설치하였는데 문

46) 전세계 공통 표준이 필요하지만 표준화가 안된 대표적인 분야로 전원플러그가 있다. 전세계 전원플러그가 하나의 표준으로 통일되어 있다면 가전제품 등의 수출 및 호환이 용이한 장점이 있겠으나, 전원플로그의 경우 표준 이전에 이미 전 세계에 다양한 형태의 플러그가 보급되어 있으므로 이를 표준방식으로 변경하기에는 모든 건물의 전원 공사를 다시 해야 하는 등의 시간과 노력이 너무 많이 필요하기 때문에 국가별로만 통일하여 사용하고 있다.

제가 발생하였다면 이는 천문학적인 비용손실을 각오해야 할 일이다. 따라서 무선통신시스템은 먼저 이론과 Simulation을 통해 충분히 검증하고, 이를 특정 지역에서 Test-bed를 설치하여 동작 유무를 확인한 후 구현하여야 한다.

다음으로 Simulation을 하는 이유는 무엇인가? 무선통신 시스템을 여러 명이 다양한 환경에서 사용되므로 사용 환경이 변하여도 시스템의 성능이 만족스러운지를 확인하여야 한다. 하지만 이러한 확인과정에는 천문학적 비용이 들기 때문에 컴퓨터로 가상환경을 만들어 진행하는 것이 경제적이다.

현재까지 AWGN환경에서 BER이 최대가 되는 수신기인 optimal 수신기에 대하여 논의하였다. AWGN 채널에서 BER 특성은 SNR이 증가함에 따라 급격히 감소한다. 예를 들어 이진 변조신호의 경우 10^{-4} BER을 얻기 위해서는 10 dB정도의 SNR이면 충분하고, SNR이 15 dB로 증가한다면 BER은 10^{-8}까지 개선될 것이다. 하지만 페이딩 채널이 존재하는 경우 수신기의 특성은 AWGN 환경과 매우 다르다. 페이딩 채널에서의 BER의 특성을 개념적으로 이해하기 위해 페이딩 채널의 평균 SNR이 10 dB라고 가정하고, 페이딩에 의해 수신시간의 반에 대해서 SNR은 $-\infty$dB가 되고, 나머지 반에 대해서는 13dB가 된다고 가정하자. 두 경우의 BER은 각각 0.5와 10^{-9}라고 가정하자. 이 경우 BER의 평균값은 $0.5\times0.5+0.5\times10^{-9}=0.25$가 된다. 이를 통해서도 AWGN 환경에서의 BER이 10^{-5} 수준인데 비하여 급격하게 나빠지게 됨을 알 수 있다. 이를 수식적으로 전개하기 위해서 먼저 페이딩 특성이 Rayleigh분포를 갖는다고 하면, 수신신호의 크기 $r=|r(t)|$는 식 (9.45)와 같은 Rayleigh 분포를 갖는다.

$$pdf(r) = \frac{r}{\sigma^2} exp\left(-\frac{r^2}{2\sigma^2}\right),\ \ r \ge 0 \tag{9.45}$$

순시 입력전력 $P_{inst}=r^2$으로 평균전력 $P_m=2\sigma^2$으로 치환하면 수신전력에 대한 확률밀도 함수는 식 (9.46)과 같다.

$$pdf(P_{inst}) = \frac{1}{P_m} exp\left(-\frac{P_{inst}}{P_m}\right),\ \ P_{inst} \ge 0 \tag{9.46}$$

SNR값은 N_0가 일정하다면 수신전력이 $1/N_0$ 만큼 스케일링 된 것이므로 동일한 확률밀도를 갖는다.

$$pdf(r_B) = \frac{1}{\overline{r_B}} exp\left(-\frac{r_B}{\overline{r_B}}\right) \tag{9.47}$$

여기서 $\overline{r_B}$는 평균 SNR을 의미한다. 이제 Rayleigh 페이딩 채널에서의 BER 특성은 다음 식 (9.48)로 주어지며 일반적인 결과가【그림 9.48】과 같다.

$$BER_{Rayleigh}(\overline{r_B}) = \int_0^\infty BER_{AWGN}(r_B) \times pdf(r_B) dr_B \tag{9.48}$$

【그림 9.48】에서 알 수 있듯이 Rayleigh 페이딩 환경에서는 에러확률이 서서히 감소한다. 페이딩 환경에 따라 SNR이 높아질 수도 있고, 낮아질 수도 있으나, 평균전력은 동일하므로 아주 높은 SNR과 낮은 SNR은 서로 상쇄된다고 이해할 수 있다. 주의할 것은 순간순간의 BER과 SNR은 선형적이지 않으며 다지 평균값만이【그림 9.48】에 나타난다고 이해하면 된다. 페이딩 환경에서의 BER 특성을 해석하는 방법은 이상과 같이 해석적으로 주어질 수도 있으나, 보통은 컴퓨터 시뮬레이션을 통한 분석을 기초로 하는 경우가 대부분이다. 이 경우 페이딩 채널을 시뮬레이터를 통해 만들고 이를 통과한 신호를 복조한 후 송신신호와 비교하여 BER 특성을 계산하게 된다.

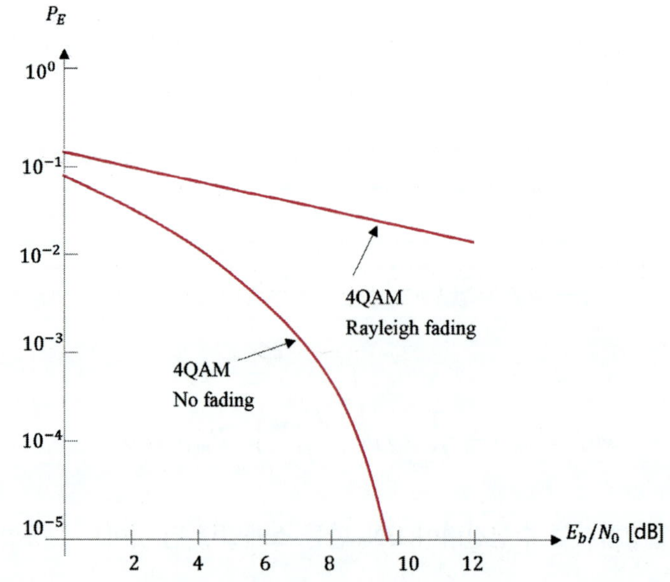

【그림 9.48】 Rayleigh 페이딩 채널에서의 에러 확률

중요

무선통신을 표준화하려면 서비스하려는 채널에 대한 채널모델에 대한 정의가 선행되어야 한다. 다양한 표준 회의에서 제일 먼저 논의되는 것이 서비스 환경과 시뮬레이션을 위한 채널모델을 결정하는 것이다. 이러한 서비스 환경과 채널모델이 결정되면 다양한 무선기술이이 경쟁하여 최고의 성능을 내는 무선기술이 표준으로 채택되게 된다.

9.7.7 전파형식의 이해

현재까지 학습한 다양한 무선통신을 전파법에서는 어떻게 표현하는지 알아보자. 국제전기통신연합(International Telecommunication Union)은 무선통신이나 레이다 신호를 분류하기 위해 국제적으로 합의된 시스템을 사용한다. 특히, 공기중으로 방사되는 전파의 각 유형은 대역폭, 변조 방식, 변조 신호의 특성 및 반송파 신호에서 전송되는 정보나 신호의 특성에 따라 분류되게 된다[47]. 전파형식의 주요 분류는【표 9.9】와 같다.

▌표 9.9▌ 전파형식의 분류

구분	기호	설명
변조 유형	A	DSB AM(예: AM 라디오 방송)
	D	AM,FM, PM의 결합
	F	FM 변조(예: FM 라디오 방송)
	G	위상변조
	N	변조되지 않은 반송파
변조신호의 유형	0	변조신호가 없는 경우
	1	한 채널의 디지털 정보(부반송파가 없는 경우)
	2	한 채널의 디지털 정보(부반송파 사용)
	3	한 채널의 아날로그 정보
	7	한 채널 이상의 디지털 정보
전송된 정보의 유형	N	정보가 없는 경우
	D	데이터 전송
	E	음성이나 음악
	F	비디오

예를 들어 전파형식이 'A3E'로 표시된 경우 진폭변조된 AM방송 전파를 의미하며, 'FID'이면 디지털 FM변조인 FSK를 사용하는 무선통신을 의미한다.

47) 전파규칙은 1979년 ITU WRC79에서 합의되었다.

예제 9-14 **도로의 신호등에는 시각장애인용 유도신호용 무선기기가 설치되어 있다. 이 무선기기에 대해 전파법에는 다음과 같이 기술기준을 정하고 있다. 이를 설명하시오.**

- 용도: 시각장애인 유도신호등
- 주파수: 고정장치 253.3MHz, 휴대장치: 358.5MHz
- 점유주파수대역폭: 8.5kHz 이하
- 실효복사전력: 10mW 이하
- 전파형식: F(G)2D, G(G)3E

풀이 FM변조나 위상변조를 사용하고, 디지털 정보나 아날로그 정보를 정보를 사용하며 전송되는 정보는 데이터, 음성, 음악임을 알 수 있다.

제10장

레이다 기술 및 무선통신과의 융합 사례

앞에서 무선통신과 레이다를 이해하기 위한 기본 개념들을 학습하였고, 9장과 10장에서는 앞에서 학습한 무선통신과 레이다 이론이 실제로는 어떻게 사용되고 있는지 살펴보고 있다. 앞선 9장에서는 다양한 무선통신 사례를 살펴보았으며, 이제 10장에서는 레이다 기술과 함께 무선통신과 레이다 융합기술에 대해 살피고자 한다. 먼저, 무선통신과 레이다의 주요 특징을 비교하는 것부터 시작하여 레이다가 센싱하는 거리, 속도, 방향이 어떻게 한 번에 통합하여 센싱할 수 있는지 살펴본다. 실제 예로서 최근 관심이 집중되고 있는 차량용 레이다에서 기능 통합이 어떻게 이루어지는 살펴본다. 이후 레이다 기술이 무선통신과 어떻게 융합되는지 과거의 전통적인 방법부터 최신 기술까지 살펴본다. 특히, 레이다 기술이 무선통신과 융합되는 대표적인 사례로 【그림 10.1】과 같은 포지셔닝(Positioning) 기술을 중심으로 살펴본다[1]. 마지막으로 미래에 등장하게 될 무선통신과 레이다의 융합 기술의 특징 및 주요 연구 사례에 대해 살펴본다.

1) 포지셔닝 기술은 레이다기술과 무선통신 기술이 결합된 대표적인 기술로 거리 분해능과 동작 반경에 따라 구분할 수 있으며, 요구하는 분해능과 동작 반경에 따라 다양한 기술이 사용되고 있다.

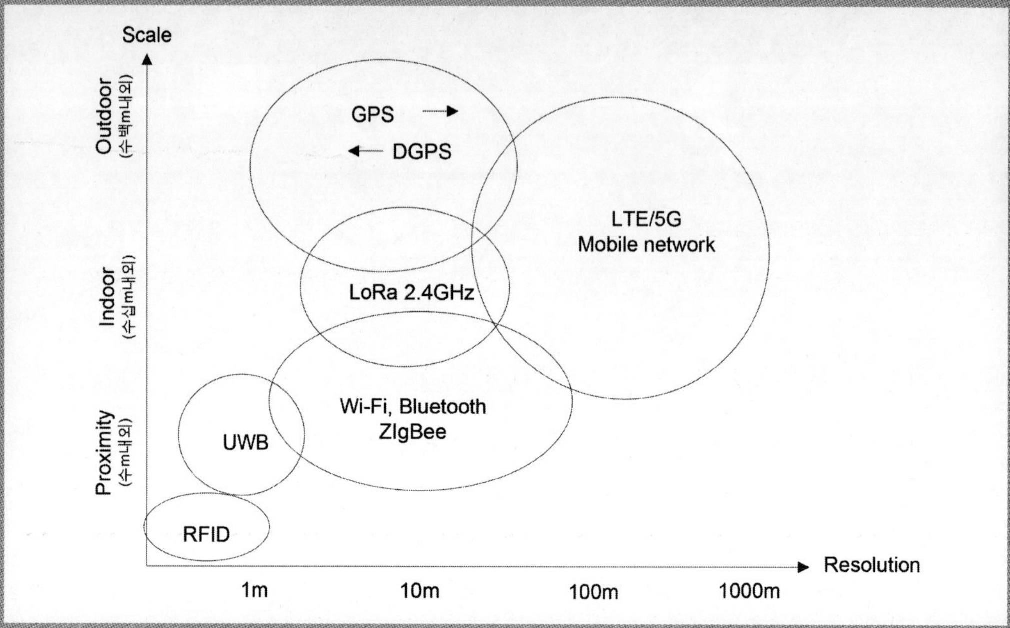

▌그림 10.1▌ 10장에서 다루는 포지셔닝 기술

10.1 레이다 기술의 특징

무선통신과 마찬가지로 레이다도 전파를 사용하므로 정부로부터 주파수 할당을 받고 전파의 출력도 기술기준에 맞추어야 한다. 특히, 동작범위가 큰 국방이나 기상용 레이다는 출력이 kW(~10^3W)에서 MW(~10^6W) 정도로 매우 높다[2]. 따라서 레이다가 동작하는 주파수 대역에서는 주파수간섭에 의해 다른 무선통신 서비스를 사용할 수 없다. 게다가 레이다 신호가 워낙 커서 인접 주파수대역까지도 영향을 끼칠 수 있으므로 고출력 레이다는 사용 주파수 대역 뿐만 아니라 설치장소도 세심한 관리가 필요하다. 예를 들어 기상청이 보유한 C-대역 기상레이다는 설치장소가 공개되어 있어 해당 장소 근방에서는 다른 무선기기가 사용되지 못하도록 관리되고 있으며, 해당 주파수 대역의 인접대역을 사용하는 무선 LAN 등이 레이다 신호에 영향을 주지 못하도록 기술기준으로 규제하고 있다. 국방용 레이다의 경우 보통 X-대역을 사용하는데 이 주파수 대역은 군에서만 사용될 수 있도록 할당되어 있다. 이러한 특수 목적의 고출력 레이다는 별도로 관리가 되어 그 제원은 자세히 공개되지 않는다[3].

반면 차량충돌방지 레이다 등 민수용 레이다는 비면허 무선통신과 마찬가지로 다양한 분야에서 사용될 수 있도록 하기 위하여 출력과 주파수 등이 전파법에서 제시한 기술기준을 만족하면 사용될 수 있다. 대표적인 민수용 레이다 주파수와 출력기준이 【표 10.1】에 나타나 있다. 【표 10.1】에 대역폭이 표시되지 않거나 주파수 대역폭이 좁은 주파수 대역은 도플러 레이다를 의미하며 대역폭이 표시되어 있는 주파수 대역은 보통 FMCW 레이다를 사용하는 것을 의미한다. 이 외에도 UWB 주파수 대역이나 60GHz 대역의 용도미지정 주파수 대역도 용도가 특별히 지정되어 있지 않으므로 레이다 주파수로도 사용되고 있다[4]. 【표 10.1】과 같이 민수용 레이다는 주파수 대역에 따라 대역폭과 출력이 상이하므로 구현이 가능한 레이다 기술이 정해져 있다. 특히, 주파수 대역폭이 좁은 협대역 레이다의 경우 속도 측정, 움직임 측정 등은 가능하나 거리 측정에는 한계가 있고, 대역폭이 GHz로 넓은 광대역 레이다의 경우 거리 분해능이 우수하여 거리 측정 등에 주로 응용된다. 예를 들어 차량충돌방지 레이다는 정밀한 거리 분해능이

2) 관악산 정상에 기상청에서 관리하는 기상레이다가 설치되어 있으며 큰 출력으로 인해 주변에 접근할 수 없도록 관리되고 있다.

3) 국내에서 주파수를 관리하는 과학기술정보통신부에서도 국방용 레이다는 국방부와 상의하여 별도로 관리하며 군사기밀에 해당하므로 대중에게 공개하지 않는다.

4) 전 세계적으로 UWB 주파수대역과 60GHz 주파수 대역은 무선통신과 레이다가 같이 사용하는 대표적인 주파수 대역이다.

필요하므로 대역폭이 넓은 77GHz 대역을 주로 사용하는 것이 보편적이다.

표 10.1 국내 민수용 레이다 주파수 대역

이름	중심주파수 (대역폭)	출력	비고
이동체식별용 특정소출력 무선기기	2440MHz 2450MHz 2455MHz	300mW 이하 (안테나 공급전력)	CW 레이다
물체감지센서용 무선기기	5847~5850MHz	10mW 이하 복사전력	CW 레이다
	10.5~10.55GHz	25mW 이하	CW 레이다
	24.05~24.25GHz (200MHz)	100mW 이하	
차량충돌방지 레이다	24.05~24.25GHz (200MHz)	100mW 이하	후방
	24.25~26.65GHz (2.4GHz)	−41.3dBm/MHz 이하 (EIRP)	전방, 측후방 (2021년까지 탑재가능)
	76~77GHz (1GHz)	50dBm 이하 (EIRP)	전방, 장거리
	77~81GHz (4GHz)	−3dBm/MHz 이하 (EIRP)	전방향 근거리 (2018년 이후)
UWB 주파수 대역	4.2~4.8GHz, 6.0~10.2GHz	− 41.3dBm/MHz (평균전력), 0dBm/50MHz(첨두전력)	용도미지정
60GHz	57~64GHz	40dBm(EIRP)	용도미지정

10.1.1 레이다의 주파수 간섭

레이다는 CW 신호 또는 FMCW 신호를 사용하는 것이 일반적이다. CW신호의 경우 주파수 영역에서 델타함수로 표현되므로 주파수간섭이 매우 미비하다. 또한 FMCW신호의 경우에도 레이다 주파수가 광대역 대역폭을 가지고 있지만 특정한 순간에는 하나의 주파수만을 사용하는 CW신호와 동일하므로 광대역을 사용하는 무선통신기기에 비해 주파수 간섭이 미약하다는 것을 직관적으로 알 수 있다. 하지만 차량용 레이다가 보급이 확대됨에 따라 모든 자동차에 FMCW 레이다가 장착되면 서로 간의 간섭이 발생할 수 있고 이 경우 자동차 사고와 관련될 수 있지 않을까 하는 우려가 제기된 바 있다. 이러한 레이다 사이의 주파수간섭을 정량적으로 분석하기 위하여 인접한 레이다 간의 FMCW 파형이 어떠한 영향을 주는지 살펴보자. FMCW 레이다는 각각 별도로 동작하므로 chirp 레이다 파형은 레이다마다 다르며, 같더라도 도달시간이 다르다. 따라서 다음의 두 가지 경우가 있을 수 있다. 첫 번째는【그림 10.2(a)】와 같이 두 레이다가 모두 up-chirp신호를 사용하지만 시간차를 가지고 입사되는 경우이다. 이 경우 레이다는 두 신호를 구별하지 못하고 각각을 별도의 비트 주파수로 판별한다. 비트 주파수를 분석하면 목표물과 유사 목표물(ghost target)로 나타난다. 이러한 상황은 레이다 주변의 장애물(clutter)에 의한 반사와 유사한 효과를 내며, clutter를 제거하듯이 적절한 신호처리로 극복할 수 있다. 두 번째로【그림 10.2(b)】와 같이 두 레이다가 각각 up-chirp가 down-chirp을 하는 경우이다. 이 경우에는 두 레이다 신호 간의 상관이 없으므로 인접 레이다 신호가 ghost target으로 나타나는 것이 아니라 잡음의 증가로 볼 수 있다[5]. 이러한 레이다 간섭을 줄이는 다양한 방법이 있을 수 있으며 레이다 파형에 무선통신 기능을 추가하는 방식에 대한 논의도 활발히 이루어지고 있다. 단, 이 경우 레이다 기능의 손실은 없으면서 인접 차량간에 Chirp 신호를 분리할 수 있어야 한다.

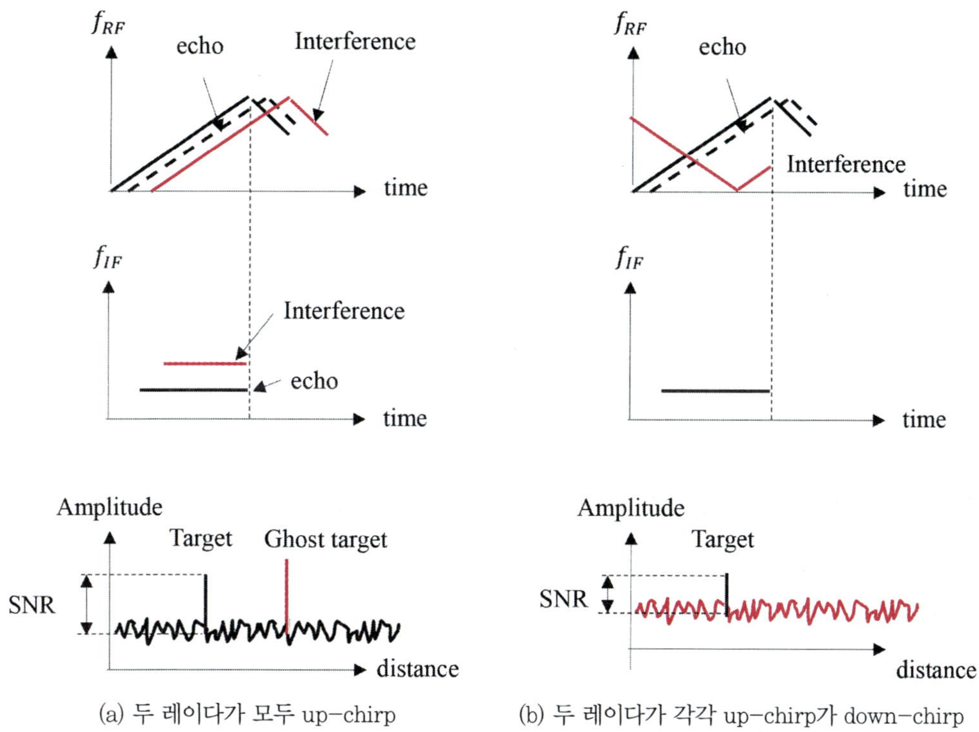

【그림 10.2】 레이다 간섭의 영향

5) 한편, 레이다는 밀리미터파 대역에서 지향성 있는 빔을 사용하므로 무지향성 방사패턴을 사용하는 무선통신과는 달리 같은 공간에 레이다가 있어도 공간적으로 분리되므로 간섭의 영향은 상대적으로 작다.

> 참고 차량용 레이다의 주파수 간섭은 지속적인 연구 주제로 자동차 회사나 차량용 레이다 전문업체들을 중심으로 다양한 해결책 등을 논의하고 있다. 유럽에서는 2012년 MOSARIM 프로젝트를 통해 레이다 주파수 간섭에 대한 보고서를 발표한 바 있다.

10.2 레이다의 기능 통합

5장에서 FMCW 레이다의 거리 측정의 원리, 6장에서 배열안테나 기반 레이다 방향탐지, 7장에서 CW 레이다의 속도 측정에 대해서 각각 살펴보았다. 당연히 거리, 속도, 방향 중 하나만 센싱하는 레이다도 다양하게 존재하지만 하나의 레이다로 거리, 속도, 방향을 동시에 측정할 수 있다면 레이다의 활용 가능성이 증대되는 것은 당연하다[6]. 따라서 최신 레이다 기술은 거리, 속도, 방향을 어떻게 통합하는지에 따라 다양한 레이다가 만들어지게 된다.

10.2.1 거리와 속도 동시 측정

5장에서 FMCW 레이다에서 LFM 파형을 이용하여 목표물까지 거리를 측정하는 원리를 살펴보았다. 이 때 FMCW 레이다의 주파수 변화는 t_0의 시간폭을 갖는 톱니파 형태를 갖게 된다. 즉, LFM 신호의 주파수가 $t = 0$에서 시작주파수(f_0)로 시작하였다면, t_0시간이 되면 끝주파수($f_0 + \Delta f$)에 도달한 후 다시 시작주파수(f_0)로 돌아오게 된다. 이때 거리 측정은 t_0시간 안에서 이루어진다. 만약, FMCW 레이다의 주파수가 $t = 0$에서 시작주파수(f_0)로 시작하여 상승한 후 t_0시간이 되면 끝주파수($f_0 + \Delta f$)에 도달하고, 다시 t_0시간 동안 하강하여 $t = 2t_0$에서 시작주파수(f_0)로 돌아오는 경우를 생각하자. 이렇게 주파수가 상향과 하향이 반복되는 경우 FMCW 레이다는 속도를 측정하는 것이 가능하다.

이를 개념적으로 설명하기 위해 송신신호와 수신신호의 시간에 따른 주파수 변화를 도식적으로 관찰해 보자. 만약【그림 10.3】과 같이 물체가 고정되어 있는 경우를 가정하자. FMCW 레이다는 시간에 따라 선형적으로 주파수가 높아지거나 낮아지기를 반복하게 되는데 이 신호가 목

6) 레이다는 하드웨어 가격이 비싸므로 과거 레이다는 거리, 속도, 방향 중 하나만을 측정하는 경우가 많았다. 예를 들어 차동차 과속 방지 레이다는 차량의 접근 속도만을 측정한다.

표물에 반사되어 온 수신신호는 시간지연(Δt)과 수신신호의 도플러 편이(f_D)에 의해 변형된 신호로 수신되는데 물체가 고정되어 있으므로 시간지연만 존재한다. 따라서 【그림 10.3】과 같이 주파수가 상승하거나 하강함에 상관없이 beat 주파수 f_b는 동일하다.

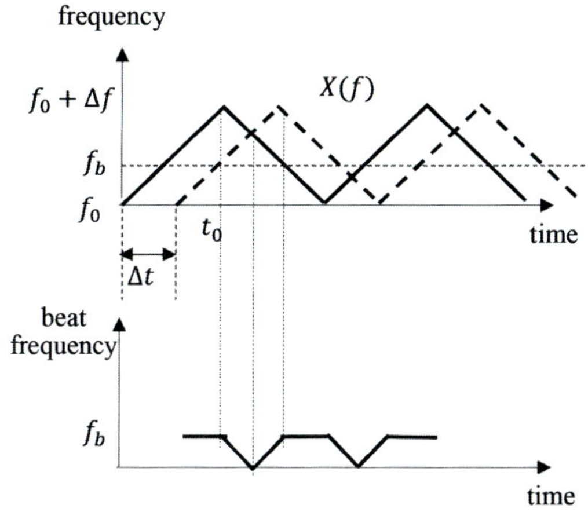

【그림 10.3】 정지한 목표물에 의한 FMCW 레이다의 신호파형 변화

다음으로, 물체가 움직여 도플러 주파수가 발생하는 경우의 FMCW 레이다의 신호파형을 살펴보자. 【그림 10.4】에서와 같이 움직이는 물체는 도플러 주파수만큼 수신신호 파형이 커지거나 작아지므로 FM신호의 주파수가 상승할 때와 FM신호 파형의 주파수가 하강할 때의 beat frequency (f_b)는 각각 f_{bu}과 f_{bd}으로 달라지게 될 것이다.

$$f_{bu} = \frac{2R}{c}\frac{\Delta f}{t_0} - \frac{2v}{\lambda} \tag{10.1}$$

$$f_{bd} = \frac{2R}{c}\frac{\Delta f}{t_0} + \frac{2v}{\lambda} \tag{10.2}$$

이제 수신기가 주파수가 상승할 때의 beat frequency와 주파수가 하강할 때의 beat frequency를 각각 측정할 수 있다고 가정하자. 측정된 2개의 주파수를 더하게 되면, 즉, 식 (10.1)과 식 (10.2)를 더하게 되면 도플러 주파수는 사라지게 되어 정지해 있는 물체에 대한 beat frequency에 대한 식 (5.84)와 동일하게 된다. 따라서 거리를 계산할 수 있다. 이제 식 (10.1)과 식 (10.2)를 빼면 거리와 관련된 변수는 사라지고 속도와 관련된 식만 남게 되어 속도는 식 (10.3)을 통해 얻을 수 있다.

$$v = \frac{\lambda}{4}(f_{bd} - f_{bu}) \tag{10.3}$$

이렇게 주파수가 상승 또는 하강하는 기능을 갖는 FMCW 레이다는 목표물의 거리뿐만 아니라 속도도 측정할 수 있게 된다.

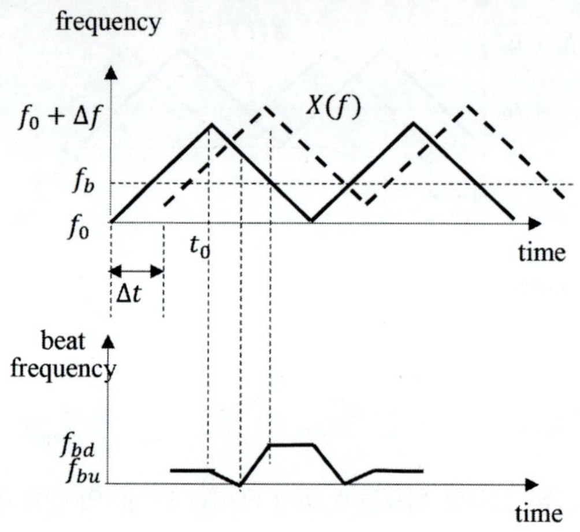

【그림 10.4】 움직이는 목표물에 의한 FMCW 레이다의 신호파형 변화

10.2.2 FFT 기반 거리/속도/방향 동시 측정

먼저, FMCW 파형과 CW 파형을 한 번에 처리하기 위하여【그림 10.5】와 같이 톱니파 모양의 일련의 chirp 파형을 생성하고, 이를 수신하고 일련의 FFT연산을 수행한다. 톱니파 1개에 해당되는 chirp의 FFT 연산 1개를 통해서 목표물의 거리를 센싱할 수 있으며, 시간의 변화에 따른 range의 변화를 알 수 있다. 이렇게 구한 2차원 벡터의 행과 열을 바꾸어 2번째 FFT를 취하게 되면, 첫 번째 FFT의 각각의 index는 동일한 주파수에 해당하므로 CW 레이다의 주파수 변화 즉, 속도를 측정할 수 있다. 이렇게 하는 이유는 거리를 측정하기 위해 사용되는 FMCW 레이다의 출력인 비트 주파수는 매우 높은 주파수인 반면에 속도를 측정하는 도플러 주파수는 상대적으로 낮은 주파수이기 때문이다. 높은 주파수를 해석하기 위해서는 짧은 시간 (Fast time)의 데이터로 가능하지만 낮은 주파수를 해석하기 위해서는 긴 시간(Slow Time)이 필요하기 때문이다.

다음으로 Chirp 신호를 기반으로 방향도 동시에 측정하는 방법을 살펴보자. 각도 분해능을 얻기 위해서는 CW 주파수 기반의 다중 채널 배열안테나를 사용한다. 하지만, 거리분해능은

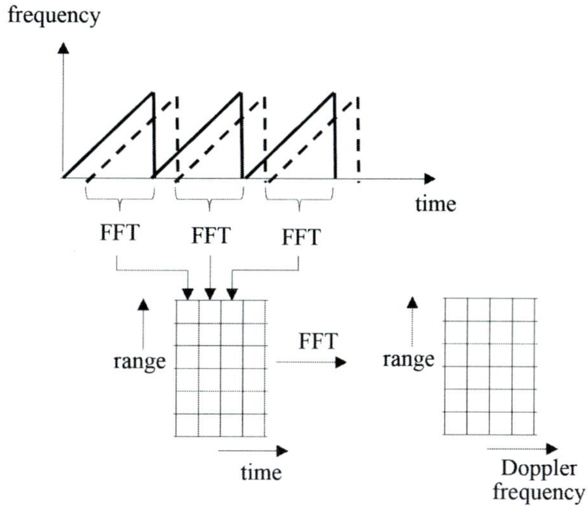

그림 10.5 차량용 레이다 FMCW 파형

FMCW 파형의 대역폭을 늘리면 쉽게 개선할 수 있는 반면에 각도 분해능은 안테나 수에 비례하며 안테나는 하드웨어이므로 안테나 수를 늘리는데 한계가 있다[7]. 따라서 안테나 수를 늘리기 위해 차량용 레이다에서는 6장에서 살펴본 MIMO 기반의 가상 안테나 개념을 사용한다. 송신안테나와 수신안테나가 분리되어 있는 무선통신과 다르게 레이다에서는 송신안테나와 수신안테나가 같이 놓여 있으므로 MIMO 빔포밍 개념을 도입하는 것이 유리하다. 【그림 10.6】에서 송신안테나가 2개, 수신안테나가 4개있는 경우 안테나 사이의 간격을 조절하게 되면, 수신안테나가 8개 있는 것과 동일한 효과를 얻을 수 있다.

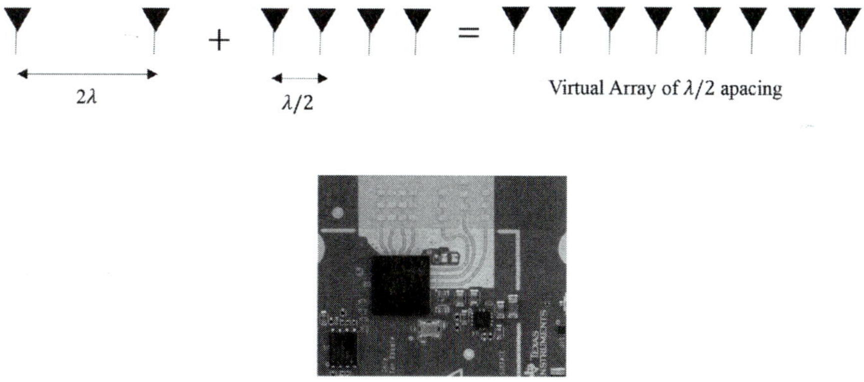

그림 10.6 SoC 기반의 차량용 MIMO 레이다 (TI™ chip 이용)

7) 배열 안테나의 각도 분해능은 4개의 안테나가 있는 경우 30°, 8개의 안테나가 있는 경우 15°의 각도 분해능을 갖는다.

차량용 레이다에서 방향 탐지를 위해 가상의 MIMO 안테나를 만든 후 이를 추정하는 방법은 【그림 10.7】과 같다. 8개의 가상 안테나가 있는 경우 각각의 안테나 별로 2D-FFT를 통해 range-doppler 추정이 완료되었다면, 각각의 2D-FFT 8개를 묶어서 각도추정을 위한 Angle-FFT를 수행한다.

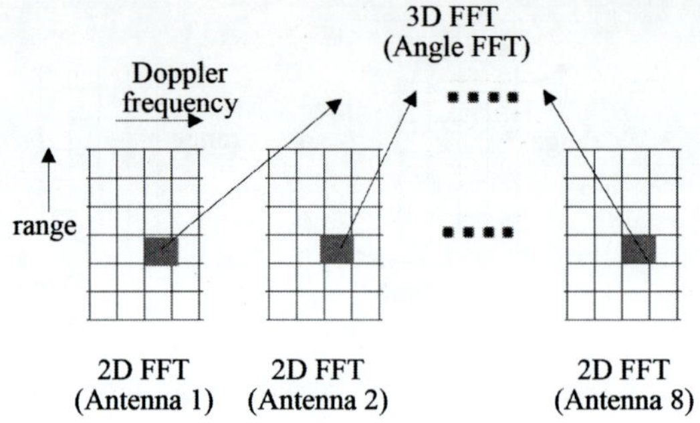

❚ 그림 10.7 ❚ 차량용 레이다에서 방향 탐지

10.2.3 레이다 시뮬레이션

본 절에서는 MATLAB을 기반으로 레이다를 시뮬레이션 과정을 살펴본다. 이를 통해 레이다의 동작원리를 좀 더 정확히 이해할 수 있기를 바란다. 본 절의 시뮬레이션 사례는 자동차에 탑재되는 차량용 레이다의 동작주파수인 77GHz의 동작주파수를 갖는다고 가정하고 FFT를 이용하는 MATLAB 실습 프로그램을 작성한다[8].

도플러 레이다 MATLAB 실습

첫 번째로 도플러 레이다 MATLAB 실습을 진행한다. 목표물(여기서는 전방의 자동차)의 거리와 속도가 결정되게 되면 도플러 주파수가 계산될 수 있다. 먼저 송신기의 CW신호를 생성하고, 반사된 신호는 목표물의 거리와 속도에 의한 시간지연으로 표현한다. 먼저 도플러 레이다 시뮬레이션을 위한 MATLAB 코드를 살펴보자. 이때 필요한 파라미터는 다음과 같다.

8) 레이다의 경우 하드웨어 실습은 아직까지는 어려운 상태이다. 그 이유는 RTL-SDR 등의 SDR장비의 기원이 무선통신을 기반으로 제작되어 Full Duplexing 구조를 지원하지 않기 때문이다. 다행히 B210과 같은 SDR은 Full Duplexing을 지원하므로 레이다 구현이 가능하다. 단 광대역 신호를 생성하기 어려워 거리분해능은 나쁘고 출력이 작아 센싱범위에 한계가 있다.

시뮬레이션 파라미터

1) 거리 R : 목표물의 거리, 단 0~200m가정
2) 속도 v : 1m/sec ~ 513Hz@ 77GHz
3) 반송파 주파수 fc : 77GHz
4) Sweep time : 탐지하려는 목표물까지의 최대거리를 기준으로 전파의 왕복시간의 5.5배로 결정
5) 샘플링 주파수 : Sweep time의 역수
6) 시뮬레이션 시간: 1024 data 생성

```
R=100;            R_max = 200;          v=1;        c=3e8;
Swp_Tm = 5.5*range2time(R_max,c);
fc=77e9;          wavelength=c/fc;
N=2^10;                                  % # of FFT(1024)
fs=1/Swp_Tm;                             % sampling frequency
                                         % frequency resolution is 133.16Hz
t=linspace(0,Swp_Tm*N,N);                % total time
Tx=zeros(1,length(t));                   % transmitted signal
Rx=zeros(1,length(t));                   % received signal
r_t=zeros(1,length(t));
td=zeros(1,length(t));
%
for i=1:length(t)
    r_t(i)=R+(v*t(i));                   % range of the target
    td(i)= 2*r_t(i)/c;                   % delay for received signal
    Tx(i)=sin(2*pi*(fc*t(i)));           % transmitted signal
    Rx(i)=sin(2*pi*(fc*(t(i)-td(i))));   % received signal
end
```

반사된 신호는 목표물의 거리와 속도에 의한 시간지연으로 표현할 수 있다. 이제 송신신호와 수신신호를 그려보자. 주파수 변환한 후의 시간은 도플러 주파수를 확인할 수 있으나, 송신주파수와 수신주파수는 샘플링 주파수보다 높은 신호이므로 정확한 파형을 볼 수는 없음에 주의하기 바란다.

예제 10-1 다음 MATLAB 프로그램을 이용하여 송신신호와 수신신호를 그려보자.

```
figure ('Name','Transmitted, Received and mixed Signals');
subplot(3,1,1);        plot(t,Tx);
title('Tx signal');    xlabel('Time [sec]');        ylabel('Amplitude');
subplot(3,1,2);        plot(t,Rx);
title('Rx signal');    xlabel('Time [sec]');        ylabel('Amplitude');
mixer=(Tx.*Rx);                                     % IF신호 생성
subplot(3,1,3);        plot(t,mixer);
title('IF signal');    xlabel('Time [sec]');        ylabel('Amplitude');
```

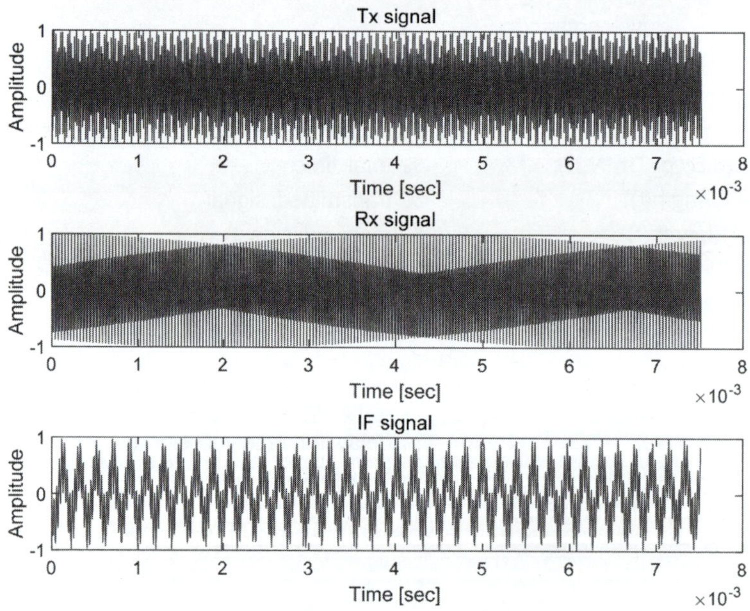

그림 10.8 도플러 레이다의 송신파형과 수신파형들

이제 FFT를 이용하여 도플러 주파수를 예측한다. 이 때 도플러 주파수는 77GHz에서 차량 간의 상대속도 1m/sec로 움직이는 차량은 513Hz의 도플러 주파수를 가지므로 이러한 해상도를 지원할 수 있는 FFT가 필요하다. 본 시뮬레이션에서는 1024로 시작하고 2차원 FFT를 위해 FFT 갯수를 줄이면서 확인이 필요하다. 또한, 시뮬레이션 코드에서는 직교변환 방식을 사용하지 않고 하나의 채널만을 사용했으므로 속도의 부호는 예측할 수 없음에 유의할 필요가 있다.

예제 10-2 FFT를 통해 속도를 추정할 수 있음을 확인하라.

```
mix1=mixer';
nfft = N;
%DOPPLER FROM FFT
Dop=(1/nfft)*fftshift(fft(mix1,nfft));
f=((-nfft/2):(nfft/2)-1)/nfft*fs;
V=f*wavelength/2;
figure ('Name','Doppler estimation from FFT');
subplot(311);                    index= -512:1:511;
stem(index,abs(Dop));            title('Doppler frequency estimation');
subplot(312);                    stem(f,abs(Dop));
title('Doppler frequency estimation');
xlabel('Frequency [Hz]');
subplot(313);                    stem(V,abs(Dop));
axis([-50,50,0,0.5]);            title('Velocity estimation');
xlabel('Velocity [m/sec]');
```

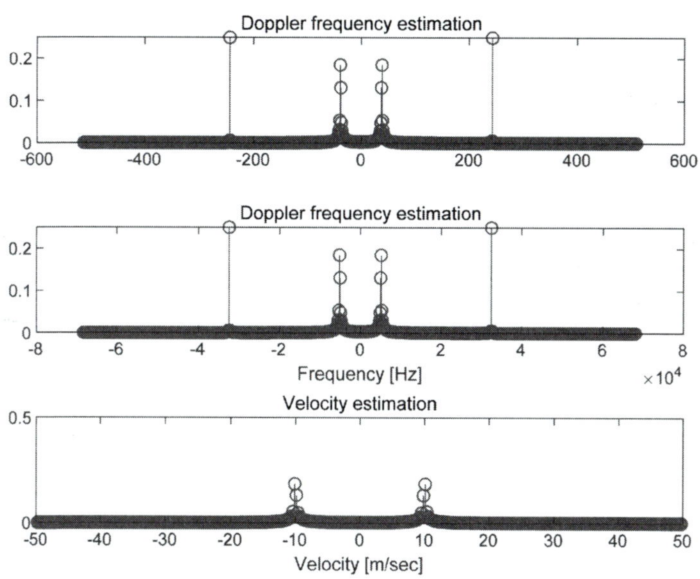

그림 10.9 FFT에 의한 속도 추정결과

FMCW 레이다 MATLAB 실습

두 번째로 앞의 MATLAB 실습을 확장하여 FMCW 레이다를 시뮬레이션 한다. 톱니파 모양의 FMCW신호를 생성하고, 반사된 신호는 목표물의 거리와 속도에 의한 시간지연으로 표현한다. FMCW 파형을 만들기 위하여 FMCW 대역폭을 150MHz로 하고, Sweep Time을 고려하여 Slope를 정한다. FFT 개수는 1024개로 한다.

```
clear all
clc;
% User Defined Range of target
R=100; %initial distance of the target (give some value between 0 and 200)
v=0; %speed of the target (give value of 0)
R_max = 200;
c=3e8;                                        %speed of light
Swp_Tm = 5.5*range2time(R_max,c);             %Sweep_Time
Fs=139.64e6;                                  %Sampling frequency
fc=77e9;                                      %carrier frequency
BW=150e6;                                     %sweep frequency
Slope=BW/Swp_Tm;                              %sweep rate
N=2^10;                                       %for length of time
t=linspace(0,Swp_Tm,N);                       %total time
n=0;
Tx=zeros(1,length(t));                        % transmitted signal initialization
Rx=zeros(1,length(t));                        % received signal initialization
r_t=zeros(1,length(t));
td=zeros(1,length(t));
%
for i=1:length(t)
    r_t(i)=R+(v*t(i));                        % range of the target
    td(i)= 2*r_t(i)/c;                        % delay for received signal
    Tx(i)=sin(2*pi*(fc*t(i)+0.5*Slope*t(i)^2));         % transmitted signal
    Rx(i)=sin(2*pi*(fc*(t(i)-td(i))+0.5*Slope*(t(i)-td(i))^2)); % received signal
end
```

차량용 레이다는 톱니파 모양의 신호가 반복되므로 이번 시뮬레이션에서는 하나의 톱니파만을 만들어 거리가 측정됨을 확인한다. 도플러 레이다와 유사하게 신호의 파형을 보고, FFT를 이용하여 거리를 예측한다. 송신주파수와 수신주파수는 샘플링 주파수보다 높은 신호이므로 정확한 파형을 볼 수는 없음은 동일하다. 주파수 변환한 후의 비트 주파수는 샘플링 주파수보다 낮으므로 직선으로 표현됨을 알 수 있다.

제1장
제2장
제3장
제4장
제5장
제6장
제7장
제8장
제9장
제10장

예제 10-3 송신신호와 수신신호를 그려보자.

풀이 시간에 따른 주파수변화 f−t plot을 보기위해 spectrugram 함수를 이용한다.

```
figure ('Name','Transmitted, Received and Beat Signals');
subplot(3,2,1);        plot(t,Tx);
title('Tx signal');                xlabel('Time [usec]');             ylabel('Amplitude');
subplot(3,2,2);        spectrogram(Tx,256,250,256,Fs,'yaxis');
title('Tx spectrogram');           xlabel('Time [usec]');
ylabel('Frequency [MHz]');
subplot(3,2,3);        plot(t,Rx);
title('Rx signal');                xlabel('Time [usec]');             ylabel('Amplitude');
subplot(3,2,4);        spectrogram(Rx,256,250,256,Fs,'yaxis');
title('Rx spectrogram');           xlabel('Time [usec]');
ylabel('Frequency [MHz]');
mixer=(Tx.*Rx);                    % IF
subplot(3,2,5);        spectrogram(mixer,256,250,256,Fs,'yaxis');
title('Beat spectrogram');         xlabel('Time [usec]');
ylabel('Frequency [MHz]');
```

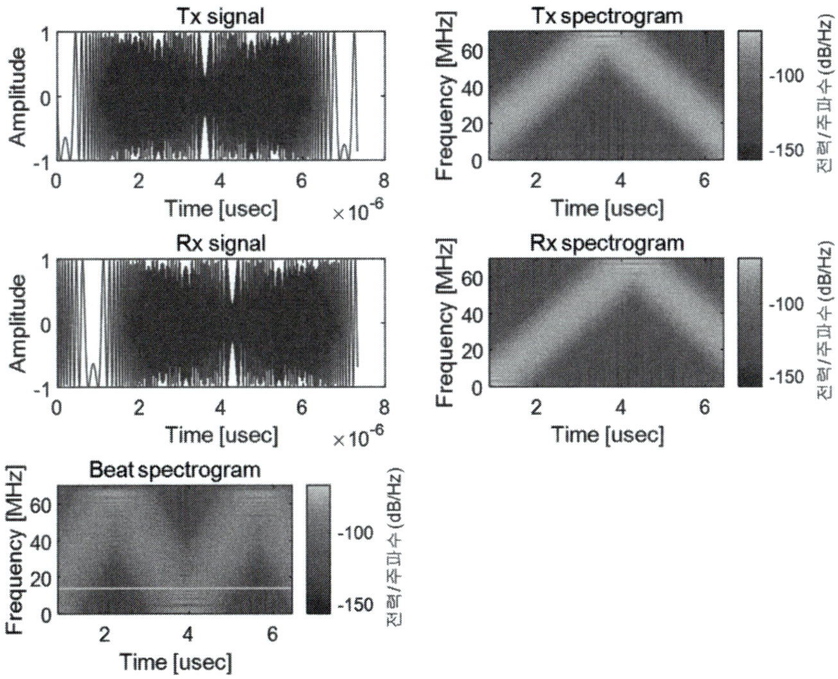

그림 10.10 송신신호 파형과 수신신호 파형

예제 10-4 FFT를 통해 거리를 추정할 수 있음을 확인하라

```
mix1=mixer';
nfft = N;
R_FFT = fftshift(fft(mix1,nfft))/N;
Range_FFT2 = abs(R_FFT);
f=((-nfft/2):(nfft/2)-1)/nfft*Fs;
figure ('Name','Range from First FFT')
subplot(311);                          plot(f,Range_FFT2)
xlabel('Beat frequency');              ylabel('|Amplitude|');
subplot(312)
R=c/2/Slope*f;
plot(R,Range_FFT2)
xlabel('Range');                       ylabel('|Amplitude|');
range = periodogram(mix1, hamming(length(mix1)));
subplot(313);                          plot(range)
title ('Range From Periodogram')
xlabel('Range');                       ylabel('|Amplitude|');
```

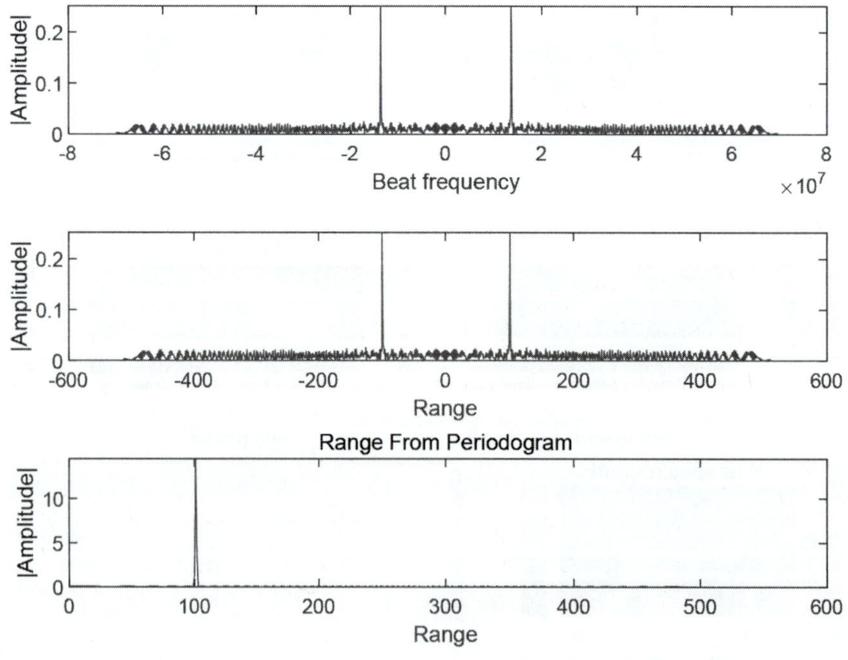

그림 10.11 FFT에 의한 FMCW 레이다의 거리 추정결과

2D FFT를 이용한 거리/속도 시뮬레이션

마지막으로 거리와 속도를 동시에 시뮬레이션할 수 있도록 2차원 FFT를 이용한 차량용 레이다에 대한 시뮬레이션 코드이다. 앞에 2개의 MATLAB 코드를 결합하였으며, 거리측정을 위해 1024 FFT, 속도측정을 위해 128FFT를 사용하고 있음에 주의하라.

```
R=150; %initial distance of the target (give some value between 0 and 200)
v=50; %speed of the target (give some value between 0 and 100)
R_max = 200;
c=3e8;                                   %speed of light
Swp_Tm = 5.5*range2time(R_max,c);        %Sweep time of 1st FFT
Fs=139.64e6;                             %Sampling frequency
Fs2=1/Swp_Tm;                            %sampling frequency
fc=77e9;                                 %carrier freq
wavelength=c/fc;                         %wavelength
BW=150e6;                                %sweep freq
Slope=BW/Swp_Tm;                         %sweep rate
D=128;                                   % #of doppler cells OR #of sent periods
                                         % number of chirps
N=2^10;                                  %for length of time
t=linspace(0,D*Swp_Tm,D*N);              %total time
n=0;
Dcells_T=length(t)/D;                    %length of one period
Tx=zeros(1,length(t));                   %transmitted signal
Rx=zeros(1,length(t));                   %received signal
r_t=zeros(1,length(t));
td=zeros(1,length(t));
for i=1:length(t)
    r_t(i)=R+(v*t(i));                   % range of the target
    td(i)= 2*r_t(i)/c;                   % delay for received signal
    if i>n*Dcells_T && i<=(n+1)*Dcells_T % doing this for D of periods (nt length of
       pulse)
        Tx(i)=sin(2*pi*(fc*t(i)+.5*Slope*t(i)^2-Slope*t(i)*n*Swp_Tm));
 Rx(i)=sin(2*pi*(fc*(t(i)-td(i))+.5*Slope*(t(i)-td(i))^2-Slope*(t(i)-td(i))*n*Swp_Tm));
    else
        n=n+1;
        Tx(i)=sin(2*pi*(fc*t(i)+.5*Slope*t(i)^2-Slope*t(i)*n*Swp_Tm));
         %transmitted signal
        Rx(i)=sin(2*pi*(fc*(t(i)-td(i))+.5*Slope*(t(i)-td(i))^2-Slope*(t(i)-td(i))*n*Swp_Tm));
         %received signal
    end
end
```

```
figure ('Name','Transmitted, Received and Beat Signals');
subplot(3,2,1);
plot(t,Tx);
title('Tx signal');     xlabel('Time [usec]');          ylabel('Amplitude');
subplot(3,2,2);
spectrogram(Tx,256,250,256,Fs,'yaxis');
title('Rx spectrogram');        xlabel('Time [usec]');          ylabel('Frequency');
subplot(3,2,3);
plot(t,Rx);
title('Rx signal');     xlabel('Time [usec]');          ylabel('Amplitude');
subplot(3,2,4);
spectrogram(Rx,256,250,256,Fs,'yaxis');
title('Rx spectrogram');        xlabel('Time [usec]');          ylabel('Frequency');
mixer=(Tx.*Rx);  % IF
subplot(3,2,5);
spectrogram(mixer,256,250,256,Fs,'yaxis');
title('Beat spectrogram');      xlabel('Time [usec]');          ylabel('Frequency');
```

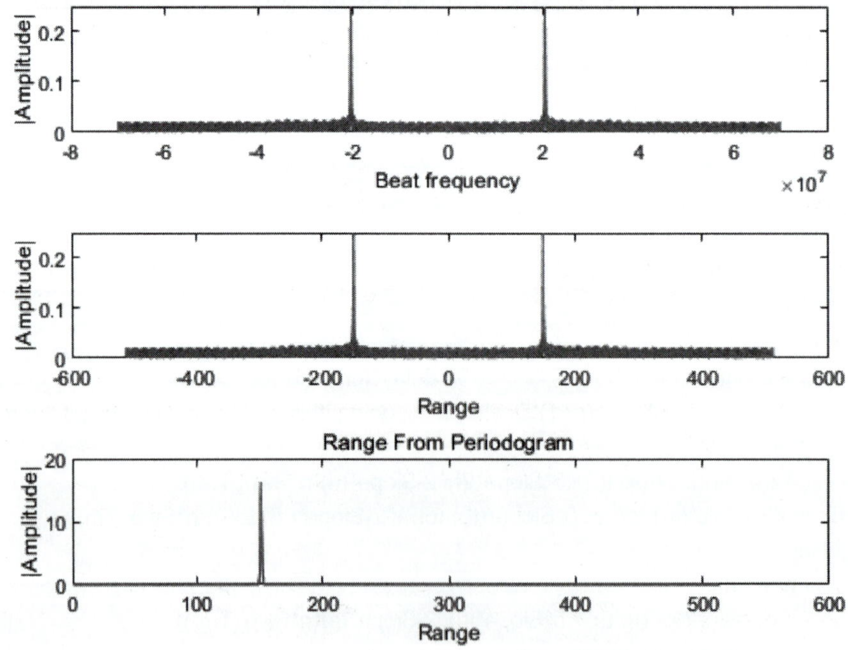

▌그림 10.12▌ 2DFFT 기반 Range 추정의 결과

```
mix1=reshape(mixer,[length(mixer)/D,D]);
% Row showing range info for one period
% Each column showing number of periods
%
[My,Ny]=size(mix1');
nfft = 2^nextpow2(Ny);
R_FFT = fftshift(fft(mix1,nfft))/N;
Range_FFT2 = abs(R_FFT);
f=((-nfft/2):(nfft/2)-1)/nfft*Fs;
figure ('Name','Range from First FFT')
subplot(311)
plot(f,Range_FFT2)
xlabel('Beat frequency');
ylabel('|Amplitude|');
subplot(312)
R=c/2/Slope*f;
plot(R,Range_FFT2)
xlabel('Range');
ylabel('|Amplitude|');
range = periodogram(mix1, hamming(length(mix1)));
subplot(313)
plot(range)
title ('Range From Periodogram')
xlabel('Range');
ylabel('|Amplitude|');
%DOPPLER FROM 2ND FFT
nfft2 = D;
Dop=(1/nfft2)*fftshift(fft(R_FFT',nfft2));              % FFT for Doppler information
f2=((-nfft2/2):(nfft2/2)-1)/nfft2*Fs2;
V=f2*wavelength/2;
figure ('Name','Range and Doppler after 2nd FFT');
subplot(2,1,1)
plot(abs(Dop),V);
xlabel('Velocity [m/sec]');
axis tight;
subplot(2,1,2)
plot(V,abs(Dop));
xlabel('Velocity [m/sec]');
axis tight;
```

예제 10-5 다양한 파라미터를 변경하면서 3종류의 시뮬레이션을 반복하고 결과를 비교하여 보고서를 작성해 보시오.

10.2.4 레이다 기능 통합 사례: 차량 레이다

차량의 자율주행을 위한 차량 레이더는【그림 10.13】과 같이 충돌 방지용 전방 레이더 및 후방 및 측면 레이더 시스템으로 분류할 수 있는데 충돌 방지용 전방 레이더의 경우 보통 차량 앞쪽에서 100m 이상 떨어진 거리의 차량을 센싱할 수 있어야 하므로 기본적으로 출력이 높은 대신 거리 분해능은 측면보다 높을 필요는 없다. 반면, 후방 및 측면 레이다는 고출력보다는 가까운 거리의 정밀한 거리 분해능이 필요하다. 따라서 전방 레이다는 후방 및 측면 레이다에 높은 출력을 갖는 대신 낮은 FMCW 대역폭을 필요로 한다. 이에 따라 국내 기술기준에서는 76-77GHz의 1GHz 대역폭을 전방 레이다로, 77-81GHz의 4GHz의 대역폭을 후방 및 측면 레이다로 사용하도록 주파수를 구분하고 출력도 다르게 지정하고 있다. 차향 레이다는 앞 차나 옆 차와의 거리 측정을 하지만 레이다가 장착된 차량이나 주변 차량이 모두 움직이므로 거리 측정외에 속도 측정도 필요하다. 따라서 레이다는 거리측정과 속도 측정을 기본으로 한다. 이에 반해 상대적으로 방향 측정은 차량 레이다에서 나중에 도입되었는데 이는 자율주행을 위해서는 주변 차량들의 위치를 알아야 하는데 이를 위해서는 방향을 아는 것이 반드시 필요하기 때문이다.

현재 국내외의 자동차 제조업체들은 이미 77GHz대역의 차량용 레이더의 장착을 옵션화하여 제공하고 있으며, 이러한 차량용 레이더를 적용한 기술은 'Active cruise control(ACC)' 또는 'Intelligent cruise control' 등으로 불린다. 또한 레이다는 충돌방지 뿐만 아니라 자율주행차의 핵심센서의 역할을 할 것으로 기대되기 때문에 점점 더 기술 개발이 활발하게 진해되고 있다.

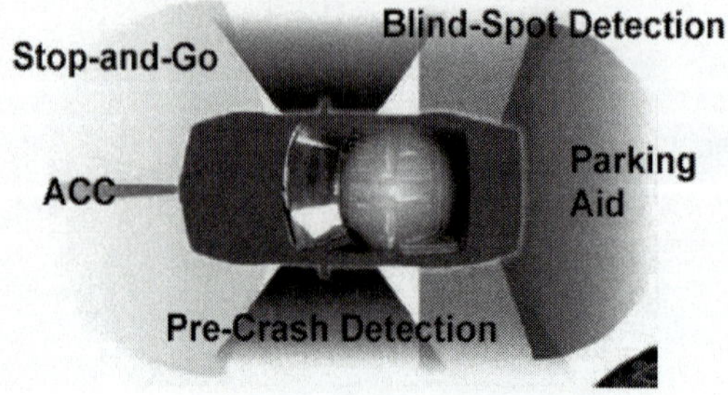

【그림 10.13】 차량용 레이더 시스템

과거 77GHz 중심의 충돌 방지용 레이더 시스템의 경우 상용화에 걸림돌로 작용한 요인 중 대표적인 요인은 그 동작 주파수가 밀리미터파 대역이라는 점이었다. 과거에는 CMOS 반도체 기술의 한계로 밀리미터파 대역의 시스템의 경우 MMIC(Monolithic Microwave Integrated Circuit) 등의 화합물 반도체 소자를 이용한 설계, 정밀한 어셈블리 및 패키징 기술 등이 필요하였다. 따라서 기술의 성숙도가 떨어지고 가격적인 면에서도 시장성을 갖추기에는 제조 단가가 상당히 높은 편이다. 또한 높은 주파수 대역에서 도파관 등을 이용한 필터 등의 수동 소자가 일반적으로 사용되므로 소형화하는데 한계가 있었다. 하지만 최근 RF CMOS 기술의 급격한 발전으로 밀리미터파 대역까지 회로설계가 가능해짐에 따라 하나의 SoC 칩으로 밀리미터파 Front-end에서 신호처리까지 가능해지게 되어 제조 단가가 낮아짐에 따라 차량용 레이다의 대중화가 빨라지게 되었다. 대표적인 차량용 레이다 회사로는 Infineon, NXP, STMicro,TI, Renasas 등이 있다. 【그림 10.14】는 Infineon사의 차량용 레이더로 TEF10X라는 SoC와 송신안테나 3개와 수신안테나 4개로 이루어져 있다. 동작 주파수는 76GHz에서 81GHz까지 동작하고 2GHz까지 chirp 대역폭을 만들 수 있다. 각각의 수신기는 40MS/s의 샘플링속도와 12bit의 ADC를 통해 LVDS 포맷으로 데이터를 출력하여 FPGA 등에서 신호처리할 수 있도록 한다.

【그림 10.14】 차량용 레이더 사례(Infineon™)

차량용 레이다 기술은 현재까지 설명한 다양한 레이다 기술 중에서 차량용 레이다에 적합한 기술을 선택해야 한다. 차량용 레이다는 실시간으로 변하는 주변 차량의 위치를 정확히 측정해야 하므로 거리 분해능 뿐만 아니라 각도 분해능이 우수해야 한다. 게다가 차량은 고속으로 움직이므로 차량의 상대속도도 빠르고 정확하게 측정해야 한다. 앞에서 차량의 거리 분해능은 FMCW 파형을 통해 측정이 가능하고, 각도와 상대속도는 CW 파형이 유리함을 확인하였는데, 레이다가 이를 따로 따로 센싱하면 실시간 처리가 안 되므로 FMCW 파형과 CW 파형의 변화를 동시에 센싱할 필요가 있으며, 현재 주요 차량용 레이다는 FMCW 레이다와 CW 레이다의 장점을 합친 방식의 레이다를 사용하고 있다. 또한, 방향 측정도 필요하므로 여러개의 안테나를 이용한 FFT 기반 거리, 속도, 방향 동시 측정 방식을 사용하고 있다. 이때 차량의 전면, 측면, 후면에 각각 요구되는 분해능이 다르므로, 이를 고려하여 장거리, 중거리, 단거리, 초단거리 레이다로 분류되며, 【표 10.2】와 같이 각각의 경우 거리, 속도, 각도 분해능이 다르게 된다. 실제 차량용 레이다가 충돌방지를 위한 목적으로 시작되었기 때문에 거리분해능이 가장 중요하였기 때문에 이와 같이 방식으로 기술이 발전되었다고 볼 수 있다[9].

【표 10.2】 다양한 차량용 레이다 요구조건(TI™)

파라미터		장거리 차량용	중거리 차량용	단거리 차량용	초단거리 차량용
최소 대역폭	MHz	300	540	750	1500
Ramp slope	MHz/us	10	12	15	30
최대 거리	m	225	125	45	22.5
chirp 간격	usec	8	10	12	50
chirp 갯수	–	256	128	128	128
chirp 시간	usec	30	45	50	50
최대 측정 속도	km/h	92.28	63.75	56.56	36.3
최대 비트주파수	MHz	15	10	4.5	4.5
샘플링 속도	Msps	16.67	11.11	5.00	5.00
chirp 당 샘플수	–	500	500	250	250
Range FFT	–	512	512	256	256
Frame time(total)	msec	7.728	7.04	6.4	6.4
Frame time(active)	msec	7.68	5.76	6.4	6.4

예제 10–6 **【표 10.2】의 각각의 레이다의 송신파형을 f–t plot으로 그려보고 그 특성을 비교하라.**

9) 레이다는 그 응용에 따라 거리, 속도, 방향 분해능에 차이가 크다. 예를 들어 2차원으로 운행하는 차량용 레이다의 경우 충돌방지가 가장 중요하므로 거리>속도>각도 순으로 높은 분해능 요구조건이 주어진다. 반면 드론탐지 레이다의 경우는 각도>속도>거리 순으로 요구조건이 주어진다.

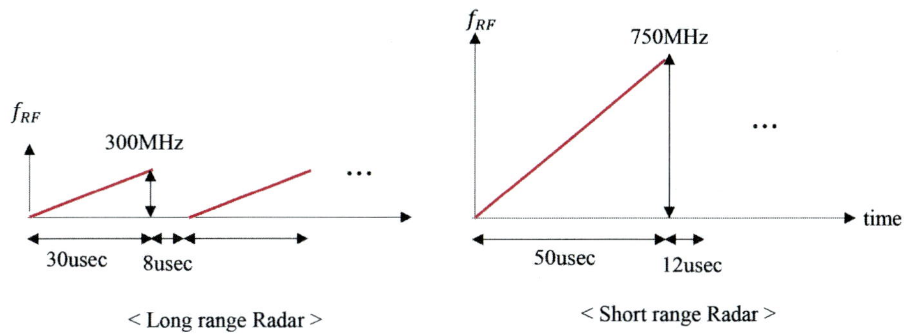

그림 10.15 f-t plot 비교 (예제 10-6)

10.3 전통적인 무선통신과 레이다 융합기술

본 절부터는 무선통신 기술이 레이다 기술과 융합된 사례를 살펴본다. 본 절에서 살펴보는 기술은 엄밀한 의미에서 융합기술이라기 보다는 무선통신 기술이라 할 수 있다. 하지만 정보를 주고받는 무선통신에서 레이다의 거리와 방향 측정 개념이 포함되므로 무선통신이 제공할 수 없는 다양한 부가적인 기능을 제공할 수 있다는 것이 특징이다.

10.3.1 항공용 기술

전통적으로 레이다 기술과 무선통신 기술이 초창기부터 융합되어 사용되던 분야가 항공 분야이다. 특히, 항공기가 공항에서 이륙하여 활주로에 착륙할 때까지 안전운행을 위해서 항공기의 정확한 위치를 알아야 하므로 다양한 무선통신과 레이다 융합기술이 사용되었다. 항공용어로 항공기의 고도, 위치, 방위 등 정보를 항공기에 장착된 계기를 통해 확인하며 비행하는 절차를 **계기비행절차**(Instrument Flight Procedure)라고 하고 조종사가 눈으로 보면서 비행하는 것을 **시계비행절차**(Visual Flight Procedure)라고 한다. 특히 착륙할 때 항공기의 방위, 거리, 활공각 정보를 제공받아【표 10.3】과 같이 일정한 하강각으로 착륙하는 것을 **정밀접근절차**, 활공각 정보를 제공받지 못해 비행구간 별로 단계강하를 실시하는 것을 **비정밀접근절차**라고 한다.【그림 10.16】에 정밀접근절차와 비정밀접근절차의 차이를 보여준다. 이러한 비행절차를 위한 다양한 무선통신과 레이다 융합기술이 사용되는데 본 절에서는 이를 개괄적으로 살펴보고자 한다. 항공기는 역사가 오래된 만큼 초기의 초창기 레이다기술부터 최신 레이다기술까지 다양하게 사용되고 있다. 항공기용 레이다의 특징은 무선통신과 레이다 기술이 적절히 융합되어 있다는 것이 특징이고, 향후 드론, UAM(Unmanned Air Mobility) 등의 대중화됨에 따라 공항에서만 사용되는 기술을 넘어서 다양한 분야로 확장될 것으로 전망된다.

표 10.3 항공기 계기비행절차 분류

분류		주요 특징
계기 비행절차	정밀접근 절차	- 활공각 정보 이용 일정한 하강각으로 접근 - ILS(Instrument Laning System: 계기착륙시설), PAR(정밀접근 레이다) 등의 장비 사용
	비정밀접근 절차	- 활공각 정보가 없어 비행구간 별로 단계 강하하여 접근 - VOR(VHF Omnidirectional Range), ASR(Airport Surveillance Radar), TACAN 등의 장비 이용

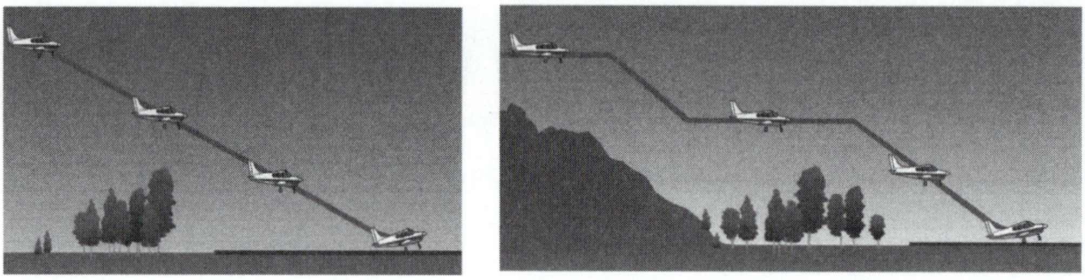

그림 10.16 정밀접근절차와 비정밀접근절차의 차이

DME

DME(Distance Measuring Equipment)는 항공기가 지상국 간의 거리를 측정하는 장치로 레이다 방식과 무선통신 방식을 결합한 초기의 레이다라고 할 수 있는데【그림 10.17(a)】와 같이 비행기(DME Interrogator)와 지상국(DME transponder) 간의 거리가 측정된다. 거리 정보는 항공기와 지상국 간에 주고 받은 한 쌍의 펄스쌍의 시간차로 결정된다. 항공기가 먼저 공항에 있는 지상 무선국에 Interrogation 신호(Input Pulse Pair)를 보내면, 지상 무선국은 상호간에 약속된 지연시간(system delay) 이후에 응답(Reply) 신호(Output Pulse Pair)를 항공기에게 보내준다. 항공기는 Interrogation 신호를 보내고 응답신호를 받기까지 소요된 시간을 확인한다. 당연히 전파는 대기를 거치면서 지연되어 항공기에 도달될 것이고, 이때 발생한 시간차이로 인해서 거리를 계산할 수 있는 것이다. 이를 TWR(Two way Raging)이라고도 한다[10].

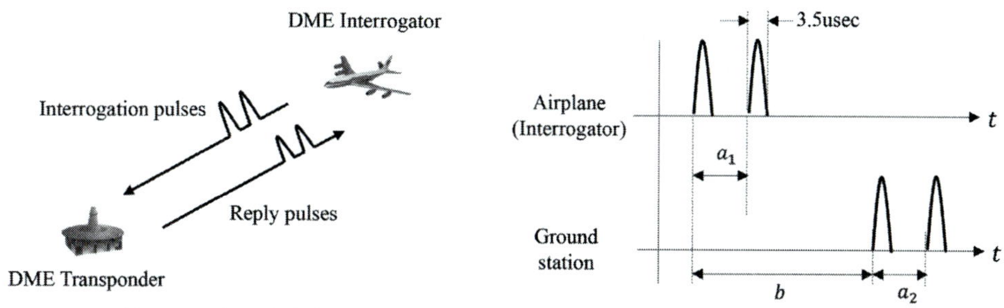

(a) DME의 동작원리 (b) DME TWR 거리 측정 원리

그림 10.17 항공기와 DME간 TWR거리 측정 과정

DME 신호는 국제민간항공기구 ICAO (International Civil Aviation Organization)에서 정의한 주파수와 신호 규격을 따라야 한다. 동작주파수는 962~1213 MHz의 UHF 대역이며 하나의 펄스의 채널대역폭은 1 MHz으로 총 252개의 채널이 있다. 펄스의 모양은 1MHz 대역폭 내에 들어가도록 pulse shaping되어 만들어진다. 먼저 항공기는 1025~1150 MHz 대역 내 (126개 채널)에서 지상국으로 2개의 펄스를 송신한다.[11] 지상국은 펄스를 수신한 후 수신된 주파수에서 채널에 따라 위 아래로 63MHz 만큼 주파수를 이격한 주파수에서 펄스쌍을 다시 보내게 된다. 항공기는 이 펄스의 시간 간격을 계산하여 지상국과의 거리를 센싱하게 된다. 각각의 채널은 펄스간격이 다른 두 개의 다른 코딩(X와 Y)을 사용하는데【그림 10.17(b)】의 X-mode의 경우 $a_1 = a_2 = 12\,usec$이고, Y-mode의 경우 $a_1 = a_2 = 30\,usec$이다.

TACAN

DME는 항공기와 지상국 사이의 거리만을 측정하는데 반해 TACAN(Tactical Air Navigation)은 거리측정과 함께 방향을 측정할 수 있하다. 원래 TACAN은 미국해군이 함재기의 귀함을 위해 항공모함에 설치한 것을 시작으로 하며, DME 기능에 방위각 정보를 함께 제공하는 것이 특징이다. 지금도 많은 공항에서 항공기가 착륙할 때 올바른 방향을 유도하기 위하여 TACAN 시스템이 사용되고 있다. TACAN 에서 방위정보를 제공하는 원리는【그림 10.18】과 같다.

---

10) 참고로 GPS와 같이 한 방향으로만 성보를 받는 것을 one way ranging이라 한다.

11) 항공기가 먼저 신로를 보내므로 이때 항공기를 Interrogator라고 부른다. 리더와 태그로 구성된 RFID에서도 리더를 Interrogator라고 부른다

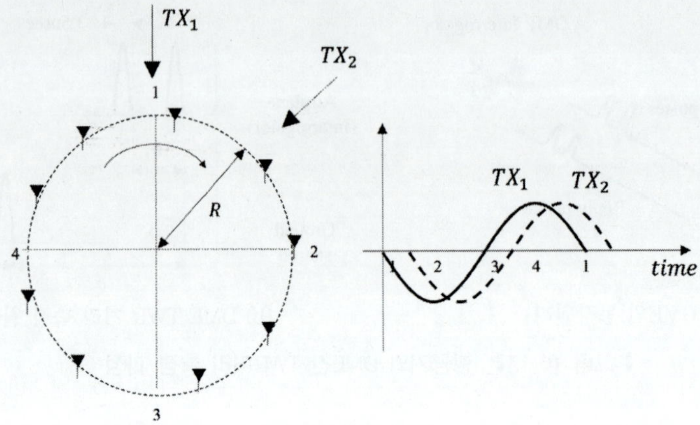

▌그림 10.18▌ Psuedo-doppler 방향탐지의 원리

기준 안테나가 중심에 하나 있고, 원형 형태로 9개가 배치되어 있다. 안테나에 수신되는 신호가 각속도 ω_0와 파장 λ_0을 갖는 CW(Continuous Wave) 신호라 하자. 안테나 소자가 반경 R을 갖는 원주를 따라 회전된다면 수신신호는 회전각속도 ω_r에 따라 주파수 변조가 될 것이다. 즉, 안테나에 수직방향으로 신호가 입사되는 경우 수신 안테나의 위치가 정북에 있는 1번 위치에서 맞은편 3번 위치까지 회전할 때는 안테나가 멀어지므로 도플러 주파수가 −값을 가지지만 3번 위치에서 다시 1번 위치로 돌아갈 경우에는 도플러 주파수가 + 값을 가지게 된다. 이 주파수 변조된 신호는 식 (10.4)와 같이 주어진다.

$$u(t) = A\cos\left[\omega_o t + \frac{2\pi R}{\lambda_0} cos(\omega_r t - \alpha) + \phi\right] \tag{10.4}$$

이제 식 (10.4)의 순시주파수는 다음 식과 같다.

$$\omega(t) = \frac{d\phi(t)}{dt} = \omega_o - \frac{2\pi R}{\lambda_0}\omega_r \sin(\omega_r t - \alpha) \tag{10.5}$$

이제 DC 성분 ω_0를 저역통과필터로 제거하면 복조된 도플러 주파수 신호는 다음과 같다.

$$S_D = \frac{2\pi R}{\lambda_0}\omega_r \sin(\omega_r t - \alpha) \tag{10.6}$$

식 (10.6)을 기준신호와 비교하면 항공기가 어떤 방향으로 접근하는지 수신방향을 계산할 수 있다. 이를 도플러 방식의 방향탐지라고 한다.

실제 도플러 방식의 방향탐지에서 안테나를 기계적으로 회전하는 것이 쉽지 않으므로 실제로는 안테나를 원형상에 배치시키고, 스위치를 이용하여 각각의 안테나의 수신신호를 수신하거나 기준 안테나를 가운데 놓고 기생안테나를 원주에 배치하는 등의 방법을 사용한다. TACAN에서 보통 사용하는 방식은 【그림 10.19】와 같이 중앙에 위치한 안테나 근방에 15Hz의 기생안테나 1개와 원주를 따라 9개의 기생안테나 소자를 이용하여 135Hz의 진폭 변조된 신호를 공간상에서 생성한다.

먼저 지상국은 특별한 안테나 방사패턴을 갖는 회전안테나에서 15Hz와 135Hz의 2-톤(tone)으로 진폭변조된 신호를 송신한다. 이 신호를 수신한 항공기 TACAN 탑재장비는 지상 무선국으로부터 수신된 15/135Hz의 변조신호를 복조하고, 15/135Hz의 기준신호를 수신하여 위상을 구한다. 다음으로 TACAN에서는 도플러 기반의 방향탐지 기법을 이용하여 방위각 정보를 제공한다. 각도에 따른 위상 차이를 구하기 위해서 지상 무선국은 회전하는 안테나를 이용하여 다른 각도에서 15/135Hz 기준 신호를 다시 송출한다. 처음 복조된 15/135Hz 기준신호와 두 번째 복조된 15/135Hz 신호 사이의 위상 차이를 이용하여 방위각을 결정할 수 있다. 135Hz 변조신호는 방위정보를 더욱 정밀하게 측정하기 위해 사용된다. 15Hz에 비해 135Hz는 9배 빠른 주파수이므로 9배의 높은 정밀도를 가질 수 있다. TACAN 시스템에서 안테나가 중요한 역할을 수행하는데 보통 그 구성은 안테나 중앙에 모노폴 안테

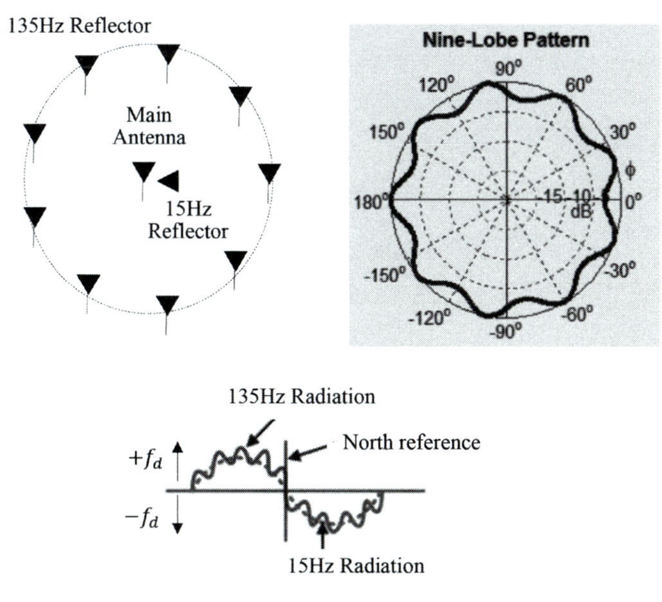

【그림 10.19】 TACAN 안테나의 구성 및 방사패턴

나를 위치시키고 15Hz의 기생소자와 135Hz의 기생소자가 부착된 원통을 초당 15회 속도로 기계적으로 회전시킴으로서 공간 상에 15Hz와 135Hz가 합성된 방사패턴이 형성되도록 한다[12].

Localizer(LOC)

앞에서 살펴본 TACAN은 항공기가 공항까지의 거리와 방위각 방향을 측정할 수 있다. 이제 항공기가 착륙할 때 도움을 주는 장비인 로칼라이저(Localizer)를 살펴보자. 로칼라이저는 항공기의 착륙을 도와주는 장치라는 의미로 Instrument landing system localizer라고 부르며 약자로 LOC라고 쓴다. 로칼라이저는 보통 활주로 끝에 설치되며, 반송파 주파수는 108.10MHz에서 111.95MHz로 90Hz와 150Hz의 2개의 진폭변조된 신호가 전송되며, 이 신호를 수신한 항공기는 활주로의 방향을 인식할 수 있게 된다. 로칼라이저는【그림 10.20】과 같이 활주로 중심선 끝에 설치되며 항공기에게 신호를 전송하여 조종사가 활주로 중심선을 인식하고 착륙할 수 있는 경로를 안내한다. 로칼라이저는 수평방향으로 18NM 거리에서는 $\pm 10^o$의 범위, 10NM 거리에서는 $\pm 35^o$ 의 동작범위를 갖는다[13]. 이러한 지향성을 만들기 위해 안테나를 배열하여 활주로 방향으로 원하는 안테나 빔을 생성하게 된다.

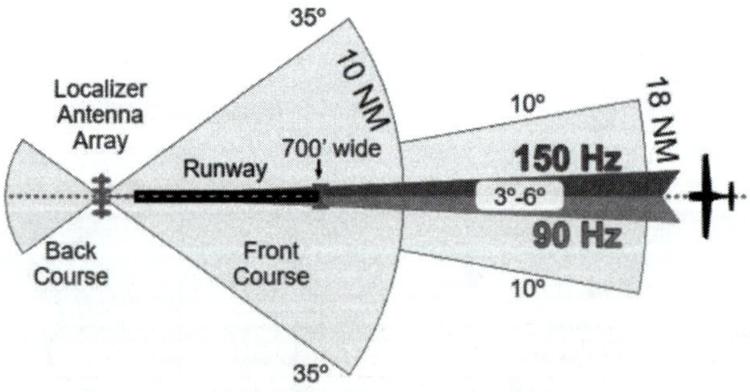

❚ 그림 10.20 ❚ Localizer의 사진과 구성

예제 10-7 **인터넷 검색으로 DME, TACAN, Localizer의 설치 형태와 모양을 검색해보자.**

12) TACAN은 기계적으로 회전하는 안테나 기술만을 이용하여 DME 펄스에 영향을 주지 않고 방위각 정보를 제공하는 기능을 제공하는 당시에는 획기적인 기술이었다.

13) NM 단위는 우리나라말로 해리로 번역되며, 1NM는 약 1.852km가 된다.

정밀접근레이다(PAR)와 전파고도계

앞에서 살펴본 DME, TACAN, Localizer 등은 전통적인 AM 변조 기반의 무선통신을 이용하여 거리와 방향 등을 측정하는 방식이다. 보통 1GHz 근방이나 그 이하의 VHF 대역과 UHF 대역의 낮은 주파수를 사용하므로 안테나의 크기가 매우 크고 위치 정확도가 높지 않았다. 따라서 최근에는 기술이 발달함에 따라 높은 주파수를 사용하는 레이다 기술이나 GPS 기술을 이용하는 방식으로 변화하고 있다[14].

예를 들어 정밀접근레이다 (Precision Approach Radar: PAR)의 경우 착륙하는 항공기의 방위각과 고각(활강각)을 함께 제공하는 레이다로서 정밀접근절차의 핵심장비 중 하나이다. 보통 X-band 능동위상배열 안테나를 이용한 전자적 빔주사 방식을 사용하며 모노펄스 방향탐지 방식을 사용한다. 방위각 및 고각을 위한 수직 및 수평 안테나 2개를 사용하며 좁은 빔폭을 갖는 2개의 빔을 생성하여 모노펄스 방식으로 항공기의 방위각과 고각을 표시하게 된다.【그림 10.21】은 국내에서 개발된 항공기용 정밀접근 레이다의 사진으로 방위각 측정을 위한 수평안테나와 앙각 측정을 위한 수직배열 안테나가 설치되어 있는 것을 알 수 있다.

【그림 10.21】 정밀접근 레이다의 예

앞에서 항공기와 공항 간의 착륙유도를 위한 각종 레이다를 살펴보았다. 다음으로 항공기 자체에 탑재된 전파고도계(radio altimeter)를 살펴보자. 전파고도계는 항공기에 탑재하여

14) 항공기는 수명이 수십년(여객기의 경우 30년이나 그 이상도 정비를 잘하면 사용 가능)이므로 전통적인 무선통신과 레이다 기술뿐만 아니라 최신 기술이 병행하여 사용되고 있다.

항공기의 수직방향 고도를 알아내기 위해 사용되는 레이다의 한 종류로 비행기가 운행 과정에서 지상에 너무 근접하지 않도록 고도를 정확히 측정하는 장비이다. 비행기에 있는 송신 안테나로부터 지상을 향해 전파를 발사하고 반사하여 되돌아오는 지연 시간을 측정하여 지상과 항공기 간의 절대고도를 구한다. 보통 낮은 고도에서는 LFM형 전파고도계를, 높은 고도에서는 펄스형 고도계를 사용한다. 고도계에서는 보통 수신 신호 중 가장 큰 RCS를 가진 큰 신호를 고도신호로 측정하기 때문에 고도계의 안테나 빔폭에 들어오는 신호보다 큰 RCS 값을 가지는 장애물이 존재할 경우 고도 오차가 발생되므로 이러한 오차를 제거하기 위한 다양한 기술이 사용된다.

예제 10-8 **최근 UAM 기술이 개발됨에 따라 도심의 건물 옥상에 Vertiport라는 UAM 이착륙장이 설치될 전망이다. 이러한 Vertiport에서 사용될 UAM 항공기용 감시체계에 대해 논의해 보시오.**

10.3.2 위성 GPS 기술

위성통신을 이용하여 수신기가 자신의 위치를 알 수 있는 대표적인 기술로 GPS 기술이 있다. GPS는 특정 국가의 항법 위성의 이름으로 위성 항법의 보통명사는 GNSS(Global Navigation Satellite System)라고 부른다. 이름의 의미는 물체가 항법(Navigation)을 하기 위해서는 자신의 위치를 파악하는 것이 중요한데 실외에서는 하늘에 떠 있는 인공위성이 언제나 바라다 보이므로 인공위성으로부터 시간정보를 받아 위치를 파악하는 것이 가능하다. 이와 같이 우주 궤도(orbit)를 돌고 있는 인공위성에서 발사되는 전파를 이용해 지구 전체에서 물체의 위치를 측정하는 위성항법시스템이 GNSS이다. 미국의 GPS, 러시아의 GLONASS, 유럽의 Galileo, 중국의 Beidou가 대표적인 GNSS 시스템이다. 이 중에서 GPS는 Global Positioning System의 약자로서 미국에서 개발하고 관리하는 위성항법 시스템을 의미한다. GPS는 세계 어느 곳에서든지 인공위성을 이용하여 자신의 위치를 정확히 알 수 있는 시스템으로 GPS가 제공하는 정보는 경도, 위도, 표고(해발 고도)와 시간정보가 포함된다. GPS가 도입되기 이전에는 항공기의 경우 공항에 설치된 다양한 무선기기로부터 항공기의 위치를 파악해야 하고, 공항을 떠나면 본인의 위치를 정확히 알기가 어려웠지만 GPS가 도입됨으로써 언제 어디서나 자신의 위치를 파악할 수 있게 되었다.

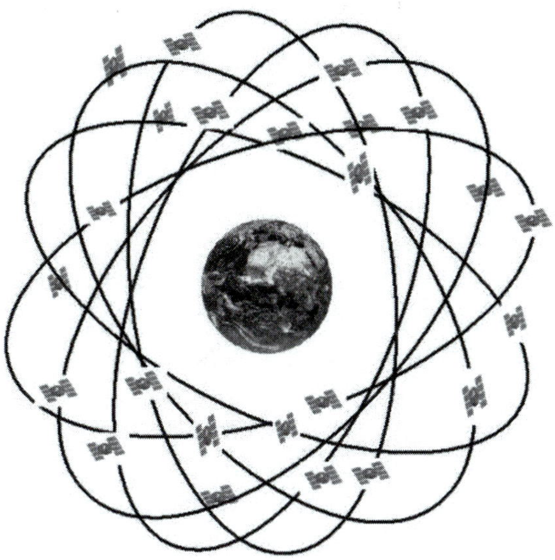

【그림 10.22】 GPS 위성의 궤도

GPS 위성은【그림 10.22】와 같이 24개 (6개 궤도에서 4개씩 위성이 운행 중)가 기본이나 보통 몇 개의 백업위성까지 포함되어 30개 내외의 GPS 위성이 운영되고 있다. GPS 위성은 송신기로서 지상으로 신호를 송신하게 되고, GPS 수신기는 GPS가 제공하는 신호를 받아 자기의 위치를 계산하게 된다. GPS는 최근에 스마트폰에 내장되면서 내비게이션, 주변 정보 검색, 증강현실 게임 응용 등 다양한 분야에서 사용되고 있다[15]. 스마트폰에는 주로 GPS 신호를 고속으로 찾기 위해 퀄컴이 개발한 A-GPS(Assisted GPS) 방식을 사용하는데 A-GPS는 위성의 정보 이외에 별도의 이동통신 네트워크를 통해서도 위성정보를 수신하여 위치 설정에 걸리는 시간을 대폭 단축하는 기술이다[16].

GPS 위성의 신호는 크게 민간용과 군용으로 나뉜다. 군용 신호는 암호화되어 있기 때문에 일반인은 사용할 수 없는 반면 민간용은 이러한 제안이 없다. GPS는 운영 초기에 군사적 목적으로 사용되어 왔으나, 민간부분으로 점차 확대되어 현재 여러 분야에서 활용되고 있으며, 지구상 어디에서나 24시간 이용할 수 있는 것은 물론 기상조건이나 외부의 간섭 및 방해에 강한 시스템이다. GPS는 전 세계적으로 공통좌표계(WGS 84 : World Geodetic System)를 사용하고 있다[17].

15) 포켓몬과 같은 스마트폰 App이 대표적인 GPS를 이용한 대표적인 증강현실 게임이다.

16) 일반적으로 GPS위성의 통신속도는 50bps의 저속으로 위성에서 GPS신호로부터 위치를 찾기에는 10분 이상의 시간이 소요된다. 따라서 이동통신을 통해 위성의 정보를 미리 받아오면 그만큼 위치를 계산하는 시간을 줄일 수 있다.

위성으로부터의 신호는 2개의 반송파 L1 (1575.42MHz)과 L2(1227.6MHz) 주파수로 신호를 송신하고 있다. 이 두 개의 주파수는 각각 C/A(Coarse/Acquisition) 코드와 P(Precision) 코드로 대역확산되며, 항법정보는 표준측위서비스 (SPS : Standard Positioning System)와 고정도측위서비스(PPS: Precise Positioning System)로 구분되어 서비스를 제공하고 있다. SPS는 측위와 시각 전송의 업무로서 민간용으로 이용되고 있고, L1주파수의 C/A코드만 사용할 수 있고, PPS는 주로 군용으로 설계되어 측위, 타이밍, 속도 기능을 가지고 L1, L2의 P(Y)코드가 사용되고 있다.

표 10.4 GPS 주파수

분류		주파수	특징
주파수	L1	10.23MHzx154=1575.42 MHz	C/A코드, P(Y)코드
	L2	10.23MHzx120=1337.60 MHz	P(Y)코드, L2C 코드 포함
	L3	1381.05 MHz	– L1, L2 합성파(실제 반송파 아님) – 전리층 지연
	L4	1377.913 MHz	– L1, L2 합성파(실제 반송파 아님) – 추가적인 기하학적 보정

위성으로부터 송신된 신호를 이용해 좌표를 계산하기 위해서는 정밀한 시간이 필요한데, GPS 위성에는 고정밀의 원자 시계가 탑재되어 있으며, GPS 수신기는 필요한 정밀도에 따라서 원자 시계 또는 수정발진기를 이용한 시계 등이 탑재되어 있다. 위성으로부터 수신한 항법메시지를 통해 GPS 수신기의 시계와 GPS 위성의 시계를 비교하게 되는데, 위성으로부터 반송파에 실려 보내진 C/A 코드를 GPS 수신기가 감지하면 똑같은 코드를 생성해 두 코드의 시간차를 측정한다. 측정된 두 코드의 시간차에 전파의 속도를 곱하면 GPS 위성과 수신기 간의 거리가 구해진다. 수신기로부터 여러 위성까지의 의사거리를 동시에 오차 보정해서 중첩하면【그림 10.23】에 의해 삼각측량법(Triangulation)으로 수신기 위치가 구해진다.

17) WGS는 적도와 본초자오선이 교차하는 점을 원점으로 잡아 경도와 위도로 표시한다.

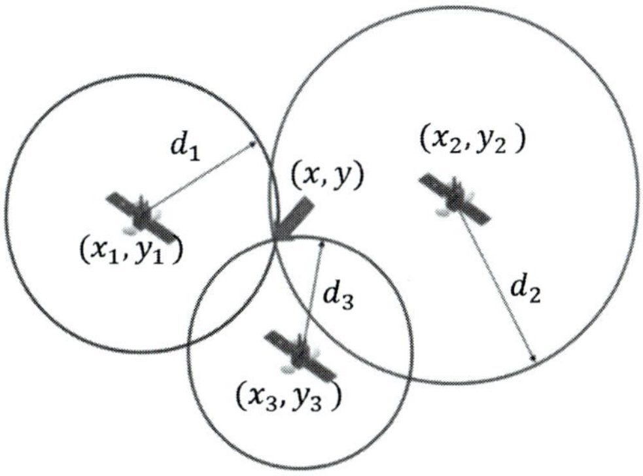

【그림 10.23】 삼각측량법에 의한 GPS위성으로부터 위치 계산

삼각측량법은 간단한 기하학적 방법으로 2차원 평면상에 이동하는 개체의 실시간 위치를 추적하는 보편적인 방법이다. 2차원에서 이동하는 개체의 위치를 실시간으로 추정하기 위해서는【그림 10.23】과 같이 최소 3개 이상의 기준점이 필요하다[18]. 예를 들어 그림과 같이 각각의 GPS의 좌표를 $(x_1, y_1), (x_2, y_3), (x_3, y_3)$ 라고 하고 각각의 GPS로부터의 거리를 d_1, d_2, d_3 라고 한다면 이동하는 물체의 좌표는 다음 3개의 식으로 주어진다. 즉 삼각측량법은 3개의 원이 만나는 교점을 찾는 것이다.

$$d_1^2 = (x - x_1)^2 + (y - y_1)^2 \tag{10.7}$$

$$d_2^2 = (x - x_2)^2 + (y - y_2)^2 \tag{10.8}$$

$$d_3^2 = (x - x_3)^2 + (y - y_3)^2 \tag{10.9}$$

예제 10-9 $(x_1, y_1) = (4,4)$, $(x_2, y_3) = (8,12)$, $(x_3, y_3) = (12,4)$ **이고,** $d_1 = \sqrt{32}$, $d_2 = 4$, $d_3 = \sqrt{32}$ **일 때 삼각측량법으로부터 수신기의 위치를 계산하시오.**

풀이 식에 대입하여 풀면 $(x, y) = (8,8)$가 계산된다.

실제 삼각측량법은 3개의 원의 교점의 형태로 존재하지 않는 경우도 발생할 수 있으므로 그 경우에도 근사해를 찾을 수 있는 최소자승법(least square method) 등을 사용하여 구하는 것이 일반적이다.

18) 3차원에서 이동하는 개체의 위치를 알기 위해서는 4개 이상의 기준점이 필요하다.

GPS 수신기가 GPS 위성신호로부터 위성신호를 해석하여 파악한 위치정보를 외부에 알리기 위해서는 사용하는 정보가 NMEA(National Marine Electronics Association)−0183 포맷을 사용하여 수초마다 한 번씩 직렬통신으로 출력하게 된다. NMEA 포맷으로는 GPGGA(Global Positioning System Fix Data), GPRMC(Recommended Minimum Specific GNSS Data), GPGSA(GNSS DOP and Active Stellite), GPGSV(GNSS Satellite in View) 등이 존재하며 데이터 포맷이 조금씩 다르다. 예를 들어 GPS 위치정보는 다음과 같이 표현된다.

$GPRMC,141114.999,A,3730.0264,N,12655.2351,E,15.51,202.12,101200,,*3C

▌그림 10.24▌ GPS 데이터 예

> **참고**
>
> **GPS 데이터 설명**
>
> 문장의 시작과 구분: $ =문장의 시작을 의미, 콤마(,) =: 각 필드를 구분
>
> GPRMC : Device ID (Talker ID) + Sentence ID
>
> 141114.999 : 시각(hhmmss.sss)으로 14시 11분 14.999초 의미 (세계 표준시로 한국에서는 +9를 해야 함)
>
> A : A=Active, V=Void(신뢰할 수 없는 상태)
>
> 3730.0264 : 위도(ddmm.mmmm), 37도 30.0264'
>
> N : N=North(북위), S=South(남위)
>
> 12655.2351 : 경도(dddmm.mmmm), 126도 55.2351'
>
> E : E=East(동경), W=West(서경)
>
> 15.51 : Speed over ground, Knots 단위의 속도, km/h로 변환하려면 1.852를 곱하면 됨
>
> 202.12: 진행방향, 진북을 중심으로 표현된 각도 값
>
> 101220: UTC날짜, DDMMYY, 2020년 12월 10일을 의미
>
> Magnetic variation: 자북과 진북의 각도 차이: 통상 GPS에서는 NULL값
>
> 3C: chencksum (데이터 오류 검출 필드)

GPS 수신 안테나

GPS는 공중에 있는 위성의 신호를 받아야 하기 때문에 방사패턴이 반구의 형태를 가져야 하며, 주파수가 S−대역이기 때문에 유전율이 높은 안테나를 사용하여 안테나 크기를 작게 해야 한다. 【그림 10.25(a)】는 대표적인 GPS 안테나를 보여준다. GPS 안테나는 GPS위성이 원형편파를 사용하므로 이를 수신할 수 있도록 네 개의 모서리 중에 2개의 대각에 위치한 모서리가 마름모꼴로 되어 있는 것이 특징이다[19]. 최근 반도체 기술의 발전으로 IC의 크기

19) GPS 위성은 전리층에서의 패러데이 효과문제로 원형편파를 사용하며, 지표면 상공에 위치하므로 편파특

는 작아지는데 반하여 안테나 크기는 작아질 수 없음을 보여준다. 【그림 10.25(b)】는 군사용으로 사용되는 GPS 안테나를 보여주는데 여러 개의 GPS 안테나를 사용하는 이유는 적군이 GPS를 무력화시킬 목적으로 GPS 교란신호(Jammer)를 송신하였을 때 이로부터 보호하기 위한 목적이다. GPS는 먼거리에 있는 위성에서 발사되므로 신호의 크기가 매우 미약하다. 따라서 같은 주파수 대역의 큰 신호가 입사될 경우 GPS 수신을 못할 수가 있다. 이런 경우 배열 안테나와 안테나 신호처리 알고리즘을 이용하여 적의 교란신호가 수신되지 못하도록 안테나 방사패턴을 만들게 된다.

(a) 단일 안테나

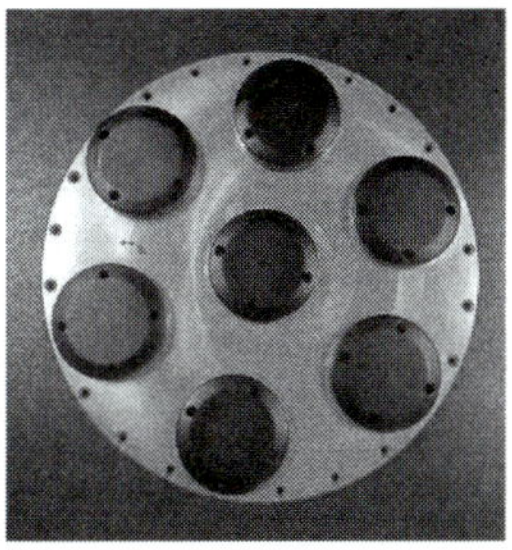

(b) 배열안테나

【그림 10.25】 GPS 안테나

10.3.3 GPS 보완 및 활용기술

GPS 위성의 고도는 약 20,183km로 매우 높기 때문에 GPS 수신기에서 수신되는 신호전력은 -130dBm으로 수신기 열잡음 전력보다 낮은 값으로 수신기에서는 대역확산 신호를 역확산하여 송출 데이터를 복원하게 된다[20]. 따라서 지상의 GPS 수신기에서는 신호를 오랜 시간 누적해야 신호의 수신이 가능하게 되며 GPS 수신기에 전원을 인가하였을 때 최초로 위치 정보를 도출할 때 까지의 시간을 TTFF(Time to First Fix)로 정의한다. TTFF는 Almanac 데이터와 Ephemeris 데이터의 수신 여부에 따라 【표 10.5】와 같이 Factory Start, Cold Start, Warm Start, Hot Start로 구분이 된다.

성 및 방사패턴 특성이 반구 형태를 가지는 마이크로스트립 안테나를 사용한다.

20) GPS 위성의 궤도는 중궤도라 부르며 지구를 하루에 두 번 일주하며, 각각의 위성은 지상의 한 점을 하루에 한 번 통과하게 된다. 2019년 기준으로 총 31개의 GPS 위성이 운영되고 있으며, 지상의 대부분의 위치에서 최소한 6개의 GPS 위성을 관측할 수 있도록 배열되어 있다.

표 10.5 GPS 동작시간의 분류

모드	내용
Factory Start	– 전원을 켠 후 위성신호로부터 Almanac 데이터 전체와 신호가 수신되는 위성 중 최소 3개 이상의 위성으로부터 각각의 Ephemeris 데이터 전체를 수신하여 위치를 파악하는 데 소요되는 시간으로 대략 15분 정도가 필요함
Cold Start	– GPS 수신기가 저장된 유효한 Almanac 데이터를 가지고 있는 경우로 Almanac 데이터는 최소 1년 동안 유효하며 대부분의 수신기들은 비휘발성 메모리 등에 저장한다. 이 경우 TTFF는 주로 전체 Ephemeris 데이터를 받는 시간에 의해 결정되며 일반적으로 약 45초 정도 소요됨
Warm Start	– GPS 수신기가 Almanac 데이터뿐만 아니라 Ephemeris 데이터도 가진 경우인데, 다만, 정확한 시각정보를 가지고 있지 못한 경우로 TTFF는 약 7~15초 정도 소요됨
Hot Start	– GPS 수신기가 Almanac 데이터, Ephemeris 데이터, 유효한 시각 정보를 가지고 있는 경우로 TTFF는 약 1~5초 정도 소요됨

GPS는 느린 동작시간 뿐만 아니라 정확도에서도 오차가 발생할 수 있다. 그러나 실제 전파 경로로 인한 오차, GPS 위성과 GPS 수신기에 내장된 시계의 오차, 수신기 내부 회로에서 발생하는 오차 등으로 인해 이렇게 구한 거리는 실제의 거리가 아닌 의사거리(pseudorange)이다. GPS로부터 수신한 신호에는 항법메시지도 들어 있는데 의사거리는 항법메시지에 담겨 있는 각종 계수를 이용해 보정된다. P(Y) 코드를 이용한 거리 계산도 C/A 코드를 이용한 계산과 비슷하다. 그러나 암호화 되어 있기 때문에 허용된 사용자만이 해독할 수 있다.

GPS 수신기에서 위치를 계산하기 위해서는 현재의 시각, 위성의 위치, 신호의 지연량이 필요하다. 위치 계산 오차는 이 가운데 주로 위성의 위치와 신호 지연의 측정으로부터 발생한다. 신호의 지연 시간은 GPS 위성으로부터 수신한 신호와 동일한 신호를 GPS 수신기에서 발생시켜 비교하여 얻는다. 이 비교 과정에서 발생하는 오차는 수신기의 수신 상태가 양호한 경우, 부호 길이의 1% 정도이므로 C/A 코드에서는 약 1~10 ns이다. 전파의 속도를 고려하면 1~3 미터 정도의 오차이다. 이는 신호 지연 측정 과정에서 발생하는 오차의 최소치이다. P(Y) 코드를 해독할 수 있는 경우, 부호 길이의 1%의 오차는 약 30 센티미터에 해당한다. 이 밖에 다음과 같은 다양한 오차가 발생한다.

- 전리층의 영향: ± 5 미터
- 천체력 오차: ± 2.5 미터
- 위성의 시계 오차: ± 2 미터
- 전파 경로에 따른 오차: ± 1 미터
- 대류권의 영향: ± 0.5 미터
- 수치 오차: ± 1 미터 이하

D-GPS (Differential GPS)

D-GPS (Differential GPS)는 GPS의 위치 오차를 보정하기 위해 서로 가까운 거리에 위치한 두 수신기를 이용하여 두 수신기가 가지는 공통의 오차를 서로 상쇄시킴으로써 보다 정확한 데이터를 얻는 지상기반보정시스템을 의미한다. DGPS는 정확한 좌표를 알고 있는 지점에 기준국을 설치하고 위성들을 모니터링해 개별 위성의 거리 오차 보정치를 정밀하게 계산한 후 이를 현장의 이동수신기의 오차 보정에 이용함으로써 측위 정확도를 향상시킬 수 있다.

DGPS는 지상에 기준국을 설치하지만 정지궤도 위성에 기준국을 설치하는 SBAS(Satellite Based Augmentation System: 위성기반보정시스템) 시스템 구성이 가능하며, 이 경우 지상의 기준국에서 각각 GPS 신호를 수신하여 그 정보를 중앙처리국에 전송하면 중앙처리국에서는 GPS 오차정보를 교정하여 SBAS 위성으로 SBAS 신호를 생성하면 SBAS 위성은 이 정보를 송신하는 방식을 이용한다[21].

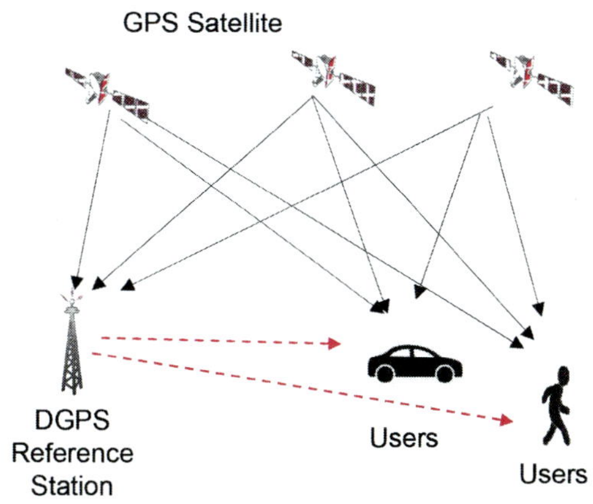

그림 10.26 D-GPS 의 원리

21) 한국형 SBAS 정지궤도 위성을 2022년 발사하여 서비스하고 있다.

이동통신 A-GPS(Assisted GPS) 기술

GPS 기술은 이동통신 기술에 많은 영향을 주었다. 먼저 GPS의 안정적인 시간동기 기능을 바탕으로 2세대 이후 이동통신 기지국의 동기에 사용되었다. 이후 이동통신을 이용하여 단말에 위치를 제공하는 기술이 도입되었다. 물론 단말이 직접 GPS 위성신호를 이용하면 본인의 위치를 찾을 수 있으나 기지국의 도움을 받으면 좀 더 빠른 위치정보를 수신할 수 있게 되었다.

스마트폰에 사용되는 GPS 수신기는 GPS 신호를 고속으로 찾기 위해 퀄컴이 개발한 A-GPS (Assisted GPS: D-GPS의 보정기능을 이동통신에서 제공하는 방식) 방식을 사용하는데 A-GPS는 위성의 정보 이외에 별도의 이동통신 네트워크를 통해서도 위성정보를 수신하여 위치 설정에 걸리는 시간을 대폭 단축하는 기술이다. 일반적으로 GPS위성의 통신속도는 50bps의 저속으로 위성에서 GPS신호로부터 위치를 찾기에는 10분 이상의 시간이 소요된다. 따라서 이동통신을 통해 위성의 정보를 미리 받아오면 그만큼 위치를 계산하는 시간을 줄일 수 있다. A-GPS는 3GPP2 표준문서인 IS-801에 제정되었으며 다음의 3가지 모드를 지원한다.

표 10.6 A-GPS 모드

표준명칭	내용
MS-Assisted 모드	- 이동통신 Network에서 GPS 정보제공, 단말기의 측위 및 단말기의 측위 결과를 Netowrk로 전송하는 단계로 구성 - 이동통신의 PDE(Position Determination Entity) 이용
MS-Based 모드	- 초기 1회 Network의 PDE로부터 GPS 전보 수신 - 이후 1~2시간 동안은 자체적으로 GPS 측위 수행 - 초기 1회 Network 접속시간이 수십 초 필요하지만 이후 단말기가 자체적으로 위치 계산
Autonomous 모드	- Network의 PDE 정보없이 단말기 독자적으로 수행 - 초기 위치 계산하는데 긴 시간이 필요

GPS 보조센서

만약 자동차 Navigation 시스템의 동작 중에 자동차가 터널 안으로 들어가게 되어 위성을 이용한 위치센싱이 어렵거나 자동차가 도심지를 통과할 때 주변 건물에 반사된 위성신호 등에 의하여 위치에 오류가 있을 때가 있다. 이러한 경우 GPS 위성을 보조하는 방법으로 관성

센서를 이용하는 것이 필요하다.

【표 10.7】 GPS 보조센서의 종류

센서	내용
자력계	– 나침반 기능 – 자북(north pole)을 측정하여 GPS 보조 (북위 70도 이상에서는 자북 측정 불가능)
3축 가속도계	– x, y, z 측 방향의 가속도 측정 – 관성센서
자이로스코프	– 수평 유지 – 3축의 각가속도 측정 (드론의 기울기 정보 제공)
기압계	– 대기압 측정 – 정밀도 낮음
거리계	– 초음파센서 – 레이저 센서 – 라이다(LiDAR) 센서
비전 센서	– 카메라

【표 10.8】의 보조센서들은 단독으로 사용되기 보다는 여러개의 센서가 결합되어 사용되어 진다. 예를 들어 드론은 주변 환경과의 상대거리를 카메라와 레이저센서로 측정하여 자신의 위치를 결정하는 자기위치추정기법이 있다. 자기위치추정기법은 주변 환경에 대한 지도를 작성하고 이를 이용하여 자율 비행이 가능하도록 위치를 추정한다 이러한 알고리즘은 고정된 주변 환경과 비행체의 저속 이동 환경에서는 cm급의 정확도를 보인다. 그러나 이동체가 고속으로 이동하거나 주변 환경이 변화하게 되면 성능이 저하되는 단점이 있다.

GPS 활용사례: ADS-B

전 세계적으로 GPS가 성공적으로 도입됨에 따라 항공기와 공항에서 GPS를 이용한 ADS-B(Automatic Dependent Surveillance-Broadcast)가 광범위하게 사용되고 있다. ADS-B는 GPS 위성 항법 시스템과 1,090MHz의 무선통신을 이용하여 공항 근처의 운행 중인 항공기의 종류, 상태 및 현재 위치 정보를 항공교통관제(ATC: Air Traffic Control) 센터나 다른 항공기에 자동으로 방송(Broadcast)하는 항공기 감시 체계로 볼 수 있다. ADS-B 시스템은 항공기의 정보(항공기 식별 부호, 위치, 속도, 방향 등)를 1초 단위로 주기적으로 방송하게 된다. ADS-B 시스템을 이용하여, 공항에서는 날씨 등으로 항공기가 보이지 않을 때에도 항공기의 존재를 자동으로 알 수 있으므로 항공 관제 기능을 향상시켜 항공기 충돌을 방지할 수 있다.【그림 10.27】은 항공기가 여러대의 GPS 위상으로부터 자기의 위치를 계산하고 이를 ADS-B 송신기로 정보를 보내고 공항에 위치한 수신기가 그 정보를 수신하는 개념도를 보여주고 있다[22].

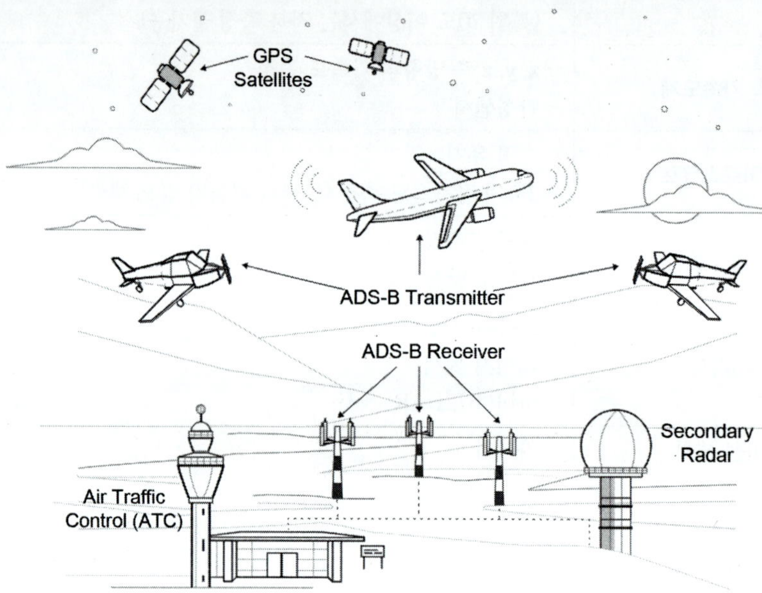

【그림 10.27】 ADS-B 시스템 개요

ADS-B에서 송신하는 신호는 패킷으로 구성되는데 하나의 예가【그림 10.28】에 나와 있다. 하나의 ADS-B 패킷은 프리앰블(Preamble)과 페이로드(Payload)로 구성되는데 그림의 페이로드는 Downlink Format 17을 사용하는 Extended Squitter 구조를 보여준다. 이 구조는 Downlink Format, Capability, Aircraft ID, Message, Parity Information을 포함하여 총 112bit로 구성된다. Payload bit는 1(Ms/s)의 속도로 펄스의 위치에 따라 정보를 전송하는 Binanry PPM 방식으로 변조된다. 따라서 하나의 패킷은 Preamble 8usec와 BPPM을 거친 Payload 112usec를 더한 120usec의 길이를 가지게 된다. 보통 하나의 ADS-B 패킷에는 하나의 정보만을 담는다. 이 정보는 Aircraft ID, 고도, GNSS, 속도 등을 포함하며,

22) ADS-B는 항공기의 효과적인 감시체계로서 그 성능이 입증되어 널리 사용되고 있다. 현재, 국제민간항공기구(ICAO)와 각국의 규정에 따라 대부분의 상업용 항공기와 일정 크기 이상의 일반 항공기에 필수적으로 장착되어 있다. 미국 연방항공국(FAA)은 2020년 1월부터 미국 공역에서 운항하는 대부분 항공기에 대해 ADS-B 장비의 의무 장착을 요구하고 있다

이는 Message (56bit) 부분에 담기는데, 수신부는 Type Code에 따라 정보의 종류를 구분하여 수신한다. Type Code는 Message (56bit) 부분의 가장 앞부분 5비트에 위치하여 메시지가 담고 있는 정보와 메시지의 형식을 결정한다.【그림 10.28(b)】는 Type Code로 결정되는 5가지 종류의 메시지 형식의 예를 나타내었다.

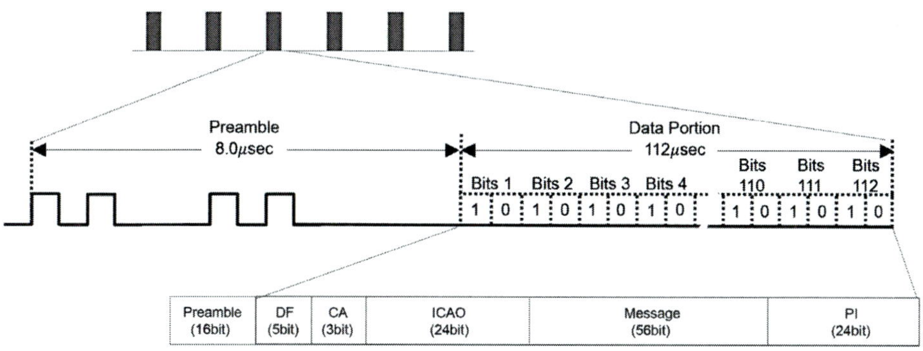

(a) ADS-B 패킷 구성

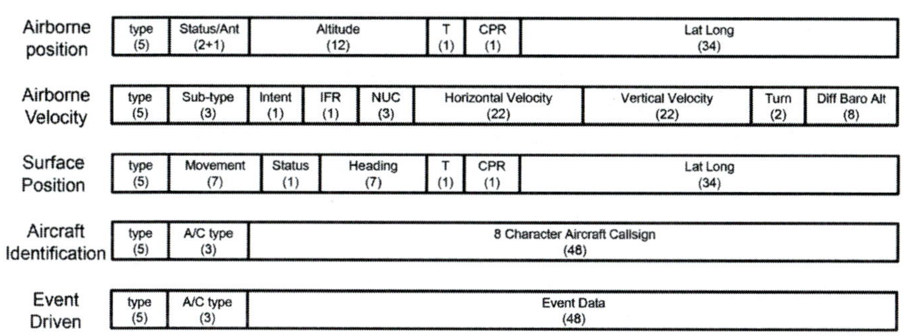

(b) ADS-B 매시지의 정보

▌그림 10.28▐ ADS-B 패킷 구성 및 메시지 예

> **참고** 8장에서 살펴본 RTL-SDR을 이용하면 현재 상공에 있는 비행기가 송신하는 ADS-B 신호를 수신할 수 있다. 관련된 동영상을 검색해보고 가능하면 제작해보도록 하자.

10.4 IoT 기반 무선통신과 레이다 융합기술

10.3절에서 전통적인 무선통신과 레이다 융합기술을 살펴보았다. 무선통신 기술이 개발된 초창기부터 레이다 없이 무선통신 만으로 거리와 방향을 측정하려는 시도가 있었음을 알 수 있다. 이후 GPS의 도입으로 GPS 신호를 바탕으로 위치정보를 제공하는 Positioning 기술이 대중화되었다. 이에 따라 무선통신은 무선통신으로서의 기능에 집중할 수 있었고, 디지털 무선통신 기술의 발달로 통신 속도 전쟁에 들어가면서 통신은 정보 전달이라는 측면만이 강조되었다. 하지만, GPS가 수신이 되지 않는 실내에서는 여전히 무선통신 기반으로 거리와 방향을 측정하려는 시도가 지속되었으며, 대표적인 기술로는 RFID, Bluetooth, UWB, LoRa 등이 있다. 이러한 기술들은 현재 다양한 응용에서 사용되고 있으며 본 절에서는 이에 대해 다루고자 한다.

10.4.1 RFID 기술

레이다 기술에 무선통신 기능을 추가한 대표적인 기술로 RFID 기술이 있다. RFID는 다양한 사물에 부착된 태그(tag)와 태그를 읽을 수 있는 리더(reader)로 구성이 된다[23). 【표 10.8】에 대표적인 RFID의 주요 방식과 특징을 보여준다. RFID는 크게 태그에 배터리가 있는지의 유무에 따라 수동형 RFID와 능동형 RFID로 구분되며, 사용하는 주파수대역에 따라서도 분류될 수 있다. 특히, 수동형 태그의 경우 배터리가 없어도 RFID 리더가 태그에 있는 정보를 읽을 수 있는 고유의 장점을 가지고 있어 일반적인 통신시스템이 제공할 수 없는 다양한 응용 분야에서 사용되고 있다. 예를 들어 도난방지를 위해 플라스틱 안에 내장되어 상점의 물품에 부착돼 사용되기도 하며, 어떠한 태그는 자동차 유리 창문에 부착되어 자동 요금 정산에 이용된다. 또한 자동차 타이어에 내장되어 타이어의 압력이 낮아지게 되면 운전자에게 정보를 알려줄 수 있다. 사물 외에 동물을 관리하기 위해 동물의 피부 밑에 삽입하는 태그도 있으며, 현재 다양한 애완동물 관리에 사용되고 있다. RFID의 주파수는 낮은 응용분야나 인식거리에 따라 135 kHz에서부터 5.875 GHz까지 다양한 주파수대역에서 동작한다. 일반적으로 교통카드나 신용카드 등에서 가장 많이 사용되는 주파수는 13.56MHz ISM 대역이다.

23) RFID는 통신기술이라기 보다는 레이다 기술이므로 레이다 용어가 많이 사용된다. RFID 리더는 interrogator라고 부르는데 이는 레이다에서 비롯된 단어이다.

표 10.8 RFID의 주요 방식 및 특징

RFID 방식별 구분		주요 특징
태그 전원유무	능동형 (Active)	– 태그에 배터리가 부착, 수십m 원거리 통신용 – 가격 고가, 수명 제한, UHF 대역 이상에서 사용
	수동형 (Passive)	– 태그에 배터리가 없으며, 1m 이내 근거리 통신용 – 가격 저렴, 수명 반영구적 (약 10년 이상)
무선 주파수 대역	135kHz 이하	– FA용, 동물 인식 등 근거리 용도로 활용
	13.56MHz	– IC 카드, 신분증 등 1m 이내에서 활용 가능 – 데이터 전송상의 신뢰성이 높음 – 교통카드 등으로 대중화됨
	UHF파	– 433MHz(active), 860-960MHz 대역을 이용 – 마이크로파 대역에 비해 무선인식 성능이 우수 – EPC 태그 등 물류관리에 사용 중
	마이크로파	– 2.45GHz의 ISM 대역 이용

【그림 10.29】는 UHF 대역의 RFID 시스템의 구성도를 보여주고 있다. 리더는 태그로 전력을 방사하고, 태그는 방사 전력을 정류하여 태그의 회로에 전력을 공급하여 동작된다. 리더의 구조를 보면 레이다의 구조와 유사함을 알 수 있고, 레이다에 목표물 대신 태그가 있는 것이 차이가 있다. 태그 내에 위치한 마이크로컨트롤러는 태그 고유의 식별 정보를 가지고 있고 태그 안테나의 부하를 가변시키는 방법으로 정보를 보낸다. 보통 태그 안테나에는 사용주파수 대역에서 동작하는 RF 스위치가 붙어있는데 스위치의 동작에 따라 안테나에 정합되는 부하가 달라지고 역산란되는 정도가 달라진다. 이러한 변조를 역산란 변조(backscatter modulation) 또는 부하변조(load modulation)라고 한다. RFID와 일반 무선통신과의 차이는 다음과 같다.

- **무선전력전송** – 태그에 배터리가 없으므로 전력전송을 위해 리더는 송신신호와 함께 전력을 무선으로 송신하여야 한다.
- 리더에서 송신한 전력이 충분하지 않으면 RFID 동작이 불가능하다. 송신전력은 자유공간에서 감소하므로 태그의 정류기가 동작하여 태그 동작에 필요한 전력을 생성할 수 있는 거리(reading range 또는 interrogation range)를 넘어서면 태그는 동작하지 않는다.
- 태그는 리더가 송신한 CW신호를 이용하여 역산란하며, 리더는 동일한 신호를 주파수 하향변환에 사용하므로 동기문제가 없으며 레이다에서의 range correlation 효과에 의해 위상잡음에서 자유롭다.
- 태그는 배터리가 없으므로 고속으로 데이터를 송신할 수 없어 RFID 시스템의 전송속도

는 다른 무선통신시스템에 비해 매우 느리다.

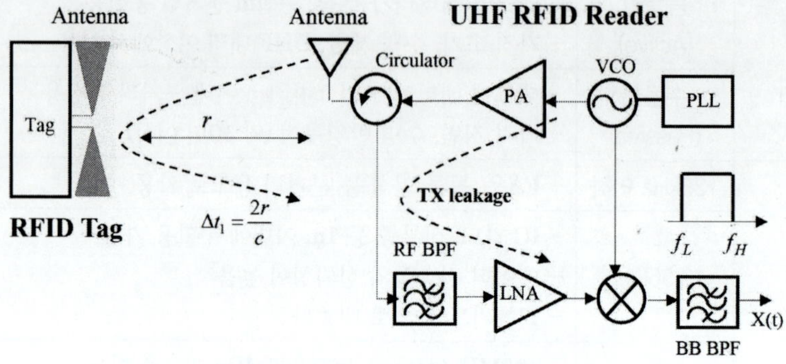

그림 10.29 UHF RFID 시스템 구성

국내에서는 917~923.5MHz의 RFID/USN 대역을 사용하도록 하고 있으며, 현재 RFID/USN 대역은 다양한 무선기기가 사용되고 있는데 대표적인 무선기기로 RFID, Z-wave, LoRa 등이 있다. 국내 RFID/USN 대역의 주파수 대역과 대표적인 무선기기 들이 사용하고 있는 채널은 【그림 10.30】과 같다. 다른 무선기기가 10mW 이하의 낮은 출력을 사용하는데 반하여 RFID는 태그에 전력을 무선으로 공급하기 위하여 4W EIRP의 높은 출력을 사용하는 것이 특징이다.

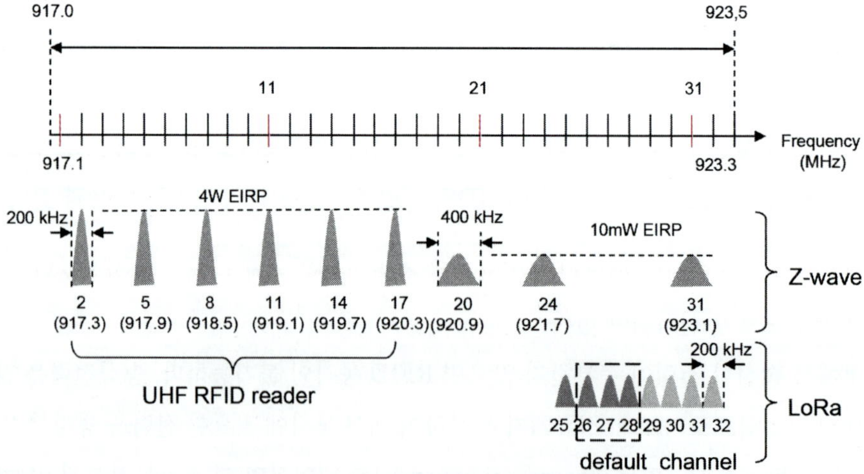

그림 10.30 국내 RFID/USN 대역과 IoT기술

현재 900MHz RFID의 규격은 EPCglobal에서 제안한 Class 0, Class 1, Class 1 Gen 2의 3가지 규격과 ISO/IEC에서 제안한 Type A와 Type B가 있다 2005년에는 RFID 기술의 양대 주요 표준 단체인 EPCglobal과 ISO/IEC에서 2세대 수동형 RFID 기술의 표준에 대한 합의가 이루

어져, EPCglobal의 Class 1 Gen 2 규격이 ISO 18000-6 Type C로 표준화가 추진되었고, 관련 태그 및 리더가 2005년 말부터 보급됨에 따라 Class 1 Gen 2 규격이 전 세계적으로 통일되어 사용된다.【표 10.9】에 UHF RFID의 Gen 2 규격과 기존 규격과의 비교하여 나타내었다.

【표 10.9】 Gen 2 RFID 규격과 기존 규격과의 비교

Parameter	Type A	Type B	C1 Gen2
순방향링크 (리더-태그) 인코딩	PIE	Manchester	PIE (Nominal 90%)
Modulation index	27% ~ 100%	18% or 100%	80% ~ 100%
데이터 전송률	33kbps (평균) Tari=20usec	10/40kbps (국가나 지역의 규격에 따름)	128~26.7kbps Tari: 6.25~25usec Data-1:1.5~2 Tari
역방향 링크(태그-리더) 인코딩	FM0	FM0	FM0 혹은 Miller subcarrier
Collision arbitration	ALOHA	Binary Tree	ALOHA
태그 unique identifier	64bits (40bit SUID)	64bits	Protocol 상에서는 최대 256bits PC에서는 31 × 16bit 가능
Collision arbitration 선형성	250 태그 이하	2^{256} 태그 이하	32767 태그 이하

UHF RFID 인식거리

수동형 RFID의 주요 특징으로는 태그에 배터리가 없다는 것이다. 따라서 UHF RFID의 인식거리는 리더의 신호가 태그를 ON시킬 수 있는지 여부에 따라 동작범위가 결정되므로 그 인식거리가 매우 짧다. 리더에서 태그까지의 무선링크를 순방향 링크, 태그에서 리더까지 응답하는 무선링크를 역방향 링크라고 부르는데 UHF RFID의 인식거리는 순방향 링크에 의해 결정된다. 현재의 태그기술로는 50uW(~-13dBm)의 입력전력이 필요하므로 리더의 출력이 0.5W EIRP (27dBm)이고, 태그의 안테나를 다이폴 안테나라고 가정하면 동작거리는 약 3m 정도가 되며, 그 이상의 거리에서는 리더의 신호는 존재하나, 태그는 ON되지 못하고 다른 리더에 간섭으로만 영향을 주게 된다. 이러한 간섭을 RFID 리더 간섭이라 한다. 보통 UHF RFID 리더는 4W의 큰 출력을 사용하므로 타 무선기기에 영향을 줄 수 있다. 반면 13.56MHz는 자유공간의 역제곱 법칙보다는 리더에 부착된 코일과 태그에 부착된 코일간의 자기장 유도결합으로 동작되므로 동작범위가 매우 짧아 주파수 간섭 등의 문제가 발생하지는 않는다[24].

예제 10-10 **Friis의 공식 및 EIRP의 개념을 이용하여, RFID의 인식거리를 계산하는 프로그램을 MATLAB으로 구현하시오. 이때 EIRP는 4W라고 가정한다.**

풀이 리더의 송신전력이 역제곱의 법칙에 의해 작아지므로 태그가 -10dBm 수신전력에서 동작된다면 그 거리가 RFID의 최대 동작범위가 된다.

```
% UHF RFID forward link distance
Px = 4;              % 4W TX power
Gt =1;               % 0dB TX antenna gain
Gr = 1;              % 0dB RX antenna gain
freq=900e6;               % operating frequency
c=3e8;                    % Light speed [m/s]
free_space_term = (Gt * Gr * Px * c^2)/(4*pi*freq)^2;
for k=1:100
    Dist=k*0.1;
    Prec(k)=10*log10(free_space_term/(Dist^2));
    D(k)=Dist;
end
plot(D,Prec+30);
xlabel('Distance [m]');
ylabel('Received Power [dBm]')';
```

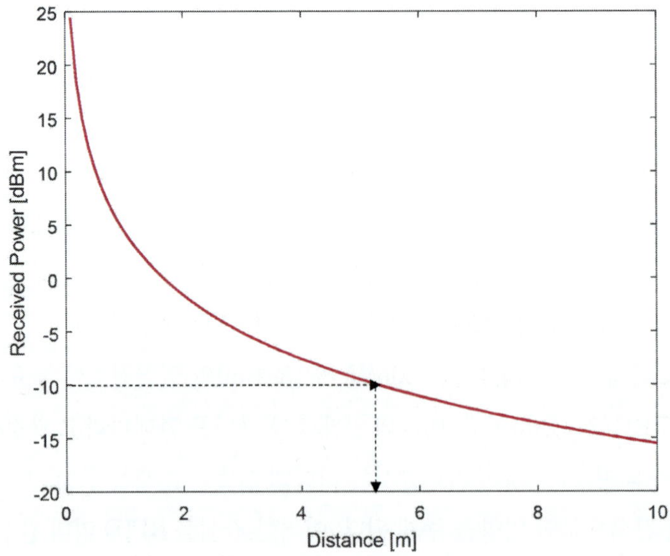

그림 10.31 RFID 순방향 동작 범위

24) 교통카드와 같이 13.56MHz에서 동작하는 RFID는 리더에 2개의 교통카드를 동시에 위치시키면 짧은 동작범위에도 태그가 겹치므로 데이터의 충돌이 발생하게 된다. 이 또한 주파수 간섭문제라 할 수 있다.

10.4.2 Bluetooth 방향탐지 기술

레이다나 불법 전파감시 등에서 사용되던 고성능 방향탐지 기술이 최근에는 저가의 무선통신에도 적용되고 있다. 대표적인 응용이 무선 LAN의 빔포밍과 Bluetooth에 적용된 방향탐지 기술이다. 이 중 IoT 기술인 Bluetooth의 방향탐지에 대해 살펴보자. 앞에서 살펴본 RFID 기술이 레이다 기술에 무선통신 기능을 추가한 기술이라면 Bluetooth 방향탐지 기술은 원래 무선통신기술인 Bluetooth에 레이다 기술의 하나인 방향탐지 기술을 도입한 사례라고 볼 수 있다.

Bluetooth는 개인휴대네트워크인 WPAN(Wireless Personal Area Network) 기술의 일종으로 현재 Bluetooth 스피커, 무선헤드폰, 무선이어폰, 무선마우스, 무선키보드, 등다양한 기기의 무선연결을 위해 널리 사용된다. Bluetooth는 개인 중심의 휴대기기들 간의 상호 연결 편이성을 제공하기 위한 근거리 무선통신기술로, 아마도 다양한 WPAN기술 중 가장 대중화된 기술이라 할 수 있다. Bluetooth는 송신전력이 수 mW 이하이므로 보통 10m 내외의 비교적 단거리에서 동작한다[25]. 이러한 Bluetooth 기기의 위치를 정확히 파악하기 위하여 최근 규격인 Bluetooth 5.1 표준부터는 방향탐지 기능을 추가하였다.【표 10.10】에 Bluetooth 규격의 변천 과정이 나와 있으며, 2019년에 방향탐지 기능이 추가됨을 알 수 있다. Bluetooth에 방향탐지 기능이 추가됨으로서 Bluetooth 기기의 위치를 파악할 수 있게 되어 그 응용범위가 넓어지게 되었다[26].

Bluetooth의 방향탐지 기술은 실내 위치기반서비스를 위해 사용되는데, 실내 위치기반 서비스는 크게 근접(Proximity) 서비스와 포지셔닝(Positioning) 서비스로 구분된다. 근접서비스의 대표적인 예로 사람이 미술관이나 박물관 등을 방문하여 전시품 가까이 접근했을 때 전시작품에 대한 설명을 제공하는 POI(Point of Interest) 서비스나 지갑이나 스마트폰 등을 어디에 두었는지 모를 때 이를 찾아주는 서비스 등이 있다. 보통 Bluetooth나 RFID 등을 사용하여 전시품 근처에 사람이 오는 정도만 확인하는 것으로 정밀한 위치파악이 필요없을 때 사용한다. 반면 포지셔닝 서비스는 사물의 위치를 실시간으로 파악하는 RTLS(Real Time Location System)나 실내 내비게이션과 같은 Indoor Positioning 기술 등을 포함한다.

25) 10m의 동작범위는 LoS 환경에서 이론적인 값으로, 주변에 책상, 의자, 사람 등이 놓여 있는 사용환경에서는 1~2m 통신반경 정도를 갖는다.

26) Bluetooth라는 이름의 기기는 하나의 기술이 아니다. 예를 들어 Bluetooth 스피커에 사용되는 Bluletooth 표준과 IoT 기기에 부착하는 BLE는 서로 다른 표준이므로 호환되지 않는다. 즉, Bluetooth는 표준이 서로 맞아야 통신이 가능하다.

예제 10-11 인터넷상에 판매되는 Bluetooth 모듈이나 본인이 가지고 있는 Bluetooth 스피커 장치가 어떤 표준을 따르고 있는지 데이터시트를 찾아서 조사해보자.

표 10.10 Bluetooth 방식 및 주요 특징

<table>
<tr><th colspan="2">RFID 방식별 구분</th><th colspan="2">주요 특징</th></tr>
<tr><td rowspan="13">Bluetooth</td><td>1.0/1.0B</td><td>- 1999년 최초 발표</td><td rowspan="4">723kbps</td></tr>
<tr><td>1.1</td><td>- 2002년 802.15.1 IEEE 표준으로 승인
- 1.0B의 문제점 개선
- RSSI 수신</td></tr>
<tr><td>1.2</td><td>- 2005년 IEEE 표준으로 승인</td></tr>
<tr><td>2.0+EDR</td><td>- 2004년 표준으로 승인
- 3.0Mbps EDR(Enhanced Data Rate) 지원</td></tr>
<tr><td>2.1+EDR</td><td>- 2007년 발표
- NFC cooperation</td><td></td></tr>
<tr><td>3.0+HS</td><td>- 2009년 발표
- 24Mbps High Speed (HS) 지원</td><td></td></tr>
<tr><td>4.0+LE</td><td>- 2010년 발표
- Bluetooth Low Energy (BLE) 포함</td><td></td></tr>
<tr><td>4.1</td><td>- 2013년 발표</td><td></td></tr>
<tr><td>4.2</td><td>- 2014년 발표</td><td></td></tr>
<tr><td>5</td><td>- 2016년 발표
- IoT용, 삼성갤럭시 S8에 포함</td><td></td></tr>
<tr><td>5.1</td><td>- 2019년 발표
- AoA, AoD 기능 추가</td><td></td></tr>
</table>

Bluetooth에서는 방향탐지를 위해 【그림 10.32】와 같이 기존 Bluetooth 패킷의 끝에 CTE (Constant Tone Extension)이라는 일종의 정현파(CW) 신호를 전송할 수 있는 구간을 추가하여 사용한다. Bluetooth 송신기는 주파수편차 $\pm 250kHz$을 갖는 이진 FSK 무선통신을 사용한다. 기존의 Bluetooth 패킷은 정보를 전송하기 때문에 만약에 '0'을 전송하는 경우는 반송파 주파수(여기서는 35번 Bluetooth 채널을 가정할 경우 2.402GHz)보다 $250kHz$ 낮은 주파수가, '1'을 전송하는 경우 반송파 주파수보다 $250kHz$ 높은 주파수가 송신된다. '0'과 '1'이 랜덤하게 분포하는 디지털신호이므로 두 주파수가 랜덤하게 나타난다. 이러한 신호는 CW신호가 아니므로 위상차를 구하기가 어렵다. 따라서 패킷의 끝부분에 '1'이 연속으로 있는 디지털신호

를 보낸다면 주파수 상향변환되어 송신주파수는 $2,402\,GHz + 250\,kHz$의 CW신호가 될 것이다. 이 신호를 수신하는 수신기는 배열안테나 상에 각도에 따라 위상차가 있는 신호가 입력될 것이므로 CW레이다나 방향탐지에서 적용된 다양한 방향탐지 알고리즘이 적용될 수 있다. 단, Bluetooth는 저가의 장비이므로 안테나 별로 수신기를 사용할 수 없으므로 RF스위치를 두어 하나의 Bluetooth 송수신기에 연결하는 방법을 사용한다.

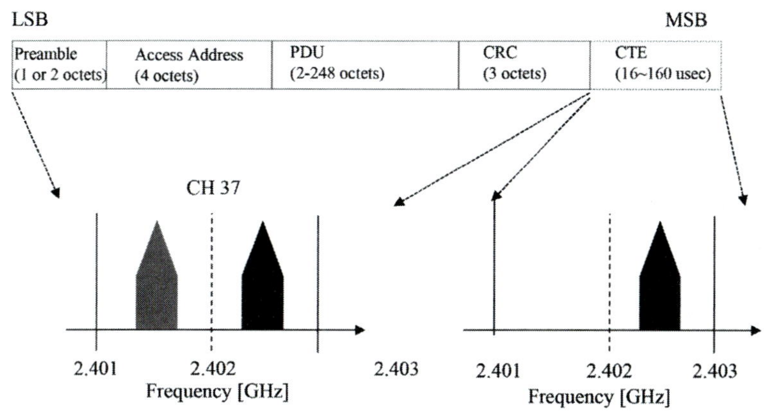

그림 10.32 방향탐지를 위한 BLE 5.1 패킷

Bluetooth에서는 복잡한 배열안테나 신호처리 대신에 안테나 사이의 위상차를 계산하는 방식을 사용하는데 수신기는 기존의 수신기를 사용할 수 있도록 안테나들을 RF 스위치로 연결하여 개별 안테나에서 순차적으로 수신되는 신호 간의 위상차를 이용하여 안테나로 입사되는 신호의 각도를 구한다. 【그림 10.33】에 Bluetooth에서 규정한 2가지 서비스로 AoA(Angle of Arrival)와 AoD(Angle of Departure) 서비스를 보여주는데 AoA의 경우 배열안테나를 갖는 수신기가 근처에 접근하는 BLE 송신기의 방향을 탐지하는 것이며, AoD는 배열안테나를 갖는 송신기가 순차적으로 안테나를 통해 신호를 송신하는 것을 이용하여 수신기가 송신기의 위치를 파악하는 것이다.

AoA에서 송신기는 CW신호를 송신하고 수신기는 안테나를 바꿔가면서 안테나간의 위상차를 측정한다. 이 때 안테나 스위치는 이상적인 소자가 아니므로 스위치가 바뀌는 시간에는 오류가 생길 수 있다. 따라서 스위치가 바뀌는 시간(2usec) 동안의 데이터는 사용하지 않고 스위치가 바뀐 후 2usec의 시간의 위상을 측정한다[27]. 안테나 간의 위상차는 보정이 필요할 뿐만 아니

27) 250kHz의 CW신호를 4MHz sampling한다면 2usec의 데이터 샘플은 8개 샘플이 한 주기에 해당한다.

라 수신기의 LO의 변화에 따라서도 변화하므로 규격에서는 전체 CTE 구간인 160usec 동안 총 37번까지 안테나 간의 위상차를 구하고 이를 평균하여 잡음을 제거하도록 하고 있다.

이렇게 송신된 중심주파수보다 $250kHz$ 높은 CW 신호를 수신한 BLE 수신기는 각각의 안테나에 입력된 신호의 위상차를 계산하여 BLE 송신신호의 입사각을 계산하게 된다. 만약 두 개의 안테나가 반파장 떨어져 있을 때 수신안테나에 수직방향에서 입사되는 신호는 두 안테나 간 위상차가 없다. 하지만 특정 방향에서 수신되는 신호는 두 안테나 간 위상차가 발생하는 원리를 이용하는 것이다. 단, 위상정보를 방향탐지하는 경우, 국부발진기의 주파수 오차나 송신된 주파수와 수신기의 국부발진기와의 차이에 의해 위상이 변할 수 있으므로 이에 대한 적절한 교정 및 보상이 필수적이다. 이렇게 각각의 안테나의 이격거리에 따라 인가되는 신호의 위상차를 계산하는 방법을 보통은 위상비교 간섭계(phase comparison interferometer)라 부르며, 전파천문학에서 처음으로 사용된 방식이다. 전파천문학에서는 파장 간격보다 멀리 떨어진 전파망원경에 입사되는 신호의 위상차로부터 별의 방향을 탐지하는 방식이다.

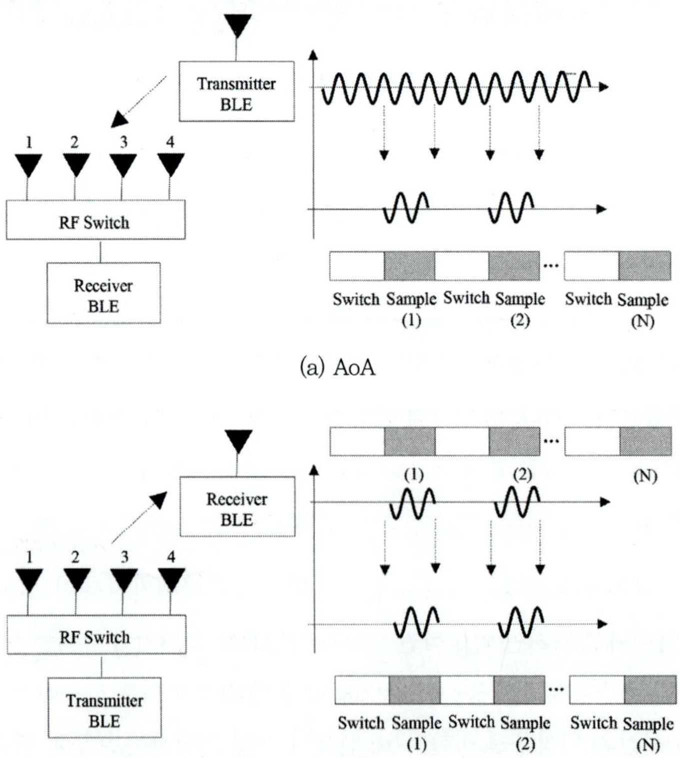

(a) AoA

(b) AoD

그림 10.33 안테나 스위치를 이용한 방향탐지

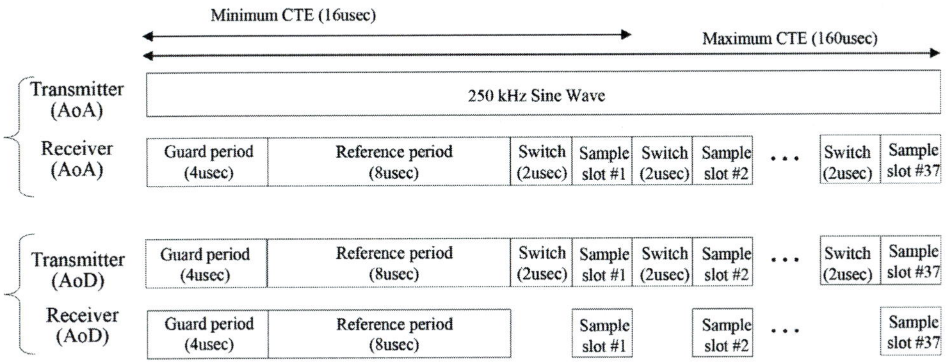

▌그림 10.34▌ 방향탐지를 위한 스위치 동작

빔스위칭 이용 방향탐지

Bluettooth 방향탐지를 학습하였으므로 Bluetooth와 같이 저가의 무선기기에 사용될 수 있는 방향탐지 기술에 대해 알아보자. 이러한 저가의 무선기기에 방향탐지 기능을 추가하려면 복수개의 배열안테나를 하나의 수신기에 연결하기 위한 RF 스위치가 필요하다. RF스위치는 안테나 2개인 경우 SPDT(Single Pole Double Throw) 스위치로 구성되며, 안테나가 M개의 경우 SPMT(SIngle Pole Multiple Throw)라 부른다. 이러한 RF 스위치를 이용하여 방사패턴 특성이 다른 빔을 선택적으로 스위칭하고, 각각의 빔 별로 수신신호를 저장한 후 이를 비교하면 수신신호의 방향을 알 수 있다. 이 방식을 Beam switching array(BSA) 또는 Swithcing beam array라고 한다. 이때 여러개의 빔을 형성하기 위한 RF 회로가 필요한데 이를 Butler Matrix라고 하며 Butler Matrix를 이용한 빔 스위칭 안테나의 구성의 예가【그림 10.35】에 나와 있다. 그림에서 반파장 간격으로 배열된 개의 안테나와 Buttler Matrix를 이용하여 각도별로 지향각이 다른 개의 빔을 생성하고 이를 SPMT 스위치로 선택하게 된다.

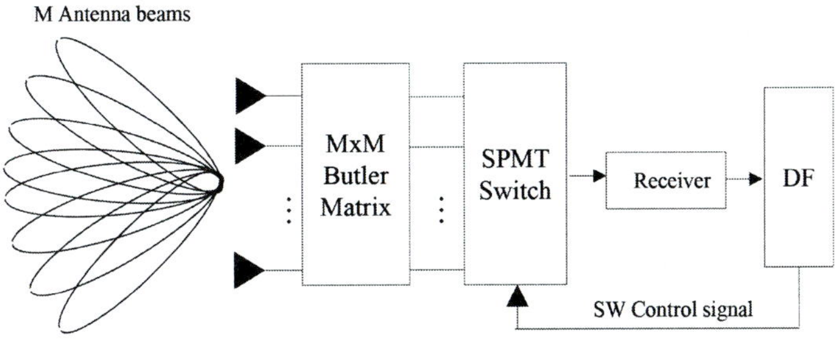

▌그림 10.35▌ 다중빔 스위칭 안테나를 이용한 방향탐지

지향각도가 다른 빔을 생성하는 방법은 Buttler Matrix 이외에도 기생 안테나, 렌즈안테나, 위상천이기 등을 이용할 수 있다. 이러한 방식은 밀리미터파 5G 시스템이나 60 GHz 대역의 IEEE 802.11.ad Wi-Fi 시스템에서 일반적으로 사용되는 방식이다. 이 경우, 핫스팟 지역에서 기지국은 방사패턴이 다른 몇 개의 빔을 순차적으로 스위칭하면서 송신하고, 수신기는 각각의 빔에 대한 수신신호의 크기를 피드백한다. 밀리미터파 대역에서는 전파의 직진성이 강하므로 가장 큰 신호가 수신되는 빔의 방향이 단말기가 위치한 방향이 된다. 이 방식은 복잡한 알고리즘 없이 빔 스위칭 동작만으로 방향탐지를 구현할 수 있어 빠른 빔형성 시간이 요구되는 무선통신에서 관심이 높다.

스위치만을 이용한 단일채널 방향탐지

앞에서 설명한 빔스위칭 안테나의 경우, 지향각도가 다른 빔을 만들기 위해 Buttler Matrix와 같은 빔형성회로가 필요하다. 이러한 빔성형회로는 보통 파장 단위의 전송선로를 이용한 마이크로파 회로기술로 구성되는데, 주파수가 낮을 경우 그 크기가 매우 크다. 따라서 수 GHz 이하에서는 소형화가 어렵다. 이에 따라 최근 수 빔성형회로 없이 수 GHz 이하에서도 단일채널 방향탐지 기술을 구현하기 위한 연구가 다양하게 진행되고 있다.

빔성형회로가 필요없는 단일채널 방향탐지의 첫 번째 예로【그림 10.36】과 같이 반파장 이격된 2개의 안테나와 SPDT 스위치만으로 방향탐지를 할 수 있는 Time-modulated array(TMA)가 있다. TMA에서는 SPDT 스위치를 제어하여 스위칭 주파수의 하모닉 주파수에서 부엽(sidelobe)을 발생시키고, 부엽의 크기를 주엽(mainlobe)의 크기와 비교하면 외부 신호원의 입사방향을 쉽게 계산할 수 있다. 즉, TMA를 Fourier 해석하게 되면 반송파 주파수에서 Sum(Σ) 채널의 특성을 가지고, 첫 번째 스위칭 주파수에서 Delta(Δ) 채널의 빔 특성을 가지므로 모노펄스 방향탐지에서 필요한 Sum(Σ) 채널과 Delta(Δ) 채널 생성회로 없이도 기저대역 신호를 FFT연산하는 것만으로도 방향탐지가 가능하다. 최근 이러한 TMA 특성을 이용하여 원격에 위치한 무선기기의 위치를 파악하여 무선으로 전력을 송신하는 시스템 등에 대한 연구도 활발하다.

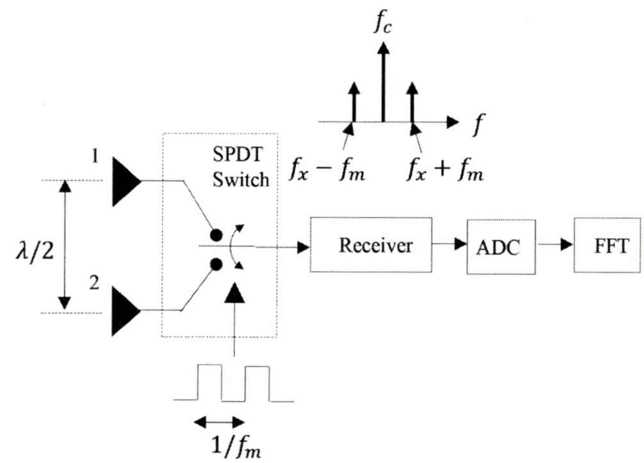

그림 10.36 TMA 방향탐지 원리

10.4.3 UWB 기술

무선기술 중 UWB(Ultra-Wide Band) 기술만큼 부침이 많은 기술도 드물 것이다. UWB 기술이란 시간영역에서 폭이 좁은 펄스를 이용하는 무선기술을 의미하며, 주파수 영역에서 보면 당시의 기존 무선통신기술보다 대역폭이 매우 넓어 초광대역을 의미하는 UWB란 이름을 갖게 되었다. UWB 기술은 미국에서 1970년대부터 통신 또는 레이다 등에서 군사용으로 개발되었으며, 이후 군사보안이 해제됨으로서 2000년대 들어 상용화되기 시작되었다. 당시 UWB 기술은 주로 근거리 무선개인통신망 (WPAN: Wireless Personal Area Network) 으로서 관심을 받게 되었고 WPAN 표준화 단체인 IEEE 802.15 위원회에서 표준화가 진행되어 2007년 IEEE 802.15.4a 표준이 발표되었다. 그러나 당시 경쟁기술이었던 Wi-Fi나 Bluetooth 등에 밀려 관심에서 멀어져갔다.

하지만 UWB 기술을 이용하면 근거리 무선기기 간에 무선통신 뿐만 아니라 무선기가 간의 거리를 측정하는 것이 가능하다는 다른 무선통신기술이 가지지 않은 장점으로 인해 UWB 기술이 재조명되게 되었고, 2019년 애플의 iPhone11에 UWB 칩이 탑재됨으로서 무선통신 보다는 포지셔닝 서비스로 화려하게 부활하게 되었다. 현재는 칩 제조사인 Qorvo와 NXP에서 UWB 측위기능의 칩을 판매하고 있고, 애플과 삼성의 스마트폰에 UWB 기능이 탑재된 스마트폰을 출시하고 있으며, 현대차동차 등 자동차 회사들도 UWB 기능을 이용한 스마트폰으로 차문을 열 수 있는 차량을 출시하고 있다. 특히, 스마트폰이 IT의 핵심 디바이스와 플랫폼 역할을 하고 있는 것을 감안한다면 UWB기술은 향후 자동차, 스마트 공장, 스마트 홈 등 다양한 분야에서 활발하게 활용될 것으로 전망된다.

먼저, 현재 사용되고 있는 UWB주파수와 채널은【그림 10.37】과 같다. 이 중에서 나라별로 사용될 수 있는 채널이 조금씩 다르며, 국내의 경우 CH9를 주로 사용하고 있다.

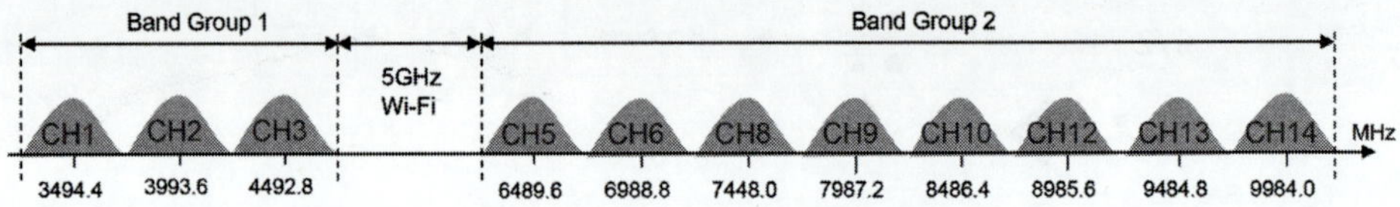

【그림 10.37】 UWB 주파수와 채널

전 세계적으로 UWB기술은 허용전력은 전력밀도로 표현되는데, UWB 전력밀도는 평균전력밀도와 첨두전력밀도 (peak power spectral density)의 2개로 표현되므로 이 2개를 모두 고려해야 한다. 먼저 평균전력밀도를 보자. 평균전력밀도는 1MHz당 -41.3dBm (=74nW)이므로 500MHz일 경우는 주파수가 곱해져서 -14.3dBm (=37uW)이 된다. 이 값은 1msec 시간 구간 동안의 평균이므로 1msec에 2nsec의 펄스 폭을 갖는 UWB 펄스가 하나만 있다고 가정하면 그림 2와 같이 펄스의 첨두전력은 42.7dBm (=18W)의 큰 전력값이 될 수 있다. 이는 비록 시간구간은 작지만 해당 시간구간 동안 타 무선기기에 큰 간섭을 줄 수 있다. 따라서 UWB 기술기준으로 하나의 펄스에서 큰 전력을 사용하는 것을 막을 필요가 있다. 이를 위해 UWB에서는 첨두전력밀도에 대한 규정을 두고 있다. 기술기준에 따르면 첨두전력밀도는 50MHz일 경우 1mW(=0dBm)이므로 500MHz로 변환하면 10mW(=10dBm)가 되므로 평균전력밀도 기술기준 규정에 의해 너무 큰 전력의 펄스를 사용하는 것을 막을 수 있게 된다.

이와 같이 UWB 기술은 반드시 기술기준을 만족해야 하므로 평균전력밀도와 첨두전력밀도에 대한 기술기준으로부터 UWB에서 사용할 수 있는 펄스의 수와 하나의 펄스의 크기가 결정되게 된다. 예를 들어【그림 10.38(b)】와 같이 첨두전력밀도 기술기준에 따라 최대 10dBm의 크기를 갖는 펄스는 평균전력밀도 규정에 따라 1msec 동안 최대 1862개의 펄스가 포함될 수 있다. 반면 펄스의 크기가 더 작다면 더 많은 펄스가 포함될 수 있게 된다. 펄스의 수를 줄이면 전력이 커져 통신 반경이 커지지만, 펄스의 수가 적어지므로 펄스를 통해 송신할 수 있는 정보의 양은 작아지게 되므로 펄스의 수와 펄스의 크기는 상호 보완(trade-off)의 관계를 갖는다. 최신 UWB 표준인 IEEE 802.15.4-2005와 IEEE 802.15.4z-2020에서는 UWB 펄스의 수를 기준으로 LRP와 HRP로 구분된다. LRP는 HRP보다 출력이 높지만 펄스의 수는 적으며, HRP는 펄스의 수가 많지만 상대적으로 출력은 낮게 된다.

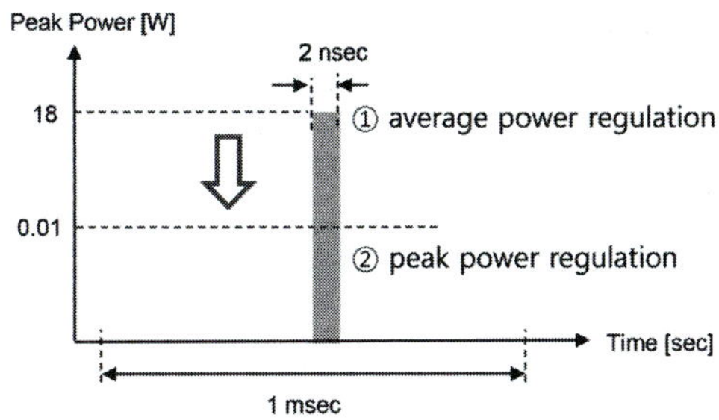

(a) UWB 펄스의 전력

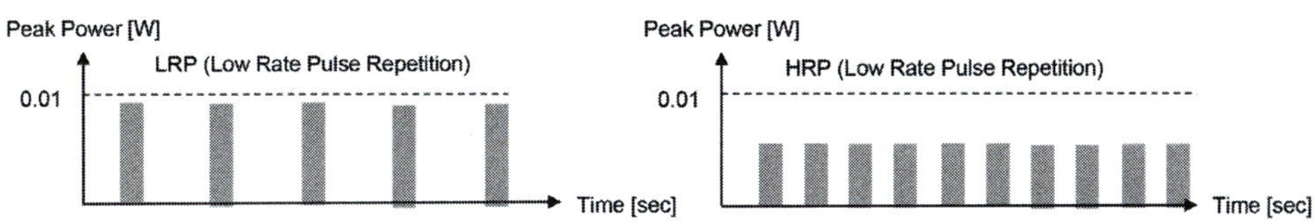

(b) LRP와 HRP UWB

【그림 10.38】 UWB 펄스의 전력 특성

UWB에서 거리 측정을 위해서는 UWB 기기들끼리 패킷을 통해 교환하고 이때 시간을 기록할 필요가 있다. 본 절에서는 실제 UWB 표준에서 어떻게 거리를 측정하는지 살펴보자. 이를 위해 【그림 10.39】와 같이 2개의 UWB 기기가 있다면 가정하고 거리를 측정하고자 하는 UWB 기기를 Anchor, Anchor에 응답하는 UWB기기를 Tag라 하자. UWB Anchor는 UWB Tag로 메시지를 송신하고 이때 송신시작시간 을 기록한다. 시간기록은 타임스탬프(imtestamp)라 하는데 시간을 나타내는 문자열을 의미한다. 메시지를 수신한 UWB Tag 기기는 시간 후에 응답메시지를 보낸다. 이제 UWB1 Anchor는 이 메시지를 수신한 타임스탬프를 기록한다. 이제 두 UWB 기기간의 거리는 전파도달시간(ToF, Time of Flight)의 1/2이므로 식 (10.10)으로 주어진다.

$$R = c \times \frac{t_2 - t_1 - t_{reply}}{2} \tag{10.10}$$

여기서 c는 빛의 속도를 의미한다. 식 (10.10)에서 각각의 타임스탬프는 ToF를 추정하는 방법으로 계산한다.

【그림 10.39】와 같이 두 무선기기 간의 거리를 계산하는 방식을 두 개의 UWB 기기 간에 정보를 교환한다는 의미에서 TWR (Two-Way Ranging)이라고 한다. 참고로 GPS 측위는 GPS위성에서 단말기로만 정보가 전달되므로 One-Way Ranging이라고 부른다. TWR은 UWB만

의 고유의 방법은 아니며 Wi-Fi나 LoRa 등 다른 통신방식에서도 도입이 된 기술이다. 예를 들어 Wi-Fi에서는 FTM (Fine Timing Measurement)이라고 부르며 대표적인 표준으로 IEEE 802.11mc가 있다. 특별히, UWB에서 TWR이 부각되는 이유는 UWB가 광대역 펄스를 사용하므로써 ToF 측정이 타 통신방식에 비해 보다 정밀하기 때문이다.

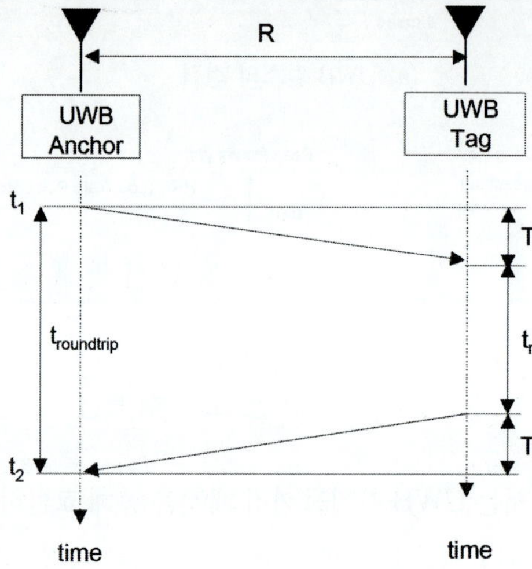

▌그림 10.39▌ UWB TWR의 원리

예제 10-12 **스마트폰 중에 UWB 기술이 어떻게 사용되고 있는지 사례를 살펴보자. (자동차 스마트키에 사용되는 UWB 등)**

10.4.4 LoRa 기술

최근 전 세계적으로 사물인터넷(IoT: Internet of Things) 기술이 보편화됨에 따라 스마트미터, 스마트가로등 등을 시작으로 IoT 기기의 보급이 확대되고 있다. IoT 기기 중 LoRa^{TM} 기술은 수 km의 통신반경을 갖는 저전력 광역통신망(LRWAN: Low Rate Wide Area Network)의 하나로서 국내의 경우, 917.0~923.5 MHz와 940.1~946.3 MHz의 비면허대역을 사용할 수 있어 그 사용범위가 점점 확대되고 있다. LoRa 망은 단말(end device: ED)과 기지국(base station: BS)으로 구성되며, 수 km의 통신반경을 갖도록 하기 위하여 단말과 기지국 모두 주파수가 선형적으로 증가 또는 감소하는 CSS(Chirp Spread Spectrum) 기반의 LoRa 변조방식을 사용한다[6]. CSS는 6가지의 대역확산 인자(spreading factor: SF)인 SF7에서 SF12까지를 사용하여, 서로 다른 전송속도를 갖는 데이터를 동시에 송신할 수 있다. 가장 저속인 데이터의 경우 DR0라 불리며, SF12를 사용하고, 데이터 속도는 250 bps이고, 가장 빠른 데이터의 경우 DR6의 경우 SF7을 사용하며, 250 kHz 대역폭의 경우 데이터속도는 11kbps이다. LoRa 신호의 변조기술은 레이다에서 사용되는 Chirp신호를 이용하는 것으로 Chirp신호의 주파수가 패킷 내에서 시작되는 시간에 따라 파형을 만들고 정보를 전송하는 방법이다. 이렇게 되면 FMCW 레이다의 장점인 출력이 일정하다는 장점을 이용하여 장거리에서 통신이 가능하게 된다.

LoRa Chirp 신호는 【그림 10.40】과 같이 LFM(Linear Frequency Modulation) 신호로 $[f_0, f_1]$ 범위에서 주파수가 선형적으로 증가(up-chirp)하거나, $[f_1, f_0]$ 범위에서 주파수가 선형적으로 감소(down-chirp)한다. LoRa 변조는 M-진 변조로 up-chirp 신호의 시간천이(cyclic shift)의 정도로 각 심볼을 변조한다. 시간천이는 칩(chip) 시간($T_{chip} = 1/BW$) 에 따라 구분되며 n-번째 LoRa 심볼의 순시주파수 식 (10.11)과 같이 주어진다.

$$\begin{cases} f_1 + k(t - nT_{chip}) & , 0 \le t \le nT_{chip} \\ f_0 + k(t - nT_{chip}) & , nT_{chip} < t \le T \end{cases} \tag{10.11}$$

여기서 $k = (f_1 - f_0)/T$로 Chirp 신호의 시간-주파수 기울기를 나타낸다. 심볼의 전체 수는 2^i로 주어지는데, 여기서 i는 SF로 7에서 12까지 변할 수 있다. 이제 하나의 심볼구간 T는 식 (10.12)로 주어진다.

$$T = 2^i T_{chip} = 2^i / BW \tag{10.12}$$

【그림 10.40】은 식 (10.11)에 의해 생성된 2개의 LoRa 심볼의 시간-주파수 특성을 보인다. 왼쪽은 n이 0인 첫 번째 심볼을 의미하며, 오른쪽은 n이 임의의 수인 경우의 심볼을 의미한다. Lora 신호의 복조는 수신된 심볼을 down-chirp 신호와 곱하고 IFFT(Inverse FFT)를 취함으로써, n의 위치를 추정하는 방식을 사용하게 된다. 이러한 구조를 이용하면 고속의 ADC 없이도 복조가 가능할 뿐만 아니라, SF가 다른 인접 LoRa 신호가 있어도 간섭에 강인해진다.

LoRa 신호는【그림 10.40】과 같이 SF에 따라 대역폭은 일정한 반면 시간 구간은 길어지게 된다. 그림에서 왼쪽은 SF7인 경우, 오른쪽 끝은 SF12를 의미한다. 보통 LoRa 심볼은 프리앰블(preamble)과 payload로 구성되는데, 이 중 프리앰블은 8개의 up-chirp(1st symbol), 두 개의 코딩된 up-chirp 심볼, 두 개 반의 down-chirp 심볼로 구성된다. 프림앰블 이후의 payload

는 송신하는 데이터의 양에 따라 다양한 크기를 갖게 된다.

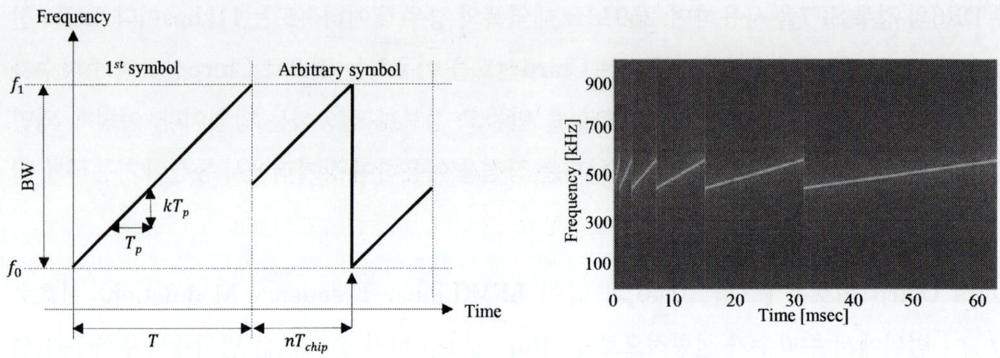

그림 10.40 LoRa 신호의 시간-주파수 특성

> **예제 10-13** **LoRa 기술 외에 광역 IoT 망으로 사용되는 SigFox, NB-IoT, LTE-M 등의 기술에 대해 조사해보자.**

10.5 미래 무선통신과 레이다 융합 기술

현재까지 전통적인 레이다 기술뿐만 아니라 무선통신과 레이다가 융합된 다양한 융합기술에 살펴보았다. 우리가 무선통신기술로만 알았던 LoRa 기술이나 Bluetooth 기술에 레이다에서 사용되는 Chirp신호가 사용되거나 방향탐지 기술이 사용되고 있고, 레이다 기술로 알았던 UWB 기술도 고속의 데이터를 전송할 수 있는 통신기술로 출현하였다가, 현재는 무선통신을 이용한 거리측정에 사용된다는 것을 알 수 있었다. 이와 같이 앞으로 무선통신과 레이다는 지속적으로 융합될 것으로 전망된다.

마지막으로 본 교재의 학습을 마치기 위해 무선통신과 레이다의 미래에 대해 살펴보자. 무선통신과 레이다는 지금도 지속적으로 발전하고 있는 첨단 기술 분야이다. 예를 들어 무선통신은 LTE와 5G를 거쳐 현재 차세대통신인 6G에 대한 논의가 진행되고 있으며, 레이다의 경우 과거 국방분야에서만 사용되었으나, 최근 자율주행차의 등장으로 자동차 등에서 활발하게 사용되고 있다. 무선통신의 경우 과거의 발전은 주로 전송속도 측면에서 발전되어 왔다. 예를 들어 이동통신의 경우 1세대 아날로그 통신에서부터 5G까지 기술이 진화하였는데 그 기본적인 동기는 많은 사람에게 고속의 데이터를 제공하는 것을 목표로 하였다. 하지만 Gbps 급으로 충분히 속도가 빨라진 5G 이후에서는 전송속도보다는 좀 더 지능적인 역할을 무선통신이 수행하기를 기대하고 있다. 그 대표적인 예로 무선통신에서 레이다가 수행하던 기술을 포함하려는 노력이 진행되고 있다 예를 들어【그림 10.41】과 같이 차세대통신 표준인 6G에서는 앞으로 출현하게 될 차세대통신의 모습이 무선통신과 무선센싱(Wireless Sensing)의 융합이 될 것이고 여기에 인공지능(AI: Artificial Intelligence)이 중요한 역할을 할 것이라는 생각에 많은 사람들이 동의하고 있다. 무선센싱이란 레이다와 같은 의미로 전파를 이용하여 주변 상황을 인식하나는 의미이다. 이에 따라 현재 다양한 표준화단체에서 무선통신과 레이다가 융합되는 6G 표준 기술에 대해 논의하고 있는 중이다. 또한, RFID, Bluetooth, UWB, LoRa 등 무선통신과 레이다 기술이 융합된 새로운 기술이 지속적으로 등장하고 있다.

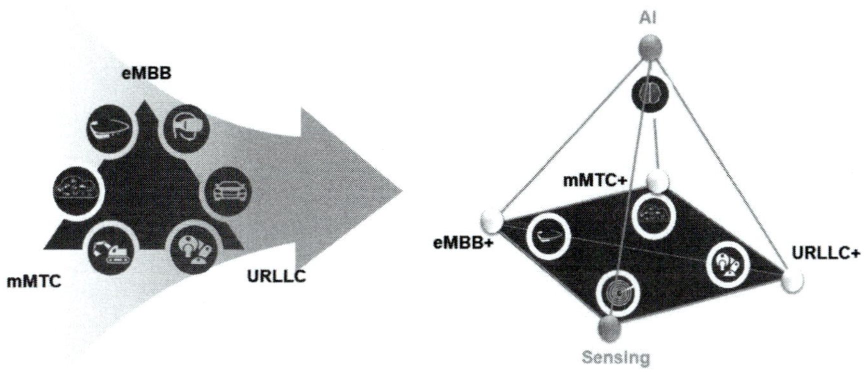

그림 10.41 5G와 차세대 6G 이동통신의 비교

무선통신과 레이다는 시작은 다르게 시작되었으나 그 구조의 유사성으로 인해 현재까지 다양한 분야에서 융합이 되었으며 그 추세는 가속화될 전망이다. 무선통신기술과 레이다기술은 초기에는 전혀 별개의 역사를 가지고 있었다. 무선통신기술은 1894년 Marconi의 전신의 상용화 이후 현재 5G까지 발달하고 있으며, 레이다 기술은 1915년 Robert Watson Watt의 레이다 개발 이후 군사응용 중심으로 발전하여 왔다. 그 사이에 무선통신과 레이다의 특성을 모두 갖는 기술들이 지속적으로 출연하였다. 예를 들어【그림 10.42】와 같이 1963년 레이다의 펄스의 시간간격을 조정하여 레이다 기술에서 정보를 보낼 수 있는 기술이 개발되었고, 2013년 RFID 기술이 대규모로 상용화되었다. RFID에서 리더, 태그라는 개념은 원래 레이다 기술에서 시작된 것이다. 이후 Chirp 신호를 이용한 LoRa기술, 광대역 펄스를 이용한 UWB기술, FSK 모뎀

을 이용한 Bluetooth 기술도 모두 무선통신과 레이다 융합기술이라 볼 수 있다. 이러한 예열 과정을 거쳐 향후 통신센싱 융합기술이 차세대이동통신인 B5G와 6G의 핵심 기술이 될 것이라 생각된다.

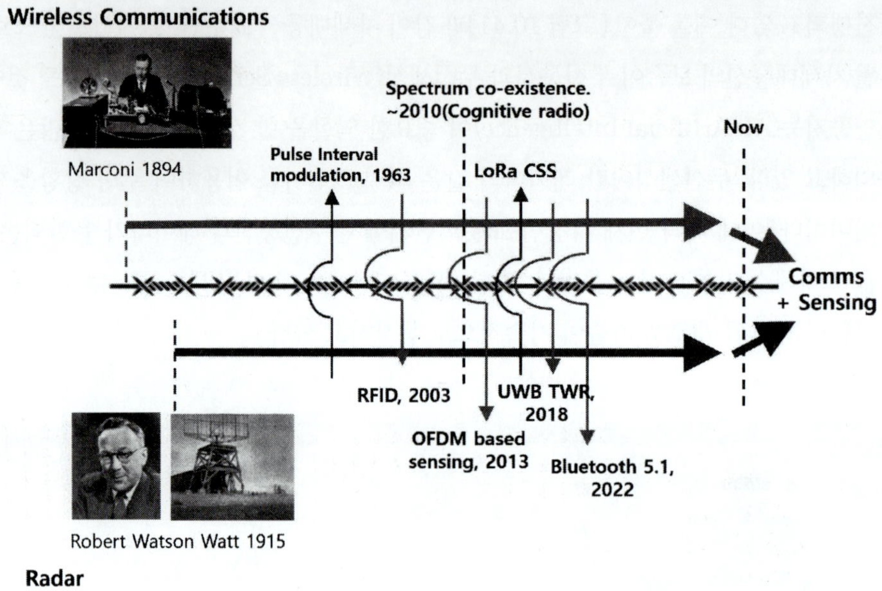

그림 10.42 무선통신과 레이다의 융합의 역사

한편 레이다의 경우에는 아직도 가야할 길이 많이 남아 있다. 국방용 레이다기술의 발달로 원거리에 위치한 다중 표적을 탐지하는 레이다는 기술적으로 성숙한 반면 자동차 자율주행 등에서 요구하는 고해상도 이미징 기술은 현재 개발이 시작되는 단계라 할 수 있다. 이를 **레이다 이미징(radar imaging)**이라 하는데 만약 레이다가 카메라와 같은 상하좌우 해상도를 가질 수 있다면 레이다의 사용범위는 더욱 늘어날 것이다. 레이다 이미징을 위해서는 상하좌우 해상도가 안테나 기술에 의해 결정되므로 복수개의 좁은 빔폭을 동시에 만드는 안테나기술이 점점 더 중요해지고 있다.

예제 10-14 무선통신과 레이다 융합 기술의 미래 전망에 대해 논의해보자.

10.5.1 Radcomm과 ISAC

10.3절과 10.4절에서 살펴본 무선통신과 레이다 융합기술은 엄밀한 의미에서 융합기술이라기

보다는 무선통신이나 레이다 중 하나의 기술을 중심으로 한다고 볼 수 있다. 예를 들어 LoRa 기술은 레이다의 Chirp 신호를 이용하지만 무선통신기술의 범주에 들어가며, Bluetooth 기술은 방향측정이 가능하지만 무선통신기술이 중심이라 할 수 있다. 하지만 미래에는 2가지 기능을 모두 수행하는 진정한 융합기술이 등장할 것이다. 이러한 기술의 의미를 Radcomm이나 ISAC이라 부른다. Radcomm은 Radar + Communication 의 합성어이고 ISAC은 Integrated Sensing and communication 이라고 부른다. Radcomm과 ISAC에서 무선통신과 레이다를 융합하는 방법은【그림 10.43】과 같이 3개로 구분할 수 있다. 첫 번째로 무선통신과 레이다 기능을 하나의 하드웨어로 만들어 필요할 때마다 동작 모드를 바꾸어 동작시키는 것이다. 이를 통해 안테나나 RF회로 등을 같이 사용하는 비용 절감의 효과를 얻을 수 있다. 두 번째로 무선통신 신호파형을 기반으로 레이다 기능을 포함하는 것이다. 대표적으로 OFDM 신호파형을 이용하는 방식이 있다. 마지막으로 레이다 신호파형을 기반으로 디지털 정보를 전송하는 것이다. 예를 들어 선형주파수 변조 신호를 사용하여 데이터를 인코딩하는 방법하는 LoRa와 유사한 방법이 있을 수 있다. 하지만 이 방법의 단점은 동일한 대역폭에서 전용 통신 시스템에서 달성할 수 있는 심볼 속도보다 수십 배 낮다는 것이다.

이상으로 무선통신과 레이다 학습을 마치게 되었다. 미래의 무선통신과 레이다 융합시대에 본 책이 조금이라도 기여할 수 있기를 소망한다.

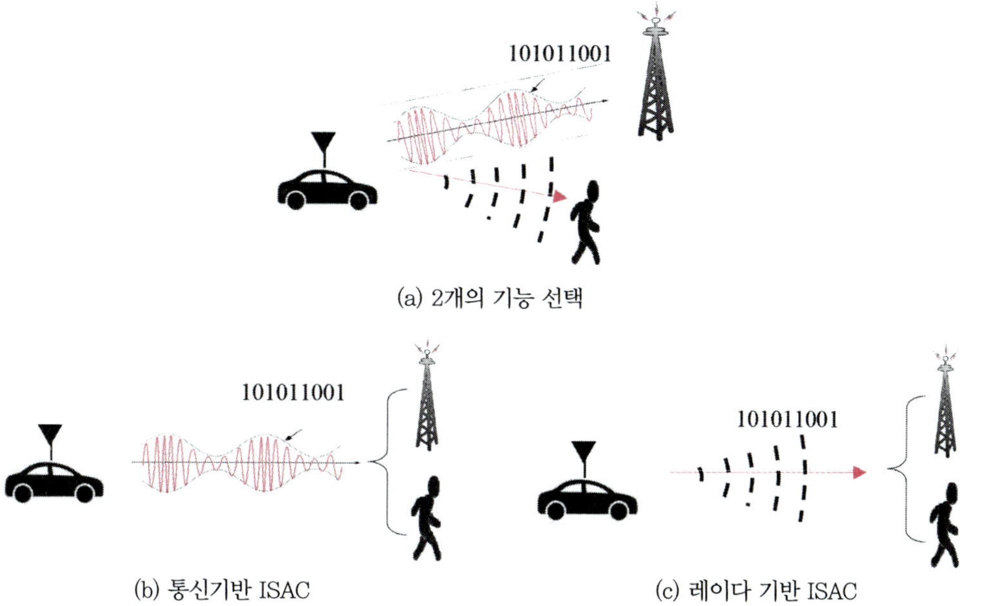

【그림 10.43】 Radcomm과 ISAC 기술의 분류

참고

7.3.2절에서 Multi-tone 주파수를 이용하면 거리를 측정할 수 있음을 알았다. 만약 Multi-tone 레이다에서 주파수가 2배인 신호는 FSK 변조방식과 유사하므로 FSK 레이다라고도 부른다. 이제 무선통신의 OFDM에서의 각 캐리어는 일정한 주파수 간격을 갖는 Multi-tone이라고 볼 수 있으므로 이를 레이다에 응용한 것을 OFDM 레이다라고 부른다. OFDM 레이다는 Radcomm에서 매우 중요한 역할을 수행한다.

참고문헌

[1] 김명진, **MATLAB 실습과 함께 배우는 아날로그 및 디지털 통신이론**, 생능출판사, 2007.

[2] Mattgew B, I, Saduiku, **Elements of Electromagnetics−6th** Edition, OXFORD University Press, 2015.

[3] 어윤, **알기쉬운 통신이론**, 도서출판 한신, 2016.

[4] Stuart M. Wentworth, **Fundamentals of Electromagnetics with engineering applications**, Wiley, 2006.

[5] Frank Gross, **Smart Antennas for Wireless Communications with MATLAB**, McGrawHill, 2005.

[6] Andreas F. Molisch, **Wireless Communications**, Wiley. 2005.

[7] Bassem R. Mahafza, **Radar Systems Analysis and Design Using MATLAB**, CRC Press, 2013.

[8] Robert W Stewart, Kenneth W Barlee Dale S W Atkinson, **Software Defined Radio using MATLAB & Simulink and the RTL−SDR**, Strathclyde Academic Media, 2015.

[9] 장병준, **MATLAB/Simulink와 SDR로 배우는 무선통신과 레이다**, 도서출판 홍릉, 2021년.

[10] 장병준, **한 번에 배우는 전자기학**, 도서출판 홍릉, 2022년.

[11] H. Kim, J. Park, S. Park, J. Ryoo, "uGPS: Design and field−tested seamless GNSS infrastructure in metro city," ACM MobiCom pp. 646−647, Oct. 2022.

[12] 한진희, 곽수진, 김강석, 안병규, "스마트 GNSS 리피터를 이용한 실내 위성항법 시스템의 구현," 2021 IPNT Conference, 2021.

[13] 이상우, 김선우, "실내 위치측위 기술 동향 및 전망," 통신학회 정보와 통신, pp. 81−88, Feb. 2015.

[14] 류정탁, 김인경, "Zigbee와 GPS를 이용한 실내 위치 인식 시스템 개발," 한국산업정보학회논문지, vol. 17, No. 4, pp.1~7, Aug. 2012.

[15] 장병준, **오디오로 배우는 전자공학**, 도서출판 홍릉, 2024년.

찾아보기